译者序

随着电力电子技术的进步和新能源技术的发展，大功率的电力电子变流器系统越来越多地应用于发电、输电和配电领域，电力系统电力电子化的趋势愈加明显。作为电力系统中最常用的变流器，电压源变流器（VSC）广泛应用于柔性交流输电、直流输/配电、可再生能源并网等领域。虽然已经有很多介绍电力电子变流器的拓扑和控制的书籍，但是大多数都是从电力电子的角度针对变流器自身的拓扑和控制来阐述的，没有结合变流器在电力系统的应用场景，针对VSC系统在电力系统中具体应用的中文书籍仍然偏少。

本书以两种最基本的VSC——两电平VSC和三电平NPC为研究对象，主要从VSC在电力系统中的应用角度对VSC系统的相关问题展开论述。本书内容广泛，基本涵盖了VSC系统在设计和运行中所关注的主要问题。本书使用了大量的例子详细介绍了VSC系统的建模、控制器设计和性能评估，以循序渐进的方式使读者了解VSC系统的设计和工作过程。虽然本书没有涉及VSC家族中的最新成员——模块化多电平变流器（MMC），但是书中给出的分析和设计方法对MMC系统仍然有很强的借鉴意义。因此，译者历时一年将本书翻译出来，希望对读者有所帮助。

翻译过程中，我的老师——浙江大学的徐政教授给了大量的建议和指导，对此深表感谢。另外，李正、尹晓东、满九方、陈域、李博伟和孙一凡等同学做了大量工作，对此同样深表谢意。限于译者水平，书中难免存在用词不当或概念偏差之类的翻译错误，恳请广大读者予以批评指正。译者联系方式：电子信箱 haoquanrui@ sdu.edu.cn。

译者

于山东大学电气工程学院

原书序

电力电子（静态）功率变换的概念已经在电力系统应用方面赢得了广泛认可，正因为如此，电力电子功率变换器越来越多地被用于功率变换和调节、无功补偿及有源滤波。分布式能源（DER）在电力系统中的渗透率持续增长，以及微电网、主动配电网和智能电网等新概念和趋势逐渐被认可，同样预示着电力电子变流器将在电力系统中发挥更广泛的作用。

现在有很多关于各种电力电子变流器的拓扑及其运行原理的书籍，但是在电力系统背景下电力电子变流器的建模、分析和控制方面尚属空白。本书填补了这方面的空白，内容主要关于功率变换和调节方面的应用，并提出了针对一类特定的大容量电力电子变流器——三相电压源变流器（VSC）的分析和控制器设计方法。本书系统性地、全面地、统一及细致地涵盖了相关内容。

本书适合电气工程专业的在校本科生和研究生、从事电网接入和DER系统运行的工程技术人员、设计人员以及发电、输电、配电领域的研究人员阅读。本书没有涉及控制器具体的实现方法，但为系统分析和控制器设计人员提供了足够多的详细信息，并且

- 描述了VSC在电力系统中可以实现的各种功能；
- 介绍了VSC在电力系统中的不同应用；
- 提出了不同应用场合下VSC的系统性建模方法；
- 全面和细致地介绍了VSC系统在各种应用场合下的控制器设计方法；
- 基于计算机的时域仿真举例说明了控制器的设计流程并对其性能进行了评估。

本书分为13章。第1章简要介绍了电力系统中最常用的电力电子开关和变流器拓扑。本书其余章节分为两部分。第1部分为第2~10章，主要介绍相关理论及建模和控制器设计的基本方法。第2部分为第11~13章，主要内容为相关理论和控制器设计方法的应用，具体通过选择的三个应用实例：静止补偿器（STATCOM）、强制换相的背靠背HVDC系统和基于双反馈异步电机的变速风

智能电网关键技术研究与应用丛书

电力系统中的电压源变流器
——建模、控制和应用

Voltage-Sourced Converters in Power Systems：
Modeling，Control，and Applications

[加] 阿莫那泽·雅兹达尼（Amirnaser Yazdani）
雷扎·伊拉瓦尼（Reza Iravani）

郝全睿 王淑颖

机 械 工 业 出 版 社

本书对电压源变流器（VSC）系统的基本理论及其在电力系统中的应用进行了全面介绍，主要内容包括 VSC 系统的基本原理、通用模型、控制器设计、基于空间相量的分析方法、不同类型 VSC 系统的模型和控制以及 VSC 系统在电力系统中的具体应用。

本书适合发电、输电和配电领域的技术人员，特别是正在从事新能源接入和分布式能源系统运行的电力工程师，以及高等学校电气工程专业的教师和学生阅读。

图书在版编目（CIP）数据

电力系统中的电压源变流器——建模、控制和应用/(加) 阿莫那泽·雅兹达尼（Amirnaser Yazdani），（加）雷扎·伊拉瓦尼（Reza Iravani）著；郝全睿，王淑颖译. —北京：机械工业出版社，2017. 8

（智能电网关键技术研究与应用丛书）

书名原文：Voltage-sourced converters in power systems：modeling，control，and applications

ISBN 978-7-111-57526-9

Ⅰ. ①电… Ⅱ. ①阿… ②雷… ③郝… ④王… Ⅲ. ①变流器—研究 Ⅳ. ①TM46

中国版本图书馆 CIP 数据核字（2017）第 182715 号

机械工业出版社（北京市百万庄大街 22 号 邮政编码 100037）

策划编辑：付承桂 责任编辑：王 荣 责任校对：樊钟英

封面设计：鞠 杨 责任印制：常天培

唐山三艺印务有限公司印刷

2017 年 10 月第 1 版第 1 次印刷

169mm×239mm · 22. 75 印张 · 464 千字

0001—2600 册

标准书号：ISBN 978-7-111-57526-9

定价：99.00元

凡购本书，如有缺页、倒页、脱页，由本社发行部调换

电话服务	网络服务
服务咨询热线：010-88361066	机 工 官 网：www.cmpbook.com
读者购书热线：010-68326294	机 工 官 博：weibo.com/cmp1952
010-88379203	金 书 网：www.golden-book.com
封面无防伪标均为盗版	教育服务网：www.cmpedu.com

力发电系统展开论述。第 2 部分本来可以包括更多的应用场景，但因为篇幅所限，只能给出三种典型应用来强调主要概念。书中的大部分时域仿真结果都是基于 PSCAD/EMTDC 软件包得出的。我们想要强调的是，书中给出大量例子的目的是为了强调相关的概念和控制器设计方法，正因为如此，例子中一些参数的数值可能与特定应用场合下的典型数值不完全一致。

本书读者应该在电路、电机、电力系统基础、经典（线性）控制方面至少具有本科生水平的知识背景，熟悉电力电子和系统的空间状态表示方法更好(但不是必需的)。书中引用了许多相关的参考文献，方便读者参阅相关内容的出处。虽然我们力图全面，但鉴于技术文献的丰富性和所涉及主题的深度，我们很可能遗漏了某些重要的文献。为了进一步完善本书，我们真诚感谢来自读者的意见和反馈。

Amirnaser Yazdani
Reza Iravani

目录

第 1 章 电力电子功率变换

1.1 引 言

电力电子变流器过去主要用于家用电器、工业和信息技术领域。然而，随着功率半导体和微电子技术的发展，电力电子变流器在电力系统中的应用在过去的 20 年中受到了广泛关注，被越来越多地应用于功率调节、无功补偿和电力滤波等场合。

电力电子变流器包括电源电路和控制/保护系统两部分，其中电源电路由电力电子开关和无源器件组合而成，两者通过门控/开关信号和反馈控制信号关联。本章将简要介绍最常见的高压大功率电力电子变流器电路。接下来的两章将会详细介绍两种具体的拓扑结构：两电平电压变流器（Voltage-Sourced Converter，VSC）和三电平中性点钳位（Neutral-Point Clamped，NPC）变流器。本书的主要内容为两电平 VSC 和三电平 NPC 变流器的建模与控制。不过，本章介绍的分析技术和控制设计方法在原理上对其他类型的电力电子变流器同样适用。

1.2 电力电子变流器和变流器系统

在本书中，定义电力电子（或静态）变流器为一个多端口电路，该电路由半导体器件（电子）开关组成，也包含一些辅助器件和设备，例如，电容器、电感器和变压器。该变流器的主要功能是根据预定的性能指标以期望的方式完成两个（或多个）子系统间的能量交换。在电压/电流的波形、频率、相角和相数方面，这些子系统通常具有不同的属性，因此在没有电力电子变流器的情况下，这些子系统难以直接相连。例如，风力发电机接入公用电网时，也就是一个变频变压的机电子系统连接另一个恒频恒压的机电子系统时，就需要用到电力电子变流器。

在相关技术文献中，变流器的分类主要取决于其连接的子系统的电气类型，即交流（AC）或直流（DC）。变流器的主要类型有：

- DC-AC 变流器：将一个直流子系统接入一个交流子系统。
- DC-DC 变流器：连接两个直流子系统。
- AC-AC 变流器：连接两个交流子系统。

根据以上分类，DC-AC 变流器等同于 AC-DC 变流器。因此，DC-AC 变流器和 AC-DC 变流器在本书中可以互换使用。传统的二极管桥式整流器就是一种 DC-AC 变流器。如果 DC-AC 变流器的平均功率从交流侧流入直流侧，则该变流器称作**整流器**。反之，如果平均功率从直流侧流入交流侧，该变流器称作**逆变器**。某些特定类型的 DC-AC 变流器可以实现功率的双向传输，也就是说，这类变流器既可以作为整流器运行，也可以作为逆变器运行。其他类型的变流器，例如，二极管桥式变流器只能用作整流器。

DC-DC 变流器和 AC-AC 变流器也可以分别称作**直流变流器**和**交流变流器**，直流变流器可以直接连接两个直流子系统，或者采用中间为交流的连接方式。在第二种情况下，变流器由两个背靠背的 DC-AC 变流器组成，两者通过各自的交流侧彼此连接。类似地，交流变流器可以直接连接两个交流子系统，或者采用中间为直流的连接方式。后者由两个背靠背的 DC-AC 变流器组成，两者通过各自的直流侧彼此连接。这种类型又称作 **AC-DC-AC 变流器**，广泛应用于交流电机驱动器和变速风电机组中。

在本书中，我们定义**电力电子变流器系统**（或变流器系统）为一个（或多个）电力电子变流器和一套控制/保护方案的组合。两者通过半导体开关器件的门控信号和反馈信号建立联系。因此，变流器中的能量传输是以总体设计性能、监控指令和众多系统变量的反馈为基础，按照控制方案适当地导通和关断半导体开关器件来实现的。

本书主要讨论一种特定的变流器系统——VSC 系统的建模与控制。本书将在 1.6 节中介绍该系统。

1.3 电力电子变流器在电力系统中的应用

在很长一段时间内，大功率变流器系统在电力系统中的应用只限于高压直流（High-Voltage Direct Current，HVDC）输电系统，还有很少量的传统静态无功补偿器（Static VAR Compensator，SVC）和同步电机的电子励磁系统。从 20 世纪 80 年代后期起，大功率变流器系统在发电、输电、配电和电力传输等各方面的应用得到了越来越多的关注[1-6]，主要原因有以下几点：

- 电力电子技术和各种类型大功率半导体开关器件持续快速地发展。
- 微电子技术的不断进步使得各种应用场合下复杂的信号处理、控制策略和算法得以实现。

• 电力事业部门的变革趋势要求采用电力电子装置来处理线路潮流阻塞等诸多问题。

• 不断增长的能源需求导致电力基础设施几乎达到使用极限，需要采用电力电子装置增强系统稳定性。

• 为了应对全球变暖和集中式发电引发的环境问题，能源利用逐渐倾向于绿色能源。随着近年来技术的进步，这种趋势愈加明显，同时新能源，特别是可再生能源的经济和技术可行性得到了验证。这些新能源通常通过电力电子变流器接入电力系统。

除此之外，诸如微网、主动网络和智能电网等新的运营概念与策略的发展[7]，同样预示着电力电子在电力系统中的作用与重要性将会显著增长。可以预见，电力电子变流器未来在电力系统中会起到以下作用：

• 增强现有发电、输电、配电和电力输送设施的效率和可靠性。

• 将大规模可再生能源和储能系统接入电网。

• 接入分布式能源，主要指在二次输电系统和配电网电压等级下的分布式发电和分布式储能单元接入。

• 最大化分布式可再生能源的渗透率。

电力电子变流器系统在电力系统中主要用于：

• **有源滤波**：基于电力电子技术的有源滤波器的主要功能是合成并向主网注入（或吸收）特定的电流或电压谐波，以提升主网的电能质量。参考文献［8］对有源滤波器的相关概念和控制方法进行了全面的论述。

• **无功补偿**：电力电子（静止）补偿器的作用是提升输电线路或配电线路的输电能力，使输电效率最大化，增强电压和相角的稳定性，改善电能质量，或者综合实现上述目标。大量文献已经在柔性交流输电（Flexible AC Transmission Systems，FACTS）和自定义功率控制器的框架下深入研究了多种静止无功补偿技术[1-6]。FACTS 控制器包括静止同步补偿器（Static Synchronous COM pansator，STATCOM）、静止同步串联补偿器（Static Synchronous Series Compensator，SSSC）、线间潮流控制器（Intertie Power Flow Controller，IPFC）、统一潮流控制器（Unified Power Flow Controller，UPFC）和单向晶闸管移相器等。

• **有功功率调节**：电子功率调节器的主要功能是在两个电气（或是机电）子系统之间按照一定的控制方式传输功率。功率调节器通常需要满足对子系统中诸如频率、电压幅值、功率因数和电机转速的特定要求。电力电子功率调节系统的应用包括但不仅限于：

1）连接两个同步或不同步，甚至频率不同的交流子系统的背靠背 HVDC 系统[9]。

2）通过直流联络线在两个相距遥远的交流子系统间传输功率的 HVDC 整流

器/逆变器系统[10,11]。

3）从频率不断变化的风力发电机组向公用电网传送功率的 AC-DC-AC 变流器系统。

4）将直流功率从诸如太阳能光伏（Photo Voltatic，PV）阵列、燃料电池或者蓄电池单元等直流分布式电源（Distributed Energy Resource，DER）注入公用电网的 DC-AC 变流器系统[12,13]。

1.4 电力电子开关

电力电子半导体开关（或电子开关）是电力电子变流器的主要组成部分。电力电子开关是一种通过门控信号来导通或阻断主电路中支路电流的半导体装置⊖。电力电子开关的工作原理不同于依靠如机械臂动作等机械过程完成导通/关断状态切换的机械开关。机械开关具有以下特点：

- 动作缓慢，不适用于重复开关场合。
- 基本上都有动作机构，开关动作会影响其使用寿命，因而与电子开关相比，机械开关动作次数有限。
- 开关导通时的功率损耗较小，所以实际上可以近似为理想开关。

相比而言，电子开关具有以下特点：

- 动作速度快，适用于连续开关场合。
- 没有动作机构，因而开关动作过程不会影响其使用寿命。
- 会产生开关损耗和导通损耗。

上述机械开关与电子开关的特性表明，在某些场合下，机械和电子开关的组合可以作为平衡开关速度和功率损耗的最优方案。电力电子开关的发展趋势[14,15]是电子开关的应用越来越广泛。增加最大允许开关频率和最小化开关及导通损耗则是电力电子半导体工业研究和发展的主要任务。

1.4.1 开关分类

电力电子变流器的特性主要取决于其半导体开关器件的类型，因此有必要简要回顾一下不同的开关类型。更多关于常用开关原理与特性的内容可以参阅参考文献[16，17]。

1.4.1.1 不可控开关器件

功率二极管具有两层半导体结构，是唯一不可控的开关器件，这是因为其电流的通断时刻取决于主电路。功率二极管在电力电子变流器中应用广泛，主要作为独

⊖ 唯一的例外是二极管，其通断电流取决于主电路的情况而不是门控信号。

立器件，也可以与其他开关器件组合使用。

1.4.1.2　半控型开关器件

晶闸管，曾称可控硅（Silicon-Controlled Rectifier，SCR），是应用最广泛的半控型开关器件之一。晶闸管具有 4 层半导体结构，因为只能在承受正向电压时通过门控信号控制其电流导通时刻，所以晶闸管为半控型器件，其电流的关断时刻取决于主电路。虽然近年来全控型开关器件已经开始应用于 HVDC 领域，但是晶闸管始终是 HVDC 变流器所采用的主要开关器件。

1.4.1.3　全控型开关器件

全控型开关器件可以通过门控信号控制其电流通断。主要的全控型开关器件有：

- **场效应晶体管**（MOSFET）：MOSFET 具有三层半导体结构。相比其他全控型器件，MOSFET 的通流和耐压能力十分有限。因此，MOSFET 通常只用于高开关频率的低功率电力电子变流器。
- **绝缘栅双极型晶体管**（IGBT）：IGBT 也具有三层半导体结构。IGBT 的性能自 20 世纪 90 年代初以来，在开关频率、通流能力和耐压等级等方面得到了显著的提升。现在 IGBT 已经在电力系统中得到了广泛的应用。
- **门极关断**（GTO）**晶闸管**（简称 GTO）：GTO 具有 4 层半导体结构，能通过控制外部门控信号导通或者关断。GTO 需要负的宽电流脉冲才能关断，因此 GTO 的驱动回路比较复杂，损耗也较高。在 20 世纪 80 年代末和 90 年代初，GTO 曾经是大功率应用场合的首选。然而，IGBT 在最近几年已经完全取代了 GTO。
- **集成门极换流晶闸管**（IGCT）：IGCT 在概念和结构上实际是一种对关断驱动要求较低的 GTO。另外相比于 GTO，IGCT 的导通压降较小，开关频率较高。由于其优异的电压/电流处理能力，近年来 IGCT 在大功率变流器的应用方面得到了很大关注。

基于电压/电流处理能力，晶闸管和全控型开关器件可以分为以下几类：

- **单向开关**：单向开关只允许电流单向导通。单向开关关断必须满足以下条件：电流过零点，并且电流即将为负时开关承受反向电压。单向开关可以是双极（对称）或者是单极（不对称）。双极开关可以承受相对较高的反向电压。晶闸管就是一种双极单向开关器件。相比之下，单极开关的反向击穿电压较低；因此，当电压超过开关器件的反向击穿电压时，就会产生反向浪涌电流进而损坏器件。为了避免反向击穿及产生的相关损害，可在单极开关器件旁反向并联二极管，使器件可以**反向导通**。作为商业化的单向开关器件，GTO 和 IGCT 都有单极和双极两种类型。1.5.2 节所述的电流源型变流器（Current-Sourced Converter，CSC）就需要采用双极单向开关。
- **反向导通开关**：反向导通开关器件实际上是一个双极或者单极的单向导通开

关器件反向并联一个二极管。因此，反向导通开关器件可以看成一个双极开关器件，其反向击穿电压近似等于二极管的正向导通压降。因此，施加很小的反向电压，器件就会导通。IGBT 和功率 MOSFET 就是典型的反向导通开关器件。反向导通 IGCT 开关也已经商用化。本书中，我们也将反向导通开关器件称为**开关单元**，如图 1.1a 所示。后文提到的 VSC 就需要采用反向导通开关（开关单元）。图 1.1b 所示为开关单元两种常用的表示方法，其中开关门极未在图中画出。

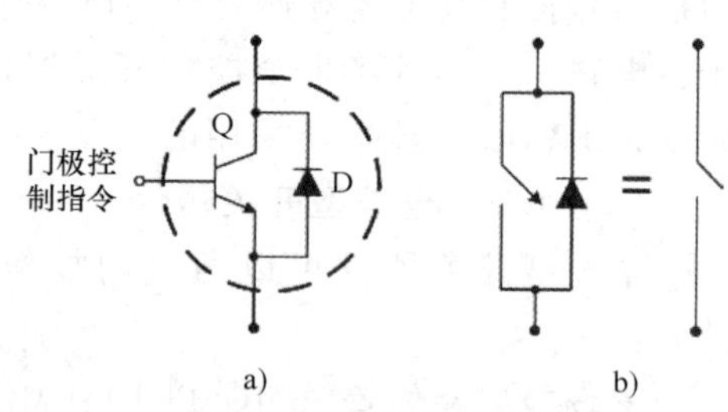

图 1.1 开关单元两种常用的表示方法

a）通用的开关单元示意图 b）开关单元的符号

• **双向开关**：双向开关可以双向导通和关断。因为在关断状态下需要同时承受正向和反向电压，从本质上讲，双向开关也是一种双极开关。一对反向并联的晶闸管就是典型的双向开关。需要指出的是，迄今为止，还没有完全双向可控的单个开关器件，因此，必须通过反向并联两个双极单向开关来实现双向可控。矩阵变流器就需要采用双向全控开关[18]。

1.4.2 开关特性

在电力电子功率变换领域中，半导体开关器件几乎只处于开关模式，也就是说，开关器件要么处于导通状态，要么处于关断状态。电力电子开关稳态与开关特性可以分别用电流-电压波形和电流-电压（v-i）特性曲线表示。进行系统层面的研究和控制器设计时，通常采用变流器的简化开关模型，尤其是对于开关频率较低的大功率变流器。简化开关模型保留了器件相关特性，同时极大地减少了建模、分析和计算的工作量。然而，取决于具体的研究对象，采用更详细的模型可以得到更加精确的波形和结果。举例来说，若要研究开关损耗，开关模型就必须要考虑二极管反向恢复和晶体管尾流的影响[16]。

在本书中，电子开关器件的导通和关断特性近似地由 v-i 平面上的直线表示，因此忽略了开关暂态过程中的反向恢复、尾流等，并且假设状态切换瞬时完成。不过，为了验证相关方法，2.6 节采用了更加详细的开关模型来估算 DC-AC VSC 的功率损耗。

1.5 变流器的分类

电力电子变流器的分类方法有很多种。本节只介绍两种大功率电力电子变流器的分类方法。

1.5.1 基于换相过程的分类

常用的分类方法是基于变流器的换相过程，换相过程指支路 i 的开关关断、支路 j 的开关导通时，电流从支路 i 切换至支路 j 的过程。根据上述定义，相关技术文献中的变流器可分为以下两种：

- **电网换相变流器**：对电网换相（自然换相）变流器，交流系统主导了换相过程。因此，换相过程由交流电压极性的翻转引起。广泛应用于 HVDC 系统中的传统 6 脉波晶闸管桥式变流器，就是一种典型的电网换相变流器[19]。电网换相变流器也称作自然换相变流器。
- **强制换相变流器**：对于强制换相变流器，电流的换相是一个受控过程。因此，在该类型变流器中，每个开关器件都必须是全控的，也就是说，每个开关器件必须要有门极关断能力，或者其关断过程可以通过辅助关断电路完成，比如辅助开关器件或者电容器。强制换相变流器采用具有门极开断能力的开关器件，也称作自换相变流器。自换相变流器对于电力系统来说非常有意义，同时也是本书研究的重点。

需要注意的是，在特定的电力电子变流器中，开关器件可能没有电流换相过程，这种变流器即为无换相变流器。例如，传统 SVC 中两个反向并联的晶闸管可以看作一种无换相变流器。

1.5.2 基于端电压和电流波形的分类

DC-AC 变流器也可以根据其直流端的电压和电流波形来进行分类。电流源变流器（CSC）可以保持直流电流极性不变，因此，功率传递方向取决于直流电压的极性。CSC 的直流侧通常会串联一个较大的电感来续流，使其更像一个电流源。例如，传统的 6 脉波晶闸管桥式整流器就是一个 CSC。类似地，电压源变流器（Voltage-Sourced Converter，VSC）可以保持直流电压极性不变，变流器的功率传递方向取决于直流电流的极性。VSC 的直流侧通常会并联一个较大的电容，使其更像一个电压源。

相比 VSC，强制换相的 CSC 在电力系统中应用不多，这是因为 CSC 需要双极电子开关器件，而目前半导体工业还没有完全大规模商用化高速全控的双极开关器件。尽管双极的 GTO 和 IGCT 已经商用化，但其开关频率还是偏低，并且主要是为特高功率的电子变流器定制的。不同于 CSC，电压源变流器需要的是反向导通开关或者开关单元。类似的开关单元，例如 IGBT 和反向导通 IGCT 等，都已经商用化。在 IGBT 和 IGCT 成熟之前，VSC 的开关器件主要通过 GTO 和二极管反向并联来实现。

1.6 电压源变流器（VSC）

本书主要内容为 VSC 和基于 VSC 系统的建模和控制。下一节将简要介绍最常见的 VSC 拓扑。

1.7 基本结构

单相半桥两电平 VSC 的基本电路如图 1.2 所示。半桥 VSC 由上开关单元和下开关单元组成。每个开关单元由一个全控单向开关反向并联一只二极管构成。如 1.4.1.3 节所述，这种开关配置构成了一个简易的反向导通开关，比如已经商用化的 IGBT 和 IGCT。为了保持直流侧的分裂电容电压不变，直流系统可以是直流电源、电池组或者更加复杂的结构，比如 AC-DC 变流器的直流端。图 1.2 所示的半桥式 VSC 被称为两电平变流器，这是因为在任意时刻，变流器交流侧的电压要么是 p 点的电势，要么就是 n 点的电势，这取决于哪个开关导通。通常采用脉宽调制（Pulse-Width Modulation PWM）技术来控制交流侧电压的基波[16, 20]。

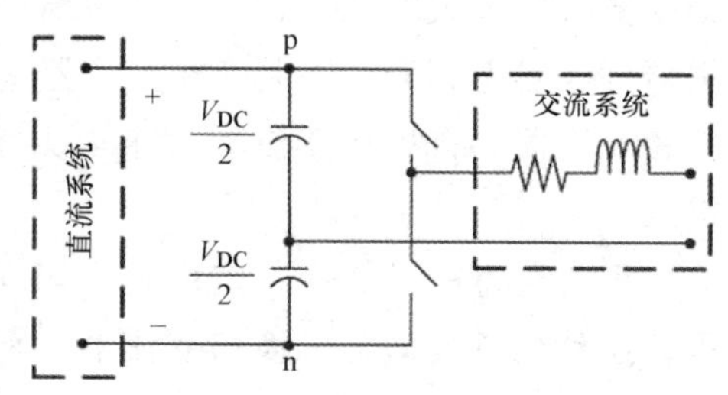

图 1.2 单相半桥 VSC 的示意图

如果两个半桥 VSC 在直流侧并联，就可以得到图 1.3 所示的单相全桥 VSC。因此，如图 1.3 所示，交流系统与两个半桥 VSC 的交流端相连。这种连接方式的优势在于对一个给定的直流电压，全桥 VSC 生成的交流电压大小是半桥 VSC 的两倍，这也意味着其直流电压和开关的利用率更大。图 1.3 所示的全桥 VSC 也被称为 **H 桥变流器**。

图 1.4 所示为三相两电平 VSC 的电路结构。这种三相 VSC 也是图 1.2 所示半桥 VSC 的扩展。在电力系统中，三相 VSC 通常通过三相变压器接入交流系统。如果是四线制线路，VSC 必须允许第 4 条线（或中性线）与直流侧分裂电容的中点相连，或者增加一个额外的半桥 VSC 作为 VSC 的第 4 相，其交流端与第 4 条线相连。参考文献［20］介绍了多种三相两电平 VSC 的 PWM 和空间矢量调制技术。

半桥 VSC 和三相 VSC 的工作原理将分别在第 2 章和第 5 章中做详细介绍。

1.7.1 多模块 VSC 系统

由全控单向开关和二极管反向并联组成的开关单元，如图 1.2b 所示，可能满

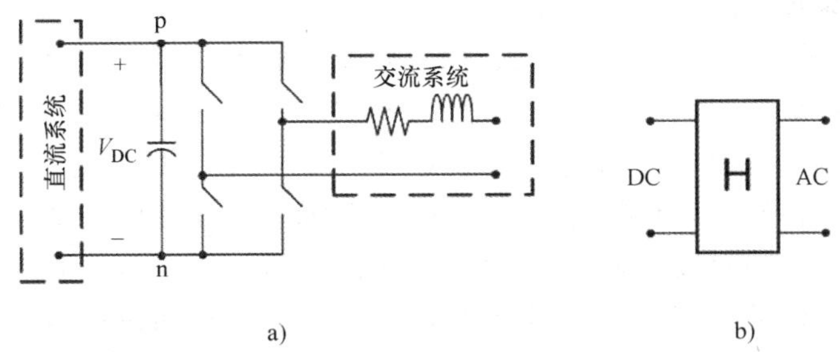

图 1.3　单相全桥两电平 VSC 的电路结构和符号

a）单相全桥两电平 VSC 的示意图（或 H 桥变流器）　b）H 桥变流器的符号表示

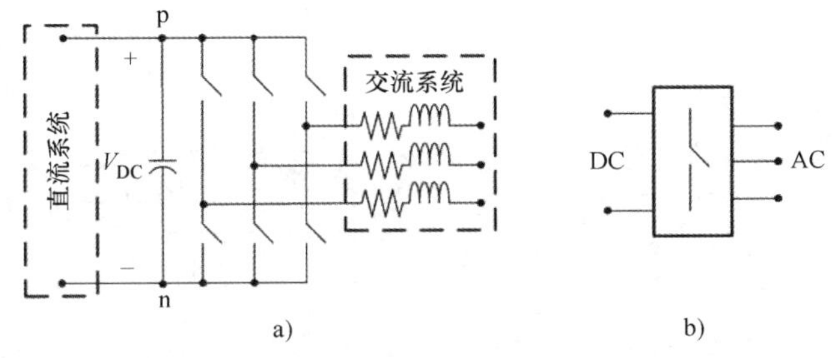

图 1.4　三相两电平 VSC 的电路结构和符号

a）三相三线两电平 VSC 的示意图　b）三相 VSC 的符号表示

足不了高压大功率 VSC 的电压/电流要求。为了克服这个缺陷，多个开关单元可以串联或者并联起来组成复合开关结构，这种结构称作**阀**，如图 1.5 所示。在大多数应用场合下，现有的电力电子开关器件可以满足电流方面的要求，但是耐压值仍然不够，需要将多个开关单元串联起来。一个阀中串联单元的数量会受到诸多实际因素的限制，如器件尺寸、关断电压分布不均衡和信号同步要求等。因此，两电平 VSC 单元的电压等级不可能无限大，存在一个上限。

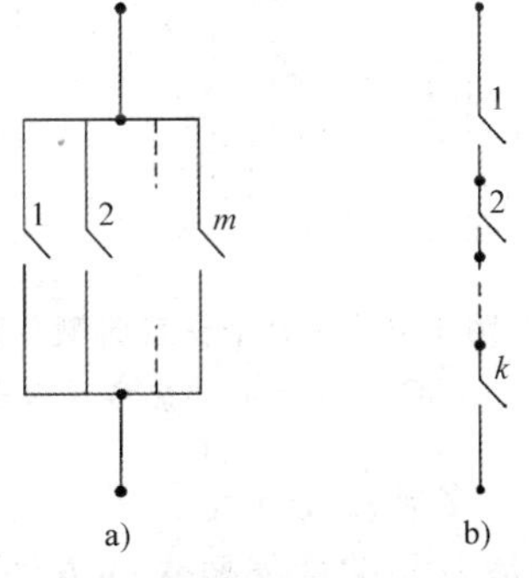

图 1.5　阀的符号表示

a）m 个并联的开关单元

b）k 个串联的开关单元

通过串联相同的三相两电平 VSC 模块组成多模块 VSC 可以增加 VSC 系统的最大允许电压极限[21]。图 1.6 所示为一种 n 模块 VSC 的拓扑，其中 n 个相同的两电平 VSC 模块分别在交流侧串联、在直流侧并联。VSC 模块共用一个直流母线电容器。图 1.7 所示为另外一种 n 模块 VSC 的拓扑，其中两电平 VSC 模块在交流侧和直流侧都是串联的。在图 1.6 和图 1.7 所示的两种拓扑中，各 VSC 模块的交流电压通过各自对应的变压器累加，从而得到想要的电压等级（和波形）以接入交流系统。因为所有 VSC 模块和变压器都是相同的，模块化是 n 模块 VSC 拓扑的显著特点之一。模块化有诸多好处，可以降低生产成本，便于维护，并且可以使备件规范化。

图 1.7 所示的多模块变流器可以进一步改进，通过多脉波配置减少交流侧的谐波电压，同时保留其模块化特性。具体做法是对 VSC 模块的开关模式进行适当的相移，这样就可以通过变压器将各 VSC 模块的交流电压累加，从而消除或抑制特定的电压谐波。谐波抑制可以使多模块变流器工作在较低的开关频率下，进而降低了开关损耗；谐波抑制同时也降低了在变流器交流侧装设低频滤波器的必要性[22]。

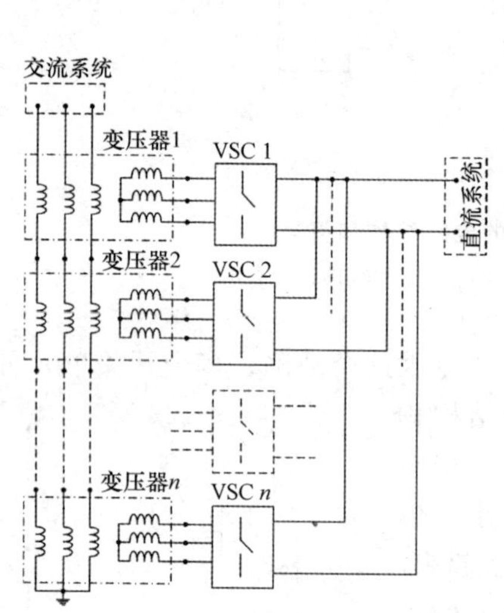

图 1.6 由 n 个在直流侧并联的两电平 VSC 模块组成的多模块 VSC 示意图

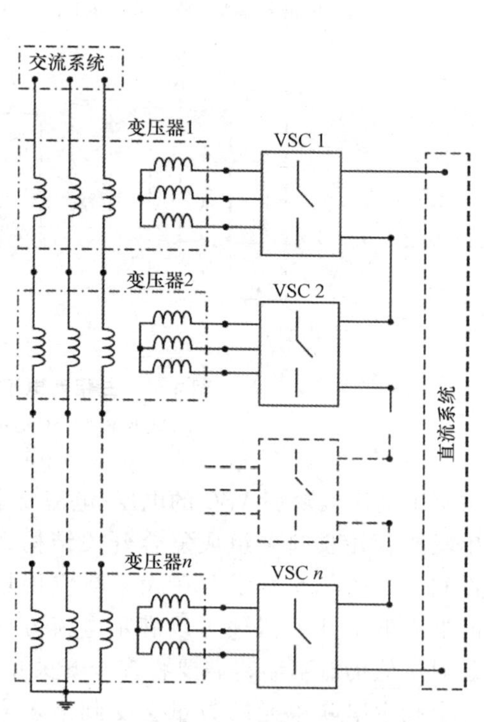

图 1.7 由 n 个在直流侧串联的两电平 VSC 模块组成的多模块 VSC 示意图

多脉波变流是另外一种减小 VSC 交流侧合成电压的低频谐波分量进而降低对滤波器相关性能要求的方法[23]。图 1.8 所示为一种在传统 HVDC 中广泛应用的 12 脉波晶闸管桥式 CSC 系统的示意图。如图 1.8 所示，CSC 的 12 脉波运行方式需要两个 CSC 的交流侧电压有 30°的相角差，该相角差可以通过两个变压器绕组不同的接线方式来实现。因此，图 1.8 所示的拓扑不完全是模块化。

1.7.2 多电平 VSC 系统

另一个提高大功率 VSC 系统电压等级的方法是利用多电平电压合成策略。在概念上讲，多电平 VSC 的拓扑分为[17]：

- 基于 H 桥的多电平 VSC。
- 电容钳位型多电平 VSC。
- 二极管钳位型多电平 VSC。

基于 H 桥的多电平 VSC，也称**级联式 H 桥多电平 VSC**，由图 1.3b 所示的 H 桥模块串联而成。图 1.9 所示为一种三相星形联结、基于 H 桥的多电平 VSC 的示意图。对于这种拓扑，特别是如果存在有功功率交换，每个 H 模块的直流母线电压必须由独立电源供电或由辅助的变流器系统进行调节。因此，这种拓扑并不适用于一般的应用场合，而是更适用于某些特殊的应用场合，如 STATCOM，在这种情况下只需要交换无功功率。

图 1.9 所示拓扑的一个显著特点是它可以对变流器三相进行独立控制。如果中性点接地，除正序分量和负序分量之外，变流器还能对三相电流中的零序分量进行独立控制。需要注意的是，图 1.4 和图 1.7 所示的拓扑只能对正序分量和负序分量进行控制。

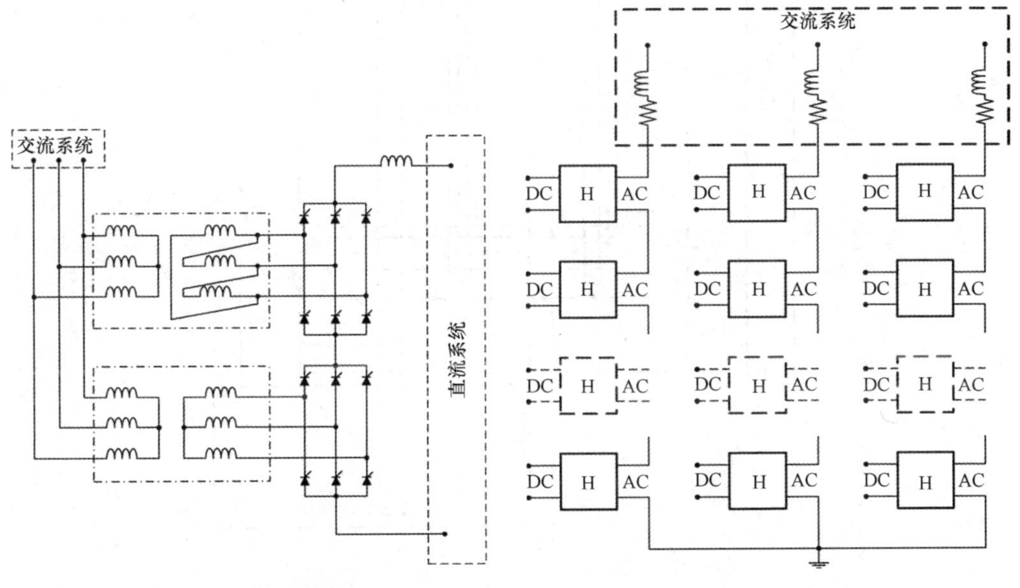

图 1.8　12 脉波电网换相晶闸管桥式 CSC 的示意图

图 1.9　星形联结、基于 H 桥的多电平 VSC 的示意图

另外一类多电平变流器拓扑是电容钳位型多电平 VSC，其特点是采用了许多大容量电容器。该类型的变流器一大技术难点就是电容电压的控制。因此，电容钳位型多电平 VSC 在电力系统中没有得到广泛应用，本书将不予讨论。

二极管钳位型多电平 VSC（DCC）是图 1.4a 所示两电平 VSC 的推广。这种拓扑很好地克服了另外两种多电平变流器拓扑的缺陷，在电力系统中有着很好的应用前景。图 1.10 为 n 电平 DCC 的结构示意图，图中，变流器的每相桥臂都由一个假想的 n 通开关表示，DC 母线间串接了 $n-1$ 个额定值相同的电容，标记为 C_1 到 C_{n-1}。根据 n 电平 DCC 的开关策略，图 1.10 中的每个开关都将对应的交流端连接到直流侧 0 到 $n-1$ 节点中的某点。因此，交流端电压为 n 个直流侧节点电压的其中之一。图 1.11 和图 1.12 所示分别为三电平 DCC 和五电平 DCC 的拓扑。三电平 DCC 也称作**中性点二极管钳位型（NPC）变流器**，广泛应用于大功率场合。相比于同等级的两电平 VSC，三电平 DCC 的交流电压畸变较小，开关损耗较低，开关应力较小。

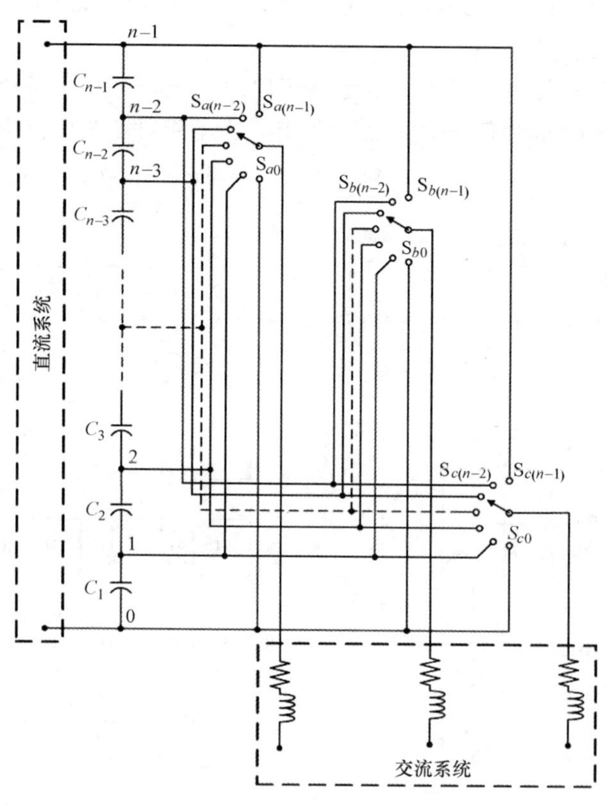

图 1-10　n 电平 DCC 的结构示意图

n 电平 DCC 正常运行的前提是各直流电容电压维持在各自的指定值（通常相等），并且在稳态和暂态时电压不会漂移。在 DCC 系统中，只依靠直流母线电压控制不能保证变流器的正常运行，这是因为单个电容电压可能漂移甚至彻底崩溃。这与两电平 VSC 只依靠直流电压控制就能实现稳定运行形成了鲜明对比。因此，直流侧电压的平衡控制是实现 DCC 稳定运行的必要条件。

从概念上讲，有两种方法可以解决 DCC 的直流侧电容电压漂移问题。第一种方法是采用辅助电路。辅助电路可以是一系列为电容器供电的独立电源，也可以是容量很小的专用电子变流器，这种变流器通过向电容注入电流来调节电容电压。然而，由于其成本较高，这种方法并不适合在电力系统中应用。

第二种平衡 DCC 直流侧电容电压的方法是通过改进变流器的控制策略、修正开关器件的开关方式，使各电容电压维持在各自的预定值。虽然这种方法需要更加复杂的控制策略，但是它确实是一种在经济上可行、技术上高效的解决方案。

需要注意的是，多电平 DCC 的电平数可以大于 3。因此，相比于两电平 VSC，DCC 可以承受的交流和直流电压要高得多，但是多电平 DCC 可达到的最大电平数同样存在一个上限。如果要在高压系统中应用多电平 DCC，如 HVDC 系统，就需要采用类似于图 1.7 中所示的多模块结构，每个模块为一个多电平 DCC。第 6 章中将会详细介绍三电平 DCC 的建模与分析方法。

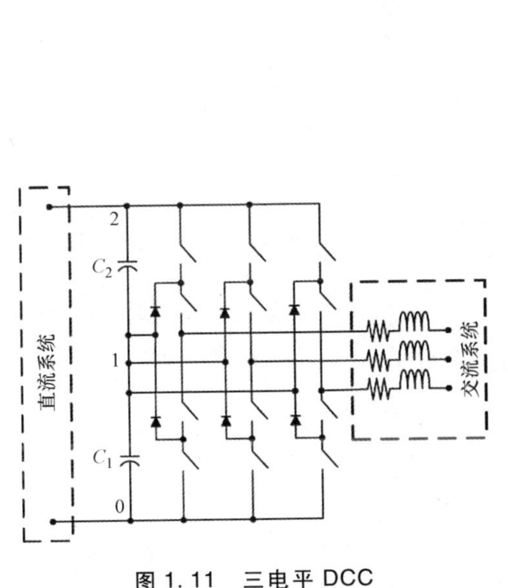

图 1.11　三电平 DCC（或 NPC 变流器）的示意图

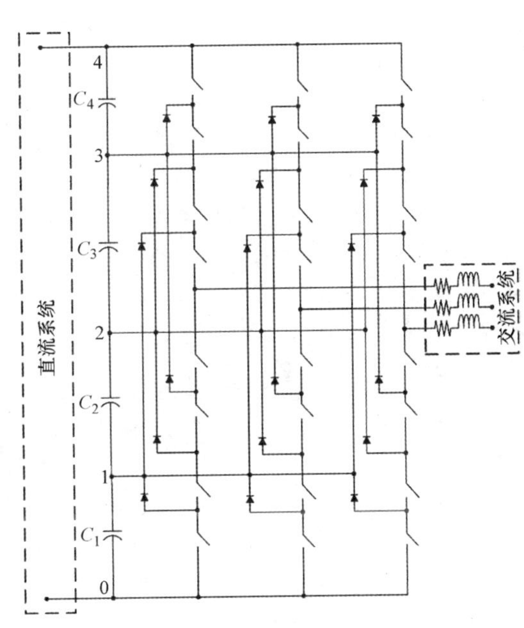

图 1.12　五电平 DCC 的示意图

1.8　本书的范围

在电力电子变流器系统中，有源滤波、无功补偿、功率调节等功能都是通过变流器的控制/保护方案正常运行得以实现的，变流器的控制保护方案最终又决定了开关器件的开关时刻。本书剩下的部分讨论了多种基于 VSC 的变流器系统的数学建模、暂态与稳态行为分析和控制器设计方法。由于篇幅所限，这里只介绍两电平VSC和三电平DCC的控制器设计方法。本书旨在帮助读者更深入理解这两种最基本、最常见的变流器的工作原理、运行特性和控制器设计方法。因此，本书不会对每一种基于VSC的拓扑都进行深入研究。但是，根据对本书的理解，读者可以将同样的内容扩展并应用于不同的VSC系统中。尽管本书主要研究VSC在有功功率调节系统中的应用，但相关内容对无功补偿系统同样适用。

第1部分

基本原理

第 2 章 DC-AC半桥变流器

2.1 引 言

本章研究了多相变流器特别是三相 DC-AC VSC 的基本组成单元——DC-AC 半桥变流器。在第 5 章中，我们将在本章内容的基础上，通过拓展半桥变流器模型来研究三相 DC-AC VSC。本章介绍了半桥变流器的动态和稳态模型，所得结论可以直接用于多相 DC-AC VSC。

2.2 变流器结构

图 2.1 所示为 DC-AC 半桥变流器的示意图[16]㊀。如图所示，半桥变流器由两个开关单元组成，上、下开关单元分别标记为 1 和 4，每个开关单元由一个全控单向开关反向并联一个二极管组成。如 1.4.1.3 节所述，这种开关单元也称作**反向导通开关**，如已经商用化的 IGBT 和 IGCT㊁。为方便参考，本章把全控型开关称作**晶体管**，用传统双极结型晶体管的电路符号来表示。因此，上开关单元由晶体管 Q_1 和二极管 D_1 组成。类似地，下开关单元由晶体管 Q_4 和二极管 D_4 组成。如图 2.1 所示，规定晶体管的电流正方向为从集极流向射极，二极管的电流正方向为从阳极流向阴极。流过上、下开关单元的电流分别由 i_p 和 i_n 表示，如图 2.1 所示。可知 $i_p=i_{Q1}-i_{D1}$，$i_n=-(i_{Q4}-i_{D4})$。

图 2.1 中的节点 p 和 n 代表半桥变流器的**直流端**（或直流侧）。类似地，我们用节点 t 代表半桥变流器的**交流端**（或交流侧）。在图 2.1 中，半桥变流器的直流

㊀ 图 2.1 所示拓扑也被称为四象限斩波器。

㊁ IGBT、IGCT、GTO 分别代表绝缘栅双极型晶体管、集成门极换流晶闸管和门极关断晶闸管（见 1.4.1.3 节）。

侧连接了两个相同的直流电压源，每个直流电压源的电压为 $V_{DC}/2$。两个直流电压源的中间节点用 0 表示。我们把该点称为**直流侧中点**，并将该点选为电压参考节点。

在交流侧，半桥变流器与电压源 V_s 相连，我们把 V_s 称为**交流侧电压源**。交流侧电压源的负端连接直流侧中点[㊀]。交流端 t 和交流侧电压源之间是一个连接电抗器，用 RL 串联支路表示。交流端电压 V_t 为含有纹波的开关波形[㊁]，因此，连接电抗器起到滤波作用，可以减小交流电流的纹波。L 和 R 分别表示连接电抗器的电感和电阻。在某些情况下，接口电抗器包含在负载或交流侧电压源中，无需外部 RL 支路。例如，在电机驱动系统中，电机定子线圈就可作为变流器和电机之间的连接电抗器。

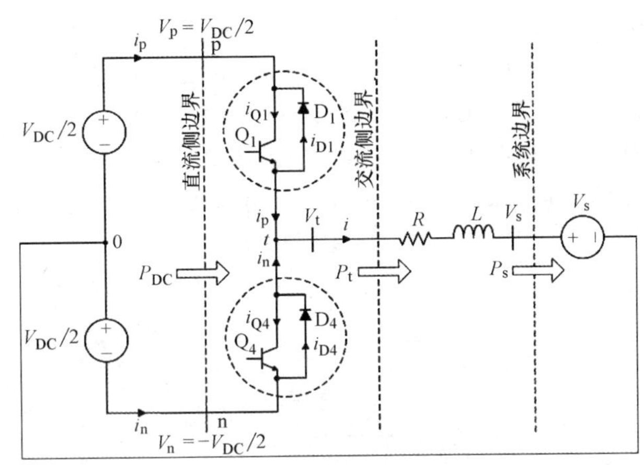

图 2.1　半桥变流器的简化电路图

在图 2.1 中，P_{DC} 表示直流（瞬时）功率，P_t 表示交流功率，P_s 表示输入交流电压源的功率。功率的正方向为从直流电压源到交流电压源，如图 2.1 所示。

2.3　工作原理

2.3.1　脉宽调制（PWM）

半桥变流器以 Q_1 和 Q_4 的交替开关为基础。Q_1 和 Q_4 的导通和关断信号根据脉宽调制（PWM）策略产生。PWM 策略可由多种方法实现，其中最常用的方法是将高频三角波，也即载波信号[㊂]，和一个变化较慢的调制波进行比较。载波周期为 T_s，大小在 -1 ~ 1 之间变化。载波和调制波的交点决定了 Q_1 和 Q_4 的开关时刻。PWM 开关信号的产生过程由图 2.2 表示，其中，开关函数定义如下：

㊀ 在接下来的章节中，当我们将 DC-AC 半桥变流器拓展为三相 VSC 时，将去除交流侧电压源和直流侧中点间的通路；相对于直流侧中点，交流侧电压源的负端电压为 V_n。

㊁ 通常，纹波是针对直流波形而定义的，等于总的波形减去平均值。本书中，纹波不一定只针对直流波形，而是定义为总的波形中不需要的谐波的叠加。

㊂ 载波信号也可以是周期性的锯齿波，但大容量的变流器通常采用三角载波。

$$s(t)=\begin{cases}1 & (\text{开关导通})\\ 0 & (\text{开关关断})\end{cases}$$

因此，如图 2.2 所示，当调制信号大于载波信号时，发出 Q_1 的导通指令，闭锁 Q_4 的导通指令；当调制信号小于载波信号时，发出 Q_4 的导通指令，闭锁 Q_1 的导通指令。需要注意的是，即使一个开关接收到导通指令，该开关并不一定导通，只有当开关既收到导通信号，导通后的电流方向又与开关导通方向一致时，开关才会导通。以 IGBT 为例，收到导通指令后，只有导通后的电流方向是从集电极到发射极时，IGBT 才会真正导通。根据图 2.2 中的 PWM 调制策略，Q_1 和 Q_4 的开关函数的波形分别如图 2.3b、c 所示。可以发现，$s_1(t)+s_4(t)\equiv 1$，如图 2.3 所示。

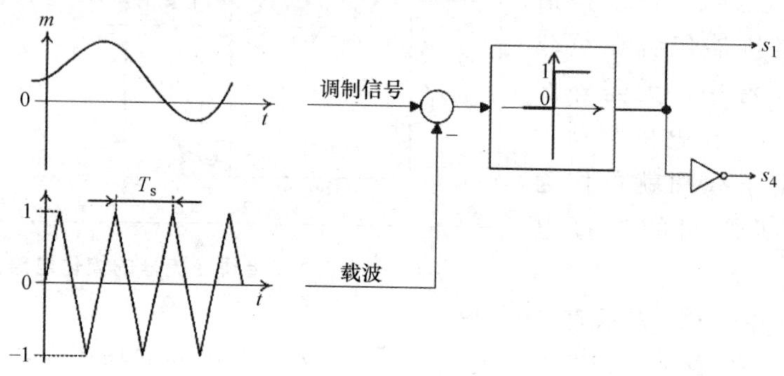

图 2.2 产生 Q_1 和 Q_4 的 PWM 门控脉冲的示意图

2.3.2 变流器波形

本节将以 2.3.1 节中介绍的开关策略为基础，研究图 2.1 所示的半桥变流器的开关特性。为避免不必要的细节，我们做如下简化假设：

- 晶体管和二极管在导通时均视为短路。
- 晶体管和二极管在关断时均视为开路。
- 晶体管没有关断尾流。
- 二极管关断时没有反向恢复电流。
- 晶体管从通态到阻态的切换瞬时完成，反之如此。
- 在一个开关周期内，交流侧电流 i 是无纹波的直流量。

在以下的各小节中，我们将基于上述简化假设，研究变流器的开关波形。因为交流电流方向不同时变流器的工作状态也不同，我们将分别予以讨论。

2.3.2.1 交流侧电流正向时的变流器波形

考虑图 2.1 中半桥变流器的交流侧电流 i 正向时的情况。假设 $s_1=0$，即 Q_1 关

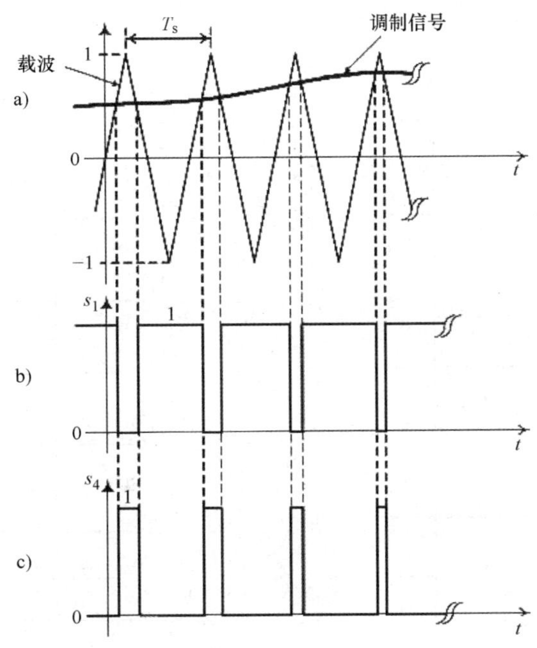

图 2.3　由 PWM 调制产生的信号

a）载波和调制波　b）开关 Q_1的开关函数　c）开关 Q_4的开关函数

断。因为 i_{D1}不能为负，所以 i 不能流过二极管 D_1。同理，即使 $s_4=1$，i 也不能流过 Q_4。因此，i 从 D_4 流过，有 $V_t=V_p=-V_{DC}/2$。现在考虑 $s_1=1$ 而 $s_4=0$ 的时刻，在这种情况下，Q_1 导通而 Q_4 关断。Q_1 导通时，有 $V_t=V_p=V_{DC}/2$，D_4也会反向关断。因此，i 从 Q_1 流过。

电流正向时半桥变流器的波形如图 2.4a~h 所示。继续前文的讨论，当电流 i 正向时，Q_4 和 D_1 在变流器的运行中并不起作用。$s_1=1$ 的时间占开关周期 T_s 的比例称为**导通比**，用 d 表示。在 2.3.2 节的简化假设下，d 也就是 $V_t=V_p=V_{DC}/2$ 的时间占开关周期 T_s的比例。但是，如果考虑开关暂态过程，后者并不成立[㊀]。

2.3.2.2　交流侧电流反向时的变流器波形

与电流正向时的分析类似，当交流侧电流反向时，Q_1 和 D_4 不参与变流器的运行。在这种情况下，当 $s_4=1$ 时，Q_4 导通，$V_t=V_p=-V_{DC}/2$。反之，当 $s_4=0$ 时，交流侧电流从 D_1 流过，$V_t=V_p=V_{DC}/2$。导通比 d 与电流正向时的定义相同。电流反向时半桥变流器的波形如图 2.5a~h 所示。

㊀　具体见 2.6 节。

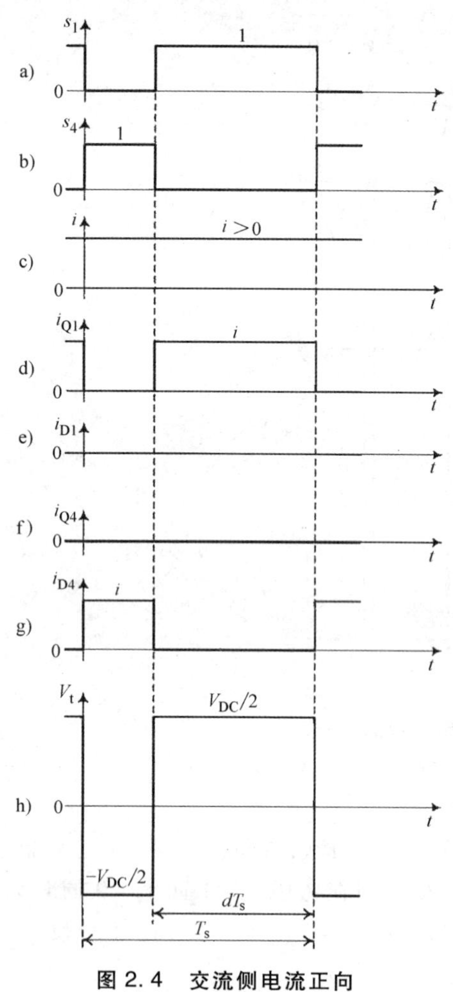

图 2.4　交流侧电流正向时半桥变流器的波形

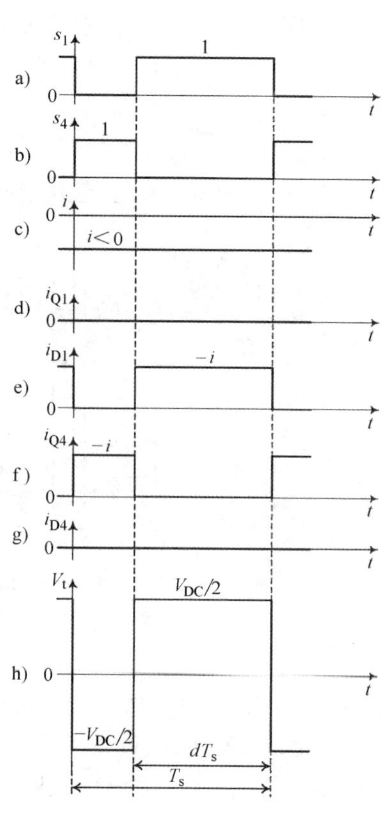

图 2.5　交流侧电流反向时半桥变流器的波形

2.4　变流器的开关模型

为了将半桥变流器应用到更大的系统中，我们需要重新确定半桥变流器的端口特性。半桥变流器的开关模型描述了变流器端口电压和电流的关系。通过比较图 2.4 和图 2.5 可以发现，开关单元中流过晶体管或二极管的电流波形取决于变流器交流侧电流的方向。但是，因为 $i_p=i_{Q1}-i_{D1}$ 和 $i_n=-i_{Q4}+i_{D4}$，流过开关单元的电流波形与电流 i 的方向无关。更重要的是，交流侧端口电压 V_t 的波形仅由开关函数决定，与电流 i 的方向无关。因此，从端口的角度来看，半桥变流器的工作原理可以表述如下：

当 $s_1=1$ 时，上开关单元导通而下开关单元关断，因此，$V_t=V_p=V_{DC}/2$，$i_p=i$，$i_n=0$。反之，当 $s_4=1$ 时，下开关单元导通而上开关单元关断，因此，$V_t=V_p=-V_{DC}/2$，$i_p=0$，$i_n=i$。以上结论在 $i>0$ 和 $i<0$ 时均成立，如图 2.6 所示。

继续前面的讨论，图 2.1 中半桥变流器的数学模型可以表示为

$$s_1(t)+s_2(t)\equiv 1 \tag{2.1}$$

$$V_t(t)=(V_{DC}/2)s_1(t)-(V_{DC}/2)s_4(t) \tag{2.2}$$

$$i_p(t)=i_{s1}(t) \tag{2.3}$$

$$i_n(t)=i_{s4}(t) \tag{2.4}$$

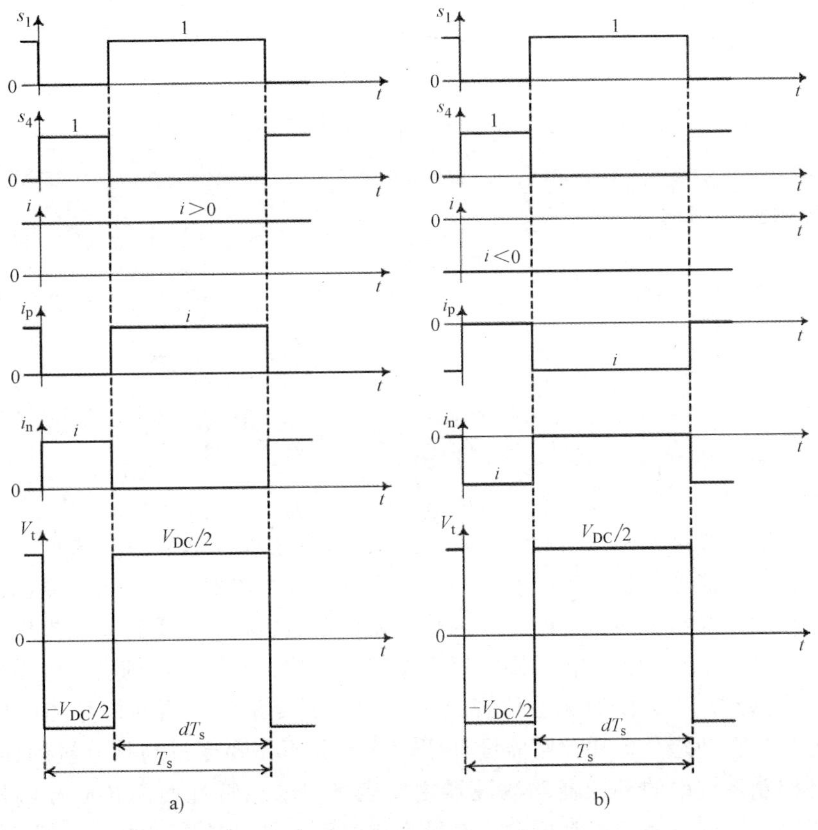

图 2.6　半桥变流器的波形

a）交流侧电流正向时　b）交流侧电流负向时

式（2.1）~式（2.4）描述了半桥变流器端口电压/电流与开关函数的关系。根据式（2.1）~式（2.4），图 2.1 中半桥变流器的开关等效电路如图 2.7 所示。

P_{DC}、P_t、P_s 的计算公式为

$$P_{DC}(t)=V_p i_p+V_n i_n=\frac{V_{DC}}{2}[s_1(t)-s_4(t)]i \tag{2.5}$$

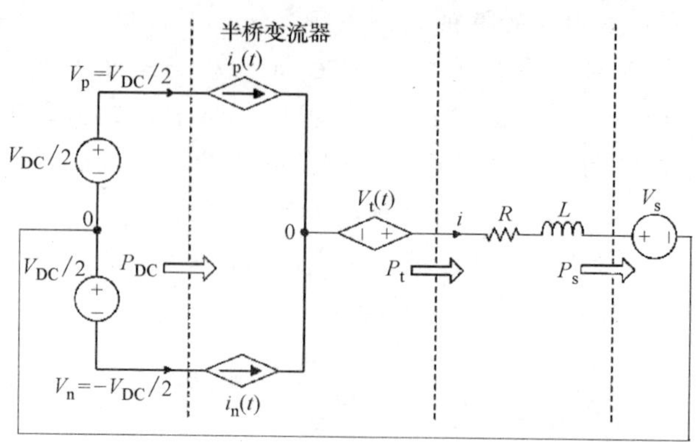

图 2.7　图 2.1 中半桥变流器的开关等效电路

$$P_t(t)=V_t(t)i=\frac{V_{DC}}{2}[s_1(t)-s_4(t)]i \tag{2.6}$$

$$P_s(t)=V_s i \tag{2.7}$$

变流器的功率损耗为

$$P_{loss}=P_{DC}-P_t \tag{2.8}$$

由式（2.5）和式（2.6）可得 $P_{loss}\equiv 0$，也就是说，理想的半桥变流器没有功率损耗。

2.5 变流器的平均值模型

式（2.1）~式（2.7）给出了一种图 2.1 所示半桥变流器的开关模型。该开关模型准确描述了变流器的稳态和动态行为。如果开关等电路器件采用更复杂的模型，精确度会更高。只要给定晶体管的开关函数，就可以通过开关模型计算出电压和电流的瞬时值。但是由于开关过程和缓慢的暂态过程的影响，计算得出的变量值中含有很多高频成分。然而，开关模型无法体现出主要的控制变量——调制信号和电压电流的关系。另外，在动态分析和控制器设计中，通常并不需要变量高频分量的详细信息，因为闭环控制系统中的补偿器和滤波器主要表现出低通特性而高频成分对其并无影响。基于以上原因，我们通常更关心变量平均值而不是变量瞬时值的动态变化。通过平均值模型，我们还可以将变流器的动态特性描述为调制信号的函数。

由图 2.7 所示的半桥变流器的开关等效电路可知，交流侧电流 i 满足

$$L\frac{d}{dt}i(t)+Ri(t)=V_t(t)-V_s \tag{2.9}$$

由于 $V_t(t)$ 是一个周期为 T_s 的周期函数，它可以用傅里叶级数表示为

$$V_t(t)=\frac{1}{T_s}\int_0^{T_s}V_t(\tau)d\tau+\sum_{h=1}^{h=+\infty}[a_h\cos(h\omega_s t)+b_h\sin(h\omega_s t)] \tag{2.10}$$

式中，h 为谐波次数，$\omega_s=\dfrac{2\pi}{T_s}$，$a_h$ 和 b_h 分别为

$$a_h=\frac{2}{T_s}\int_0^{T_s}V_t(\tau)\cos(h\omega_s\tau)\,d\tau \tag{2.11}$$

$$b_h=\frac{2}{T_s}\int_0^{T_s}V_t(\tau)\sin(h\omega_s\tau)\,d\tau \tag{2.12}$$

将式（2.10）代入式（2.9），可得

$$L\frac{di}{dt}+Ri=\left[\frac{1}{T_s}\int_0^{T_s}V_t(\tau)\,d\tau-V_s\right]+\sum_{h=1}^{h=+\infty}\left[a_h\cos(h\omega_s t)+b_h\sin(h\omega_s t)\right] \tag{2.13}$$

式（2.13）描述了一个输出为 i 的低通滤波器。该滤波器的输入包括两个分量：直流分量 $\dfrac{1}{T_s}\displaystyle\int_0^{T_s}V_t(\tau)\,d\tau-V_s$ 和周期分量 $\displaystyle\sum_{h=1}^{h=+\infty}\left[a_h\cos(h\omega_s t)+b_h\sin(h\omega_s t)\right]$。式（2.13）是线性的。因此，根据叠加定理，滤波器对复合输入的响应可以看成对所有单个输入的响应之和，这可以表示为

$$L\frac{d\bar{i}}{dt}+R\bar{i}=\frac{1}{T_s}\int_0^{T_s}V_t(\tau)\,d\tau-V_s \tag{2.14}$$

$$L\frac{d\tilde{i}}{dt}+R\tilde{i}=\sum_{h=1}^{h=+\infty}\left[a_h\cos(h\omega_s t)+b_h\sin(h\omega_s t)\right] \tag{2.15}$$

$$i(t)=\bar{i}(t)+\tilde{i}(t) \tag{2.16}$$

式中，$\bar{i}(t)$ 和 $\tilde{i}(t)$ 分别为滤波器对输入的直流分量和周期分量的响应。我们也可以将 $\tilde{i}(t)$ 看作电流纹波。根据式（2.15），如果 ω_s 比 R/L 大许多，那么输入的周期分量对整个输出的影响将变得很小，即纹波很小，我们便可以假设 $i(t)\approx\bar{i}(t)$。因此，变流器系统的动态特性主要由式（2.14）描述。

为了将之前的理论拓展到变量平均值本身也是时间的函数的情况，也就是说，每个开关周期内的变量平均值并不相同，我们将平均值算子定义为

$$\bar{x}(t)=\frac{1}{T_s}\int_{t-T_s}^{t}x(\tau)\,d\tau \tag{2.17}$$

式中，$x(t)$ 是一个变量，上横线表示平均值㊀。因此，将平均值算子式（2.17）带入式（2.9）也可以推出式（2.14）。这种方法在非线性系统理论[28,29]和电力电子相关文献[30,31]中被称为**平均化**。

如 2.3.1 节所述，周期性开关波形由 PWM 调制生成，因此由图 2.3 可以得出

㊀ 也称为滑动平均值。

以下结论：如果调制波不是常量而是时变量，那么 s_1 和 s_4 的开关波形也不完全是周期性的。而且，开关波形的平均值在每个开关周期内也是不同的。根据式（2.17）中平均值的定义，我们也可以对这种开关波形进行平均化处理。式（2.17）成立的前提是载波频率必须足够高，例如，是调制波频率的 10 倍以上。

对 $s_1(t)$ 和 $s_4(t)$ 应用平均值算子式（2.17），对照图 2.6，可得

$$\begin{aligned}\bar{s}_1(t)&=d\\ \bar{s}_4(t)&=1-d\end{aligned} \tag{2.18}$$

图 2.8 表明，如果载波频率比调制波的频率高得多，就可以假定 $\bar{i}$ 和 $\bar{V}_{DC}$ 在一个开关周期内是恒定的[16,26,27]。因此，将式（2.2）~式（2.8）两边取平均值，并将式（2.18）中的 $\bar{s}_1(t)$ 和 $\bar{s}_4(t)$ 代入所得结果，有

$$\bar{V}_t=\frac{V_{DC}}{2}(2d-1) \tag{2.19}$$

$$\bar{i}_p=di \tag{2.20}$$

$$\bar{i}_n=(1-d)i \tag{2.21}$$

$$\bar{P}_{DC}=\frac{V_{DC}}{2}(2d-1)i \tag{2.22}$$

$$\bar{P}_t=\frac{V_{DC}}{2}(2d-1)i \tag{2.23}$$

$$\bar{P}_s=V_s i \tag{2.24}$$

$$\bar{P}_{loss}=\bar{P}_{DC}-\bar{P}_t\equiv 0 \tag{2.25}$$

占空比 d 可以取 0~1 之间的任意值。如果采用图 2.2 中的 PWM 调制方法，可以用 $m=2d-1$ 描述调制信号和占空比的关系。这一点在图 2.8 中得到了突出体现，如图所示，占空比从 0 变化到 1 时，m 也相应地从 -1 变化到 1。这里默认在一个开关周期内 m 是恒定的。

将 $d=(m+1)/2$ 代入式（2.19）~式（2.23），可得

$$\bar{V}_t=m\frac{V_{DC}}{2} \tag{2.26}$$

$$\bar{i}_p=\left(\frac{1+m}{2}\right)i \tag{2.27}$$

$$\bar{i}_n=\left(\frac{1-m}{2}\right)i \tag{2.28}$$

$$\bar{P}_{DC}=m\frac{V_{DC}}{2}i \tag{2.29}$$

$$\overline{P}_t = m\frac{V_{DC}}{2}i \tag{2.30}$$

将变量 d 替换为 $(m+1)/2$ 的好处在式 (2.26) 中显而易见：如果 m 从 −1 变化到 1，平均端电压 $\overline{V}_t$ 将会线性地从 $-V_{DC}/2$ 变化到 $V_{DC}/2$，$m=0$ 也恰好对应平均电压为 0 的情况。图 2.9 所示为图 2.1 中半桥变流器的平均值等效电路。在下面的例子中，我们将研究和比较半桥 DC-AC 变流器分别由开关模型和平均值模型所得出的动态响应。

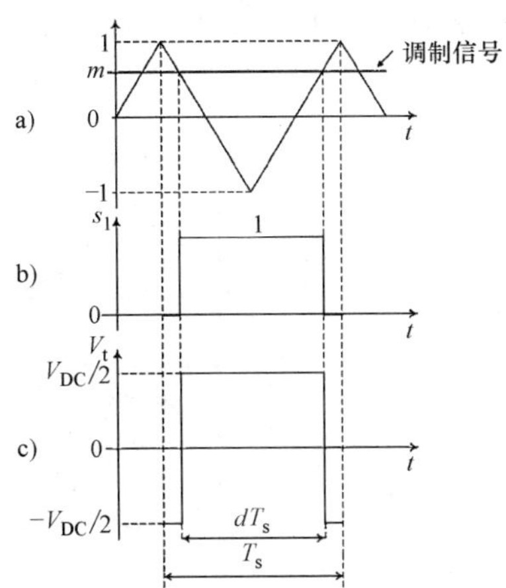

图 2.8　对应所需占空比的开关信号的产生：m 从 −1 变为 1 时，d 线性地从 0 变为 1

例 2.1　半桥变流器的动态响应

考虑图 2.1 所示的半桥变流器，系统参数为：$L=690\mu H$，$R=5m\Omega$，$V_{DC}/2=600V$，$V_s=400V$，$m=0.68$，$f_s=1620Hz$（或 $T_s=617\mu s$）。初始时刻，变流器稳定运行，然后分别在 $t=0.2s$、$t=0.7s$ 和 $t=1.5s$ 时，m 由 0.68 变为 0.685，V_s 由 400V 变为 415V，$V_{DC}/2$ 由 600V 变为 605V。

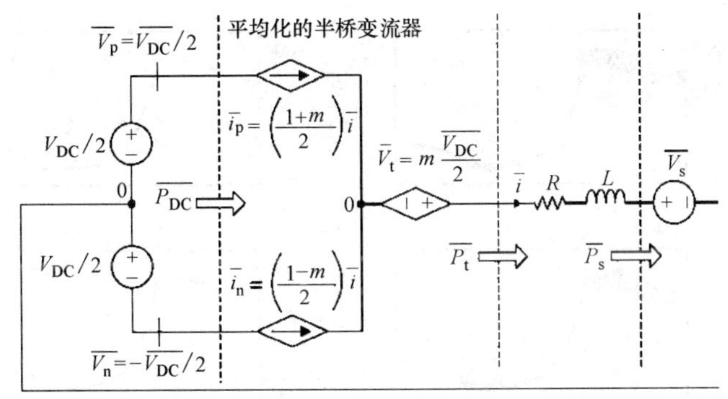

图 2.9　图 2.1 中半桥变流器的平均值等效电路

图 2.10 和图 2.11 所示分别为变流器电流和功率的变化曲线，分图 a 和分图 b 分别是根据开关模型和平均值模型得出的结果。如图 2.10 和图 2.11 所示，平均模型精确地反映出变流器的动态行为，但给出的结果不包括开关波形的细节，也就是波形中的高频成分。为了进一步体现平均值模型的精确性，我们将平均值模型和开关模型给出的波形叠加在一起，如图 2.12 所示，平均值模型给出的波形就是开关模型给出波形的平均值。

需要注意的是，虽然 P_{DC} 和 P_t 相等，但 P_s 略小于它们，这是因为电阻 R 上存在功率损耗。由图 2.11 还可以发现，功率既可以为正也可以为负，这是因为图 2.1 所示的半桥变流器是一个双向功率处理器。

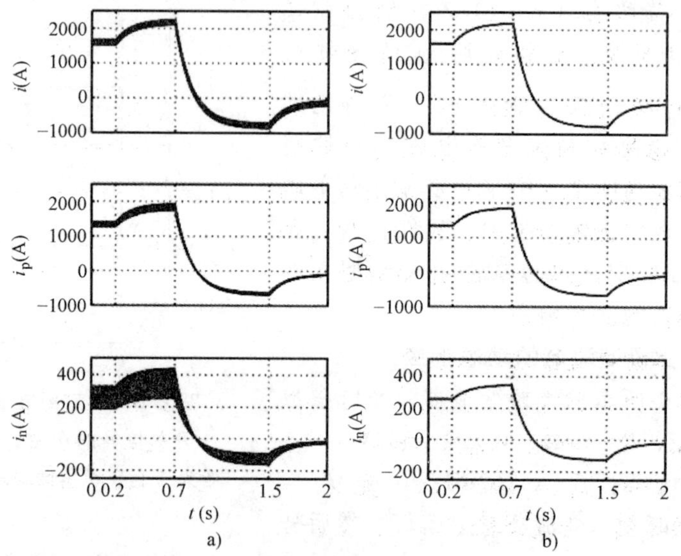

图 2.10 例 2.1 中半桥变流器交流和直流侧电流的暂态变化

a）开关模型 b）平均值模型

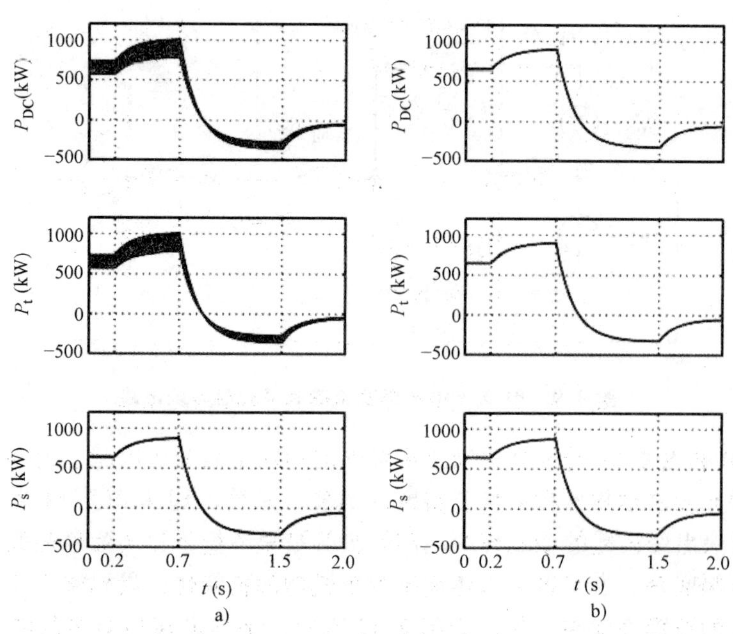

图 2.11 例 2.1 中半桥变流器功率的暂态变化

a）开关模型 b）平均值模型

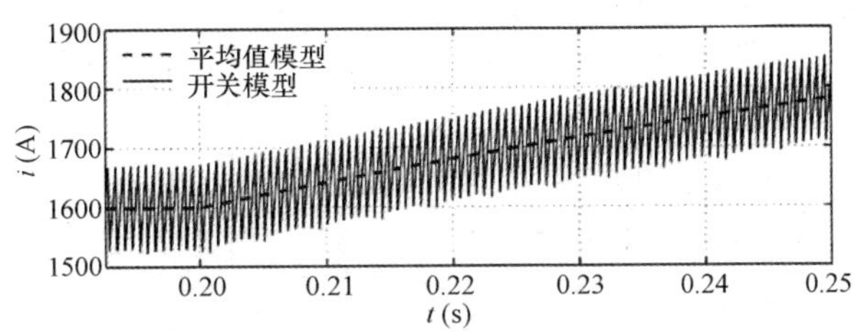

图2.12 例2.1中由开关模型和平均值模型得出的电流波形

2.6 非理想半桥变流器

之前的章节分析了DC-AC半桥变流器。分析中，我们采用了理想化的开关模型。基于简化假设，我们还提出了半桥变流器的平均值模型。本节中将对平均值模型进行拓展，使之能够代表采用非理想开关器件的半桥变流器。为此，我们采用了更精确的晶体管和二极管模型[16]，并提出了一种考虑内部压降、电阻以及晶体管和二极管的开关暂态影响的建模方法。这里介绍的方法是参考文献［32］所述方法的通用化。在本节中，我们假设：

- 在导通状态，电子开关等效为一个压降串联一个电阻。
- 在关断状态，电子开关等效为开路。
- 晶体管的开通过程是瞬时的，而关断过程受关断尾流影响。
- 二极管的开通过程是瞬时的，而关断过程受反向恢复电流影响。

图2.13所示为采用非理想晶体管和二极管的半桥变流器的示意图。对各个开关来说，V_d 和 r_{on}分别表示对应的导通压降和导通电阻。为了与图2.1中的理想半桥变流器相区别，将非理想半桥变流器的交流端电压和直流侧电流分别记为 V_t'、i_p' 和 i_n'，并将直流侧和交流侧的功率分别记为 P_1和 P_2。接下来的两小节内容将介绍和研究变流器的开关波形。

2.6.1 非理想半桥变流器的分析：正向交流侧电流

首先考虑图2.13所示的半桥变流器在一个开关周期内的工作状况，一个开关周期从 $t=0$ 到 $t=T_s$，其中，T_s为开关周期。图2.14a、b所示分别为 Q_1 和 Q_4 的开关函数波形。假设交流电流 i 为正，并且在一个开关周期内保持相对恒定。在 $t=0^-$时刻，Q_1 关断而 D_4 导通。在 $t=0^+$时刻，Q_1 收到导通指令，因此 i_{Q1}增大。但是，由于 $i_{Q1}+i_{D4}=i$，i_{D4}会相应地减小。当 i_{Q1}增大到 i 时，i_{D4}也减小到0，二极管开始反向恢复过程（见图2.14d、e）。在反向恢复的过程中，D_4仍然导通，有

$$V_t'=V_n-r_{on}i_{D4}-V_d \tag{2.31}$$

在反向恢复过程中，$|V_n|>>r_{on}i_{D4}+V_d$，所以 $V'_t \approx V_n=-V_{DC}/2$，如图 2.14c 所示。二极管 D_4 的反向恢复过程要持续 t_{rr}，直至 D_4 中的充电电荷全部消失，如图 2.14d、e 所示，在反向恢复的过程中，i_{D4}为负，i_{Q1}大于 i。

在 $t=t_{rr}$时刻，反向恢复电荷全部消失，D_4 停止导通。此时，i_{D4}为 0，i_{Q1}和 i 相等。由于此时 Q_1 的门极驱动指令还在，Q_1 进入饱和状态。从 $t=t_{rr}$到 $t=dT_s$ 的时间段内，流过 Q_1 的电流为 i，满足

$$V'_t=V_p-r_{on}i-V_d \tag{2.32}$$

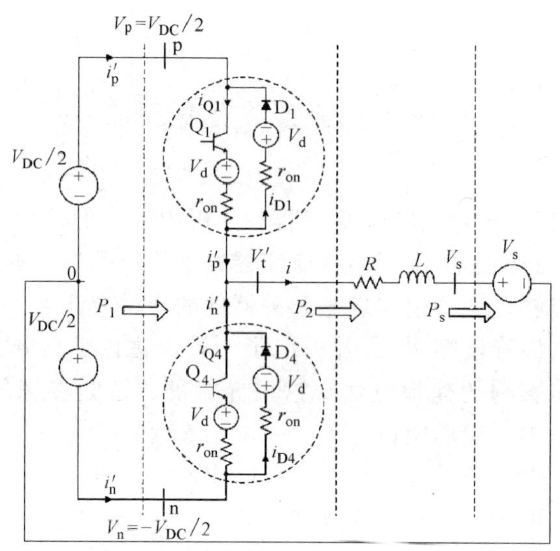

图 2.13　采用非理想开关的半桥变流器的简化电路图

注意：$r_{on}i+V_d \ll V_p$，因此有 $V'_t \approx V_p=V_{DC}/2$，如图 2.14c 所示。在 $t=dT_s$ 时刻，Q_1 的门极驱动指令被移除，i_{Q1}迅速下降到关断尾流大小。因此，D_4 开始导通，i_{D4}迅速增加。关断尾流过程持续到晶体管中的关断电荷 Q_{tc}全部消失，持续时间为 t_{tc}。在这个过程中，下式始终成立：

$$V'_t=V_n-r_{on}i_{D4}-V_d=V_n-r_{on}(i-i_{Q1})-V_d \tag{2.33}$$

且 $V'_t \approx -V_{DC}/2$（见图 2.14c）。在 $t=t_{rr}+dT_s+t_{tc}$时刻，i_{Q1}变为零，$i_{D4}=i$，如图 2.14e 所示。在 $t=t_{tc}+dT_s$ 到 T_s 的时间内，交流侧电流全部从 D_4 流过，有

$$V'_t=V_n-r_{on}i_{D4}-V_d \tag{2.34}$$

且 $V'_t \approx -V_{DC}/2$，如图 2.14c 所示。

交流侧端电压平均值为

$$\begin{aligned}\overline{V'}_t&=\frac{1}{T_s}\int_0^{T_s}V'_t(\tau)\,\mathrm{d}\tau\\&=\frac{1}{T_s}\left(\int_0^{t_{rr}}V'_t\mathrm{d}\tau+\int_{t_{rr}}^{dT_s}V'_t\mathrm{d}\tau+\int_{dT}^{dT_s+t_{tc}}V'_t\mathrm{d}\tau+\int_{dT_s+t_{tc}}^{T_s}V'_t\mathrm{d}\tau\right)\end{aligned} \tag{2.35}$$

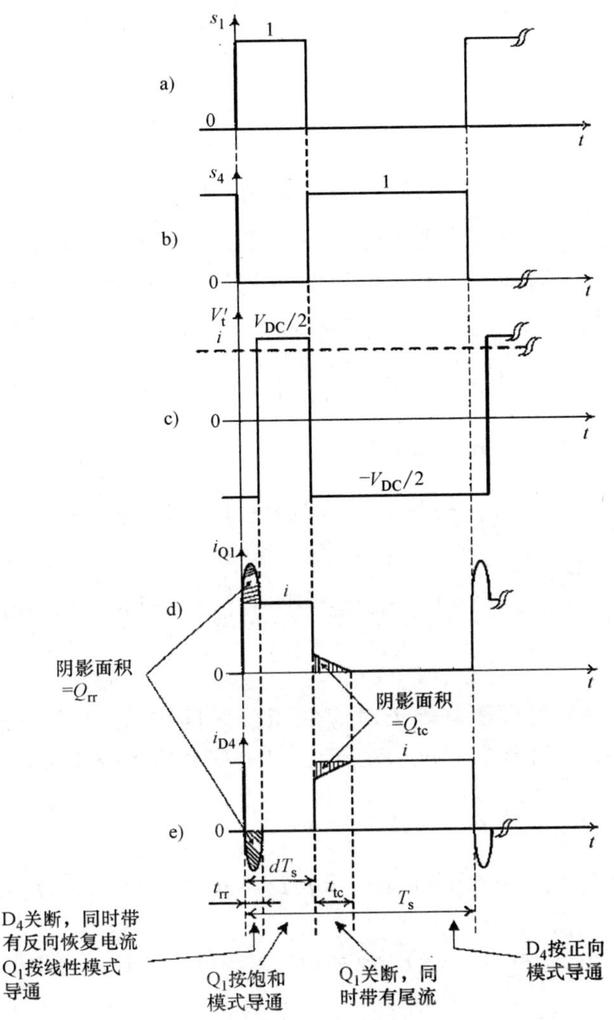

图 2.14　非理想变流器在交流侧电流正向时的开关波形

其中，各个时间段内的 V_t' 分别由式（2.31）~ 式（2.34）得出。根据式（2.31）~ 式（2.34），将 V_t' 代入式（2.35），已知 $\int_0^{t_{rr}} i_{D4}(\tau)\mathrm{d}\tau = -Q_{rr}$ 以及 $\int_{dT_s}^{dT_s+t_{tc}} i_{Q1}(\tau)\mathrm{d}\tau = Q_{tc}$，整理结果可得

$$\begin{aligned}\overline{V_t'} &= m\frac{V_{DC}}{2} - V_e - r_e i \\ &= \overline{V}_t - V_e - r_e i \qquad i>0\end{aligned} \tag{2.36}$$

其中，根据式（2.26），$\overline{V}_t = mV_{DC}/2$，另外

$$V_e = V_d - \left(\frac{Q_{rr}+Q_{tc}}{T_s}\right) r_{on} + V_{DC}\left(\frac{t_{rr}}{T_s}\right) \tag{2.37}$$

$$r_e = \left(1 - \frac{t_{rr}}{T_s}\right) r_{on} \tag{2.38}$$

式（2.36）表明，$\overline{V}_t'$可以通过 m 进行控制。但是，由式（2.36）和式（2.26）的比较可知，相比于理想变流器，非理想变流器的交流侧端电压 $\overline{V}_t'$除了 $m(V_{DC}/2)$ 之外，还有另外两个附加项：有效电压偏移 V_e 和有效阻性电压降 $r_e i$。

由于 $P_1=(V_{DC}/2)(i_p'-i_n')$，$i_p'=i_{Q1}$且 $i_n'=i_{D4}$，直流侧的平均功率可以表示为

$$\overline{P}_1 = \frac{1}{T_s}\int_0^{T_s} P_1(\tau)\mathrm{d}\tau = \frac{V_{DC}}{2T_s}\int_0^{T_s}[i_{Q1}(\tau) - i_{D4}(\tau)]\mathrm{d}\tau \tag{2.39}$$

式（2.39）右边的积分可以展开为

$$\overline{P}_1 = \left(\frac{V_{DC}}{2T_s}\right)\left\{\int_0^{t_{rr}}[i_{Q1}(\tau) - i_{D4}(\tau)]\mathrm{d}\tau + \int_{t_{rr}}^{dT_s}[i_{Q1}(\tau) - i_{D4}(\tau)]\mathrm{d}\tau\right\} + \left(\frac{V_{DC}}{2T_s}\right)\left\{\int_{dT_s}^{dT_s+t_{tc}}[i_{Q1}(\tau) - i_{D4}(\tau)]\mathrm{d}\tau + \int_{dT_s+t_{tc}}^{T_s}[i_{Q1}(\tau) - i_{D4}(\tau)]\mathrm{d}\tau\right\} \tag{2.40}$$

式（2.40）中的每项积分等于对应的积分区间内 $i_{Q1}(t)-i_{D4}(t)$ 的波形与坐标轴围成的面积。如图 2.14d、e 所示，以上积分项可分别表示为

$$\int_0^{t_{rr}}[i_{Q1}(\tau) - i_{D4}(\tau)]\mathrm{d}\tau = (it_{rr} + Q_{rr}) - (-Q_{rr}) = it_{rr} + 2Q_{rr} \tag{2.41}$$

$$\int_{t_{rr}}^{dT_s}[i_{Q1}(\tau) - i_{D4}(\tau)]\mathrm{d}\tau = (idT_s - it_{rr}) - (0) = idT_s - it_{rr} \tag{2.42}$$

$$\int_{dT_s}^{dT_s+t_{tc}}[i_{Q1}(\tau) - i_{D4}(\tau)]\mathrm{d}\tau = (Q_{tc}) - (it_{tc} - Q_{tc}) = 2Q_{tc} - it_{tc} \tag{2.43}$$

$$\int_{dT_s+t_{tc}}^{T_s}[i_{Q1}(\tau) - i_{D4}(\tau)]\mathrm{d}\tau = (0) - (iT_s - idT_s - it_{tc}) = -iT_s + it_{tc} + idT_s \tag{2.44}$$

将式（2.41）~式（2.44）代入式（2.40），可得

$$\overline{P} = \underbrace{m\frac{V_{DC}}{2}i}_{\overline{P}_{DC}} + V_{DC}\left(\frac{Q_{rr}+Q_{tc}}{T_s}\right) = \overline{P}_{DC} + V_{DC}\left(\frac{Q_{rr}+Q_{tc}}{T_s}\right) \qquad i>0 \tag{2.45}$$

根据式（2.36），交流端平均功率为

$$\overline{P}_2 = V_t'i = \underbrace{m\frac{V_{DC}}{2}i}_{\overline{P}_t} - V_e i - r_e i^2 = \overline{P}_t - V_e i - r_e i^2 \qquad i>0 \tag{2.46}$$

如式（2.29）和式（2.30）所示，$\overline{P}_{DC} = \overline{P}_t = m(V_{DC}/2)i$。因此，根据式

(2.45) 和式 (2.46)，功率损耗 $\overline{P}_{\text{loss}}=\overline{P}_1-\overline{P}_2$ 为

$$\overline{P}_{\text{loss}}=V_{\text{DC}}\left(\frac{Q_{\text{rr}}+Q_{\text{tc}}}{T_{\text{s}}}\right)+V_{\text{e}}i+r_{\text{e}}i^2 \quad i>0 \tag{2.47}$$

式 (2.47) 表明功率损耗不为零，与预期相符。

2.6.2 非理想半桥变流器的分析：反向交流侧电流

交流侧电流反向时，对图 2.13 中半桥变流器的分析方法类似于电流正向时的情况。在这种情况下，i_{D1}和 i_{Q4}参与了变流器的运行，由图 2.13 所示的方向可知，$i'_{\text{p}}=-i_{\text{D1}}$，$i'_{\text{n}}=-i_{\text{Q4}}$。

变流器的开关波形如图 2.15a～e 所示。在 $t=0$ 到 $t=t_{\text{tc}}$期间，Q_4 关断，同时存在关断尾流。在 $t=t_{\text{tc}}$到 $t=dT_{\text{s}}$ 期间，Q_4 关断，电流从 D_1 流过。在 $t=dT_{\text{s}}$ 到 $t=dT_{\text{s}}+t_{\text{rr}}$期间，$Q_4$ 开通，D_1 开始经历反向恢复过程。在 $t=dT_{\text{s}}+t_{\text{rr}}$到 $t=T_{\text{s}}$ 期间，D_1 关断，电流从 Q_4 流过。在以上时间段内，交流端电压可以分别表示为

$$\overline{V}'_{\text{t}}=V_{\text{p}}+r_{\text{on}}i_{\text{D1}}+V_{\text{d}}=V_{\text{p}}+r_{\text{on}}(-i-i_{\text{Q4}})+V_{\text{d}} \quad 0<t<t_{\text{tc}} \tag{2.48}$$

$$\overline{V}'_{\text{t}}=V_{\text{p}}-r_{\text{on}}i+V_{\text{d}} \quad t_{\text{tc}}<t<dT_{\text{s}} \tag{2.49}$$

$$\overline{V}'_{\text{t}}=V_{\text{p}}+r_{\text{on}}i_{\text{D1}}+V_{\text{d}} \quad dT_{\text{s}}<t<dT_{\text{s}}+t_{\text{rr}} \tag{2.50}$$

$$\overline{V}'_{\text{t}}=V_{\text{n}}-r_{\text{on}}i+V_{\text{d}} \quad dT_{\text{s}}+t_{\text{rr}}<t<T_{\text{s}} \tag{2-51}$$

根据式 (2.48)～式 (2.51)，已知 $\int_0^{t_{\text{tc}}}i_{\text{Q4}}(\tau)\,\mathrm{d}\tau=Q_{\text{tc}}$ 和 $\int_{dT_{\text{s}}}^{dT_{\text{s}}+t_{\text{rr}}}i_{\text{D1}}(\tau)\,\mathrm{d}\tau=-Q_{\text{rr}}$，可得交流端电压的平均值为

$$\overline{V}'_{\text{t}}=\overline{V}_{\text{t}}-r_{\text{e}}i+V_{\text{e}} \quad i<0 \tag{2.52}$$

式中，$\overline{V}_{\text{t}}=mV_{\text{DC}}/2$，$V_{\text{e}}$ 和 r_{e} 的定义分别如式 (2.37) 和式 (2.38) 所示。

我们按照分析正向交流电流时的方法步骤来计算此时的直流侧和交流侧功率，有

$$\overline{P}_1=\overline{P}_{\text{DC}}+V_{\text{DC}}\left(\frac{Q_{\text{rr}}+Q_{\text{tc}}}{T_{\text{s}}}\right) \quad i<0 \tag{2.53}$$

式 (2.53) 与式 (2.45) 相同，且

$$\overline{P}_2=\overline{P}_{\text{t}}+V_{\text{e}}i-r_{\text{e}}i^2 \quad i<0 \tag{2.54}$$

根据式 (2.29) 和式 (2.30)，$\overline{P}_{\text{DC}}=\overline{P}_{\text{t}}=m(V_{\text{DC}}/2)i$。因此，由式 (2.53) 和式 (2.54) 可知，变流器的功率损耗为

$$\overline{P}_{\text{loss}}=\overline{P}_1-\overline{P}_2=V_{\text{DC}}\left(\frac{Q_{\text{rr}}+Q_{\text{tc}}}{T_{\text{s}}}\right)-V_{\text{e}}i+r_{\text{e}}i^2 \quad i<0 \tag{2.55}$$

2.6.3 非理想半桥变流器的平均值模型

式 (2.36) 和式 (2.52) 分别给出了非理想变流器在交流侧电流正向和反向

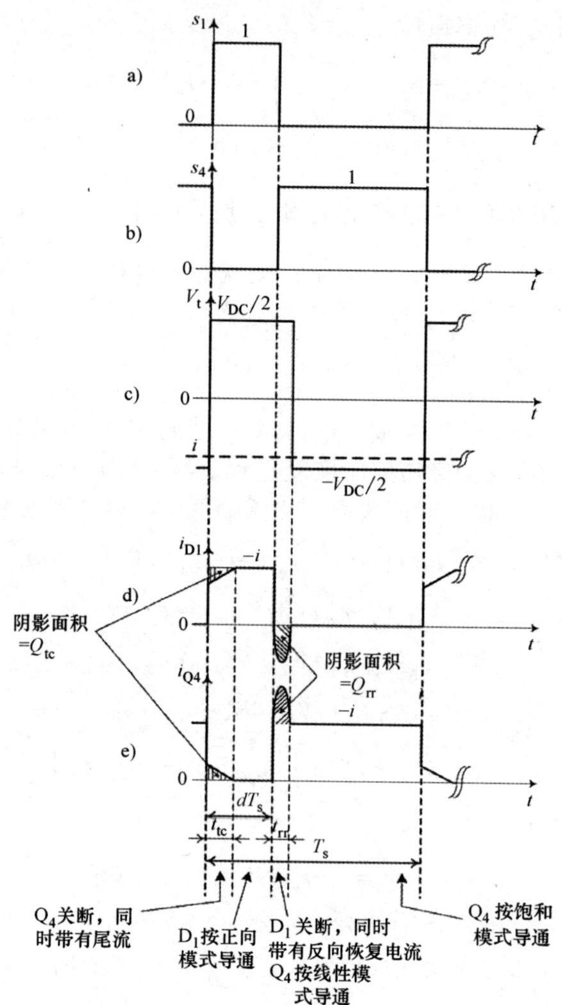

图 2.15 非理想变流器在交流侧电流反向时的开关波形

两种情况下交流端电压的平均值表达式，这两个公式可统一写为

$$\overline{V}_t' = \overline{V}_t = \frac{i}{|i|} V_e - r_e i \quad i \neq 0 \tag{2.56}$$

式中，$|\cdot|$表示绝对值函数；V_e 和 r_e 分别由式（2.37）和式（2.38）给出。同理，为了表示非理想变流器的交流侧平均功率，式（2.46）和式（2.54）可统一写为

$$\overline{P}_2 = \overline{P}_t - V_e |i| - r_e i^2 \tag{2.57}$$

非理想变压器的直流侧平均功率可由式（2.45）和式（2.53）得出

$$\overline{P}_1 = \overline{P}_{DC} + V_{DC}\left(\frac{Q_{rr} + Q_{tc}}{T_s}\right) \tag{2.58}$$

如式（2.56）~式（2.58）所示，相比于理想变流器，非理想变流器的端口电压和功率表达式中都含有一些附加项，如 $\overline{V}_t$、$\overline{P}_t$ 及 $\overline{P}_{DC}$。这些附加项表征了平均值模型中开关非理想特性的影响。因此，为了得到非理想变流器的平均值模型，可以用表征变流器非理想特性的附加元件对理想的平均值模型进行修正，修正后的电路模型如图 2.16 所示。

如图 2.16 所示，非理想变流器交流端电压的平均值是以下三项的叠加：理想变流器交流端电压的平均值 $\overline{V}_t$、一个电流受控的电压源和一个阻性压降。由图 2.9 可知，$\overline{V}_t$ 可以被 m 线性地控制，但是，需要根据电流极性在 $\overline{V}_t$ 上加上或减去一个电流受控的电压项 $\frac{i}{|i|}V_e$。阻性压降用电阻 r_e 表示，这样一来，在进行分析和控制器设计时，可以将其视为连接电抗器的电阻的一部分。

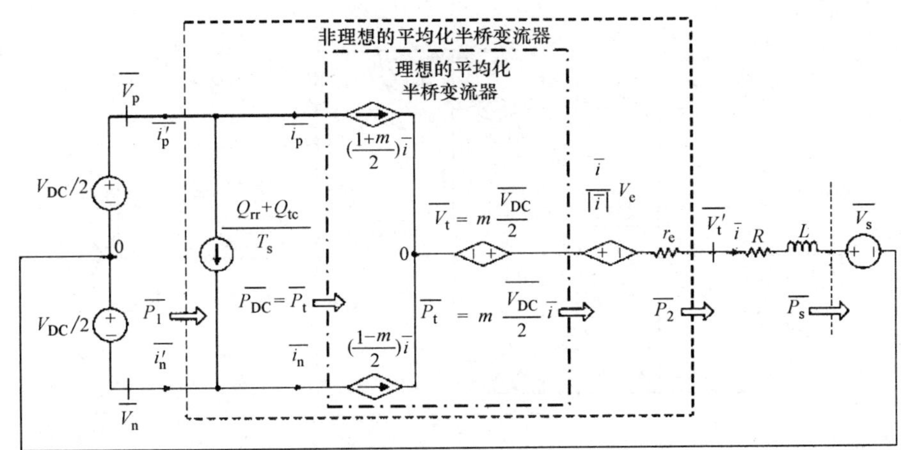

图 2.16　非理想变流器的平均值等效电路

由图 2.16 还可见，非理想变流器的直流侧可以由理想变流器的直流侧部分和一个独立电流源并联来表示。独立电流源代表式（2.58）中的 $V_{DC}(Q_{rr}+Q_{tc})/T_s$ 项。根据式（2.57）和式（2.58），并结合 $\overline{P}_{DC}=\overline{P}_t$，可得变流器的功率损耗为

$$\overline{P}_{loss}=V_{DC}\left(\frac{Q_{rr}+Q_{tc}}{T_s}\right)+V_e|i|+r_e i^2 \tag{2.59}$$

如图 2.16 所示，非理想变流器的直流侧端口电流为

$$\overline{i}'_p=\left(\frac{1+m}{2}\right)i+\frac{Q_{rr}+Q_{tc}}{T_s} \tag{2.60}$$

$$\overline{i}'_n=\left(\frac{1-m}{2}\right)i-\frac{Q_{rr}+Q_{tc}}{T_s} \tag{2.61}$$

基于以下考虑，图 2.16 的平均值模型可以简化为图 2.17 中的模型。

如图 2.16 所示，等效电阻 r_e 与电阻 R 串联，因此可以与 R 合并。另一方面，t_{rr} 通常比 T_s 小得多，由式（2.38）可知，r_e 可以近似为 r_{on}。因此，r_e 可以在图 2.16 中的平均值模型中省略，并且与连接电抗器的电阻合并。图 2.16 也表明，非理想变流器的内部（平均）交流电压可以近似地表示为 $\overline{V}_t = mV_{DC}/2$，也就是说，可以忽略电流受控的电压源 $\frac{i}{|i|}V_e$ 的影响，这是因为：

1）在一个设计合理的变流器中，$\overline{V}_t = mV_{DC}/2$ 通常比 V_e 大得多。

2）实际上，m 由调节电流 i 的闭环控制器给出。

需要注意的是，基于上述近似，图 2.17 中简化的平均值等效电路对于动态分析和控制器设计来说仍然足够精确。但是，对于变流器损耗的估算，仍然需要使用式（2.59）才能保证足够的准确度。通过例 2.2，我们可以知道一些典型数值和它们的相对意义。

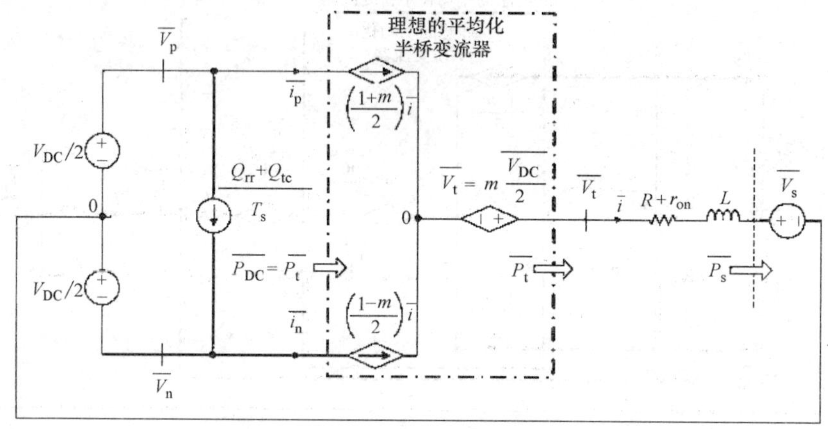

图 2.17　图 2.13 中非理想半桥变流器简化的平均值等效电路

例 2.2　采用非理想元件的半桥变流器

考虑如图 2.1 所示的半桥变流器，系统参数为：$r_{on} = 0.88\text{m}\Omega$，$V_d = 0.94\text{V}$，$t_{rr} = t_{tc} = 0.96\mu\text{s}$，$Q_{rr} = Q_{tc} = 135\mu\text{C}$[㊀]。根据式（2.37）和式（2.38），我们可以计算得出 $V_e = 2.8\text{V}$ 及 $r_e = 0.879\text{m}\Omega$。假设 $m = 0.68$，可得 $mV_{DC}/2 = 408\text{V}$，约为 145 倍的 V_e。

假设交流侧电流被控制为 $i = 1300\text{A}$。根据式（2.59），可以计算得出变流器的功率损耗约为 5650W，其中 $V_{DC}(Q_{rr}+Q_{tc})/T_s = 525\text{W}$，也就是说，功率损耗中有不到 10%的部分是空载损耗，与电流 i 无关。但是，余下的 90%，即 $V_e|i| + r_e i^2 = 5125\text{W}$，是电流 i 的二次函数。因此，为了在额定负载下获得更高的效率，应尽量提高直流侧电压而降低交流侧电流。

㊀ 采用的是 EUPEC 的 1200V/1200C IGBT 开关，型号为 FF1200R12KE3。

第 3 章 半桥变流器的控制

3.1 引 言

第 2 章介绍了四象限 DC-AC 半桥变流器，并建立了基于平均值方法的动态模型。半桥变流器可以作为组成三相 DC-AC VSC 的基本模块，因此，充分理解半桥式变流器的动态行为和控制方法，对深入研究三相 DC-AC 系统的动态行为和控制方法来说，是非常必要的。

本章将利用前一章建立的平均值动态模型来研究半桥变流器的控制。首先，本章将介绍控制器的结构，回顾基于频率响应的控制器设计方法，明确控制器的设计要求以保证控制指令的跟随质量和控制器的抗干扰能力。另外，我们还将在以下几个方面来验证前馈补偿技术的有效性：削弱半桥变流器和交流系统间的动态耦合，改善变流器的启动暂态性能和提高变流器的抗干扰能力。下面几章将会用到本章中的相关内容来研究三相 VSC 系统的控制。

3.2 半桥变流器的交流侧控制模型

为紧凑起见，在下文中变量平均值的上横线将省略不写。但应当注意，除非另有说明，否则平均值算子的作用时间是一个完整的开关周期。

考虑图 2.13 中的半桥变流器，为便于参考，将图 2.13 重新绘制于图 3.1。根据变流器的平均值等效电路（见图 2.17），交流侧电流 i 的动态方程为

$$L\frac{\mathrm{d}i}{\mathrm{d}t}+(R+r_{\mathrm{on}})i=V_{\mathrm{t}}-V_{\mathrm{s}} \tag{3.1}$$

式中

$$V_{\mathrm{t}}=m\frac{V_{\mathrm{DC}}}{2} \tag{3.2}$$

式（3.1）表示一个以 i 为状态变量、以 V_t 为控制输入、以 V_s 为扰动输入的系统。系统的输出可以是与交流侧电压源交换的功率 $P_s = V_s i$。由式（3.2）可知，控制输入 V_t 与调制信号 m 成正比，并且可以由调制信号 m 来控制。图 3.2 所示为式（3.1）和式（3.2）所描述系统的控制框图。在此基础上，3.3 节将介绍一种将电流 i 调节为其参考值的闭环控制结构。

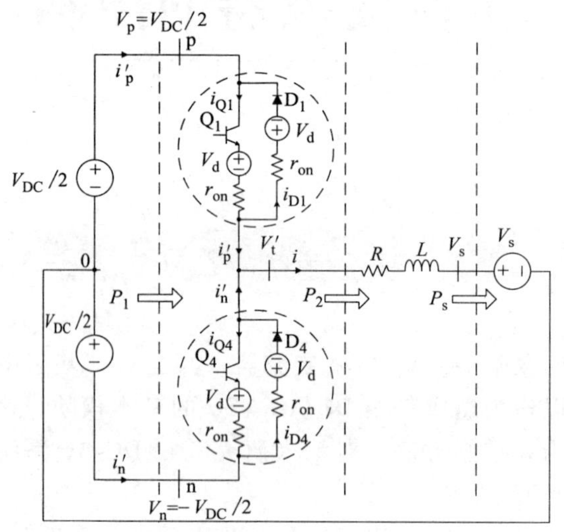

图 3.1　半桥变流器的示意图

3.3　半桥变流器的控制

考虑图 3.2 中的开环系统，其中，电流 i 为输出量，控制目标是调节电流 i 等于其参考值，这可以通过图 3.3 所示的闭环系统来实现。其中，参考指令 i_{ref} 与电流 i 进行比较，产生误差信号 e。接着，e 输入补偿器 $K(s)$ 后生成控制信号 u。然后，u 除以 $V_{DC}/2$ 来补偿变流器的电压增益，如式（3.2）所示。如果直流侧电压恒定，则 $V_{DC}/2$ 已知，增益补偿变得微乎其微。但是，如果直流侧电压是变化的，则 V_{DC} 必须由霍尔电压传感器等测量装置测量得出才能进行增益补偿，这实际上可以看作一种前馈补偿。在输入 PWM 信号发生器之前，必须对控制器的输出加以限制，保证 $|m| \leq 1$。

根据参考信号的类型和性能要求，$K(s)$ 可以采用不同类型的补偿器。例如，如果 i_{ref} 是一个阶跃函数，V_s 为直流电压，那么 $K(s)$ 采用 PI 补偿器就足够了，$K(s)=(k_p s+k_i)/s$。补偿器中的积分项保证了即使存在扰动 V_s，电流 i 仍然能够以零稳态误差跟踪 i_{ref}。

由图 3.3 可知，如果 $K(s)=(k_p s+k_i)/s$，控制器的开环传递函数为

$$\ell(s)=\left(\frac{k_p}{L_s}\right)\left(\frac{s+\frac{k_i}{k_p}}{s+\frac{R+r_{on}}{L}}\right) \tag{3.3}$$

根据图 3.2 和图 3.3 所示的框图，开环的半桥变流器有一个稳定的极点 $p=-(R+r_{on})/L$。通常，这个极点距离原点很近，因此系统的自然响应速度很慢。为了改善系统的开环频率响应，这个极点可以被 PI 补偿器的零点抵消。如果选择 $k_i/k_p=(R+r_{on})/L$ 和 $k_p/L=1/\tau_i$（τ_i为所需的闭环系统时间常数），那么闭环系统的传递函数为

$$G_i(s)=\frac{i(s)}{i_{ref}(s)}=\frac{1}{\tau_i s+1} \tag{3.4}$$

式（3.4）是个增益为 1 的一阶传递函数。为了达到快速的电流控制响应，τ_i的取值应该很小；但 τ_i同时又要足够大，才能保证闭环系统的带宽 $1/\tau_i$远远小于半桥变流器的开关频率，比如为开关频率的 1/10。根据具体应用的要求和变流器的开关频率，时间常数 τ_i的取值通常在 0.5～5ms 之间。

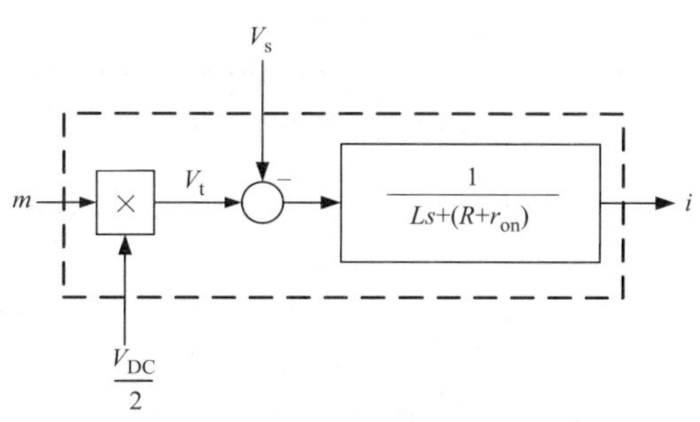

图 3.2　图 3.1 中半桥变流器的控制模型

例 3.1 给出了电流受控的半桥变流器跟踪阶跃指令时的相关波形。

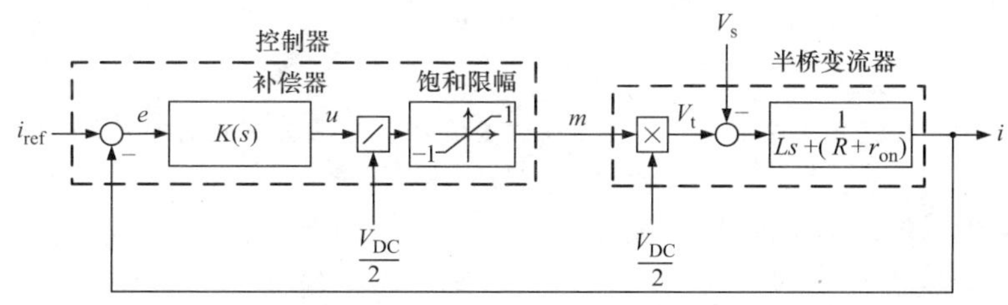

图 3.3　闭环半桥变流器系统的控制框图

例 3.1　半桥变流器的闭环响应

考虑图 3.1 中的半桥变流器，系统参数为 $L=690\mu H$，$R=5m\Omega$，$r_{on}=0.88m\Omega$，$V_d=1.0V$，$V_{DC}/2=600V$，$V_s=400V$，$f_s=1620Hz$。如果选择闭环时间常数为 5ms，补偿器参数应为 $k_p=0.138\Omega$，$k_i=1.176\Omega/s$。

最初，半桥变流器运行在稳态，$i=0$。参考电流 i_{ref}首先在 $t=0.1s$ 时从 0 变化

到 1000A，然后在 $t=0.2s$ 时再从 1000A 变化到-1000A。相应地，交流功率分别从 0 变化到 400kW，再从 400kW 变化到-400kW。图 3.4a~d 所示为半桥式变流器在 i_{ref}发生阶跃变化时的响应。图 3.4a 所示为补偿器对参考指令变化的响应。补偿器输出 u 的响应与交流端电压 V_t 的响应相同。u 进一步转化为调制波 m（见图 3.4b），用于 PWM 调制。正如预期的那样，电流 i 的阶跃响应为一阶指数信号，并在 25ms 内达到终值 1000A（见图 3.4c）。由于 V_s恒定，传输到交流侧电压源的有功功率 P_s与电流 i 的波形变化一样（见图 3.4d）。因此，通过控制电流就能快速地控制有功功率 P_s。

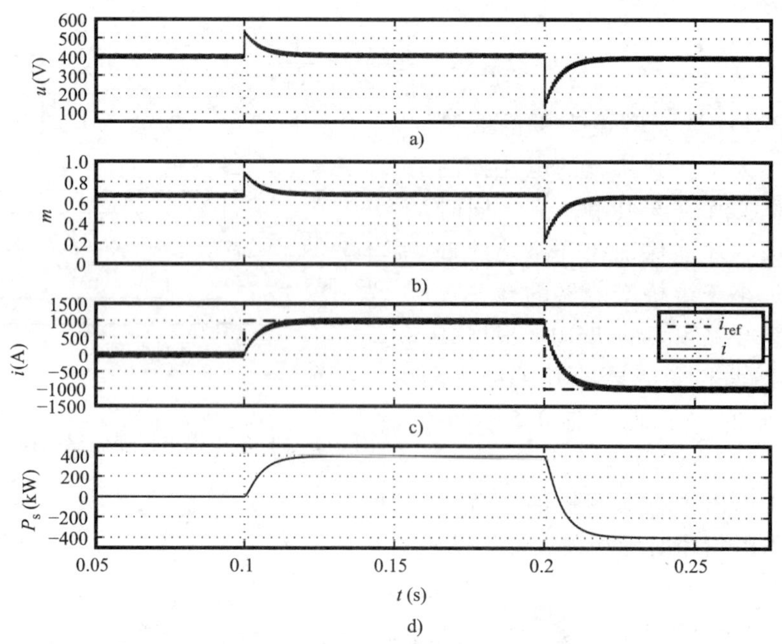

图 3.4 例 3.1 中的图 3.1 中半桥式变流器在 i_{ref}发生变化时的闭环响应

图 3.4 所示的闭环响应是系统初始运行在稳态情况下得到的。然而，实际上变流器系统是从零状态条件下启动的。图 3.5 所示为半桥变流器系统的启动响应。最初，$i_{ref}=0$，$V_s=400V$。由于 Q_1 和 Q_2的门控信号闭锁，i 为零。当 $t=0.1s$ 时，门控信号解锁，PWM 投入。

图 3.5a 表明，随着控制系统的激活，电流 i 在回零之前有一个大的下冲。该下冲会给变流器施加额外的压力，因此并不可取。这种现象可以通过图 3.3 所示的控制框图进行解释。当门控信号被激活后，半桥变流器会产生一个与控制器输出 u 相同的交流端电压。由于系统最初处于零状态条件下，所以 u 和 V_t从零开始变化。但 V_s的值始终为正，所以，在控制器激活后，电流 i 马上变成负值，直到控制器控制其回零。

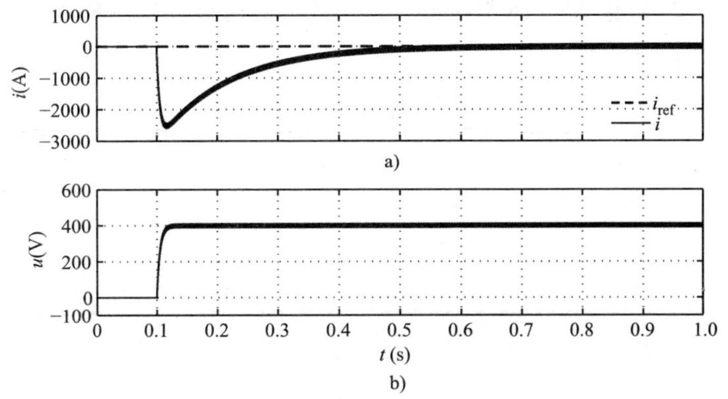

图 3.5　例 3.1 中图 3.1 中半桥变流器的启动响应

3.4 前馈补偿

3.4.1 对启动暂态的影响

如果在图 3.3 所示的控制方案中增加前馈补偿环节，就可以避免图 3.5 中的启动暂态过程，如图 3.6 所示。前馈补偿将测得的 V_s 与补偿器的输出相加。V_s 的测量值 $\breve{V}_s$ 可以由电压传感器给出，电压传感器的（动态）增益为 $G_{ff}(s)$，$G_{ff}(0)=1$。因此，在启动瞬间，补偿器的输出为零，生成的交流端电压的初始值为 V_s，同时交流侧电流保持为零。

例 3.2 验证了前馈补偿消除图 3.5 中启动暂态的有效性。

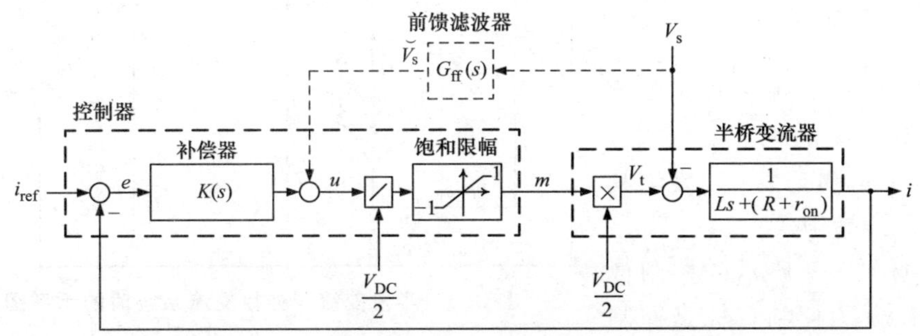

图 3.6　带前馈补偿的半桥变流器的控制框图

例 3.2　带有前馈补偿的半桥变流器的启动暂态

引入增益 $G_{ff}(s)=1$ 的前馈补偿后，半桥变流器的启动暂态如图 3.7 所示。由图 3.7a 可见，门控信号解锁后输出电流 i 始终为零。这是因为通过前馈补偿通道，

u 的初始值等于 V_s，如图 3.7b 所示。所以，$V_t=V_s$，使得加在连接电抗器上的电压为零。因此，电流始终为零。

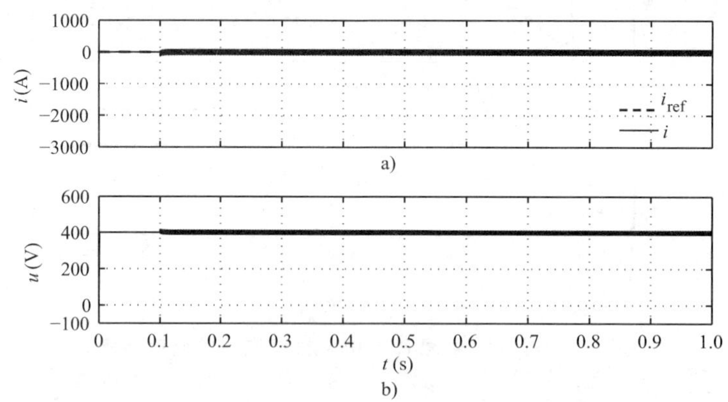

图 3.7 例 3.2 的图 3.1 中半桥变流器带有前馈补偿时的启动响应

3.4.2 对变流器系统与交流系统间动态耦合的影响

前馈补偿的作用不只是改善变流器的启动暂态，还可以将变流器系统同与之相连的交流系统解耦。例如，考虑图 3.1 中的半桥式变流器，其中图 3.8 所示的交流系统比理想的交流电压源更符合实际情况。交流系统可以用下面的状态空间方程表示：

$$
\begin{aligned}
\dot{\underline{x}} &= f(\underline{x},\underline{r},i,t) \\
V_s &= g(\underline{x},\underline{r},i,t)
\end{aligned}
\tag{3.5}
$$

式中，$\underline{x}$ 和 $\underline{r}$ 分别表示状态变量和交流系统的电压（电流）源；f（·）和 g（·）表示其增量的非线性函数。

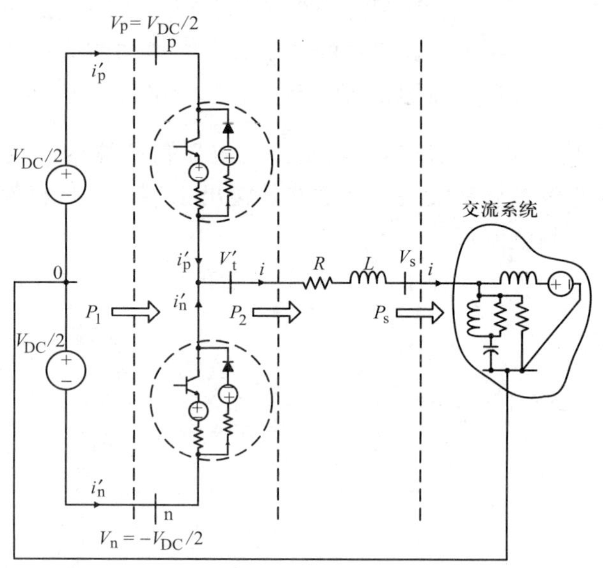

图 3.8 半桥变流器连接交流系统时的示意图

根据图 3.9 所示的控制框图，可以认为控制目标是控制 $i=i_{ref}$。如果没有前馈补偿，即 $G_{ff}(s)\equiv 0$ 时，补偿器的设计必须要考虑式（3.5）所描述的交流系统的动态。交流系统的动态可能是不确定的、时变的、非线性的和高阶的，这些都会造成补偿器的设计费时费力。另外，交流系统的暂态响应对补偿器的影响也很难被消除。但是，如果引入前馈补偿，在设计补偿器时就不需要考虑交流系统的动态，因为如果在交流系统有效的作用频域区间内 $G_{ff}(s)\approx 1$，半桥式变流器系统的动态可以有效地与交流系统的动态解耦。如图 3.9 所示，如果 $\breve{V}_s \approx V_s$，连接电抗器串联 RL 上的压降将只由 PI 补偿器决定。

例 3.3 验证了前馈补偿消除交流系统与半桥变流器系统之间动态交互影响的有效性。

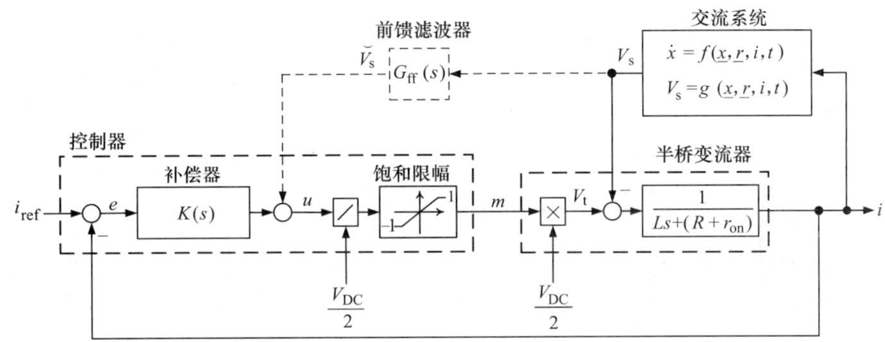

图 3.9　图 3.8 中半桥变流器的控制框图

例 3.3　前馈补偿对交流系统动态的解耦

考虑图 3.10 中的半桥式变流器，参数为：$L=450\mu H$，$R=5m\Omega$，$r_{on}=0.88m\Omega$，$V_d=1.0V$，$V_{DC}/2=600V$，$f_s=3780Hz$。交流系统的参数为 $V_{th}=400V$，$L_f=250\mu H$，$C_f=2500\mu F$，$R_f=50\Omega$。控制器的参数为 $k_p=0.15\Omega$，$k_i=1.96\Omega/s$。

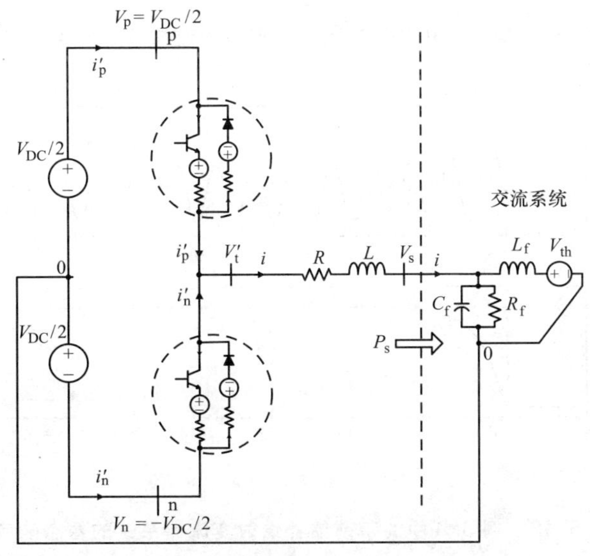

图 3.10　例 3.3 中的半桥变流器

图 3.11 所示为没有前馈补偿时闭环系统对 i_{ref}发生 1000A 阶跃变化的响应。由图 3.11a 可见，由于交流系统处于欠阻尼振荡模式，参考指令变化后 V_s将经历一段时间的低频振荡。这种振荡导致电流 i 的暂态响应很差（见图 3.11b）。

图 3.12 所示为引入前馈补偿器后系统对相同电流指令的响应。前馈补偿滤波器的传递函数是 $G_{ff}(s)=1/(8\times10^{-6}s+1)$。图 3.12b 表明，尽管 V_s存在振荡，如图 3.12a 所示，电流 i 对 i_{ref}的响应是时间的一阶指数函数，其时间常数为 3ms。

图 3.12a 和图 3.11a 的对比结果清楚地体现了前馈补偿对 V_s的影响。由图 3.12a 可见，引入前馈补偿器后 V_s的振荡衰退的相对较慢。这是因为在前馈补偿下，从交流系统看来，变流器系统等价于一个独立电流源。因此，对应特征值 $\lambda_{1,2}\approx-4\pm1256j$ 的交流系统振荡模式的阻尼只由电阻 R_f提供。但是，当没有前馈补偿时，交流系统的动态通过反馈回路与补偿器和变流器的动态相互作用。因此，

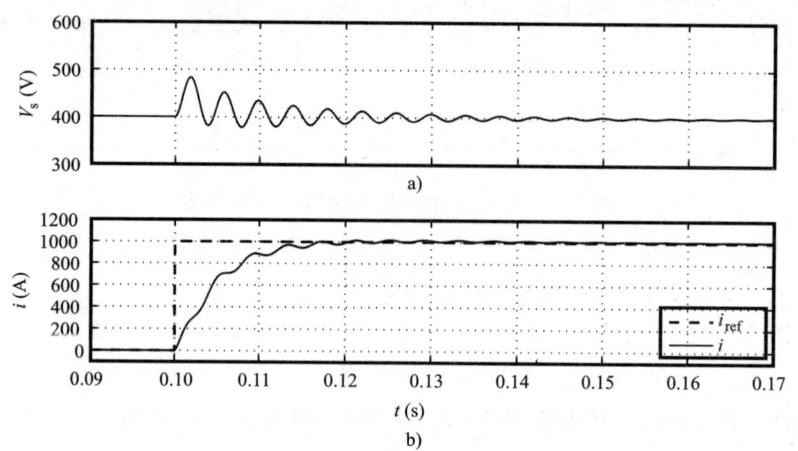

图 3.11　例 3.3 中的不带前馈补偿时变流器系统的暂态响应

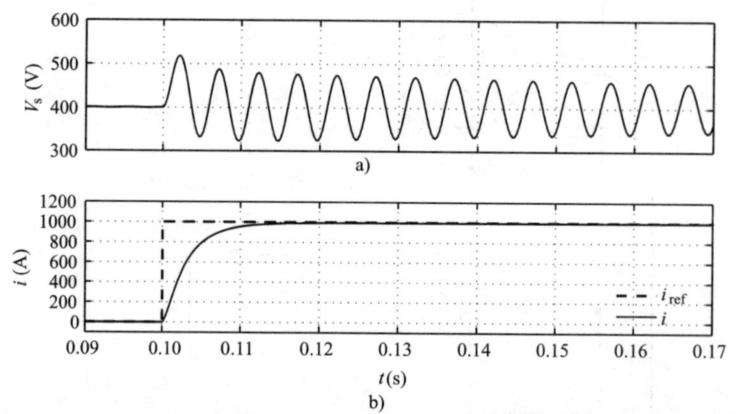

图 3.12　例 3.3 中的带前馈补偿时变流器系统的暂态响应

相对于其初始位置，交流系统的振荡模式被重新定位，并有着不同的自然振荡频率和阻尼比。正如图 3.11a 所示，由于变流器的损耗和补偿器的阻尼作用，闭环模式比开环模式有着更高的阻尼比。

3.4.3　对抗干扰能力的影响

前馈补偿器还可以提高闭环变流器系统的抗干扰能力。如例 3.4 所示，如果图 3.6 中前馈滤波器 $G_{ff}(s)$ 的带宽足够大，图 3.1 所示的 V_s 对 i 的暂态影响可以得到显著抑制。

例 3.4　带前馈补偿的半桥变流器的抗干扰能力

考虑图 3.1 中的半桥变流器，参数为 $L=690\mu H$，$R=5m\Omega$，$r_{on}=0.88m\Omega$，$V_d=1.0V$，$V_{DC}/2=600V$，$V_s=400V$，$f_s=1620Hz$。控制器参数为 $k_p=0.138\Omega$，$k_i=1.176\Omega/s$。闭环的半桥变流器系统最初运行在稳态，$i=1000A$。当 $t=0.1s$ 和 $t=0.2s$ 时，V_s分别从 400V 阶跃变化为 450V，再从 450V 阶跃变化为 350V，而参考电流 i_{ref}始终等于 1000A。

图 3.13 所示为没有前馈补偿时半桥变流器对干扰信号的响应，此时控制信号 u 仅仅取决于 PI 控制器对误差信号的反应。因为只有当 i_{ref}和 i 存在差异时误差信号才会改变，所以 u 对干扰信号的响应非常缓慢（见图 3.13a），这就造成 i 会因为 V_s的变化偏离 i_{ref}，如图 3.13b 所示。在稳态情况下，i 等于 i_{ref}（见图 3.13b）。图 3.14 所示为引入前馈补偿后，半桥变流器对相同干扰信号的响应。前馈滤波器的传递函数为 $G_{ff}(s)=1/(0.0005s+1)$。在这种情况下，当 V_s变化时，u 会通过前馈信号通道迅速做出反应（见图 3.14a）。因此，干扰信号对 i 的影响被抵消或得到有效的抑制，如图 3.14b 所示。与前一种情况相同，稳态误差为零。

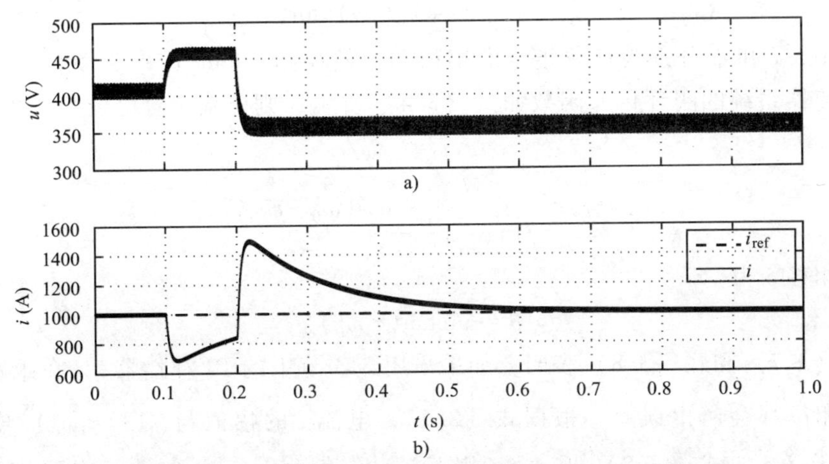

图 3.13　例 3.4 中的不带前馈补偿时系统的抗干扰能力

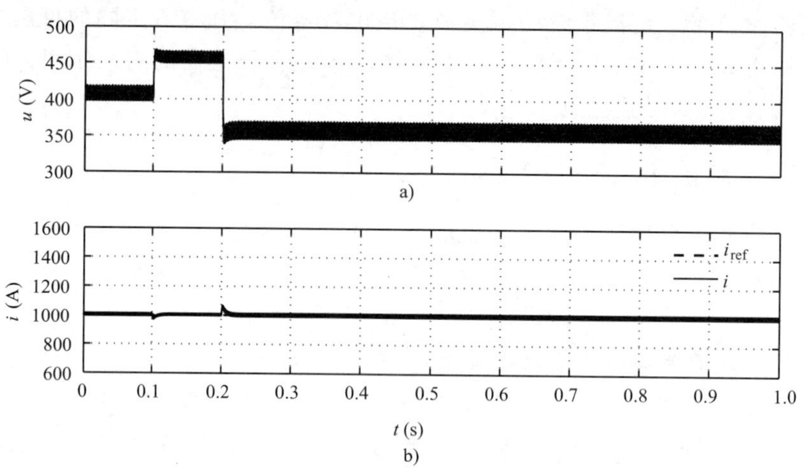

图 3.14 例 3.4 中的带前馈补偿时系统的抗干扰能力

3.5 正弦指令跟踪

在下面的章节中，半桥变流器将组成三相 VSC 系统。对于三相 VSC 系统来说，正弦指令跟踪是基本要求，因此，有必要对半桥变流器的正弦电流指令跟踪能力进行评估。

考虑图 3.1 中的半桥式变流器，其闭环控制结构如图 3.6 所示。假设 V_s 为随时间变化的正弦函数，角频率为 ω_0，对应的电网频率为 50Hz 或者 60Hz。同时假设需要跟踪下面的正弦电流指令：

$$i_{ref}(t)=\hat{I}\cos(\omega_0 t+\phi)\text{unit}(t) \tag{3.6}$$

式中，$\hat{I}$ 和 ϕ 分别为正弦指令的幅值和初始相角；unit（t）为单位阶跃函数。如果变流器系统的闭环传递函数如式（3.4）所示，则电流 i 对电流指令的稳态响应为

$$i(t)=\frac{\hat{I}}{\sqrt{1+(\tau_i\omega_0)^2}}\cos(\omega_0 t+\phi+\delta) \tag{3.7}$$

式中，相移 δ 为

$$\delta=-\arctan(\tau_i\omega_0) \tag{3.8}$$

式（3.7）和式（3.8）表明，如果采用 3.3 节中的 PI 补偿器，i 在跟踪 i_{ref} 时幅值和相位都会产生误差。根据式（3.7），电流 i 的幅值与 $\sqrt{1+(\tau_i\omega_0)^2}$ 成反比，其值小于 $\hat{I}$。如式（3.8）所示，i 滞后 i_{ref} 一个角度，这个角度主要取决于乘积 $\tau_i\omega_0$。

闭环系统跟踪正弦指令的能力取决于闭环系统的带宽。式（3.4）中闭环系统的带宽等于 $1/\tau_i$。如果 τ_i 足够小，那么跟踪正弦指令时幅值的衰减和相位的滞后都可以忽略不计。但是，由于实际情况的限制，选择一个非常小的闭环时间常数往往并不现实。例如，尽管时间常数 $\tau_i=2\text{ms}$ 的闭环电流控制器对大部分大功率变流器系统来说已经相当快了，但它在跟踪 60Hz 的正弦指令时仍有 20% 的幅值衰减和 37°的相位滞后。

采用 PI 补偿器时，半桥变流器系统的正弦指令跟踪性能如例 3.5 所示。

例 3.5　基于 PI 补偿器的正弦指令跟踪

考虑图 3.1 所示的半桥式变流器，控制方案如图 3.6 所示，参数为：$L=690\mu\text{H}$，$R=5\text{m}\Omega$，$r_{on}=0.88\text{m}\Omega$，$V_d=1.0\text{V}$，$V_{DC}/2=600\text{V}$，$f_s=3420\text{Hz}$。控制器的参数为：$k_p=0.345\Omega$，$k_i=2.94\Omega/\text{s}$，对应的 $\tau_i=2\text{ms}$。前馈滤波器的传递函数为 $G_{ff}(s)=1/(8\times10^{-6}s+1)$。

假设 $V_s=400\cos(377t-\pi/2)\text{V}$，需要传输到交流系统的功率为 200kW，功率因数为 1。因此，闭环变流器系统必须跟踪电流指令 $i_{ref}=1000\cos(377t-\pi/2)\text{A}$。图 3.15 所示为采用 PI 补偿器时系统对 i_{ref} 的闭环响应。如图所示，i（t）滞后 i_{ref}（t）和 $V_s(t)$ 大约 37°，i 的幅值大约为 800A。结果，传输到交流侧的不是功率因数为 1 的 200kW 有功功率，而是 120kW 的有功功率和 96kvar 的无功功率。

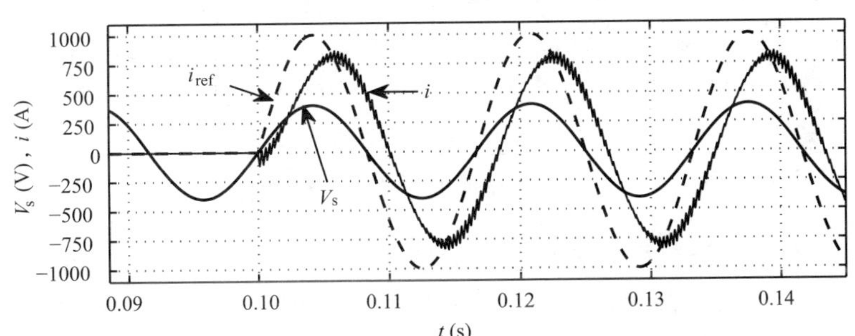

图 3.15　例 3.5 中的采用 PI 补偿器时电流幅值和相位的稳态误差

为了进一步研究时变指令跟踪的机理，考虑图 3.16 中的闭环控制系统，其传递函数为

$$\frac{i(s)}{i_{ref}(s)}=G_i(s)=\frac{\ell(s)}{1+\ell(s)} \tag{3.9}$$

式中，开环增益 $\ell(s)$ 的定义为

$$\ell(s)=K(s)G(s) \tag{3.10}$$

闭环系统的频率响应为

$$G_i(s)\big|_{s=j\omega}=\frac{\ell(j\omega)}{1+\ell(j\omega)} \tag{3.11}$$

式（3.11）在极坐标系中可以表示为

$$G_i(j\omega)=|G_i(j\omega)|e^{j\delta} \tag{3.12}$$

式中，$|G_i(j\omega)|$和δ分别为$G_i(j\omega)$的幅值和相角。根据频率响应的定义，闭环系统对正弦指令（频率为ω_0）的稳态响应是幅值增大为指令的$|G_i(j\omega_0)|$倍，相角滞后指令δ。如果需要以零稳态误差跟踪正弦指令，$|G_i(j\omega_0)|$必须等于1，δ必须等于零。根据式（3.11），只要开环增益的幅值$|\ell(j\omega_0)|$在指令信号的频率下为无穷大，上述目标就可以实现。例如，如果$K(s)$的两个极点位于$s=\pm j\omega_0$，则$|\ell(j\omega_0)|=+\infty$，这样就可以以零稳态误差跟踪正弦指令。一般来说，为了以零稳态误差跟踪指令，控制指令拉普拉斯变换的不稳定极点必须包括在补偿器中。这不仅保证了以零稳态误差跟踪指令，而且能够在稳态下消除所有同类型的干扰㊀。经常遇到的情况是，为了以零稳态误差跟踪阶跃指令及消除常数干扰，$K(s)$会包含一个积分项，即$K(s)$有一个$s=0$极点。PI补偿器就是这种补偿器的一种特殊形式。

另外一种实现正弦指令跟踪的方法是，设计一个$K(s)$，使得闭环系统的带宽比指令信号的频率大得多。这种方法通常不需要在补偿器中包含指令信号的不稳定极点。其结果是指令跟踪并不完美，稳态误差虽然很小，但不可避免。两种方法的设计步骤几乎相同，如例3.6所示。

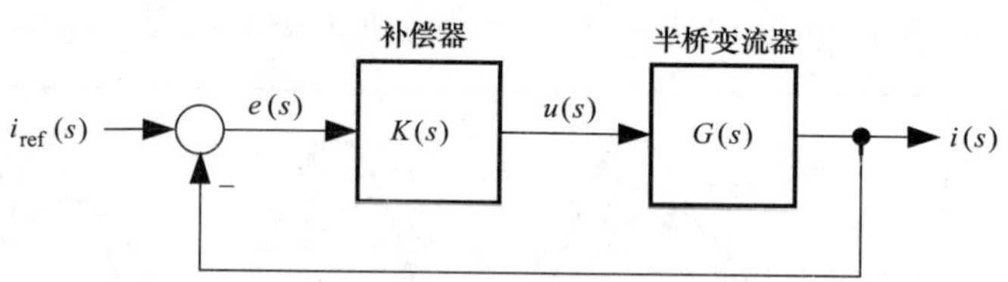

图3.16 半桥变流器的简化控制框图

例3.6 基于改进补偿器的正弦指令跟踪

考虑例3.5中的半桥变流器和图3.6中的控制框图。假设需要以零稳态误差跟踪i_{ref}，闭环系统的带宽约为3500rad/s（约为9倍的ω_0）。

为了满足零稳态误差的要求，补偿器需要包含一对共轭极点$s=\pm 377j$rad/s。这样的控制器可以是$K(s)=(s^2+377^2)^{-1}H(s)$，其中$H(s)=h[N(s)/D(s)]$为多项式$N(s)$和$D(s)$的有理分式，$h$为常数㊁。控制器的零点和其他极点必须落在$s$平面上，以保证闭环系统稳定、相位裕度合理、控制信号u的开关纹波小。补偿器可以通过根轨迹法或者频率响应法来进行设计。本例中采用频率响应法（也称作**回路成形法**）。

如果$H(j\omega)=1$，即$K(j\omega)=(-\omega^2+377^2)^{-1}$，则$\ell(j\omega)=K(j\omega)G(j\omega)=K(j\omega)[jL\omega+(R+r_{on})]^{-1}$的幅值和相位曲线如图3.17中的虚线所示。由图可知，在频率很

㊀ 这就是“内模原理”[33-36]。

㊁ $N(s)$和$D(s)$的最高阶项的系数为1。

低时，$\ell(j\omega)$ 的幅值恒定，相位滞后可以忽略不计。但是，由于开环极点 $s=-(R+r_{on})/L$ 的原因，在 $\omega=8.52\text{rad/s}$ 处，幅值响应开始下降。这个极点还导致相位以 $-45°/\text{dec}$ 的斜率下降，最终在频率大于 85rad/s 时稳定在 $-90°$。在共轭复数极点的谐振频率 $\omega=377\text{rad/s}$ 处，开环增益变为无穷大，然后继续以 -60dB/dec 的斜率下降。谐振还造成了 $-180°$ 的相位滞后，最终相位在频率大于 377rad/s 时下降到 $-270°$。

为了保持闭环系统稳定，必须保证在截止频率处使开环增益的相位大于 $-180°$ 一定的角度，这个角度称作相位裕度。截止频率 ω_c 是指开环增益大小为 1（0dB）时的频率[37]。另一方面，截止频率与闭环系统 -3dB 的带宽 ω_b 紧密相关，ω_b 通常满足不等式 $\omega_c<\omega_b<2\omega_c$。可以近似为 $\omega_b\approx1.5\omega_c$。因此，如果 ω_b 取为某个值，ω_c 也就确定了。在本例中，$\omega_b=3500\text{rad/s}$。因此，$\omega_c$ 需要设在 2333rad/s 左右。但是在该频率下，开环增益的相位为 $-270°$，对应的系统是不稳定的。

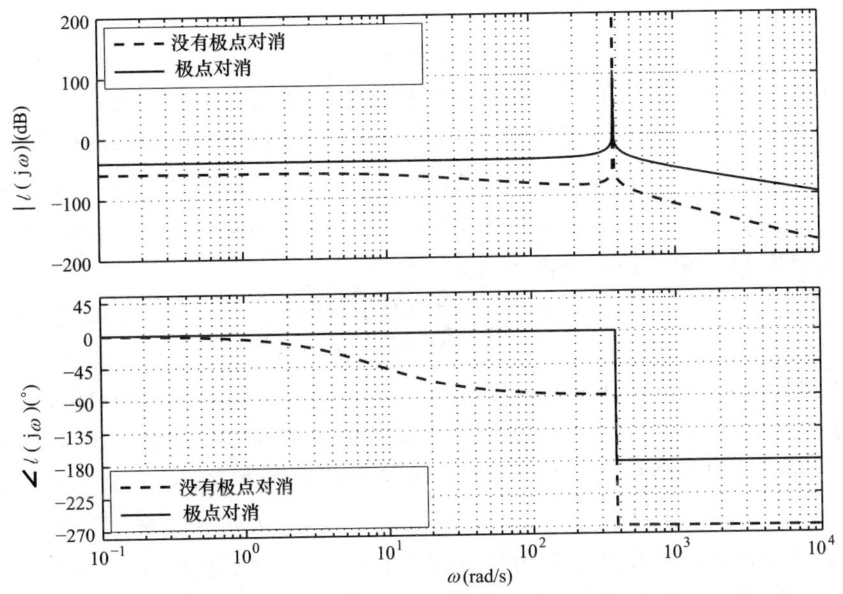

图 3.17　例 3.6 中的基于式（3.13）所示补偿器的开环增益的频率响应

上述开环增益的相位过低，部分原因是系统位于 $s=-8.52\text{rad/s}$ 处的极点。当频率大于 85rad/s 时，该极点会造成 90°的相位滞后。为了增大开环增益的相位，我们可以通过补偿器位于 $s=-8.52\text{rad/s}$ 处的零点抵消这个极点，改进后的补偿器为

$$K(s)=\frac{s+8.52}{s^2+377^2}H(s) \tag{3.13}$$

采用式（3.13）所示的改进补偿器后，开环增益 $\ell(j\omega)=K(j\omega)G(j\omega)$ 的幅值和相位曲线如图 3.17 中的实线所示，其中 $H(j\omega)=1$。可以发现，采用改进控制器后，在 $\omega=377\text{rad/s}$ 以下，开环增益的相位为零，幅值保持恒定；之后，相位下降

到-180°并保持不变，而幅值以-40dB/dec 的斜率下降。这种频率响应表明，截止频率 $\omega_c=2333\text{rad/s}$ 处的相位裕度仍然不足（此时相位裕度为零）。为了获得足够大的相位裕度，开环增益在 ω_c 处的相位必须增大，比如通过超前滤波器[38]。超前过滤器的一般形式为

$$F_{\text{lead}}(s)=\frac{s+\dfrac{p_1}{\alpha}}{s+p_1} \tag{3.14}$$

式中，p_1 为滤波器的极点；α 为实常数且 $\alpha>1$。超前滤波器的最大相位为

$$\delta_m=\arcsin\left(\frac{\alpha-1}{\alpha+1}\right) \tag{3.15}$$

对应的频率为

$$\omega_m=\frac{p_1}{\sqrt{\alpha}} \tag{3.16}$$

为了将最大的可能值加到开环增益的相位上，可以选择 $\omega_c=\omega_m$。

在本例中，假设所需的相位裕度为 45°。由于 $\omega>377\text{rad/s}$ 时开环增益的相位是-180°，选择 $\delta_m=45°$。根据式（3.15），可得超前滤波器的零极点之比 $\alpha=5.83$。如果 $\omega_m=\omega_c=2333\text{rad/s}$，由式（3.16）可得 $p_1=5633\text{rad/s}$，$z_1=p_1/\alpha=966\text{rad/s}$。所以，式（3.13）中的控制器修正为

$$K(s)=h\left(\frac{s+8.52}{s^2+377^2}\right)\left(\frac{s+966}{s+5633}\right) \tag{3.17}$$

最后，根据 $\ell(j\omega_c)+1=0$（或者 $|\ell(j\omega_c)|=1$），可得常数增益 $h=8680\Omega/\text{s}$。

采用式（3.17）所示的补偿器后，$\ell(j\omega)$ 的幅值和相位曲线如图 3.18 中的虚线所示。由图 3.18 可知，在截止频率 ω_c 处开环增益的相位为-135°，对应的相位裕度为 45°。需要注意的是，开环增益的幅值在 $\omega<377\text{rad/s}$ 的频率区间内保持恒定。为了保证开环增益在低频时仍然有较大的幅值，我们应该同时在补偿器中引入一个滞后滤波器㊀。如果采用下面的滞后滤波器，在低频时开环增益的幅值将增加 32dB：

$$F_{\text{lag}}(s)=\frac{s+2}{s+0.05} \tag{3.18}$$

式（3.18）所示的滞后滤波器有这样的性质：当频率大于 100rad/s 时 $F_{\text{lag}}(j\omega)\approx1$。因此，在截止频率 $\omega_c=2333\text{rad/s}$ 附近，开环增益的相位和幅值不变。引入滞后滤波器后，我们设计的相位裕度、带宽和指令跟踪能力保持不变。最终的补偿器可以表示为

㊀ 补偿器中的积分项使之成为可能。但是，积分项在所有的频率下都会产生-90°的相移，包括截止频率，因此会对闭环系统的稳定性产生不利影响。

$$K(s)=8680\left(\frac{s+8.52}{s^2+377^2}\right)\left(\frac{s+966}{s+5633}\right)\left(\frac{s+2}{s+0.05}\right)[\Omega] \tag{3.19}$$

采用式（3.19）所示的控制器后，$\ell(j\omega)$ 的幅值和相位曲线如图 3.18 中的实线所示。需要注意的是，在截止频率附近，补偿器式（3.19）和式（3.17）表现相同。控制器设计的最后两个任务是检验：①增益裕度是否足够大；②开关频率处开环增益的强度[㊀]。

如图 3.18 所示，高频时开环增益的相位接近 $-180°$，同时开环增益的幅值降至非常小，因此，闭环系统的穿越频率和增益裕度为无穷大。另外，变流器的开关频率为 3420Hz，相当于 21488rad/s，该频率下开环增益的强度大约为 -30dB。可以证明，控制信号 u 的开关纹波含量比误差信号 e 的开关纹波含量小大约 2/5。

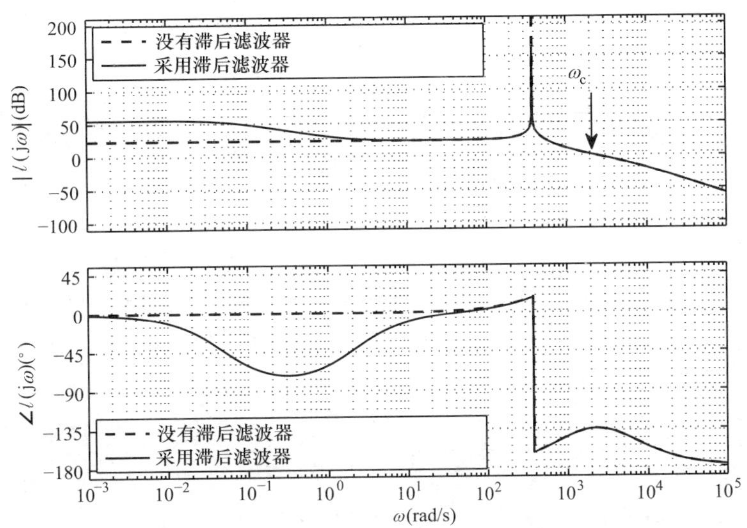

图 3.18 例 3.6 中的基于式（3.17）和式（3.19）所示补偿器的开环频率响应

上述补偿器的设计流程虽然完整，但是比较烦琐。另外，式（3.19）所示的补偿器阶数较高，现实中可能难以实现。如第 7 章所述，在 $\alpha\beta$ 坐标系下进行控制的三相 VSC 系统需要两个这样的补偿器。因此，相关文献介绍了式（3.19）的一种特例，这种特例类似于传统的 PI 补偿器，也只有两个参数可调。这类补偿器称作**静止坐标系下的通用积分器**[39]或者**比例—谐振补偿器**（PR）[40]，对单相和三相变流器系统均适用。

图 3.9 中控制系统的闭环频率响应如图 3.19 所示。可以发现，闭环系统 -3dB 的带宽对应的频率大约为 $\omega_b=3820$rad/s。在 $\omega=377$rad/s 处，闭环传递函数的幅值和相位分别为 1 和 0。采用式（3.19）所示的补偿器后，半桥变流器对 $i_{ref}=1000\cos$

㊀ 更精确地说，因为调制信号是正弦的，我们应该考虑开关频率的边频带。但是，在我们的例子中，边频带很接近开关频率，所以可以用开关频率代替。

$(377t-\pi/2)$ A 的闭环时间响应如图 3.20 所示。

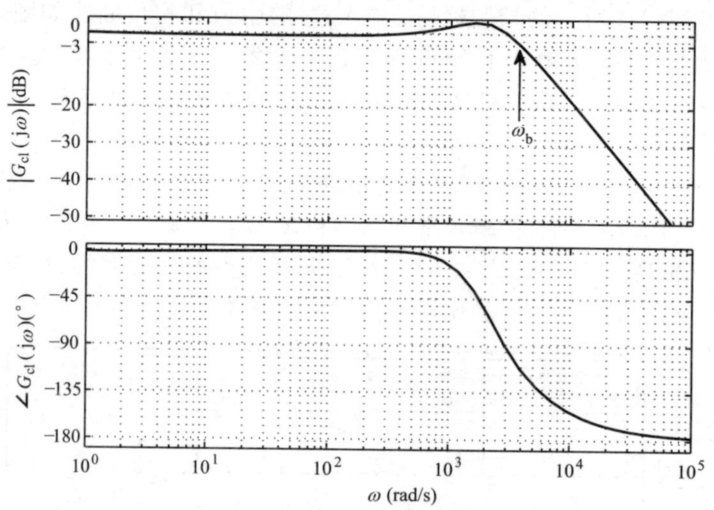

图 3.19 例 3.6 中的半桥变流器的闭环频率响应

由图 3.20a 可见，$i(t)$ 能够快速地跟踪 i_{ref}，并且没有幅值和相角误差。图 3.20b、c 所示分别为补偿器的输出（控制信号）和调制信号的波形，可以看到，这些信号的开关纹波非常小。

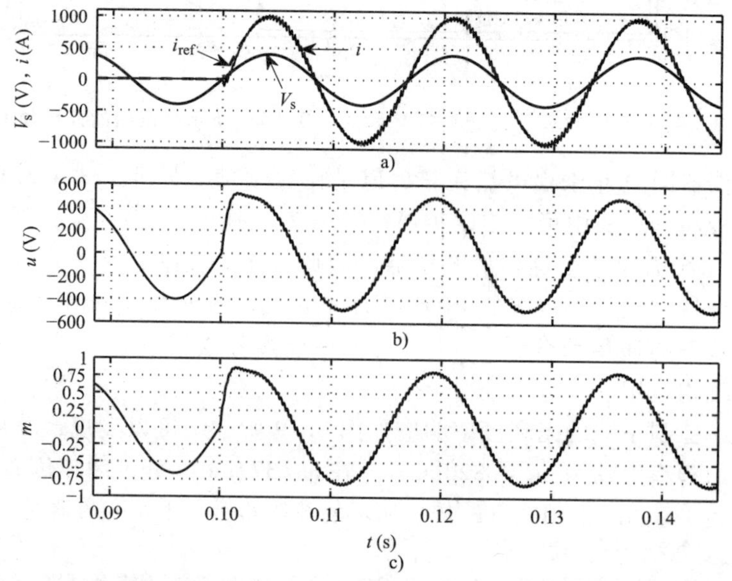

图 3.20 例 3.6 中的采用式（3.19）所示补偿器时半桥变流器对正弦指令的响应

比较例 3.5 和例 3.6 对应的结果可以发现，跟踪正弦指令的补偿器结构比跟踪直流指令的补偿器结构要复杂得多。如例 3.5 所示，PI 补偿器足以保证准确、快速地跟踪直流指令。但是，如例 3.6 所示，为了保证正弦指令跟踪的高保真度，我们需要采用更复杂的控制器。另外，在跟踪正弦指令时，补偿器所需的带宽要宽得多。

在三相 VSC 系统中，我们经常需要以较小的稳态误差快速地跟踪正弦指令，我们也需要指令的幅值或相位能够快速地变化，因此，如果我们能够将正弦指令的跟踪问题转化为直流指令的跟踪问题，那么补偿器的设计将得到大大简化。第 4 章中介绍的参考坐标系的相关理论和方法有助于实现这个目标。

第 4 章 空间相量与二维坐标系

4.1 引　　言

第 3 章研究了半桥变流器的控制方法。半桥变流器是三相电压源型变流器（VSC）的主要组成单元，三相 VSC 的控制是三个半桥变流器的联动控制。如第 3 章所述，只有采用比例积分（PI）补偿器，半桥变流器才能够跟踪直流指令，如果要跟踪正弦指令，补偿器必须要有更高的阶数和带宽。在三相 VSC 系统中，我们总是对跟踪正弦电压或电流指令感兴趣，因此，补偿器的设计工作面临与第 3 章中半桥变流器系统跟踪正弦指令时相同的困难。**$\alpha\beta$ 坐标系**和 **dq 坐标系**是两种主要的二维坐标系，本章将介绍这两种坐标系来简化分析和控制㊀。

$\alpha\beta$ 坐标系能将一个由三个半桥变流器组成的系统的控制问题转化为两个等效子系统的控制问题。另外，在 $\alpha\beta$ 坐标系下，也可以对瞬时无功功率的概念进行定义[41]。dq 坐标系除了拥有与 $\alpha\beta$ 坐标系相同的优点外，还有以下优点：

- 如果在 dq 坐标系下进行控制，那么正弦指令的跟踪问题可以转换为等价的直流指令的跟踪问题，所以可以采用 PI 补偿器进行控制。
- 在 abc 坐标系中，电机特定类型的模型具有时变的耦合电感。如果转换为 dq 坐标系下的模型，这些时变的电感可以转化为等效的恒定参数。
- 按照惯例，大规模电力系统的元件都是在 dq 坐标系下进行推导和分析。如果在 dq 坐标系下表示 VSC 系统，就可以在一个统一框架下采用电力系统常用的方法进行分析和设计。

本章将首先介绍空间相量的概念，空间相量可以看成是广义化的传统相量；另外，还将介绍以下几个问题：①用等效的空间相量来表示三相对称的函数；②控制三相信号幅值和相角的动态变化；③推导三相对称系统简洁等价的空间相量表达式；然后，将详细介绍基于空间相量思想的 $\alpha\beta$ 坐标系和 dq 坐标系；最后，将介绍

㊀ 在许多文献中，$\alpha\beta$ 坐标系和 dq 坐标系也分别称作静止坐标系或旋转坐标系。

三相 VSC 系统在 $\alpha\beta$ 坐标系和 dq 坐标系下的通用控制方法。

4.2　三相对称函数的空间相量表示

4.2.1　空间相量的定义

考虑一组三相对称的正弦函数，如下所示[㊀]：

$$f_a(t)=\hat{f}\cos(\omega t+\theta_0)$$

$$f_b(t)=\hat{f}\cos\left(\omega t+\theta_0-\frac{2\pi}{3}\right)$$

$$f_c(t)=\hat{f}\cos\left(\omega t+\theta_0-\frac{4\pi}{3}\right) \tag{4.1}$$

式中，$\hat{f}$、θ_0 和 ω 分别为函数的幅值、初始相角和角频率。对于式（4.1）所示的正弦函数，定义空间相量为

$$\vec{f}(t)=\frac{2}{3}\left[\mathrm{e}^{\mathrm{j}0}f_a(t)+\mathrm{e}^{\mathrm{j}\frac{2\pi}{3}}f_b(t)+\mathrm{e}^{\mathrm{j}\frac{4\pi}{3}}f_c(t)\right] \tag{4.2}$$

将式（4.1）中的 f_{abc} 代入式（4.2），根据等式 $\cos\theta=\frac{1}{2}(\mathrm{e}^{\mathrm{j}\theta}+\mathrm{e}^{-\mathrm{j}\theta})$ 和 $\mathrm{e}^{\mathrm{j}0}+\mathrm{e}^{\mathrm{j}\frac{2\pi}{3}}+\mathrm{e}^{\mathrm{j}\frac{4\pi}{3}}\equiv 0$，可得

$$\vec{f}(t)=(\hat{f}\mathrm{e}^{\mathrm{j}\theta_0})\mathrm{e}^{\mathrm{j}\omega t}=\underline{f}\mathrm{e}^{\mathrm{j}\omega t} \tag{4.3}$$

式中，$\underline{f}=\hat{f}\mathrm{e}^{\mathrm{j}\theta_0}$。复数 $\underline{f}$ 可以在复平面中用一个相量来表示。如果 $\hat{f}$ 是常数，那么这个相量与稳态正弦条件下分析线性电路的传统相量类似，在复平面中 $\vec{f}(t)$ 的箭头沿着以复平面原点为圆心的圆周运动（见图 4.1）。由式（4.3）可知，空间相量 $\vec{f}(t)$ 就是以角速度 ω 逆时针方向旋转的相量 $\underline{f}$。需要注意的是，即使 $\hat{f}$ 不是常数，$\vec{f}(t)$ 仍然由式（4.3）表示；如果 $\hat{f}$ 是时间的函数，

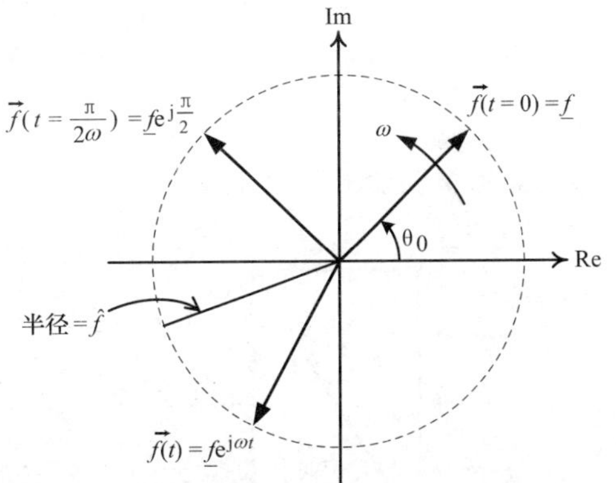

图 4.1　复平面中的相量表示方法

㊀ 该函数可以表示一组三相信号或三个时变参数，如电感。

对应的相量 $\underline{f}$ 也是时间的复函数。

空间相量的定义可以扩展到变频率的三相函数[43]。考虑下列三相函数：

$$f_{\mathrm{a}}(t)=\hat{f}(t)\cos[\theta(t)]$$
$$f_{\mathrm{b}}(t)=\hat{f}(t)\cos\left[\theta(t)-\frac{2\pi}{3}\right]$$
$$f_{\mathrm{c}}(t)=\hat{f}(t)\cos\left[\theta(t)-\frac{4\pi}{3}\right] \tag{4.4}$$

式中

$$\theta(t)=\theta_0+\int_0^t\omega(\tau)\mathrm{d}\tau \tag{4.5}$$

式中，$\omega(t)$ 为随时间变化的角频率。根据式（4.2），式（4.4）对应的空间相量为

$$\vec{f}(t)=\hat{f}(t)\mathrm{e}^{\mathrm{j}\theta(t)} \tag{4.6}$$

式（4.6）表明，按照最一般形式表示的空间相量含有对应的三相函数的幅值、相角和频率的相关信息。如果 $\omega(t)$ 为常数，式（4.3）和式（4.6）所表示的空间相量相同。根据式（4.2），定义图 4.2 为 ***abc* 坐标系到空间相量的信号变换器**。

根据下列等式，实数分量 $f_{\mathrm{a}}(t)$、$f_{\mathrm{b}}(t)$ 和 $f_{\mathrm{c}}(t)$ 可以由对应的空间相量给出：

$$f_{\mathrm{a}}(t)=\mathrm{Re}\{\vec{f}(t)\mathrm{e}^{-\mathrm{j}0}\}$$
$$f_{\mathrm{b}}(t)=\mathrm{Re}\{\vec{f}(t)\mathrm{e}^{-\mathrm{j}\frac{2\pi}{3}}\}$$
$$f_{\mathrm{c}}(t)=\mathrm{Re}\{\vec{f}(t)\mathrm{e}^{-\mathrm{j}\frac{4\pi}{3}}\} \tag{4.7}$$

式中，$\mathrm{Re}\{\cdot\}$ 为实部算子。由式（4.7）可知，$f_{\mathrm{a}}(t)$、$f_{\mathrm{b}}(t)$ 和 $f_{\mathrm{c}}(t)$ 的值分别为 $\vec{f}(t)\ \mathrm{e}^{-\mathrm{j}0}$、$\vec{f}(t)\ \mathrm{e}^{-\mathrm{j}\frac{2\pi}{3}}$ 和 $\vec{f}(t)\ \mathrm{e}^{-\mathrm{j}\frac{4\pi}{3}}$ 在实轴上的投影。根据式（4.7），**空间相量到 *abc* 坐标系的信号变换器**的框图如图 4.3 所示。

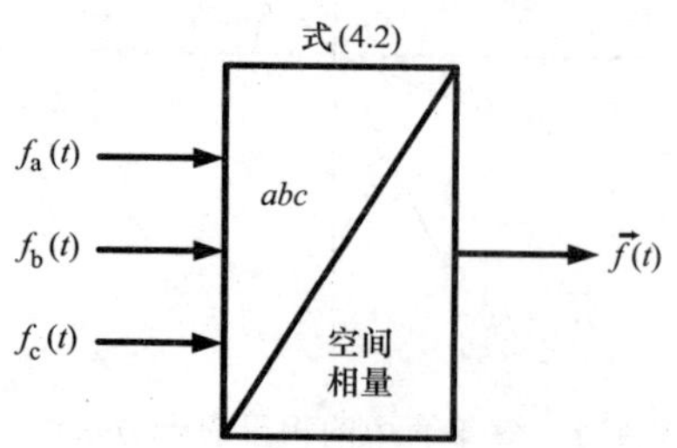

图 4.2 *abc* 坐标系到空间相量的信号变换器

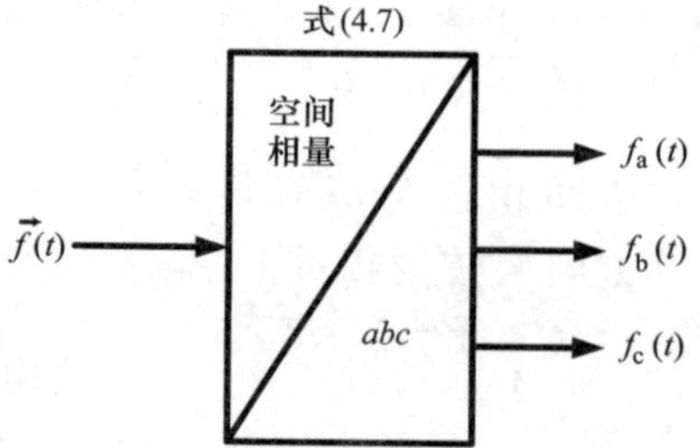

图 4.3 空间相量到 *abc* 坐标系的信号变换器

4.2.2　改变三相信号的幅值和相角

VSC 系统的控制通常会涉及正弦指令的跟踪。因为正弦信号以幅值和相角作为主要特征，所以在某些应用中有必要去控制参考信号和控制信号的幅值和/或相位。这一点在引入空间相量的概念之后可以很容易地实现。

考虑一组等效空间相量为 $\vec{f}(t)$ 的三相信号 f_{abc}。假设目标是找到一个分别以空间相量 $\vec{f}(t)$ 和 $\vec{f}'(t)$ 为输入和输出的系统，其中 $\vec{f}'(t)$ 所对应的新的三相信号具有以下特性：

- $f'_{abc}(t)$ 中每相的相角比 f_{abc} 中对应相的相角变化了 $\phi(t)$，其中 $\phi(t)$ 是时间的任意函数。
- $f'_{abc}(t)$ 中每相的幅值是 f_{abc} 中对应相幅值的 $A(t)$ 倍，其中 $A(t)$ 是时间的任意函数。

我们将上述系统称为空间相量移相器/比例放大器，这种系统能够给出需要的相移和幅值变化。输出信号 $\vec{f}'(t)$ 为

$$\vec{f}'(t)=\vec{f}(t)A(t)e^{j\phi(t)} \tag{4.8}$$

图 4.4 所示为空间相量移相器/比例放大器的框图。

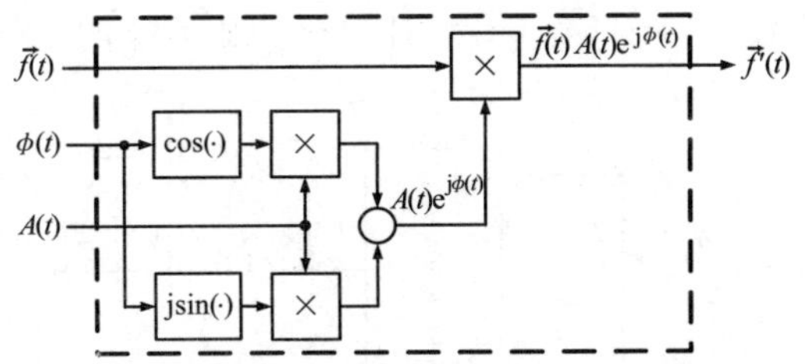

图 4.4　空间相量移相器/比例放大器的框图

为了理解空间相量移相器/比例放大器的机理，考虑式（4.1）所示的三相信号。根据式（4.3），对应的空间相量为 $\vec{f}(t)=\hat{f}e^{j\theta_0}e^{j\omega t}$。如图 4.4 所示，$\vec{f}'(t)=\vec{f}(t)A(t)e^{j\phi(t)}=A(t)\hat{f}e^{j[\omega t+\theta_0+\phi(t)]}$。根据式（4.7），$\vec{f}'(t)$ 对应的三相信号为

$$f'_a(t)=A(t)\hat{f}\cos[(\omega t+\theta_0)+\phi(t)]$$

$$f'_b(t)=A(t)\hat{f}\cos\left[\left(\omega t+\theta_0-\frac{2\pi}{3}\right)+\phi(t)\right]$$

$$f'_c(t)=A(t)\hat{f}\cos\left[\left(\omega t+\theta_0-\frac{4\pi}{3}\right)+\phi(t)\right]$$

通过增加 *abc* 坐标系到空间相量和空间相量到 *abc* 坐标系两个信号变换单元，图 4.4 中的空间相量移相器/比例放大器经过改进后可以用来接收/传输 *abc* 坐标系信号。改进后的空间相量移相器/比例放大器如图 4.5 所示。

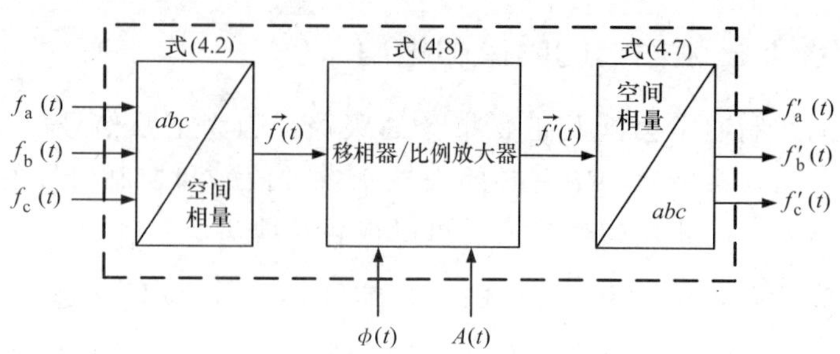

图 4.5 改进型空间相量移相器/比例放大器的框图

大功率场合中经常用到的电压控制型 VSC 系统，如柔性交流输电系统（FACTS）控制器，就是图 4.5 所示的空间相量移相器/比例放大器的应用之一[1,44,45]。图 4.6 所示为电压控制型 VSC 系统的简化示意图，其中，三相 VSC 通过三相电感与交流系统相连。如果忽略电感的电阻，通过控制 VSC 交流端电压 $V_{t\text{-abc}}$ 相对交流系统电压 $V_{s\text{-abc}}$ 的幅值和相角，就可以有效地控制 VSC 系统与交流系统交换的有功功率 P_s 和无功功率 Q_s。$\phi(t)$［或 $A(t)$］由有功功率（或无功功率）反馈回路给出，该回路通过处理有功功率（或无功功率）与其参考值的误差来控制有功功率（或无功功率）。空间相量移相器/比例放大器生成 VSC 交流端电压的参考信号，并将其输出至 VSC 的 PWM 单元。

下面举例说明图 4.4 中空间相量移相器/比例放大器的工作原理。

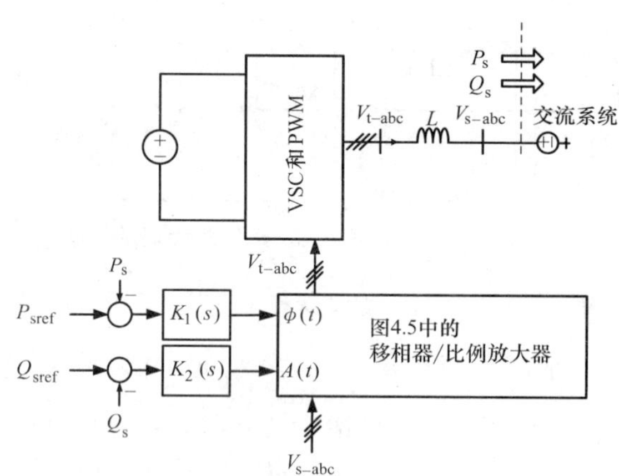

图 4.6 电压控制型 VSC 系统的框图

例 4.1 改变三相信号的幅值和相角

令图 4.5 中空间相量移相器/比例放大器的输入信号为

$$f_a(t)=\cos(377t)$$

$$f_b(t)=\cos\left(377t-\frac{2\pi}{3}\right)$$

$$f_c(t)=\cos\left(377t-\frac{4\pi}{3}\right)$$

图 4.5 所示系统首先通过 abc 坐标系到空间相量的信号变换器将 f_{abc} 变换为 $\vec{f}(t)$，再通过图 4.4 所示的空间相量移相器/比例放大器将 $\vec{f}(t)$ 变换为 $\vec{f}'(t)$，最后通过空间相量到 abc 坐标系的信号变换器将 $\vec{f}'(t)$ 变换为 f'_{abc}。

假设 $A(t)$ 在 $t=66$ms 时由 1 阶跃变化为 1.5，$\phi(t)\equiv 0$。图 4.5 中系统的输出 $f'_{abc}(t)$ 的波形如图 4.7 所示。由图可见，当 $t=66$ms 时，$f_{abc}(t)$ 的幅值由 1 突变为 1.5，同时 $f_{abc}(t)$ 的相角保持不变。下面假设 $A(t)\equiv 1$，$\phi(t)$ 在 $t=18$ms 时从 0 阶跃变化为 π。如图 4.8 所示，当 $t=18$ms 时，$f_{abc}(t)$ 的极性翻转，但 $f_{abc}(t)$ 的幅值保持不变。

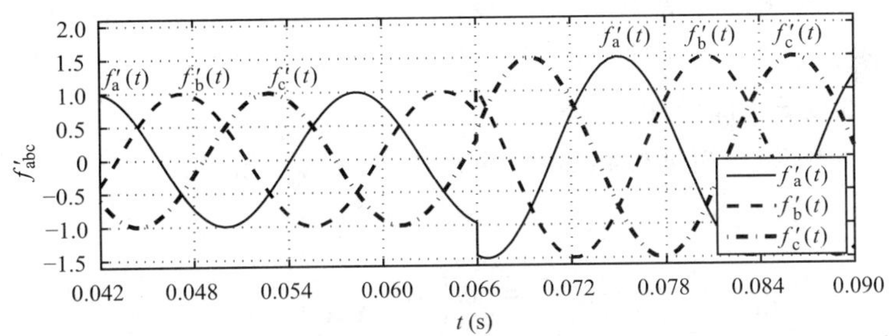

图 4.7　三相信号的幅值发生阶跃变化时的波形

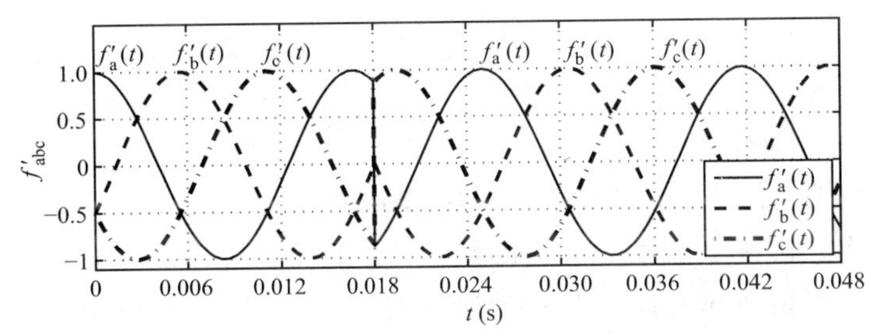

图 4.8　三相信号的相角发生阶跃变化时的波形

图 4.5 中的空间相量移相器/比例放大器也可以用来改变三相信号的频率。例如，将式（4.1）中的三相信号输入图 4.5 所示系统，输出为

$$f'_a(t)=A(t)\hat{f}\cos[(\omega t+\theta_0)+\phi(t)]$$

$$f'_b(t)=A(t)\hat{f}\cos\left[\left(\omega t+\theta_0-\frac{2\pi}{3}\right)+\phi(t)\right]$$

$$f'_c(t)=A(t)\hat{f}\cos\left[\left(\omega t+\theta_0-\frac{4\pi}{3}\right)+\phi(t)\right]$$

如果 $A(t)=1$，并且 $\phi(t)$ 为

$$\phi(t)=\int_0^t \Delta\omega(\tau)\mathrm{d}\tau \tag{4.9}$$

那么空间相量移相器/比例放大器的输出变为

$$\begin{cases} f'_{\mathrm{a}}(t)=\hat{f}\cos\left[\omega t+\theta_0+\int_0^t \Delta\omega(\tau)\mathrm{d}\tau\right] \\ f'_{\mathrm{b}}(t)=\hat{f}\cos\left[\omega t+\theta_0-\dfrac{2\pi}{3}+\int_0^t \Delta\omega(\tau)\mathrm{d}\tau\right] \\ f'_{\mathrm{c}}(t)=\hat{f}\cos\left[\omega t+\theta_0-\dfrac{4\pi}{3}+\int_0^t \Delta\omega(\tau)\mathrm{d}\tau\right] \end{cases} \tag{4.10}$$

式中，$\Delta\omega(t)$ 为时间的任意函数。式（4.10）中的 $f'_{\mathrm{abc}}(t)$ 表示一组频率为 $\omega+\Delta\omega(t)$的三相信号，其频率可以通过 $\Delta\omega(t)$ 来变化。对于 $\Delta\omega(t)=-\omega$ 这种特殊情况，输出信号的频率将变为 0，f'_{abc}变成三个直流信号。但是需要注意的是，此时三个直流信号仍然可以构成一组对称的三相信号，如例 4.2 所示。

例 4.2　改变三相信号的频率

假设图 4.5 中空间相量移相器/比例放大器的输入信号为

$$\begin{cases} f_{\mathrm{a}}(t)=\cos(377t) \\ f_{\mathrm{b}}(t)=\cos\left(377t-\dfrac{2\pi}{3}\right) \\ f_{\mathrm{c}}(t)=\cos\left(377t-\dfrac{4\pi}{3}\right) \end{cases}$$

同时，令 $\Delta\omega(t)$ 为

$$\Delta\omega(t)=\begin{cases} 0 & t<t_{\mathrm{f}} \\ -(2\pi)(445)(t-t_{\mathrm{f}}) & t_{\mathrm{f}}\leqslant t\leqslant 0.1848 \\ -377 & t\geqslant 0.1848 \end{cases}$$

式中，$t_{\mathrm{f}}=0.05\mathrm{s}$。图 4.9 所示为对应的输出 f'_{abc}的波形。由图可见，$t=0.05\mathrm{s}$ 之前，f'_{abc}的频率保持恒定（60Hz）。当 $t=0.05\mathrm{s}$ 时，频率开始以 445Hz/s 的速率减小，直到在 $t=0.1848\mathrm{s}$ 时减为 0，然后三相输出信号不再变化，各分量保持恒定。

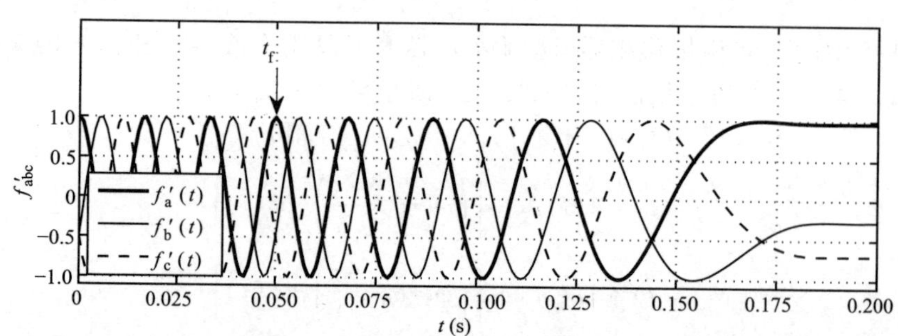

图 4.9　例 4.2 中的三相信号的频率变化时的波形

4.2.3　幅值/频率可控的三相信号的产生

在某些应用中，三相信号的振幅与频率都必须是可控的，这一目标可以通过空间相量的方式来实现，如图 4.10 中的框图所示。图 4.10 中的信号发生器原理上与图 4.5 中的空间相量移相器/比例放大器完全一样，只是图 4.10 省略了 *abc* 坐标系到空间相量的变换单元，另外，图 4.10 中的 $\vec{f}(t)$ 是相角为 0 的单位空间相量 $\vec{f}(t)=e^{j0}$。图 4.10 中信号发生器的作用是将单位空间相量相移 $\theta(t)$，其中 $\theta(t)$ 包括时变分量和常数分量两部分。时变分量为给定角频率［如 $\omega(t)$］的积分，其作用是使单位相量以相同的频率旋转。常数分量决定了旋转空间相量的初始相角。旋转空间相量的长度以及最终生成的三相信号的幅值，由 $A(t)$ 决定。根据式 (4.7)，旋转空间相量最终变换为对应的三相信号。

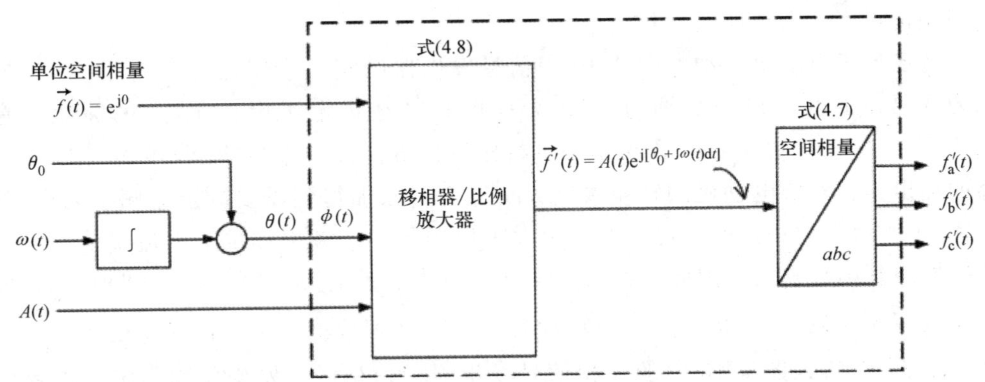

图 4.10　频率/幅值可控的三相信号发生器框图

一种有趣的特殊情况发生在 $\omega(t)$ 为负值时，比如，$\omega(t)=-\omega$。为了简化起见，假设 $A(t)\equiv1$。因此，旋转空间相量可以表示为 $\vec{f}'(t)=e^{j(-\omega t+\theta_0)}$，根据式 (4.7)，对应的三相信号为

$$\begin{cases} f_a'(t)=\cos(-\omega t+\theta_0) \\ f_b'(t)=\cos\left(-\omega t+\theta_0-\dfrac{2\pi}{3}\right) \\ f_c'(t)=\cos\left(-\omega t+\theta_0-\dfrac{4\pi}{3}\right) \end{cases} \tag{4.11}$$

式 (4.11) 表示一组频率为负的三相信号。负的频率没有实际的物理意义，为了得到一组频率为正的三相信号，根据恒等式 $\cos(-\theta)=\cos\theta$，式 (4.11) 可以改写为

$$\begin{cases} f_a'(t)=\cos(\omega t-\theta_0) \\ f_b'(t)=\cos\left(\omega t-\theta_0+\dfrac{2\pi}{3}\right) \\ f_c'(t)=\cos\left(\omega t-\theta_0+\dfrac{4\pi}{3}\right) \end{cases}$$

上式等价为

$$\begin{cases} f_a'(t)=\cos(\omega t-\theta_0) \\ f_b'(t)=\cos\left(\omega t-\theta_0-\dfrac{4\pi}{3}\right) \\ f_c'(t)=\cos\left(\omega t-\theta_0-\dfrac{2\pi}{3}\right) \end{cases} \tag{4.12}$$

式（4.12）表明，输出信号的相序由 *abc* 反转为 *acb*。换句话说，频率为负的空间相量对应一组负序的三相信号。

变速异步电动机驱动是图 4.10 中信号发生器的实际应用之一[48]。图 4.11 所示为变速异步电动机驱动通过三相 VSC 控制电动机定子电压 $V_{st\text{-}abc}$ 的简化示意图[16,43]。电动机转速 ω_r 与参考指令进行比较，所得误差作为补偿器的输入。补偿器的输出 ω_{slip} 对应电动机的转差频率，ω_{slip} 与 ω_r 相加得到需要的定子频率 ω_{st}，如图 4.11 所示。另一方面，定子电压的大小根据与定子频率和定子电流幅值有关的非线性静态函数确定。因此，在低转矩（对应小定子电流）时，$\hat{V}_{st}$ 近似地与 ω_{st} 成正比（定 V/f 运行）。但是，当转矩较大时，$\hat{V}_{st}$ 将快速增加来补偿定子电阻上的压降。ω_{st} 与 $\hat{V}_{st}$ 输入图 4.10 中的三相信号发生器，三相信号发生器输出定子参考电压，最后由 VSC 通过 PWM 生成定子电压 $V_{st\text{-}abc}$。

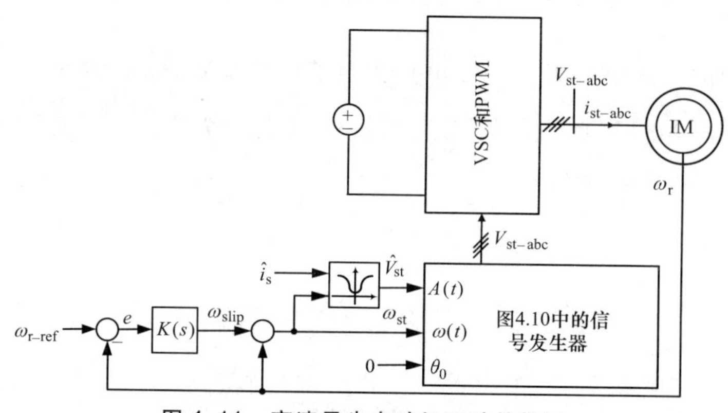

图 4.11 变速异步电动机驱动的框图

例 4.3 三相信号的相序反转

考虑图 4.10 所示的三相信号发生器，参数为：$\theta_0\equiv 0$，$A(t)\equiv 1$，$\omega(t)\equiv 377-2513t$。信号频率最初为 60Hz，但是以 400Hz/s 的速率逐渐减小。当 $t=0.15$s 时，

频率减为0，然后变为负值。

图4.10中信号发生器的输出波形如图4.12所示。$t=0.15\text{s}$之前，频率逐渐减小。因此，各正弦信号的周期变长，但相序不变。当$t=0.15\text{s}$时，频率减为0，之后变为负值。如图4.2所示，三相信号的相序反转，随着频率绝对值的增加，输出信号的周期变短。

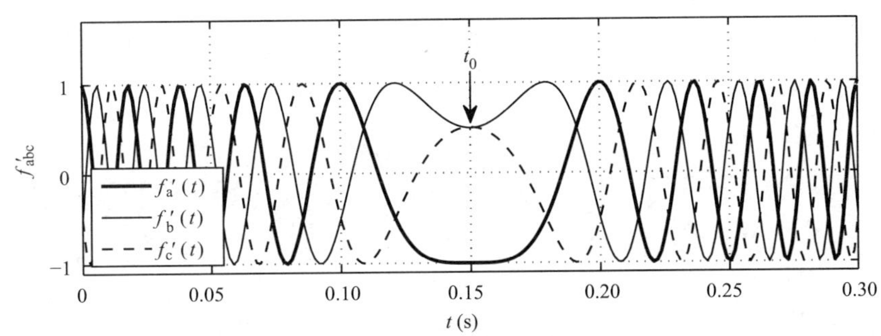

图4.12　三相信号的相序反转

4.2.4　谐波的空间相量表示

在电力系统中，电压和电流的波形大多是关于时间的周期函数，同时可能含有谐波分量。虽然控制系统的不稳定也会导致谐波的产生，但非线性和开关过程是谐波产生的两个主要原因。谐波会导致波形畸变，进而影响系统的性能和效率。本节将应用空间相量的概念来描述谐波。

考虑下面的三相信号：

$$\begin{cases} f_{\text{a}}(t)=\hat{f}_1\cos(\omega t)+\hat{f}_n\cos(n\omega t) \\ f_{\text{b}}(t)=\hat{f}_1\cos\left(\omega t-\dfrac{2\pi}{3}\right)+\hat{f}_n\cos\left(n\omega t-\dfrac{2n\pi}{3}\right) \\ f_{\text{c}}(t)=\hat{f}_1\cos\left(\omega t-\dfrac{4\pi}{3}\right)+\hat{f}_n\cos\left(n\omega t-\dfrac{4n\pi}{3}\right) \end{cases} \tag{4.13}$$

式中，$\hat{f}_1$为基波分量的幅值；n为谐波的次数；$\hat{f}_n$为n次谐波的幅值。根据空间相量的定义式（4.4），可得

$$\vec{f}(t)=\hat{f}_1\text{e}^{\text{j}\omega t}+\vec{f}_n(t) \tag{4.14}$$

式中

$$\vec{f}_n(t)=\left(\frac{\hat{f}_n}{3}\right)\left[1+\text{e}^{-\text{j}(n-1)\frac{2\pi}{3}}+\text{e}^{-\text{j}(n-1)\frac{4\pi}{3}}\right]\text{e}^{\text{j}n\omega t}+\left(\frac{\hat{f}_n}{3}\right)\left[1+\text{e}^{\text{j}(n+1)\frac{2\pi}{3}}+\text{e}^{\text{j}(n+1)\frac{4\pi}{3}}\right]\text{e}^{-\text{j}n\omega t} \tag{4.15}$$

如式（4.14）所示，$\vec{f}(t)$由两个空间相量组成。第一个空间向量为三相信号的基波分量，该相量以角速度ω逆时针方向旋转；第二个空间相量$\vec{f}_n(t)$对应谐

波分量。根据式（4.15），如果 n 是 3 的倍数，$\vec{f}_n(t)\equiv 0$。否则，$\vec{f}_n(t)$ 是一个长度为$\vec{f}_n$、以角速度 $n\omega$ 旋转的空间相量，但旋转的方向与谐波的次数有关。如果$\vec{f}_n(t)$逆时针旋转，则称之为正序空间相量，我们将正序空间相量对应的三相波形称作正序谐波。同理，如果 $\vec{f}_n(t)$ 顺时针旋转，则称之为负序空间相量，与之对应的三相波形称作负序谐波。n 为 3 的倍数时，因为 $\vec{f}_n(t)\equiv 0$，所以称之为零序谐波。根据式（4.15），表 4.1 列出了一组正序和负序谐波[⊖]。

表 4.1　正序和负序谐波

正序谐波 $\vec{f}_n(t)=\hat{f}_n e^{jn\omega t}$	负序谐波 $\vec{f}_n(t)=\hat{f}_n e^{-jn\omega t}$
$n=1$	$n=2$
4	5
7	8
10	11
13	14
19	17
22	20
25	23
28	26
31	32

4.3　三相系统的空间相量表示

4.2 节讨论了三相信号到空间相量的变换及反变换，根据空间相量的概念，介绍了动态改变信号幅值和频率的过程，这里的信号可以是参考信号、反馈信号和控制信号等。我们已经掌握了相量域内信号的处理方法，所以有必要介绍一种在相量域内对广义的三相系统进行建模的方法。接下来，为了简化分析又不失一般性，我们以线性系统为例进行说明。我们将三相系统分为三类：对称非耦合、对称耦合、非对称。

4.3.1　非耦合的三相对称系统

对于图 4.13 所示的三相系统，输出 y_{abc} 的每一相都由输入 u_{abc} 的对应相控制，这种系统由三个独立且相同的子系统组成。如果在各相的方程中用 b 代替 a，c 代

⊖ 4.2.4 节的结论只对对称的周期信号有效。不对称三相波形的谐波相序不一定符合表 4.1 所示的结果。

替 b，a 代替 c，表示三相输入-输出关系的原始表达式保持不变，这个系统就是对称的。各子系统的输入-输出关系用传递函数 $G(s)$ 表示为

$$Y_a(s)=G(s)U_a(s)$$
$$Y_b(s)=G(s)U_b(s)$$
$$Y_c(s)=G(s)U_c(s) \tag{4.16}$$

式中，$G(s)=(k_m s^m+k_{m-1}s^{m-1}+\cdots+k_0)/(s^n+l_{n-1}s^{n-1}+\cdots+l_0)$ 为有理传递函数。根据式（4.16），可以证明图 4.13 中的系统是对称的。三相系统的时域方程为

$$\frac{d^n y_a}{dt^n}+l_{n-1}\frac{d^{n-1}y_a}{dt^{n-1}}+\cdots+l_0 y_a=k_m\frac{d^m u_a}{dt^m}+k_{m-1}\frac{d^{m-1}u_a}{dt^{m-1}}+\cdots+k_0 u_a \tag{4.17}$$

$$\frac{d^n y_b}{dt^n}+l_{n-1}\frac{d^{n-1}y_b}{dt^{n-1}}+\cdots+l_0 y_b=k_m\frac{d^m u_b}{dt^m}+k_{m-1}\frac{d^{m-1}u_b}{dt^{m-1}}+\cdots+k_0 u_b \tag{4.18}$$

$$\frac{d^n y_c}{dt^n}+l_{n-1}\frac{d^{n-1}y_c}{dt^{n-1}}+\cdots+l_0 y_c=k_m\frac{d^m u_c}{dt^m}+k_{m-1}\frac{d^{m-1}u_c}{dt^{m-1}}+\cdots+k_0 u_c \tag{4.19}$$

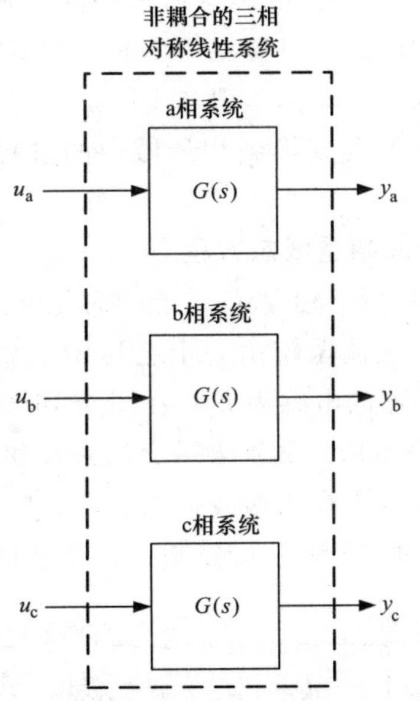

图 4.13　非耦合的三相对称线性系统框图

式（4.17）、式（4.18）和式（4.19）两边分别乘以 $\frac{2}{3}e^{j0}$、$\frac{2}{3}e^{j\frac{2\pi}{3}}$、$\frac{2}{3}e^{j\frac{4\pi}{3}}$，可得

$$\begin{aligned}&\frac{d^n}{dt^n}\left(\frac{2}{3}e^{j0}y_a\right)+l_{n-1}\frac{d^{n-1}}{dt^{n-1}}\left(\frac{2}{3}e^{j0}y_a\right)+\cdots+l_0\left(\frac{2}{3}e^{j0}y_a\right)\\&=k_m\frac{d^m}{dt^m}\left(\frac{2}{3}e^{j0}y_a\right)+k_{m-1}\frac{d^{m-1}}{dt^{m-1}}\left(\frac{2}{3}e^{j0}y_a\right)+\cdots+k_0\left(\frac{2}{3}e^{j0}y_a\right)\end{aligned} \tag{4.20}$$

$$\frac{\mathrm{d}^n}{\mathrm{d}t^n}\left(\frac{2}{3}\mathrm{e}^{\mathrm{j}\frac{2\pi}{3}}y_\mathrm{b}\right)+l_{n-1}\frac{\mathrm{d}^{n-1}}{\mathrm{d}t^{n-1}}\left(\frac{2}{3}\mathrm{e}^{\mathrm{j}\frac{2\pi}{3}}y_\mathrm{b}\right)+\cdots+l_0\left(\frac{2}{3}\mathrm{e}^{\mathrm{j}\frac{2\pi}{3}}y_\mathrm{b}\right)$$
$$=k_m\frac{\mathrm{d}^m}{\mathrm{d}t^m}\left(\frac{2}{3}\mathrm{e}^{\mathrm{j}\frac{2\pi}{3}}y_\mathrm{b}\right)+k_{m-1}\frac{\mathrm{d}^{m-1}}{\mathrm{d}t^{m-1}}\left(\frac{2}{3}\mathrm{e}^{\mathrm{j}\frac{2\pi}{3}}y_\mathrm{b}\right)+\cdots+k_0\left(\frac{2}{3}\mathrm{e}^{\mathrm{j}\frac{2\pi}{3}}y_\mathrm{b}\right) \tag{4.21}$$

$$\frac{\mathrm{d}^n}{\mathrm{d}t^n}\left(\frac{2}{3}\mathrm{e}^{\mathrm{j}\frac{4\pi}{3}}y_\mathrm{c}\right)+l_{n-1}\frac{\mathrm{d}^{n-1}}{\mathrm{d}t^{n-1}}\left(\frac{2}{3}\mathrm{e}^{\mathrm{j}\frac{4\pi}{3}}y_\mathrm{c}\right)+\cdots+l_0\left(\frac{2}{3}\mathrm{e}^{\mathrm{j}\frac{4\pi}{3}}y_\mathrm{c}\right)$$
$$=k_m\frac{\mathrm{d}^m}{\mathrm{d}t^m}\left(\frac{2}{3}\mathrm{e}^{\mathrm{j}\frac{4\pi}{3}}y_\mathrm{c}\right)+k_{m-1}\frac{\mathrm{d}^{m-1}}{\mathrm{d}t^{m-1}}\left(\frac{2}{3}\mathrm{e}^{\mathrm{j}\frac{4\pi}{3}}y_\mathrm{c}\right)+\cdots+k_0\left(\frac{2}{3}\mathrm{e}^{\mathrm{j}\frac{4\pi}{3}}y_\mathrm{c}\right) \tag{4.22}$$

式（4.20）、式（4.21）和式（4.22）两边分别相加，根据式（4.2），可得

$$\frac{\mathrm{d}^n}{\mathrm{d}t^n}\vec{y}+l_{n-1}\frac{\mathrm{d}^{n-1}}{\mathrm{d}t^{n-1}}\vec{y}+\cdots+l_0\vec{y}=k_m\frac{\mathrm{d}^m}{\mathrm{d}t^m}\vec{u}+k_{m-1}\frac{\mathrm{d}^{m-1}}{\mathrm{d}t^{m-1}}\vec{u}+\cdots+k_0\vec{u} \tag{4.23}$$

式（4.23）为图 4.13 所示系统在相量域中的表达式。可以发现，系统输入-输出之间的关系在 *abc* 坐标系下和相量域中有相同的表达形式，式（4.23）和式（4.17）、式（4.18）和式（4.19）的表达形式相同。式（4.23）提供了一种表示原始三相系统的简洁方法。因此，只要在任意的三相系统方程中将时域变量替换为对应的相量域变量，就可以得出对称非耦合线性系统的空间相量表达式。

上述将三相系统的微分方程变换到相量域中的过程也同样适用于状态空间方程，如例 4.4 所示。

例 4.4　三相电路的空间相量状态方程

图 4.14 所示为电流控制型三相 VSC 系统的简化电路图，其中，VSC 系统的每相连接交流系统的对应相。交流系统由一个电压源 v_{sabc} 串联三个非耦合电感器表示，每相一个电感器。电感器的电感为 L_s。在图 4.14 所示的电路中，v_{abc} 表示公共连接点（PCC）的电压，i_{sabc} 和 i_{abc} 分别表示交流系统和 VSC 的电流。实际上，i_{abc} 含有谐波分量，因此采用电容器 C 为谐波提供旁路，防止谐波分量流入交流系统。假设 i_{abc} 的基波分量可以通过 PWM 进行控制。基于前面的假设，VSC 输入交流系

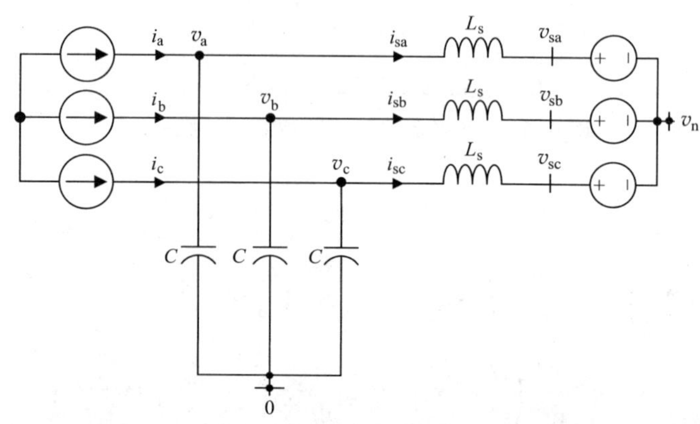

图 4.14　例 4.4 中的三相电路

统的有功功率和无功功率也可以得到控制。

根据以上对图 4.14 所示电路的描述，i_{abc}是控制变量，而 v_{abc}和 i_{sabc}是状态变量。因为不能对 v_{sabc}进行控制，v_{sabc}被视为扰动输入。取决于应用场合，输出可以是状态变量的组合。选择电容器的公共点 0 作为电压的参考节点，交流系统中性点的电压设为 $v_n(t)$，由此可以写出下列状态方程：

$$C\frac{dv_a}{dt}=i_a-i_{sa} \tag{4.24}$$

$$C\frac{dv_b}{dt}=i_b-i_{sb} \tag{4.25}$$

$$C\frac{dv_c}{dt}=i_c-i_{sc} \tag{4.26}$$

$$L_s\frac{di_{sa}}{dt}=v_a-v_{sa}-v_n \tag{4.27}$$

$$L_s\frac{di_{sb}}{dt}=v_b-v_{sb}-v_n \tag{4.28}$$

$$L_s\frac{di_{sc}}{dt}=v_c-v_{sc}-v_n \tag{4.29}$$

式（4.24）~式（4.26）可以用空间相量表示为

$$C\frac{d\vec{v}}{dt}=\vec{i}-\vec{i}_s \tag{4.30}$$

式（4.27）~式（4.29）的等效空间相量方程与原始方程有些差异。由$\frac{2}{3}(e^{j0}+e^{j\frac{2\pi}{3}}+e^{j\frac{4\pi}{3}})\equiv 0$ 可知$\left(\frac{2}{3}\right)(e^{j0}v_n+e^{j\frac{2\pi}{3}}v_n+e^{j\frac{4\pi}{3}}v_n)\equiv 0$，所以 v_n在 abc 坐标系到相量域的变换过程中被消去，可得

$$L_s\frac{d\vec{i}_s}{dt}=\vec{v}-\vec{v}_s \tag{4.31}$$

4.3.2　耦合的三相对称系统

图 4.15 所示为耦合的三相对称线性系统的框图。本节将证明这类耦合系统可

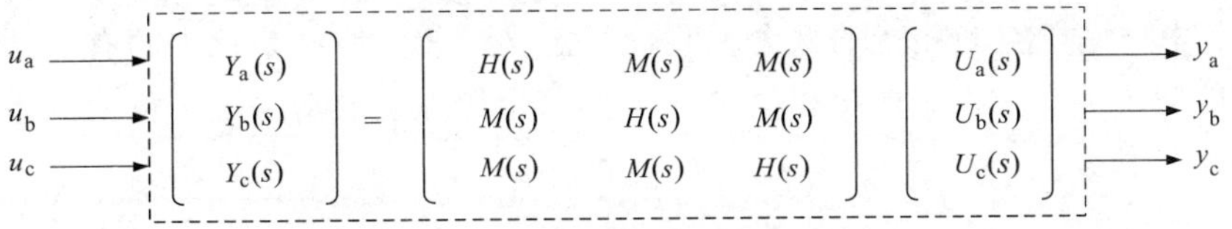

$$\begin{bmatrix} Y_a(s) \\ Y_b(s) \\ Y_c(s) \end{bmatrix} = \begin{bmatrix} H(s) & M(s) & M(s) \\ M(s) & H(s) & M(s) \\ M(s) & M(s) & H(s) \end{bmatrix} \begin{bmatrix} U_a(s) \\ U_b(s) \\ U_c(s) \end{bmatrix}$$

图 4.15　耦合的三相对称线性系统框图

以用空间相量来表示，采取的步骤与图 4.13 所示非耦合系统采取的步骤类似。表征图 4.15 所示系统的耦合方程为

$$\begin{cases}Y_a(s)=H(s)U_a(s)+M(s)U_b(s)+M(s)U_c(s)\\Y_b(s)=M(s)U_a(s)+H(s)U_b(s)+M(s)U_c(s)\\Y_c(s)=M(s)U_a(s)+M(s)U_b(s)+H(s)U_c(s)\end{cases} \tag{4.32}$$

式中，$H(s)$ 和 $M(s)$ 分别为自感传递函数和互感传递函数。因为 $u_a+u_b+u_c\equiv 0$，$U_a+U_b+U_c\equiv 0$。因此，式（4.32）可以改写为

$$\begin{cases}Y_a(s)=[H(s)-M(s)]U_a(s)\\Y_b(s)=[H(s)-M(s)]U_b(s)\\Y_c(s)=[H(s)-M(s)]U_c(s)\end{cases} \tag{4.33}$$

式（4.33）对应图 4.13 所示的非耦合的三相对称系统，其中，$G(s)=H(s)-M(s)$。因此，根据 4.3.1 中的讨论，输入空间相量到输出空间相量的传递函数也是 $G(s)=H(s)-M(s)$。

例 4.5 三相耦合电感的空间相量方程

考虑例 4.4 中的三相电感（见图 4.14），每个电感都与另外两个电感互相耦合，互感系数为 M。因此，式（4.31）修正为

$$(L_s-M)\frac{\mathrm{d}\vec{i}_s}{\mathrm{d}t}=\vec{v}-\vec{v}_s \tag{4.34}$$

4.3.3 三相不对称系统

4.3.1 节与 4.3.2 节中介绍的空间相量表示方法不适用于三相不对称系统，原因是不对称系统中找不到输入空间相量到输出空间相量的传递函数。换句话说，不对称系统中，输出空间相量的实部和虚部与输入空间相量的实部和虚部两者都相关，它们的传递函数不同[⊖]。因此，必须在 $\alpha\beta$ 坐标系或者 dq 坐标系下进行建模，在后面的章节中将会讨论这个问题。

4.4 三相三线制系统中的功率

本节中，基于空间相量的概念，我们将定义三相三线制系统中的有功功率、无功功率和视在功率。相比传统相量，基于空间相量理论的功率定义也适用于动态或者变频的应用场合。

⊖ 我们将在 4.5.5 节的例 4.7 中予以说明。

考虑图 4.16 所示的三相对称网络，其端口电压和电流分别为 v_{abc} 和 i_{abc}。v_{abc} 和 i_{abc} 不一定对称，但满足 $i_a+i_b+i_c=0$。时域中的瞬时（有功）功率表达式为

$$P(t)=v_a(t)i_a(t)+v_b(t)i_b(t)+v_c(t)i_c(t) \tag{4.35}$$

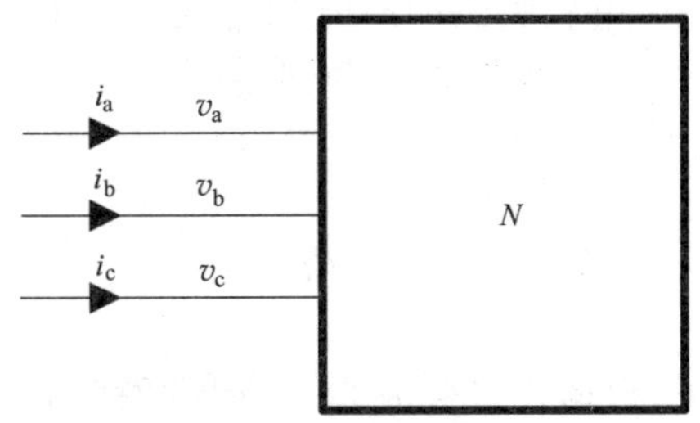

图 4.16　三相三线制系统

根据式（4.7），式（4.35）中的 v_{abc} 和 i_{abc} 可用各自对应的空间相量表示。因此

$$P(t)=\mathrm{Re}\{\vec{v}(t)\mathrm{e}^{\mathrm{j}0}\}\mathrm{Re}\{\vec{i}(t)\mathrm{e}^{\mathrm{j}0}\}+\mathrm{Re}\{\vec{v}(t)\mathrm{e}^{-\mathrm{j}\frac{2\pi}{3}}\}\mathrm{Re}\{\vec{i}(t)\mathrm{e}^{-\mathrm{j}\frac{2\pi}{3}}\}+\mathrm{Re}\{\vec{v}(t)\mathrm{e}^{-\mathrm{j}\frac{4\pi}{3}}\}\mathrm{Re}\{\vec{i}(t)\mathrm{e}^{-\mathrm{j}\frac{4\pi}{3}}\} \tag{4.36}$$

根据恒等式 $\mathrm{Re}\{\alpha\}\mathrm{Re}\{\beta\}=(\mathrm{Re}\{\alpha\beta\}+\mathrm{Re}\{\alpha\beta^*\})/2$，式（4.36）可以表示为

$$P(t)=\frac{\mathrm{Re}\{\vec{v}(t)\vec{i}(t)\}+\mathrm{Re}\{\vec{v}(t)\vec{i}^*(t)\}}{2}+\frac{\mathrm{Re}\{\vec{v}(t)\vec{i}(t)\mathrm{e}^{-\mathrm{j}\frac{4\pi}{3}}\}+\mathrm{Re}\{\vec{v}(t)\vec{i}^*(t)\}}{2}+\frac{\mathrm{Re}\{\vec{v}(t)\vec{i}(t)\mathrm{e}^{-\mathrm{j}\frac{8\pi}{3}}\}+\mathrm{Re}\{\vec{v}(t)\vec{i}^*(t)\}}{2} \tag{4.37}$$

由于 $\mathrm{e}^{\mathrm{j}0}+\mathrm{e}^{-\mathrm{j}\frac{4\pi}{3}}+\mathrm{e}^{-\mathrm{j}\frac{8\pi}{3}}=0$，式（4.37）可以简化为

$$P(t)=\mathrm{Re}\left\{\frac{3}{2}\vec{v}(t)\vec{i}^*(t)\right\} \tag{4.38}$$

需要注意的是，推导式（4.38）时并没有对 v_{abc} 和 i_{abc} 的幅值和频率做任何假设，v_{abc} 和 i_{abc} 的幅值和频率可以是关于时间的任意函数。此外，v_{abc} 和 i_{abc} 的频率并不一定要相等。式（4.38）也没有对 v_{abc} 和 i_{abc} 的谐波分量做任何假设，在稳态和暂态条件下式（4.38）均成立。唯一的假设是三线制电路中 $i_a+i_b+i_c=0$。

如果 v_{abc} 和 i_{abc} 是定幅值、定频率并且同频的理想正弦波形，式（4.38）可以简化为传统相量分析中的有功功率表达式。采用类比的方法，定义瞬时无功功率和瞬时视在功率为

$$Q(t)=\mathrm{Im}\left\{\frac{3}{2}\vec{v}(t)\vec{i}^*(t)\right\} \tag{4.39}$$

$$S(t)=P(t)+\mathrm{j}Q(t)=\frac{3}{2}\vec{v}(t)\vec{i}^*(t) \tag{4.40}$$

在稳态、平衡和正弦条件下，瞬时无功功率的表达式和传统无功功率的表达式相同。

例 4.6　三相电感箱吸收的瞬时功率

考虑一组非耦合的三相电感，如图 4.17 所示，电感上流过对称的三相电流

i_{abc}，电感吸收的瞬时功率推导如下。

由于系统是对称非耦合的，电感电压可以由下面的空间相量方程表示：

$$\vec{v}(t)=L\frac{\mathrm{d}\vec{i}}{\mathrm{d}t}$$

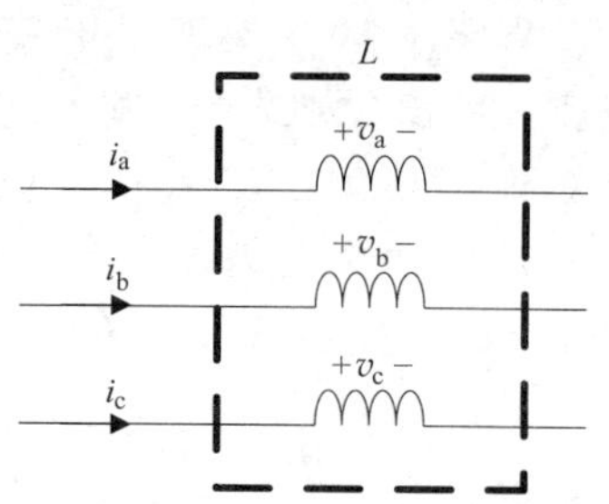

图 4.17 例 4.6 中的三相对称电感

根据式（4.38），电感的瞬时有功功率为

$$P_L(t)=\left(\frac{3L}{2}\right)\mathrm{Re}\left\{\frac{\mathrm{d}\vec{i}}{\mathrm{d}t}\vec{i}^*\right\} \qquad (4.41)$$

在稳态条件下，$\vec{i}(t)=\hat{i}e^{j\omega t}$，$\mathrm{d}\vec{i}/\mathrm{d}t=\hat{i}(j\omega)e^{j\omega t}$，$\vec{i}^*=\hat{i}e^{-j\omega t}$，因此

$$P_L(t)=\left(\frac{3L}{2}\right)\mathrm{Re}\{(j\omega\hat{i}e^{j\omega t})(\hat{i}e^{-j\omega t})\}=\left(\frac{3L}{2}\right)\mathrm{Re}\{j\omega\hat{i}^2\}\equiv 0$$

这与稳定状态下理想电感不吸收或发出有功功率的事实相吻合。

4.5 三相信号与系统在 $\alpha\beta$ 坐标系中的表示和控制

前面几节介绍了三相信号的空间相量表示方法，同时也指出，三相对称系统可以由一组空间相量方程来描述。需要注意的是，空间相量是复数域上的时间函数，可以在极坐标系统中很方便地表示出来。这种表示方法在研究系统变量幅值和相角的动态时特别有效。不过，对于控制方案的设计和实现，应当优先考虑将空间相量和空间相量方程映射到笛卡儿坐标系中，以便直接处理关于时间的实值函数。另外，如 4.3.3 节所述，三相不对称系统不能直接在相量域中表示出来。因此，本章将介绍如何将空间相量映射到笛卡儿坐标系中，相关技术文献通常将笛卡儿坐标系称为 $\alpha\beta$ 坐标系。

4.5.1 空间相量在 $\alpha\beta$ 坐标系中的表示

对于空间相量

$$\vec{f}(t)=\frac{2}{3}\left[e^{j0}f_a(t)+e^{j\frac{2\pi}{3}}f_b(t)+e^{j\frac{4\pi}{3}}f_c(t)\right] \qquad (4.42)$$

式中，$f_a+f_b+f_c\equiv 0$，$\vec{f}(t)$ 可以分解为实部和虚部两部分，如

$$\vec{f}(t)=f_\alpha(t)+jf_\beta(t) \qquad (4.43)$$

式中，f_α 和 f_β 分别表示 $\vec{f}(t)$ 的 α 轴和 β 轴分量。将式（4.43）中 $\vec{f}(t)$ 带入式

(4.42)，等式两边的实部和虚部分别相等，可得

$$\begin{bmatrix} f_\alpha(t) \\ f_\beta(t) \end{bmatrix} = \frac{2}{3}\boldsymbol{C}\begin{bmatrix} f_a(t) \\ f_b(t) \\ f_c(t) \end{bmatrix} \tag{4.44}$$

式中

$$\boldsymbol{C} = \begin{bmatrix} 1 & -\frac{1}{2} & -\frac{1}{2} \\ 0 & \frac{\sqrt{3}}{2} & -\frac{\sqrt{3}}{2} \end{bmatrix} \tag{4.45}$$

式（4.44）可以表示为图 4.18 中的 ***abc*** **坐标系到** ***αβ*** **坐标系的信号变换器**。图 4.18 和图 4.2 中的信号变换是等价的。根据式（4.7），f_{abc}可用$f_{\alpha\beta}$表示为

$$\begin{cases} f_a(t) = \mathrm{Re}\{[f_\alpha(t) + \mathrm{j}f_\beta(t)]\mathrm{e}^{-\mathrm{j}0}\} = f_\alpha(t) \\ f_b(t) = \mathrm{Re}\{[f_\alpha(t) + \mathrm{j}f_\beta(t)]\mathrm{e}^{-\mathrm{j}\frac{2\pi}{3}}\} = -\frac{1}{2}f_\alpha(t) + \frac{\sqrt{3}}{2}f_\beta(t) \\ f_c(t) = \mathrm{Re}\{[f_\alpha(t) + \mathrm{j}f_\beta(t)]\mathrm{e}^{-\mathrm{j}\frac{4\pi}{3}}\} = -\frac{1}{2}f_\alpha(t) - \frac{\sqrt{3}}{2}f_\beta(t) \end{cases} \tag{4.46}$$

式（4.46）可以写成下列矩阵形式：

$$\begin{pmatrix} f_a(t) \\ f_b(t) \\ f_c(t) \end{pmatrix} = \begin{pmatrix} 1 & 0 \\ -\frac{1}{2} & \frac{\sqrt{3}}{2} \\ -\frac{1}{2} & -\frac{\sqrt{3}}{2} \end{pmatrix}\begin{pmatrix} f_\alpha(t) \\ f_\beta(t) \end{pmatrix} = \boldsymbol{C}^{\mathrm{T}}\begin{pmatrix} f_\alpha(t) \\ f_\beta(t) \end{pmatrix} \tag{4.47}$$

式中，$\boldsymbol{C}$ 的定义如式（4.45）所示，上标 T 表示矩阵的转置。同理，式（4.47）可以表示为图 4.19 中的 ***αβ*** **坐标系到** ***abc*** **坐标系的信号变换器**，图 4.19 与图 4.3 等价。

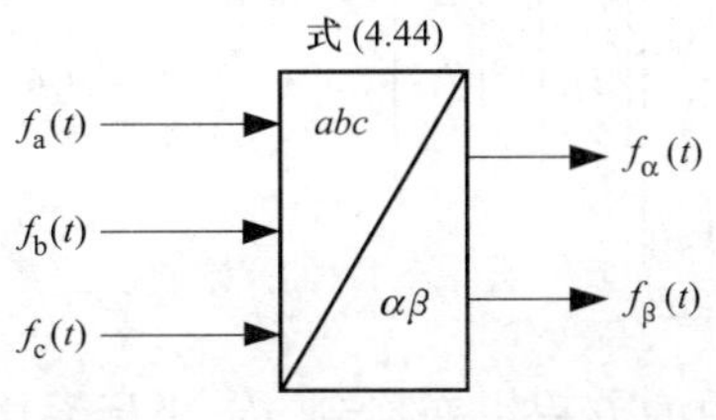

图 4.18　abc 坐标系到 dq 坐标系的信号变换器

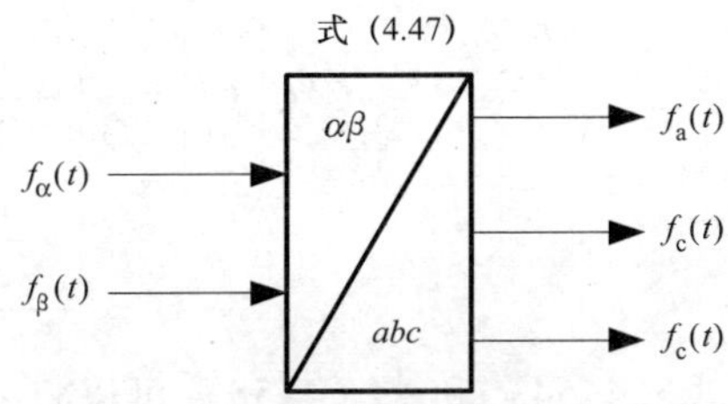

图 4.19　αβ 坐标系到 abc 坐标系的信号变换器

式（4.44）和式（4.47）分别给出了 abc 坐标系到 αβ 坐标系的矩阵变换及反

变换方法。对于图 4.1，可以看出，$f_\alpha(t)$ 和 $f_\beta(t)$ 分别表示 $\vec{f}(t)$ 在实轴和虚轴上的投影。因此，将图 4.1 中的实轴和虚轴分别重新命名为 α 轴和 β 轴，如图 4.20 所示。

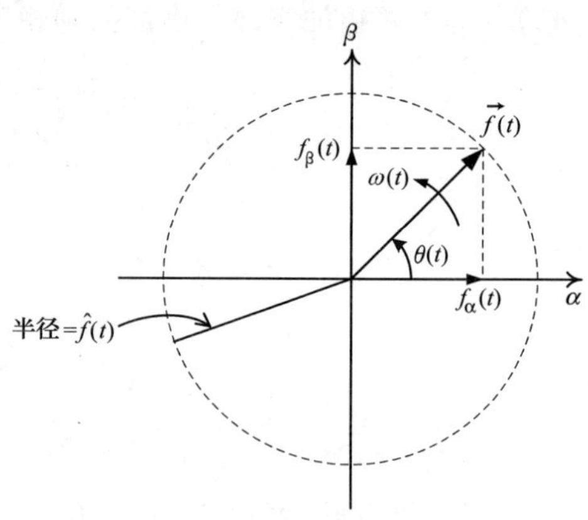

图 4.20 相量的 **αβ** 轴分量

我们还可以从图 4.20 中得出以下关系：

$$\hat{f}(t)=\sqrt{f_\alpha^2(t)+f_\beta^2(t)} \tag{4.48}$$

$$\cos[\theta(t)]=\frac{f_\alpha(t)}{\hat{f}(t)}=\frac{f_\alpha(t)}{\sqrt{f_\alpha^2(t)+f_\beta^2(t)}} \tag{4.49}$$

$$\sin[\theta(t)]=\frac{f_\beta(t)}{\hat{f}(t)}=\frac{f_\beta(t)}{\sqrt{f_\alpha^2(t)+f_\beta^2(t)}} \tag{4.50}$$

式（4.49）和式（4.50）还可以写为

$$f_\alpha(t)=\hat{f}(t)\cos[\theta(t)] \tag{4.51}$$

$$f_\beta(t)=\hat{f}(t)\sin[\theta(t)] \tag{4.52}$$

式（4.51）和式（4.52）表明，f_α 和 f_β 是时间的正弦函数，其中，幅值为 $\hat{f}$，频率 $\omega=\mathrm{d}\theta/\mathrm{d}t$。

可以证明

$$\frac{2}{3}\boldsymbol{C}\boldsymbol{C}^{\mathrm{T}}\begin{pmatrix}f_\alpha\\f_\beta\end{pmatrix}=\begin{pmatrix}1&0\\0&1\end{pmatrix}\begin{pmatrix}f_\alpha\\f_\beta\end{pmatrix}=\begin{pmatrix}f_\alpha\\f_\beta\end{pmatrix} \tag{4.53}$$

由式（4.53）与式（4.47）可以推导得出三相系统在 $\alpha\beta$ 坐标系中的动态方程，推导过程将在 4.5.5 节中给出。此外，还可以得出

$$\frac{2}{3}\boldsymbol{C}^{\mathrm{T}}\boldsymbol{C}\begin{pmatrix}f_a\\f_b\\f_c\end{pmatrix}=\underbrace{\frac{2}{3}\begin{pmatrix}1&-\frac{1}{2}&-\frac{1}{2}\\-\frac{1}{2}&1&-\frac{1}{2}\\-\frac{1}{2}&-\frac{1}{2}&1\end{pmatrix}\begin{pmatrix}f_a\\f_b\\f_c\end{pmatrix}}_{f_a+f_b+f_c=0}=\begin{pmatrix}f_a\\f_b\\f_c\end{pmatrix} \tag{4.54}$$

式（4.54）和式（4.55）可以将 $\alpha\beta$ 坐标系中的方程组变换到 abc 坐标系中。

4.5.2 信号发生器/调节器在 $\alpha\beta$ 坐标系中的实现

为了实现控制方案，在 $\alpha\beta$ 坐标系中，系统和信号必须用实值函数来表示。本节将研究下列系统的等效框图：4.2.2 节中的空间相量移相器/比例放大器及 4.2.3

节中的三相信号发生器。

4.5.2.1　αβ 坐标系中的空间相量移相器/比例放大器

4.2.2 节介绍了空间相量移相器/比例放大器，如图 4.4 和图 4.5 所示，并讨论了两者的实际应用。为了得到空间相量移相器/比例放大器在 $\alpha\beta$ 坐标中的等效框图，可以利用欧拉公式 $e^{j(\cdot)}=\cos(\cdot)+j\sin(\cdot)$ 推导得出

$$\begin{pmatrix} f'_{\alpha}(t) \\ f'_{\beta}(t) \end{pmatrix} = A(t)\begin{pmatrix} \cos\phi(t) & -\sin\phi(t) \\ \sin\phi(t) & \cos\phi(t) \end{pmatrix}\begin{pmatrix} f_{\alpha}(t) \\ f_{\beta}(t) \end{pmatrix} \tag{4.55}$$

在 $\alpha\beta$ 坐标系中，与图 4.4 等价的移相器/比例放大器可以根据式（4.55）来实现，如图 4.21 所示。通过分别在输入和输出侧增加 abc 到 $\alpha\beta$ 坐标系和 $\alpha\beta$ 到 abc 坐标系的信号变换器，图 4.21 中的移相器/比例放大器可以进一步拓展，如图 4.22 所示。因此，图 4.22 中的空间相量移相器/比例放大器与图 4.5 所示系统等价。

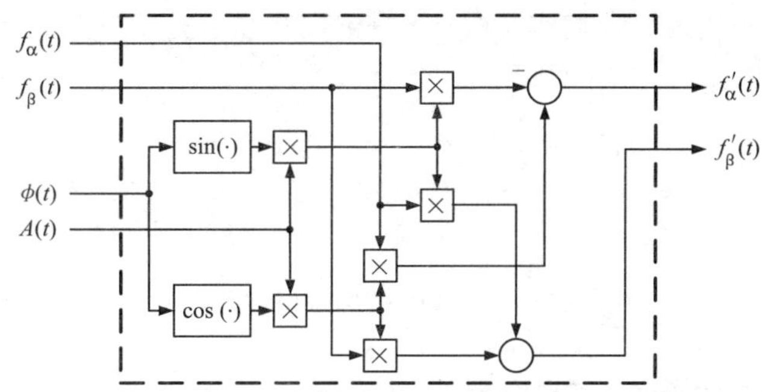

图 4.21　与图 4.4 等价的 $\alpha\beta$ 坐标系空间相量移相器/比例放大器框图

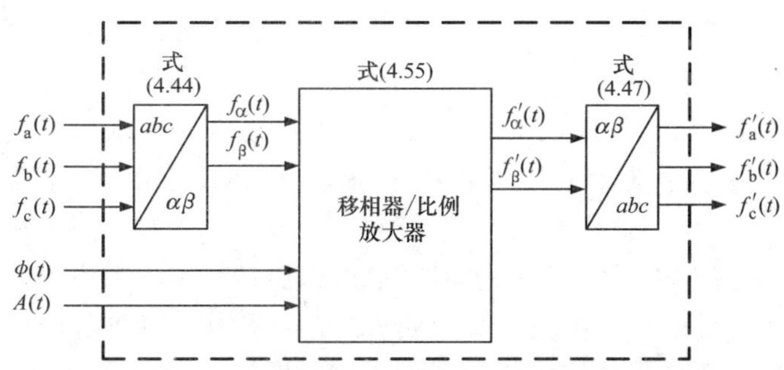

图 4.22　与图 4.5 等价的 $\alpha\beta$ 坐标系空间相量移相器/比例放大器框图

4.5.2.2　αβ 坐标系中的三相信号发生器

4.2.3 节介绍了幅值/频率可控的三相信号发生器，如图 4.10 所示，并讨论其实际应用。为了推导在 $\alpha\beta$ 坐标系中的信号发生器模型，我们将再次用到欧拉公式 $e^{j(\cdot)}=\cos(\cdot)+j\sin(\cdot)$。图 4.23 所示为 $\alpha\beta$ 坐标系中的信号发生器框图。

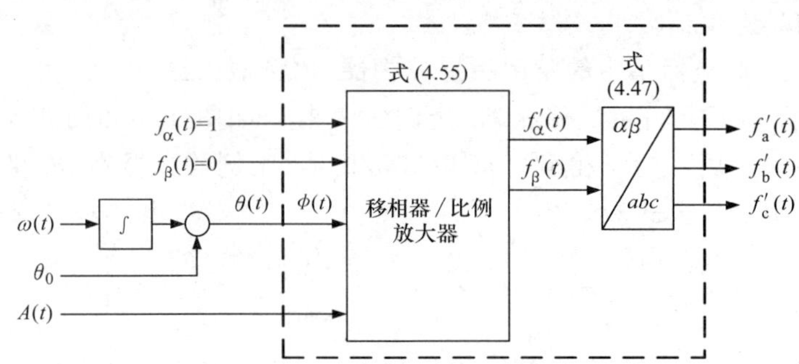

图 4.23 与图 4.10 等价的、$\alpha\beta$ 坐标系中频率/幅值可控的三相信号发生器框图

4.5.3 $\alpha\beta$ 坐标系中的功率表达式

4.4 节给出了瞬时有功功率和瞬时无功功率的空间相量表达式。为了推导 $\alpha\beta$ 坐标系中的等价表达式，我们将 $\vec{v}(t)=v_\alpha+\mathrm{j}v_\beta$ 和 $\vec{i}^*(t)=i_\alpha-\mathrm{j}i_\beta$ 代入式（4.38）和式（4.40），可得

$$P(t)=\frac{3}{2}[v_\alpha(t)i_\alpha(t)+v_\beta(t)i_\beta(t)] \tag{4.56}$$

及

$$Q(t)=\frac{3}{2}[-v_\alpha(t)i_\beta(t)+v_\beta(t)i_\alpha(t)] \tag{4.57}$$

4.5.4 $\alpha\beta$ 坐标系中的控制

图 4.24 所示为三相 VSC 系统在 $\alpha\beta$ 坐标系中的通用控制框图。控制对象可能包括三相电机、VSC、连接电抗器、变压器、谐波滤波器、负载和电源。控制输入 u_{abc} 和输出 y_{abc} 根据应用和控制/运行的具体要求确定。通常，u_{abc} 和 y_{abc} 分别为三相 PWM 调制信号和三相电压或电流。假设输入和输出的关系可以用矩阵传递函数 $G(s)$ 来描述㊀，并且控制目标是在存在扰动 d_{abc} 的情况下由 u_{abc} 控制 y_{abc}。

为了在 $\alpha\beta$ 坐标系下进行控制，需要测量 y_{abc} 并将 y_{abc} 变换为 $\alpha\beta$ 坐标系下的等价信号。传感器的动态，如果不能忽略，也可以包括在 $G(s)$ 中。另外，如果干扰信号是可测量的，可以将干扰信号变换到 $\alpha\beta$ 坐标系中，用作前馈信号。根据参考信号、反馈信号以及前馈信号，补偿器生成控制信号 u_α 和 u_β，u_α 和 u_β 进一步变换为 abc 坐标系下的 u_{abc}，最后将 u_{abc} 送至实际的三相控制对象。

为了设计补偿器，必须在 $\alpha\beta$ 坐标系下将控制对象的动态用公式表示出来，如图 4.25 所示。式（4.58）和式（4.59）给出了对称的控制对象在 $\alpha\beta$ 坐标系中的描述方程，这两个方程代表两个可以独立控制的非耦合子系统。因此，如图 4.24

㊀ 为了不失一般性，这里假设控制对象是线性的。

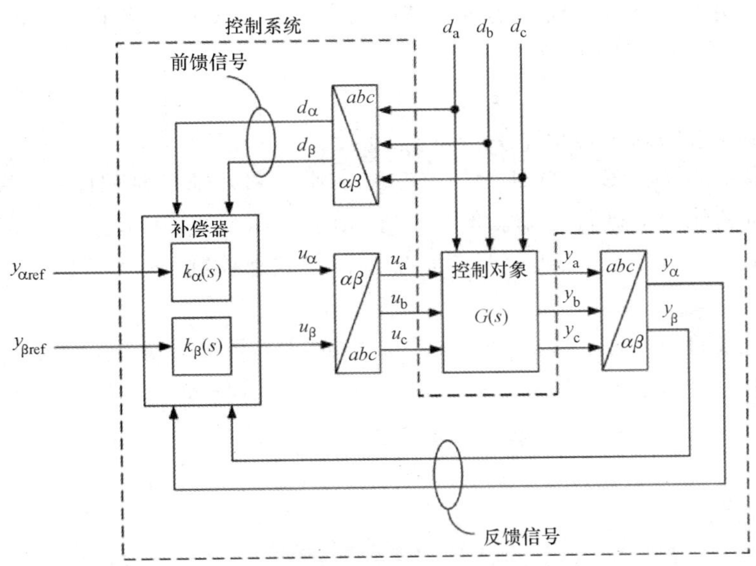

图 4.24　典型的三相系统在 $\alpha\beta$ 坐标系中的控制框图

所示，两个非耦合的补偿器 $k_\alpha(s)$ 和 $k_\beta(s)$，分别用来控制 α 轴和 β 轴子系统。

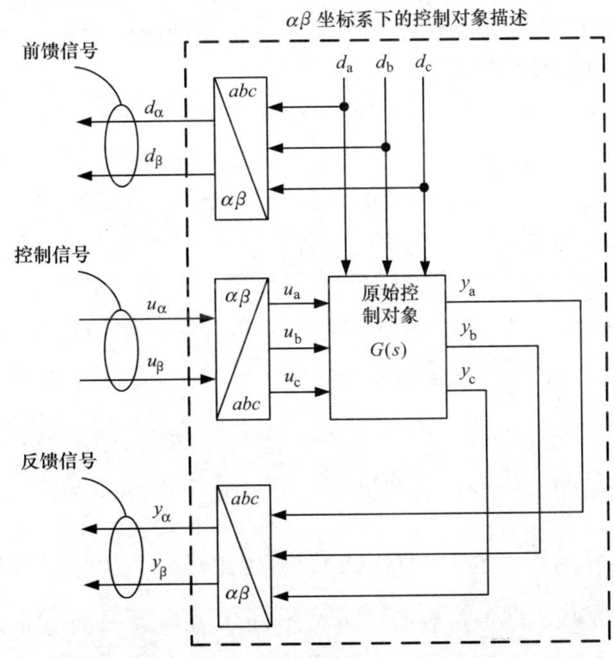

图 4.25　$\alpha\beta$ 坐标系下的系统描述

非对称系统在 $\alpha\beta$ 坐标系下的描述方程代表一个多输入多输出（MIMO）的控制对象，该控制对象的 α 轴和 β 轴子系统是耦合的。一般来讲，补偿器不能分离，所以必须采用 MIMO 补偿器。不过，在特定情况下，通过适当的前馈技术，α 轴和 β 轴的动态可以相互解耦。接下来的章节将会详细介绍这些技术。如果不考虑控制对象的特性，补偿器的设计需要考虑以下几点：各个子系统的稳定性、抗干扰能力、以较小误差跟踪参考指令 $y_{\alpha ref}$ 和 $y_{\beta ref}$ 的能力。

值得注意的是，图 4.24 所示的控制系统通常和外部控制回路一起用在嵌套回路结构中对其他变量进行控制。例如，在并网 VSC 系统中，$y_{\alpha bc}$ 为 VSC 电流 $i_{\alpha bc}$，$i_{\alpha ref}$ 和 $i_{\beta ref}$ 由式（4.56）和式（4.57）确定，以此来控制与交流侧交换的有功功率与无功功率。

值得注意的是，$y_{\alpha ref}$ 和 $y_{\beta ref}$ 通常是时间的正弦函数。为了保证理想的跟踪效果，要么闭环控制系统必须有足够大的带宽，要么补偿器必须有位于指令频率处的共轭极点。因此，图 4.24 中的控制系统不是变频应用场合的最佳选择。对于变频的应用场合，我们通常采用基于 dq 坐标系的控制。4.6 节将介绍基于 dq 坐标系的建模和控制。

4.5.5 $\alpha\beta$ 坐标系中系统的表示

根据图 4.24 所示的通用框图，三相 VSC 系统在 $\alpha\beta$ 坐标系中的控制需要在 $\alpha\beta$ 坐标系中建立以控制输入和扰动输入表示输出的控制对象方程，也即控制对象模型，才能进行补偿器的设计和优化。下面将介绍详细的建模过程。

4.5.5.1 三相对称系统

如 4.3.1 节所述，非耦合三相对称系统的空间相量方程可由 abc 坐标系中系统某一相的方程直接推导得出。4.3.2 节中进一步阐明了，即使三相对称系统是耦合的，也可以推导出与该系统等价的非耦合系统的表达式。因此，可以这样说，在 $\alpha\beta$ 坐标系中，三相对称系统的输出空间相量的 α 轴与 β 轴分量是非耦合的，并且可以分别由输入空间相量的 α 轴和 β 轴分量控制。因此，原始的三相系统可以看成两个非耦合的子系统，即 α 轴和 β 轴子系统，两个子系统的传递函数相同。为了验证这一说法，将 $\vec{y}=y_\alpha+jy_\beta$ 和 $\vec{u}=u_\alpha+ju_\beta$ 代入式（4.23），方程两边实部与虚部分别相等，可得

$$\frac{d^n}{dt^n}y_\alpha+l_{n-1}\frac{d^{n-1}}{dt^{n-1}}y_\alpha+\cdots+l_0y_\alpha=k_m\frac{d^m}{dt^m}u_\alpha+k_{m-1}\frac{d^{m-1}}{dt^{m-1}}u_\alpha+\cdots+k_0u_\alpha \tag{4.58}$$

$$\frac{d^n}{dt^n}y_\beta+l_{n-1}\frac{d^{n-1}}{dt^{n-1}}y_\beta+\cdots+l_0y_\beta=k_m\frac{d^m}{dt^m}u_\beta+k_{m-1}\frac{d^{m-1}}{dt^{m-1}}u_\beta+\cdots+k_0u_\beta \tag{4.59}$$

式（4.58）和式（4.59）表明，由三个动态方程表示的三相对称线性系统可以等价地由两个动态方程来表示。根据式（4.58）和式（4.59），可以通过 u_α 和 u_β 来控制三相系统。这表明，在 $\alpha\beta$ 坐标系中只需两个补偿器：一个用于 α 轴子系统，另一个用于 β 轴子系统。这种控制方式需要将反馈信号从 abc 坐标系变换到 $\alpha\beta$ 坐标系，然后将控制信号从 $\alpha\beta$ 坐标系变换回 abc 坐标系。但是，这些变换都是代

数运算，运算量较小。

4.5.5.2　三相不对称系统

如 4.3.3 节所述，三相不对称系统不能通过空间相量的形式表示。在不对称系统中，输出空间相量的每个分量与输入空间相量的 α、β 轴分量均相关。其结果是，α 轴与 β 轴子系统耦合，在 $\alpha\beta$ 坐标系下的系统是一个 MIMO 系统。此外，两个子系统的传递函数不同。因此，相比于三相对称系统，三相不对称系统的补偿器设计要复杂得多。

例 4.7　三相耦合电感的空间相量方程

考虑由以下矩阵方程表征的三相不对称的系统：

$$\begin{pmatrix} v_a \\ v_b \\ v_c \end{pmatrix} = \begin{pmatrix} L_s & M_{ab} & M_{ac} \\ M_{ab} & L_s & M_{bc} \\ M_{ac} & M_{bc} & L_s \end{pmatrix} \frac{d}{dt} \begin{pmatrix} i_a \\ i_b \\ i_c \end{pmatrix} \tag{4.60}$$

式（4.60）表示三个互相耦合、互感系数不同的电感。为了推导 $\alpha\beta$ 坐标系中的方程，根据式（4.47），将 abc 坐标系中的电压和电流在 $\alpha\beta$ 坐标系中表示，可得

$$\boldsymbol{C}^{\mathrm{T}} \begin{pmatrix} v_\alpha \\ v_\beta \end{pmatrix} = \begin{pmatrix} L_s & M_{ab} & M_{ac} \\ M_{ab} & L_s & M_{bc} \\ M_{ac} & M_{bc} & L_s \end{pmatrix} \frac{d}{dt} \left(\boldsymbol{C}^{\mathrm{T}} \begin{pmatrix} i_\alpha \\ i_\beta \end{pmatrix} \right) = \begin{pmatrix} L_s & M_{ab} & M_{ac} \\ M_{ab} & L_s & M_{bc} \\ M_{ac} & M_{bc} & L_s \end{pmatrix} \boldsymbol{C}^{\mathrm{T}} \frac{d}{dt} \begin{pmatrix} i_\alpha \\ i_\beta \end{pmatrix} \tag{4.61}$$

式中，$\boldsymbol{C}$ 由式（4.45）给出。式（4.61）两边同时乘以（2/3）$\boldsymbol{C}$，根据式（4.53），可得

$$\begin{pmatrix} v_\alpha \\ v_\beta \end{pmatrix} = \frac{2}{3} \boldsymbol{C} \begin{pmatrix} L_s & M_{ab} & M_{ac} \\ M_{ab} & L_s & M_{bc} \\ M_{ac} & M_{bc} & L_s \end{pmatrix} \boldsymbol{C}^{\mathrm{T}} \frac{d}{dt} \begin{pmatrix} i_\alpha \\ i_\beta \end{pmatrix} \tag{4.62}$$

根据式（4.45），将 $\boldsymbol{C}$ 和 $\boldsymbol{C}^{\mathrm{T}}$ 代入式（4.62），化简可得

$$\begin{pmatrix} v_\alpha \\ v_\beta \end{pmatrix} = \frac{2}{3} \begin{pmatrix} \frac{3}{2}L_s - (M_{ab}+M_{ac}) + \frac{1}{2}M_{bc} & \frac{\sqrt{3}}{2}(M_{ab}-M_{ac}) \\ \frac{\sqrt{3}}{2}(M_{ab}-M_{ac}) & \frac{3}{2}(L_s - M_{bc}) \end{pmatrix} \frac{d}{dt} \begin{pmatrix} i_\alpha \\ i_\beta \end{pmatrix} \tag{4.63}$$

式（4.63）表明，v_α 和 v_β 都是 i_α 和 i_β 二者的函数，但各自的传递函数不同。不过，如果互感系数相同且等于 M，则三个电感组成了一个耦合的三相对称系统，此时式（4.63）可以化简为

$$\begin{pmatrix} v_\alpha \\ v_\beta \end{pmatrix} = \begin{pmatrix} (L_s - M) & 0 \\ 0 & (L_s - M) \end{pmatrix} \frac{d}{dt} \begin{pmatrix} i_\alpha \\ i_\beta \end{pmatrix} \tag{4.64}$$

式（4.64）表示 $\alpha\beta$ 坐标系中两个相同的非耦合子系统。式（4.64）是例 4.5

中空间相量方程式（4.34）在 $\alpha\beta$ 坐标系中的等价形式。

4.6 三相系统在 dq 坐标系中的表示和控制

4.5.4 节介绍了三相控制系统在 $\alpha\beta$ 坐标系中的结构（见图 4.24）。在 $\alpha\beta$ 坐标系中，补偿器需要按照控制对象在 $\alpha\beta$ 坐标系中的描述进行设计，如图 4.25 所示。在 $\alpha\beta$ 坐标系中进行控制可以将所需的控制回路数量从三个减为两个。不过，参考信号、反馈信号和前馈信号通常都是时间的正弦函数。因此，为了既能满足设计要求又能减少稳态误差，补偿器需要有较高的阶数，同时闭环带宽必须远大于参考信号的频率。所以，补偿器的设计不是一项简单工作，特别是在工作频率可变的情况下。基于 dq 坐标系的控制为这个问题提供一种很好的解决方案。

在 dq 坐标系中，在稳态情况下信号呈现直流波形，这使得补偿器可以采用更简单的结构和更低的动态阶数。此外，通过补偿器的积分项还可以实现零稳态误差跟踪。三相系统在 dq 坐标系中的表达式也更适用于分析以及补偿器设计。例如，凸极式同步电机在 abc 坐标系中的表达式中含有时变的自感和互感，但如果将电机方程变换到恰当的 dq 坐标系中，时变的电感将变为常数。下面的章节将详细讨论信号和系统在 dq 坐标系中的表示和控制。

4.6.1 空间相量在 dq 坐标系中的表示

对于空间相量 $\vec{f}=f_\alpha+jf_\beta$，$\alpha\beta$ 坐标系到 dq 坐标系的转换定义如下：

$$f_d+jf_q=(f_\alpha+jf_\beta)e^{-j\varepsilon(t)} \tag{4.65}$$

式（4.65）等价于将 $\vec{f}(t)$ 旋转 $-\varepsilon(t)$ 的角度。将式（4.65）两边同时乘以 $e^{j\varepsilon(t)}$ 可以得出 dq 坐标系到 $\alpha\beta$ 坐标系的变换，因此

$$f_\alpha+jf_\beta=(f_d+jf_q)e^{j\varepsilon(t)} \tag{4.66}$$

为了突出式（4.65）所示变换的实用性，假设 $\vec{f}$ 的通用形式如下：

$$\vec{f}(t)=f_\alpha+jf_\beta=\hat{f}(t)e^{j[\theta_0+\int\omega(\tau)d\tau]}$$

式中，$\omega(t)$ 为时变的频率；θ_0 为 $\vec{f}$ 对应的三相信号的初始相角。如果选择 $\varepsilon(t)$ 为

$$\varepsilon(t)=\varepsilon_0+\int\omega(\tau)d\tau$$

则根据式（4.65），$\vec{f}(t)$ 在 dq 坐标系下的表达式为

$$f_d+jf_q=\hat{f}(t)e^{j(\theta_0-\varepsilon_0)}$$

上式表明，f_d+jf_q 是静止的，因此 $\vec{f}(t)$ 对应的三相信号的分量都是直流量。注意 $\theta(t)$ 和 $\varepsilon(t)$ 不一定相等，但是 $d\theta(t)/dt=d\varepsilon(t)/dt$ 必须成立。

为了更好地描述 dq 坐标系变换，将式（4.66）重新写为

$$\vec{f}=f_{\mathrm{d}}(1+0\cdot\mathrm{j})\mathrm{e}^{\mathrm{j}\varepsilon(t)}+f_{\mathrm{q}}(0+1\cdot\mathrm{j})\mathrm{e}^{\mathrm{j}\varepsilon(t)} \tag{4.67}$$

可以这样理解，在由 d 轴和 q 轴组成的正交坐标系中，d 轴和 q 轴分别沿着单位矢量 $(1+0\cdot\mathrm{j})\mathrm{e}^{\mathrm{j}\varepsilon(t)}$ 和 $(0+1\cdot\mathrm{j})^{\mathrm{j}\varepsilon(t)}$ 的方向，$\vec{f}(t)$ 可以由 d 轴和 q 轴上的分量 f_{d} 和 f_{q} 表示。反过来，$(1+0\cdot\mathrm{j})$ 和 $(0+1\cdot\mathrm{j})$ 分别为 dq 坐标系中沿 d 轴和 q 轴的单位矢量。因此，如图4.26所示，$\vec{f}$ 可以看作是由正交坐标系中的 f_{d} 和 f_{q} 组成的矢量，而正交坐标系是由 $\alpha\beta$ 坐标系旋转 $\varepsilon(t)$ 后得到的新坐标系。我们将这个旋转的正交坐标系称为 dq 坐标系。基于以上原因，相关技术文献也把 dq 坐标系称为旋转参考坐标系。通常，dq 坐标系和 $\vec{f}$ 的旋转速度相同。

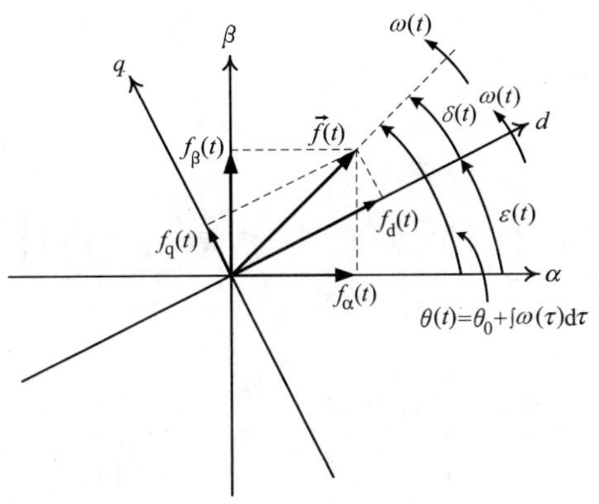

图4.26　$\alpha\beta$ 和 dq 正交坐标系

根据欧拉公式 $\mathrm{e}^{\mathrm{j}(\cdot)}=\cos(\cdot)+\mathrm{j}\sin(\cdot)$，式（4.65）可以写为

$$\begin{pmatrix}f_{\mathrm{d}}(t)\\f_{\mathrm{q}}(t)\end{pmatrix}=\boldsymbol{R}[\varepsilon(t)]\begin{pmatrix}f_{\alpha}(t)\\f_{\beta}(t)\end{pmatrix} \tag{4.68}$$

式中

$$\boldsymbol{R}[\varepsilon(t)]=\begin{pmatrix}\cos\varepsilon(t) & \sin\varepsilon(t)\\-\sin\varepsilon(t) & \cos\varepsilon(t)\end{pmatrix} \tag{4.69}$$

同理，dq 坐标系到 $\alpha\beta$ 坐标系的变换式（4.66）可以写为

$$\begin{pmatrix}f_{\alpha}(t)\\f_{\beta}(t)\end{pmatrix}=\boldsymbol{R}^{-1}[\varepsilon(t)]\begin{pmatrix}f_{\mathrm{d}}(t)\\f_{\mathrm{q}}(t)\end{pmatrix}=\boldsymbol{R}[-\varepsilon(t)]\begin{pmatrix}f_{\mathrm{d}}(t)\\f_{\mathrm{q}}(t)\end{pmatrix} \tag{4.70}$$

式中

$$\boldsymbol{R}^{-1}[\varepsilon(t)]=\boldsymbol{R}[-\varepsilon(t)]=\begin{pmatrix}\cos\varepsilon(t) & -\sin\varepsilon(t)\\\sin\varepsilon(t) & \cos\varepsilon(t)\end{pmatrix} \tag{4.71}$$

可以证明

$$\boldsymbol{R}^{-1}[\varepsilon(t)]=\boldsymbol{R}^{\mathrm{T}}[\varepsilon(t)] \tag{4.72}$$

将式（4.44）中的 $[f_{\alpha}\quad f_{\beta}]^{\mathrm{T}}$ 代入式（4.68），可以得到 abc 坐标系到 dq 坐标系的直接变换公式，如下

$$\begin{pmatrix}f_{\mathrm{d}}(t)\\f_{\mathrm{q}}(t)\end{pmatrix}=\frac{2}{3}\boldsymbol{T}[\varepsilon(t)]\begin{pmatrix}f_{\mathrm{a}}(t)\\f_{\mathrm{b}}(t)\\f_{\mathrm{c}}(t)\end{pmatrix} \tag{4.73}$$

式中

$$\boldsymbol{T}[\varepsilon(t)]=\boldsymbol{R}[\varepsilon(t)]\boldsymbol{C}=\begin{pmatrix}\cos[\varepsilon(t)] & \cos\left[\varepsilon(t)-\dfrac{2\pi}{3}\right] & \cos\left[\varepsilon(t)-\dfrac{4\pi}{3}\right]\\ \sin[\varepsilon(t)] & \sin\left[\varepsilon(t)-\dfrac{2\pi}{3}\right] & \sin\left[\varepsilon(t)-\dfrac{4\pi}{3}\right]\end{pmatrix} \tag{4.74}$$

同理，将式（4.70）中的 $[f_\alpha \quad f_\beta]^{\mathrm{T}}$ 代入式（4.47），可以得到 dq 坐标系到 abc 坐标系的直接变换公式，如下：

$$\begin{pmatrix}f_{\mathrm{a}}(t)\\ f_{\mathrm{b}}(t)\\ f_{\mathrm{c}}(t)\end{pmatrix}=\boldsymbol{T}[\varepsilon(t)]^{\mathrm{T}}\begin{pmatrix}f_{\mathrm{d}}(t)\\ f_{\mathrm{q}}(t)\end{pmatrix} \tag{4.75}$$

式中

$$\boldsymbol{T}[\varepsilon(t)]^{\mathrm{T}}=\boldsymbol{C}^{\mathrm{T}}\boldsymbol{R}[-\varepsilon(t)]=\begin{pmatrix}\cos[\varepsilon(t)] & \sin[\varepsilon(t)]\\ \cos\left[\varepsilon(t)-\dfrac{2\pi}{3}\right] & \sin\left[\varepsilon(t)-\dfrac{2\pi}{3}\right]\\ \cos\left[\varepsilon(t)-\dfrac{4\pi}{3}\right] & \sin\left[\varepsilon(t)-\dfrac{4\pi}{3}\right]\end{pmatrix} \tag{4.76}$$

由图 4.26 可知

$$\hat{f}(t)=\sqrt{f_{\mathrm{d}}^2(t)+f_{\mathrm{q}}^2(t)} \tag{4.77}$$

$$\cos[\delta(t)]=\frac{f_{\mathrm{d}}(t)}{\hat{f}(t)}=\frac{f_{\mathrm{d}}(t)}{\sqrt{f_{\mathrm{d}}^2(t)+f_{\mathrm{q}}^2(t)}} \tag{4.78}$$

$$\sin[\delta(t)]=\frac{f_{\mathrm{q}}(t)}{\hat{f}(t)}=\frac{f_{\mathrm{q}}(t)}{\sqrt{f_{\mathrm{d}}^2(t)+f_{\mathrm{q}}^2(t)}} \tag{4.79}$$

$$\theta(t)=\varepsilon(t)+\delta(t) \tag{4.80}$$

可以证明

$$\frac{2}{3}\boldsymbol{T}\boldsymbol{T}^{\mathrm{T}}\begin{pmatrix}f_{\mathrm{d}}\\ f_{\mathrm{q}}\end{pmatrix}=\begin{pmatrix}1 & 0\\ 0 & 1\end{pmatrix}\begin{pmatrix}f_{\mathrm{d}}\\ f_{\mathrm{q}}\end{pmatrix}=\begin{pmatrix}f_{\mathrm{d}}\\ f_{\mathrm{q}}\end{pmatrix} \tag{4.81}$$

结合式（4.75），式（4.81）可以用于推导三相系统从 abc 坐标系到 dq 坐标系的方程。同时可以证明：

$$\frac{2}{3}\boldsymbol{T}^{\mathrm{T}}\boldsymbol{T}\begin{pmatrix}f_{\mathrm{a}}\\ f_{\mathrm{b}}\\ f_{\mathrm{c}}\end{pmatrix}=\underbrace{\frac{2}{3}\begin{pmatrix}1 & -\dfrac{1}{2} & -\dfrac{1}{2}\\ -\dfrac{1}{2} & 1 & -\dfrac{1}{2}\\ -\dfrac{1}{2} & -\dfrac{1}{2} & 1\end{pmatrix}\begin{pmatrix}f_{\mathrm{a}}\\ f_{\mathrm{b}}\\ f_{\mathrm{c}}\end{pmatrix}}_{f_{\mathrm{a}}+f_{\mathrm{b}}+f_{\mathrm{c}}\equiv 0}=\begin{pmatrix}f_{\mathrm{a}}\\ f_{\mathrm{b}}\\ f_{\mathrm{c}}\end{pmatrix} \tag{4.82}$$

式（4.82）和式（4.73）可以将 dq 坐标系中的方程组变换到 abc 坐标系中。

4.6.2 dq 坐标系中的功率表达式

4.4 节中介绍了瞬时有功功率和无功功率的空间相量表示方法。本节将推导两种瞬时功率在 dq 坐标系中类似的表示方法。根据式（4.66），将 $\vec{v}(t)=(v_d+jv_q)e^{j\varepsilon(t)}$ 和 $\overrightarrow{i^*}(t)=(i_d-ji_q)e^{-j\varepsilon(t)}$ 代入式（4.38）与式（4.40），可得

$$P(t)=\frac{3}{2}[v_d(t)i_d(t)+v_q(t)i_q(t)] \tag{4.83}$$

及

$$Q(t)=\frac{3}{2}[-v_d(t)i_q(t)+v_q(t)i_d(t)] \tag{4.84}$$

式（4.83）与式（4.84）表明，如果 $v_q=0$，那么有功功率与无功功率将分别与 i_d 和 i_q 成正比。这一特性被广泛应用于并网三相 VSC 系统的控制，如第 8 章所述。

4.6.3 dq 坐标系中的控制

图 4.27 所示为三相 VSC 系统在 dq 坐标系中的通用控制框图。图 4.27 中的控制系统是图 4.24 所示 $\alpha\beta$ 坐标系中对应部分的扩展。图 4.24 中，反馈、前馈和控制信号通常都是时间的正弦函数。为了使补偿器能够处理直流信号而不是正弦信号，我们在图 4.24 中每个 abc 到 $\alpha\beta$ 坐标系的信号变换器后面串接一个 $\alpha\beta$ 到 dq 坐标系的信号变换器。这样，补偿器将能够处理（直流量）d_{dq} 和 y_{dq}，并输出（直流）控制信号 u_{dq}。最后，u_{dq} 通过 dq 到 $\alpha\beta$ 坐标系的信号变换器变换回 $\alpha\beta$ 坐标系。因此，dq 坐标系下的等价控制对象包括输入信号 u_{dq}、扰动信号 d_{dq} 和输出信号 y_{dq}。

在图 4.27 所示的控制系统中，$\varepsilon(t)$ 表示 $\alpha\beta$ 到 dq 坐标系变换的角度。一般来说，$\varepsilon(t)=\varepsilon_0+\int\omega(\tau)d\tau$，其中，$\omega(\tau)$ 为频率，ε_0 为常数。作为定频 VSC 系统的特殊情况，$\omega(t)$ 可以等于交流系统的工作频率，例如，$\omega(t)=\omega_0$，则 $\varepsilon(t)=\varepsilon_0+\omega_0 t$。在一些特定的应用场合，$\varepsilon_0$ 的选择有着严格的要求，例如：

1）在并网 VSC 系统中，如果 $\varepsilon(t)$ 等于电网电压相量的角度，那么 VSC 与电网交换的有功功率与无功功率分别与变流器电流的 d 轴和 q 轴分量成正比。如第 8 章所述，电网电压的角度由锁相环进行估算[49]，在这种情况下，参考指令 i_{dref} 和 i_{qref} 分别是有功和无功补偿器的输出。

2）在异步电机驱动中，控制目标是在维持电机磁链恒定的同时可以动态地控制转矩。在 dq 坐标系中，磁链和转矩是定子电流 dq 轴分量 i_{sd} 和 i_{sq} 的非线性函数。不过，如第 10 章所述，如果 $\varepsilon(t)$ 等于转子磁链相量的角度，磁链和转矩将会解耦并分别与 i_{sd} 和 i_{sq} 成正比。转子磁链是不可测量的，因此需要估算转子磁链的角

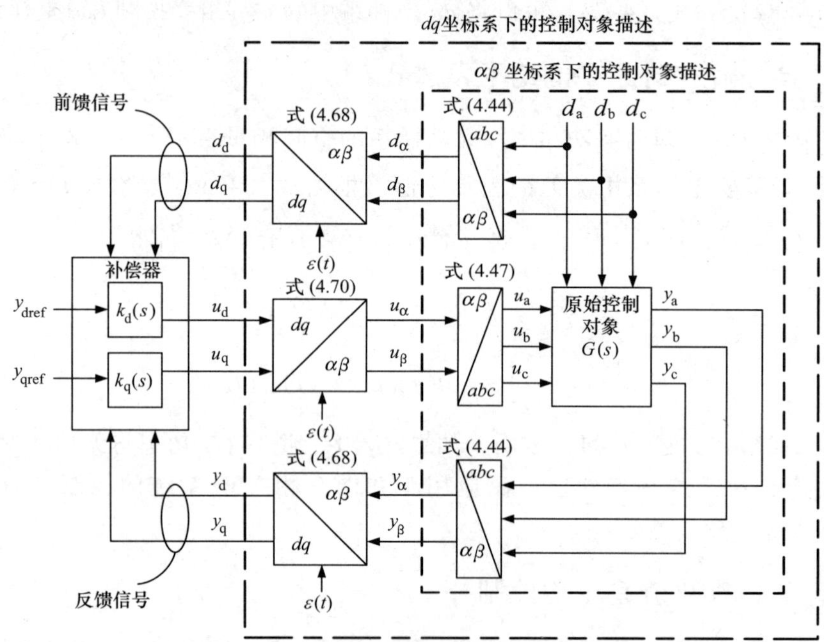

图 4.27 *dq* 坐标系下典型的三相控制系统

度[43]。参考指令 i_{dref}和 i_{qref}分别是磁链和转矩控制回路的输出。在相关技术文献中，这种控制方法被称为矢量控制或磁场定向控制。

3）矢量控制同样适用于同步电机[43]。不过，对于同步电机，为了解耦电机的磁链和转矩，$\varepsilon(t)$ 应等于转子的电角度，电角度可以通过速度传感器或估算得出[50-52]。与异步电机类似，同步电机的磁链与转矩分别与 i_{sd}和 i_{sq}成正比。

4.6.4 *dq* 坐标系中系统的表示

根据图 4.27 所示的通用框图，三相 VSC 系统在 *dq* 坐标系中的控制需要在 *dq* 坐标系中建立以控制输入和扰动输入表示输出的控制对象方程，也即控制对象模型，才能进行补偿器的设计和优化。下面将介绍详细的建模过程。

4.6.4.1 空间相量方程到 *dq* 坐标系模型的推导

如 4.3 节所述，三相对称系统的空间相量方程可以由 *abc* 坐标系方程推导得出。本书讨论的大多数 VSC 系统都属于这种对称系统。在空间相量方程的基础上，*dq* 坐标系模型可由下列步骤推导得出：

- 分别将 $\vec{d}=(d_d+jd_q)e^{j\varepsilon(t)}$、$\vec{y}=(y_d+jy_q)e^{j\varepsilon(t)}$、$\vec{u}=(u_d+ju_q)e^{j\varepsilon(t)}$代入空间相量方程。
- 如果需要，用 ω 代替导数项 $d\varepsilon/dt$。
- 按照 d_d+jd_q、y_d+jy_q和 u_d+ju_q的形式重新排列所得方程。

• 定义 $\varepsilon(t)$ 为一个新的状态变量，$\varepsilon(t)$ 的状态空间方程为 $\mathrm{d}\varepsilon/\mathrm{d}t=\omega(t)$，其中 $\omega(t)$ 是新的控制输入。如果 $\omega(t)$ 是常数，可以省略这一步。

下面以例 4.8 和例 4.9 为例说明以上步骤。

例 4.8　例 4.4 中三相系统在 *dq* 坐标系中的模型

对于图 4.14 所示的电路，空间相量方程如式（4.30）与式（4.31）所示。将 $\vec{v}=v_{\mathrm{dq}}\mathrm{e}^{\mathrm{j}\varepsilon(t)}$、$\vec{i}=i_{\mathrm{dq}}\mathrm{e}^{\mathrm{j}\varepsilon(t)}$ 和 $\vec{i}_{\mathrm{s}}=i_{\mathrm{sdq}}\mathrm{e}^{\mathrm{j}\varepsilon(t)}$ 代入式（4.30），可得

$$C\frac{\mathrm{d}}{\mathrm{d}t}[v_{\mathrm{dq}}\mathrm{e}^{\mathrm{j}\varepsilon(t)}]=i_{\mathrm{dq}}\mathrm{e}^{\mathrm{j}\varepsilon(t)}-i_{\mathrm{sdq}}\mathrm{e}^{\mathrm{j}\varepsilon(t)}\tag{4.85}$$

式中，$f_{\mathrm{dq}}=f_{\mathrm{d}}+\mathrm{j}f_{\mathrm{q}}$。式（4.85）可以重新写为

$$\left(C\frac{\mathrm{d}v_{\mathrm{dq}}}{\mathrm{d}t}\right)\mathrm{e}^{\mathrm{j}\varepsilon(t)}+C(\mathrm{j}\omega v_{\mathrm{dq}})\mathrm{e}^{\mathrm{j}\varepsilon(t)}=i_{\mathrm{dq}}\mathrm{e}^{\mathrm{j}\varepsilon(t)}-i_{\mathrm{sdq}}\mathrm{e}^{\mathrm{j}\varepsilon(t)}\tag{4.86}$$

式中

$$\mathrm{d}\varepsilon/\mathrm{d}t=\omega(t)\tag{4.87}$$

在式（4.86）两边约去 $\mathrm{e}^{\mathrm{j}\varepsilon(t)}$，方程的实部与虚部分别相等，可得

$$C\frac{\mathrm{d}v_{\mathrm{d}}}{\mathrm{d}t}=C\omega(t)v_{\mathrm{q}}+i_{\mathrm{d}}-i_{\mathrm{sd}}\tag{4.88}$$

$$C\frac{\mathrm{d}v_{\mathrm{q}}}{\mathrm{d}t}=-C\omega(t)v_{\mathrm{d}}+i_{\mathrm{q}}-i_{\mathrm{sq}}\tag{4.89}$$

对式（4.31）重复以上步骤，可得

$$L_{\mathrm{s}}\frac{\mathrm{d}i_{\mathrm{sd}}}{\mathrm{d}t}=L_{\mathrm{s}}\omega(t)i_{\mathrm{sq}}+v_{\mathrm{d}}-v_{\mathrm{sd}}\tag{4.90}$$

$$L_{\mathrm{s}}\frac{\mathrm{d}i_{\mathrm{sq}}}{\mathrm{d}t}=-L_{\mathrm{s}}\omega(t)i_{\mathrm{sd}}+v_{\mathrm{q}}-v_{\mathrm{sq}}\tag{4.91}$$

式（4.87）~式（4.91）组成了图 4.14 所示电路在 *dq* 坐标系下的模型。

例 4.9　二阶三相系统在 *dq* 坐标系中的模型

对于由空间相量方程描述的三相对称系统，有

$$\frac{\mathrm{d}^2}{\mathrm{d}t^2}\vec{y}=\vec{u}\tag{4.92}$$

令 $\vec{y}=y_{\mathrm{dq}}\mathrm{e}^{\mathrm{j}\varepsilon(t)}$、$\vec{u}=u_{\mathrm{dq}}\mathrm{e}^{\mathrm{j}\varepsilon(t)}$，可得

$$\frac{\mathrm{d}^2y_{\mathrm{dq}}}{\mathrm{d}t^2}+\mathrm{j}\left(2\omega\frac{\mathrm{d}y_{\mathrm{dq}}}{\mathrm{d}t}\right)+(\mathrm{j}\xi-\omega^2)y_{\mathrm{dq}}=u_{\mathrm{dq}}\tag{4.93}$$

式中

$$\frac{\mathrm{d}\varepsilon}{\mathrm{d}t}=\omega(t)\tag{4.94}$$

$$\frac{\mathrm{d}\omega}{\mathrm{d}t}=\xi(t)\tag{4.95}$$

将式（4.93）的实部与虚部分开，可得

$$\frac{d^2 y_d}{dt^2}-2\omega\frac{dy_q}{dt}-\omega^2 y_q-\xi y_q=u_d \tag{4.96}$$

$$\frac{d^2 y_q}{dt^2}+2\omega\frac{dy_d}{dt}+\xi y_d-\omega^2 y_q=u_q \tag{4.97}$$

式（4.94）~式（4.97）表示式（4.92）所示系统在 dq 坐标系中的动态方程。由式（4.94）~式（4.97）可知，$\varepsilon(t)$ 和 $\omega(t)$ 是两个新的状态变量，$\xi(t)$ 是新的控制变量。虽然原始的三相系统是线性的，但如果频率 ω 不是常数，系统在 dq 坐标系中的表达式将是非线性的。

4.6.4.2 *abc* 坐标系方程到 *dq* 坐标系模型的推导

如 4.3 节所述，不对称系统的模型不能表示成空间相量的形式。但不对称系统通常需要在 $\alpha\beta$ 或 dq 坐标系中建模。如果物理系统的方程是在 abc 坐标系下给出的，可以通过例 4.7 或例 4.10 中的方法将其变换到 $\alpha\beta$ 坐标系中。接下来，为了在 dq 坐标系中建模，可以通过式（4.70）消去 $\alpha\beta$ 坐标系模型中的 $\alpha\beta$ 轴变量。如果方程中出现了 dq 坐标系的角度 ε，则用 $\omega=d\varepsilon/dt$ 代替。这样，系统方程中就引入了新的状态方程 $d\varepsilon/dt=\omega$。下面的例子将详细说明以上步骤。

例 4.10　永磁同步电机的 *dq* 坐标系模型

永磁同步电机（Permanent-Magnet Synchronous Machine，PMSM）的模型可以在传统凸极式同步电机（Synchronous Machine，SM）[53]模型的基础上做以下修改得出：①保留定子磁链方程，但省略阻尼绕组的磁链方程；②阻尼绕组电流设为零；③励磁电流由对应永磁体磁链的常数代替。由此可得[㊀]

$$\begin{pmatrix}\lambda_a\\ \lambda_b\\ \lambda_c\end{pmatrix}=\boldsymbol{L}\begin{pmatrix}i_a\\ i_b\\ i_c\end{pmatrix}+\begin{bmatrix}\lambda_m\cos\theta_r\\ \lambda_m\cos\left(\theta_r-\dfrac{2\pi}{3}\right)\\ \lambda_m\cos\left(\theta_r-\dfrac{4\pi}{3}\right)\end{bmatrix} \tag{4.98}$$

式中，$\boldsymbol{\lambda}_{abc}$、$i_{abc}$ 和 θ_r 分别为定子磁链、定子电流和转子角度；λ_m 为转子磁体产生的最大磁链；$\boldsymbol{L}$ 为电感矩阵，定义如下：

$$\boldsymbol{L}=\frac{2}{3}\begin{bmatrix}a\cos2\theta_r+b & a\cos2\left(\theta_r-\dfrac{\pi}{3}\right)-\dfrac{b}{2} & a\cos2\left(\theta_r-\dfrac{2\pi}{3}\right)-\dfrac{b}{2}\\ a\cos2\left(\theta_r-\dfrac{\pi}{3}\right)-\dfrac{b}{2} & a\cos2\left(\theta_r-\dfrac{2\pi}{3}\right)+\dfrac{b}{2} & a\cos2\theta_r-\dfrac{b}{2}\\ a\cos2\left(\theta_r-\dfrac{2\pi}{3}\right)-\dfrac{b}{2} & a\cos2\theta_r-\dfrac{b}{2} & a\cos2\left(\theta_r-\dfrac{4\pi}{3}\right)+b\end{bmatrix} \tag{4.99}$$

㊀ 简化的隐极式 PMSM 方程的推导见 A.5 节。

式中，$a=(L_d-L_q)/2$，$b=(L_d+L_q)/2$。L_d 和 L_q 是两个恒定的电感参数，取决于电机的结构。式（4.98）和式（4.99）表明，每个定子绕组除了与另外两个定子绕组间存在互感，还存在一个变化的自感。定子磁链和端电压的关系可用下面的状态方程表示：

$$\frac{\mathrm{d}}{\mathrm{d}t}\begin{pmatrix}\lambda_a\\\lambda_b\\\lambda_c\end{pmatrix}=\begin{pmatrix}-R_s&0&0\\0&-R_s&0\\0&0&-R_s\end{pmatrix}\begin{pmatrix}i_a\\i_b\\i_c\end{pmatrix}+\begin{pmatrix}v_{sa}\\v_{sb}\\v_{sc}\end{pmatrix}-\begin{pmatrix}v_n\\v_n\\v_n\end{pmatrix}\tag{4.100}$$

式中，R_s 为定子绕组的内阻；v_n 为定子绕组中性点的电压。式（4.98）~式（4.100）描述了 abc 坐标系中的 PMSM 模型。该模型近似地表示一个内埋式 PMSM，其磁体安装在转子铁心内部。我们先在 $\alpha\beta$ 坐标系中，然后在选定的 dq 坐标系统中，依次表示这些方程。

$\alpha\beta$ 坐标系中的表示方法

为了将式（4.98）变换到 $\alpha\beta$ 坐标系中，根据式（4.47），对 abc 坐标系中的矢量进行变换。因此

$$\boldsymbol{C}^{\mathrm{T}}\begin{pmatrix}\lambda_\alpha\\\lambda_\beta\end{pmatrix}=\boldsymbol{L}\boldsymbol{C}^{\mathrm{T}}\begin{pmatrix}i_\alpha\\i_\beta\end{pmatrix}+\begin{pmatrix}\lambda_m\cos\theta_r\\\lambda_m\cos\left(\theta_r-\dfrac{2\pi}{3}\right)\\\lambda_m\cos\left(\theta_r-\dfrac{4\pi}{3}\right)\end{pmatrix}\tag{4.101}$$

式（4.101）两边同时乘以（2/3）$\boldsymbol{C}$，根据等式（4.53），可得

$$\begin{pmatrix}\lambda_\alpha\\\lambda_\beta\end{pmatrix}=\frac{2}{3}\boldsymbol{C}\boldsymbol{L}\boldsymbol{C}^{\mathrm{T}}\begin{pmatrix}i_\alpha\\i_\beta\end{pmatrix}+\frac{2}{3}\boldsymbol{C}\begin{pmatrix}\lambda_m\cos\theta_r\\\lambda_m\cos\left(\theta_r-\dfrac{2\pi}{3}\right)\\\lambda_m\cos\left(\theta_r-\dfrac{4\pi}{3}\right)\end{pmatrix}\tag{4.102}$$

将式（4.45）和式（4.99）中的 $\boldsymbol{C}$ 和 $\boldsymbol{L}$ 代入式（4.102），可得

$$\begin{pmatrix}\lambda_\alpha\\\lambda_\beta\end{pmatrix}=\begin{pmatrix}\left(\dfrac{L_d-L_q}{2}\right)\cos2\theta_r+\left(\dfrac{L_d+L_q}{2}\right)&\left(\dfrac{L_d-L_q}{2}\right)\sin2\theta_r\\\left(\dfrac{L_d-L_q}{2}\right)\sin2\theta_r&-\left(\dfrac{L_d-L_q}{2}\right)\cos2\theta_r+\left(\dfrac{L_d+L_q}{2}\right)\end{pmatrix}\begin{pmatrix}i_\alpha\\i_\beta\end{pmatrix}+\begin{pmatrix}\lambda m\cos\theta_r\\\lambda m\sin\theta_r\end{pmatrix}\tag{4.103}$$

通过类似的步骤，式（4.100）在 $\alpha\beta$ 坐标系中可表示为

$$\frac{\mathrm{d}}{\mathrm{d}t}\begin{bmatrix}\lambda_\alpha\\\lambda_\beta\end{bmatrix}=\begin{bmatrix}-R_s&0\\0&-R_s\end{bmatrix}\begin{bmatrix}i_\alpha\\i_\beta\end{bmatrix}+\begin{bmatrix}v_{s\alpha}\\v_{s\beta}\end{bmatrix}\tag{4.104}$$

需要注意的是，式（4.100）表示的是一个对称系统。因此，式（4.104）也

可以由 abc 坐标系中的任意一相方程直接推导得出，如 4.5.5 节所述。

dq 坐标系中的表示方法

作为 PMSM 的 $\alpha\beta$ 坐标系模型，式（4.103）中含有变量 θ_r。因此，基于 PMSM 的 $\alpha\beta$ 坐标系模型进行分析和补偿器设计比较困难。不过，如果 dq 坐标系与转子角度 θ_r 保持同步，那么变换到 dq 坐标系中的模型参数不再是时变的，因而更便于分析和补偿器设计。此时，式（4.70）和式（4.71）中的 $\varepsilon=\theta_r$。因此

$$\begin{pmatrix} f_\alpha(t) \\ f_\beta(t) \end{pmatrix} = \boldsymbol{R}^{-1}[\theta_r]\begin{pmatrix} f_d(t) \\ f_q(t) \end{pmatrix} \tag{4.105}$$

式中

$$\boldsymbol{R}^{-1}[\theta_r] = \begin{pmatrix} \cos\theta_r & -\sin\theta_r \\ \sin\theta_r & \cos\theta_r \end{pmatrix} \tag{4.106}$$

因此，式（4.103）可以重新写为

$$\boldsymbol{R}^{-1}\begin{pmatrix} \lambda_d \\ \lambda_q \end{pmatrix} = \begin{pmatrix} \left(\dfrac{L_d-L_q}{2}\right)\cos2\theta_r+\left(\dfrac{L_d+L_q}{2}\right) & \left(\dfrac{L_d-L_q}{2}\right)\sin2\theta_r \\ \left(\dfrac{L_d-L_q}{2}\right)\sin2\theta_r & -\left(\dfrac{L_d-L_q}{2}\right)\cos2\theta_r+\left(\dfrac{L_d+L_q}{2}\right) \end{pmatrix}\boldsymbol{R}^{-1}\begin{pmatrix} i_d \\ i_q \end{pmatrix}+\begin{pmatrix} \lambda_m\cos\theta_r \\ \lambda_m\sin\theta_r \end{pmatrix} \tag{4.107}$$

等式两边同时乘以 $\boldsymbol{R}$，可得

$$\begin{pmatrix} \lambda_d \\ \lambda_q \end{pmatrix} = \boldsymbol{R}\begin{pmatrix} \left(\dfrac{L_d-L_q}{2}\right)\cos2\theta_r+\left(\dfrac{L_d+L_q}{2}\right) & \left(\dfrac{L_d-L_q}{2}\right)\sin2\theta_r \\ \left(\dfrac{L_d-L_q}{2}\right)\sin2\theta_r & -\left(\dfrac{L_d-L_q}{2}\right)\cos2\theta_r+\left(\dfrac{L_d+L_q}{2}\right) \end{pmatrix}\boldsymbol{R}^{-1}\begin{pmatrix} i_d \\ i_q \end{pmatrix}+\boldsymbol{R}\begin{pmatrix} \lambda_m\cos\theta_r \\ \lambda_m\sin\theta_r \end{pmatrix} \tag{4.108}$$

式中

$$\boldsymbol{R}[\theta_r] = \begin{pmatrix} \cos\theta_r & \sin\theta_r \\ -\sin\theta_r & \cos\theta_r \end{pmatrix} \tag{4.109}$$

式（4.108）可以进一步简化为

$$\begin{pmatrix} \lambda_d \\ \lambda_q \end{pmatrix} = \begin{pmatrix} L_d & 0 \\ 0 & L_q \end{pmatrix}\begin{pmatrix} i_d \\ i_q \end{pmatrix}+\begin{pmatrix} \lambda_m \\ 0 \end{pmatrix} \tag{4.110}$$

同理，式（4.104）可以写成

$$\frac{\mathrm{d}}{\mathrm{d}t}\left\{\boldsymbol{R}^{-1}\begin{pmatrix} \lambda_d \\ \lambda_q \end{pmatrix}\right\} = \begin{pmatrix} -R_s & 0 \\ 0 & -R_s \end{pmatrix}\boldsymbol{R}^{-1}\begin{pmatrix} i_d \\ i_q \end{pmatrix}+\boldsymbol{R}^{-1}\begin{pmatrix} v_{sd} \\ v_{sq} \end{pmatrix} \tag{4.111}$$

式（4.111）可以展开为

$$\boldsymbol{R}^{-1}\frac{\mathrm{d}}{\mathrm{d}t}\begin{pmatrix}\lambda_{\mathrm{d}}\\ \lambda_{\mathrm{q}}\end{pmatrix}+\frac{\mathrm{d}\boldsymbol{R}^{-1}}{\mathrm{d}t}\begin{pmatrix}\lambda_{\mathrm{d}}\\ \lambda_{\mathrm{q}}\end{pmatrix}=\begin{pmatrix}-R_{\mathrm{s}} & 0\\ 0 & -R_{\mathrm{s}}\end{pmatrix}\boldsymbol{R}^{-1}\begin{pmatrix}i_{\mathrm{d}}\\ i_{\mathrm{q}}\end{pmatrix}+\boldsymbol{R}^{-1}\begin{pmatrix}v_{\mathrm{sd}}\\ v_{\mathrm{sq}}\end{pmatrix}\tag{4.112}$$

式（4.112）两边同时乘以 $\boldsymbol{R}$，重新整理后可得

$$\begin{aligned}\frac{\mathrm{d}}{\mathrm{d}t}\begin{pmatrix}\lambda_{\mathrm{d}}\\ \lambda_{\mathrm{q}}\end{pmatrix}&=-\boldsymbol{R}\frac{\mathrm{d}\boldsymbol{R}^{-1}}{\mathrm{d}t}\begin{pmatrix}\lambda_{\mathrm{d}}\\ \lambda_{\mathrm{q}}\end{pmatrix}+\boldsymbol{R}\begin{pmatrix}-R_{\mathrm{s}} & 0\\ 0 & -R_{\mathrm{s}}\end{pmatrix}\boldsymbol{R}^{-1}\begin{pmatrix}i_{\mathrm{d}}\\ i_{\mathrm{q}}\end{pmatrix}+\begin{pmatrix}v_{\mathrm{sd}}\\ v_{\mathrm{sq}}\end{pmatrix}\\ &=-\left(\boldsymbol{R}\frac{\mathrm{d}\boldsymbol{R}^{-1}}{\mathrm{d}\theta_{\mathrm{r}}}\right)\left(\frac{\mathrm{d}\theta_{\mathrm{r}}}{\mathrm{d}t}\right)\begin{pmatrix}\lambda_{\mathrm{d}}\\ \lambda_{\mathrm{q}}\end{pmatrix}+\boldsymbol{R}\begin{pmatrix}-R_{\mathrm{s}} & 0\\ 0 & -R_{\mathrm{s}}\end{pmatrix}\boldsymbol{R}^{-1}\begin{pmatrix}i_{\mathrm{d}}\\ i_{\mathrm{q}}\end{pmatrix}+\begin{pmatrix}v_{\mathrm{sd}}\\ v_{\mathrm{sq}}\end{pmatrix}\end{aligned}\tag{4.113}$$

将 $\boldsymbol{R}$ 和 $\boldsymbol{R}^{-1}$代入式（4.113），结果为

$$\frac{\mathrm{d}}{\mathrm{d}t}\begin{pmatrix}\lambda_{\mathrm{d}}\\ \lambda_{\mathrm{q}}\end{pmatrix}=\begin{pmatrix}0 & \omega_{\mathrm{r}}\\ -\omega_{\mathrm{r}} & 0\end{pmatrix}\begin{pmatrix}\lambda_{\mathrm{d}}\\ \lambda_{\mathrm{q}}\end{pmatrix}+\begin{pmatrix}-R_{\mathrm{s}} & 0\\ 0 & -R_{\mathrm{s}}\end{pmatrix}\begin{pmatrix}i_{\mathrm{d}}\\ i_{\mathrm{q}}\end{pmatrix}+\begin{pmatrix}v_{\mathrm{sd}}\\ v_{\mathrm{sq}}\end{pmatrix}\tag{4.114}$$

式中

$$\frac{\mathrm{d}\theta_{\mathrm{r}}}{\mathrm{d}t}=\omega_{\mathrm{r}}\tag{4.115}$$

为了推导电磁转矩的表达式，需要用到功率平衡原理。根据式（4.83），传递到电机定子的功率在 dq 坐标系中可以表示为

$$P_{\mathrm{e}}=\frac{3}{2}\begin{pmatrix}i_{\mathrm{d}}\\ i_{\mathrm{q}}\end{pmatrix}^{\mathrm{T}}\begin{pmatrix}v_{\mathrm{sd}}\\ v_{\mathrm{sq}}\end{pmatrix}\tag{4.116}$$

将式（4.114）中的 $[v_{\mathrm{sd}}\ v_{\mathrm{sq}}]^{\mathrm{T}}$代入式（4.116），可得

$$P_{\mathrm{e}}=\frac{3}{2}\begin{pmatrix}i_{\mathrm{d}}\\ i_{\mathrm{q}}\end{pmatrix}^{\mathrm{T}}\left\{\begin{pmatrix}R_{\mathrm{s}}i_{\mathrm{d}}\\ R_{\mathrm{s}}i_{\mathrm{q}}\end{pmatrix}+\frac{\mathrm{d}}{\mathrm{d}t}\begin{pmatrix}\lambda_{\mathrm{d}}\\ \lambda_{\mathrm{q}}\end{pmatrix}+\begin{pmatrix}-\omega_{\mathrm{r}}\lambda_{\mathrm{q}}\\ \omega_{\mathrm{r}}\lambda_{\mathrm{d}}\end{pmatrix}\right\}\tag{4.117}$$

式（4.117）可简化为

$$P_{\mathrm{e}}=\underbrace{\frac{3}{2}R_{\mathrm{s}}(i_{\mathrm{d}}^2+i_{\mathrm{q}}^2)}_{P_{\mathrm{loss}}}+\underbrace{\frac{3}{2}\left(i_{\mathrm{d}}\frac{\mathrm{d}\lambda_{\mathrm{d}}}{\mathrm{d}t}+i_{\mathrm{q}}\frac{\mathrm{d}\lambda_{\mathrm{q}}}{\mathrm{d}t}\right)}_{P_{\mathrm{stored}}}+\underbrace{\omega_{\mathrm{r}}\frac{3}{2}(\lambda_{\mathrm{d}}i_{\mathrm{q}}-\lambda_{\mathrm{q}}i_{\mathrm{d}})}_{P_{\mathrm{gap}}}\tag{4.118}$$

式（4.118）右边第一部分表示定子线圈内阻上的功率损耗，第二部分对应磁场储存/释放的功率，而第三部分则表示传递到电机气隙中的功率，该功率与电磁转矩相对应，因此

$$T_{\mathrm{e}}=\frac{P_{\mathrm{gap}}}{\omega_{\mathrm{r}}}=\frac{3}{2}(\lambda_{\mathrm{d}}i_{\mathrm{q}}-\lambda_{\mathrm{q}}i_{\mathrm{d}})\tag{4.119}$$

式（4.119）所示转矩的空间相量表达式为

$$T_{\mathrm{e}}=\frac{3}{2}\mathrm{Im}(\vec{i}\ \vec{\lambda}^{*})\tag{4.120}$$

将式（4.110）中的 λ_{d}和 λ_{q}代入式（4.119），可得

$$T_{\mathrm{e}}=\frac{3}{2}(L_{\mathrm{d}}-L_{\mathrm{q}})i_{\mathrm{d}}i_{\mathrm{q}}+\frac{3}{2}\lambda_{\mathrm{m}}i_{\mathrm{q}}\tag{4.121}$$

式（4.110）、式（4.114）、式（4.115）和式（4.121）组成了 PMSM 的 dq 坐标系模型。由于 dq 坐标系与 θ_r 保持同步，该模型也被称为转子磁场坐标系模型。如式（4.110）、式（4.114）、式（4.115）和式（4.121）所示，因为参数都是常数，PMSM 的 dq 坐标系模型是时不变的，但是方程中存在状态变量的乘积，所以它又是非线性的。

第 5 章 三相两电平电压源变流器

5.1 引言

第 2 章介绍了 DC-AC 半桥变流器的工作原理，并且基于平均值方法提出了变流器的等值电路和动态模型；第 3 章研究了半桥变流器的控制；第 4 章介绍了 *abc* 到 $\alpha\beta$ 坐标系的变换，以简化三相变流器的控制问题；还研究了 *abc* 到 *dq* 坐标系的变换，经过 *dq* 变换后，控制系统可以直接处理直流信号，因而控制系统的结构得到大大简化。

本章采用半桥变流器作为三相电压源变流器（Voltage-Sourced Converter，VSC）的组成单元。三相 VSC 有多种不同的结构，但是本书只讨论两种主要结构：两电平 VSC 和三电平中性点钳位（Neutral-Point Clamped，NPC）型 VSC。本章将介绍由三个相同的半桥变流器组成的三相两电平 VSC。在第 6 章中，我们还将介绍由 6 个相同的半桥变流器组成的三相三电平 NPC 型 VSC。下文将三相两电平 VSC 简称为**两电平 VSC**，将三相三电平 NPC 型 VSC 简称为**三电平 NPC**。

5.2 两电平电压源变流器

5.2.1 电路结构

图 5.1 所示为两电平 VSC 的示意图[55]。两电平 VSC 由图 2.13 所示的三个相同的半桥变流器组成。如图 5.1 所示，变流器每个交流端的电压要么是 V_{DC}，要么是 $-V_{DC}$，所以这种变流器被称为两电平 VSC。各半桥变流器的直流侧与直流电压源并联，交流端与三相交流系统的对应相相连（图 5.1 中未显示）。两电平 VSC 可以实现功率在直流电压源和三相交流系统之间的双向流动。交流系统可以是无源

的，如 RLC 负载，也可以是有源的，如同步发电机。在图 5.1 中，我们把各半桥变流器分别标记为 a、b 和 c，以关联各自的交流系统对应相[1]。

5.2.2 运行原理

第 2 章介绍了脉宽调制（PWM）技术并推导了图 2.13 中非理想变流器的交流端电压，如式（2.57）所示[2]：

$$V_t'(t) = m(t)\frac{V_{DC}}{2} - \frac{i(t)}{|i(t)|}V_e - r_e i(t) \tag{5.1}$$

式中，V_e和 r_e分别由式（2.37）和式（2.38）定义为

$$V_e = V_d - \left(\frac{Q_{rr}+Q_{tc}}{T_s}\right) r_{on} + V_{DC}\left(\frac{t_{rr}}{T_s}\right) \tag{5.2}$$

$$r_e = (1-\frac{t_{rr}}{T_s}) r_{on} \approx r_{on} \tag{5.3}$$

式中，T_s为变流器的开关周期。

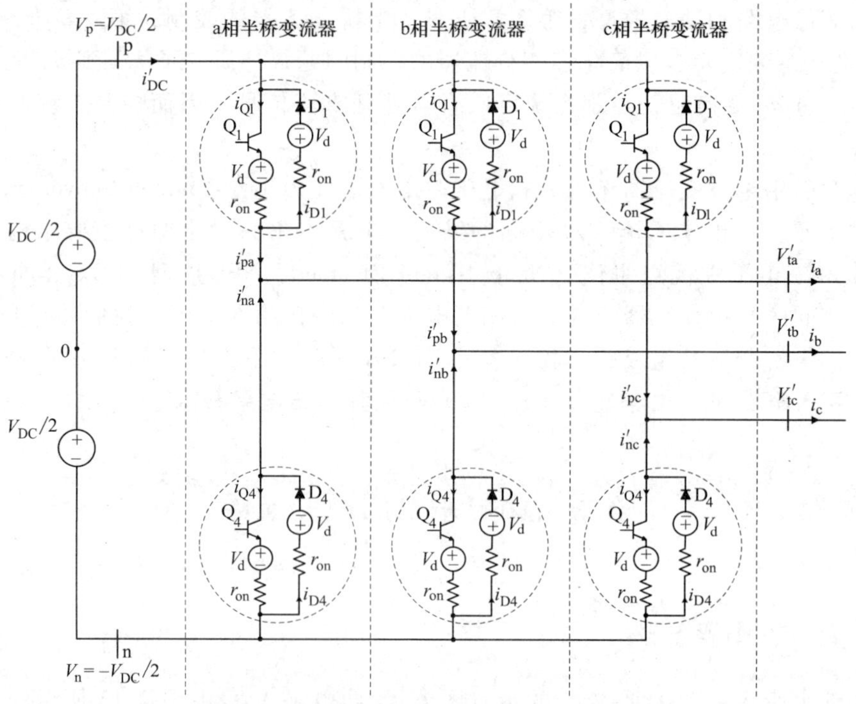

图 5.1 非理想两电平 VSC 的示意图

[1] 因为变流器的拓扑不是系统研究内容的重点，我们将两电平 VSC 和三电平 NPC 统称为 VSC。

[2] 在下文中，为了简化标记，省略了表示变量平均值的上横线，但是应该注意，如果不特别说明，本章中的变量都表示各自一个周期内的平均值。

变流器的交流端电压 $V_t'(t)$ 根据式（5.1）来进行控制，式中，$m(t)(V_{DC}/2)$ 表示一个由调制信号 $m(t)$ 控制的受控电压源，$r_e i(t)$ 可以看作电阻 r_e 上的压降，$[i(t)/|i(t)|]V_e$ 表示电压偏置，电压偏置的极性取决于交流侧电流的极性。如果电流是负的，交流端电压加上电压偏置；反之，如果电流是正的，交流端电压减去电压偏置。

本书所讨论的应用场合只考虑正弦波。如果 $m(t)$ 是幅值和频率都满足要求的正弦信号，那么变流器的交流端电压呈现正弦波形。但是，如式（5.1）所示，电压偏置项 $[i(t)/|i(t)|]V_e$ 在 $m(t)$ 到 $V_t'(t)$ 的控制特性函数中引入了一个与电流过零点相关的电压死区[16]。因此，与理想的正弦信号相比，$V_t'(t)$ 存在轻微的畸变。V_e 一般只有几伏大小，远远小于 VSC 系统的电压等级，所以这种畸变可以忽略不计。另外，为了使交流电流跟踪无畸变的正弦指令，$m(t)$ 通常由闭环系统来控制，这样进一步削弱了畸变的影响。基于以上原因，在接下来的公式推导过程中，我们不再考虑电压畸变，从而将式（5.1）近似为

$$V_t'(t)=m(t)\frac{V_{DC}}{2}-r_{on}i(t) \tag{5.4}$$

图 5.1 所示的两电平 VSC 包含三个相同的半桥变流器，分别对应交流侧各相。因此，交流端电压为

$$V_{ta}'(t)=m_a(t)\frac{V_{DC}}{2}-r_{on}i_a(t) \tag{5.5}$$

$$V_{tb}'(t)=m_b(t)\frac{V_{DC}}{2}-r_{on}i_b(t) \tag{5.6}$$

$$V_{tc}'(t)=m_c(t)\frac{V_{DC}}{2}-r_{on}i_c(t) \tag{5.7}$$

如式（5.5）~式（5.7）所示，为了得到三相对称的交流电压和电流，$m_a(t)$、$m_b(t)$ 和 $m_c(t)$ 必须组成一组三相对称信号；这些信号通常由闭环控制系统产生。

5.2.3　非理想两电平 VSC 的功率损耗

由式（2.59）可知，半桥 DC-AC 变流器的功率损耗如下：

$$P_{loss}=V_{DC}\left(\frac{Q_{rr}+Q_{tc}}{T_s}\right)+V_e|i|+r_e i^2$$

因此，图 5.1 所示两电平 VSC 的功率损耗是三相功率损耗之和，大小为

$$\begin{aligned}P_{loss}&=\sum P_{loss}=3V_{DC}\left(\frac{Q_{rr}+Q_{tc}}{T_s}\right)\\&\quad+V_e(|i_a|+|i_b|+|i_c|)+r_e(i_a^2+i_b^2+i_c^2)\end{aligned} \tag{5.8}$$

如果 i_a、i_b 和 i_c 是一组频率为 ω 的三相对称的正弦波，由于式（5.8）中存在

绝对值和二次方函数，P_{loss} 中含有频率为 2ω 的功率波动项。式（5.8）在一个正弦周期内的平均值为

$$\langle P_{loss}\rangle_0 = V_{DC}\left[\frac{3(Q_{rr}+Q_{tc})}{T_s}\right]+\frac{6}{\pi}V_e\hat{i}+\frac{3}{2}r_e\hat{i}^2 \tag{5.9}$$

式中，符号< >$_0$ 表示一个周期 $T=2\pi/\omega$ 内的平均值运算符；$\hat{i}$ 为三相电流的幅值。

5.3 两电平 VSC 的模型和控制

5.3.1 两电平 VSC 的平均值模型

图 5.2 所示为图 5.1 中两电平 VSC 的平均值等效电路。该电路是图 2.17 所示的半桥变流器平均值等效模型的扩展。如第 2 章所述，非理想半桥变流器的平均值模型可以由理想半桥变流器的平均值模型加上另外两个寄生元件构成，两个寄生元件是：与交流端串联的开关单元导通电阻、与变流器直流侧并联的电流源。前者主要表示变流器的导通损耗，后者则主要表示变流器的开关损耗。同理，两电平 VSC（见图 5.1）的平均值模型也可以看成理想两电平 VSC 的平均值模型（图 5.2 中虚线标示部分）加上各相的导通电阻 r_{on} 和直流侧等效电流源，$i_{loss}=3(Q_{rr}+Q_{tr})/T_s$。因为 r_{on} 和 i_{loss} 都近似恒定，不随 VSC 的电压电流而变化，两者可以分别集成到交流和直流系统中。例如，在驱动系统中，r_{on} 可以加到电动机定子内阻上。因此，在接下来的研究中，不再考虑 r_{on} 和 i_{loss}，只关注理想的两电平 VSC。

图 5.3 所示为理想两电平 VSC 的平均值等效电路，交流端电压为

$$V_{ta}(t)=\frac{V_{DC}}{2}m_a(t) \tag{5.10}$$

$$V_{tb}(t)=\frac{V_{DC}}{2}m_b(t) \tag{5.11}$$

$$V_{tc}(t)=\frac{V_{DC}}{2}m_c(t) \tag{5.12}$$

式中，$m_{abc}(t)$ 为三相对称信号［$m_a(t)$、$m_b(t)$、$m_c(t)$ 统称为 $m_{abc}(t)$］，可表示为

$$m_a(t)=\hat{m}(t)[\varepsilon(t)] \tag{5.13}$$

$$m_b(t)=\hat{m}(t)\left[\varepsilon(t)-\frac{2\pi}{3}\right] \tag{5.14}$$

$$m_c(t)=\hat{m}(t)\left[\varepsilon(t)-\frac{4\pi}{3}\right] \tag{5.15}$$

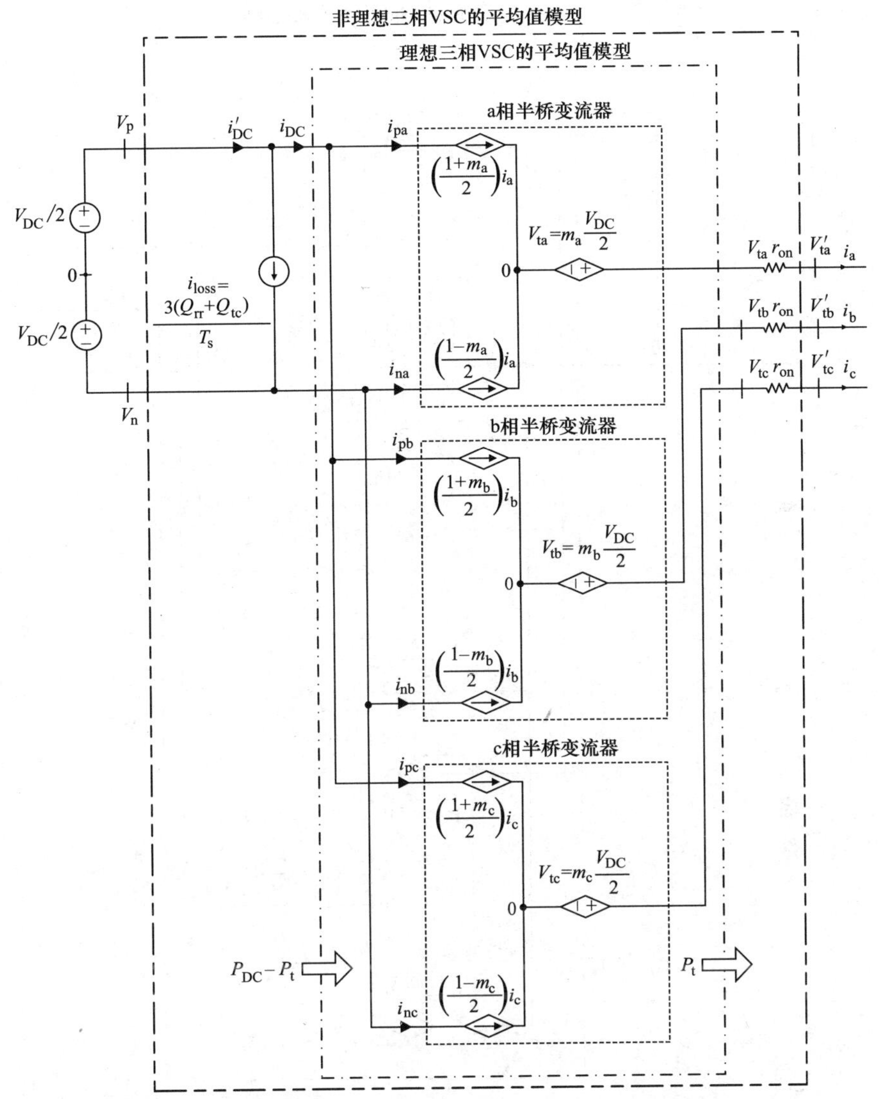

图 5.2　图 5.1 所示非理想两电平 VSC 的平均值等效电路

式中，$\varepsilon(t)$ 中包含了频率和相角的信息。两电平 VSC 的交流量和直流量根据功率平衡原理相关联，有 $P_{DC}(t)=P_t(t)$，因此

$$V_{DC}(t)i_{DC}(t)=V_{ta}(t)i_a(t)+V_{tb}(t)i_b(t)+V_{tc}(t)i_c(t) \tag{5.16}$$

基于第 4 章提到的原因，VSC 系统通常在 $\alpha\beta$ 或 dq 坐标系中进行控制。在这些参考坐标系中，VSC 的控制可简化为对两个子系统的控制，从而可以很容易地实现对 VSC 交流侧电压幅值和频率的快速控制。下面的章节将给出两电平 VSC 在 $\alpha\beta$ 或 dq 坐标系中的表示方法。

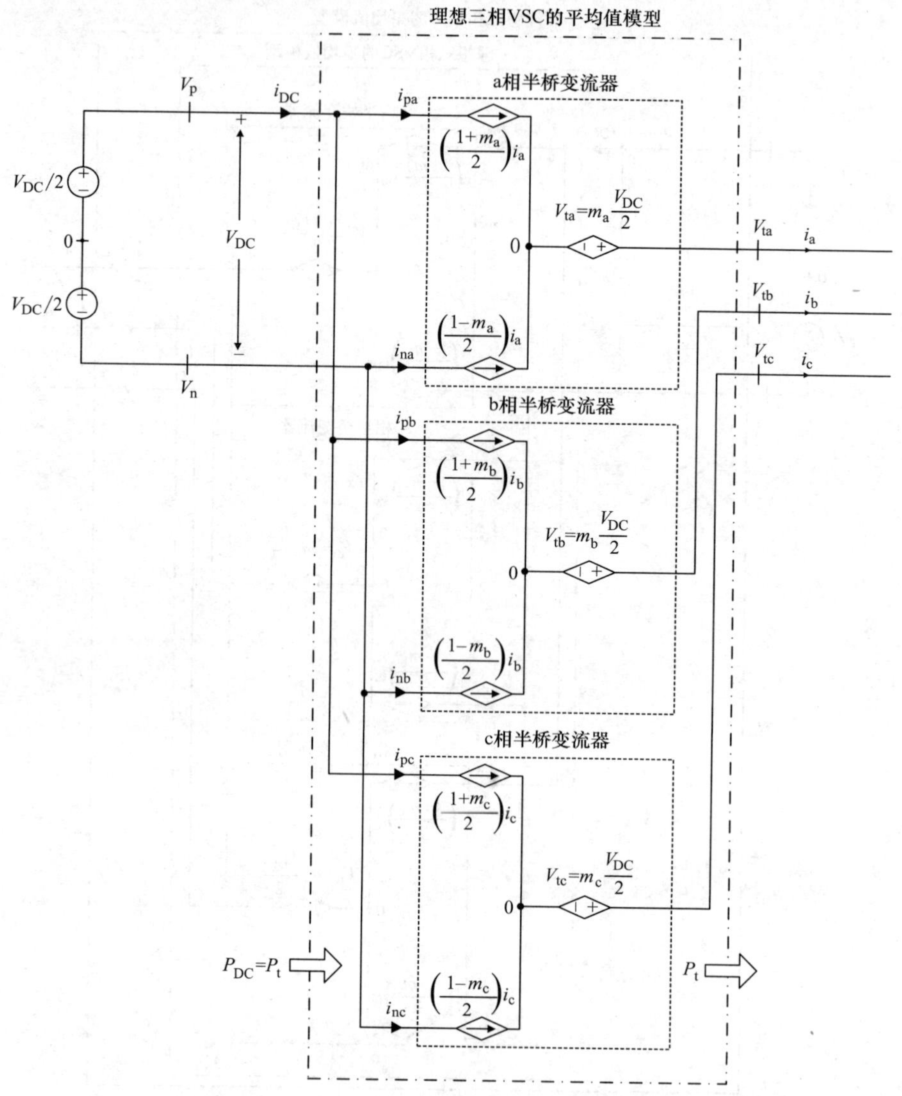

图 5.3 理想两电平 VSC 的平均值等效电路

5.3.2 两电平 VSC 在 $\alpha\beta$ 坐标系中的模型

式（5.10）~式（5.12）描述了两电平 VSC 的调制信号和交流端电压之间的关系。式（5.10）~式（5.12）对应的空间相量方程为

$$\vec{V}_t(t)=\frac{V_{DC}}{2}\vec{m}(t) \tag{5.17}$$

式（5.17）可以分解成实部和虚部两部分，分别为

$$\vec{V}_{t\alpha}(t)=\frac{V_{DC}}{2}\vec{m}_{\alpha}(t) \tag{5.18}$$

$$\vec{V}_{t\beta}(t)=\frac{V_{DC}}{2}\vec{m}_{\beta}(t) \tag{5.19}$$

式（5.18）和式（5.19）表明，变流器交流端电压的 α 轴和 β 轴分量分别与对应的调制信号分量成正比，比例系数为 $V_{DC}/2$。式（5.18）和式（5.19）还表明，两电平 VSC 可以表示为 $\alpha\beta$ 坐标系中的两个子系统，每个子系统的传递函数为（时变的）增益 $V_{DC}/2$。

由式（4.56）可知，两电平 VSC 的交流端有功功率在 $\alpha\beta$ 坐标系中可以表示为

$$P_t(t)=\frac{3}{2}[V_{t\alpha}(t)i_{\alpha}+V_{t\beta}(t)i_{\beta}(t)] \tag{5.20}$$

考虑到功率平衡原理，有

$$V_{DC}(t)i_{DC}(t)=\frac{3}{2}[V_{t\alpha}(t)i_{\alpha}(t)+V_{t\beta}(t)i_{\beta}(t)] \tag{5.21}$$

式（5.18）、式（5.19）和式（5.21）构成了两电平 VSC 在 $\alpha\beta$ 坐标系中的模型，如图 5.4 所示。下面的章节将使用该模型进行分析和控制器设计。

式（5.18）和式（5.19）分别对应 α 轴和 β 轴两个子系统，如图 5.4a 所示。两个子系统的输入分别为 m_{α} 和 m_{β}，输出分别为 $V_{t\alpha}(t)$ 和 $V_{t\beta}(t)$。这两个子系统是线性解耦的，增益为时变量 $V_{DC}(t)/2$。两电平 VSC 的直流电流由式（5.21）决定，如图 5.4b 所示。如第 4 章所述，三相信号的 α 轴和 β 轴分量包含了幅值和频率信息，从而可以通过 m_{α} 和 m_{β} 控制变流器交流端电压的幅值和频率。因此，两电平 VSC 适用于需要快速灵活地控制幅值和频率的应用场合。

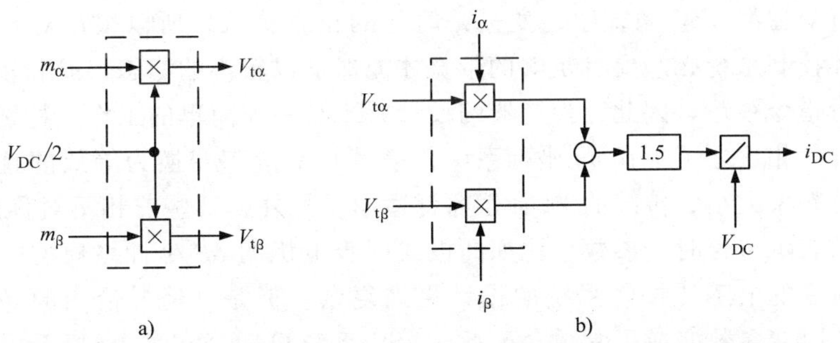

图 5.4　非理想两电平 VSC 在 $\alpha\beta$ 坐标系中的控制模型

图 5.5 所示为电流受控的 VSC 系统在 $\alpha\beta$ 坐标系中的通用控制框图，图中所示的闭环系统控制 i_{α} 和 i_{β} 跟踪各自的参考指令，这是通过分别控制 $V_{t\alpha}$ 和 $V_{t\beta}$，实质上通过控制 m_{α} 和 m_{β} 而实现的。图 5.5 还表明，补偿器的输出通过除以 $V_{DC}(t)/2$ 来抵消 α 轴和 β 轴子系统的增益，因此，回路增益不再受直流电压影响。

在大多数应用场合中，电流控制是实现其他控制目标的中间步骤。例如，对于

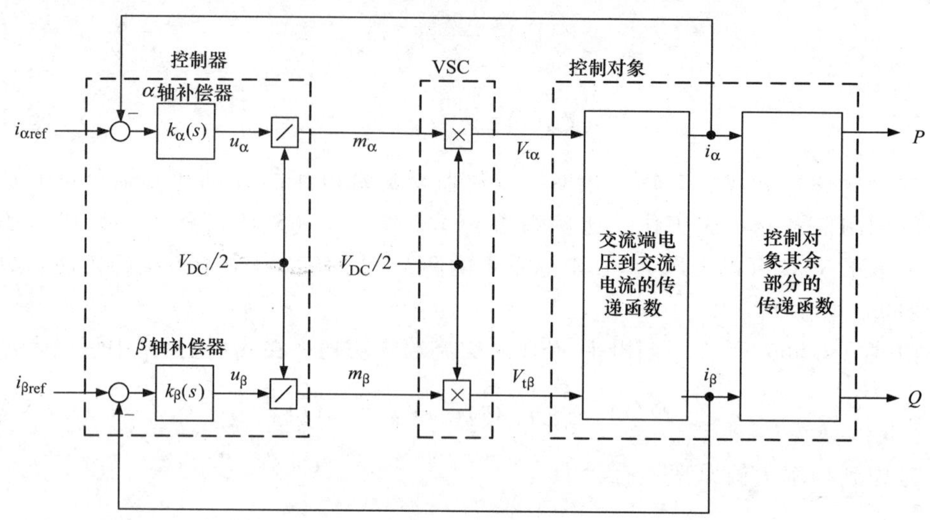

图 5.5 VSC 系统在 $\alpha\beta$ 坐标系中的通用控制框图

并网 VSC 系统来说，控制目标通常是控制 VSC 与电网间交换的有功功率和无功功率，这就是通过控制 VSC 交流电流的 α 轴和 β 轴分量而实现的。因此，图 5.5 总体的控制对象可以看作两个级联的双输入-双输出子系统的组合。第一个子系统的输入为 $V_{t\alpha}$和 $V_{t\beta}$，输出为 i_α和 i_β；第二个子系统的输入为 i_α和 i_β，最终的输出为 P 和 Q。如果需要更快的响应速度和更好的抗干扰性能，P 和 Q 可以作为反馈信号由一个外环控制器通过输出的参考指令 $i_{\alpha ref}$和 $i_{\beta ref}$来控制。

5.3.3 两电平 VSC 在 dq 坐标系中的模型和控制

在电流受控型 VSC 系统中，变量是时间的正弦函数，所以很难对补偿器进行优化。闭环控制系统必须要有足够的带宽才能保证以较小的稳态误差和较强的抗干扰能力进行指令跟踪。因此，控制器的设计并不是一项简单的工作，特别是在变频的应用场合。相比之下，在 dq 坐标系中，信号和变量都变换为等效的直流量，所以不论运行频率大小，传统的 PI 补偿器都适用。另外，某些三相不对称系统在 $\alpha\beta$ 坐标系中的表示包含时变参数，比如凸极式同步电机的 $\alpha\beta$ 坐标系模型中时变的电感，这些时变的电感使控制系统的设计更加复杂。但是，经过恰当的 dq 变换后，这些系统的时变参数变成了常数。因此，VSC 系统更适合在 dq 坐标系中进行建模和控制。

按照 4.6.4 节的推导步骤，我们可以得出两电平 VSC 在 dq 坐标系中的表示方法。将 $m(t)=(m_d+jm_q)e^{j\varepsilon(t)}$ 和 $V_t(t)=(V_{td}+jV_{tq})e^{j\varepsilon(t)}$ 代入式（5.17），可得

$$(V_{td}+jV_{tq})e^{j\varepsilon(t)}=\frac{V_{DC}}{2}(m_d+jm_q)e^{j\varepsilon(t)} \tag{5.22}$$

则

$$V_{td}(t)=\frac{V_{DC}}{2}m_d(t) \tag{5.23}$$

$$V_{tq}(t)=\frac{V_{DC}}{2}m_q(t) \tag{5.24}$$

由式（5.22）和式（5.23）可知，VSC 交流端电压的 dq 轴分量与对应的调制信号分量成正比，比例系数是 $V_{DC}/2$。式（5.22）和式（5.23）还表明，两电平 VSC 在 dq 坐标系中可以表示为两个线性时变的子系统，各子系统的传递函数都是时变增益 $V_{DC}/2$。

根据式（4.83），两电平 VSC 交流侧有功功率可以表示为

$$P_t(t)=\frac{3}{2}[V_{td}(t)i_d(t)+V_{tq}(t)i_q(t)] \tag{5.25}$$

根据功率平衡原理，有

$$V_{DC}(t)i_{DC}(t)=\frac{3}{2}[V_{td}(t)i_d(t)+V_{tq}(t)i_q(t)] \tag{5.26}$$

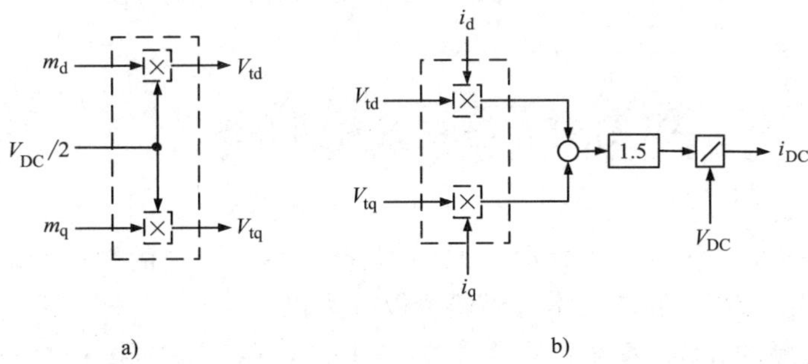

图 5.6　理想两电平 VSC 在 dq 坐标系中的控制模型

式（5.22）、式（5.23）和式（5.26）构成了两电平 VSC 在 dq 坐标系中的模型（见图 5.6）。对比图 5.6 和图 5.4 所示框图可以发现，两电平 VSC 在 dq 和 $\alpha\beta$ 坐标系中的模型本质上是一样的。因此，图 5.7 中电流受控的 VSC 系统在 dq 坐标系中的控制框图与图 5 中对应的 $\alpha\beta$ 坐标系中的控制框图类似。

图 5.7 中所示的闭环系统通过分别控制 $V_{t\alpha}$ 和 $V_{t\beta}$，实质上通过分别控制 m_α 和 m_β 来控制 i_d 和 i_q 跟踪各自的参考指令。与 $\alpha\beta$ 坐标系中的控制类似，补偿器的输出需要乘以 $2/V_{DC}$ 来抵消直流电压对系统增益的影响。举例来说，如果电流控制是 VSC 和交流系统之间有功功率和无功功率控制的中间环节，则控制指令 i_{dref} 和 i_{qref} 由外环控制器给出（图 5.7 中未显示）。另一个嵌套控制的例子是异步电机的磁链和转矩控制，其中，i_d 和 i_q 分别控制电机的磁链和转矩。因此，总体的控制对象包含两个子系统，一个子系统描述了 i_d 和 i_q 的动态，其中 i_d 和 i_q 是 V_{td} 和 V_{tq} 的函数，另一个子系统将电机的磁链和转矩表示为 i_d 和 i_q 的函数。

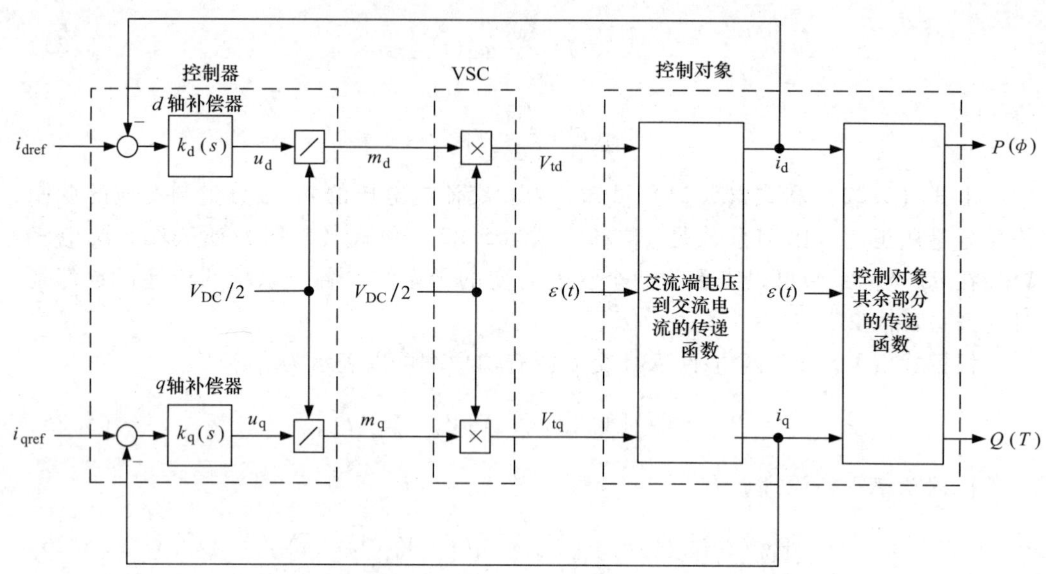

图 5.7　VSC 系统在 *dq* 坐标系中的通用控制框图

5.4　VSC 系统的分类

本书中，图 5.5 和图 5.7 所示的通用型 VSC 系统出现的频率很高。尽管细节因具体用途而定，VSC 系统大体上仍然可以分为以下三类：

- **电网定频的 VSC 系统**：在这一类型中，VSC 系统连接相对较大的交流系统，如较大的公用电网。因此，VSC 的运行频率由交流系统决定，并且基本上保持恒定。第 7 章和第 8 章将介绍这种电网定频的 VSC 系统。
- **频率可控的 VSC 系统**：这一类型中，交流系统的频率由 VSC 系统的控制系统来调节，而频率的参考值由上层监测控制系统决定。这种频率可控的 VSC 系统将在第 9 章中讨论。
- **变频 VSC 系统**：在变频 VSC 系统中，VSC 与电机相连，运行频率是整个 VSC 系统的状态变量之一，并且取决于系统运行点，不能直接调节。变频 VSC 系统将在第 10 章中讨论。

值得注意的是，根据以上分类，VSC 系统还可以是一个综合上述三种类型的组合系统。举例来说，一个变速风力发电单元包括一个变频 VSC 系统和一个电网定频的 VSC 系统。前者控制风力机驱动的发电机，后者将功率送入（频率恒定的）公用电网。另一个组合系统的例子是将电能从公用电网输送到孤岛电网的背靠背的 HVDC 系统。这种 HVDC 系统包括一个电网定频的 VSC 系统和一个频率可控的 VSC 系统。

第6章 三相三电平中性点钳位型电压源变流器

6.1 引言

第5章介绍了由三个半桥变流器组成的两电平三相电压源型变流器（VSC）（见图5.1）。两电平VSC作为主要的组成单元被广泛应用在中高功率设备中。由图5.1（和关于半桥变流器的图2.13）可知，两电平VSC中每个开关单元必须在关断状态下承受整个直流电压。因此，两电平VSC用于大功率/高电压场合时，其开关单元的额定电压必须足够高。如果我们为某个具体的应用选择了一个很高的电压等级，再去选择相应的两电平VSC，那么很可能因为电压等级的要求而不得不选用额定电压最高的开关器件。这样的开关器件通常是最先进的，并且也是最昂贵的。除了成本和实用性的问题，如果电压等级更高，即使那些额定电压最高的开关器件也可能满足不了电压等级的要求。即使是现在或将来可能出现的最先进的开关器件的额定电压，也不能满足大部分实际应用对电压等级的要求。

获得高电压开关单元的方法之一是将许多低电压开关器件串联起来。这种方法已经被广泛地应用于像HVDC变流器系统这样大功率/高电压的应用场合。这种方法的主要问题是需要同步触发开关以及为开关器件配备缓冲电路，才能保证各个开关器件承受相同的电压。同步触发需要精确的时间控制和细致的布线以尽可能地减小寄生效应的影响。缓冲电路会造成损耗，并且不应出现在紧凑的集成设计中。鉴于以上这些问题，多电平变流器为大功率的工业和公用设施应用提供了另外一种选择方案[56-58]。

三电平中性点钳位（NPC）VSC㊀[59]是一种能减少串联开关数量（甚至不需要串联开关）的多电平变流器。在三电平NPC中，每个开关单元只需要承受一半直流电压。因此，串联开关的数量得以减少。此外，相比同电压等级的两电平VSC，三电平NPC能够提供谐波畸变更小的三相交流电压。

㊀ 下文中，我们将三电平半桥NPC变流器和三电平NPC VSC分别称为**三电平半桥NPC**和**三电平NPC**。

本章将介绍三电平 NPC 的基本单元——三电平半桥 NPC。三电平半桥 NPC 可以看成两个图 2.13 所示的两电平半桥变流器的组合，一个半桥变流器生成可控的正向交流电压，而另一个生成可控的反向交流电压。因此，根据第 2 章对两电平半桥变流器的研究，可以推断出三电平半桥 NPC 的运行、建模和控制原理。在本章的其余部分，将三个三电平半桥 NPC 组合起来构成三相三电平 NPC。我们还会介绍三电平 NPC 在 $\alpha\beta$ 与 dq 坐标系中的平均值模型。

6.2 三电平半桥 NPC

图 6.1 所示为三电平半桥 NPC 的示意图，三电平半桥 NPC 可以看成是两个两电平半桥变流器与另外两个二极管 D_2和 D_3的组合，第一个半桥变流器由开关单元 $Q_{1\text{-}1}/D_{1\text{-}1}$和 $Q_{4\text{-}1}/D_{4\text{-}1}$组成，第二个由开关单元 $Q_{1\text{-}2}/D_{1\text{-}2}$和 $Q_{4\text{-}2}/D_{4\text{-}2}$组成。直流侧电压平分为两部分，分别由两个相同的电压源提供。直流侧的中点 0 通过钳位二极管 D_2、D_3与三电平半桥 NPC 相连（见图 6.1）。图 6.1 中的所有电压以直流侧中点为电压基准点。同两电平半桥变流器一样，三电平半桥 NPC 开关单元的开关函数定义为

$$s(t)=\begin{cases}1, & \text{开关处于导通状态}\\0, & \text{开关处于关断状态}\end{cases}$$

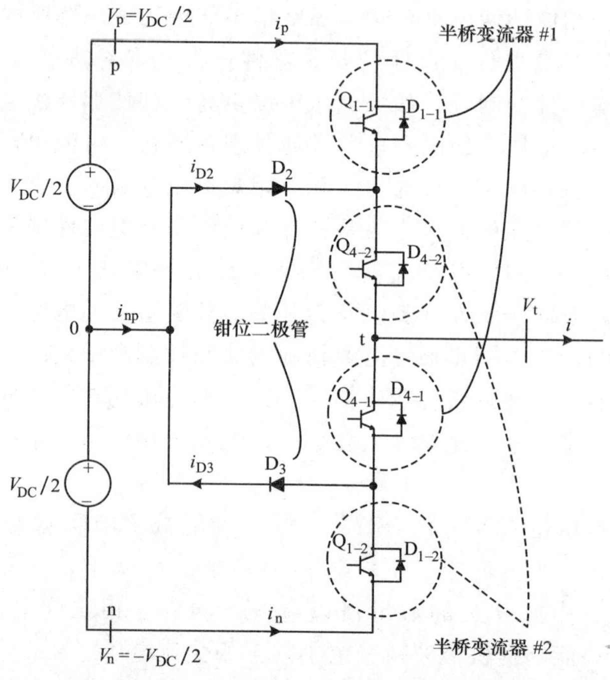

图 6.1 三电平半桥 NPC 的电路图

需要注意的是，Q_{1-1}和 Q_{4-1}的门控指令是互补的，即 $s_{1-1}+s_{4-1}\equiv 1$。同理，Q_{1-2}和 Q_{4-2}的门控指令也是互补的，即 $s_{1-2}+s_{4-2}\equiv 1$。

6.2.1　生成正的交流电压

假设交流端 t 一定产生正向电压。对应图 6.2a 所示电路，假设 $s_{1-2}\equiv 0$（或者等效为 $s_{4-2}\equiv 1$）。接下来，当 $s_{1-1}=1$ 以及 $s_{4-1}=0$ 时，如果电流 i 是正向的，Q_{1-1}导通，反之，D_{1-1}导通。因此，不论电流 i 的极性，当 $s_{1-1}=1$ 以及 $s_{4-1}=0$，$V_t=V_{DC}/2$。另一方面，当 $s_{1-1}=0$ 以及 $s_{4-1}=1$ 时，如果电流 i 是正向的，D_2导通，反之，Q_{4-1}和 D_3导通。因此，不论电流 i 的极性，当 $s_{1-1}=0$ 以及 $s_{4-1}=1$ 时，$V_t=0$。分析表明，当 $s_{1-2}\equiv 0$ 以及 $s_{4-2}\equiv 1$ 时，瞬时交流端电压取决于 Q_{1-1}和 Q_{4-1}的开关状态，为 $V_{DC}/2$ 或者 0。不过，我们可以通过脉宽调制（PWM）技术调节 s_{1-1}和 s_{4-1}的占空比来控制 V_t（正的）平均电压的大小。

6.2.2　生成负的交流电压

为了在变流器交流端 t 处产生反向电压，假设 $s_{1-1}\equiv 0$（或者等效为 $s_{4-1}\equiv 1$），此时的电路结构如图 6.2b 所示。

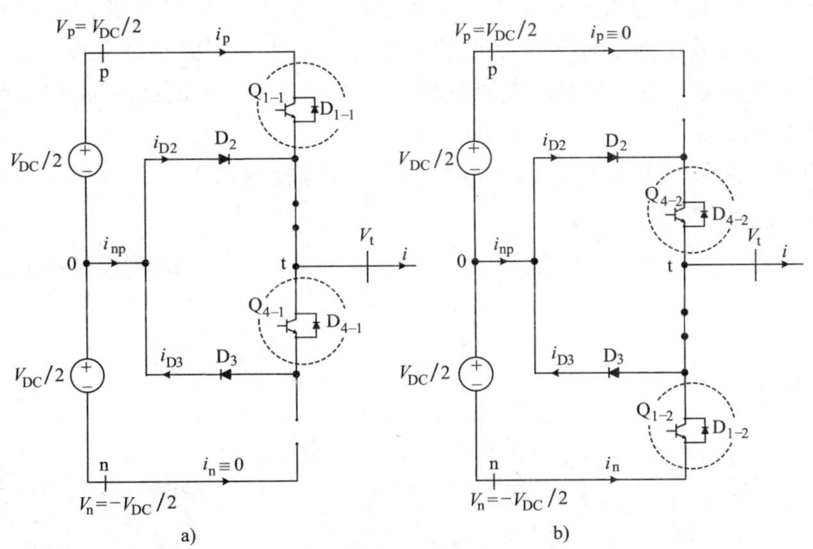

图 6.2　三电平半桥 NPC 的子电路

a）正交流电压　b）负交流电压

由图 6.2b 可知，当 $s_{1-2}=1$ 以及 $s_{4-2}=0$ 时，如果电流 i 是正向的，D_{1-2}导通，反之，Q_{1-2}导通。因而，不论电流 i 的极性，当 $s_{1-2}=1$ 以及 $s_{4-2}=0$ 时，$V_t=-V_{DC}/2$。另一方面，当 $s_{1-2}=0$ 以及 $s_{4-2}=1$ 时，如果电流 i 是正向的，Q_{4-2}和 D_2导通，反之，D_3导通。因此，不论电流 i 的极性，当 $s_{1-2}=0$ 以及 $s_{4-2}=1$ 时，$V_t=0$。当

$s_{1-1}\equiv 0$ 和 $s_{4-1}\equiv 0$ 时，瞬时交流端电压取决于 Q_{1-2} 和 Q_{4-2} 的开关状态，为 $-V_{DC}/2$ 或者 0。不过，可以通过 PWM 技术调节 s_{1-2} 和 s_{4-2} 的占空比来控制 V_t（负的）平均电压的大小。

6.2.1 节以及上文所述的运行逻辑说明了图 6.1 中半桥 NPC 产生三电平的原因；交流端电压可以为 $-V_{DC}/2$、0、$V_{DC}/2$ 三个电平中的任意一个。

6.3 用于三电平半桥 NPC 的 PWM 方案

6.2.1 节和 6.2.2 节介绍了三电平半桥 NPC 的工作原理。由此可知，该变流器由两个彼此协调的两电平半桥变流器组成，一个半桥变流器负责产生正的交流电压，另一个负责产生负的交流电压。本节将介绍用于三电平半桥 NPC 的 PWM 方法，以此来协调图 6.2 所示的两个半桥变流器，以及控制交流端电压的平均值。图 6.3 所示的脉宽调制器能够满足以上要求。

图 6.3 中的脉宽调制器本质上与图 2.2 中两电平半桥变流器的脉宽调制器是一样的。但是，与两电平半桥变流器的脉宽调制器不同，该脉宽调制器采用的是单极性三角载波。这是因为组成图 6.2a、b 所示的三电平半桥 NPC 的两个半桥变流器必须在它们的公共交流侧产生一个正的或者负的（不是同时正的和负的）电压。

如图 6.3 所示，Q_{1-1} 和 Q_{4-1} 的开关函数（见图 6.1）由调制波 m 和高频（单极性）载波比较得出。当 m 大于载波时，Q_{1-1} 导通，Q_{4-1} 关断。不过，为了得到 Q_{1-2} 和 Q_{4-2} 的开关函数，调制波 m 需要取负，将 $-m$ 与载波相比较。当 $-m$ 大于载波时，Q_{1-2} 导通，Q_{4-2} 关断。

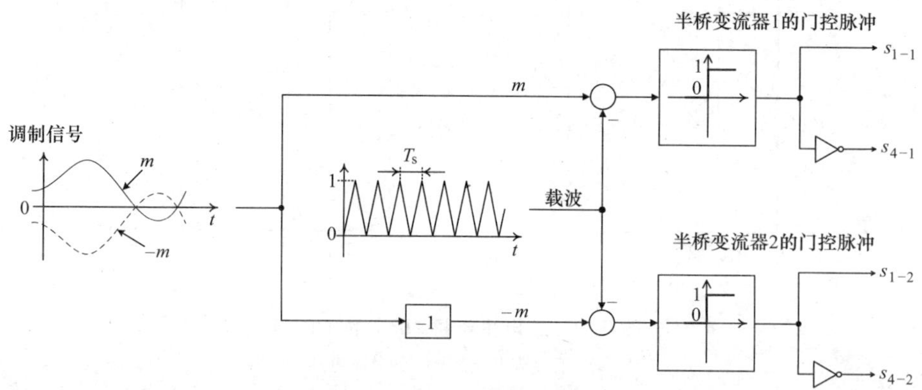

图 6.3　三电平半桥 NPC 的 PWM 控制框图

当 m 为正时，$-m$ 为负，小于载波信号。因此，$s_{1-2}\equiv 0$ 以及 $s_{4-2}\equiv 1$，图 6.1 中的三电平半桥 NPC 等效为图 6.2a 所示电路。如 6.2.1 节所述，图 6.2a 所示电路的交流端电压取决于 $Q_{1\text{-}1}$ 和 $Q_{4\text{-}1}$ 的开关状态，为 $V_{DC}/2$ 或者 0。一个载波周期中，$Q_{1\text{-}1}$ 导通（$Q_{4\text{-}1}$ 关断）所占的时间比例正比于 m。对于一个较大的 m，$Q_{1\text{-}1}$ 可以导通更长的时间，从而使 V_t 正的平均值更大。如果 $m=m(t)$ 是时间的正值函数，并且它的变化率相对于载波频率而言非常小，那么 V_t 的平均值近似地等于 $m(t)$ 和比例系数 $V_{DC}/2$ 的乘积。例如，如果 $m(t)$ 为正弦波的正半周期，V_t 的平均值也将是正弦波的正半周期，即 $V_{DC}/2$ 乘以 $m(t)$。当 m 为正时，变流器的 PWM 信号、开关函数以及交流端电压的波形如图 6.4a 所示。

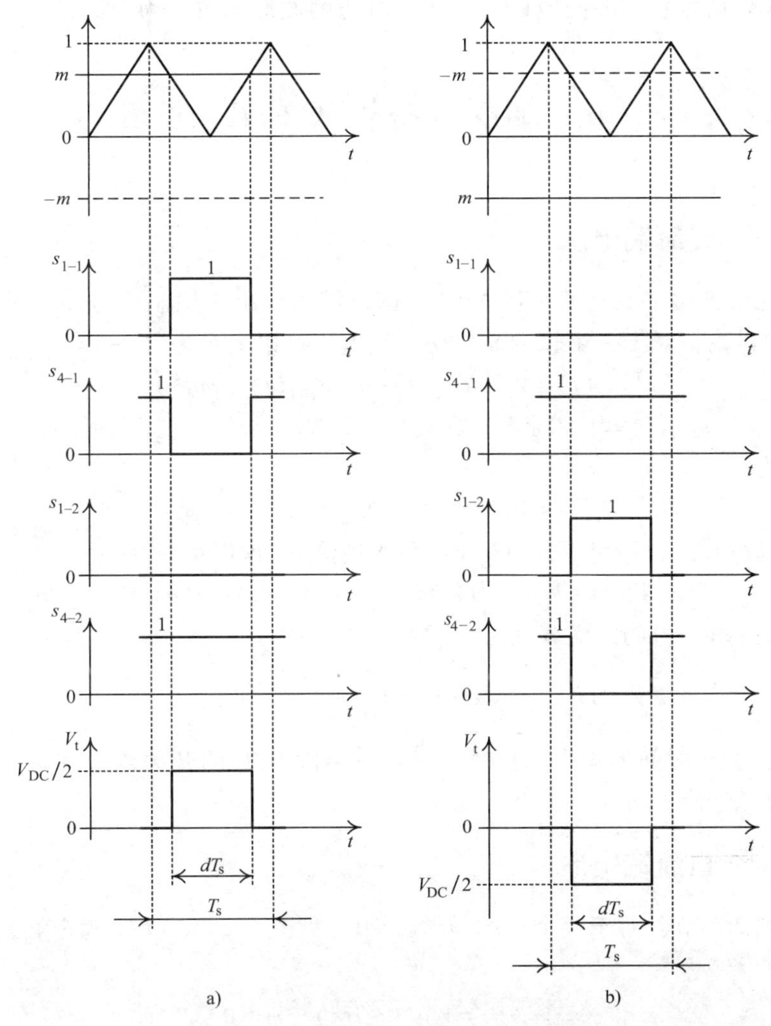

图 6.4　三电平半桥 NPC 的开关函数

a）正调制信号　b）负调制信号

同理，$m>0$ 时的分析也适用于 $m<0$ 时。当 m 为负时，m 小于载波信号，$s_{1\text{-}1}\equiv 0$，$s_{4\text{-}1}\equiv 1$，此时，图 6.1 中的三电平半桥 NPC 等效为图 6.2b 所示的电路。如

6.2.2 节所述，交流端电压取决于 Q_{1-2} 和 Q_{4-2} 的开关状态，为 $-V_{DC}/2$ 或者 0。一个载波周期中，Q_{1-2} 导通（Q_{4-2} 关断）所占的时间比例取决于 $-m$ 的值。对于一个绝对值较大的 m，$-m$ 是一个较大的正值，因此，Q_{1-2} 会在一个载波周期内导通更长的时间。这样就使 V_t（负的）平均值的幅值更大。如果 $m=m(t)$ 是一个关于时间的负值函数，并且它的变化率相对于载波频率而言非常小，那么 V_t 的平均值近似地等于 $m(t)$ 和比例系数 $V_{DC}/2$ 的乘积。例如，如果 $m(t)$ 表示为正弦波的负半周期，V_t 的平均值也将是正弦波的负半周期，即 $V_{DC}/2$ 乘以 $m(t)$。当 m 为负时，变流器的 PWM 信号、开关函数以及交流端电压的波形如图 6.4b 所示。

6.4 三电平半桥 NPC 的开关模型

6.4.1 交流端电压

前面几节证实了三电平半桥 NPC 的运行模式取决于调制信号 m 的极性。根据 6.2.1 节的讨论，对于一个正的 m，交流端电压可以表示为

$$V_t(t)=V_p\cdot s_{1-1}(t)+0\cdot s_{4-1}(t)\quad m\geqslant 0 \tag{6.1}$$

式中，$s_{1-1}(t)+s_{4-1}(t)\equiv 1$。同理，根据 6.2.2 节的结论，对于负的 m，变流器的交流端电压为

$$V_t(t)=V_n\cdot s_{1-2}(t)+0\cdot s_{4-2}(t)\quad m\leqslant 0 \tag{6.2}$$

式中，$s_{1-2}(t)+s_{4-2}(t)\equiv 1$。式（6.1）和式（6.2）可以统一为

$$V_t(t)=V_p s_{1-1}(t)\,\mathrm{sgn}(m)+V_n s_{1-2}(t)\,\mathrm{sgn}(-m) \tag{6.3}$$

式中，函数 sgn(·)的定义为

$$\mathrm{sgn}(x)=\begin{cases}1 & x\geqslant 0\\ 0 & x<0\end{cases} \tag{6.4}$$

当 m 为关于时间的正弦函数时，三电平半桥 NPC 的开关函数和瞬时交流端电压的波形如图 6.5 所示。

6.4.2 直流端电流

根据 6.2.1 节，对于一个正的 m，$i_n\equiv 0$（见图 6.2a）。为了确定 i_p，根据功率平衡原理，有

$$V_p\cdot i_p=V_t(t)\cdot i(t)\quad m\geqslant 0 \tag{6.5}$$

将式（6.1）中的 V_t 代入式（6.5），消去 V_p，可得

$$i_p=s_{1-1}(t)\cdot i(t)\quad m\geqslant 0 \tag{6.6}$$

根据 6.2.2 节的结论，对于一个负的 m，$i_p\equiv 0$（见图 6.2b）。类似于式（6.5），i_n 由下式给出

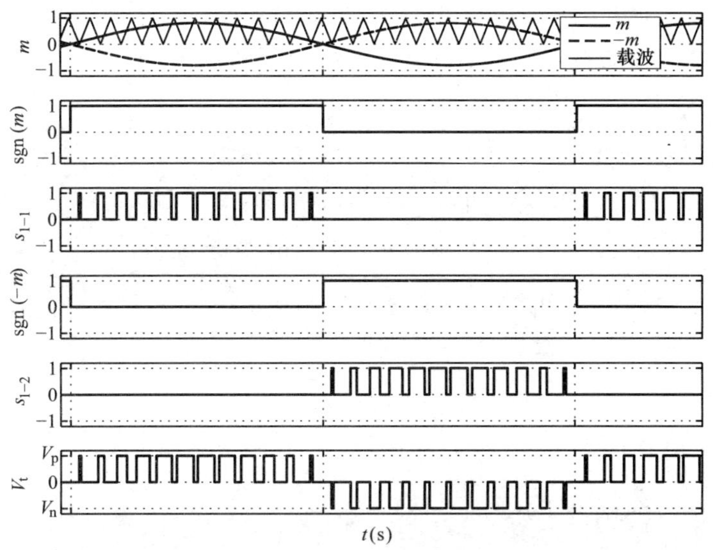

图 6.5　正弦调制波下三电平半桥 NPC 的开关函数及交流端电压波形

$$V_n \cdot i_n = V_t(t) \cdot i(t) \quad m \geqslant 0 \tag{6.7}$$

将式（6.2）中的 V_t 代入式（6.7），消去 V_n，可得

$$i_n = s_{1-2}(t) \cdot i(t) \quad m \leqslant 0 \tag{6.8}$$

对直流侧中点应用 KCL，可得中点电流 i_{np} 为

$$i_{np} = i-(i_p+i_n) = i(t)-[s_{1-1}\mathrm{sgn}(m)+s_{1-2}\mathrm{sgn}(-m)]i(t) \tag{6.9}$$

式（6.3）、式（6.4）、式（6.6）、式（6.8）和式（6.9）组成了图 6.1 所示三电平半桥 NPC 的开关模型。下节将通过平均化这些方程来建立变流器的平均值模型。

6.5　三电平半桥 NPC 的平均值模型

6.5.1　交流端平均电压

式（6.1）两边同时取平均值，经过一个开关周期，有

$$\overline{V}_t(t) = \overline{V}_p d(t) \tag{6.10}$$

式中，$d(t)$ 为 Q_{1-1} 的占空比。如图 6.4a 所示，d 等同于 m。

因此

$$\overline{V}_t(t) = \overline{V}_p m(t) \quad m \geqslant 0 \tag{6.11}$$

同理，式（6.2）两边同时取平均值，经过一个开关周期，有

$$\overline{V}_t(t)=\overline{V}_n d(t) \tag{6.12}$$

式中，$d(t)$ 为 $Q_{1\text{-}2}$的占空比。如图 6.4a 所示，d 等同于$-m$。

因此

$$\overline{V}_t(t)=-\overline{V}_n m(t) \quad m\leqslant 0 \tag{6.13}$$

式（6.11）和式（6.13）可以统一为

$$\overline{V}_t(t)=[\overline{V}_p \operatorname{sgn}(m)-\overline{V}_n \operatorname{sgn}(-m)]m(t) \tag{6.14}$$

式中，sgn（·）的定义如式（6.4）所示。当$\overline{V}_p=V_{DC}/2$，$\overline{V}_n=-V_{DC}/2$，且 $\operatorname{sgn}(m)+\operatorname{sgn}(-m)\equiv 1$ 时，式（6.14）可以简化为

$$\overline{V}_t(t)=(V_{DC}/2)m(t) \tag{6.15}$$

式（6.15）与表示两电平半桥变流器的式（2.26）相同。

6.5.2 直流端平均电流

式（6.6）两边取平均值，可得

$$\bar{i}_p=d(t)\cdot i(t)=m(t)\cdot i(t) \quad m\geqslant 0 \tag{6.16}$$

式（6.16）也可以表示为

$$\bar{i}_p=m(t)\operatorname{sgn}(m)\cdot i(t) \tag{6.17}$$

同理，式（6.8）的平均值为

$$\bar{i}_n=d(t)\cdot i(t)=-m(t)\cdot i(t) \quad m\leqslant 0 \tag{6.18}$$

式（6.18）可以重新写为

$$\bar{i}_n=-m(t)\operatorname{sgn}(-m)\cdot i(t) \tag{6.19}$$

计算式（6.9）的平均值，可以得到中点平均电流的表达式为

$$\bar{i}_{np}(t)=i(t)-m(t)i(t)[\operatorname{sgn}(m)-\operatorname{sgn}(-m)] \tag{6.20}$$

式（6.4）、式（6.15）、式（6.17）、式（6.19）和式（6.20）组成了三电平半桥 NPC 的平均值模型。后面的几节将会用到上述各式对三电平 NPC 进行建模。

6.6 三电平 NPC

6.6.1 电路结构

图 6.6 所示为三电平 NPC 的示意图。三电平 NPC 由三个完全相同的三电平半桥 NPC（见图 6.1）组成。三个半桥 NPC 的直流侧并联，由两个直流电压源供电。所有电压以直流侧中点 0 为电压基准点。每个半桥 NPC 的交流端与三相交流系统

的对应相相连（图 6.6 中未显示）。三电平 NPC 允许功率在直流电源与三相交流系统之间双向流动。交流系统可以是负载、电机和公用电网等。在图 6.6 所示的三电平 NPC 中，我们把三个半桥 NPC 分别标记为 a、b、c，以关联各自的交流系统对应相。

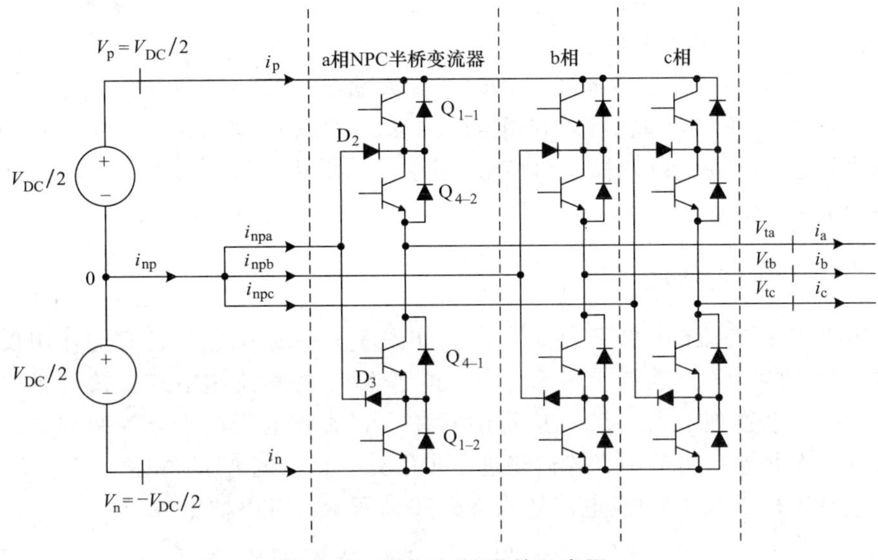

图 6.6　三电平 NPC 的示意图

6.6.2　工作原理

三电平半桥 NPC 的交流端电压由式（6.15）决定。图 6.6 中的三电平 NPC 由三个完全相同的三电平半桥 NPC 组成，每个三电平半桥 NPC 构成一相。因此，三相电压可以表示为

$$V_{ta}(t)=m_a(t)\frac{V_{DC}}{2} \tag{6.21}$$

$$V_{tb}(t)=m_b(t)\frac{V_{DC}}{2} \tag{6.22}$$

$$V_{tc}(t)=m_c(t)\frac{V_{DC}}{2} \tag{6.23}$$

式中，为了简便起见，省略了变量上表示平均值的上横线。由式（6.21）~式（6.23）可知，可以通过 $m_{abc}(t)$ 来控制变流器交流端电压 $V_{tabc}(t)$。在 VSC 系统中，我们通常需要生成和控制正弦电压和/或电流。因此，为了生成三相对称的正弦交流端电压，$m_{abc}(t)$ 必须是三相对称的关于时间的正弦函数，其幅值、相角和频率按要求给定。$m_{abc}(t)$ 通常作为 i_{abc} 闭环控制系统的输出。一般而言，m_{abc} 可以表示为

$$m_a(t)=\hat{m}(t)\cos[\varepsilon(t)] \tag{6.24}$$

$$m_b(t)=\hat{m}(t)\cos\left[\varepsilon(t)-\frac{2\pi}{3}\right] \tag{6.25}$$

$$m_c(t)=\hat{m}(t)\cos\left[\varepsilon(t)-\frac{4\pi}{3}\right] \tag{6.26}$$

式中，$\varepsilon(t)$ 包含了相位和频率信息。

在 VSC 系统中，我们也需要快速改变交流端电压的幅值和（或）相角。由式（6.21）~式（6.23）可知，可以利用空间相量、$\alpha\beta$ 或 dq 坐标系以及第 4 章中的相关方法来快速改变 $m_{abc}(t)$ 幅值和相角。因此，本章将介绍三电平 NPC 在 $\alpha\beta$ 和 dq 坐标系中的表示方法。

6.6.3 中点电流

两电平 VSC 直流侧中点不一定存在（如图 5.1 中的节点 0），它的作用仅仅是作为电路分析的电压基准点。图 6.6 中三电平 NPC 的直流侧中点直接与钳位二极管相连，是一个物理节点。在三电平 NPC 中，直流侧电压被平分为两部分，这两部分通过中点相连。本节中，我们将进一步研究中点电流 i_{np} 的特性。

三电平半桥 NPC 的中点电流如式（6.20）所示，可以推出

$$i_{npa}(t)=i_a(t)-m_a(t)i_a(t)[\mathrm{sgn}(m_a)-\mathrm{sgn}(-m_a)] \tag{6.27}$$

$$i_{npb}(t)=i_b(t)-m_b(t)i_b(t)[\mathrm{sgn}(m_b)-\mathrm{sgn}(-m_b)] \tag{6.28}$$

$$i_{npc}(t)=i_c(t)-m_c(t)i_c(t)[\mathrm{sgn}(m_c)-\mathrm{sgn}(-m_c)] \tag{6.29}$$

式中，为了简便起见，省略了变量上表示平均值的上横线。图 6.6 中三电平 NPC 的中点电流为

$$i_{np}(t)=[i_a(t)+i_b(t)+i_c(t)]-[f_a(t)+f_b(t)+f_c(t)] \tag{6.30}$$

式中

$$f_a(t)=m_a(t)i_a(t)[\mathrm{sgn}(m_a)-\mathrm{sgn}(-m_a)] \tag{6.31}$$

$$f_b(t)=m_b(t)i_b(t)[\mathrm{sgn}(m_b)-\mathrm{sgn}(-m_b)] \tag{6.32}$$

$$f_c(t)=m_c(t)i_c(t)[\mathrm{sgn}(m_c)-\mathrm{sgn}(-m_c)] \tag{6.33}$$

如果三电平 NPC 交流侧是三线制接线，则 $i_a(t)+i_b(t)+i_c(t)\equiv 0$。式（6.30）可以简化为

$$i_{np}(t)=-[f_a(t)+f_b(t)+f_c(t)] \tag{6.34}$$

因此，为了计算 i_{np}，必须先计算 $f_a(t)+f_b(t)+f_c(t)$。由式（6.31）~式（6.33）可知，f_a、f_b和f_c是关于时间的周期函数，可以展开为各自的傅里叶级数。如果三电平 NPC 在对称条件下运行，$f_{abc}(t)$ 会形成一组三相对称的波形，其中 $f_b(t)$ 和 $f_c(t)$ 滞后 $f_a(t)$ 的角度分别为 $2\pi/3$ 和 $4\pi/3$。因此，除了直流分量和 3 倍频谐波，对于其他次谐波，$f_a(t)+f_b(t)+f_c(t)=0$。稳态下，在式（6.24）~式（6.26）中，$\hat{m}(t)=\hat{m}$，三电平 NPC 的交流侧电流为

$$i_{a}(t)=\hat{i}\cos[\varepsilon(t)-\gamma] \tag{6.35}$$

$$i_{b}(t)=\hat{i}\cos\left[\varepsilon(t)-\gamma-\frac{2\pi}{3}\right] \tag{6.36}$$

$$i_{c}(t)=\hat{i}\cos\left[\varepsilon(t)-\gamma-\frac{4\pi}{3}\right] \tag{6.37}$$

式中，γ 为交流电流相对于对应的交流端电压的相位延迟，也就是说，γ 是三电平 NPC 的功率因数角。将式（6.24）中的 m_a 和式（6.35）中的 i_a 代入式（6.31），可得

$$f_{a}(t)=\left(\frac{\hat{m}\hat{i}}{2}\right)[\cos\gamma+\cos(2\varepsilon-\gamma)][\operatorname{sgn}(m_{a})-\operatorname{sgn}(-m_{a})] \tag{6.38}$$

如图 6.7 所示，在式（6.38）中，$\operatorname{sgn}(m_a)-\operatorname{sgn}(-m_a)$ 是一个周期函数，可以按傅里叶级数展开为

$$\operatorname{sgn}(m_{a})-\operatorname{sgn}(-m_{a})=\left(\frac{4}{\pi}\right)\sum_{h=1,3,5,\cdots}^{+\infty}\frac{1}{h}\sin\left(\frac{h\pi}{2}\right)\cos(h\varepsilon) \tag{6.39}$$

将式（6.39）中的 $\operatorname{sgn}(m_a)-\operatorname{sgn}(-m_a)$ 代入式（6.38）中，有

$$\begin{aligned}f_{a}(t)=&\left(\frac{2\hat{m}\hat{i}}{\pi}\right)\cos\gamma\sum_{h=1,3,5,\cdots}^{+\infty}\frac{1}{h}\sin\left(\frac{h\pi}{2}\right)\cos(h\varepsilon)+\\&\left(\frac{2\hat{m}\hat{i}}{\pi}\right)\sum_{h=1,3,5,\cdots}^{+\infty}\frac{1}{h}\sin\left(\frac{h\pi}{2}\right)\cos(h\varepsilon)\cos(2\varepsilon-\gamma)\end{aligned} \tag{6.40}$$

式中，$\cos(h\varepsilon)\cos(2\varepsilon-\gamma)$ 可展开为 $(1/2)\cos[(h-2)\varepsilon+\gamma]+(1/2)\cos[(h+2)\varepsilon-\gamma]$。因此，式（6.40）可以重新写为

$$\begin{aligned}f_{a}(t)=&\left(\frac{2\hat{m}\hat{i}}{\pi}\right)\cos\gamma\sum_{h=1,3,5,\cdots}^{+\infty}\frac{1}{h}\sin\left(\frac{h\pi}{2}\right)\cos(h\varepsilon)+\\&\left(\frac{\hat{m}\hat{i}}{\pi}\right)\sum_{h=1,3,5,\cdots}^{+\infty}\frac{1}{h}\sin\left(\frac{h\pi}{2}\right)\cos[(h-2)\varepsilon+\gamma]+\\&\left(\frac{\hat{m}\hat{i}}{\pi}\right)\sum_{h=1,3,5,\cdots}^{+\infty}\frac{1}{h}\sin\left(\frac{h\pi}{2}\right)\cos[(h+2)\varepsilon-\gamma]\end{aligned} \tag{6.41}$$

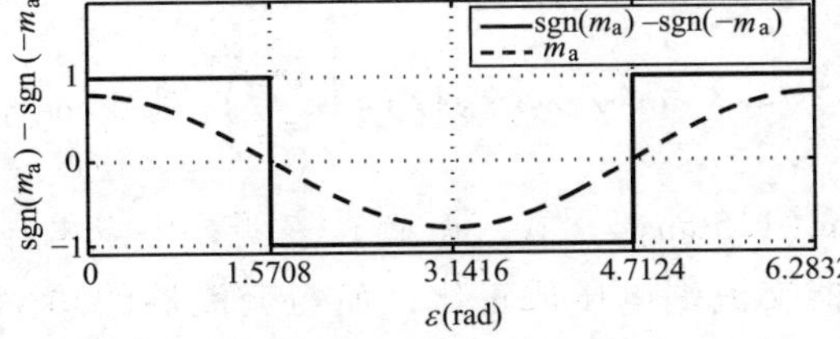

图 6.7　当 m_a 由式（6.24）给定时函数 $\operatorname{sgn}(m_a)-\operatorname{sgn}(-m_a)$ 在一个周期内的波形

用（$\varepsilon-2\pi/3$）替换式（6.41）中的 ε，可以推导得出 $f_b(t)$。同理，用（$\varepsilon-$

$4\pi/3$）替换式（6.41）中的 ε，可以推导得出 $f_c(t)$。对于直流分量和三倍频谐波，$f_a(t)+f_b(t)+f_c(t)$ 等于 3 倍的 $f_a(t)$，而对于其他次谐波，$f_a(t)+f_b(t)+f_c(t)=0$。因此

$$
\begin{aligned}
f_a(t)+f_b(t)+f_c(t)=&\left(\frac{6\hat{m}\hat{i}}{\pi}\right)\cos\gamma\sum_{h=3,9,15,\cdots}^{+\infty}\frac{1}{h}\sin\left(\frac{h\pi}{2}\right)\cos(h\varepsilon)+\\
&\left(\frac{3\hat{m}\hat{i}}{\pi}\right)\sum_{h=5,11,17,\cdots}^{+\infty}\frac{1}{h}\sin\left(\frac{h\pi}{2}\right)\cos[(h-2)\varepsilon+\gamma]+\\
&\left(\frac{3\hat{m}\hat{i}}{\pi}\right)\sum_{h=1,7,13,\cdots}^{+\infty}\frac{1}{h}\sin\left(\frac{h\pi}{2}\right)\cos[(h+2)\varepsilon-\gamma]
\end{aligned}
\tag{6.42}
$$

将式（6.42）中的 $f_a(t)+f_b(t)+f_c(t)$ 代入式（6.34），并对第二项和第三项中的变量做适当的调整，可得

$$
\begin{aligned}
i_{np}(t)=&-\left(\frac{6\hat{m}\hat{i}}{\pi}\right)\cos\gamma\sum_{h=3,9,15,\cdots}^{+\infty}\frac{1}{h}\sin\left(\frac{h\pi}{2}\right)\cos(h\varepsilon)+\\
&\left(\frac{3\hat{m}\hat{i}}{\pi}\right)\sum_{h=3,9,15,\cdots}^{+\infty}\frac{1}{h+2}\sin\left(\frac{h\pi}{2}\right)\cos(h\varepsilon+\gamma)+\\
&\left(\frac{3\hat{m}\hat{i}}{\pi}\right)\sum_{h=3,9,15,\cdots}^{+\infty}\frac{1}{h-2}\sin\left(\frac{h\pi}{2}\right)\cos(h\varepsilon-\gamma)
\end{aligned}
\tag{6.43}
$$

由式（6.43）可知，中点电流中不含直流分量。式（6.43）还表明，i_{np} 中包含 3 的奇数倍次谐波，其中三次谐波最大。因此，中点电流可以近似为

$$
\begin{aligned}
i_{np}(t)&\approx\left(\frac{2\hat{m}\hat{i}}{\pi}\right)\cos\gamma\cos(3\varepsilon)-\left(\frac{3\hat{m}\hat{i}}{5\pi}\right)\cos(3\varepsilon+\gamma)-\left(\frac{3\hat{m}\hat{i}}{5\pi}\right)\cos(3\varepsilon-\gamma)\\
&=\left(\frac{4\hat{m}\hat{i}}{5\pi}\right)[-2\cos\gamma\cos(3\varepsilon)-3\sin\gamma\sin(3\varepsilon)]
\end{aligned}
\tag{6.44}
$$

式（6.44）可以表示为以下紧凑形式：

$$
i_{np}(t)\approx\left(\frac{4\hat{m}\hat{i}}{5\pi}\right)\sqrt{4+5\sin^2\gamma}\cos(3\varepsilon+\zeta)=\left(\frac{4\hat{m}\hat{i}}{5\pi}\right)\sqrt{9-5\cos^2\gamma}\cos(3\varepsilon+\zeta)
\tag{6.45}
$$

式中，$\zeta=\pi-\arctan(1.5\tan\gamma)$。式（6.45）表明，中点电流的幅值是变流器运行点的函数，与变流器交流端电压成正比，而与变流器的功率因数存在非线性关系。因此，当三电平 NPC 的功率因数为零，即 $\cos\gamma=0$ 时，中点电流幅值最大。当三电平 NPC 的功率因数为 1 时，中点电流幅值最小。根据式（6.45），可以估算出中点电流幅值的变化范围为 $0.51\hat{m}\hat{i}\leqslant i_{np}(t)\leqslant 0.76\hat{m}\hat{i}$。

该不等式表明，中点电流的最大幅值为变流器交流电流幅值的 76%，在这种情况下，三电平 NPC 主要与交流系统进行无功交换，比如，当三电平 NPC 用作静态补偿器（STATCOM）运行时。不过，即使变流器的功率因数（近似）为 1，中点电流的幅值也不会低于变换器交流电流幅值的 51%（原文中为 0.51%）。因此，直流电压源必须要承受相对较大的三次谐波中点电流，这也可以看作三电平 NPC 相对两电平 VSC 的缺点。下面的例子会进一步证实以上结论。

例 6.1　三电平 NPC 的中点电流

如图 6.6 所示，三电平 NPC 通过三条串联 *RL* 支路与三相电压源相连。图 6.8a～c所示分别为变流器交流电流、交流电压基波分量、中点电流的开关波形以及中点电流经滤波后的波形。

在 $t=1.5$s 之前，变流器的基波电压和交流电流同相位（功率因数为 1）（见图 6.87a），交流端的输出功率为 710kW。当 $t=1.5$s 时，变流器的基波电压相移 π/2，同时变流器的交流电流保持不变。因此，在 $t=1.5$s 后，变流器的功率因数变为 0，而视在功率保持不变。由于调制信号和交流电流的幅值保持不变，$i_{np}(t)$ 的幅值在 $t=1.5$s 后也没有发生变化（见图 6.8b）。但是，如图 6.8c 所示，i_{np}三次谐波分量的幅值从单位功率因数时的 487A 变为 0 功率因数时的 720A。

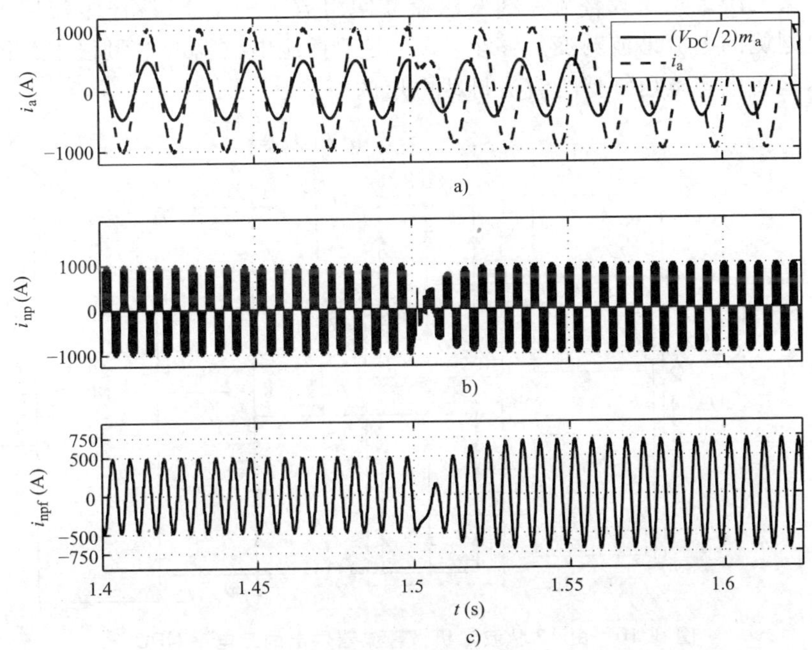

图 6.8　例 6.1 中的在 1 和 0 功率因数下三电平 NPC 的中点电流

在 $t=1.5$s 以后，中点电流稳态波形的傅里叶频谱如图 6.9 所示。由图可知，在 i_{np}中三次谐波分量最大。第二大分量为 9 次谐波，不到三次谐波的 7%。更高次的谐波，如 15 次、21 次以及其他的谐波，几乎都可以忽略不计。因此，i_{np} 可以近似等于它的三次谐波分量。

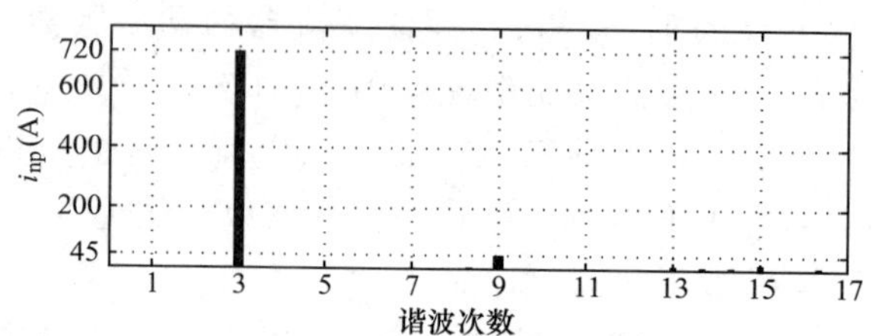

图 6.9　三电平 NPC 运行在 0 功率因数时 i_{np} 的频谱

6.6.4　带有外接直流电压的三电平 NPC

为了给图 6.6 中的三电平 NPC 提供两个相同的直流电压源，可以采用图 6.10 所示的结构。这种结构由于简单耐用经常出现在工业应用中，比如变速电动机驱动[60]。在图 6.10 中的变流器系统中，电网通过两个 6 脉波二极管桥式整流器提供功率，另外，三电平 NPC 控制负载，如异步电机。各二极管桥的直流侧通过一个直流电抗器与三电平 NPC 的直流侧电容并联（见图 6.10）。二极管桥连接变压器的第二和第三绕组。桥式整流器和变压器共同组成了一个 12 脉波整流器系统，从而保证电网侧的电流谐波畸变足够小[55]。由于直流电抗器的电阻很小，桥式整流器很自然地将电容电压维持为直流母线电压的一半。

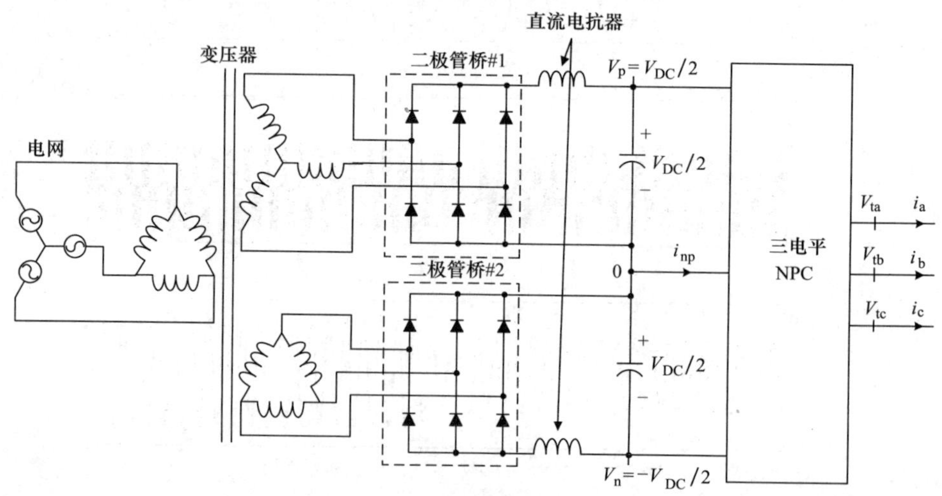

图 6.10　由 12 脉波二极管整流器供电的三电平 NPC

图 6.10 所示系统的主要缺点是：变压器的体积偏大以及系统无法反向充电，这是因为功率只能从电网到负载单向流动。下一节将介绍另外一种结构，该结构适用于需要功率双向流动的变流器系统。

6.7　直流侧带有电容分压器的三电平 NPC

另一种可以为三电平 NPC 提供两个相同直流电压源的结构如图 6.11 所示。图中，三电平 NPC 在直流侧采用电容分压。如果两个电容是完全相同的，那么总的直流电压被这两个电容均分。图 6.11 中的结构经过扩展可以构成一个背靠背的变流器系统，如图 6.12 所示，从而实现功率在三电平 NPC 连接的两个交流系统之间的双向流动。需要指出的是，图 6.10 所示的系统不能实现功率的双向流动。

如果不经过校正，图 6.11 和图 6.12 中 VSC 系统的直流侧电容电压将会偏离它们的额定值，也就是直流母线电压的一半。在稳态、暂态、甚至是直流电压保持恒定的情况下，都会发生电压偏移。这种现象的出现主要是因为变流器器件存在公

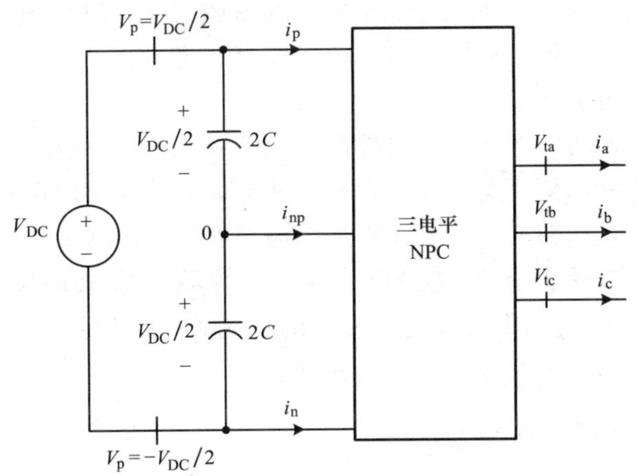

图 6.11　直流侧采用电容分压器的三电平 NPC

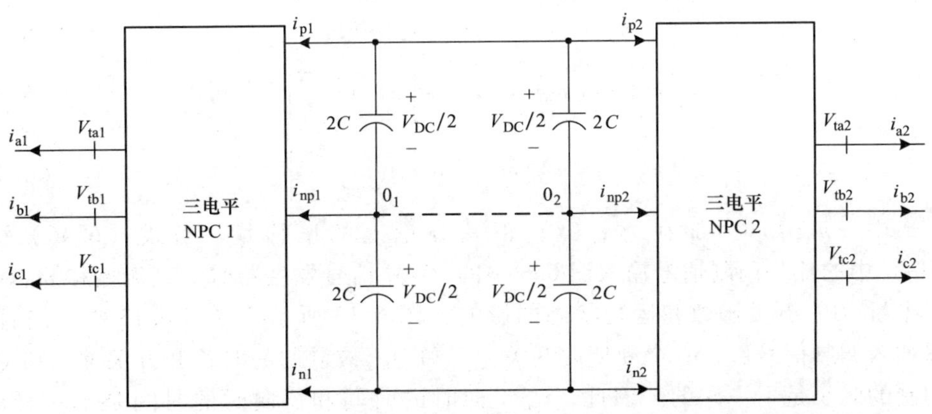

图 6.12　背靠背变流器系统中直流侧采用电容分压器的三电平 NPC

差和开关器件门控指令不对称。图 6.11 和图 6.12 所示变流器系统的第二个局限是中点电流中的三次谐波会导致直流分压中含有三次谐波，而直流分压中的三次谐波反过来会在变流器交流侧产生低次谐波电压。为了限制谐波电压，直流侧电容必须足够大。接下来的两节将研究第一个问题及其解决方案，而 6.7.5 节将详细阐述第二个问题。

6.7.1 直流侧电压漂移现象

由式（6.43）和式（6.45）可知，中点电流 $i_{np}(t)$ 没有直流分量。式（6.43）和式（6.45）成立的前提是：组成三电平 NPC 的三电平半桥 NPC 完全相同，以及它们的交流侧电流三相对称。另外，隐含的假设条件是各三电平半桥 NPC 的开关函数在每个调制波周期内是完全对称的（见图 6.5）。实际上，电路元件的公差和实现方法的诸多局限，比如数字信号的截断误差、传感器的内在偏移等，都会导致与理想情况的偏差。因此，各三电平半桥 NPC 的中点电流和三电平 NPC 的中点电流中不可避免地含有直流分量。尽管直流分量相对很小，但是经过电容器的累积，直流分压会偏离额定值[61, 65]。

一种避免电压偏离的方法是通过外部变流器补偿 i_{np} 的直流分量[62-64]。这种方法通过补偿器确定外部变流器需要注入中点的电流，补偿器的输入是两个电容器的直流电压差。这种方法的缺点是需要附加的电源硬件，因此会增加系统成本和复杂度。另一种方法是修正各半桥 NPC 的开关函数，从而消除 i_{np} 中的直流分量[61,65-67]。这种方法需要比前者更加复杂的控制策略，但是经济上更加可行，技术上也更加先进。下一节将详细介绍这种方法。

6.7.2 直流侧电压平衡

为了在开关函数中引入不对称性来抵消直流侧电压的不平衡，对式（6.24）~式（6.26）中的调制信号做如下修正：

$$m_a(t)=m_0+\hat{m}(t)\cos[\varepsilon(t)] \tag{6.46}$$

$$m_b(t)=m_0+\hat{m}(t)\cos\left[\varepsilon(t)-\frac{2\pi}{3}\right] \tag{6.47}$$

$$m_c(t)=m_0+\hat{m}(t)\cos\left[\varepsilon(t)-\frac{4\pi}{3}\right] \tag{6.48}$$

式中，$m_0(t)$ 为加在 $m_{abc}(t)$ 正弦分量上的偏移量。当式（6.46）~式（6.48）中的任一调制信号输入图 6.3 中的 PWM 信号发生器时，直流偏移 m_0 对三电平半桥 NPC 开关函数和运行状态的影响如图 6.13 所示。在图 6.13 中，当直流偏移加入调制信号后，一个周期内开关 $Q_{1\text{-}1}$ 和 $Q_{4\text{-}1}$ 被调制的时长和开关 $Q_{1\text{-}2}$ 和 $Q_{4\text{-}2}$ 被调制的时长是不一样的。因此，i_{np} 正向时的时间和反向时的时间是不一样的，i_{np} 将有非零的平均值，即直流分量。

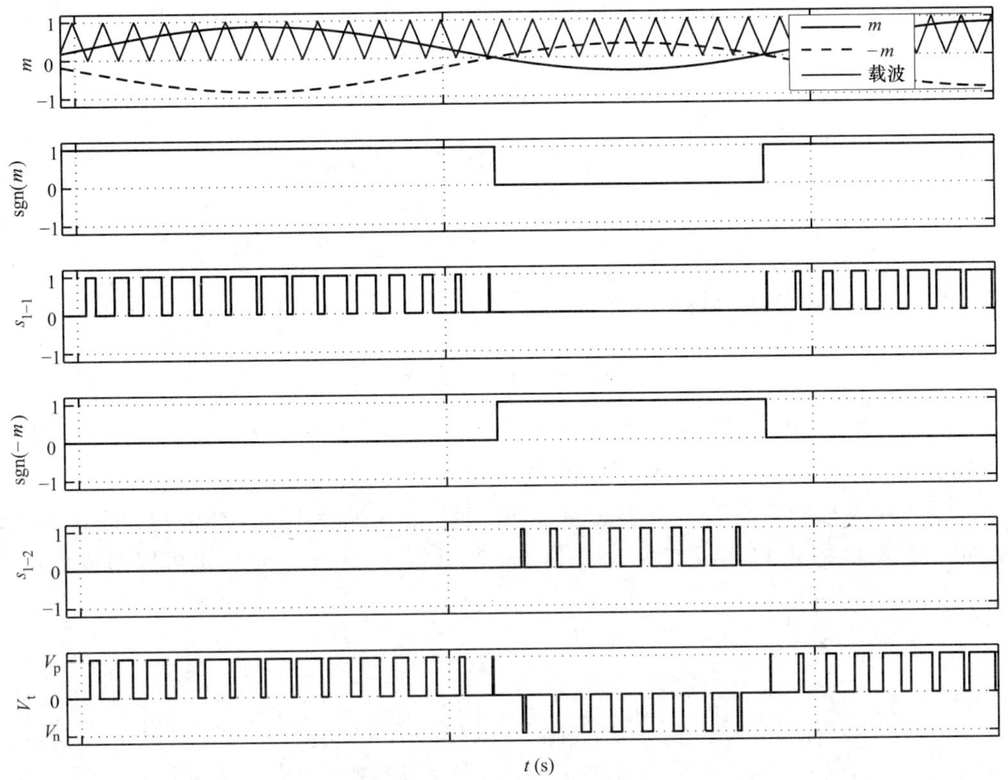

图 6.13　在正弦调制信号含有直流偏置时三电平半桥 NPC 的开关函数和交流端电压

如 6.6.3 节所述，中点电流可以表示为

$$i_{np}(t)=-[f_a(t)+f_b(t)+f_c(t)] \tag{6.49}$$

式中

$$f_a(t)=m_a(t)i_a(t)[\operatorname{sgn}(m_a)-\operatorname{sgn}(-m_a)] \tag{6.50}$$

$$f_b(t)=m_b(t)i_b(t)[\operatorname{sgn}(m_b)-\operatorname{sgn}(-m_b)] \tag{6.51}$$

$$f_c(t)=m_c(t)i_c(t)[\operatorname{sgn}(m_c)-\operatorname{sgn}(-m_c)] \tag{6.52}$$

为了计算 $f_a(t)+f_b(t)+f_c(t)$，由式（6.46）~式（6.48）可知，$m_a(t)$、$m_b(t)$和 $m_c(t)$ 除了在相位上彼此相差 $2\pi/3$，在形式上都是相同的。因此，由于 $i_{abc}(t)$ 是三相对称的，所以$f_a(t)$、$f_b(t)$ 和$f_c(t)$ 除了在相位上彼此相差 $2\pi/3$，在形式上也是相同的。所以，对于直流分量和 3 倍频谐波分量，$f_a(t)+f_b(t)+f_c(t)$等于 3 倍的$f_a(t)$，对于其他次谐波，$f_a(t)+f_b(t)+f_c(t)=0$。因此

$$i_{np0}(t)=-3f_{a0}(t) \tag{6.53}$$

式中，下标 0 表示对应变量的直流分量。将式（6.35）中的 $i_a(t)$ 和式（6.46）中的 $m_a(t)$ 代入式（6.50），可以得到

$$\begin{aligned}f_a(t)=&m_0\hat{i}\cos(\varepsilon-\gamma)[\operatorname{sgn}(m_a)-\operatorname{sgn}(-m_a)]+\\&\hat{m}\hat{i}\cos(\varepsilon-\gamma)\cos(\varepsilon)[\operatorname{sgn}(m_a)-\operatorname{sgn}(-m_a)]\end{aligned} \tag{6.54}$$

根据恒等式 $\cos\alpha\cos\beta=(1/2)\cos(\alpha-\beta)+(1/2)\cos(\alpha+\beta)$，式（6.54）可以展开为

$$\begin{aligned}f_a(t)=&m_0\hat{i}\cos(\varepsilon-\gamma)[\operatorname{sgn}(m_a)-\operatorname{sgn}(-m_a)]+\\&\frac{1}{2}\hat{m}\hat{i}\cos(\gamma)[\operatorname{sgn}(m_a)-\operatorname{sgn}(-m_a)]+\\&\frac{1}{2}\hat{m}\hat{i}\cos(2\varepsilon-\gamma)[\operatorname{sgn}(m_a)-\operatorname{sgn}(-m_a)]\end{aligned}\tag{6.55}$$

$f_a(t)$ 的直流分量可以表示为

$$f_{a0}=\frac{1}{2\pi}\int_0^{2\pi}f_a(\theta)\mathrm{d}\theta\tag{6.56}$$

式（6.55）中，函数 $\operatorname{sgn}(m_a)-\operatorname{sgn}(-m_a)$是一个两电平的波形，在一个周期内要么为1，要么为-1。把电平变化的角度记为 θ_1 和 θ_2，如图 6.14 所示。图 6.14 中，虚线对应一个非零的、很小的 m_0，而实线对应 $m_0=0$。如图 6.14 所示，如果 m_0很小，可以将 θ_1 和 θ_2 近似为 $\pi/2$ 和 $3\pi/2$。因此，式（6.56）也可以写成

$$\begin{aligned}f_{a0}=&\frac{m_0\hat{i}}{2\pi}\left[\int_0^{\pi/2}\cos(\theta-\gamma)\mathrm{d}\theta-\int_{\pi/2}^{3\pi/2}\cos(\theta-\gamma)\mathrm{d}\theta+\right.\\&\left.\int_{3\pi/2}^{2\pi}\cos(\theta-\gamma)\mathrm{d}\theta\right]+\frac{\hat{m}\hat{i}}{4\pi}\cos\gamma\left[\int_0^{\pi/2}\mathrm{d}\theta-\int_{\pi/2}^{3\pi/2}\mathrm{d}\theta+\int_{3\pi/2}^{2\pi}\mathrm{d}\theta\right]+\\&\frac{\hat{m}\hat{i}}{4\pi}\left[\int_0^{\pi/2}\cos(2\theta-\gamma)\mathrm{d}\theta-\int_{\pi/2}^{3\pi/2}\cos(2\theta-\gamma)\mathrm{d}\theta+\right.\\&\left.\int_{3\pi/2}^{2\pi}\cos(2\theta-\gamma)\mathrm{d}\theta\right]\\=&\frac{2\hat{i}\cos\gamma}{\pi}m_0\end{aligned}\tag{6.57}$$

将式（6.57）中的 f_{a0}代入式（6.53），有

$$i_{np0}(t)=-\frac{6\hat{i}\cos\gamma}{\pi}m_0(t)\tag{6.58}$$

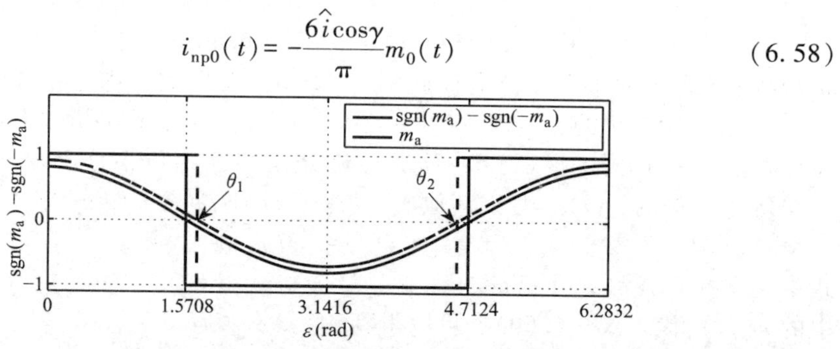

图 6.14 当 m_a带有直流偏置时由式（6.46）给出的函数 $\operatorname{sgn}(m_a)-\operatorname{sgn}(-m_a)$在一个周期内的波形

式（6.58）表明，i_{np}的直流分量可以通过 m_0 来进行控制。根据式（6.58），控制的传递函数是线性的，但是增益是变化的。如果三电平 NPC 交流侧电流很小或者变流器运行在零功率因数条件下，增益为零。但如果三电平 NPC 运行在额定容量和单位功率因数条件下，增益最大。

为了平衡两个直流侧电压的直流分量，需要一个闭环控制系统比较两个直流侧电压并控制 m_0[61, 65]。图 6.15 所示为直流侧电压和中点电流的电路模型，其中，两个直流分压分别表示为 V_1 和 V_2。图 6.15 表明，i_{np} 由两部分组成：三次谐波分量 i_{np3} 和直流分量 i_{np0}，这两个分量分别如式（6.45）和式（6.58）所示。作为近似，我们假设电容都是相同的，每一个电容都是 $2C$。

如果直流侧电压 V_{DC} 没有三次谐波分量，它可以等效为短路。因此，对于三次谐波分量，图 6.15 所示电路可以简化为 6.16a 中的等效电路。根据图 6.16a，因为两个电容是完全相同的，式（6.45）中的 i_{np3} 被两个电容均分，$i_1=-i_2=i_{np3}/2$。所以，在稳态下，V_1 和 V_2 的三次谐波分量可以表示为

$$\langle V_1\rangle_3=\hat{V}_{r3}\sin(3\omega t+\zeta) \tag{6.59}$$

$$\langle V_2\rangle_3=-\hat{V}_{r3}\sin(3\omega t+\zeta) \tag{6.60}$$

式中，$\omega=\mathrm{d}\varepsilon/\mathrm{d}t$，$\zeta=\pi-\arctan(1.5\tan\gamma)$，$\hat{V}_{r3}$ 的峰值为

$$\hat{V}_{r3}=\frac{\hat{m}\hat{i}}{5\pi C\omega}\sqrt{9-5\cos^2\gamma} \tag{6.61}$$

式（6.61）表明，直流分压的三次谐波的幅值是变流器运行点的函数，并且与直流侧电容成反比。

图 6.16b 所示的简化电路与图 6.15 中的电路等价，该电路可用于分析直流分压和中点电流的直流分量。根据图 6.16b，$i_1-i_2=i_{np0}$，因此

$$(2C)\frac{\mathrm{d}}{\mathrm{d}t}\langle V_1\rangle_0-(2C)\frac{\mathrm{d}}{\mathrm{d}t}\langle V_2\rangle_0=i_{np0} \tag{6.62}$$

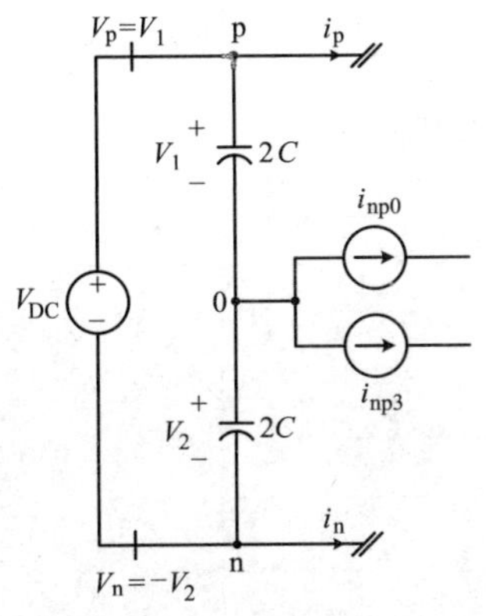

图 6.15 表示直流分压的电路模型

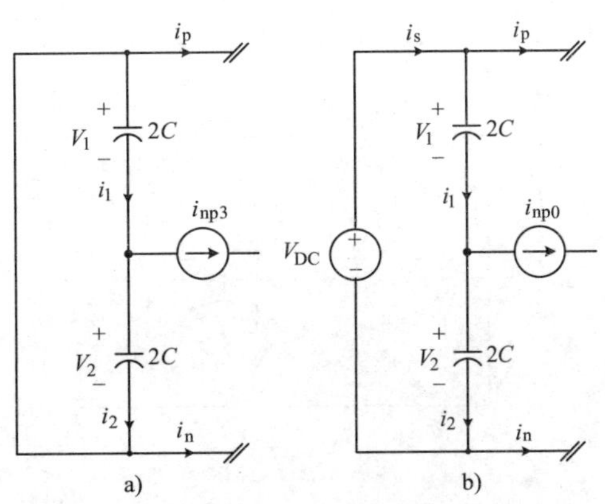

图 6.16 图 6.15 所示电路的等效电路

a）用于三次谐波分析 b）用于直流分析

式中，$V_{DC}=\langle V_1\rangle_0+\langle V_2\rangle_0$。式（6.62）的状态空间表达式为

$$\frac{d}{dt}(\langle V_1-V_2\rangle_0)=\left(\frac{1}{2C}\right)i_{np0} \tag{6.63}$$

根据式（6.63），V_1-V_2的直流分量$\langle V_1-V_2\rangle_0$与i_{np0}的积分成正比。因此，如果i_{np0}为零，V_1-V_2的直流分量是一个常量（接近于0）。在理想状况下，$i_{np}\equiv 0$对应$m_0\equiv 0$。然而在实际情况中，由于系统的缺陷以及固有的不对称性，m_0必须是一个非零值来保证$i_{np}\equiv 0$。因此不可避免地，m_0必须由一个闭环控制系统给出，该系统可以将V_1-V_2的直流分量控制为零。

根据式（6.63），闭环电压平衡过程需要$\langle V_1-V_2\rangle_0$作为反馈信号。但是，实际上能够测量的只是V_1-V_2，而不是它的直流分量。为了将$\langle V_1-V_2\rangle_0$和V_1-V_2关联，将V_1和V_2表示为

$$V_1=\langle V_1\rangle_0+\langle V_1\rangle_3=\langle V_1\rangle_0+\hat{V}_{r3}\sin(3\omega t+\zeta) \tag{6.64}$$

$$V_2=\langle V_2\rangle_0+\langle V_2\rangle_3=\langle V_2\rangle_0-\hat{V}_{r3}\sin(3\omega t+\zeta) \tag{6.65}$$

式（6.65）减去式（6.64）可得

$$\langle V_1-V_2\rangle_0=(V_1-V_2)-2\hat{V}_{r3}\sin(3\omega t+\zeta) \tag{6.66}$$

由式（6.66）可知，$\langle V_1-V_2\rangle_0$等于V_1-V_2加上一个三次谐波分量。因此，将V_1-V_2低通滤波后可以提取出$\langle V_1-V_2\rangle_0$。尽管低通滤波器也可以由一个低频时增益快速衰减的补偿器实现，但它仍可以看作闭环系统中的独立环节。

图6.17所示为直流电压平衡控制的闭环控制框图。需要注意的是，饱和限幅模块将m_0限制为一个很小的值，所以$|m_0|\ll\hat{m}$。补偿器的输出除以$-\hat{i}\cos\gamma$是一种前馈补偿，这种前馈补偿可以使回路增益不受运行点的影响。为了简单起见，如果将前馈信号替换为一个恒定增益，这个信号的符号必须保留下来作为控制回路中的一个乘数项。否则，回路增益在整流和逆变模式下的符号相反，从而导致变流器系统在切换运行模式时失稳。7.4节将进一步研究图6.17中的框图，并通过例7.3来演示控制器的设计过程。

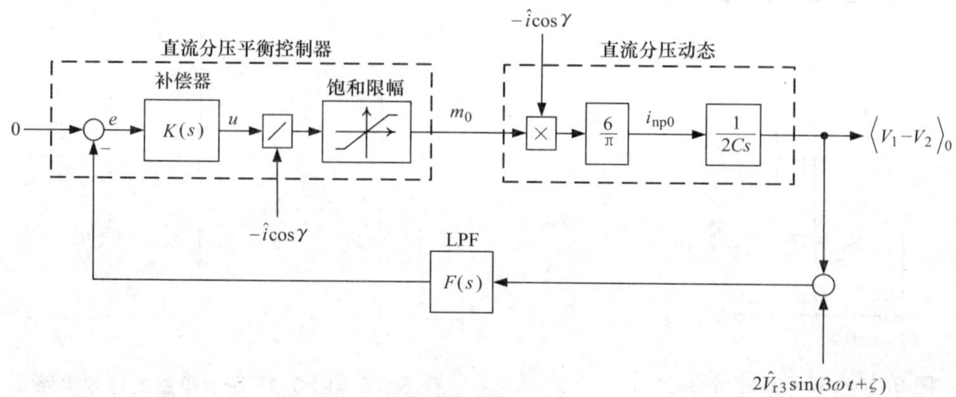

图6.17 直流侧电压平衡控制的框图

6.7.3 直流侧电流的推导

将图 6.15 中三电平 NPC 的 n 点作为电路电势的参考点。三电平 NPC 直流侧的瞬时功率为

$$P_{DC}(t)=V_{DC}(t)i_p(t)+V_2(t)i_{np}(t)\approx V_{DC}(t)i_p(t)+\frac{V_{DC}(t)}{2}i_{np}(t) \qquad (6.67)$$

如果忽略变流器的损耗，P_{DC}等于流出变流器交流端的功率，因此

$$V_{DC}(t)i_p(t)+\frac{V_{DC}(t)}{2}i_{np}(t)=P_t(t) \qquad (6.68)$$

式中

$$P_t(t)=V_{ta}(t)i_a(t)+V_{tb}(t)i_b(t)+V_{tc}(t)i_c(t) \qquad (6.69)$$

由于 $V_{tabc}(t)$ 和 $i_{abc}(t)$ 三相对称，$P_t(t)$ 是一个直流量。因此，根据式（6.68），$V_{DC}i_p+(V_{DC}/2)\,i_{np}$肯定也是一个直流量。由于 $i_{np}(t)$ 是一个不含直流分量的周期函数，所以 $i_p(t)$ 必须含有一个周期分量来抵消 $i_{np}(t)$ 的周期分量。因此，$i_p(t)$ 可以表示为

$$i_p(t)=i_{DC}(t)+\langle i_p\rangle_3(t) \qquad (6.70)$$

将式（6.69）和式（6.70）中的 $P_t(t)$ 和 $i_p(t)$ 代入式（6.68），可得

$$V_{DC}(t)i_{DC}(t)=V_{ta}(t)i_a(t)+V_{tb}(t)i_b(t)+V_{tc}(t)i_c(t) \qquad (6.71)$$

和

$$\langle i_p\rangle_3(t)=-i_{np}(t)/2 \qquad (6.72)$$

因此

$$i_p(t)=i_{DC}(t)-i_{np}(t)/2 \qquad (6.73)$$

同理，可以得出

$$i_n(t)=-i_{DC}(t)-i_{np}(t)/2 \qquad (6.74)$$

6.7.4 三电平 NPC 和两电平 VSC 的统一模型

比较式（6.71）和式（5.16）可以发现，两电平 VSC 的直流侧电流表达式和三电平 NPC 直流侧电流（直流分量）的表达式是一样的，原因是：①在这两种变流器中只有直流侧电流的直流分量用于功率交换；②在三电平 NPC 中，如果电容电压相等并且保持稳定，i_{np}的直流分量为 0。进而，将式（6.21）~式（6.23）与两电平 VSC 的对应公式也就是式（5.10）~式（5.12）进行比较，可以看出，三电平 NPC 交流端电压与两电平 VSC 交流端电压的形式相同。因此，如果只考虑端电压和电流的关系，每个三电平 NPC 都存在一个等效的两电平 VSC[61]。这种等效性如图 6.18 和图 6.19 所示。

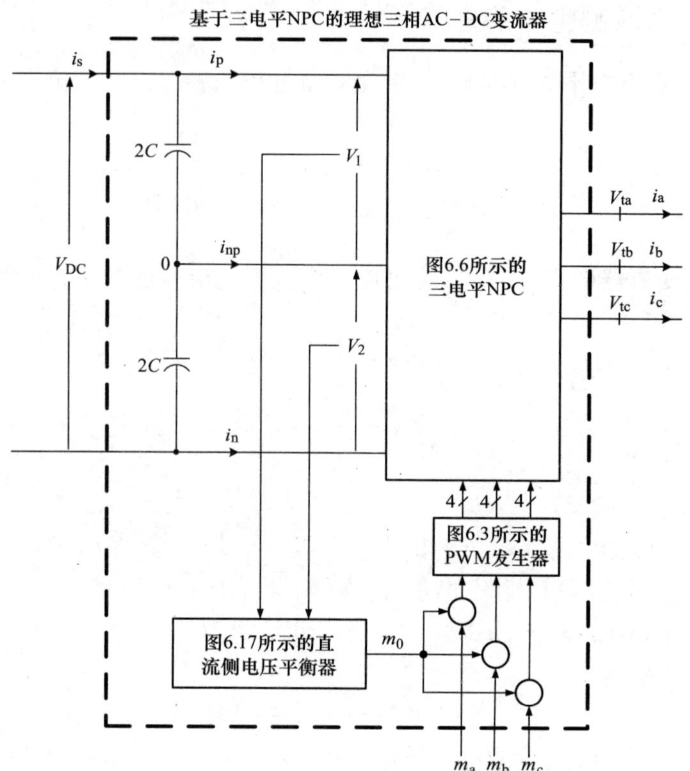

图 6.18 以三电平 NPC 为核心的理想 VSC 的框图

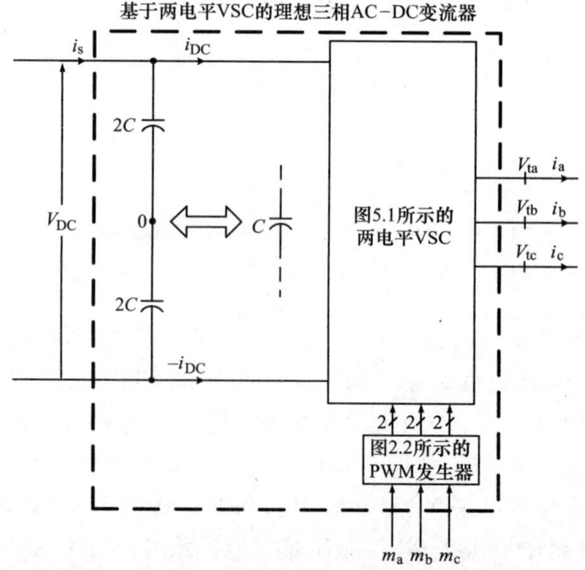

图 6.19 以两电平 VSC 为核心的理想 VSC 的框图

图 6.18 所示的三电平 NPC 与图 6.19 所示的两电平 VSC 等效。尽管两个变流器的内部电路结构和开关策略不同，但是如果两种变流器的 m_{abc} 和 V_{DC} 相同，两者将表现出相同的动态行为。需要注意的是，图 6.19 中等效的两电平 VSC 实际的直流母线电容为图 6.18 中的三电平 NPC 变流器每个直流侧电容的一半。VSC 系统可以采用两电平 VSC 也可以采用三电平 NPC 作为 AC-DC 的功率处理单元。根据等效性原理，如果变流器的结构不是研究重点的话，把两电平 VSC 和三电平 NPC 统称为 VSC。

根据等效性原理，首先，可以根据两电平 VSC 的模型和相关方法设计三电平 NPC 端电流/电压的控制回路，就好像两电平 VSC 是控制对象。然后，根据图 6.17 所示的控制框图，设计三电平 NPC 的直流侧电压平衡策略，如 6.7.2 节所述。因为直流分压的动态与各端电流/电压无关，直流侧电压平衡策略可以独立于其他控制器单独进行设计。

6.7.5　直流电容电压纹波对交流侧谐波的影响

本节将对本章进行总结，证实三电平 NPC 直流电容电压的三次谐波分量在变流器交流端生成低次电压谐波。首先，假设直流侧电压平衡控制器将 V_1 和 V_2 的直流分量控制在 $V_{DC}/2$。因此，式（6.64）和式（6.65）可以简化为

$$V_1=\frac{V_{DC}}{2}+\hat{V}_{r3}\sin(3\omega t+\zeta) \tag{6.75}$$

$$V_2=\frac{V_{DC}}{2}-\hat{V}_{r3}\sin(3\omega t+\zeta) \tag{6.76}$$

由于 $V_p=V_1$，$V_n=-V_2$，可得

$$V_p=\frac{V_{DC}}{2}+\hat{V}_{r3}\sin(3\omega t+\zeta) \tag{6.77}$$

$$V_n=-\frac{V_{DC}}{2}+\hat{V}_{r3}\sin(3\omega t+\zeta) \tag{6.78}$$

将式（6.77）和式（6.78）中的 V_p 和 V_n 代入式（6.14），由于 $m(t)=\hat{m}\cos(\omega t)$，可得

$$\begin{aligned}V_t(t)=\hat{m}\,\frac{V_{DC}}{2}\cos(\omega t)\left[\operatorname{sgn}(m)+\operatorname{sgn}(-m)\right]+\\ \hat{V}_{r3}\hat{m}\sin(3\omega t+\zeta)\cos(\omega t)\left[\operatorname{sgn}(m)-\operatorname{sgn}(-m)\right]\end{aligned} \tag{6.79}$$

因为 $\operatorname{sgn}(m)+\operatorname{sgn}(-m)\equiv 1$，将 $\operatorname{sgn}(m)-\operatorname{sgn}(-m)$ 用式（6.39）所示的傅里叶级数展开，利用恒等式 $\cos\alpha\cos\beta=(1/2)\cos(\alpha-\beta)+(1/2)\cos(\alpha+\beta)$，可得

$$
\begin{aligned}
V_t(t) = & \hat{m}\frac{V_{DC}}{2}\cos(\omega t) - \\
& \left(\frac{\hat{V}_{r3}\hat{m}}{\pi}\right)\sum_{h=1,3,5,\cdots}^{+\infty}\frac{1}{h}\sin\left(\frac{h\pi}{2}\right)\sin[(h-4)\omega t-\zeta] + \\
& \left(\frac{\hat{V}_{r3}\hat{m}}{\pi}\right)\sum_{h=1,3,5,\cdots}^{+\infty}\frac{1}{h}\sin\left(\frac{h\pi}{2}\right)\sin[(h+2)\omega t+\zeta] - \\
& \left(\frac{\hat{V}_{r3}\hat{m}}{\pi}\right)\sum_{h=1,3,5,\cdots}^{+\infty}\frac{1}{h}\sin\left(\frac{h\pi}{2}\right)\sin[(h-2)\omega t-\zeta] + \\
& \left(\frac{\hat{V}_{r3}\hat{m}}{\pi}\right)\sum_{h=1,3,5,\cdots}^{+\infty}\frac{1}{h}\sin\left(\frac{h\pi}{2}\right)\sin[(h+4)\omega t+\zeta]
\end{aligned}
\tag{6.80}
$$

如果直流分压不存在纹波，则式（6.80）中的 $\hat{m}(V_{DC}/2)\cos(\omega t)$ 对应 V_t 的基波电压。式（6.80）中的剩余项表示由直流电容电压三次纹波产生的谐波。式（6.80）表明，V_t 基波电压的幅值与没有纹波时的幅值存在细微的差别。此外，基波电压相比没有纹波时的情况存在一个很小的相移。而且，当直流电容电压存在三次纹波时，交流端会生成奇次谐波电压。电压谐波主要为三次谐波，也存在较小的5次谐波，更高次数的电压谐波可以忽略不计。

V_t 的基波电压幅值和相位的变化实际上并不是问题，这是因为变流器的闭环控制系统已经校正了调制信号来生成所需的基波电压。至于电压谐波，三次电压谐波是一个零序谐波，不会在三相三线制系统中产生电流。然而，因为5次以及7次谐波会深入渗透进交流系统中，这些谐波可能是有问题的。根据式（6.80），谐波的幅值与电压纹波的峰值成正比，所以，为了减小纹波，电容必须足够大，如式（6.61）所示。

例 6.2　低次交流电压谐波

如图 6.6 所示，三电平 NPC 通过三条串联 *RL* 支路与三相电压源相连。外接的两个直流分压保持恒定，均为 750V，变流器的开关频率为 34×60Hz。图 6.20a～c 所示分别为变流器交流侧基波电压及正弦电流、滤波后的中点电流和直流分压。图 6.21 所示为交流端电压的谐波频谱，可以证实，在基波和边带频率之间没有谐波分量。

图 6.22 所示变量与图 6.20 相同，但不同的是，在图 6.22 所示情况下，外接直流母线电压保持恒定，为 1500V，直流侧电压通过电容进行分压。如图 6.22 所示，直流分压中含有幅值约为 50V 的三次纹波。图 6.23 所示为对应的交流端电压谐波频谱，如图所示，基波电压的幅值与图 6.21 所示的幅值稍有差异。图 6.23 还表明，交流端电压频谱中还存在三次和五次谐波分量。

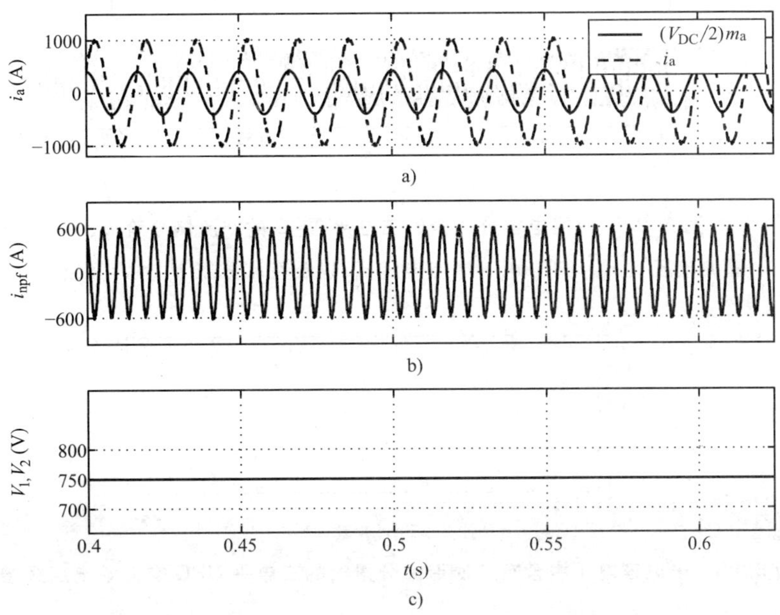

图 6.20　当直流分压为恒定的外接直流电压源时，例 6.2 中三电平 NPC 的交流侧电流 i_a、基波电压 $(V_{DC}/2)$ m_a、中点电流 i_{npf}和直流分压 V_1、V_2

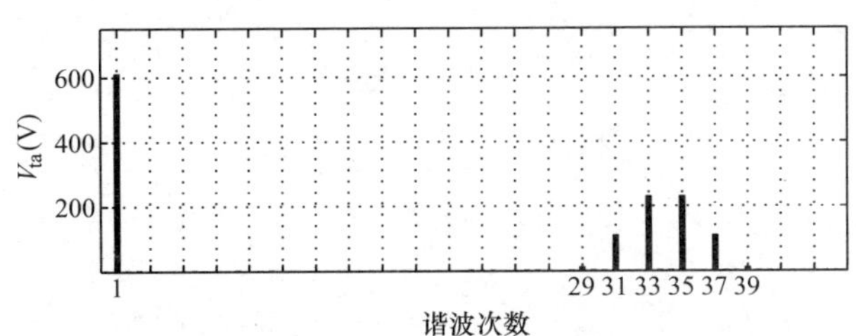

图 6.21　当直流分压为恒定的外接直流电压源时，例 6.2 中三电平 NPC 的交流端电压频谱

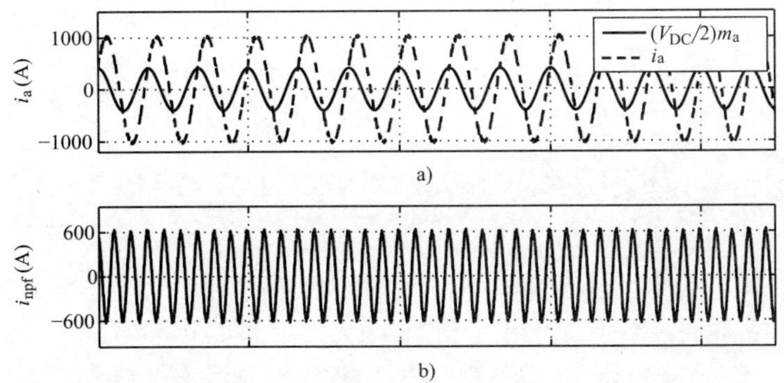

图 6.22　使用电容分压器时三电平 NPC 的交流侧电流 i_a、基波电压 $(V_{DC}/2)$ m_a、中点电流 i_{npf}以及直流分压 V_1、V_2

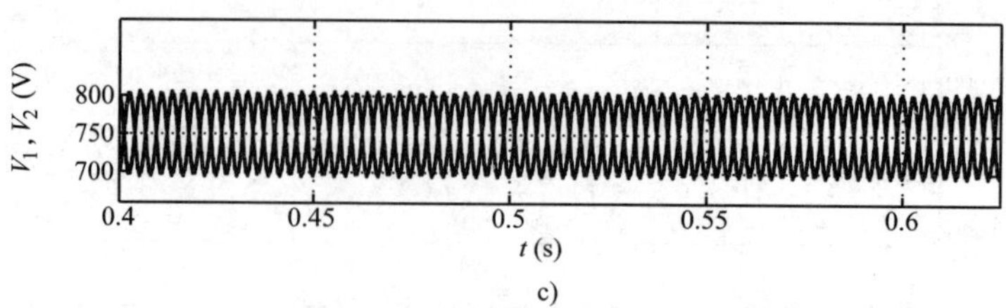

c)

图 6.22 使用电容分压器时三电平 NPC 的交流侧电流 i_a、基波电压（$V_{DC}/2$）m_a、中点电流 i_{npf}以及直流分压 V_1、V_2（续）

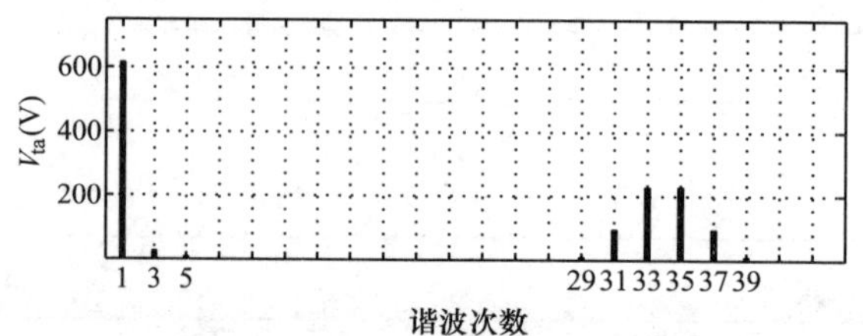

图 6.23 当电容电压中含有三次谐波分量时的三电平 NPC 交流端电压频谱

第7章 电网定频的VSC系统：在αβ坐标系中的控制

7.1 引言

第5章介绍了两电平VSC在$\alpha\beta$坐标系和dq坐标系中的动态模型，并简要介绍了三相变流器系统在两种坐标系中的通用控制方法。作为两电平VSC的推广，第6章介绍了三电平NPC，并指出，三电平NPC和两电平VSC的动态模型本质上是一样的，只是三电平NPC需要直流侧电压平衡控制来维持直流电容电压恒定，并且每个直流电容电压为直流电压的一半。第6章还介绍了三电平NPC和两电平VSC的统一模型，并将三电平NPC和两电平VSC统称为VSC。本章中，我们将研究电网定频的*VSC*系统的控制，这种系统的频率由交流系统给定，如公用电网，并且系统的三相变量都是关于时间的正弦函数。这种控制方法针对的是VSC，因此对两电平VSC和三电平NPC都适用。这类VSC系统通常用于有功和无功功率控制，或者直流电压控制，这些功能已经涵盖了并网型分布式发电（Distributed Generation，DG）单元、VSC-HVDC系统和大部分FACTS控制器的主要功能。

7.2 电网定频VSC系统的结构

图7.1所示为电网定频的VSC系统的示意图，图中的VSC可以是带直流侧电压平衡控制的三电平NPC变流器，也可以是两电平VSC。如图7.1所示，无论哪种情况，VSC可以都等效为一个无损的功率处理单元和一个等价的直流母线电容。直流侧并联的电流源代表了VSC的开关损耗，交流侧的串联电阻即导通电阻r_{on}，代表了VSC的导通损耗。VSC的直流侧可以连接直流电压源或其他电力电子系统的直流侧。VSC的每一相通过RL串联支路与交流系统的对应相相连。首先，假设

交流系统为无穷大系统，用理想的三相电压源 V_{sabc} 表示㊀，V_{sabc} 的频率恒定，波形为三相对称的正弦函数。VSC 系统和交流系统的连接节点称作公共连接点（Point of Common Coupling，PCC）（见图 7.1）。在图 7.1 中，VSC 系统在 PCC 处与交流系统交换有功功率 $P_s(t)$ 和无功功率 $Q_s(t)$。

根据控制方法的不同，图 7.1 中的 VSC 系统可以用作**有功/无功功率控制器**，也可以作为**直流电压受控的功率端口**。在第 12 章中，我们将有功/无功功率控制器用作背靠背的 HVDC 系统的一部分。在第 11、12 和 13 章中，我们将直流电压受控的功率端口分别用作 STATCOM、背靠背的 HVDC 系统和变速风力发电单元的一部分。

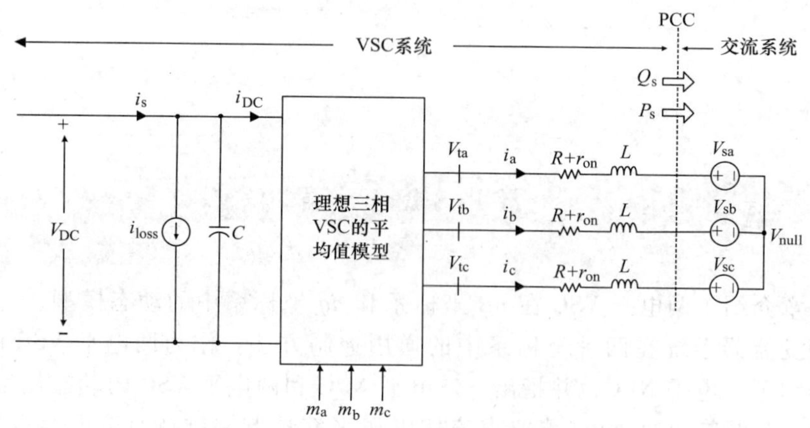

图 7.1 电网定频的 VSC 系统的示意图

7.3 有功/无功功率控制器

图 7.1 中电网定频的 VSC 系统可以用作有功/无功功率控制器，同样地，VSC 的直流侧也与直流电压源并联（图 7.1 中未显示），控制目标是控制 PCC 处 VSC 系统传输的瞬时有功功率 $P_s(t)$ 和无功功率 $Q_s(t)$。

7.3.1 电流型控制和电压型控制

在图 7.1 所示的 VSC 系统中，P_s 和 Q_s 可以通过两种不同的方法来进行控制。第一种方法如图 7.2 所示，通常被称为**电压型控制**。尽管相关的工业应用也有所报道[47]，但电压型控制主要用于高压大容量的应用场合，如 FACTS 控制器[44,45]。

在电压型控制有功/无功功率控制器中，有功功率和无功功率分别由 VSC 交流端电压相对 PCC 电压的幅值和相角来控制[46]。如果 V_{tabc} 和 V_{sabc} 的幅值和相角相差

㊀ 在第 11 章中，我们将研究非理想交流系统下 VSC 的动态特性。

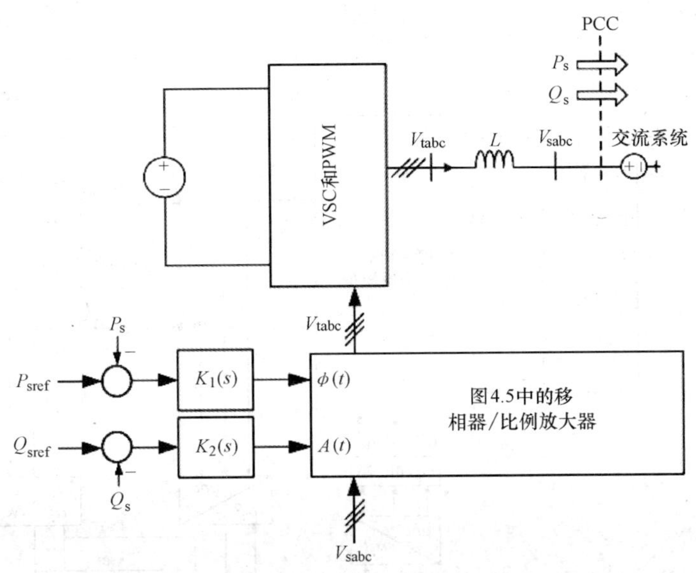

图 7.2　电压型控制有功/无功功率控制器的示意图

不多，则有功功率和无功功率近乎解耦，可以由两个独立的补偿器分别进行控制（见图 7.2）。因此，电压型控制的优点是控制简单，控制回路少。但是，由于没有专门控制 VSC 线电流的控制回路，VSC 不能防止过电流，如果控制指令变化很快或者交流系统发生故障，电流会急剧增加。

第二种控制图 7.1 所示 VSC 系统中有功功率和无功功率的方法被称为**电流型控制**。在这种方法中，交流电流由专门的控制方案通过交流端电压进行控制。有功功率和无功功率都是通过 VSC 线电流相对 PCC 电压的幅值和相角来进行控制。由于电流控制回路的存在，VSC 可以防止过载。电流型控制的其他优点包括对 VSC 和交流系统参数变化的鲁棒性、优越的动态性能和更高的控制精度[68]。我们在第 3 章中介绍了电流型控制策略的基础知识，在本书的剩余部分，我们将只研究电流型控制。

图 7.3 所示为电流型控制有功/无功功率控制器的示意图。如图 7.3 所示，控制在 $\alpha\beta$ 坐标系中进行，P_s 和 Q_s 分别由线电流的 i_α 和 i_β 分量进行控制。反馈和前馈信号首先被变换到 $\alpha\beta$ 坐标系中，然后输入补偿器，补偿器输出 $\alpha\beta$ 坐标系下的控制信号。最后，控制信号被变换到 abc 坐标系中并传给 VSC（见图 7.3）。为了保护 VSC，参考指令 $i_{\alpha ref}$ 和 $i_{\beta ref}$ 由饱和限幅模块进行限制。需要注意的是，图 7.3 中的框图是图 4.24 所示通用框图的特例。

7.3.2　有功/无功功率控制器的动态模型

假设交流系统（见图 7.3）的三相电压为

$$V_{sa}(t)=\hat{V}_s\cos(\omega_0 t+\theta_0) \tag{7.1}$$

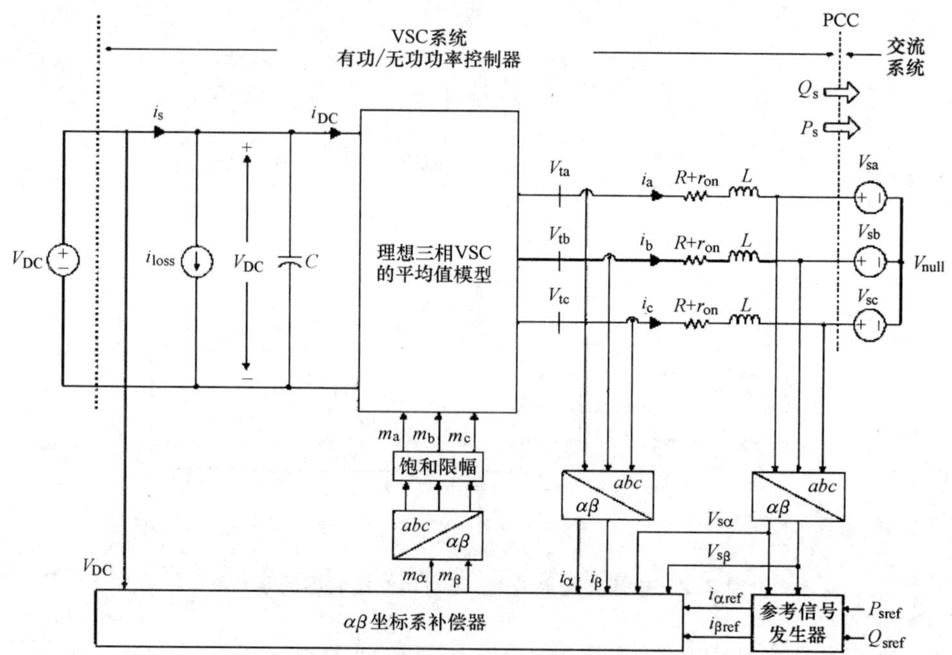

图 7.3 电流型控制有功/无功功率控制器的示意图

$$V_{sb}(t)=\hat{V}_s\cos\left(\omega_0 t+\theta_0-\frac{2\pi}{3}\right) \tag{7.2}$$

$$V_{sc}(t)=\hat{V}_s\cos\left(\omega_0 t+\theta_0-\frac{4\pi}{3}\right) \tag{7.3}$$

式中，$\hat{V}_s$ 为相电压的幅值；ω_0 为电源（恒定的）频率；θ_0 为初始相角。根据式（4.56）和式（4.57），输入交流系统的有功和无功功率为

$$P_s(t)=\frac{3}{2}[V_{s\alpha}(t)i_\alpha(t)+V_{s\beta}(t)i_\beta(t)] \tag{7.4}$$

$$Q_s(t)=\frac{3}{2}[-V_{s\alpha}(t)i_\beta(t)+V_{s\beta}(t)i_\alpha(t)] \tag{7.5}$$

式中，$V_{s\alpha}$ 和 $V_{s\beta}$ 为电源电压的 $\alpha\beta$ 分量，无法进行控制。根据式（7.4）和式（7.5），只能通过控制 i_α 和 i_β 来控制 $P_s(t)$ 和 $Q_s(t)$，这就要求 i_α 和 i_β 的参考指令分别为

$$i_{\alpha ref}(t)=\frac{2}{3}\frac{V_{s\alpha}}{V_{s\alpha}^2+V_{s\beta}^2}P_{sref}(t)+\frac{2}{3}\frac{V_{s\beta}}{V_{s\alpha}^2+V_{s\beta}^2}Q_{sref}(t) \tag{7.6}$$

$$i_{\beta ref}(t)=\frac{2}{3}\frac{V_{s\beta}}{V_{s\alpha}^2+V_{s\beta}^2}P_{sref}(t)-\frac{2}{3}\frac{V_{s\alpha}}{V_{s\alpha}^2+V_{s\beta}^2}Q_{sref}(t) \tag{7.7}$$

如果控制系统具有良好的指令跟踪性能，即 $i_\alpha\approx i_{\alpha ref}$ 和 $i_\beta\approx i_{\beta ref}$，则 $P_s\approx P_{sref}$，

$Q_s \approx Q_{sref}$。式（7.6）和式（7.7）表明，$P_s(t)$ 和 $Q_s(t)$ 可以被独立控制，这正是 αβ 坐标系下控制策略的突出特点。

图 7.1 中，VSC 系统交流侧的动态特性可以描述为

$$L\frac{di_a}{dt}=-(R+r_{on})i_a+V_{ta}-V_{sa}-V_{null} \tag{7.8}$$

$$L\frac{di_b}{dt}=-(R+r_{on})i_b+V_{tb}-V_{sb}-V_{null} \tag{7.9}$$

$$L\frac{di_c}{dt}=-(R+r_{on})i_c+V_{tc}-V_{sc}-V_{null} \tag{7.10}$$

根据式（4.2）和 $e^{j0}+e^{j\frac{2\pi}{3}}+e^{j\frac{4\pi}{3}}\equiv 0$，式（7.8）~式（7.10）可以表示为下面的空间状态方程

$$L\frac{d\vec{i}}{dt}=-(R+r_{on})\vec{i}+\vec{V}_t-\vec{V}_s \tag{7.11}$$

式中没有出现 V_{null}。将 $\vec{f}=f_\alpha+jf_\beta$ 代入式（7.11），并将结果分成实部和虚部两部分，可得

$$L\frac{di_\alpha}{dt}=-(R+r_{on})i_\alpha+V_{t\alpha}-V_{s\alpha} \tag{7.12}$$

$$L\frac{di_\beta}{dt}=-(R+r_{on})i_\beta+V_{t\beta}-V_{s\beta} \tag{7.13}$$

将式（7.12）和式（7.13）中的 $V_{t\alpha}$ 和 $V_{t\beta}$ 分别用 m_α 和 m_β 表示，可得

$$L\frac{di_\alpha}{dt}=-(R+r_{on})i_\alpha+\frac{V_{DC}}{2}m_\alpha-V_{s\alpha} \tag{7.14}$$

$$L\frac{di_\beta}{dt}=-(R+r_{on})i_\beta+\frac{V_{DC}}{2}m_\beta-V_{s\beta} \tag{7.15}$$

式（7.12）和式（7.13），或者它们的等价方程式（7.14）和式（7.15），构成了图 7.3 所示 VSC 系统的控制基础。

7.3.3　有功/无功功率控制器的电流型控制

根据式（7.14）和式（7.15），图 7.3 中有功/无功功率控制器的控制框图如图 7.4 所示。由图 7.4 可见，控制对象包括两个子系统：一个是由式（7.14）所描述的 α 轴子系统，另一个是由式（7.15）所描述的 β 轴子系统。需要注意的是，α 轴和 β 轴子系统是解耦的，两者可以独立控制。根据所需的有功功率和无功功率，参考指令 $i_{\alpha ref}$ 和 $i_{\beta ref}$ 分别由式（7.6）和式（7.7）给出。因为 V_{sabc} 是正弦的，$V_{s\alpha}$、$V_{s\beta}$、$i_{\alpha ref}$ 和 $i_{\beta ref}$ 也是正弦的。因此，为了保证指令跟踪的稳态误差足够小，闭环控制系统的带宽必须远远大于交流系统频率，或者开环增益在交流系统频率处

非常大；后者相当于在补偿器 $k_{\alpha}(s)$ 和 $k_{\beta}(s)$ 中包含一对共轭复数极点。另外，补偿器需要包含额外的极点和零点，才能保证所需的相位裕度和增益裕度（见例 3.6），所以补偿器通常是高阶的。因此，为了简化设计过程，相关文献提出了一类具有一对共轭复数极点和两个增益参数的补偿器[69]。这类补偿器被称为**静止参考系下的广义积分器**[39]或**比例谐振补偿器**（PR）[40]。这类补偿器类似于传统的比例积分（PI）补偿器，因为它只有两个参数可调。

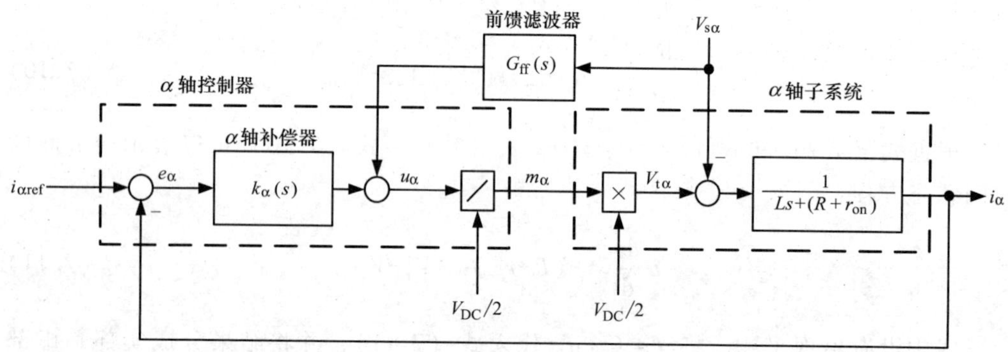

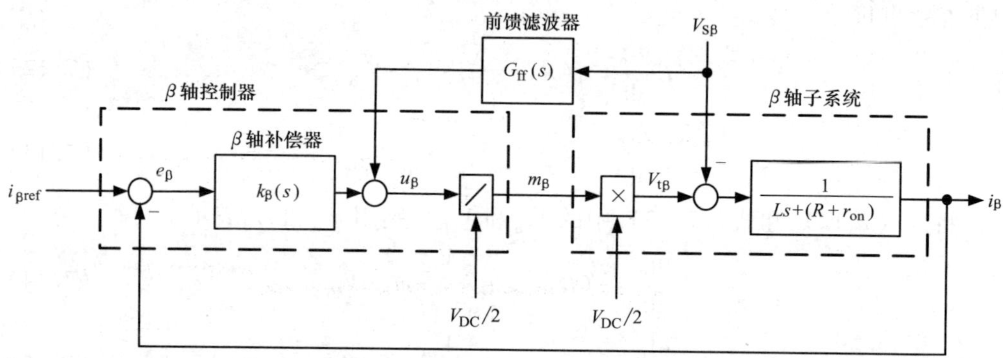

图 7.4 图 7.3 中 VSC 系统在 $\alpha\beta$ 坐标系下的电流控制回路的控制框图

应该强调的是，图 7.4 中的控制回路，即 α 轴和 β 轴控制回路，与图 3.6 中半桥变流器的控制回路是等价的。因此，α 轴和 β 轴补偿器的设计应遵循与图 3.6 所示系统相同的步骤。

例 7.1 有功/无功功率控制器的动态特性

考虑图 7.3 所示的有功/无功功率控制器，系统参数为：$L=100\mu H$，$R=0.75m\Omega$，$r_{on}=0.88\ m\Omega$，$V_d=1.0V$，$V_{DC}=1450\ V$，$f_s=3420\ Hz$。假设 VSC 系统在 PCC 处连接一个无穷大电网，电网频率 $\omega_0=377rad/s$，线电压的有效值为 480V，对应 $\widehat{V}_s=391V$。按照例 3.6 的步骤，图 7.4 中各控制回路的补偿器为

$$k_{\alpha}(s)=k_{\beta}(s)=1258\left(\frac{s+16.34}{s^2+377^2}\right)\left(\frac{s+966}{s+5633}\right)\left(\frac{s+2}{s+0.05}\right)[\Omega] \tag{7.16}$$

注意：为了保证零稳态误差，补偿器在$\omega_0 = 377\text{rad/s}$处存在一对共轭复数极点。此时，对应的系统带宽为$\omega_b = 3820\text{rad/s}$（详细信息参见例3.6）。前馈滤波器的传递函数为$G_{ff}(s) = 1/(8\times10^{-6}s+1)$。闭环系统对启动过程以及$P_{sref}$和$Q_{sref}$阶跃变化的时间响应如图7.5所示。

对于图7.3中的有功/无功功率控制器，最初门控脉冲闭锁，控制器不工作。当$t=0.1\text{s}$时，门控脉冲解锁，控制器开始工作，此时$P_{sref} = Q_{sref} \equiv 0$。因此，线电流保持为零，并且没有（平均）有功功率和无功功率的交换；图7.5中，i_a、P_s和Q_s曲线上小的纹波是由脉宽调制（PWM）的开关函数造成的。当$t=0.1372\text{s}$和$t=0.20\text{s}$时，P_{sref}分别由0变为1MW，再由1MW变为-1MW。当$t=0.25\text{s}$时，Q_{sref}由0变为500kvar。

如图7.5所示，P_s和Q_s都能快速地跟踪各自的指令，但是P_s和Q_s的响应并不能完全解耦。这是因为P_s和Q_s的完全解耦需要i_α和i_β能够快速地跟踪式（7.6）和式（7.7）给出的各自的参考指令，但是由于α轴和β轴闭环系统的带宽有限，i_α和i_β的响应速度受到限制，因此P_s和Q_s存在一定程度的耦合。图7.5也给出了电网a相电压V_{sa}和变流器a相电流i_a的波形。如图7.5所示，①当（P_s，Q_s）=（1.0 MW，0）时，i_a与V_{sa}同相位；②当（P_s，Q_s）=（-1.0 MW，0）时，i_a滞后于V_{sa}180°；③当(P_s，Q_s)=（-1.0MW，0.5Mvar)时，i_a滞后于V_{sa}153°。

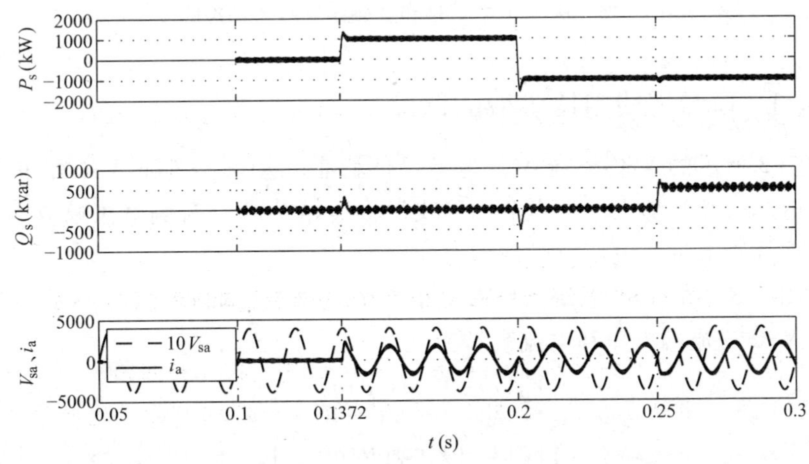

图7.5　例7.1中有功功率和无功功率的动态响应

为了提供$\alpha\beta$坐标系控制的更多细节，图7.6给出了图7.4所示控制系统中许多重要变量的波形。如图7.6所示，在$t=0.1372\text{s}$之前，$i_{\alpha ref}$和$i_{\beta ref}$一直为0。因此，α轴（和β轴）控制器的输出u_α（和u_β）与$V_{s\alpha}$（和$V_{s\beta}$）相等，这使得连接电感上不存在压降，i_α（和i_β）保持为0。由图7.6还可以发现，在$t=0.1372\text{s}$时，$i_{\alpha ref}$和$i_{\beta ref}$变为一个非0值。因此，α轴（和β轴）控制器的输出u_α（和u_β）相对于$V_{s\alpha}$（和$V_{s\beta}$）相应地改变，从而在连接电感上产生所需的压降，进而将i_α（和

i_β）控制为其参考指令值。需要注意的是，α 轴和 β 轴控制器的输出 u_α 和 u_β，分别等于 VSC 交流端电压基波的 α 轴和 β 轴分量。

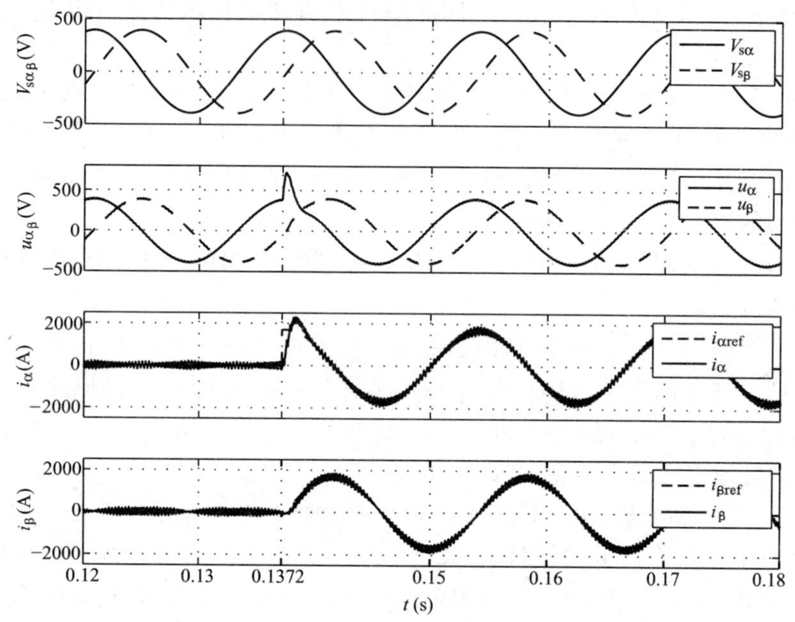

图 7.6　例 7.1 中 α 轴和 β 轴控制器的动态响应

7.3.4　直流母线电压等级的选择

在图 7.3 所示的 VSC 系统中，为了保证稳态和动态条件下 VSC 的正常运行，直流母线电压必须足够大。在本节中，我们将推导 VSC 交流侧电压幅值的表达式，并明确在选择直流母线电压时必须考虑的因素。

对于图 7.3 中的 VSC 系统，PCC 处的交流电压 V_{sabc} 如式（7.1）~式（7.3）所示。假设 VSC 交流端电压和电流表示为

$$\begin{cases} V_{ta}(t)=\hat{V}_t\cos(\theta+\delta) \\ V_{tb}(t)=\hat{V}_t\cos\left(\theta+\delta-\dfrac{2\pi}{3}\right) \\ V_{tc}(t)=\hat{V}_t\cos\left(\theta+\delta-\dfrac{4\pi}{3}\right) \end{cases} \tag{7.17}$$

$$\begin{cases} i_a(t)=\hat{i}\cos(\theta-\phi) \\ i_b(t)=\hat{i}\cos\left(\theta-\phi-\dfrac{2\pi}{3}\right) \\ i_c(t)=\hat{i}\cos\left(\theta-\phi-\dfrac{4\pi}{3}\right) \end{cases} \tag{7.18}$$

式中，$\theta=\omega_0 t+\theta_0$；$\delta$ 和 $-\phi$ 分别为 V_{tabc} 和 i_{abc} 相对于 V_{sabc} 的相移。在稳态条件下，根据传统的相量分析方法，ϕ 是 VSC 系统的功率因数角。根据式（4.2），V_{sabc} 和 i_{abc} 所对应的空间相量为

$$\vec{V}_s(t)=\hat{V}_s e^{j\theta} \tag{7.19}$$

$$\vec{i}(t)=\hat{i}e^{-j\phi}e^{j\theta} \tag{7.20}$$

将 $\vec{V}_s$ 和 $\vec{i}$ 代入式（4.38）和式（4.39），可以得出输入交流系统的有功功率和无功功率为

$$P_s=\frac{3}{2}\hat{i}\hat{V}_s\cos\phi \tag{7.21}$$

$$Q_s=\frac{3}{2}\hat{i}\hat{V}_s\sin\phi \tag{7.22}$$

式（7.21）和式（7.22）可以重新整理为

$$\hat{i}\cos\phi=P_s/\left(\frac{3}{2}\hat{V}_s\right) \tag{7.23}$$

$$\hat{i}\sin\phi=Q_s/\left(\frac{3}{2}\hat{V}_s\right) \tag{7.24}$$

根据式（4.46），V_{sabc}、V_{tabc} 和 i_{abc} 的 α 轴分量分别为

$$V_{s\alpha}=\hat{V}_s\cos\theta \tag{7.25}$$

$$V_{t\alpha}=\hat{V}_t\cos(\theta+\delta)=\hat{V}_t\cos\delta\cos\theta-\hat{V}_t\sin\delta\sin\theta \tag{7.26}$$

$$i_\alpha=\hat{i}\cos(\theta-\phi)=\hat{i}\cos\phi\cos\theta+\hat{i}\sin\phi\sin\theta \tag{7.27}$$

将式（7.23）和式（7.24）中 $\hat{i}\cos\phi$ 和 $\hat{i}\sin\phi$ 代入式（7.27），将式（7.25）、式（7.26）和式（7.27）中的 $V_{s\alpha}$、$V_{t\alpha}$ 和 i_α 代入式（7.12），并假设 $(R+r_{on})\approx 0$，可得

$$\left(\frac{2L}{3\hat{V}_s}\right)\frac{d}{dt}(P_s\cos\theta+Q_s\sin\theta)=(\hat{V}_t\cos\delta-\hat{V}_s)\cos\theta-\hat{V}_t\sin\delta\sin\theta \tag{7.28}$$

注意：$(R+r_{on})\approx 0$ 的假设是合理的，因为交流侧电路主要是感性的，电路阻抗近似等于连接电感的电抗 $L\omega_0$ [例 7.1 中，$L\omega_0\approx 23(R+r_{on})$]。计算式（7.28）中的微分项，等式两边 $\sin\theta$ 和 $\cos\theta$ 对应的系数取等，可得

$$\hat{V}_t\cos\delta=\hat{V}_s+\left(\frac{2L}{3\hat{V}_s}\right)\left(\frac{dP_s}{dt}+\omega_0 Q_s\right) \tag{7.29}$$

$$\hat{V}_t\sin\delta=\left(\frac{2L}{3\hat{V}_s}\right)\left(-\frac{dQ_s}{dt}+\omega_0 P_s\right) \tag{7.30}$$

式中，$\omega_0=d\theta/dt$ 是交流系统的频率。式（7.29）和式（7.30）两边取二次方并将两式对应项相加，可得

$$\hat{V}_t(t)=\left\{\hat{V}_s^2+\frac{4}{9}\left(\frac{L\omega_0}{\hat{V}_s}\right)^2(P_s^{\ 2}+Q_s^{\ 2})+\left(\frac{4L\omega_0}{3}\right)Q_s+\right.$$

$$\frac{4}{9}\left(\frac{L\omega_0}{\hat{V}_s}\right)^2\left[\left(\frac{1}{\omega_0}\frac{\mathrm{d}P_s}{\mathrm{d}t}\right)^2+\left(\frac{1}{\omega_0}\frac{\mathrm{d}Q_s}{\mathrm{d}t}\right)^2\right]+ \tag{7.31}$$

$$\left.\left[\frac{4L\omega_0}{3}+\frac{8}{9}\left(\frac{L\omega_0}{\hat{V}_s}\right)^2Q_s\right]\left(\frac{1}{\omega_0}\frac{\mathrm{d}P_s}{\mathrm{d}t}\right)+\left[-\frac{8}{9}\left(\frac{L\omega_0}{\hat{V}_s}\right)^2P_s\right]\left(\frac{1}{\omega_0}\frac{\mathrm{d}Q_s}{\mathrm{d}t}\right)\right\}^{\frac{1}{2}}$$

式（7.31）给出了稳态和暂态条件下VSC系统交流端电压的幅值；各相相电压如式（7.17）所示。根据式（5.10）~式（5.12），为了生成式（7.17）所示的交流端电压，所需的调制信号如下所示

$$\begin{cases}m_a(t)=(2/V_{DC})\hat{V}_t(t)\cos(\omega_0t+\theta_0+\delta)\\ m_b(t)=(2/V_{DC})\hat{V}_t(t)\cos\left(\omega_0t+\theta_0+\delta-\frac{2\pi}{3}\right)\\ m_c(t)=(2/V_{DC})\hat{V}_t(t)\cos\left(\omega_0t+\theta_0+\delta-\frac{4\pi}{3}\right)\end{cases} \tag{7.32}$$

式中，m_{abc}需满足下列约束：

$$\begin{cases}-1\leqslant m_a(t)\leqslant 1\\ -1\leqslant m_b(t)\leqslant 1\\ -1\leqslant m_c(t)\leqslant 1\end{cases}$$

因此，下面的不等式也必须成立：

$$\hat{V}_t(t)\leqslant V_{DC}/2 \tag{7.33}$$

不等式（7.33）揭示了PWM控制型VSC的一个本质缺陷。那就是，如果$|m|\leqslant 1$，VSC交流侧电压基波的最大幅值不能大于直流母线电压的一半。如果$|m|>1$，交流侧电压基波的幅值就会大于$V_{DC}/2$，这种调制过程称为过调制[16]。过调制会导致交流电压的频谱中出现低次谐波，因此本节中的研究只限于$|m|\leqslant 1$的情况。

根据式（7.31），VSC交流侧电压的幅值$\hat{V}_t(t)$包括稳态分量和暂态分量两部分。稳态分量由P_s和Q_s的稳态值决定，而暂态分量是$\mathrm{d}P_s/\mathrm{d}t$和$\mathrm{d}Q_s/\mathrm{d}t$的函数。最坏的情况是VSC工作在额定运行状态附近时，$\mathrm{d}P_s/\mathrm{d}t$和$\mathrm{d}Q_s/\mathrm{d}t$非常大（也就是$P_s$和$Q_s$快速地变化）。这种情况下，$\hat{V}_t$的值很大。在稳态下，微分项为零，式（7.31）可以简化为

$$\hat{V}_t=\sqrt{\hat{V}_s^{\ 2}+\frac{4}{9}\left(\frac{L\omega_0}{\hat{V}_s}\right)^2(P_s^{\ 2}+Q_s^{\ 2})+\left(\frac{4L\omega_0}{3}\right)Q_s} \tag{7.34}$$

通常，$L\omega_0<<\hat{V}_s$，因此式（7.34）可以进一步简化为

$$\hat{V}_{\mathrm{t}} \approx \sqrt{\hat{V}_{\mathrm{s}}^{2}+\left(\frac{4L\omega_0}{3}\right) Q_{\mathrm{s}}} \tag{7.35}$$

式（7.35）表明，在稳态条件下，VSC 交流侧端电压的最大幅值主要受无功功率大小的影响。根据例 7.1 中的参数，$\hat{V}_t/\hat{V}_s$ 关于 P_s 和 Q_s 的函数曲线如图 7.7 所示。当 Q_s 从 −1.0Mvar 变化到 1.0Mvar，而 $P_s \equiv 0$ 时，$\hat{V}_t/\hat{V}_s$ 关于 Q_s 的曲线如图 7.7a 所示。在图 7.7a 中，我们将根据式（7.35）得出的结果称为近似值，将根据式（7.34）得出的结果称为精确值。如图 7.7a 所示，当 $Q_s = 0$ 时，$\hat{V}_t/\hat{V}_s = 1$，并且 $\hat{V}_t/\hat{V}_s$ 近似地与 Q_s 成正比。如图 7.7b 所示，如果 $Q_s \equiv 0$，当有功不为零时，$\hat{V}_t$ 略大于 $\hat{V}_s$。因此，可以假设 $\hat{V}_t/\hat{V}_s$ 与 P_s 无关。

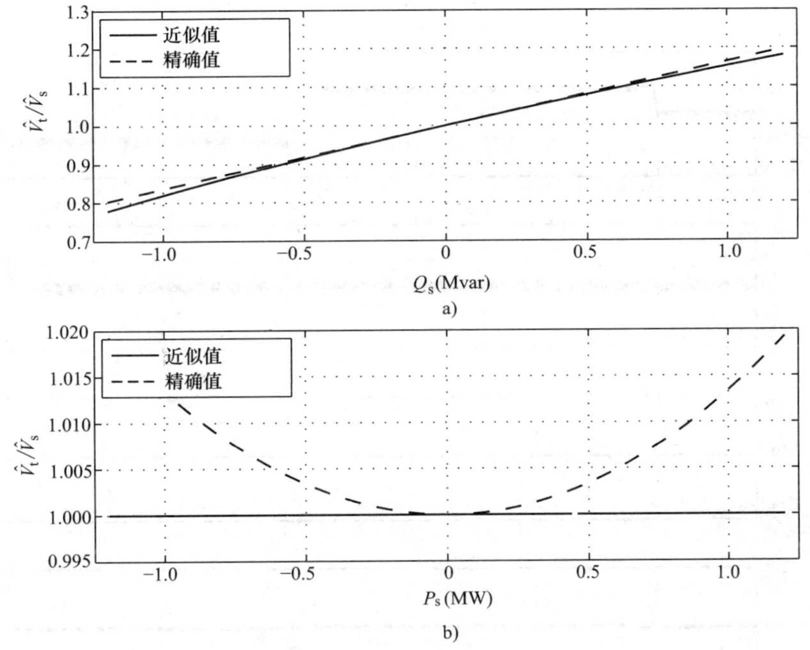

图 7.7　VSC 交流侧端电压归一化的变化曲线

a）$P_s \equiv 0$ 时电压随无功功率的变化　b）$Q_s \equiv 0$ 时电压随有功功率的变化

式（7.31）也可以进行简化，使简化结果中包括 P_s 和 Q_s 的暂态对交流端电压幅值的影响。假设 $L\omega_0 << \hat{V}_s$，式（7.31）可以简化为

$$\hat{V}_{\mathrm{t}}(t) \approx \hat{V}_{\mathrm{s}}^{2}+\left(\frac{4L\omega_0}{3}\right) Q_{\mathrm{s}}+\left(\frac{4L}{3}\right)\frac{\mathrm{d}P_{\mathrm{s}}}{\mathrm{d}t} \tag{7.36}$$

比较式（7.35）和式（7.36）可以发现，$\hat{V}_t$ 的暂态分量主要由 P_s 的变化决定；P_s 变化得越快，暂态分量越大。根据式（7.36），如果 P_s 不变，$\hat{V}_t$ 等于其稳态

值$\sqrt{\hat{V}_s^2+\frac{4L\omega_0}{3}Q_s}$，如式（7.35）所示。如果$P_s$开始增加（减小），$\hat{V}_t$将变得比其稳态值更大（更小）。根据$L$的值和$P_s$的上升时间，$\hat{V}_t$与其稳态值的偏离可能很大。例如，在例7.1的VSC系统中，$\hat{V}_t$对P_s和Q_s变化的响应如图7.8所示。在图7.8中，$t=0.25$s之前，$Q_s\equiv 0$，$\hat{V}_t$的稳态值等于$\hat{V}_s=391$V。但是，当$t=0.1372$s时，P_s从0迅速变为1.0MW，$\hat{V}_t$过冲到约725V后又恢复到扰动前的值。当$t=0.2$s时，P_s从1.0MW迅速变为-1.0MW，$\hat{V}_t$下冲到约40V后又恢复到扰动前的值。由图7.8还可见，如式（7.36）预计的那样，Q_s的快速变化（当$t=0.25$s时从0变为500kvar）不会造成$\hat{V}_t$的过冲或下冲，但会造成$\hat{V}_t$的稳态值发生变化(变大)。

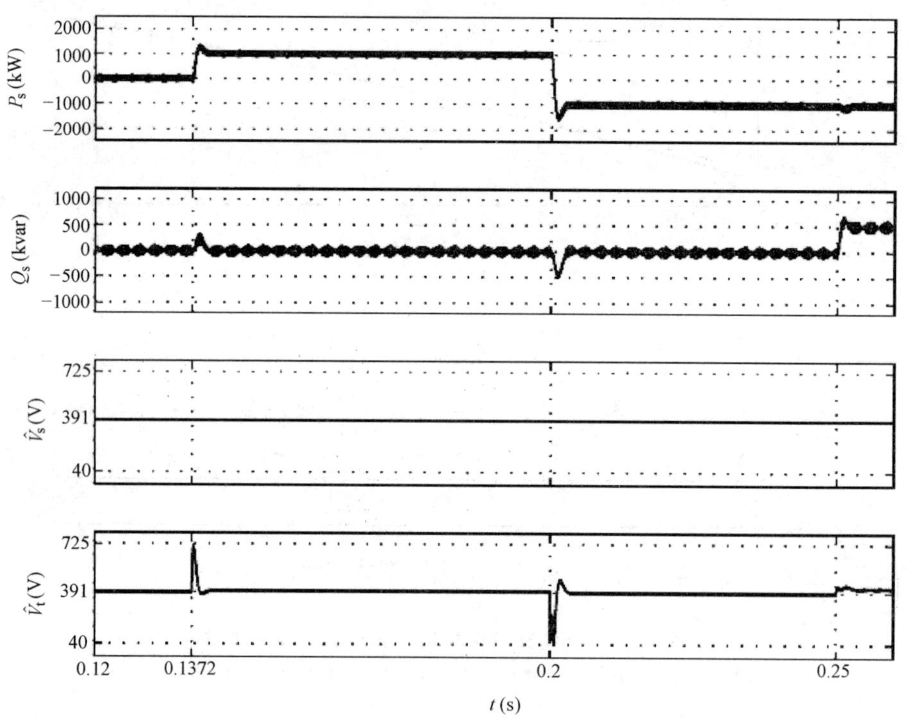

图7.8 例7.1中VSC的有功和无功功率发生变化时交流系统端电压幅值的变化

由之前的讨论可知，如果P_s迅速增加而Q_s保持为某个正值，$\hat{V}_t(t)$会产生一个很大的尖峰。通常，P_s和Q_s变化的时刻事先是未知的。因此，根据式（7.32），最坏的情况是当$\cos(\omega_0 t+\theta_0+\delta)$、$\cos\left(\omega_0 t+\theta_0+\delta-\frac{2\pi}{3}\right)$和$\cos\left(\omega_0 t+\theta_0+\delta-\frac{4\pi}{3}\right)$中的任一个等于或接近±1时，$\hat{V}_t(t)$此时达到峰值。为了适应最坏的情况，必须根据式（7.33）选取V_{DC}。在例7.1中，如图7.9所示，$\hat{V}_t(t)$大约在$t=0.1372$s时达到最大值，此时

$\cos(\omega_0 t+\theta_0+\delta)\approx 1$，因此 $m_a(t)$ 也同时达到最大值 1（见图 7.9）。

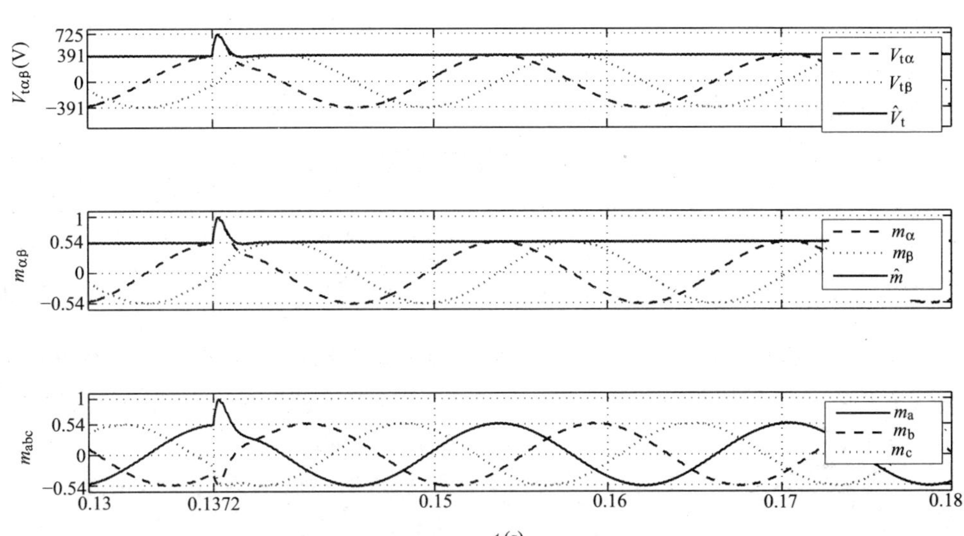

图 7.9　例 7.1 中 VSC 系统的 PWM 调制信号

7.3.5　现实的考量和权衡

根据 7.3.4 节的讨论，直流母线电压必须要大于两倍的 $\hat{V}_t(t)$［不等式 (7.33)］，所以希望 $\hat{V}_t(t)$ 较小。为了实现这个目标，由式（7.36）可知，L 应该选得较小，而且必须要限制有功功率 P_s 的变化率。实际上，L 值较小时，需要采用较大的 PWM 开关频率来保证 VSC 交流侧电流的谐波畸变较低，而 VSC 的损耗随着开关频率的增加而增加［见式（5.9）］。因此，经常需要在直流电压等级和 PWM 的开关频率之间做出权衡。

另一方面，为了限制 dP_s/dt，P_{sref} 的变化必须要平缓，这与 P_s 和 Q_s 的快速控制相矛盾。但是，P_{sref} 通常是外环控制回路的输出，外环控制回路的带宽比 α 和 β 轴电流控制器的带宽要小得多，因此外环控制回路不会使 P_{sref} 发生阶跃变化。如果在某些特定的应用中 P_{sref} 是直接给定的，P_{sref} 可以经过一个速率限制器。但是在实际应用中，类似例 7.1，P_{sref} 和 Q_{sref} 发生阶跃变化的情况并不常见。

7.3.6　含三次谐波注入的 PWM 调制

7.3.6.1　运行原理

如 7.3.4 节所述，根据 VSC 系统稳态和动态运行的要求，在 VSC 交流端可能需要相对较高的电压。根据第 2 章和第 6 章的内容，半桥变流器和三电平半桥 NPC 的（平均）交流端电压是

$$\hat{V}_t(t)=m(t)(V_{DC}/2) \tag{7.37}$$

式中，调制信号 $m(t)$ 是关于时间的函数并满足 $-1 \leqslant m(t) \leqslant 1$。因此，VSC 各相的交流端电压被限制为 $-V_{DC}/2 \leqslant V_t(t) \leqslant V_{DC}/2$。三次谐波注入 PWM 是一种扩大 $V_t(t)$ 范围的有效方法[70]。

如第 5 章和第 6 章所述，VSC 的三相调制信号可以表示为

$$m_a(t)=\hat{m}(t)\cos[\varepsilon(t)] \tag{7.38}$$

$$m_b(t)=\hat{m}(t)\cos\left[\varepsilon(t)-\frac{2\pi}{3}\right] \tag{7.39}$$

$$m_c(t)=\hat{m}(t)\cos\left[\varepsilon(t)-\frac{4\pi}{3}\right] \tag{7.40}$$

式中，$\hat{m}(t)$ 为调制信号 $m_{abc}(t)$ 的幅值，通常也是时间的函数。在暂态条件下，根据扰动和闭环控制回路的带宽，$\hat{m}(t)$ 会产生很大过冲。$\hat{m}(t)$ 何时达到峰值是事先未知的，唯一可以确定的是 $\hat{m}(t) \leqslant 1$，所以 $-1 \leqslant m_{abc}(t) \leqslant 1$。

三次谐波注入 PWM 将式（7.38）~式（7.40）所示的调制信号修正为

$$m_{aug\text{-}a}(t)=\hat{m}(t)\cos\varepsilon-\frac{1}{6}\hat{m}(t)\cos 3\varepsilon \tag{7.41}$$

$$m_{aug\text{-}b}(t)=\hat{m}(t)\cos\left(\varepsilon-\frac{2\pi}{3}\right)-\frac{1}{6}\hat{m}(t)\cos 3\left(\varepsilon-\frac{2\pi}{3}\right) \tag{7.42}$$

$$m_{aug\text{-}c}(t)=\hat{m}(t)\cos\left(\varepsilon-\frac{4\pi}{3}\right)-\frac{1}{6}\hat{m}(t)\cos 3\left(\varepsilon-\frac{4\pi}{3}\right) \tag{7.43}$$

如式（7.41）~式（7.43）所示，$m_{aug\text{-}b}$、$m_{aug\text{-}c}$ 与 $m_{aug\text{-}a}$ 的表达形式相同，但是相对 $m_{aug\text{-}a}$ 分别有 $-2\pi/3$ 和 $-4\pi/3$ 的相移。因此，我们主要通过 $m_{aug\text{-}a}$ 来研究 $m_{aug\text{-}abc}$。图 7.10a、b 所示分别为 $\hat{m}(t)=1$ 时 m_a 和 $m_{aug\text{-}a}$ 的波形。在这种情况下，如果采用传统的 PWM 调制（见图 7.10a），$\hat{m}(t)$ 的进一步增加会导致过调制。但是，如果采用 $m_{aug\text{-}a}$ 作为 PWM 调制信号，$m_{aug\text{-}a}$ 的峰值等于 0.869（见图 7.10b），$\hat{m}$ 可以增加到 1.15，也就是 1/0.869。因此，对于给定的直流母线电压，交流端电压的幅值可以增加 15%左右。或者换一种说法，对于给定的交流端电压，直流母线电压可以减小约 13%。

下面证明如果采用 $m_{aug\text{-}abc}$ 作为 PWM 的调制信号，VSC 系统的动态和稳态特性与 m_{abc} 用作调制信号时的情况相同。根据式（7.37），$m_{aug\text{-}abc}$ 用作 PWM 的调制信号时，VSC 交流端电压为

$$m_{taug\text{-}a}(t)=\hat{m}(t)\frac{V_{DC}}{2}\cos\varepsilon-\hat{m}(t)\frac{V_{DC}}{12}\cos 3\varepsilon \tag{7.44}$$

$$m_{taug\text{-}b}(t)=\hat{m}(t)\frac{V_{DC}}{2}\cos\left(\varepsilon-\frac{2\pi}{3}\right)-\hat{m}(t)\frac{V_{DC}}{12}\cos 3\varepsilon \tag{7.45}$$

$$m_{taug\text{-}c}(t)=\hat{m}(t)\frac{V_{DC}}{2}\cos\left(\varepsilon-\frac{4\pi}{3}\right)-\hat{m}(t)\frac{V_{DC}}{12}\cos 3\varepsilon \tag{7.46}$$

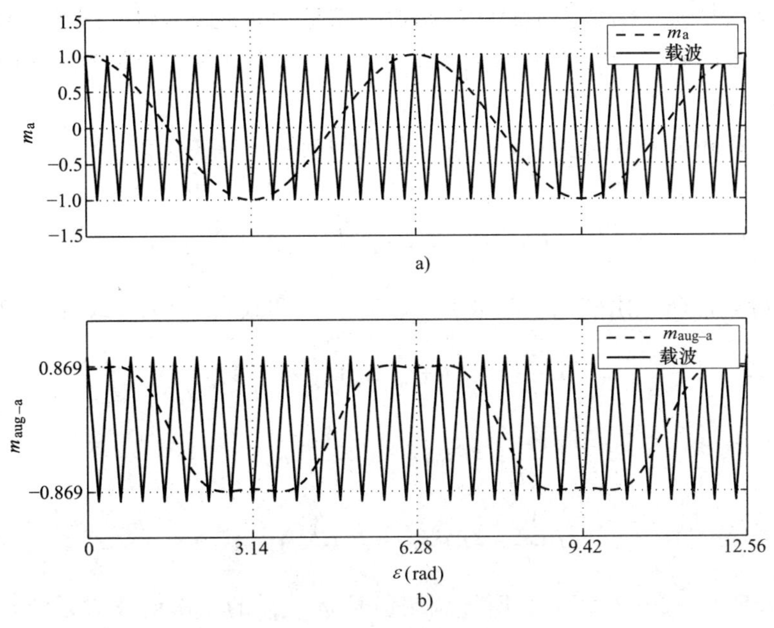

图 7.10　调制信号

a）传统的正弦 PWM　b）三次谐波注入 PWM

式中，$\hat{m}(t)\leqslant 1.15$。将式（7.44）~式（7.46）两边的对应项相加，可得

$$V_{\text{taug-a}}+V_{\text{taug-b}}+V_{\text{taug-c}}=-\hat{m}(t)\frac{V_{\text{DC}}}{4}\cos 3\varepsilon \tag{7.47}$$

参照图 7.3 中的 VSC 系统，将式（7.8）~式（7.10）两边对应项相加，可得

$$L\frac{\mathrm{d}}{\mathrm{d}t}(i_{\text{a}}+i_b+i_{\text{c}})=-(R+r_{\text{on}})(i_{\text{a}}+i_b+i_{\text{c}})+ \tag{7.48}$$
$$(V_{\text{taug-a}}+V_{\text{taug-b}}+V_{\text{taug-c}})-(V_{\text{sa}}+V_{\text{sb}}+V_{\text{sc}})-3V_{\text{null}}$$

因为 VSC 交流侧采用三线制接线，$i_{\text{a}}+i_{\text{b}}+i_{\text{c}}\equiv 0$。因此，将式（7.1）~式（7.3）中的 V_{sabc} 和式（7.47）中的（$V_{\text{taug-a}}+V_{\text{taug-b}}+V_{\text{taug-c}}$）代入式（7.48），可得

$$V_{\text{null}}=-\hat{m}(t)\frac{V_{\text{DC}}}{12}\cos 3\varepsilon \tag{7.49}$$

式（7.49）表明，PWM 调制信号的三次谐波分量被放大为原来的 $V_{\text{DC}}/2$ 倍，并出现在交流侧的中性点处。同样的结论也适用于调制信号中含有其他 3 倍频谐波的情况。如 4.2.4 节所述，三相对称波形的 3 倍频谐波对应的空间相量长度为零，因此被称为零序谐波。一般来说，调制信号的零序分量会被放大为原来的 $V_{\text{DC}}/2$ 倍，并出现在交流侧中性点处。

将式（7.44）~式（7.46）中的 $V_{\text{taug-abc}}$ 和式（7.49）中的 V_{null} 代入式（7.8）~

式（7.10），可得

$$L\frac{\mathrm{d}i_a}{\mathrm{d}t}=-(R+r_{on})i_a+\hat{m}(t)\frac{V_{DC}}{2}\cos\varepsilon-V_{sa} \tag{7.50}$$

$$L\frac{\mathrm{d}i_b}{\mathrm{d}t}=-(R+r_{on})i_b+\hat{m}(t)\frac{V_{DC}}{2}\cos\left(\varepsilon-\frac{2\pi}{3}\right)-V_{sb} \tag{7.51}$$

$$L\frac{\mathrm{d}i_c}{\mathrm{d}t}=-(R+r_{on})i_c+\hat{m}(t)\frac{V_{DC}}{2}\cos\left(\varepsilon-\frac{4\pi}{3}\right)-V_{sc} \tag{7.52}$$

式中，$\hat{m}(t)\leqslant 1.15$。比较式（7.38）~式(7.40）和式（7.50）~式（7.52），可得

$$L\frac{\mathrm{d}i_a}{\mathrm{d}t}=-(R+r_{on})i_a+\frac{V_{DC}}{2}m_a-V_{sa} \tag{7.53}$$

$$L\frac{\mathrm{d}i_b}{\mathrm{d}t}=-(R+r_{on})i_b+\frac{V_{DC}}{2}m_b-V_{sb} \tag{7.54}$$

$$L\frac{\mathrm{d}i_c}{\mathrm{d}t}=-(R+r_{on})i_c+\frac{V_{DC}}{2}m_c-V_{sc} \tag{7.55}$$

式（7.53）~式（7.55）表明，调制信号 $m_{aug\text{-}abc}$ 的三次谐波对系统暂态和稳态行为没有影响。式（7.53）~式（7.55）的空间相量表达式为

$$L\frac{\mathrm{d}\vec{i}}{\mathrm{d}t}=-(R+r_{on})\vec{i}+\frac{V_{DC}}{2}\vec{m}-\vec{V}_s \tag{7.56}$$

上式对应的 $\alpha\beta$ 轴方程为

$$L\frac{\mathrm{d}i_\alpha}{\mathrm{d}t}=-(R+r_{on})i_\alpha+\frac{V_{DC}}{2}m_\alpha-V_{s\alpha} \tag{7.57}$$

$$L\frac{\mathrm{d}i_\beta}{\mathrm{d}t}=-(R+r_{on})i_\beta+\frac{V_{DC}}{2}m_\beta-V_{s\beta} \tag{7.58}$$

式（7.57）~式（7.58）与式（7.14）~式（7.15）完全相同。因此，VSC 系统采用 $m_{aug\text{-}abc}$ 和 m_{abc} 作为 PWM 调制信号时的控制模型相同；但采用 $m_{aug\text{-}abc}$ 时，$\vec{m}$ 的幅值 $\hat{m}$ 可以高达 1.15，VSC 能够产生的最大交流电压为传统 PWM 方式的 1.15 倍。同理，对于给定的交流电压，三次谐波注入 PWM 可以使 VSC 的直流电压等级降低 13%。

7.3.6.2 实现方法

为了生成三次谐波注入 PWM 的调制信号，根据式（7.41）~式（7.43），$\hat{m}(t)$ 和 $\varepsilon(t)$ 的值是必需的。但是在图 7.3 所示的 VSC 系统中，控制器输出 m_α 和 m_β，然后经过 $\alpha\beta$ 到 abc 坐标系的变换生成 m_{abc}，因此必须将 $m_{aug\text{-}abc}$ 用 m_{abc}、m_α 和 m_β 表示。

考虑到 $m_{aug\text{-}a}$ 由式（7.41）给出，利用等式 $\cos 3\varepsilon=4\cos^3\varepsilon-3\cos\varepsilon$，式（7.41）可以重新写为

$$m_{\text{aug-a}}(t)=\frac{3}{2}\hat{m}(t)\cos\varepsilon-\frac{2}{3}\hat{m}(t)\cos^3\varepsilon \tag{7.59}$$

式（7.59）右边第二项乘以 $\hat{m}^2(t)/\hat{m}^2(t)$，可得

$$m_{\text{aug-a}}(t)=\frac{3}{2}\hat{m}(t)\cos\varepsilon-\frac{2}{3}\frac{[\hat{m}(t)\cos\varepsilon]^3}{\hat{m}^2(t)} \tag{7.60}$$

将式（7.38）代入式（7.60）中消去 $\hat{m}(t)\cos\varepsilon$，根据 $\hat{m}^2(t)=m_\alpha^2+m_\beta^2$，可得

$$m_{\text{aug-a}}(t)=\frac{3}{2}m_a(t)-\frac{2}{3}\frac{m_a^3(t)}{m_\alpha^2+m_\beta^2} \tag{7.61}$$

同理，可以推导得出 $m_{\text{aug-b}}$ 和 $m_{\text{aug-c}}$ 为

$$m_{\text{aug-b}}(t)=\frac{3}{2}m_b(t)-\frac{2}{3}\frac{m_b^3(t)}{m_\alpha^2+m_\beta^2} \tag{7.62}$$

$$m_{\text{aug-c}}(t)=\frac{3}{2}m_c(t)-\frac{2}{3}\frac{m_c^3(t)}{m_\alpha^2+m_\beta^2} \tag{7.63}$$

图 7.11 所示为输入为 m_α 和 m_β、输出为 $m_{\text{aug-abc}}$ 的信号变换器的示意图。图 7.12 所示为有功/无功功率控制器采用三次谐波注入 PWM 时的示意图。图 7.12 中的有功/无功功率控制器与图 7.3 所示相同，只是图 7.3 中的 $m_{\alpha\beta}-m_{abc}$ 模块被替换为图 7.11 所示的框图。三次谐波注入 PWM 适用于两电平 VSC（见图 6.19）和三电平 NPC（见图 6.18）。因此，对于图 7.3 和图 7.12 中的有功/无功功率控制器，VSC 可以是两电平 VSC 也可以是三电平 NPC。

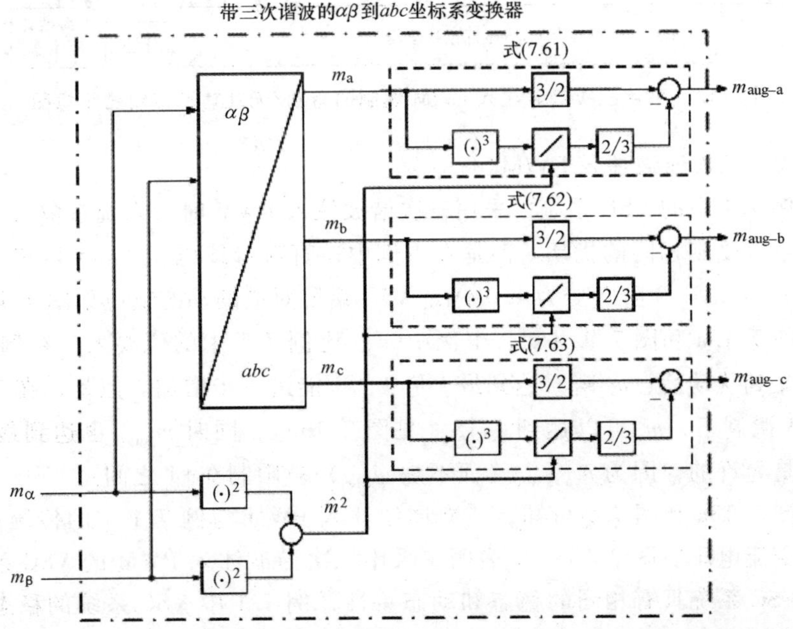

图 7.11　用于三次谐波注入 PWM 调制的 $\alpha\beta$ 到 abc 坐标系信号变换器框图

如图 7.12 所示，对于采用三次谐波注入 PWM 的 VSC，$m_{aug\text{-}abc}$ 的各相都被限制在±1 之间，类似于传统 PWM 调制下 VSC 的调制信号 $|m_{abc}|<1$。采用三次谐波注入 PWM 时，VSC 交流侧电压可以高达±1.15($V_{DC}/2$)，而不是传统 PWM 调制下的±$V_{DC}/2$。或者说，采用三次谐波注入 PWM 时，VSC 可以采用较低的直流母线电压，如下例所示。

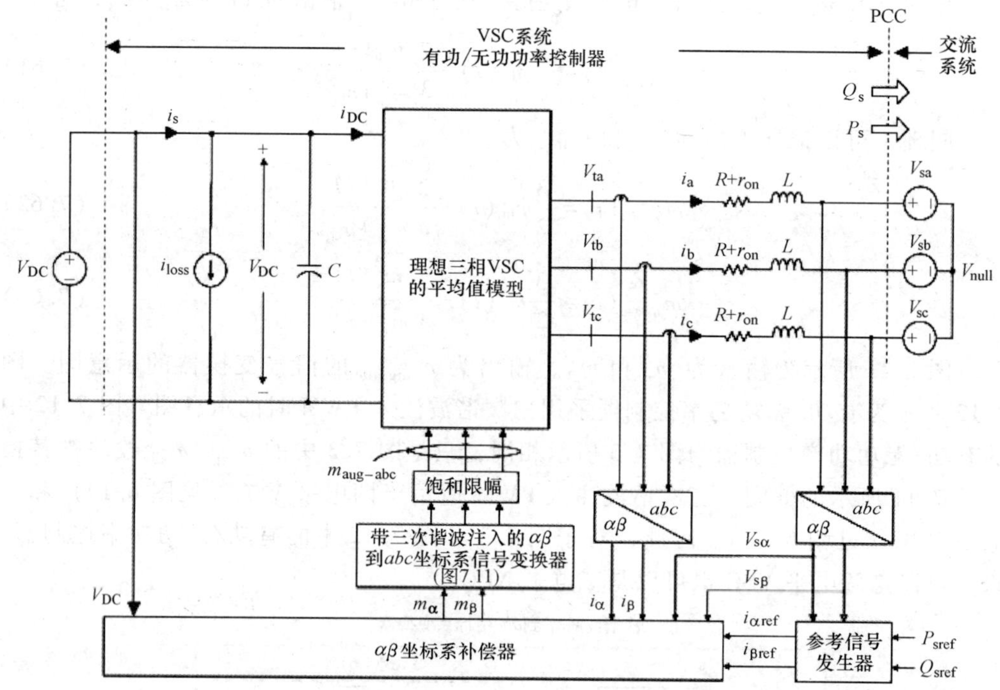

图 7.12 采用三次谐波注入 PWM 调制的有功/无功功率控制器示意图

例 7.2 三次谐波注入 PWM

对于例 7.1 中的 VSC 系统，采用三次谐波注入 PWM 时，系统参数与例 7.1 相同，并且系统受到相同的扰动。但是在本例中，直流母线电压 $V_{DC}=1250V$。当 $t=0.1372s$ 时，P_{sref}从 0 阶跃变为 1.0MW，VSC 系统对应的动态响应如图 7.13 所示。

比较图 7.13a 和图 7.9 可知，本例中 m_{abc} 比例 7.1 中的值要大。在例 7.1 中，VSC 系统受到扰动后，m_a瞬时达到最大值 1，不能进一步增加。但是，在三次谐波注入 PWM 调制下，m_a可以达到 1.15（见图 7.13a），同时 $m_{aug\text{-}a}$ 也达到最大值 1。这种情况是允许的，因为 $m_{aug\text{-}abc}$（而不是 m_{abc}）被限制在±1 之间。

比较图 7.13a 和图 7.9 可知，三次谐波注入 PWM 与例 7.1 中的传统 PWM 产生相同的交流电压。图 7.13d、e 表明，采用三次谐波注入 PWM 的 VSC 系统和例 7.1 中的 VSC 系统具有相同的稳态和动态特性，例 7.1 中 VSC 系统的稳态和动态特性如图 7.6 所示，但本例中直流母线电压比例 7.1 中的值低 13%。

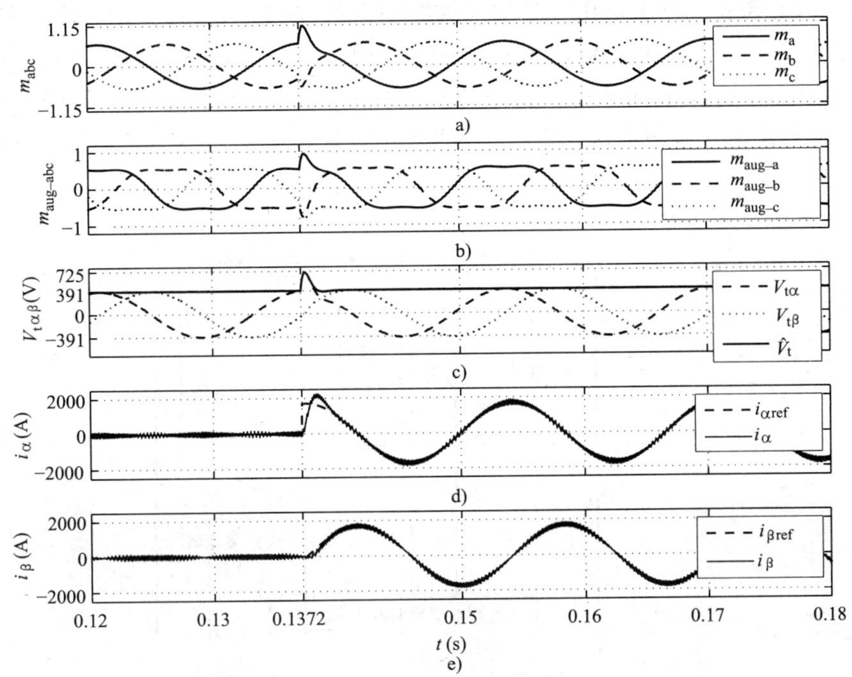

图 7.13　例 7.2 中采用三次谐波注入 PWM 调制时 VSC 系统的动态响应

7.4　基于三电平 NPC 的有功/无功功率控制器

图 7.3 和 7.12 中的有功/无功功率控制器可以采用三电平 NPC 代替两电平 VSC。根据 6.7.4 节中的统一动态模型，三电平 NPC 系统 α 轴和 β 轴补偿器的设计可以遵循与两电平 VSC 相同的步骤。唯一的区别是三电平 NPC 还需要 6.7.2 节所述的直流电压平衡控制，需要根据图 6.17 所示框图、三电平 NPC 的参数和工作范围来设计直流电压平衡控制器。直流电压平衡控制器的设计与 α 轴和 β 轴电流控制器的参数无关。本节将介绍直流电压平衡控制器的设计步骤。

假设图 7.3 或 7.12 中的有功/无功功率控制器采用图 7.14 所示的三电平 NPC。直流电压平衡控制的框图与图 6.17 所示框图一样，为了便于参考，在图 7.15 中重新给出。图 7.15 表明，控制对象是一个可变增益为 $-\hat{i}\cos\gamma$ 的积分器。其中，如第 6 章所述，$\hat{i}$ 是交流电流的幅值；γ 等于交流端电压相角减去交流电流相角，也就是 VSC 的功率因数角。$\hat{i}$ 和 γ 都是三电平 NPC 工作点的函数，因此 $-\hat{i}\cos\gamma$ 可以有不同的（正或负）值。因此，一个固定结构的补偿器，虽然在某个特定的工作点是稳定的，但在另一工作点可能是不稳定的。为了使开环增益不依赖于工作点，补偿器的输出可以除以 $-\hat{i}\cos\gamma$（见图 7.15）。因为变流器系统是在 $\alpha\beta$ 坐标系下进行控制的，最好将$-\hat{i}\cos\gamma$用$\alpha\beta$坐标系变量表示。

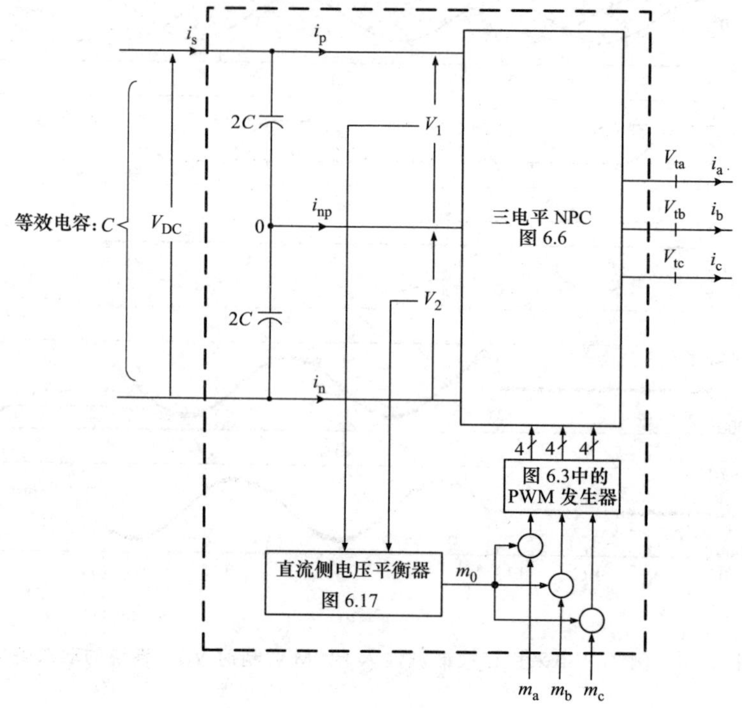

图 7.14 三电平 NPC 的框图

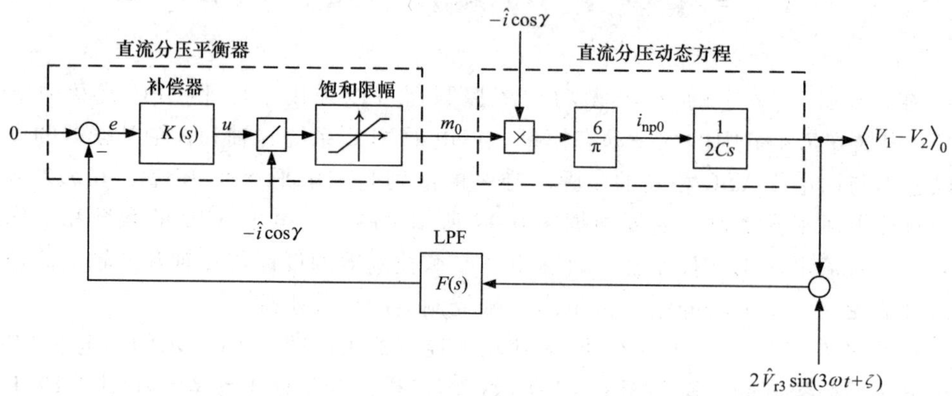

图 7.15 图 7.14 中三电平 NPC 的直流电压平衡控制框图

三电平 NPC 的调制波形为

$$m_a(t)=m_0+\hat{m}(t)\cos[\varepsilon(t)]-\frac{1}{6}\hat{m}(t)\cos[3\varepsilon(t)] \tag{7.64}$$

$$m_b(t)=m_0+\hat{m}(t)\cos\left[\varepsilon(t)-\frac{2\pi}{3}\right]-\frac{1}{6}\hat{m}(t)\cos[3\varepsilon(t)] \tag{7.65}$$

$$m_c(t)=m_0+\hat{m}(t)\cos\left[\varepsilon(t)-\frac{4\pi}{3}\right]-\frac{1}{6}\hat{m}(t)\cos[3\varepsilon(t)] \tag{7.66}$$

以上调制波形由式（6.46）~式（6.48）中的调制信号加上三次谐波分量得出。根据式（7.37），交流端电压为

$$V_{ta}(t)=m_0\frac{V_{DC}}{2}+\hat{m}(t)\frac{V_{DC}}{2}\cos[\varepsilon(t)]-\frac{1}{6}\hat{m}(t)\frac{V_{DC}}{2}\cos[3\varepsilon(t)] \tag{7.67}$$

$$V_{tb}(t)=m_0\frac{V_{DC}}{2}+\hat{m}(t)\frac{V_{DC}}{2}\cos\left[\varepsilon(t)-\frac{2\pi}{3}\right]-\frac{1}{6}\hat{m}(t)\frac{V_{DC}}{2}\cos[3\varepsilon(t)] \tag{7.68}$$

$$V_{tc}(t)=m_0\frac{V_{DC}}{2}+\hat{m}(t)\frac{V_{DC}}{2}\cos\left[\varepsilon(t)-\frac{4\pi}{3}\right]-\frac{1}{6}\hat{m}(t)\frac{V_{DC}}{2}\cos[3\varepsilon(t)] \tag{7.69}$$

根据式（4.2），式（7.67）~式（7.69）等效的空间相量为

$$\vec{V}(t)=\hat{m}(t)\frac{V_{DC}}{2}e^{j\varepsilon(t)} \tag{7.70}$$

根据式（6.35）~式（6.37），变流器交流侧电流为

$$i_a(t)=\hat{i}\cos[\varepsilon(t)-\gamma(t)] \tag{7.71}$$

$$i_b(t)=\hat{i}\cos\left[\varepsilon(t)-\gamma(t)-\frac{2\pi}{3}\right] \tag{7.72}$$

$$i_c(t)=\hat{i}\cos\left[\varepsilon(t)-\gamma(t)-\frac{4\pi}{3}\right] \tag{7.73}$$

对应的空间相量为

$$\vec{i}(t)=\hat{i}(t)e^{j\varepsilon(t)}e^{-j\gamma(t)} \tag{7.74}$$

根据式（4.38），流出变流器交流端的瞬时有功功率为

$$P_t(t)=\mathrm{Re}\left\{\frac{3}{2}\vec{v}_t(t)\vec{i}^{\,*}(t)\right\}=\frac{3}{4}V_{DC}\hat{m}(\hat{i}\cos\gamma) \tag{7.75}$$

式（7.75）两边同时除以（3/4）$V_{DC}\hat{m}$，可得

$$\hat{i}\cos\gamma=\frac{4}{3V_{DC}\hat{m}}P_t(t) \tag{7.76}$$

如果忽略连接电抗器的瞬时功率损耗，$P_t(t)\approx P_s(t)$，式（7.76）可改写为

$$\hat{i}\cos\gamma\approx\frac{4}{3V_{DC}\hat{m}}P_s(t) \tag{7.77}$$

式（7.77）表明，由于 $\hat{m}$ 和 V_{DC} 始终为正，$\hat{i}\cos\gamma$ 和 $P_s(t)$ 的符号相同。此外，V_{DC} 通常被控制为一个相对固定的值，并且 $\hat{m}$ 的变化范围通常很小，如从 0.7 到

1.0㊀。因此，$\hat{i}\cos\gamma$ 近似地与 $P_s(t)$ 成正比。根据式（7.77），图 7.15 中直流电压平衡系统的开环增益主要是三电平 NPC 和交流系统之间交换的有功功率的函数，在逆变模式$[P_s(t)\geqslant 0]$下开环增益为正，在整流模式$[P_s(t)\leqslant 0]$下开环增益为负。

图 7.16 所示为图 7.15 中的控制框图，其中，控制对象中的可变增益$-\hat{i}\cos\gamma$ 已经根据式（7.77）替换为用 P_s表示的等价表达式。但是，图 7.16 只在控制回路中补偿了 P_s的符号，开环增益的大小还是与 P_s的绝对值成正比；而无论 P_s的符号如何，开环增益的符号始终为正。

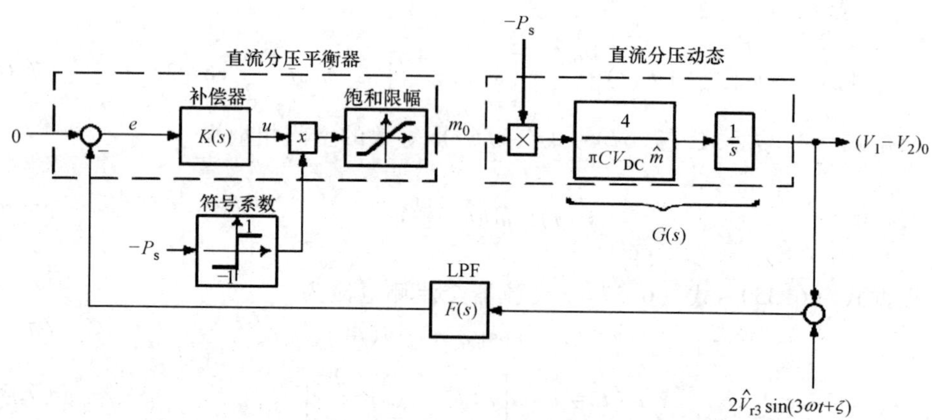

图 7.16　图 7.14 中三电平 NPC 直流电压平衡控制的修正框图

对于图 7.16 中的控制回路，P_s可以看成扰动输入。在稳态情况下，即使 $K(s)$ 只是一个增益，扰动也不会影响输出$\langle V_1-V_2\rangle_0$。这是因为控制对象中包含一个积分项。补偿器增益可以根据变流器的额定有功功率来选择。因此，开环增益和闭环系统的带宽随着 P_s的减小而减小。但是，这对于直流电压平衡控制系统来说不是问题，因为控制系统的参考指令，也就是两个直流电容电压差值的参考值，通常都设为零并且不会发生变化。

如 6.7.2 节所述，V_1-V_2中的三次谐波分量最大，必须通过滤波器 $F(s)$ 把三次谐波滤除。可以通过为 $F(s)$ 设置一对共轭复数零点 $s=\pm j(3\omega_0)$来实现上面的目标。另外，$F(s)$ 还需要有至少两个极点㊁，即 $F(s)$ 的传递函数应该是有理真分式㊂。下面的例子将详细说明设计过程。

例 7.3　基于三电平 NPC 的有功/无功功率控制器

对于图 7.12 中的 VSC 系统，采用图 7.14 所示的三电平 NPC 和三次谐波注入

㊀ 就如在 7.3.4 节所见，$\hat{m}$ 在稳态下是无功功率的函数，但如果有功功率快速变化，$\hat{m}$会显著偏离其稳态值。

㊁ 这可以构成一个阻止频率为 $3\omega_0$ 的陷波滤波器。

㊂ 根据定义，有理真分式的分母阶数大于或等于分子阶数。

PWM 时，系统参数和控制器与例 7.1 相同，除了：$2C=19250\mu F$，$r_{on}=0.44m\Omega$，$V_{DC}=1.25kV$。在图 7.12 中，系统的额定功率为 $P_s=1.0MW$。根据 $\hat{m}=2\hat{V}_t/V_{DC}$，假设 $\hat{V}_t\approx\hat{V}_s=0.391kV$，可得 $\hat{m}\approx0.63$。因此，图 7.16 所示闭环系统中控制对象的传递函数为

$$G(s)=\left(\frac{4}{\pi CV_{DC}\hat{m}}\right)\frac{1}{s}=\frac{168}{s}[(kA)^{-1}]$$

$F(s)$ 取为

$$F(s)=\frac{s^2+(3\omega_0)^2}{(s+3\omega_0)^2}=\frac{s^2+1131^2}{s^2+2262s+1131^2}$$

式中，$\omega_0=377rad/s$。然后，V_1-V_2 中的三次谐波分量得到抑制，$F(s)$ 的直流增益为 1，当频率大于 $3\omega_0$ 时开环增益急剧下降。如果补偿器只是一个增益，$K(s)=k$，$|P_s|=1MW$，则开环增益为

$$\ell(s)=K(s)G(s)F(s)|P(s)|=(168k)\frac{s^2+1131^2}{s(s^2+2262s+1131^2)}$$

当 $\omega\leqslant\omega_0/10$ 时，$\ell(j\omega)$ 的相位一直稳定地维持在 $-90°$ 附近，对应的相位裕度为 90°。当 $\omega>\omega_0/10$ 时，由于在 $\omega=3\omega_0$ 处存在一对实极点，相位以 $-90°/dec$ 的斜率下降。因此，如果我们需要 70°的相位裕度，应将开环增益的截止频率 ω_c 选为 218rad/s，比 $\omega_0/10$ 大 1.93dB。将 $\omega_c=218$ rad/s 代入 $|\ell(j\omega)|=1$，可得 $k=1.4(kV)^{-1}$。此时，对应的准确的相位裕度是 68°，闭环极点位于 $s=-1910$ rad/s 和 $s=-294\pm j267$ rad/s。图 7.17 所示为开环增益和闭环传递函数的频率响应，可以看到，闭环系统的带宽大约为 $\omega_b=400$ rad/s。闭环传递函数为 $G_{cl}(s)=|P_s|K(s)G(s)/[1+\ell(s)]$。

图 7.18 和图 7.19 所示为有功/无功功率控制器在有功/无功指令值发生阶跃变化时的动态响应。根据 6.7.4 节中的 VSC 统一模型可以预测，本例（采用三电平 NPC 的）和例 7.1 中（采用两电平 VSC 的）有功/无功功率控制器的动态响应一致。图 7.8 和图 7.15 的对比证实了这点。图 7.19a～c 所示分别为调制信号 m_{abc}、加到调制信号中来平衡直流分压的直流偏移量 m_0 和三次谐波注入信号 $m_{aug\text{-}abc}$。如图 7.19b 所示，在暂态期间，图 7.16 中的闭环控制器通过调节 m_0 来维持直流电压 V_1 和 V_2。由图 7.19d 可见，在暂态期间 V_1 和 V_2 的直流分量保持不变，但三次谐波分量根据运行情况会发生变化。正如第 6 章所解释的，当变流器的功率因数减小时，三电平 NPC 中点电流的三次谐波分量增大。因此，如图 7.19d 所示，在 $t=0.25s$ 以后，三电平 NPC 开始发出无功功率，V_1 和 V_2 的纹波（三次谐波）增大。

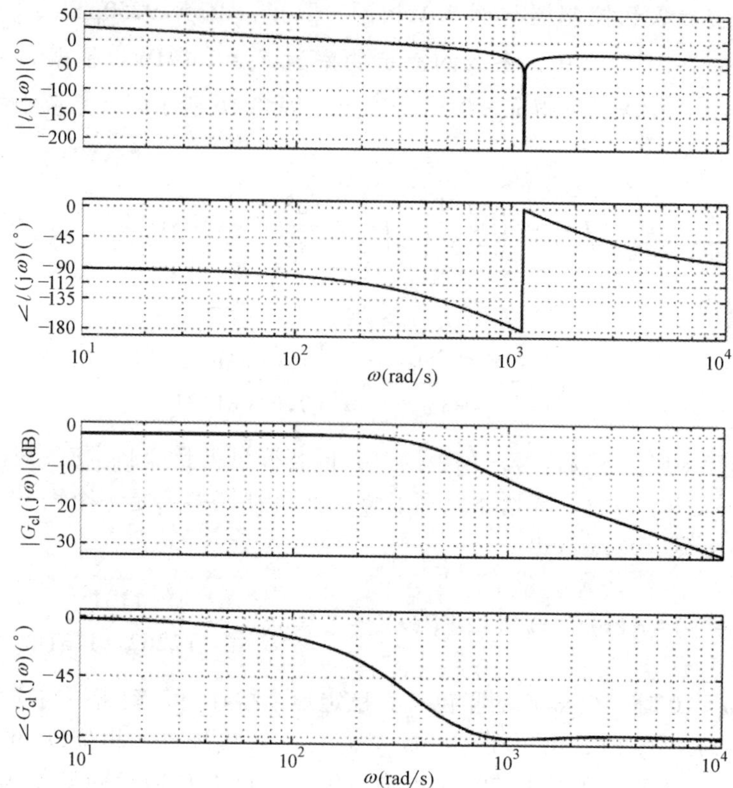

图 7.17　图 7.16 直流电压平衡控制器的开环和闭环频率响应

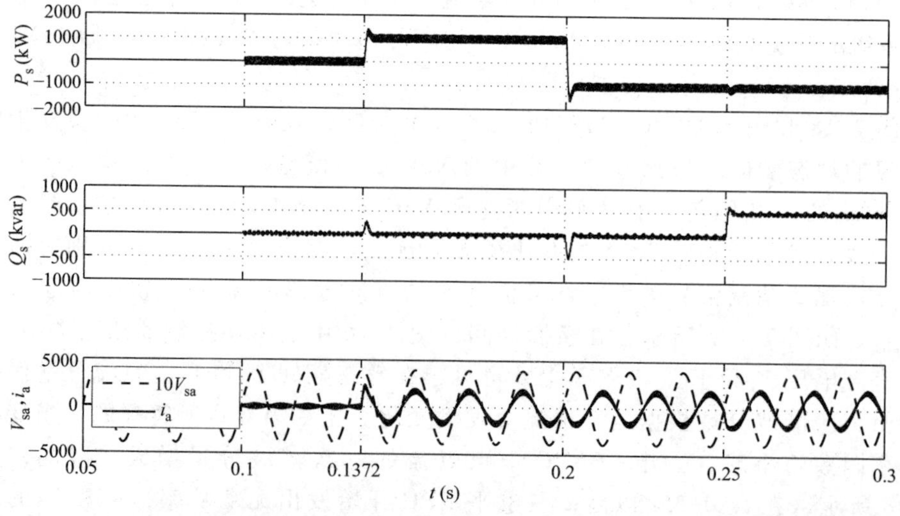

图 7.18　例 7.3 中三电平 NPC 有功功率和无功功率的动态响应，与例 7.1 中的图 7.5 对比

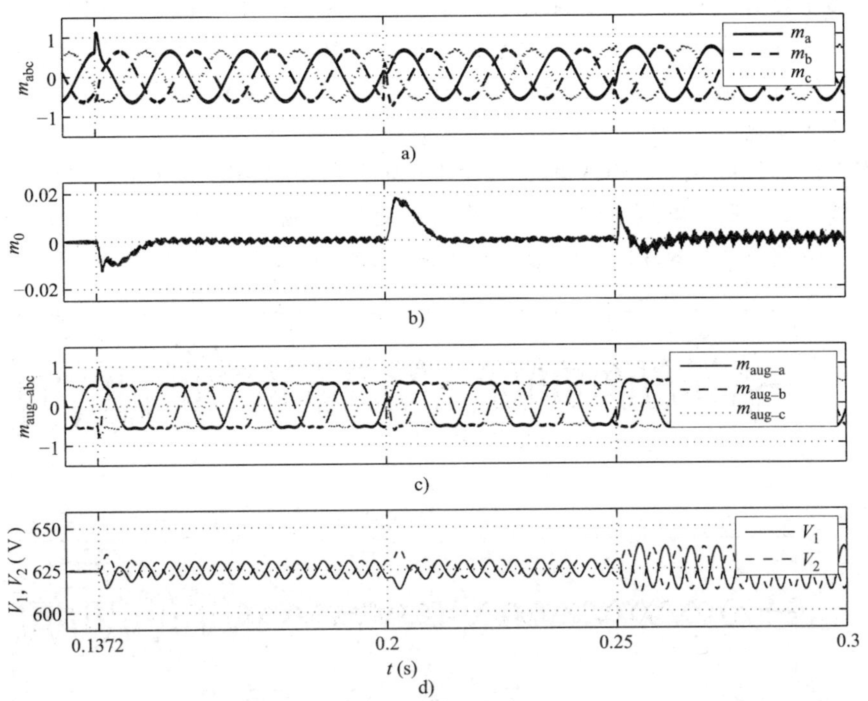

图 7.19 调制信号、平衡直流分压的直流偏移量和例 7.3 中变流器系统的直流侧分压

7.4.1 基于三次谐波注入 PWM 的三电平 NPC 中点电流

6.6.3 节推导了三电平 NPC 中点电流的公式，并得出结论：基于传统 PWM，中点电流可以近似为下面的三次谐波分量：

$$i_{np}(t) \approx (0.764\hat{m}\hat{i})\sqrt{1-0.555\cos^2\gamma}\cdot\cos(3\varepsilon+\zeta) \tag{7.78}$$

式中，γ 为三电平 NPC 的功率因数角；$\zeta=\pi-\tan^{-1}(1.5\tan\gamma)$。由式（7.78）可知，中点电流三次谐波幅值的变化范围为

$$0.51\hat{m}\hat{i} \leqslant \hat{i}_{np} \leqslant 0.76\hat{m}\hat{i} \tag{7.79}$$

式中，下限对应单位功率因数，而上限对应零功率因数。采用三次谐波注入 PWM 时，三电平 NPC 的中点电流可表示为

$$i_{np}(t) \approx (0.709\hat{m}\hat{i})\sqrt{1-0.934\cos^2\gamma}\cdot\cos(3\varepsilon+\zeta) \tag{7.80}$$

式中，γ 为变流器的功率因数角；$\zeta=\tan^{-1}(3.9\tan\gamma)$。将式（7.64）中的 m_a 代入式（6.31），按照 6.6.3 节的详细步骤可以推导得出式（7.80）。如式（7.80）所示，采用三次谐波注入 PWM 时，中点电流幅值的变化范围为

$$0.18\hat{m}\hat{i} \leqslant \hat{i}_{np} \leqslant 0.71\hat{m}\hat{i} \tag{7.81}$$

式中，类似于式（7.79），下限对应单位功率因数，上限对应零功率因数。对比式（7.81）和式（7.79）可见，如果三电平 NPC 以高功率因数运行，也就是说，如

果变流器主要处理有功功率，采用三次谐波注入 PWM 时，中点电流的幅值和直流分压的三次纹波会小很多。这可以看作三电平 NPC 采用三次谐波注入 PWM 的另一个优点。随着变流器功率因数的减小，三次谐波注入 PWM 调制下中点电流的减小变得不那么明显。

当直流母线电压为 1500V 时，传统 PWM 和三次谐波注入 PWM 调制下三电平 NPC（例 7.3）直流电压中的三次谐波电压对比如图 7.20 所示。由图 7.20 可见，采用三次谐波注入 PWM 时，纹波的幅值减小到大约原来的一半。

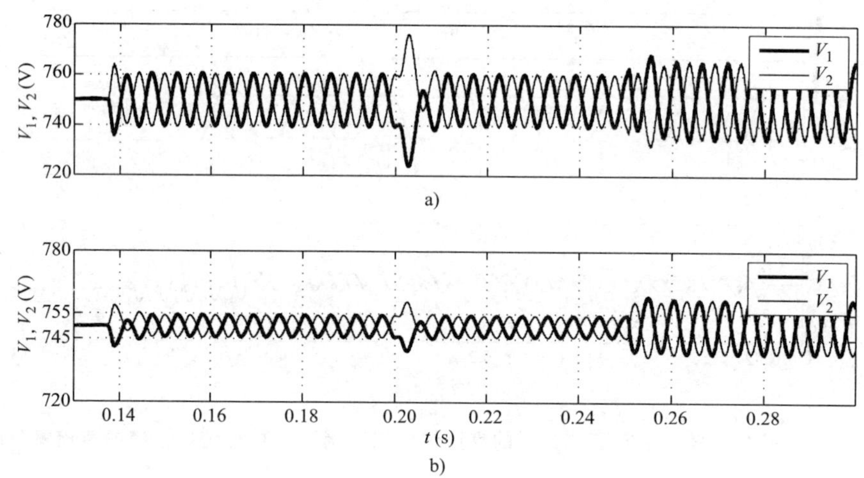

图 7.20 三电平 NPC 直流分压中的三次谐波

a）传统 PWM b）三次谐波注入 PWM

需要注意的是，相关技术文献已经提出用三次谐波注入 PWM 调制来消除中点电流和直流电容电压的三次谐波[71]。如参考文献［71］所述，为了消除中点电流的三次谐波，PWM 调制信号必须加上一个三次谐波分量，该三次谐波分量的幅值和相角都是 γ 的函数；对于任意 γ，对应的幅值和相角都可以查表得出[71]。由于修正后的调制信号不是式（7.41）~式（7.43）所描述的形式，参考文献［71］提出的 PWM 调制策略不能使 VSC 由直流电压到交流电压的增益最大㊀。参考文献［71］中的方法主要是为了抑制三次谐波电压纹波、减轻直流电容承受的相关压力以及抑制由纹波产生的交流电压低阶谐波。

7.5 直流电压受控的功率端口

有功/无功功率控制器的目标是控制 VSC 系统和交流系统所交换的有功功率和

㊀ 如 7.3.6 节所述，直流到交流电压的增益对于传统 PWM 来说为 $V_{DC}/2$，对于三次谐波注入 PWM 来说是 $1.15V_{DC}/2$。

无功功率，结构如图 7.3 和图 7.13 所示。在有功/无功功率控制器中，VSC 的直流侧连接了一个理想的直流电压源，该直流电压源决定了直流母线电压。因此，VSC 系统充当了交流系统和直流电压源之间功率双向流通的路径。但在很多应用中，如光伏和燃料电池系统中，VSC 直流侧连接的不是电压源，而是需要和交流系统进行功率交换的电源。因此，直流母线电压不是由电压源决定的，而是需要进行控制，这种情况如图 7.21 所示。

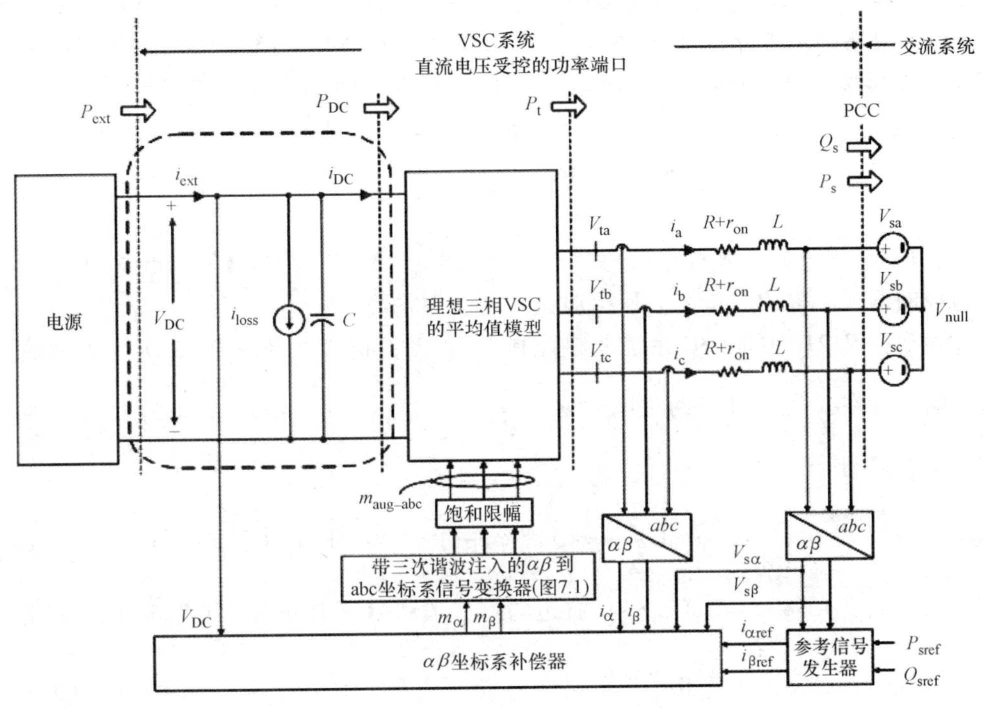

图 7.21 直流电压受控功率端口的示意图

图 7.21 中的 VSC 系统本质上和图 7.12 中的 VSC 系统相同，只是用直流电压可变的直流电源代替了直流电压源。电源通常代表了一个电力电子单元（或一组单元），电力电子单元后面是功率的主要来源，如光伏阵列、变速风力发电机组、燃料电池单元或汽轮发电机组。我们可以把它看成一个黑盒，并假设这个黑盒和 VSC 直流侧交换时变的有功功率 $P_{ext}(t)$。下文中，我们把图 7.21 中的 VSC 系统称为直流电压受控的功率端口。直流电压受控的功率端口是 STATCOM、背靠背的 HVDC 系统和变速风力发电单元中不可缺少的一部分，以上内容将分别在第 11、12 和 13 章中进行讨论。

7.5.1 直流电压受控的功率端口模型

因为图 7.21 中的 VSC 系统没有直流电压源，图中圈出区域内的任何功率不平衡都会导致直流母线电压的波动（以及潜在的不稳定）。因此，图 7.21 中的直流电压受控的功率端口需要对直流电压 V_{DC} 进行控制。通常，$P_{ext}(t)$ 是一个外部信号，不能由 VSC 系统进行控制。因此，为了保证功率平衡，必须通过 VSC 系统对 P_{DC} 进行控制。在图 7.21 所示 VSC 系统中，功率平衡方程可以表示为

$$P_{ext}-P_{loss}-\frac{d}{dt}\left(\frac{1}{2}CV_{DC}^2\right)=P_{DC} \tag{7.82}$$

式中，$P_{loss}=V_{DC}i_{loss}$，$P_{DC}=V_{DC}i_{DC}$，式（7.82）左边第三项为直流母线电容能量的变化率。需要注意的是，根据 6.7.4 节的统一动态模型，式（7.82）对于两电平 VSC 和三电平 NPC 都成立。但是，三电平 NPC 等效的直流母线电容是它每个直流侧电容的一半。将 $P_{DC}=P_t$ 代入式（7.82），经过重新整理可得

$$\left(\frac{C}{2}\right)\frac{dV_{DC}^2}{dt}=P_{ext}-P_{loss}-P_t \tag{7.83}$$

式中，P_t 为 VSC 交流侧的有功功率。式（7.83）表示一个以 V_{DC}^2 为状态变量、以 P_t 为控制输入、以 P_{ext} 和 P_{loss} 为扰动输入的动态系统。

由于图 7.21 中的 VSC 系统能够控制 P_s 和 Q_s，我们可以用 P_s 和 Q_s 来表示输入 P_t。因此，在式（7.11）两边同时乘以 $\frac{3}{2}\vec{i}^*$，根据 $\vec{i}\vec{i}^*=\hat{i}^2$，只取等式两边的实数部分，可得

$$\frac{3L}{2}\mathrm{Re}\left\{\frac{d\vec{i}}{dt}\vec{i}^*\right\}=-\frac{3}{2}(R+r_{on})\hat{i}^2+\mathrm{Re}\left\{\frac{3}{2}\vec{v}_t\vec{i}^*\right\}-\mathrm{Re}\left\{\frac{3}{2}\vec{v}_s\vec{i}^*\right\} \tag{7.84}$$

根据式（4.38），式（7.84）右边的第二项和第三项分别等于 P_t 和 P_s，因此，

$$\frac{3L}{2}\mathrm{Re}\left\{\frac{d\vec{i}}{dt}\vec{i}^*\right\}=-\frac{3}{2}(R+r_{on})\hat{i}^2+P_t-P_s \tag{7.85}$$

由式（7.85）可以解得 P_t 为

$$P_t=P_s+\frac{3}{2}(R+r_{on})\hat{i}^2+\frac{3L}{2}\mathrm{Re}\left\{\frac{d\vec{i}}{dt}\vec{i}^*\right\} \tag{7.86}$$

如例 4.5 所示，$\frac{3L}{2}\mathrm{Re}\left\{\frac{d\vec{i}}{dt}\vec{i}^*\right\}$ 项为三相电感 L 吸收的瞬时功率［见式（4.41）］，$\frac{3}{2}(R+r_{on})\hat{i}^2$ 为三相电感中的电阻引起的损耗。

实际上，$(R+r_{on})$ 的值很小，与 P_t 和 P_s 相比，$(R+r_{on})$ 上的损耗可以忽略不计。不过，暂态期间三相电感吸收的功率还是很显著的。这是因为大功率 VSC 的开关频率受功率损耗的限制，为了抑制谐波，电感 L 必须要足够大。另外，因为 $\alpha\beta$ 坐标系中电流控制器的控制速度很快，在有功/无功功率指令跟踪过程中 $\vec{i}$ 的幅

值和相角可以快速变化。将 $\vec{i}=i_\alpha+\mathrm{j}i_\beta$ 代入式（4.41），可得

$$\frac{3L}{2}\mathrm{Re}\left\{\frac{\mathrm{d}\vec{i}}{\mathrm{d}t}\vec{i}^{\,*}\right\}=\frac{3L}{4}\frac{\mathrm{d}}{\mathrm{d}t}(i_\alpha^2+i_\beta^2)=\frac{3L}{4}\frac{\mathrm{d}\hat{i}^2}{\mathrm{d}t} \tag{7.87}$$

根据式（4.40），可以得出

$$P_s+\mathrm{j}Q_s=\frac{3}{2}\vec{v}_s\vec{i}^{\,*} \tag{7.88}$$

将式（7.88）的共轭复数与式（7.88）相乘，可得

$$P_s^2+Q_s^2=\frac{9}{4}\hat{V}_s^2\hat{i}^2 \tag{7.89}$$

将式（7.89）中的 $\hat{i}^2$ 代入式（7.87），并假设 $\hat{V}_s$ 是常数，可得

$$\frac{3L}{2}\mathrm{Re}\left\{\frac{\mathrm{d}\vec{i}}{\mathrm{d}t}\vec{i}^{\,*}\right\}=\left(\frac{L}{3\hat{V}_s^2}\right)\frac{\mathrm{d}P_s^2}{\mathrm{d}t}+\left(\frac{L}{3\hat{V}_s^2}\right)\frac{\mathrm{d}Q_s^2}{\mathrm{d}t} \tag{7.90}$$

因此，式（7.86）可以改写为

$$P_t\approx P_s+\left(\frac{2L}{3\hat{V}_s^2}\right)P_s\frac{\mathrm{d}P_s}{\mathrm{d}t}+\left(\frac{2L}{3\hat{V}_s^2}\right)Q_s\frac{\mathrm{d}Q_s}{\mathrm{d}t} \tag{7.91}$$

将式（7.91）中的 P_t 代入式（7.83），有

$$\frac{\mathrm{d}V_{DC}^2}{\mathrm{d}t}=\frac{2}{C}P_{ext}-\frac{2}{C}P_{loss}-\frac{2}{C}\left[P_s+\left(\frac{2LP_s}{3\hat{V}_s^2}\right)\frac{\mathrm{d}P_s}{\mathrm{d}t}\right]+\frac{2}{C}\left[\left(\frac{2LQ_s}{3\hat{V}_s^2}\right)\frac{\mathrm{d}Q_s}{\mathrm{d}t}\right] \tag{7.92}$$

式（7.92）描述了 V_{DC}^2 的动态特性。根据式（7.92），V_{DC}^2 为输出量，P_s 为控制输入，P_{ext}、P_{loss} 和 Q_s 为扰动输入。因此，为了控制 V_{DC}^2，可以构建如图 7.22 所示的控制器。该控制器包括一个外环回路和一个嵌套在其中的内环控制回路。外环回路比较 V_{DC}^2 和参考指令 V_{DCref}^2 后，将误差输入补偿器，补偿器输出 P_{ref} 到内环控制回路。内环控制回路为 7.3 节所述的有功功率控制器，可以将 P_s 控制为其参考值 P_{sref}。

图 7.22 中的系统可以实现无功的独立控制。如果指令值 Q_{sref} 为零，VSC 可以以单位功率因数运行。Q_{sref} 可以根据交流系统的无功需求设定为正值或负值，这也是 STATCOM 的运行原理。如果交流系统的等效阻抗很大，PCC 处的电压将会随着负载和有功功率的变化而变化。在这种情况下，PCC 处的电压可以通过控制 Q_s 来调整，具体由闭环系统来监测 PCC 处的电压并确定 Q_{sref}。STATCOM 运行模式和基于无功控制的交流电压调整策略将在第 11 章中进行讨论。

如图 7.22 所示，P_{ext} 的估计值作为前馈信号与补偿器的输出 $K_v(s)$ 相加。因此，P_{sref} 可以迅速地反映 P_{ext} 的变化，从而减小 P_{ext} 的变化对 V_{DC}^2 的影响。在很多应用中，可以对 P_{ext} 进行估算。例如，如果图 7.22 中与 VSC 系统相连的电源是另外一个控制电机的 VSC 系统，假设忽略电机和 VSC 的损耗，那么 P_{ext} 近似等于电机

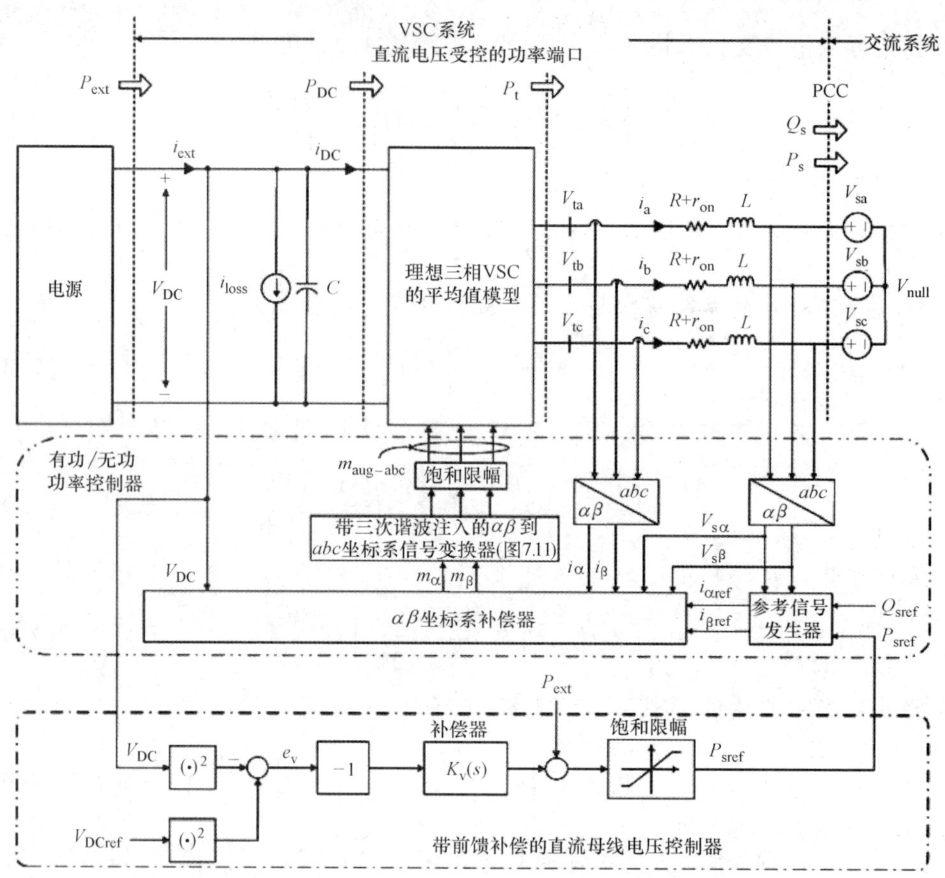

图 7.22 带直流母线电压调节器的直流电压受控的功率端口示意图

转矩和转速的乘积。图 7.22 还表明，补偿器的输出加上 P_{ext} 的测量值后，在输入有功控制器之前先经过一个饱和限幅模块，这可以保证直流母线电压显著偏离其参考值或 P_{ext} 有较大偏移时，VSC 受到过电流保护。

在图 7.22 中的 VSC 系统中，$K_v(s)$ 根据式（7.92）进行设计。因此，不论稳态还是暂态条件下，V_{DC}^2 都受到 P_{ext} 和 P_{loss} 的影响。P_{ext} 的影响很大程度上被前馈补偿削弱了。但是，由于不能测量或准确地估算 P_{loss}，所以不能通过前馈补偿来抑制 P_{loss} 的影响。为了消除由 P_{loss} 引起的 V_{DC}^2 的稳态误差，$K_v(s)$ 必须包含一个积分项。由于控制对象中包含了一个积分项，为了保持稳定和足够的相位裕度，$K_v(s)$ 必须同时包含一个零点。

由于 $P_s\dfrac{dP_s}{dt}$ 和 $Q_s\dfrac{dQ_s}{dt}$ 项的存在，式（7.92）表述的控制对象是非线性的。因此，为了设计 $K_v(s)$，首先在一个稳定工作点处将式（7.92）线性化。将式（7.92）中的微分项设为零后，可以通过式（7.92）计算得出稳定工作点，因此

$$P_{s0}=P_{ext0}-P_{loss}\approx P_{ext0} \tag{7.93}$$

将式（7.92）线性化为

$$\frac{d\widetilde{V}_{DC}^2}{dt}=\frac{2}{C}\widetilde{P}_{ext}-\frac{2}{C}\left[\widetilde{P}_s+\left(\frac{2L}{3\hat{V}_s^2}\right)P_{s0}\frac{d\widetilde{P}_s}{dt}\right]+\frac{2}{C}\left[\left(\frac{2LQ_{s0}}{3\hat{V}_s^2}\right)\frac{d\widetilde{Q}_s}{dt}\right] \tag{7.94}$$

式中，符号~表示小信号扰动。将式（7.94）变换到复频域中，$\widetilde{P}_s$到$\widetilde{V}_{DC}^2$的传递函数为

$$G_v(s)=\widetilde{V}_{DC}^2(s)/\widetilde{P}_s(s)=-\left(\frac{2}{C}\right)\frac{\tau s+1}{s} \tag{7.95}$$

式中，时间常数τ为

$$\tau=\frac{2LP_{s0}}{3\hat{V}_s^2}=\frac{2LP_{ext0}}{3\hat{V}_s^2} \tag{7.96}$$

如式（7.96）所示，τ与（稳态）有功功率P_{ext0}（或P_{s0}）成正比。式（7.96）表明，如果P_{ext0}很小，τ也很小，整个控制对象主要是一个积分器。随着P_{ext}的增加，τ变大，$G_v(s)$会产生一个相移。在逆变模式下，P_{ext0}为正，τ也为正，$G_v(s)$的相角变大。在整流模式下，P_{ext0}为负，τ也为负，$G_v(s)$的相角会减小；P_{ext0}的绝对值越大，$G_v(s)$的相角越小。根据式（7.95），控制对象的零点为$z=-1/\tau$。因此，τ为负时，对应的零点在右半平面，整个直流电压受控的功率端口在整流模式下表现为一个非最小相位系统[72]。如7.5.3节所述，非最小相位系统的零点引起的相角减小不利于闭环系统的稳定性。

7.5.2　直流电压受控功率端口的直流母线电压控制

图7.23所示为图7.22中直流电压受控功率端口的直流母线电压控制框图。该控制框图由$K_v(s)$、有功功率控制器$G_p(s)$和式（7.95）所描述的控制对象$G_v(s)$组成。如图7.22和图7.23所示，$K_v(s)$乘以-1来抵消$G_v(s)$的负号。因此，回路增益为

$$\ell(s)=-K_v(s)G_p(s)G_v(s) \tag{7.97}$$

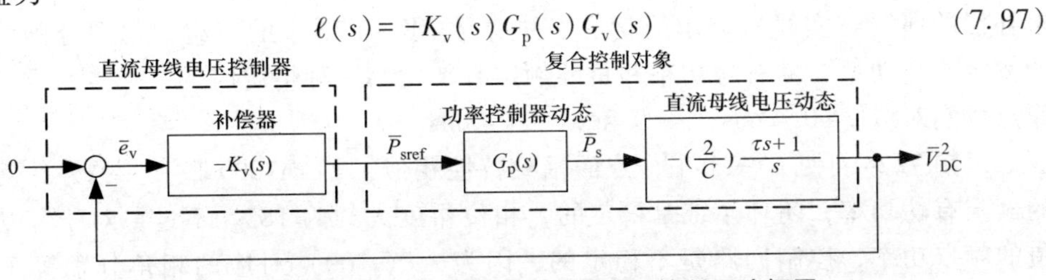

图7.23　基于线性化模型的直流母线电压控制回路框图

令$K_v(s)$为

$$K_v(s)=\left(\frac{C}{2}\right)\frac{H(s)}{s} \tag{7.98}$$

式中，$H(s)$ 表示 $K_v(s)$ 中在 $s=0$ 处没有零点的那部分传递函数。将式（7.98）中的 $K_v(s)$ 和式（7.95）中的 $G_v(s)$ 分别代入式（7.97），可得

$$\ell(s)=H(s)G_p(s)\frac{\tau s+1}{s^2} \tag{7.99}$$

设计目标是选择 $H(s)$ 使 $\ell(j\omega)$ 在 $\omega=\omega_c$处以-20dB/dec 的斜率穿越 0dB，并且使 $\ell(j\omega)$ 的相角大于-180°以保持一个合理的相位裕度。实现上述目标要考虑到下列情况：①$G_p(j\omega)$ 在高频时的相角为负，这会减小相位裕度；②根据有功功率的不同，τ 有不同的值。

为了确保 $G_p(j\omega_c)$ 引起的相位延迟可以忽略不计，选择的 ω_c应该远远低于 $G_p(j\omega_c)$的带宽，使得 $G_p(j\omega_c)\approx 1+j0$。因此，可以选择 ω_c为 $G_p(j\omega)$ 带宽的10%~50%。但是，不应该把这看成直流母线电压控制器的主要限制条件。这是因为一个非常快的直流母线电压控制器是不必要的，甚至不是我们想要的；在大功率 VSC 系统中，尤其是使用三电平 NPC 时，直流母线电容通常很大，因此直流母线电压不能快速地变化。

假设 $G_p(j\omega_c)\approx 1$，式（7.99）可以重新写为

$$\ell(j\omega_c)\approx H(j\omega_c)\frac{j\tau\omega_c+1}{-\omega_c^2} \tag{7.100}$$

选择 $G_p(j\omega_c)$ 时应该保证：① $|\ell(j\omega_c)|=1$；② $\ell(j\omega_c)$有一定的相位裕度，即 $\angle\ell(j\omega_c)$大于-180°一定的角度。下面的例子详细说明了设计过程。

例 7.4 直流母线电压控制器的设计

对于图 7.22 中的直流电压受控的功率端口，系统参数和控制器与例 7.1 相同，$C=9625\mu F$。变流器系统的额定功率为±1MW。因此，根据式（7.96），τ 的变化范围是-0.43~0.43ms。如例 7.1 所示，$\alpha\beta$ 轴控制器的带宽为 $\omega_b=3820\text{rad/s}$。因此，我们选择直流母线电压控制回路的截止频率为 $\omega_c=700\text{rad/s}$。

我们首先调整 $H(s)$ 的增益，使得 $|\ell(j\omega_c)|=1$。根据式（7.100），由于 $(\tau\omega_c)^2\ll 1$，如果 $H(j\omega_c)=\omega_c^2$，那么开环增益在 $\omega=\omega_c$时等于 1。图 7.24 中标示为未补偿的曲线（实线）表示的就是这种情况。图 7.24 中的三组伯德图分别对应正的额定有功功率、零有功功率和负的额定有功功率三种情况时的工作点，这三个工作点分别对应 $\tau=0.43\text{ms}$、$\tau=0$ 和 $\tau=-0.43\text{ms}$。

由图 7.24 可见，三个工作点的幅频特性相似，$|\ell(j700)|=1$。另外，对于正的额定有功功率，闭环系统是稳定的，相位裕度大约为 18°。不过，对于零功率和负的额定功率，控制回路是不稳定的，因为 $\angle\ell(j700)$ 对应的相角分别等于 180°和-197°。根据本例中的参数，对于正的额定功率，闭环系统是稳定的，尽管控制效果不好；在功率逐渐变为负值时，系统变得不稳定[72]。

设计补偿器时，我们应该考虑对应负额定功率工作点的这种最坏情况，即 $\angle\ell(j700)\approx -197°$。如果需要 45°的相位裕度，$\angle\ell(j700)$ 必须增加 62°，这可以

通过一个超前滤波器来实现，如例 3.6 所述。令 $H(s)$ 为超前滤波器：

$$H(s)=h\frac{s+(p_1/\alpha)}{s+p_1} \tag{7.101}$$

式中，p_1为滤波器的极点；α 为大于 1 的常数。超前滤波器的最大相位为

$$\delta_{\mathrm{m}}=\arcsin\left(\frac{\alpha-1}{\alpha+1}\right) \tag{7.102}$$

对应的频率为

$$\omega_{\mathrm{m}}=\frac{p_1}{\sqrt{\alpha}} \tag{7.103}$$

在本例中，$\delta_{\mathrm{m}}=62°$，$\omega_{\mathrm{c}}=\omega_{\mathrm{m}}=700\mathrm{rad/s}$。因此，根据式（7.102）和式（7.103），可得 $\alpha=16.1$，$p_1=2808\mathrm{rad/s}$，式（7.101）可表示为

$$H(s)=h\frac{s+174.4}{s+2808} \tag{7.104}$$

根据$|H(\mathrm{j}700)|=\omega_{\mathrm{c}}^2$ 求解 h，可解得 $h=1965666\mathrm{s}^{-2}$。将式（7.104）中的 $H(s)$ 代入式（7.98），可得

$$K_{\mathrm{v}}(s)=9459\frac{s+174.4}{s(s+2808)}[\Omega^{-1}] \tag{7.105}$$

补偿后的开环增益伯德图如图 7.24 中的虚线所示。由图 7.24 可见，对于三个工作点，补偿后 $\ell(\mathrm{j}\omega)$ 的幅频特性和未补偿前相似，$|\ell(\mathrm{j}700)|=1$。但是开环增益的相频特性得到了改善，对应正额定功率、零功率和负额定功率的$\angle\ell(\mathrm{j}700)$ 分别为−101°、−117°和−135°，各自对应的相位裕度分别为 79°、63°和 45°。

当图 7.22 中直流电压控制回路的前馈补偿被取消时，直流电压受控功率端口的时间响应如图 7.25 所示。另外，最初直流电源是不工作的，$P_{\mathrm{ext}}=0$，VSC 的门控脉冲闭锁，控制器不工作。交流系统通过 3 个 0.5Ω 电阻与三相电抗相连，每个电抗器串联一个电阻。接下来，直流母线电容通过 VSC 开关单元中的反向并联二极管逐渐充电到 660V（见图 7.25c）。当 $t=0.1\mathrm{s}$ 时，3 个启动电阻（0.5Ω）被旁路，门控脉冲解锁，控制器开始工作。为了限制直流母线电容的充电电流，也为了避免直流母线电压产生大的过冲，从 $t=0.1\mathrm{s}$ 开始，V_{DCref}以 50V/ms 的斜率从 660V 变化到 1250V，如图 7.25c 所示。为了跟踪 V_{DCref}，直流母线电压控制器强迫 P_{s}变为负值，如图 7.25a 所示。图 7.25a、c 显示，在 $t=0.135\mathrm{s}$ 之前，V_{DC} 稳定在 V_{DCref}，P_{s}为一个很小的值，对应 P_{loss}。

当 $t=0.1372\mathrm{s}$ 时，直流电源的 P_{ext}从 0 跃变为 1MW，这导致 V_{DC}产生了过冲，如图 7.25c 所示。不过，直流母线电压控制器通过增加 P_{s}来维持功率平衡（见图 7.25a）。当 $t=0.2\mathrm{s}$ 时，P_{ext}从 1MW 跃变为−1MW。因此，直流母线电压控制器将 P_{s}由 1MW 减小到−1MW（见图 7.25a），经过一个下冲后直流电压被控制在 V_{DCref}，如图 7.25c 所示。当 $t=0.25\mathrm{s}$ 时，Q_{sref}发生一个从 0 到 500kvar 的阶跃变化（见

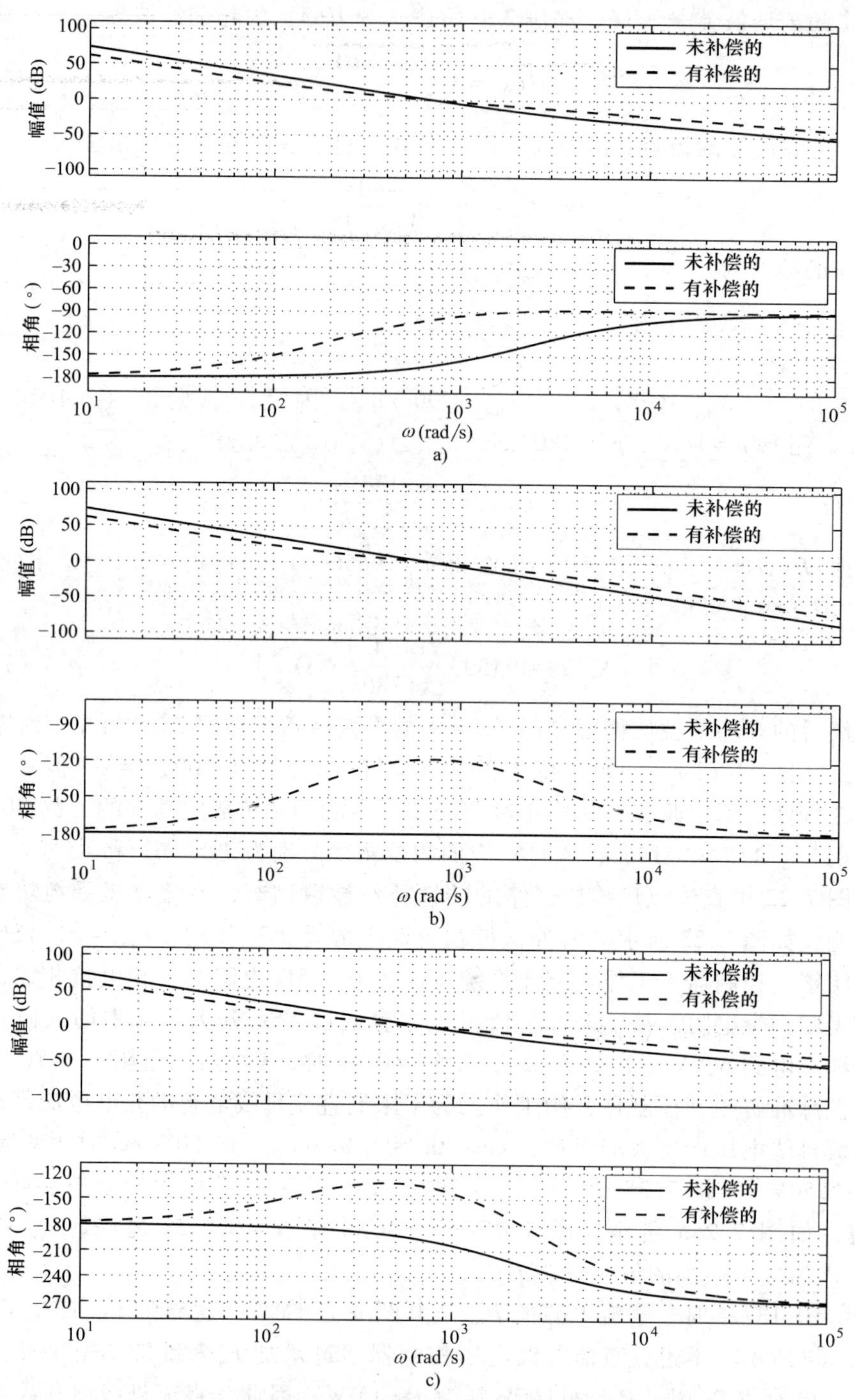

图 7.24 例 7.4 中直流母线电压控制器开环增益的伯德图

a）正的额定有功功率 b）零额定有功功率 c）负额定有功功率

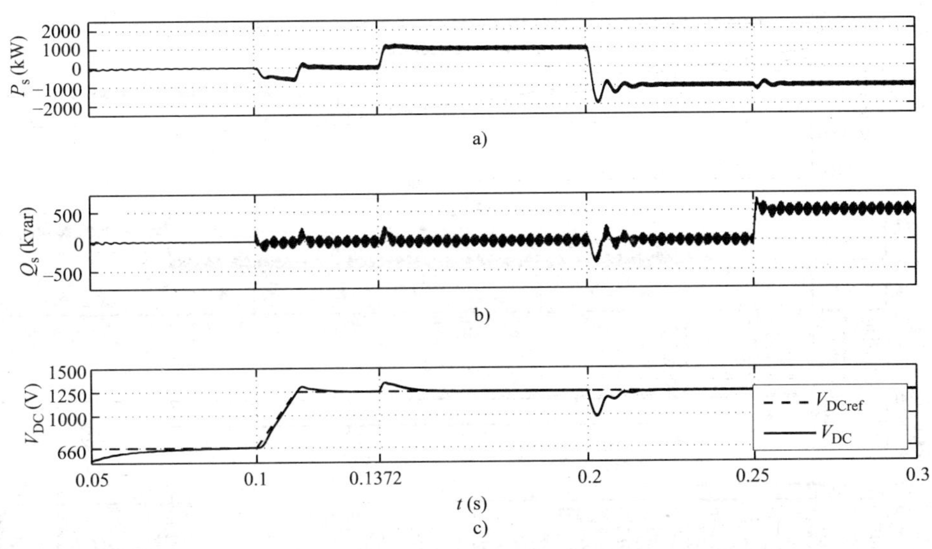

图 7.25　例 7.4 中没有前馈补偿情况下直流电压受控的功率端口在 P_s和 Q_s发生变化时的直流母线电压响应

图 7.25b），但这个扰动对直流电压几乎没有影响，如图 7.25c 所示。这是因为，根据式（7.92），$2L/(3\hat{V}_s^2)$ 代表了 Q_s对于 dV_{DC}^2/dt 的影响，该值通常很小。

图 7.26 所示为图 7.22 中的直流电压受控的功率端口对图 7.25 中相应事件的响应，不同的是图 7.26 中 P_{ext}的测量值作为前馈信号加到了 $K_v(s)$ 的输出上。图 7.26c 和图 7.25c 的对比表明，在带有前馈补偿的控制系统中，V_{DC}与其参考值的偏差非常小。由于前馈补偿使 P_{ext}的变化被迅速反映到 P_{sref}，与没有前馈补偿相比，P_s的响应速度变快，如图 7.26a 所示。

7.5.3　简化和精确模型

在 7.5.1 节直流母线电压控制的动态模型中，我们利用功率平衡原理，在式（7.91）中考虑了 RL 串联支路（电抗）的瞬时功率。但是，在一些文献中通常忽略连接电抗的瞬时功率，并假设 $P_t=P_s$[73-76]。我们把这种模型称为简化模型。在式（7.83）中用 P_t代替 P_s，可以推导出简化模型为

$$\left(\frac{C}{2}\right)\frac{dV_{DC}^2}{dt}=P_{ext}-P_{loss}-P_s \tag{7.106}$$

式（7.106）描述了一个以 V_{DC}^2为输出、以 P_s为控制输入、以 P_{ext}和 P_{loss}为扰动输入的线性系统。根据式（7.106），P_s到 V_{DC}^2的传递函数为

$$G_v(s)=V_{DC}^2(s)/P_s(s)=-\left(\frac{2}{C}\right)\frac{1}{s} \tag{7.107}$$

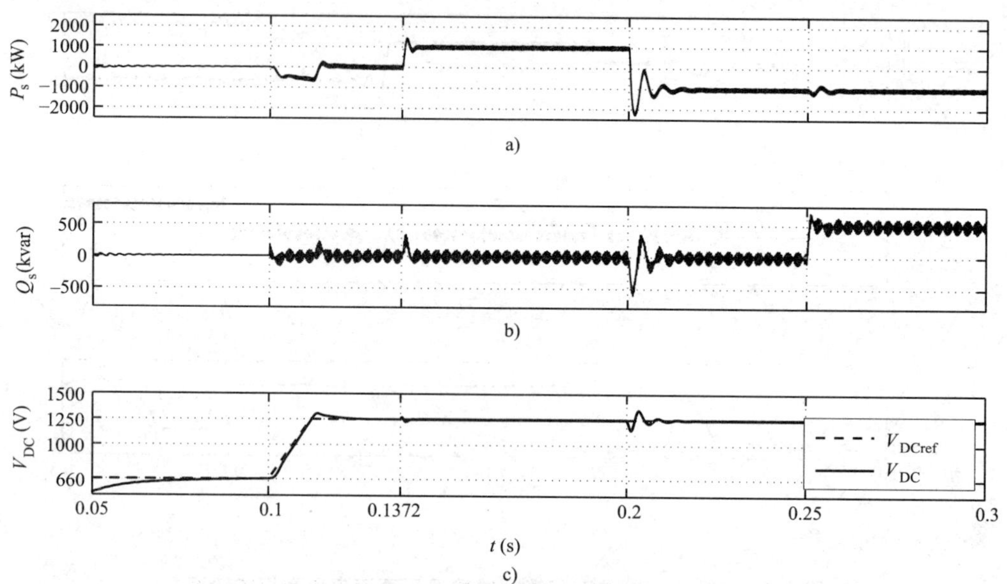

图 7.26 例 7.4 中带前馈补偿时直流电压受控的功率端口在 P_s 和 Q_s 发生变化时的直流母线电压响应

如式（7.107）所示，如果 VSC 系统和交流系统交换的功率为 0 或者时间常数 τ 为零，简化模型等价于式（7.95）所示的精确模型。因此，可以这样认为，根据式（7.107）中的简化模型设计得出的补偿器等价于根据式（7.95）中的精确模型在零有功功率条件下设计的 $K_v(s)$。如例 7.4 所述，对于补偿器设计而言，零有功功率时的工作点并不是最坏的情况，因为开环增益的相角在整流模式下会进一步减小。简化模型也不能反映出开环增益的相位在整流模式下会急剧减小。因此，根据式（7.107）所示的简化模型得出的补偿器设计可能会导致系统的动态性能低下甚至不稳定[72]，例 7.5 将会对这一点做进一步说明。

例 7.5 整流模式下的不稳定性

考虑图 7.22 中直流电压受控的功率端口，参数为：$L=200\mu H$，$R=2.38m\Omega$，$r_{on}=0.888\ m\Omega$，$V_d=1.0V$，$V_{DC}=1250V$，$f_s=1620Hz$。交流系统线电压的有效值为 480V，频率为 377rad/s。有功/无功功率控制器的 α 和 β 轴补偿器分别为

$$K_\alpha(s)=K_\beta(s)=2516\left(\frac{s+16.34}{s^2+377^2}\right)\left(\frac{s+966}{s+5633}\right)\left(\frac{s+2}{s+0.05}\right)[\Omega] \tag{7.108}$$

每个补偿器对应的闭环回路的带宽约为 $\omega_b=3820rad/s$（更多细节参见例 3.6）。前馈滤波器的传递函数为：$G_{ff}(s)=1/(8\times10^{-6}s+1)$。本例中，PWM 开关频率小于例 7.4 中 VSC 系统的开关频率。因此，为了减小交流电流的谐波畸变，连接电抗比例 7.4 中 VSC 系统中的要大。不过，由于开关频率的减小，本例中 VSC 系统的功率等级相对较大。

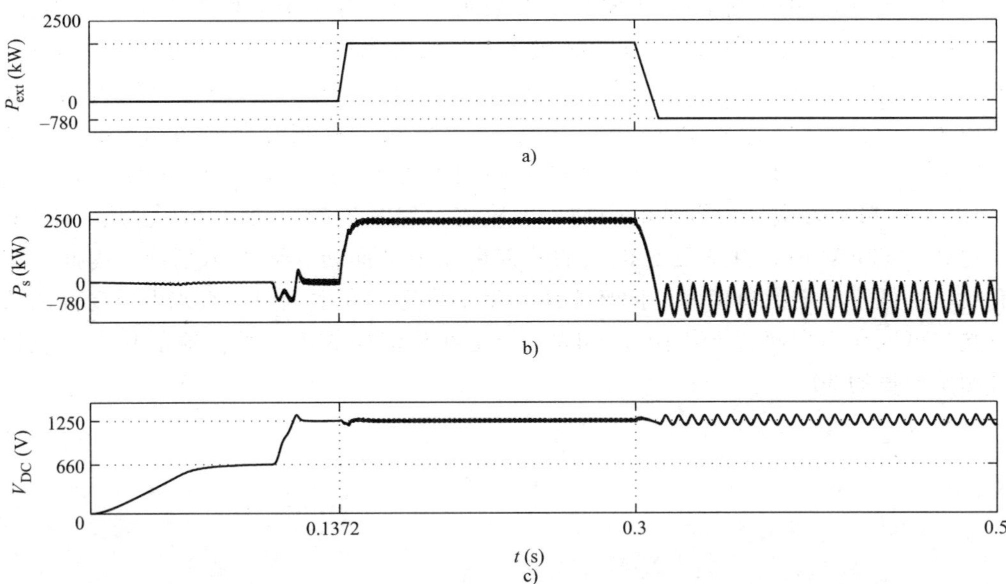

图 7.27　例 7.5 中直流母线电压控制器在整流模式下的不稳定性

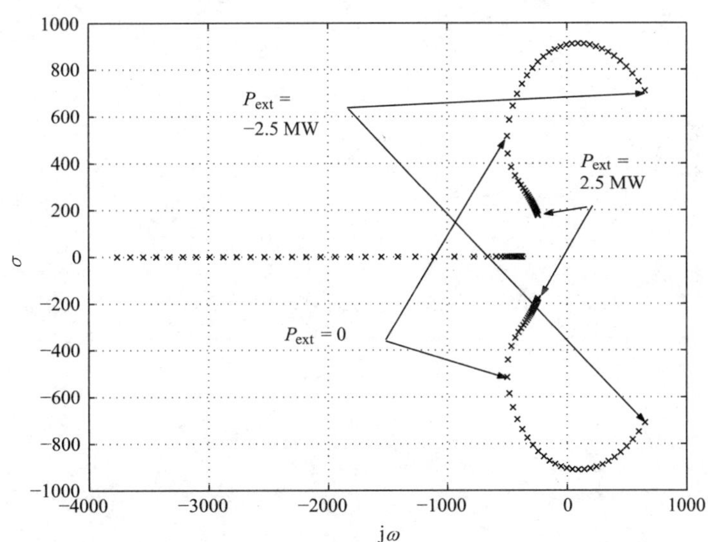

图 7.28　例 7.5 中直流母线电压闭环控制的根轨迹图

我们根据式（7.107）的简化模型来设计直流母线电压控制器。因此，简化的控制对象就是一个积分器，无论工作点如何，积分器的相角都是−90°。假设在截止频率 $\omega_c = 700\text{rad/s}$ 处所需的相位裕度为 45°，按照例 7.4 的步骤，我们可以得出

$$K_v(s) = 5700\frac{s+290}{s(s+1688)}[\Omega^{-1}] \tag{7.109}$$

由于式（7.107）中的简化模型没有表现出任何对系统工作点的依赖。因此，在系统的整个运行范围内闭环系统都被认为是能够保持稳定的，但事实并非如此。如图7.27所示，系统最初是稳定的，并且在 $P_{ext}=2500\mathrm{kW}$ 时，V_{DC} 可以得到有效的控制。但是，当 P_{ext} 从2500kW变化到-780kW时，系统变得振荡和不稳定。其中的原因可以通过式（7.95）中的精确模型来解释。图7.28所示为根据式（7.95）的精确模型分析得到的闭环极点轨迹。如图7.28所示，当 P_{ext} 从2500kW变化到-2500kW时，共轭复数极点的实部由左半平面转移到右半平面。因此，在有功功率低于一定的负值时，闭环系统变得不稳定。在本例中，直流电压受控的功率端口可以在逆变模式下传输2.5MW，但是在整流模式下，其传输的功率不能超过额定容量的30%。

第 8 章

电网定频的VSC系统：在dq坐标系中的控制

8.1 引　　言

第 5 章介绍了两电平 VSC 在 $\alpha\beta$ 和 dq 坐标系中的动态模型，并且基于图 5.5 和图 5.7 所示的通用控制框图简要讨论了两者的控制方法。作为两电平 VSC 的扩展，第 6 章介绍了三电平 NPC，并且证明了三电平 NPC 与两电平 VSC 的动态模型相同，只是三电平 NPC 需要直流侧电压平衡控制来维持直流侧电容电压，使每个电容电压为直流侧电压的一半。因此，第 6 章提出了两电平 VSC 和三电平 NPC 的统一模型，如图 6.18 和图 6.19 所示。第 7 章介绍了一类电网定频的 *VSC* 系统。基于第 6 章提出的统一模型，第 7 章提出了两种电网定频 VSC 系统的 $\alpha\beta$ 坐标系模型和控制方法，这两种电网定频的 VSC 系统分别为有功/无功功率控制器和直流电压受控的功率端口。与第 7 章一起，本章将介绍有功/无功功率控制器和直流电压受控的功率端口的 dq 坐标系模型和控制方法。

如第 7 章所述，与 abc 坐标系控制相比，电网定频 VSC 系统的 $\alpha\beta$ 坐标系控制将控制对象的数目由 3 个减少为 2 个。另外，在 $\alpha\beta$ 坐标系下可以实现 VSC 系统和交流系统之间交换的有功功率和无功功率的瞬时解耦控制。但是，在 $\alpha\beta$ 坐标系下的反馈信号、前馈信号和控制信号等控制变量都是时间的正弦函数。在本章中可以看到，dq 坐标系控制拥有 $\alpha\beta$ 坐标系控制的所有优点，除此之外，dq 坐标系控制的优势还在于稳态下的控制变量为直流量。这种特点非常有利于补偿器的设计，特别是在频率变化的情况下。

为了使 $\alpha\beta$ 坐标系控制的稳态误差为零，闭环控制系统的带宽必须远远大于交流系统频率；或者，补偿器在交流系统频率或其他感兴趣的频率上包含一对共轭复数极点，以此来增大开环增益。在 dq 坐标系控制中，由于控制变量为直流量，可以通过在补偿环节中引入积分项来消除稳态误差。电网定频 VSC 系统的 dq 坐标系建模和控制方法与大电网的动态分析方法是一致的，因此，在 dq 坐标系下也可以很方便地对电力系统的小信号动态响应进行建模与分析[42]。

与 $\alpha\beta$ 坐标系控制相比，dq 坐标系控制需要与交流电压相位进行同步，这种同步通常由锁相环（Phase-Locked Loop，PLL）来实现，这被认为是 dq 坐标系控制的一个缺点。

8.2 电网定频 VSC 系统的结构

图 8.1 所示为电网定频 VSC 系统的示意图。图中 VSC 为两电平 VSC 或带直流侧电压平衡控制的三电平 NPC。无论 VSC 为何种拓扑，都可以等效为一个无损的功率处理器加上等效直流母线电容、电流源和交流侧的串联导通电阻，其中电流源代表 VSC 的开关损耗，交流侧的串联导通电阻代表了 VSC 的导通损耗，如图 8.1 所示。VSC 直流侧连接直流电压源或直流电源，交流侧通过串联 RL 支路连接交流系统。

在本章中，为简化分析，假设交流系统为无穷大系统，因此交流系统可等效为理想的三相电压源 V_{sabc} ⊖，同时假设 V_{sabc} 三相对称，波形为标准正弦，频率相对稳定。如图 8.1 所示，VSC 系统与交流系统在公共连接点（PCC）处进行有功功率 $P_{\mathrm{s}}(t)$ 和无功功率 $Q_{\mathrm{s}}(t)$ 交换，根据控制策略的不同，图 8.1 中的 VSC 系统可以用作有功/无功功率控制器，也可以用作直流电压受控的功率端口。在第 12 章中，有功/无功功率控制器被用在一个背靠背的 HVDC 变流器系统中，而直流电压控制器在第 11、12 和 13 章中分别被用于静态无功补偿器（STATCOM）、背靠背 HVDC 变流器系统以及变速风力发电机组。

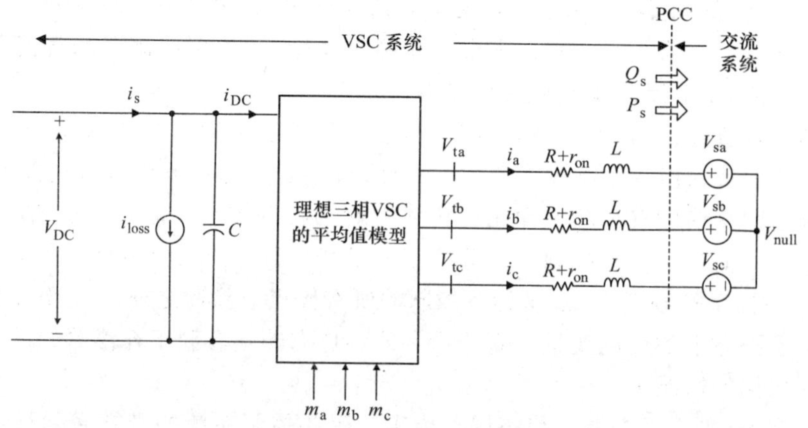

图 8.1 电网定频 VSC 系统的示意图

⊖ 在第 11 章，我们将研究 VSC 系统连接非无穷大交流系统时的动态特性。

8.3　有功/无功功率控制器

图 8.1 所示的 VSC 系统可以用作有功/无功功率控制器。此时，VSC 的直流侧与直流电压源相连，控制目标是控制 VSC 系统与交流系统之间交换的瞬时有功功率和无功功率，即 $P_s(t)$ 和 $Q_s(t)$。

8.3.1　电流型控制与电压型控制

本节介绍了图 8.1 所示 VSC 系统控制 P_s 和 Q_s 的两种主要方式。第一种方式为电压型控制，控制框图如图 8.2 所示，这种控制方式主要用在高压大功率的电力电子应用中，如 FACTS 控制器[44,45]，在部分工业设备中也有所应用[47]。如图 8.2 所示，在电压控制型 VSC 系统中，有功功率和无功功率分别通过调节 VSC 交流端电压相对 PCC 电压的相位和幅值来进行控制[46]。如果 V_{tabc} 的相位和幅值与 V_{sabc} 很接近，那么有功功率和无功功率近似解耦，两者可以通过两个独立的补偿器分别进行控制（见图 8.2）。电压型控制简单，控制回路少，但缺点是没有控制 VSC 线电流的控制回路，因此，VSC 不能防止过电流，如果功率指令变化很快或者交流系统故障，电流将会急剧增加。

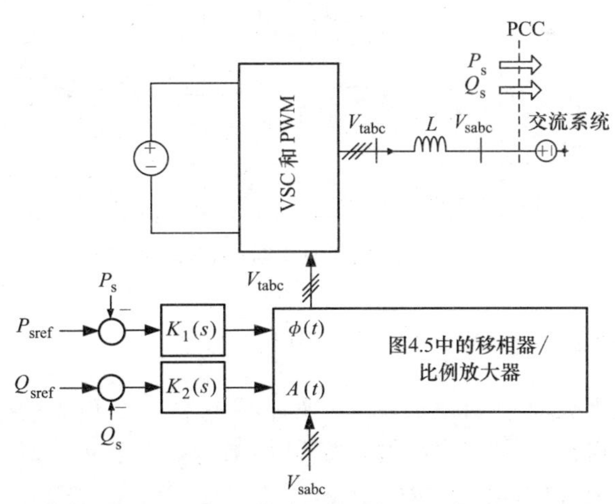

图 8.2　电压控制型有功/无功功率控制器的示意图

第二种控制 VSC 系统有功功率和无功功率的方式被称作电流型控制。在这种方式中，专用的电流控制器通过调节 VSC 交流端电压对 VSC 线电流进行控制。有功功率和无功功率都是由 VSC 线电流相对 PCC 电压的幅值和相角进行控制。因此，由于电流控制器的存在，VSC 可以防止过电流。另外，电流型控制的其他优点还包括：对 VSC 系统和交流系统参数变化不敏感、动态控制性能良好、控制精度高等优势[68]。第 3 章已经介绍了电流型控制的基本原理，本书剩余章节将只关注电流型控制。

图 8.3 所示为电流控制型有功/无功功率控制器的示意图，如图所示，控制在 dq 坐标系中进行。P_s和 Q_s分别由线电流的分量 i_d和 i_q来控制。反馈信号和前馈信号首先被变换到 dq 坐标系下，经过补偿器处理后生成 dq 坐标系中的控制信号，最后控制信号被变换到 abc 坐标系中并传给 VSC（见图 8.3）。为了保护 VSC，参考电流 $i_{d\,ref}$和 $i_{q\,ref}$由各自对应的饱和限流模块进行限幅（图中未画出）。值得注意的是，图 8.3 所示框图是图 4.27 通用框图的特例。在第 12 章中，我们将把有功/无功功率控制器应用到背靠背的 HVDC 系统中。

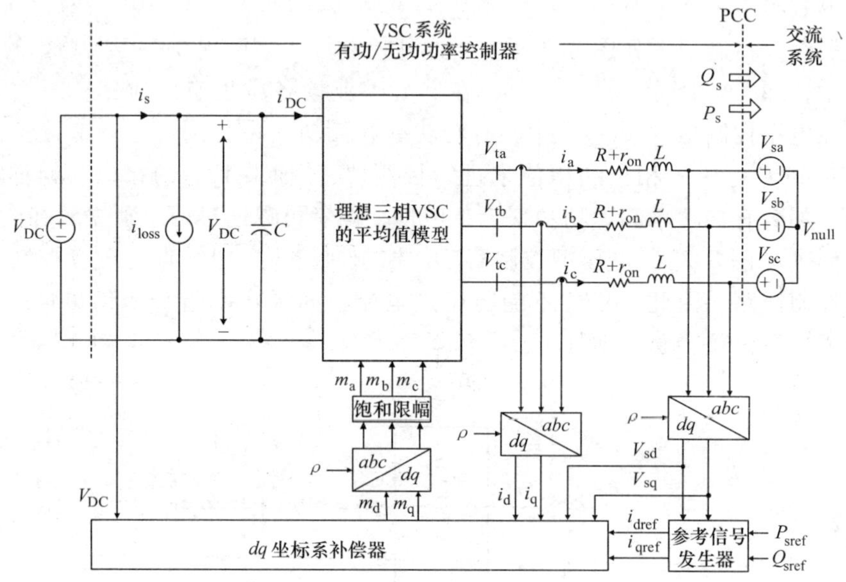

图 8.3 dq 坐标系中电流控制型有功/无功功率控制器的示意图

8.3.2 空间相量在 dq 坐标系中的表示

本节中，我们需要将空间相量在 dq 坐标系中表示。相关的变换和反变换方法在第 4 章中已做过讨论，本节将简要回顾以便参考。

对于空间相量 $\vec{f}(t)=f_\alpha+jf_\beta$，$dq$ 到 $\alpha\beta$ 坐标系变换的定义为

$$f_d+jf_q=\vec{f}(t)e^{-j\rho(t)}=(f_\alpha+jf_\beta)e^{-j\rho(t)} \tag{8.1}$$

上式表示对 $\vec{f}(t)$ 进行了 $-\rho(t)$ 的相移，角度 $\rho(t)$ 可以是任意值。但是，如果 $\vec{f}(t)=\hat{f}e^{j(\omega t+\theta_0)}$，令 $\rho(t)=\omega t$，则有

$$f_d+jf_q=\underbrace{\hat{f}(t)e^{j(\omega t+\theta_0)}}_{\vec{f}(t)}e^{-j\omega t}=\hat{f}e^{j\theta_0}$$

由上式可见，f_d+jf_q 不再是时变量，因此，f_d 和 f_q 都是直流量。反变换公式为

$$\vec{f}(t)=f_\alpha+jf_\beta=(f_d+jf_q)\,e^{j\rho(t)} \tag{8.2}$$

8.3.3　有功/无功功率控制器的动态模型

假设图 8.3 中的交流系统电压为

$$\begin{aligned}V_{sa}(t)&=\hat{V}_s\cos(\omega_0 t+\theta_0)\\V_{sb}(t)&=\hat{V}_s\cos\left(\omega_0 t+\theta_0-\frac{2\pi}{3}\right)\\V_{sc}(t)&=\hat{V}_s\cos\left(\omega_0 t+\theta_0-\frac{4\pi}{3}\right)\end{aligned} \tag{8.3}$$

式中，$\hat{V}_s$ 为相电压幅值；ω_0 为交流系统频率；θ_0 为交流电压的初始相角。根据式（4.2），V_{sabc} 等价的空间相量表达式为

$$\vec{V}_s(t)=\hat{V}_s e^{j(\omega_0 t+\theta_0)} \tag{8.4}$$

图 8.3 所示 VSC 系统的交流侧动态可以用下面的空间相量方程表示［更多细节参见式（7.11）］：

$$L\frac{d\vec{i}}{dt}=-(R+r_{on})\vec{i}+\vec{V}_t-\vec{V}_s \tag{8.5}$$

将式（8.4）代入式（8.5），可得

$$L\frac{d\vec{i}}{dt}=-(R+r_{on})\vec{i}+\vec{V}_t-\hat{V}_s e^{j(\omega_0 t+\theta_0)} \tag{8.6}$$

根据式（8.2），在 dq 坐标系中表示式（8.6），将 $\vec{i}=i_{dq}e^{j\rho}$ 和 $\vec{V}_t=V_{tdq}e^{j\rho}$ 代入式（8.6），可得

$$L\frac{d}{dt}(i_{dq}e^{j\rho})=-(R+r_{on})(i_{dq}e^{j\rho})+(V_{tdq}e^{j\rho})-\hat{V}_s e^{j(\omega_0 t+\theta_0)} \tag{8.7}$$

式中，$f_{dq}=f_d+jf_q$。式（8.7）可以重新写为

$$L\frac{d}{dt}(i_{dq})=-j\left(L\frac{d\rho}{dt}\right)i_{dq}-(R+r_{on})i_{dq}+V_{tdq}-\hat{V}_s e^{j(\omega_0 t+\theta_0-\rho)} \tag{8.8}$$

将式（8.8）分解为实部和虚部，可得

$$L\frac{di_d}{dt}=\left(L\frac{d\rho}{dt}\right)i_q-(R+r_{on})i_d+V_{td}-\hat{V}_s\cos(\omega_0 t+\theta_0-\rho) \tag{8.9}$$

$$L\frac{di_q}{dt}=-\left(L\frac{d\rho}{dt}\right)i_d-(R+r_{on})i_d+V_{tq}-\hat{V}_s\sin(\omega_0 t+\theta_0-\rho) \tag{8.10}$$

式（8.9）和式（8.10）不是标准的空间状态方程。因此，在式（8.9）和式（8.10）中引入新的控制变量 ω，令 $\omega=d\rho/dt$，可以导出

$$L\frac{\mathrm{d}i_d}{\mathrm{d}t}=L\omega(t)i_q-(R+r_{on})i_d+V_{td}-\hat{V}_s\cos(\omega_0t+\theta_0-\rho) \tag{8.11}$$

$$L\frac{\mathrm{d}i_q}{\mathrm{d}t}=-L\omega(t)i_d-(R+r_{on})i_q+V_{tq}-\hat{V}_s\sin(\omega_0t+\theta_0-\rho) \tag{8.12}$$

$$\frac{\mathrm{d}\rho}{\mathrm{d}t}=\omega(t) \tag{8.13}$$

式（8.11）~式（8.13）中，i_d、i_q和ρ为状态变量，V_{td}、V_{tq}和ω为控制输入。由于ωi_d、ωi_q、$\cos(\omega_0t+\theta_0-\rho)$和$\sin(\omega_0t+\theta_0-\rho)$项的存在，式（8.11）~式（8.13）所描述的系统是非线性的。

为了进一步研究式（8.11）~式（8.13），假设ρ的初始状态为0，且$\omega(t)\equiv 0$，则ρ始终为0，式（8.11）和式（8.12）可以表示为

$$L\frac{\mathrm{d}i_d}{\mathrm{d}t}=-(R+r_{on})i_d+V_{td}-\hat{V}_s\cos(\omega_0t+\theta_0) \tag{8.14}$$

$$L\frac{\mathrm{d}i_q}{\mathrm{d}t}=-(R+r_{on})i_q+V_{tq}-\hat{V}_s\sin(\omega_0t+\theta_0) \tag{8.15}$$

式（8.14）和式（8.15）描述了两个解耦的、输入分别为$-\hat{V}_s\cos(\omega_0t+\theta_0)$和$-\hat{V}_s\sin(\omega_0t+\theta_0)$的一阶系统。因此，由叠加原理可知，$i_d$和$i_q$也含有与$V_{td}$和$V_{tq}$无关的正弦分量。这样的话，如果$\rho=0$，根据式（8.1），$dq$坐标系就是$\alpha\beta$坐标系，两个坐标系的控制变量相同，均为时间的正弦函数。也就是说，式（8.14）和式（8.15）表示$\alpha\beta$坐标系中的VSC系统。式（8.14）和式（8.15）与式（7.12）和式（7.13）的对比可以证实该结论。

上述讨论表明，dq坐标系的有效性取决于ω和ρ的选择。对于图8.3所示的VSC系统，若$\omega=\omega_0$，$\rho(t)=\omega_0t+\theta_0$，则式（8.11）和式（8.12）可以表示为

$$L\frac{\mathrm{d}i_d}{\mathrm{d}t}=L\omega_0i_q-(R+r_{on})i_d+V_{td}-\hat{V}_s \tag{8.16}$$

$$L\frac{\mathrm{d}i_q}{\mathrm{d}t}=-L\omega_0i_d-(R+r_{on})i_q+V_{tq} \tag{8.17}$$

式（8.16）和式（8.17）描述了一个输入为常量$\hat{V}_s$的二阶线性系统。因此，如果V_{td}和V_{tq}是直流量，则i_d和i_q在稳态情况下也是直流量。锁相环（PLL）可以保证$\rho(t)=\omega_0t+\theta_0$，下节将介绍PLL的结构、模型和稳定性。

8.3.4 锁相环(PLL)

将式（8.4）中的$\vec{V}_s(t)$代入式（8.1），可得

$$V_{sd}=\hat{V}_s\cos(\omega_0t+\theta_0-\rho) \tag{8.18}$$

$$V_{sq}=\hat{V}_s\sin(\omega_0t+\theta_0-\rho) \tag{8.19}$$

因此，式（8.11）~式（8.13）可以重新写为

$$L\frac{di_d}{dt}=L\omega(t)i_q-(R+r_{on})i_d+V_{td}-V_{sd} \tag{8.20}$$

$$L\frac{di_q}{dt}=-L\omega(t)i_d-(R+r_{on})i_q+V_{tq}-V_{sq} \tag{8.21}$$

$$\frac{d\rho}{dt}=\omega(t) \tag{8.22}$$

根据式（8.19），$\rho(t)=\omega_0 t+\theta_0$对应 $V_{sq}=0$。因此，我们需要设计一种同步机制来满足 $V_{sq}=0$ 的要求，具体可以通过下面的反馈定律来实现：

$$\omega(t)=H(p)V_{sq}(t) \tag{8.23}$$

式中，$H(p)$ 为线性传递函数（补偿器）；$p=d(\cdot)/dt$ 为微分算子。分别将式（8.19）中的 $V_{sq}=0$ 和式（8.23）中的 ω 代入式（8.23），可得

$$\frac{d\rho}{dt}=H(p)\hat{V}_s\sin(\omega_0 t+\theta_0-\rho) \tag{8.24}$$

式（8.24）描述了一个非线性动态系统，该系统被称为 PLL[49,78-80]。PLL 的功能是控制ρ始终等于$\omega_0 t+\theta_0$。但是，鉴于 PLL 的非线性特性，在某些情况下 PLL 不能很好地满足要求。例如，如果 PLL 的初始条件为$\rho(0)=0$ 和 $\omega(0)=0$，式（8.24）中的 $\hat{V}_s H(p)\sin(\omega_0 t+\theta_0-\rho)$ 项为时间的正弦函数，基频角速度为ω_0。如果 $H(s)$ 有低通的频率响应，则式（8.24）右侧和 $d\rho/dt$ 会带有很小的正弦扰动，其值在 0 附近波动，PLL 将陷入极限环中，ρ 将不会跟踪 $\omega_0 t+\theta_0$。为了避免极限环的发生，控制定律修正为

$$\omega(t)=H(p)V_{sq}(t),\ \omega(0)=0,\ \omega_{min}\leqslant\omega\leqslant\omega_{max} \tag{8.25}$$

式中，$\omega(t)$ 的初始值为ω_0，ω_{min}和ω_{max}分别为最小角频率和最大角频率。ω_{min}和ω_{max}选在ω_0附近，这样$\omega(t)$ 的波动范围不会太大。另一方面，$\omega(t)$ 的取值范围应该选得足够大，以适应$\omega(t)$ 的暂态波动过程。如果 PLL 跟踪 $\omega_0 t+\theta_0$，那么 $\omega_0 t+\theta_0-\rho$ 的值接近 0，$\sin(\omega_0 t+\theta_0-\rho)\approx\omega_0 t+\theta_0-\rho$。因此，式（8.24）可以简化为

$$\frac{d\rho}{dt}=\hat{V}_s H(p)(\omega_0 t+\theta_0-\rho) \tag{8.26}$$

式（8.26）表示一个经典的反馈控制回路，式中，$\omega_0 t+\theta_0$为参考输入，ρ 为输出，$\hat{V}_s H(s)$为补偿器实际的传递函数。PLL 反馈控制的框图如图 8.4 所示。

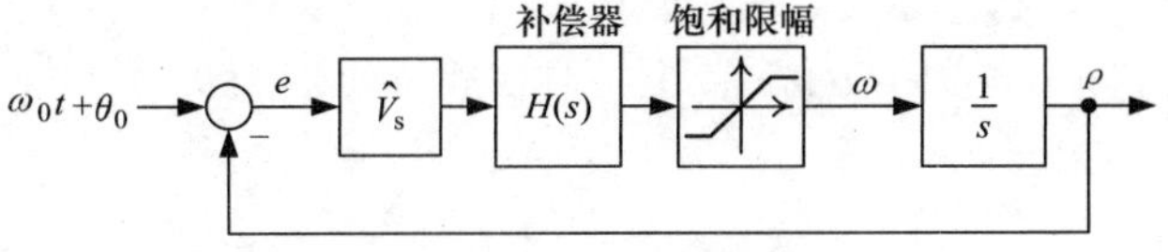

图 8.4　PLL 的控制框图

图 8.5 所示为基于式（8.19）、式（8.22）和式（8.23）的 PLL 示意图。如图

8.5 所示，PLL 将 V_{sabc}变换为 V_{sdq} ［根据式（4.73）］，并且调节 dq 坐标系的旋转速度 ω，从而使稳态情况下 $V_{sq}=0$。最终，$\rho=\omega_0 t+\theta_0$，$V_{sd}=\hat{V}_s$。应该指出的是，在图 8.5 中，积分环节由压控振荡器（Voltage-Controlled Oscillator，VCO）来实现。VCO 可以视为可重置的积分环节，其输出 ρ 在达到 2π 时重置为零。

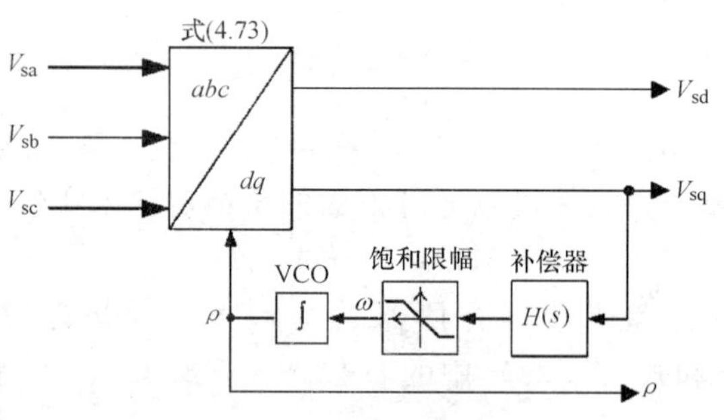

图 8.5 PLL 的示意图

8.3.5 PLL 的补偿器设计

补偿器 $H(s)$ 对 PLL 的动态性能影响很大。由图 8.4 可见，参考信号 $\omega_0 t+\theta_0$ 包含一个恒定分量 θ_0 和一个斜坡函数 $\omega_0 t$。因为开环增益已经包含了一个积分项，所以 ρ 可以以零稳态误差跟踪参考信号的恒定分量。但是，为了实现对斜坡函数的无静差跟踪，开环增益必须包含至少两个积分器。因此，$H(s)$ 至少包含一个极点为 $s=0$ 的积分项，$H(s)$ 的其他极点和零点取决于 PLL 闭环回路的带宽和稳定性指数，如相角裕度和幅值裕度。

设计 $H(s)$ 时需要考虑的另一个问题是三相电压不对称和/或谐波畸变。假设 V_{sabc} 为一组含有负序基波分量和五次谐波分量的不对称三相电压[81]，具体表达式为

$$
\begin{aligned}
V_{sa}(t) &= \hat{V}_s\cos(\omega_0 t+\theta_0)+k_1\hat{V}_s\cos(\omega_0 t+\theta_0)+\\
&\quad k_5\hat{V}_s\cos(5\omega_0 t+\phi_5)\\
V_{sb}(t) &= \hat{V}_s\cos\left(\omega_0 t+\theta_0-\frac{2\pi}{3}\right)+k_1\hat{V}_s\cos\left(\omega_0 t+\theta_0-\frac{4\pi}{3}\right)+\\
&\quad k_5\hat{V}_s\cos\left(5\omega_0 t+\phi_5-\frac{4\pi}{3}\right)\\
V_{sc}(t) &= \hat{V}_s\cos\left(\omega_0 t+\theta_0-\frac{4\pi}{3}\right)+k_1\hat{V}_s\cos\left(\omega_0 t+\theta_0-\frac{2\pi}{3}\right)+\\
&\quad k_5\hat{V}_s\cos\left(5\omega_0 t+\phi_5-\frac{2\pi}{3}\right)
\end{aligned}
\tag{8.27}
$$

式中，k_1 和 k_5 分别为负序电压（基波）分量和五次谐波分量的幅值与正序电压分量幅值的比值。根据式（4.2），V_{sabc}的空间相量表达式为

$$\vec{V}_s(t)=\hat{V}_s e^{j(\omega_0 t+\theta_0)}+k_1\hat{V}_s e^{-j(\omega_0 t+\theta_0)}+k_5\hat{V}_s e^{-j(5\omega_0 t+\phi_5)} \tag{8.28}$$

若图 8.5 所示的 PLL 处于稳态运行状态，即 $\rho=\omega_0 t+\theta_0$，则根据式（8.1），V_{sd} 和 V_{sq} 分别为

$$V_{sd}=\hat{V}_s+k_1\hat{V}_s\cos(2\omega_0 t+2\theta_0)+k_5\hat{V}_s\cos(6\omega_0 t+\theta_0+\phi_5) \tag{8.29}$$

$$V_{sq}=-k_1\hat{V}_s\sin(2\omega_0 t+2\theta_0)-k_5\hat{V}_s\cos(6\omega_0 t+\theta_0+\phi_5) \tag{8.30}$$

式（8.29）和式（8.30）表明，除了直流量外，V_{sd} 和 V_{sq} 还包含二倍频和六倍频的正弦分量。k_1 和 k_5 的典型值分别假定为 0.01 和 0.025[81]。在单相接地故障情况下，k_1 可能高达 0.5。V_{sq} 所包含的正弦分量必须通过 $H(s)$ 环节来滤除。不然，ω 和 ρ 也会出现波动，这种波动将会随着反馈信号和控制信号一起被调制，经过 abc 到 dq 坐标系变换和反变换，最终导致 VSC 系统的交流侧电压和电流出现畸变。

在 V_{sq} 包含的两种谐波分量中，二次谐波分量更为重要，原因有两个：一是二次谐波的频率只有六次谐波频率的 1/3，二是二次谐波的幅值 k_1 远大于六次谐波的幅值，如在故障期间。一种滤除 V_{sq} 二次谐波分量的方法是保证 $H(s)$ 具有良好的低通滤波特性，但这种方法可能会减小 PLL 闭环回路的带宽；另外一种方法是在补偿器 $H(s)$ 中引入一对 $s=\pm j2\omega_0$ 的复共轭零点来消除 V_{sq} 中的二次谐波，这种方法的优势在于 PLL 闭环回路的带宽不会减小，并且可以选为任意大小。下面举例说明第二种 PLL 设计方法。

例 8.1　PLL 的补偿器设计

考虑图 8.5 所示的 PLL，输入量 V_{sabc} 如式（8.27）所示，其中，$\omega_0=2\pi\times60$ rad/s，$\hat{V}_s=391$V。目标是设计 PLL 的补偿器 $H(s)$。

如 8.3.5 节所述，$H(s)$ 必须包含一个 $s=0$ 处的极点和一对 $s=\pm j2\omega_0$ 处的共轭复数零点。另外，为了保证开环增益在 $\omega>2\omega_0$ 时以 −40dB/dec 的斜率衰减，$H(s)$ 还需要包括一对 $s=-2\omega_0$ 处的实数极点。因此，

$$H(s)=\left(\frac{h}{\hat{V}_{sn}}\right)\frac{s^2+(2\omega_0)^2}{s(s+2\omega_0)^2}F(s) \tag{8.31}$$

式中，$\hat{V}_{sn}$ 为 $\hat{V}_s$ 的额定值；$F(s)$ 为不含极点 $s=0$ 的有理真分式。根据图 8.4 所示框图，开环增益可以写为

$$\ell(s)=h\frac{s^2+(2\omega_0)^2}{s(s+2\omega_0)^2}F(s) \tag{8.32}$$

假设所需的截止频率为 $\omega_c=200$rad/s，相角裕度为 60°。如果 $hF(s)=1$，计算可得 $\angle\ell(j200)=-210°$。因此为了达到所需的相角裕度，$F(j200)$ 必须将 $\angle\ell(j200)$ 增加 90°。如例 3.6 所述，超前校正环节可以为开环增益提供最优的超前角度。本例中，需要补偿的相角过大，所以 $F(s)$ 需要包括两个级联的超前校正环节，每个超前校正环节可以提供 45°的补偿。因此

$$F(s)=\left(\frac{s+p/\alpha}{s+p}\right)\left(\frac{s+p/\alpha}{s+p}\right) \tag{8.33}$$

式中

$$p=\omega_c\sqrt{\alpha} \tag{8.34}$$

$$\alpha=\frac{1+\sin\delta_m}{1-\sin\delta_m} \tag{8.35}$$

式中，δ_m 为每个超前校正环节在截止频率 $\omega_c=200\text{rad/s}$ 处的相角。若取 $\delta_m=45°$，根据式（8.33）~式（8.35），可以计算得出

$$F(s)=\left(\frac{s+83}{s+482}\right)^2 \tag{8.36}$$

将式（8.36）代入式（8.32），可得

$$\ell(s)=h\frac{(s^2+568516)(s^2+166s+6889)}{s^2(s^2+1508s+568516)(s^2+964s+232324)} \tag{8.37}$$

为满足 $|\ell(\text{j}200)|=1$，由 $\hat{V}_{sn}=391\text{V}$ 可得 $h=2.68\times10^5$。因此，$h/\hat{V}_{sn}=685.42$，最终的补偿器为

$$H(s)=\frac{685.42(s^2+568516)(s^2+166s+6889)}{s(s^2+1508s+568516)(s^2+964s+232324)}[(\text{rad/s})/\text{V}] \tag{8.38}$$

根据式（8.38）所示的补偿器，$\ell(\text{j}\omega)$ 的频率响应曲线如图 8.6 所示。由图 8.6 可见，$|\ell(\text{j}\omega)|$在 $\omega\ll\omega_c(\omega_c=200\text{rad/s})$ 范围内以-40dB/dec 的斜率衰减，但在 ω_c 附近$|\ell(\text{j}\omega)|$的斜率减小为-20dB/dec。在 ω_c 处，$\angle\ell(\text{j}\omega)$ 增加至$-120°$，相角裕度为 60°。由图 8.6 还可见，在 $\omega>\omega_c$ 范围内，$|\ell(\text{j}\omega)|$继续以-40dB/dec 的斜率衰减。这种特性满足了消除 V_{sq} 中因 V_{sabc} 的谐波畸变而产生的交流分量的要求。例如，对于六次谐波来说，$\omega=6\omega_0$，$|\ell(\text{j}\omega)|=-30\text{dB}$。

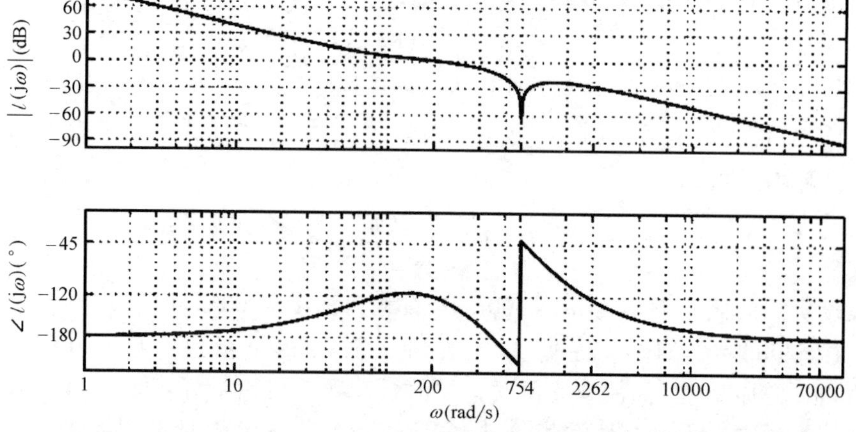

图 8.6 例 8.1 中 PLL 的开环频率响应

图 8.7 所示为 PLL 的启动暂态。如图所示，在 $t=0$ 到 $t=0.07$s 的时间范围内，补偿器的输出被限制为 $\omega_{min}=2\pi\times55$ rad/s，因此，在此过程中 V_{sd} 与 V_{sq} 随时间变化。在大约 $t=0.07$s 时，V_{sq} 开始减小为 0 并变为负值。因此，$H(s)$ 通过增大 ω 将 V_{sq} 控制为 0。如图 8.7 所示，V_{sq} 在 0.15s 内逐步稳定为 0。值得注意的是，如果 ω_{min} 的取值更接近 ω_0，启动暂态的持续时间将会变短，但 ω_{min} 也不能太接近 ω_0，否则 PLL 在受到其他类型的扰动时将不能快速地响应。

图 8.8 所示为 V_{sabc} 突然不对称时 PLL 的动态响应。初始时刻，PLL 处于稳态运行状态。当 $t=0.05$s 时，交流系统电压变得三相不对称，此时 $\hat{V}_s$ 和 k_1 分别发生变化，$\hat{V}_s$ 由 391V 变为 260V，k_1 由 0 变为 0.5。当 $t=0.15$s 时，V_{sabc} 恢复至扰动前的平衡状态。由图 8.8 可见，在不对称故障发生时，$H(s)$ 暂时改变了 ω，使 V_{sq} 的直流分量保持为 0。由图 8.8 还可见，因为 V_{sabc} 中含有负序分量，V_{sq}（和 V_{sd}）中也含有 120Hz 的正弦纹波，这些纹波经过 $H(s)$ 后得到抑制，所以 ω 和 ρ 没有发生畸变。

图 8.9 所示为 ω_0 发生两次阶跃变化时 PLL 的动态响应曲线，第一次阶跃变化是当 $t=0.05$s 时 ω_0 由 $2\pi\times60$rad/s = 377rad/s 变为 $2\pi\times63$rad/s = 396rad/s，第二次是当 $t=0.1$s 时 ω_0 由 396rad/s 变为 $2\pi\times57$rad/s = 358rad/s。由图 8.9 可见，ω_0 发生阶跃变化时，V_{sq} 迅速调整至 0，ω 也准确跟踪了 ω_0。

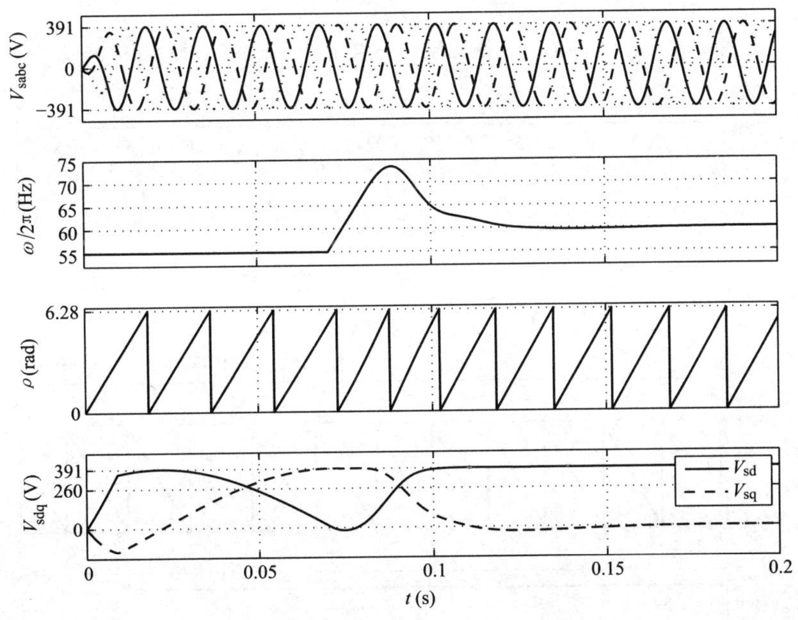

图 8.7 例 8.1 中 PLL 的启动响应

式（8.31）表明，$H(s)$ 经过归一化后，开环增益的常系数 h 与 $\hat{V}_{sn}$ 无关。因此，在接下来的章节中，当我们需要 PLL 时，我们将直接采用式（8.38）所示的补偿器，只是根据 $h=2.68\times10^5$ 和特定问题中的 $\hat{V}_{sn}$ 来重新计算补偿器的恒定增益 $h/\hat{V}_{sn}$。

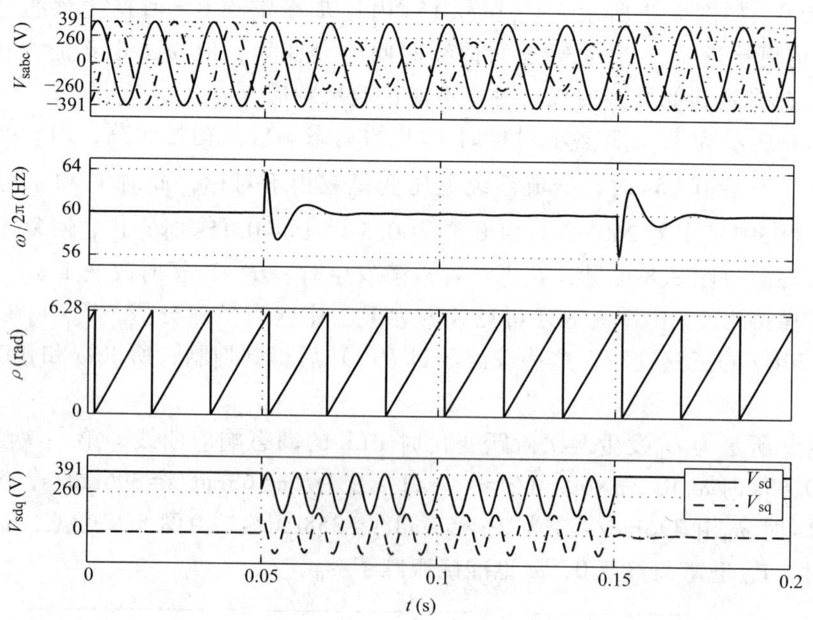

图 8.8 例 8.1 中 PLL 在交流系统电压突然三相不对称时的响应

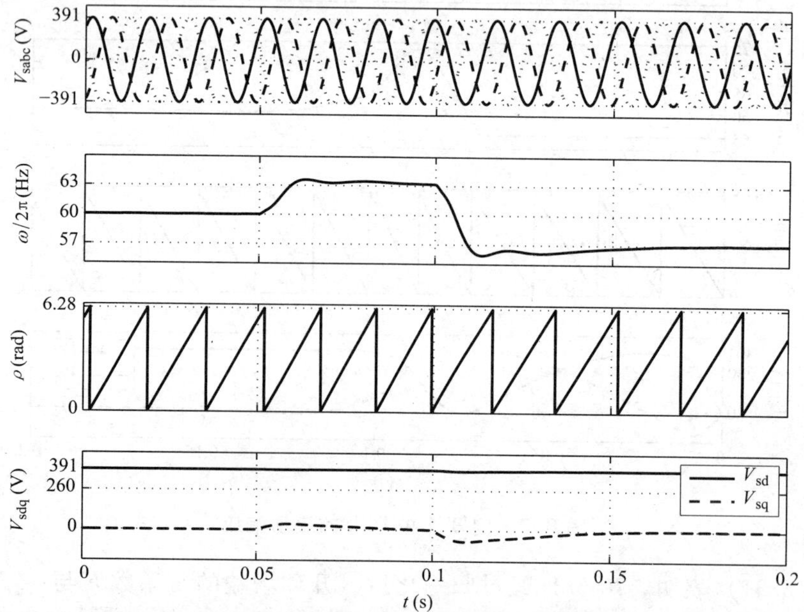

图 8.9 例 8.1 中 PLL 在交流系统频率突然变化时的响应

8.4 有功/无功功率控制器的电流型控制

对于图 8.3 所示的有功/无功功率控制器，根据式（4.83）和式（4.84），在 PCC 处输入交流系统的有功功率和无功功率在 dq 坐标系下可以表示为

$$P_s(t)=\frac{3}{2}[V_{sd}(t)i_d(t)+V_{sq}(t)i_q(t)] \tag{8.39}$$

$$Q_s(t)=\frac{3}{2}[-V_{sd}(t)i_q(t)+V_{sq}(t)i_d(t)] \tag{8.40}$$

式中，V_{sd} 和 V_{sq} 为交流系统在 dq 坐标系中的电压分量，并且不受 VSC 系统控制。如 8.3.4 节所述，如果 PLL 处于稳定状态，则 $V_{sq}=0$，式（8.39）和式（8.40）可以重新写为

$$P_s(t)=\frac{3}{2}V_{sd}(t)i_d(t) \tag{8.41}$$

$$Q_s(t)=-\frac{3}{2}V_{sd}(t)i_q(t) \tag{8.42}$$

因此，根据式（8.41）和式（8.42），$P_s(s)$ 和 $Q_s(s)$ 可以分别由 i_d 和 i_q 独立控制。令

$$i_{dref}(t)=\frac{2}{3V_{sd}}P_{sref}(t) \tag{8.43}$$

$$i_{qref}(t)=-\frac{2}{3V_{sd}}Q_{sref}(t) \tag{8.44}$$

如果控制系统可以实现对参考值的快速跟踪，即 $i_d\approx i_{dref}$、$i_q\approx i_{qref}$，则有 $P_s\approx P_{sref}$、$Q_s\approx Q_{sref}$，也就是说，$P_s(t)$ 和 $Q_s(t)$ 可以分别由各自的参考值独立控制。因为 V_{sd} 为直流量（在稳态下），如果 P_{sref} 和 Q_{sref} 为恒定值，$i_{d\,ref}$ 和 $i_{q\,ref}$ 也是直流量。因此，dq 坐标系中控制系统是对直流量进行控制，与 $\alpha\beta$ 坐标系中控制系统对正弦量进行控制有所不同。

8.4.1 VSC 的电流控制

图 8.3 中有功/无功功率控制器的 dq 坐标系控制以式（8.11）和式（8.12）为基础。假设 VSC 处于稳定运行状态，将 $\omega(t)=\omega_0$ 代入式（8.11）和式（8.12），可得

$$L\frac{di_d}{dt}=L\omega_0 i_q-(R+r_{on})i_d+V_{td}-V_{sd} \tag{8.45}$$

$$L\frac{di_q}{dt}=-L\omega_0 i_d-(R+r_{on})i_q+V_{tq}-V_{sq} \tag{8.46}$$

根据式（5.22）和式（5.23），V_{td}和V_{tq}的表达式为

$$V_{td}(t)=\frac{V_{DC}}{2}m_d(t) \tag{8.47}$$

$$V_{tq}(t)=\frac{V_{DC}}{2}m_q(t) \tag{8.48}$$

式（8.47）和式（8.48）表示在dq坐标系中的VSC模型。该模型适用于两电平VSC和三电平NPC。在式（8.45）和式（8.46）中，i_d和i_q为状态变量，V_{td}和V_{tq}为控制输入，V_{sd}和V_{sq}为扰动输入。由于$L\omega_0$项的存在，i_d和i_q之间存在耦合关系。为了使i_d和i_q解耦，令m_d和m_q为

$$m_d=\frac{2}{V_{DC}}(u_d-L\omega_0 i_q+V_{sd}) \tag{8.49}$$

$$m_q=\frac{2}{V_{DC}}(u_q+L\omega_0 i_d+V_{sq}) \tag{8.50}$$

式中，u_d和u_q为新引入的控制输入量[69,82]。将m_d和m_q分别代入式（8.49）和式（8.50），再将所得的V_{td}和V_{tq}分别代入式（8.45）和式（8.46），可得

$$L\frac{di_d}{dt}=-(R+r_{on})i_d+u_d \tag{8.51}$$

$$L\frac{di_q}{dt}=-(R+r_{on})i_q+u_q \tag{8.52}$$

式（8.51）和式（8.52）描述了两个解耦的一阶线性系统。根据式（8.51）和式（8.52），i_d和i_q可以分别由u_d和u_q进行控制。图8.10所示为VSC系统d轴和q轴电流控制器的原理框图，其中，u_d和u_q分别为两个对应补偿器的输出。d轴补偿器的输入为$e_d=i_{dref}-i_d$，输出为u_d。根据式（8.49），可以由u_d得出m_d。同理，q轴补偿器的输入为$e_q=i_{qref}-i_q$，输出为u_q，根据式（8.50），可以由u_q得出m_q。VSC将m_d和m_q分别乘以因数$V_{DC}/2$放大后得到V_{td}和V_{tq}，进而通过式（8.45）和式（8.46）对i_d和i_q进行控制。基于上述控制流程，可以得到图8.11中的简化控制框图，该图与图8.10所示的控制系统等价。需要注意的是，在图8.10中，所有的控制信号、前馈信号和反馈信号在稳态情况下均为直流量。

图8.11表明，d轴和q轴电流控制回路的控制对象是相同的。因此，对应的补偿器也是相同的。就d轴控制回路而言，不同于$\alpha\beta$坐标系下控制回路的补偿环节难以优化并且通常都是高阶的，补偿器$k_d(s)$可以只是一个简单的比例积分（PI）补偿器就可满足跟踪直流参考指令的要求。令

$$k_d(s)=\frac{k_p s+k_i}{s} \tag{8.53}$$

式中，k_p和k_i分别为比例系数和积分系数。因此，开环增益为

$$\ell(s)=\left(\frac{k_{\mathrm{p}}}{Ls}\right)\frac{s+k_{\mathrm{i}}/k_{\mathrm{p}}}{s+(R+r_{\mathrm{on}})/L} \tag{8.54}$$

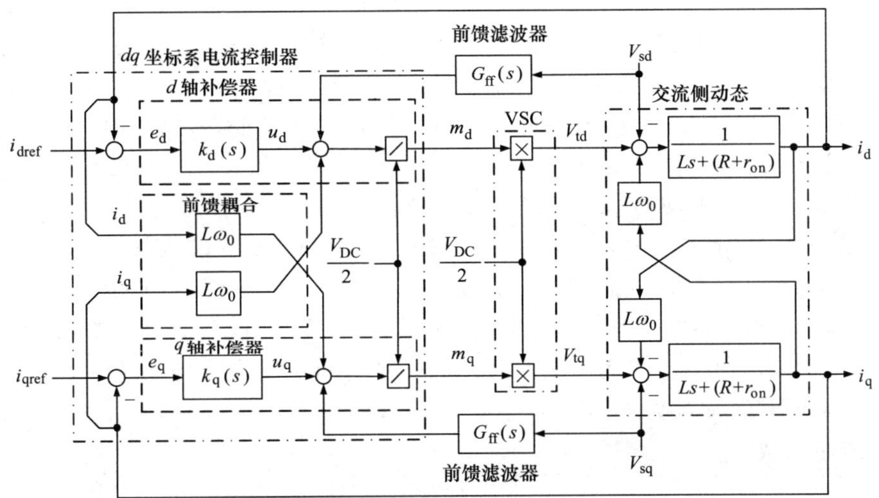

图 8.10　电流控制型 VSC 系统的控制框图

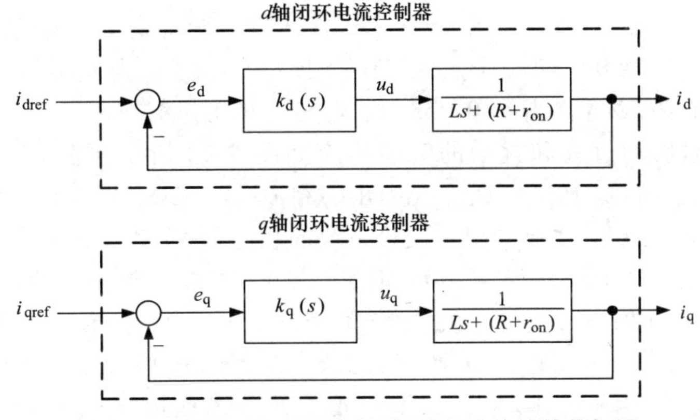

图 8.11　图 8.10 电流控制型 VSC 系统的简化框图

需要注意的是，由于控制对象在 $s=-(R+r_{\mathrm{on}})/L$ 处的极点很靠近原点，开环增益的幅值和相角在相对较低的频率处就开始下降。因此，补偿器的零点需要抵消开环增益的极点，令 $s=-k_{\mathrm{i}}/k_{\mathrm{p}}$，式（8.54）可以简化为 $\ell(s)=k_{\mathrm{p}}/(Ls)$。由此可得闭环传递函数 $\ell(s)/[1+\ell(s)]$ 为

$$\frac{I_{\mathrm{d}}(s)}{I_{\mathrm{dref}}(s)}=G_{\mathrm{i}}(s)=\frac{1}{\tau_{\mathrm{i}}s+1} \tag{8.55}$$

其中

$$k_{\mathrm{p}}=L/\tau_{\mathrm{i}} \tag{8.56}$$

$$k_{\mathrm{i}}=(R+r_{\mathrm{on}})/\tau_{\mathrm{i}} \tag{8.57}$$

式中，τ_i 为闭环系统的时间常数。

式（8.55）表明，如果 k_p 和 k_i 分别根据式（8.56）和式（8.57）来选择，则输入 $i_d(t)$ 到输出 $i_{dref}(t)$ 的传递函数为一阶惯性环节，时间常数 τ_i 可以根据需要选取。时间常数 τ_i 应选得较小才能保证电流控制速度足够快，同时应该选得足够大才能保证闭环系统的带宽 $1/\tau_i$ 不会过大，如 10 倍于 VSC 开关频率。根据特定应用场合的要求和变流器的开关频率，τ_i 通常选在 0.5~5ms 的范围内。q 轴补偿器 $k_q(s)$ 可以采用和 $k_d(s)$ 相同的补偿器。例 8.2 给出了具体的设计过程。

例 8.2　有功/无功功率控制器的动态性能

考虑图 8.3 所示的有功/无功功率控制器，系统参数为 $L=100\mu H$，$R=0.75m\Omega$，$r_{on}=0.88m\Omega$，$V_d=1.0V$，$V_{DC}=1250V$，$f_s=3420Hz$。交流系统频率为 $\omega_0=377rad/s$，线电压的有效值为 480V（即 $V_{sd}=391V$）。前馈滤波器的传递函数为 $G_{ff}(s)=1/(8\times10^{-6}s+1)$。采用例 8.1 中的 PLL 将 dq 坐标系与交流系统电压同步。

假设闭环时间常数为 $\tau_i=2.0ms$，根据式（8.56）和式（8.57），d 轴和 q 轴补偿器的传递函数为

$$k_d(s)=k_q(s)=\frac{0.05s+0.815}{s}\ [\Omega]$$

在运行过程中，系统经历以下事件：在 $t=0.15s$ 之前，门控脉冲闭锁，控制器不工作，PLL 达到稳定状态；当 $t=0.15s$ 时，门控脉冲解锁，控制器开始工作，$P_{sref}=Q_{sref}\equiv0$；当 $t=0.2s$ 时，P_{sref} 由 0MW 变为 2.5MW；当 $t=0.3s$ 时，P_{sref} 再次由 2.5MW 变为-2.5MW；当 $t=0.35s$ 时，Q_{sref} 由 0 变为 1Mvar。

VSC 系统对启动过程和扰动的时间响应如图 8.12 所示。图 8.12 表明，P_s 和 Q_s 能够分别快速地跟踪 P_{sref} 和 Q_{sref}，说明 P_s 和 Q_s 是解耦的，其中一个量的变化不会影响另一个量。图 8.12 还给出了交流系统 a 相电压 V_{sa} 和 a 相电流 i_a 的波形，波形表明：当（P_s，Q_s）=（2.5MW，0）时，i_a 与 V_{sa} 同相；当（P_s，Q_s）=（-2.5MW，0）时，i_a 滞后 V_{sa} 180°；当（P_s，Q_s）=（-2.5MW，1.0Mvar）时，i_a 滞后 V_{sa} 158°。

图 8.13 给出了 i_d 和 i_q 在 $t=0.20s$ 时的放大图。图 8.13 证实了 i_d 的阶跃响应为一阶指数函数，在大约 $t=0.21s$ 达到其终值，暂态过程持续约 10ms。需要注意的是，这种观察式的确认方式不适用于第 7 章中 $\alpha\beta$ 坐标系电流控制器，原因在于 $\alpha\beta$ 坐标系补偿器通常是高阶的，导致整个闭环系统也是高阶系统。为了设计 $\alpha\beta$ 坐标系补偿器，我们采用了频率响应法（伯德图），如果闭环系统不是一阶系统或二阶系统，频率响应法通常不能对闭环系统的时间响应特性进行定量分析。图 8.13 也证实了 i_d 和 i_q 的解耦效果良好，可以看到，当 i_d 由 0 变化至 4.26kA 过程中，i_q 始终保持为 0。i_d 和 i_q 波形中的纹波由交流电流的 PWM 边带谐波经过 abc 到 dq 坐标系的变换而产生，变换的频率为 60Hz。

8.4.2　直流母线电压等级的选择

如 7.3.4 节、7.3.5 节和 7.3.6 节所述，图 8.3 所示有功/无功功率控制器直流

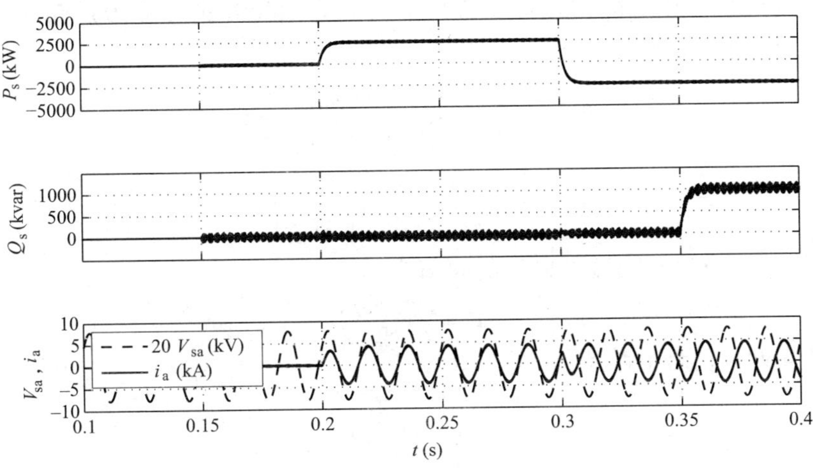

图 8.12　例 8.2 中有功功率和无功功率的动态响应

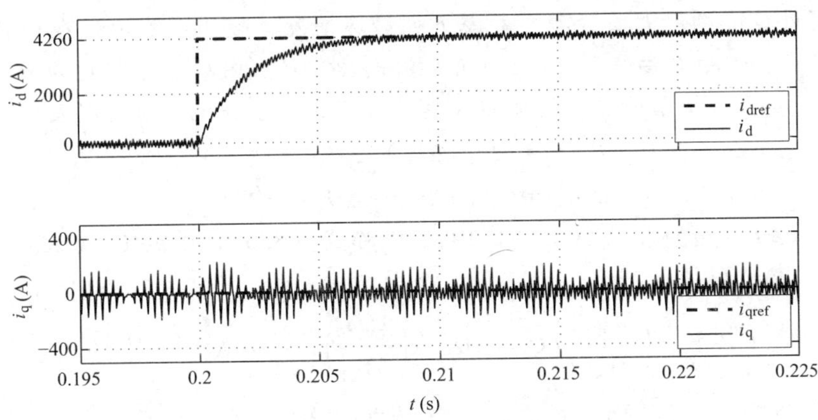

图 8.13　例 8.2 中 i_d 和 i_q 在 t=0.20s 时响应的放大图

电压的选择必须符合以下标准：

$$V_{DC} \geqslant 2\hat{V}_t\text{，PWM} \tag{8.58}$$

$$V_{DC} \geqslant 1.74\hat{V}_t\text{，三次谐波注入 PWM} \tag{8.59}$$

因此，V_{DC} 的选择必须要考虑最恶劣运行条件下 $\hat{V}_t$ 的情况。因为 VSC 系统可以对 P_s 和 Q_s 进行控制，$\hat{V}_t$ 也可以表示为关于 P_s 和 Q_s 的表达式。根据式（8.45）和式（8.46），假设 $V_{sq}=0$ 以及 $(R+r_{on})\approx 0$，可得

$$V_{td}=L\frac{di_d}{dt}-L\omega_0 i_q+V_{sd} \tag{8.60}$$

$$V_{tq}=L\frac{di_q}{dt}+L\omega_0 i_d \tag{8.61}$$

将式（8.41）中 i_d的和式（8.42）中的 i_q分别代入式（8.60）和式（8.61），并假设 V_{sd}恒定，可得

$$V_{td}=\left(\frac{2L}{3V_{sd}}\right)\frac{dP_s}{dt}+\left(\frac{2L\omega_0}{3V_{sd}}\right)Q_s+V_{sd} \tag{8.62}$$

$$V_{tq}=-\left(\frac{2L}{3V_{sd}}\right)\frac{dQ_s}{dt}+\left(\frac{2L\omega_0}{3V_{sd}}\right)P_s \tag{8.63}$$

根据式（4.77），交流端电压的幅值为

$$\hat{V}_t=\sqrt{V_{td}^2+V_{tq}^2} \tag{8.64}$$

另外，调制信号的幅值为

$$\hat{V}_t=\hat{m}\frac{V_{DC}}{2} \tag{8.65}$$

如 7.3.6 节所述，如果采用传统 PWM，$\hat{m}$ 可取 1 以下的值，然而如果采用三次谐波注入 PWM，$\hat{m}$ 取值最高可为 1.15。

为了计算$\hat{V}_t$ 的最大值，需要考虑下列最坏情况。起初系统运行在稳态下，此时 $P_s=P_{sref}=P_{s0}$，$Q_s=Q_{sref}=Q_{s0}$。在 $t=t_0$时刻，P_{sref}和 Q_{sref}分别变为 $P_{s0}+\Delta P_s$和 $Q_{s0}+\Delta Q_s$。如 8.4.1 节所述，P_s和 Q_s对参考指令阶跃变化的响应可以表示为

$$P_s(t)=(P_{s0}+\Delta P_s)-\Delta P_s e^{-(t-t_0)/\tau_i} \tag{8.66}$$

$$Q_s(t)=(Q_{s0}+\Delta Q_s)-\Delta Q_s e^{-(t-t_0)/\tau_i} \tag{8.67}$$

对于 $t\geqslant t_0$，分别将式（8.66）中的 P_s和式（8.67）中的 Q_s代入式（8.62）和式（8.63），可得

$$V_{td}=V_{sd}+\left(\frac{2L\omega_0}{3V_{sd}}\right)(Q_{s0}+\Delta Q_s)+\left(\frac{2L\omega_0}{3V_{sd}}\right)\left(\frac{\Delta P_s}{\omega_0\tau_i}-\Delta Q_s\right)e^{-(t-t_0)/\tau_i} \tag{8.68}$$

$$V_{tq}=\left(\frac{2L\omega_0}{3V_{sd}}\right)(P_{s0}+\Delta P_s)-\left(\frac{2L\omega_0}{3V_{sd}}\right)\left(\frac{\Delta Q_s}{\omega_0\tau_i}+\Delta P_s\right)e^{-(t-t_0)/\tau_i} \tag{8.69}$$

式（8.68）表明，在 $t=t_0$时刻，V_{td}由初始值 $V_{sd}+\left(\frac{2L\omega_0}{3V_{sd}}\right)Q_{s0}$跃变为 $V_{sd}+\left(\frac{2L\omega_0}{3V_{sd}}\right)Q_{s0}+\left(\frac{2L}{3\tau_i V_{sd}}\right)\Delta P_s$，之后按指数形式逼近终值$\left(\frac{2L\omega_0}{3V_{sd}}\right)(Q_{s0}+\Delta Q_s)+V_{sd}$。式（8.69）表明，在 $t=t_0$时刻，V_{tq}由初始值$\left(\frac{2L\omega_0}{3V_{sd}}\right)P_{s0}$跃变为$\left(\frac{2L\omega_0}{3V_{sd}}\right)P_{s0}-\left(\frac{2L}{3\tau_i V_{sd}}\right)\Delta Q_s$，之后按指数形式逼近终值$\left(\frac{2L\omega_0}{3V_{sd}}\right)(P_{s0}+\Delta P_s)$。最坏的情况发生在 $t=t_0^+$时刻（$t=t_0$后的瞬间），此时，P_s和 Q_s均发生了突变，有

$$V_{td}(t_0^+)=V_{sd}+\left(\frac{2L\omega_0}{3V_{sd}}\right)Q_{s0}+\left(\frac{2L}{3\tau_i V_{sd}}\right)\Delta P_s \tag{8.70}$$

$$V_{tq}(t_0^+)=\left(\frac{2L\omega_0}{3V_{sd}}\right)P_{s0}-\left(\frac{2L}{3\tau_i V_{sd}}\right)\Delta Q_s \tag{8.71}$$

根据稳态潮流分布及 ΔP_s 和 ΔQ_s 的值，可以根据式（8.70）和式（8.71）对 $V_{td}(t_0^+)$ 和 $V_{tq}(t_0^+)$ 进行估算。最大交流端电压 $\hat{V}_t(t_0^+)$ 可以根据 $V_{td}(t_0^+)$ 和 $V_{tq}(t_0^+)$ 由式（8.64）计算得出。最后，最小直流母线电压可以按照不同的VSC调制策略，由式（8.58）或式（8.59）计算得出。例8.3演示了直流母线电压具体的计算过程。

例8.3　直流母线电压等级的选择

考虑例8.2中的有功/无功功率控制器，参数如下：$V_{sd}=0.391\text{kV}$，$L=100\mu\text{H}$，$\tau_i=2.0\text{ms}$，$V_{DC}=1.250\text{kV}$。假设系统的最坏运行情况对应：$P_{s0}=0$，$\Delta P_s=2.5\text{MW}$，$Q_{s0}=0$ 和 $\Delta Q_{s0}=0$。因此，根据式（8.70）、式（8.71）和式（8.64），可得 $V_{td}(t_0^+)=0.604\text{kV}$、$V_{tq}(t_0^+)=0$ 和 $V_t(t_0^+)=0.604\text{kV}$。如果VSC采用传统SPWM调制，$V_{DC}$ 必须大于1.208kV［式（8.58）］才能避免过调制；而如果采用三次谐波注入PWM调制，V_{DC} 可以低至1.050kV［式（8.59）］。对于例8.2中的VSC系统，因为采用传统SPWM调制，$V_{DC}=1.250\text{kV}$。

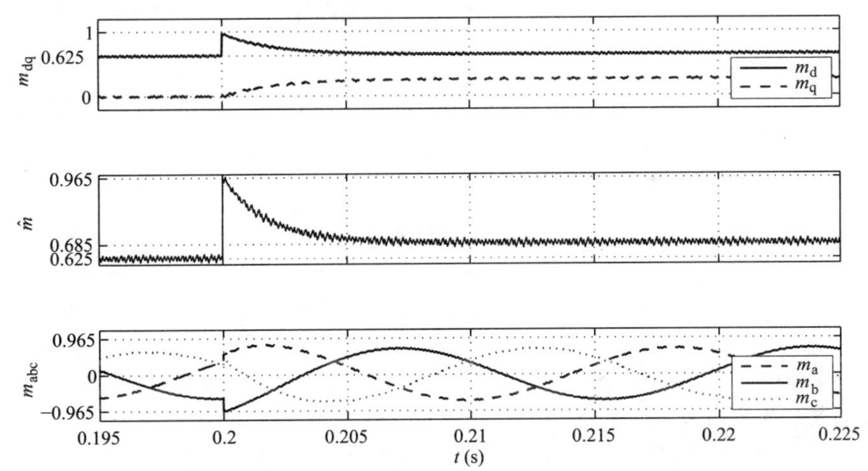

图8.14　例8.3调制信号在 P_{sref} 发生阶跃变化时的稳态和动态响应

例8.2中VSC系统 m_d、m_q 和 $\hat{m}$ 的波形如图8.14所示。由图8.14可见，当 $t_0=0.2\text{s}$ 时，$\hat{m}$ 变为0.965，对应的交流电压幅值为 $\hat{V}_t=0.604\text{kV}$。图8.14还表明，在扰动发生的瞬间，$m_b(t)$ 到达负的极值，此时对应系统的最坏运行情况。不管怎样，因为直流母线电压足够大，无论 $\hat{m}$ 还是 $|m_b(t_0)|$ 都不会超过1，所以VSC不会出现过调制。

8.4.3　交流侧等效电路

通常，三相对称的线性电路是通过对应的相量图和单相等效电路来进行分析。

传统的相量分析只能用于稳态情况，电压和电流由相量表示，无源元件由阻抗表示。本节首先类比于传统相量图，提出了图 8.3 所示有功/无功功率控制器交流侧的空间相量图。之后分析了交流变量的幅值和相角与变量的 dq 坐标系分量的关系。同时证明了，在稳态情况下，有功/无功功率控制器的空间相量微分方程等价于基于传统相量分析得出的代数方程。最后根据稳态相量模型提出了图 8.3 所示有功/无功功率控制器的简化等效电路。

8.4.3.1 交流侧空间相量图

对于图 8.3 所示的有功/无功功率控制器，V_{sabc}、V_{tabc}和 i_{abc}分别为

$$\begin{cases} V_{sa}(t)=\hat{V}_s\cos(\theta) \\ V_{sb}(t)=\hat{V}_s\cos\left(\theta-\dfrac{2\pi}{3}\right) \\ V_{sc}(t)=\hat{V}_s\cos\left(\theta-\dfrac{4\pi}{3}\right) \end{cases} \tag{8.72}$$

$$\begin{cases} V_{ta}(t)=\hat{V}_t\cos(\theta+\delta) \\ V_{tb}(t)=\hat{V}_t\cos\left(\theta+\delta-\dfrac{2\pi}{3}\right) \\ V_{tc}(t)=\hat{V}_t\cos\left(\theta+\delta-\dfrac{4\pi}{3}\right) \end{cases} \tag{8.73}$$

$$\begin{cases} i_a(t)=\hat{V}_t\cos(\theta-\phi) \\ i_b(t)=\hat{V}_t\cos\left(\theta-\phi-\dfrac{2\pi}{3}\right) \\ i_c(t)=\hat{V}_t\cos\left(\theta-\phi-\dfrac{4\pi}{3}\right) \end{cases} \tag{8.74}$$

式中，$\theta=\omega_0t+\theta_0$、$\delta$ 和$-\phi$ 分别为 V_{tabc}和 i_{abc}相对 V_{sabc}的相移。V_{sabc}、V_{tabc}和 i_{abc}可以表示为等价的空间相量形式

$$\overrightarrow{V_s}=\hat{V}_s e^{j\theta} \tag{8.75}$$

$$\overrightarrow{V_t}=(\hat{V}_t e^{j\delta})e^{j\theta} \tag{8.76}$$

$$\vec{i}=(\hat{i}e^{-j\phi})e^{j\theta} \tag{8.77}$$

空间相量$\overrightarrow{V_t}$和 $\vec{i}$ 相对$\overrightarrow{V_s}$分别有 δ 和$-\phi$ 的相移。在暂态过程中，除了 δ 和$-\phi$ 之外，$\overrightarrow{V_t}$和 $\vec{i}$ 的幅值（即 $\hat{V}_t$ 和 $\hat{i}$）也会随时间发生变化。而在稳态情况下，δ、ϕ、$\hat{V}_t$ 和 $\hat{i}$ 均为常量，$\overrightarrow{V_s}$、$\overrightarrow{V_t}$和 $\vec{i}$ 的长度不变并且以恒定的角频率 ω_0旋转。

图 8.15 所示为 $\alpha\beta$ 坐标系下的空间相量$\overrightarrow{V_s}$、$\overrightarrow{V_t}$和 $\vec{i}$。如图所示，d 轴超前 α 轴的角度为ρ，空间相量的 d 轴和 q 轴分量为空间相量在对应轴上的投影。因此，如

果 $d\rho/dt=\omega_0$，即 dq 坐标系以角速度 ω_0 旋转，则 V_{sdq}、V_{tdq} 和 i_{dq} 在稳态下为常量。在本章之前的讨论中，PLL 能够保证 $d\rho/dt=\omega_0$ 和 $\rho=\theta$，后者意味着 $V_{sq}=0$ 和 $V_{sd}=\hat{V}_s$，如图 8.15 所示。

为了将空间相量的幅值和相角与 dq 轴分量联系起来，利用式（8.1）空间相量到 dq 坐标系的变换方法，可得

$$V_{sd}+jV_{sq}=\hat{V}_s \tag{8.78}$$

$$V_{td}+jV_{tq}=\hat{V}_t e^{j\delta}=(\hat{V}_t\cos\delta)+j(\hat{V}_t\sin\delta) \tag{8.79}$$

$$i_d+ji_q=\hat{i}e^{-j\phi}=(\hat{i}\cos\phi)+j(-\hat{i}\sin\phi) \tag{8.80}$$

由式（8.79）和式（8.80）可得

$$\delta=\arctan(V_{tq}/V_{td}) \tag{8.81}$$

$$\phi=-\arctan(i_q/i_d) \tag{8.82}$$

$\vec{V}_t$ 和 $\vec{i}$ 相对于 α 轴的相角分别记为 ε 和 ζ，由图 8.15 可见，$\varepsilon=\theta+\delta$，$\zeta=\theta-\phi$，因此

$$\varepsilon=\theta+\arctan(V_{tq}/V_{td}) \tag{8.83}$$

$$\zeta=\theta+\arctan(i_q/i_d) \tag{8.84}$$

由图 8.15 还可见，$\gamma=\varepsilon-\zeta$ 为 $\vec{V}_t$ 相对于 $\vec{i}$ 的相角，也即从 VSC 交流端看到的三相电路的功率因数角。根据式（8.83）和式（8.84），可得

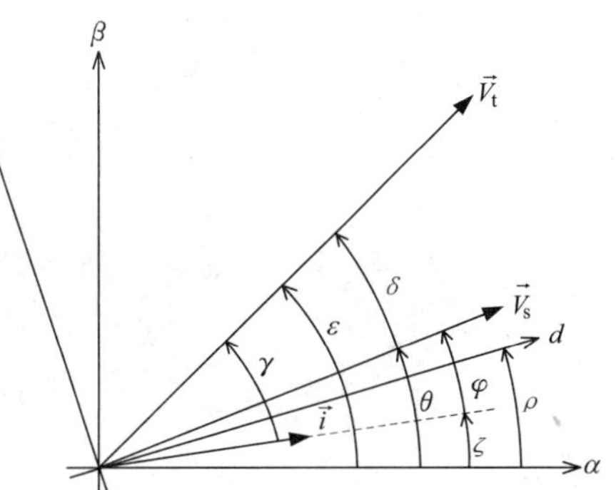

图 8.15 图 8.3 中有功/无功功率控制器的交流侧相量图

$$\gamma=\arctan(V_{tq}/V_{td})-\arctan(i_q/i_d) \tag{8.85}$$

8.4.3.2 交流侧稳态等效电路

式（8.8）描述了图 8.3 所示有功/无功功率控制器的交流侧动态特性。如果 PLL 处于稳态，则有 $\rho=\omega_0 t+\theta_0$，式（8.8）可以重新写为

$$V_{tdq}-V_{sdq}-L\frac{d}{dt}i_{dq}=[jL\omega_0+(R+r_{on})]\,i_{dq} \tag{8.86}$$

式中，$f_{dq}=f_d+jf_q$，$\omega_0=d\rho/dt$。稳态时，电流对时间的导数为 0，可得

$$V_{tdq}-V_{sdq}=\underbrace{[jL\omega_0+(R+r_{on})]}_{\underline{Z}}\,i_{dq}=\underline{Z}i_{dq} \tag{8.87}$$

式（8.87）与单相等效电路的传统相量方程相同。虽然式（8.87）只在稳态下成立，但如果在准稳态情况下，式（8.87）也可以用于控制器的设计和分析。在准稳态下，i_d 和 i_q 不再为常量，而是随时间缓慢变化，因此 di_d/dt 和 di_q/dt 的值很小，在分析中可以忽略不计。

图 8.3 中有功/无功功率控制器的交流侧时域等效电路如图 8.16a 所示。根据

式 (8.86)，图 8.16a 所示电路可由图 8.16b 中的空间相量域等效电路表示。在图 8.16b 所示的电路中，原始电路的所有时域变量都由相应的空间相量表示。因此，等效电路在动态和稳态运行情况下均有效。对于准稳态情况，根据式 (8.87)，图 8.16a 所示电路可由图 8.16c 中的稳态相量域电路表示。

将式 (8.75) 中的 $\overrightarrow{V}_s$ 和式 (8.77) 中的 $\overrightarrow{i}$ 代入式 (4.40)，可得

$$P_s=\frac{3}{2}\hat{V}_s\hat{i}\cos\phi \qquad (8.88)$$

$$Q_s=\frac{3}{2}\hat{V}_s\hat{i}\sin\phi \qquad (8.89)$$

式 (8.88) 和式 (8.89) 与传统相量分析对应的有功和无功功率空间相量域形式相同。不过，式 (8.88) 和式 (8.89) 也适用于 $\overrightarrow{V}_s$、$\overrightarrow{i}$ 和 ϕ 随时间变化的动态运行情况。

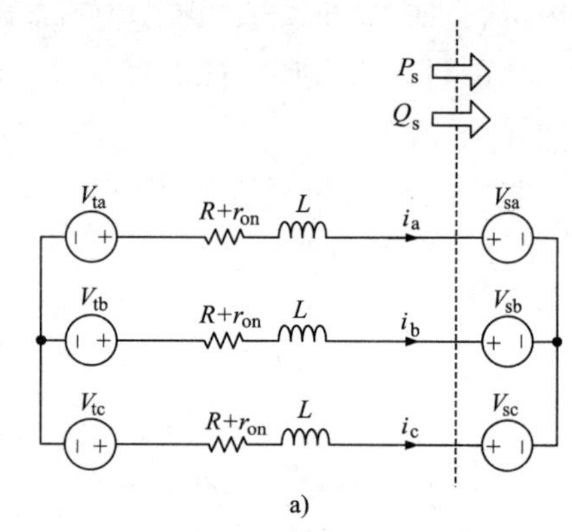

a)

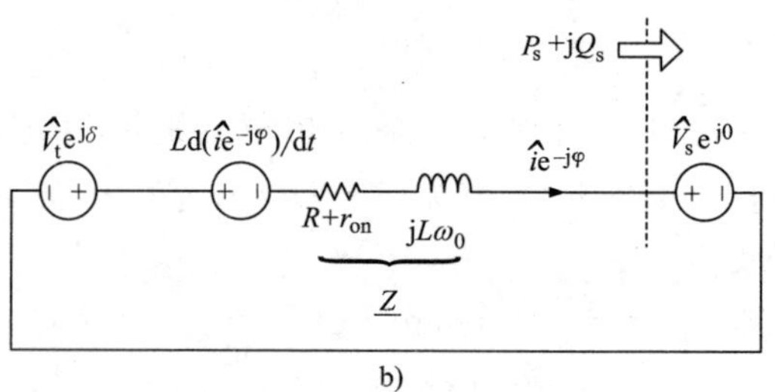

b)

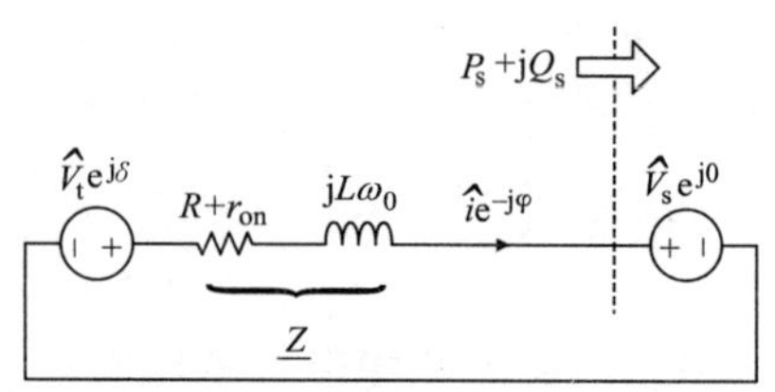

c)

图 8.16 图 8.3 中有功/无功功率控制器交流侧的等效电路

a）时域等效电路 b）动态相量域等效电路 c）准稳态相量域等效电路

8.4.4 三次谐波注入 PWM

在 7.3.6 节中，我们对三次谐波注入 PWM 能够扩展 VSC 电压范围的优势进行了说明，之后对三次谐波注入 PWM 进行了公式推导，在图 7.11 中给出了三次谐波注入 PWM 在 $\alpha\beta$ 坐标系下的原理框图。图 8.17 所示为三次谐波注入 PWM 在 dq 坐标系下的原理框图，该图等价于图 7.11。

根据 7.3.6 节所述内容，三次谐波注入 PWM 的调制信号由 m_{abc} 构成，如式 (7.61)~式 (7.63) 所示。因此，如图 8.17 所示，m_{abc} 由 m_d 和 m_q 经过 dq 到 abc 坐标系的变换得出。式 (7.61)~式 (7.63) 表明，三次谐波注入 PWM 调制信号也需要 $\hat{m}^2$ 的值。因此，$\hat{m}$ 可以用 m_d 和 m_q 表示为 $\hat{m}=\sqrt{m_d^2+m_q^2}$。

图 8.18 所示为采用三次谐波注入 PWM 的有功/无功功率控制器的示意图。图

8.18 与图 8.3 相同，只是在图 8.18 中，图 8.17 所示的模块代替了图 8.3 中的 m_{dq} 到 m_{abc} 模块。图 8.18 所示有功/无功功率控制器的 VSC 可以是两电平 VSC，也可以是三电平 NPC。图 8.18 也表明，对于采用三次谐波注入 PWM 的 VSC 系统，$m_{aug-abc}$ 被限制在±1 以内，意味着 m_{abc} 被限制在±1.15 以内。因此，与传统 PWM 对应的±(V_{DC}/2) 相比，三次谐波注入 PWM 可以使 VSC 的交流端电压升高到±1.15(V_{DC}/2)。

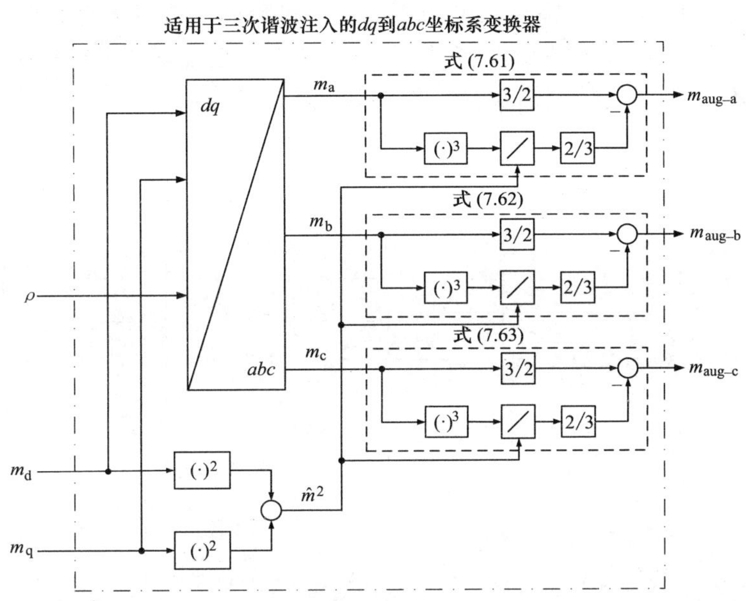

图 8.17　生成带三次谐波注入 PWM 调制信号的 dq 到 abc 坐标系的信号变换器框图

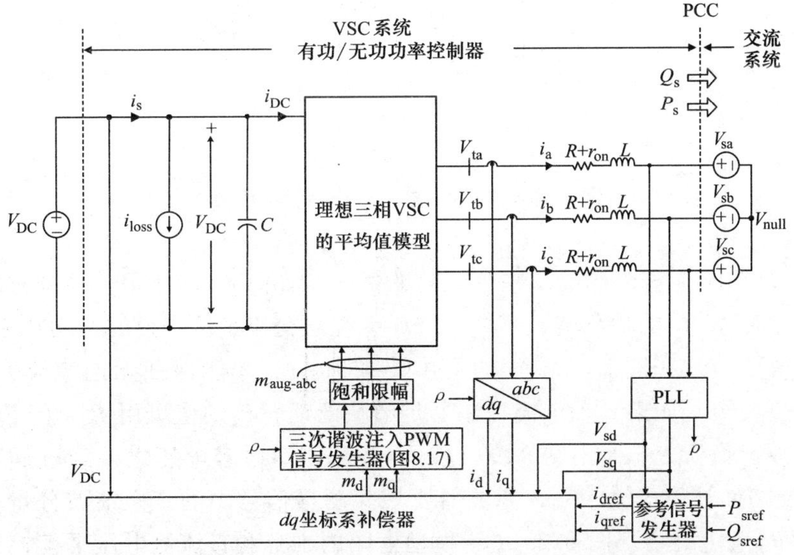

图 8.18　采用三次谐波注入 PWM 的有功/无功功率控制器示意图

8.5 基于三电平 NPC 的有功/无功功率控制器

图 8.3 和图 8.18 所示有功/无功功率控制器同样可以采用三电平 NPC 作为功率处理器。根据 6.7.4 节提出的两电平 VSC 和三电平 NPC 的统一动态模型，8.3 节和 8.4 节提出的 dq 坐标系建模和控制器设计过程同样适用于两电平 VSC 和三电平 NPC。不过，如图 8.19 所示，三电平 NPC 还需要直流侧电压平衡控制。三电平 NPC 的直流侧电压平衡控制已在 6.7.2 节中做过讨论。

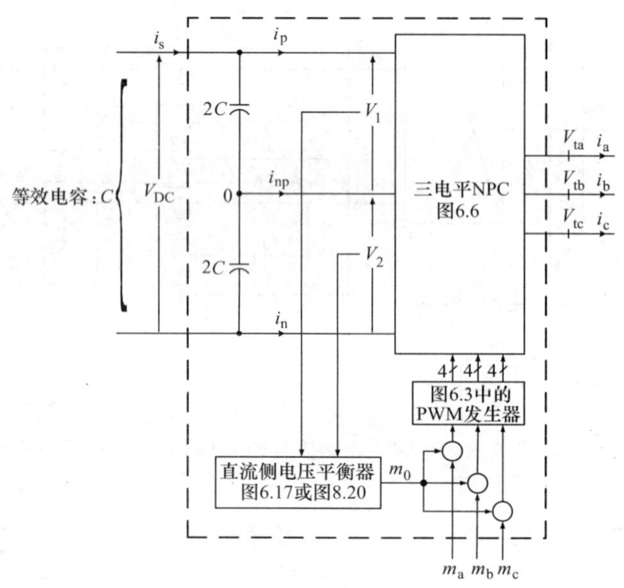

图 8.19 三电平 NPC 的框图

图 8.20 所示为直流侧电压平衡控制的框图。如图 8.20 所示，控制对象是一个比例系数正比于 $-P_s$ 的积分器，$-P_s$ 为 VSC 系统与交流系统交换的有功功率。因此，如果功率 P_s 为正，补偿器 $K(s)$ 的输出要乘以 -1，才能保证无论潮流方向正负，控制均为负反馈。如果 d 轴电流控制器足够快的话，P_s 的值可由 $P_s=(3/2)V_{sd}i_d$ 计算得出，或近似为 P_{sref}。由图 8.20 可见，直流侧两电容电压之差经过低通滤波器 $F(s)$ 后反馈回补偿器输入端，滤波器要滤除测量信号中的三次谐波分量，防止修正偏移量 m_0 发生畸变。图 8.20 所示模型框图的细节和直流侧电压平衡控制中补偿器的设计方法已在 7.4 节中给出，在此不再赘述。

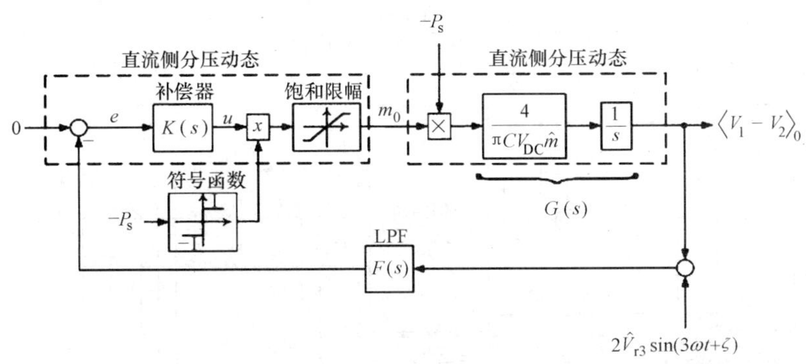

图 8.20 三电平 NPC 的直流侧分压平衡控制框图

8.6 直流电压受控的功率端口

之前章节介绍了 VSC 有功/无功功率控制器的结构和控制方式（见图 8.3 和图 8.18），其功能在于控制 VSC 与交流系统之间交换的有功功率和无功功率。在有功/无功功率控制器中，VSC 直流侧连接理想的直流电压源，VSC 系统作为一个双向能量交换器连接交流系统和直流系统。但在许多应用中，如光伏系统和燃料电池系统，VSC 直流侧连接的不是直流电压源，而是需要接入交流系统并与交流系统发生功率交换的（直流）功率源。因此本节中，VSC 直流母线电压不再由理想的直流电压源决定，而需要进行控制。上述直流电压受控的功率端口如图 8.21 所示。

图 8.21 所示的 VSC 系统从原理来讲与图 8.18 相同，只是用（可变的）直流功率源代替了直流电压源。直流功率源通常代表连接能量来源的电力电子装置单元（或集群），如光伏阵列、变速风力发电机组、燃料电池单元或汽轮机发电机组等，在研究中，将直流功率源看作一个黑箱。假设功率源与 VSC 直流侧交换时变的功率 $P_{ext}(t)$。因此，图 8.21 所示的 VSC 系统允许功率源（黑箱）与交流系统间有双向的功率交换。我们把图 8.21 所示的 VSC 系统称为直流电压受控的功率端口，其在 STATCOM、背靠背的 HVDC 变流器系统和变速风机单元中均有应用，这些应用将分别在第 11～13 章中进行讨论。

直流电压受控功率端口的主要控制目标是控制直流母线电压 V_{DC}。由图 8.21 可见，直流电压受控功率端口的核心是有功/无功功率控制器，通过后者可以实现有功功率 P_s 和无功功率 Q_s 的独立控制。因此，为了控制直流母线电压，需要比较 V_{DC} 与其参考指令，并相应地调节 P_s，从而使系统与直流电容器之间交换的功率为 0。不过，Q_s 仍然需要独立地进行控制。在许多应用中，Q_s 一般控制为 0，即 VSC 系统的功率因数为 1。在其他一些应用中，也可以通过闭环控制来调节 Q_s，进而控

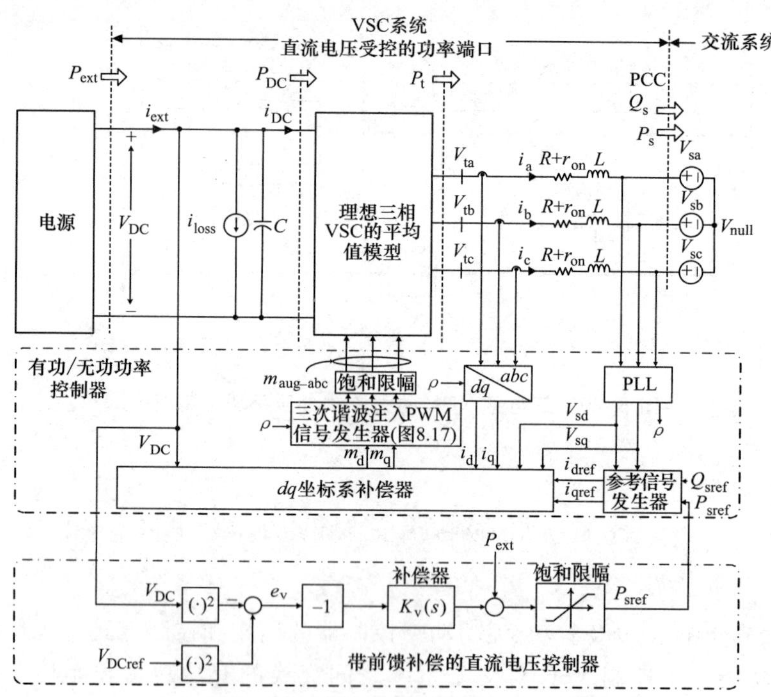

图 8.21 直流电压受控的功率端口示意图

制 PCC 电压，第 11 章将对此进行讨论。

8.6.1 直流电压受控的功率端口模型

图 8.21 所示直流电压受控功率端口的主要控制目标是控制直流母线电压 V_{DC}。根据 7.5.1 节的讨论，这里选择控制 V_{DC}^2 而不是 V_{DC}。根据式（7.92），V_{DC}^2 的动态特性可以表示为

$$\frac{\mathrm{d}V_{DC}^2}{\mathrm{d}t}=\frac{2}{C}P_{ext}-\frac{2}{C}P_{loss}-\frac{2}{C}\left[P_s+\left(\frac{2LP_s}{3V_{sd}^2}\right)\frac{\mathrm{d}P_s}{\mathrm{d}t}\right]+\frac{2}{C}\left[\left(\frac{2LQ_s}{3V_{sd}^2}\right)\frac{\mathrm{d}Q_s}{\mathrm{d}t}\right] \tag{8.90}$$

式中，V_{sd} 代替了式（7.92）中的 $\hat{V}_s$。根据 6.7.4 节中提出的两电平 VSC 和三电平 NPC 的统一动态模型，式（8.90）对以上两种 VSC 拓扑结构均适用。根据式（8.90），V_{DC}^2 为输出，P_s 为输入，P_{ext}、P_{loss} 和 Q_s 为扰动。如图 8.21 所示，V_{DC}^2 与 V_{DCref}^2 进行比较，误差信号输入补偿器 $K_v(s)$ 后生成参考指令 P_{sref}，P_{sref} 再输入有功功率控制器，由有功功率控制器调节 P_s 等于 P_{sref}，同时对 Q_s 进行独立控制。Q_{sref} 可以设为交流系统需要的无功功率值。在高阻抗的交流系统中，PCC 处的交流电压随着 P_s 的变化而变化（如由 P_{ext} 的变化引起）。在这种情况下，PCC 处的交流

电压可通过闭环控制 Q_s 来进行调节，首先将交流电压反馈至补偿器，然后由补偿器生成 Q_{sref}，具体的无功控制策略将在第 11 章中进行讨论。

为了推导传递函数 $G_p(s)=P_s(s)/P_{sref}(s)$，已知

$$I_d(s)=G_i(s)I_{dref}(s) \tag{8.91}$$

式中，$G_i(s)$ 如式（8.55）所示。假设 V_{sd} 恒定，将式（8.91）两边同时乘以（3/2）V_{sd}，可得

$$P_s(s)=G_i(s)P_{sref}(s) \tag{8.92}$$

因此，$G_p(s)=G_i(s)$，根据式（8.55），有

$$\frac{P_s(s)}{P_{sref}(s)}=G_p(s)=\frac{1}{\tau_i s+1} \tag{8.93}$$

因为在 dq 坐标系中有功功率正比于 i_d，所以凭直觉也可以得出式（8.93）。式（8.90）描述的控制对象是非线性的，因为式中含有微分项 $P_s\frac{dP_s}{dt}$ 和 $Q_s\frac{dQ_s}{dt}$。式（7.94）已经给出了线性化的控制对象，式（8.94）重复了式（7.94），只是用 V_{sd} 代替了 $\hat{V}_s$。

$$\frac{d\widetilde{V}_{DC}^2}{dt}=\frac{2}{C}\widetilde{P}_{ext}-\frac{2}{C}\left[\widetilde{P}_s+\left(\frac{2LP_{s0}}{3V_{sd}^2}\right)\frac{d\widetilde{P}_s}{dt}\right]+\frac{2}{C}\left[\left(\frac{2LQ_{s0}}{3V_{sd}^2}\right)\frac{d\widetilde{Q}_s}{dt}\right] \tag{8.94}$$

其中上标~表示小信号扰动，下标 0 表示变量的稳态值。对式（8.94）进行拉普拉斯变换，可以推导得出传递函数 $G_v(s)=\widetilde{V}_{DC}^2(s)/\widetilde{P}_s(s)$ 为

$$G_v(s)=\widetilde{V}_{DC}^2(s)/\widetilde{P}_s(s)=-\left(\frac{2}{C}\right)\frac{\tau s+1}{s} \tag{8.95}$$

式中时间常数 τ 为

$$\tau=\frac{2LP_{s0}}{3V_{sd}^2}=\frac{2LP_{ext0}}{3V_{sd}^2} \tag{8.96}$$

式（8.96）表明，τ 正比于（稳态的）有功功率 P_{ext0}（或 P_{s0}）。因此，如果 P_{ext0} 很小，τ 约为 0，$G_v(s)$ 主要是一个积分器。随着 P_{ext0} 的增加，τ 不断增大，$G_v(s)$ 的相角会发生变化。在逆变运行模式下，P_{ext0} 为正值，τ 也为正值，$G_v(s)$ 的相角变大。在整流运行模式下，P_{ext0} 为负值，τ 也为负值，则 $G_v(s)$ 的相角变小，当 P_{ext0} 的绝对值变大时，相角进一步减小。根据式（8.95），$G_v(s)$ 的零点在 $z=-1/\tau$ 处。因此，τ 为负值就意味着 $G_v(s)$ 的零点位于右半平面，这样一来，直流电压受控的功率端口在整流运行模式下就变成了非最小相位系统[72]。正如

8.6.3 节中讨论的，非最小相位的特性对系统的稳定性有不利影响，必须在控制系统的设计过程中予以考虑[72]。

8.6.2 直流电压受控功率端口的控制

图 8.22 所示为图 8.21 中直流电压受控功率端口的直流电压控制器框图。直流电压闭环控制系统包含补偿器 $K_v(s)$、有功功率控制器 $G_p(s)$ 和控制对象 $G_v(s)$，其中 $G_v(s)$ 如式（8.95）所示。图 8.21 和图 8.22 表明，$K_v(s)$ 需要乘以-1 来补偿 $G_v(s)$ 的负号。图 8.22 所示的闭环系统与图 7.23 相同，在 7.5.2 节中给出的设计流程同样适用于图 8.22 所示的闭环系统。如 7.5.2 节所述，$K_v(s)$ 应包含一个积分项和一个超前校正环节，超前校正环节用来补偿控制对象滞后的相角，保证在截止频率处有足够的相角裕量。根据式（8.95）和式（8.96），当 P_{ext} 为负的额定值时，$G_v(s)$ 有最大的滞后相角，如果此时系统有足够的相角裕度，闭环系统在其他运行点处也能够保持稳定。

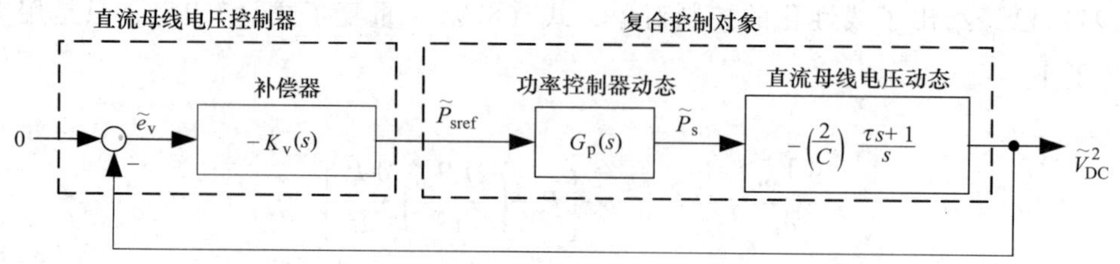

图 8.22 基于线性化模型的直流母线电压控制器框图

如 7.5.2 节所述，为了设计 $K_v(s)$，首先要选择截止频率 ω_c，ω_c 要远远小于 $G_p(s)$ 的带宽，才能保证 $G_p(j\omega_c)\approx 1+j0$。其次，$K_v(s)$ 的相角裕度要满足最坏情况下系统稳定运行的要求。7.5.2 节提出的设计方法以系统的频率响应为基础。这是因为基于 $\alpha\beta$ 坐标系控制，$G_p(s)$ 为典型的高阶传递函数，其响应特性主要由带宽决定，而不是零极点。但是，本节中 $G_p(s)$［式（8.93）］为一阶传递函数，也可以采用根轨迹法进行分析。根轨迹法的优势在于将最大超调量和调节时间等性能指标与极点/零点的轨迹联系起来，使控制器的设计流程更加直观和清晰。

例 8.4 *dq* 坐标系下直流电压控制器的设计

考虑图 8.21 所示直流电压受控的功率端口，VSC 采用图 8.19 所示的三电平 NPC，系统参数为：$2C=19250\mu F$，$L=200\mu H$，$R=2.38m\Omega$，$r_{on}=0.88m\Omega$，$V_d=1.0kV$，$V_{DC}=2500V$，$f_s=1680Hz$，$V_{sd}=391V$，$\omega_0=377rad/s$。VSC 系统的额定功率为±2.5MW，采用三次谐波注入 PWM 调制。

参考图 8.20，直流侧电压平衡控制的控制器为

$$K(s)=0.0007\ [V^{-1}]$$

$$F(s)=\frac{s^2+(3\omega_0)^2}{(s+3\omega_0)^2}=\frac{s^2+1131^2}{s^2+2262s+1131^2}$$

取 $\tau_i=1.0$ms，根据式（8.56）和式（8.57），可得 dq 坐标系电流控制器的参数 $k_p=0.2\Omega$ 和 $k_i=3.26\Omega/s$，有

$$G_p(s)=G_i(s)=\frac{1000}{s+1000} \tag{8.97}$$

接下来，根据图 8.22 所示框图来设计直流电压控制器。在图 8.22 中，$G_v(s)$ 是系统运行点的函数［见式（8.95）和式（8.96）］。因此，在对 $K_v(s)$ 进行设计时，需要考虑系统在整流模式下的最坏运行情况，对应 $P_{ext0}=-2.5$MW。由式（8.97）可知，$G_p(s)$ 的带宽为 1000rad/s。因此，对于图 8.22 所示控制回路，选择截止频率 ω_c 为 $G_p(s)$ 带宽的 1/5，即 $\omega_c=200$rad/s，从而避免回路中产生过大的滞后相位。

根据图 8.22，开环增益为

$$\ell(s)=-K_v(s)G_p(s)G_v(s) \tag{8.98}$$

式中，$G_v(s)$ 和 $G_p(s)$ 分别如式（8.95）和式（8.97）所示。为了消除稳态误差，$K_v(s)$ 必须含有积分项。令 $K_v(s)$ 为

$$K_v(s)=N(s)\frac{k_0}{s} \tag{8.99}$$

式中，$N(s)$ 为不含零点 $s=0$ 的传递函数，k_0 为常数。将式（8.95）中的 $G_v(s)$ 和式（8.99）中的 $K_v(s)$ 代入式（8.98），可得

$$\ell(s)=N(s)k_0\left(\frac{2}{C}\right)\frac{\tau s+1}{s^2(0.001s+1)} \tag{8.100}$$

如果 $N(s)=1$，$|\ell(j200)|=1$ 对应 $k_0=180$，可得

$$\ell(s)=37423\frac{\tau s+1}{s^2(0.001s+1)} \tag{8.101}$$

我们把式（8.101）称为**无补偿的**开环增益。

图 8.23 所示为三种运行情况下无补偿开环增益的幅频特性和相频特性曲线，分别对应 $P_{ext0}=2.5$MW，$P_{ext0}=0$ 和 $P_{ext0}=-2.5$MW。如图 8.23 所示，三种运行情况下无补偿开环增益的幅频特性曲线大致相同，均有 $|\ell(j200)|=1$。而当 $P_{ext0}=2.5$MW、0 和 -2.5MW 时，$\angle\ell(j200)$ 分别为 $-168°$、$-191°$ 和 $-215°$。因此，闭环系统在 $P_{ext0}=2.5$MW 时勉强处于稳定状态，而在 $P_{ext0}=0$ 和 $P_{ext0}=-2.5$MW 时系统已处于不稳定状态。为使闭环系统在任何情况下均能稳定运行，需要在式（8.100）中引入超前滤波器 $N(s)$。令 $N(s)$ 为

$$N(s)=n_0\frac{s+(p/\alpha)}{s+p} \tag{8.102}$$

式中，p 为超前滤波器的极点；$\alpha(>1)$ 为恒定的实数；n_0 为滤波器的增益。滤波器的最大相角为

$$\delta_m=\arcsin\left(\frac{\alpha-1}{\alpha+1}\right) \tag{8.103}$$

对应的角频率为

$$\omega_m = \frac{p}{\sqrt{\alpha}} \tag{8.104}$$

因此，如果 $P_{ext0}=-2.5\text{MW}$ 时的相角裕度选为 45°，则要求 $\angle N(\text{j}200)$ 需要为 80°。由 $\delta_m=80°$，$\omega_m=200\text{rad/s}$ 和 $|N(\text{j}200)|=1$ 可以解出 α、p 和 n_0，可得

$$N(s)=10.38\,\frac{s+19}{s+2077} \tag{8.105}$$

将式（8.105）中的 $N(s)$ 代入式（8.99）和式（8.100），可得

$$\ell(s)=388455\left(\frac{s+19}{s+2077}\right)\left[\frac{\tau s+1}{s^2(0.001s+1)}\right] \tag{8.106}$$

$$K_v(s)=1868\,\frac{s+19}{s(s+2077)}\ [\Omega^{-1}] \tag{8.107}$$

我们把式（8.106）称为补偿后的开环增益。图 8.23 所示为三种情况下补偿后开环增益的幅频特性和相频特性曲线，分别对应 $P_{ext0}=2.5\text{MW}$、$P_{ext0}=0$ 和 $P_{ext0}=-2.5\text{MW}$。由图 8.23 可见，三种情况下，$|\ell(\text{j}200)|=1$，另外，当 $P_{ext0}=2.5\text{MW}$、0 和-2.5MW 时，$\angle\ell(\text{j}200)$ 分别为$-89°$、$-112°$和$-135°$。因此，三种运行情况下系统的相角裕度均在 45°~91°的范围内，闭环系统能够稳定运行。

图 8.24 所示为图 8.21 中直流电压受控的功率端口在启动和 P_{ext}发生阶跃变化时的响应特性，其中，直流电压控制的前馈补偿环节没有启用，在此前提下 VSC 系统经历了以下一系列事件：

初始状态下，$P_{ext}=0$，VSC 门控脉冲闭锁，控制器不工作，此时交流系统通过开关单元的反并联二极管给 VSC 直流侧电容充电，V_{DC} 增加至 700V。当 $t=0.2\text{s}$ 时，门控脉冲解锁，控制器开始工作，此时 $V_{DC\,ref}$ 由 700V 变为 2500V。为了提高 V_{DC}，$K_v(s)$ 输出的 P_{sref}为负值，有功功率从交流系统流入 VSC 直流侧；在此过程中，P_{sref}在短时间内被限制为其下限值。大约 $t=0.30\text{s}$ 时，V_{DC} 被控制在 $V_{DC\,ref}=2500\text{V}$，此时 P_{sref}和 P_s的数值很小，对应了 VSC 的功率损耗。当 $t=0.35\text{s}$ 时，P_{ext} 由 0 变为 2.5MW，使得 V_{DC}产生了一个过冲，补偿器对扰动做出反应，通过增加 P_{sref}将 V_{DC}调节回 $V_{DC\,ref}=2500\text{V}$。当 $t=0.50\text{s}$ 时，P_{ext}从 2.5MW 变为-2.5MW，在补偿器做出反应减小 P_{sref}之前，V_{DC}产生了一个下冲。应该注意的是，$t=0.50\text{s}$ 时的下冲过程与 $t=0.35\text{s}$ 时的超调过程有所不同，这是因为两个运行点的相角裕度不同，如图 8.23 所示，因此，在这两个运行点处系统对于扰动的响应也是不同的。当 $t=0.65\text{s}$ 时，Q_{sref}由 0 变为 1.0Mvar，如图 8.24 所示，无功的变化对 V_{DC}并没有显著影响，这是因为根据式（8.90），$\text{d}V_{DC}^2/\text{d}t$ 受 Q_s影响的权重为 $2L/(3V_{sd}^2)$，通常该项数值很小。

启用直流母线电压控制的前馈补偿后，图 8.21 中直流电压受控的功率端口对上述相同扰动的响应特性如图 8.25 所示，其中，P_{ext}的测量值加到 $K_v(s)$ 的输出

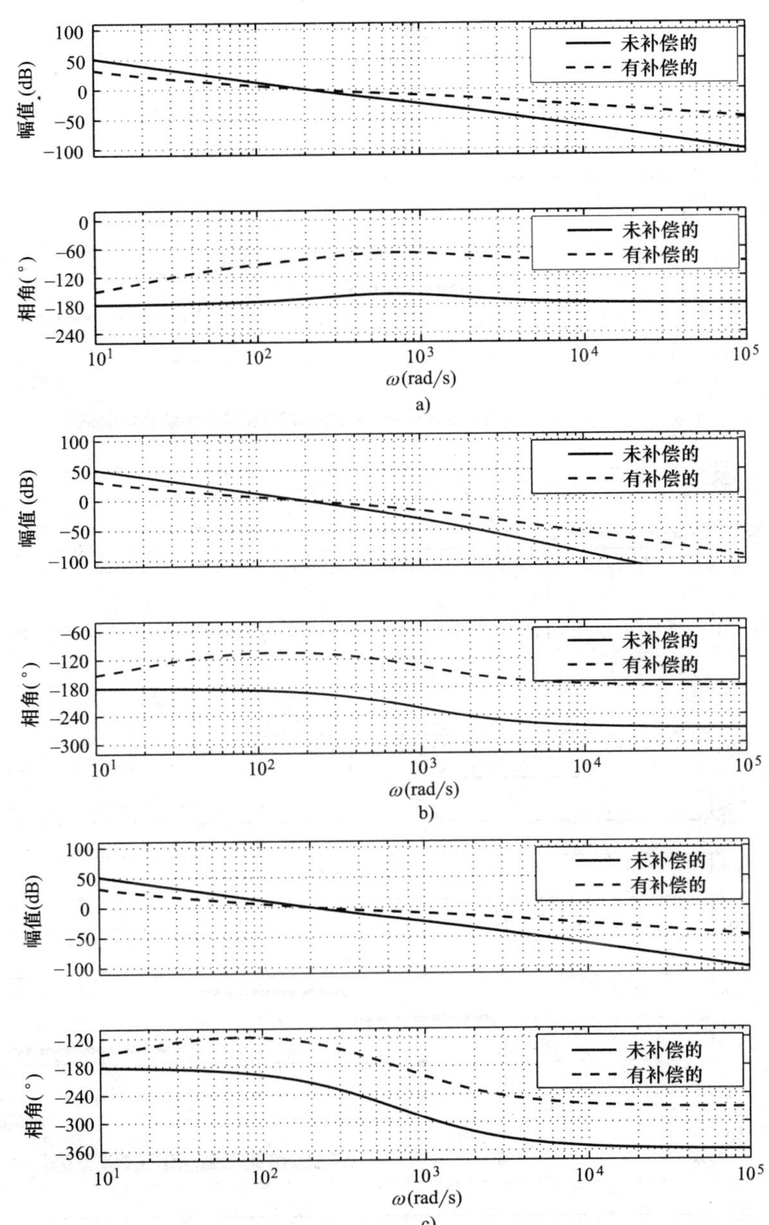

图 8.23　例 8.4 中直流母线电压控制器开环增益的伯德图

a）正额定有功功率　b）零额定有功功率　c）负额定有功功率

上。对比图 8.25 和图 8.24 可见，采用前馈补偿后，V_{DC} 偏离 V_{DCref} 的差值变得很小，原因是 P_{ext} 的变化可以快速反应到 P_{sref}，使功率迅速恢复平衡。

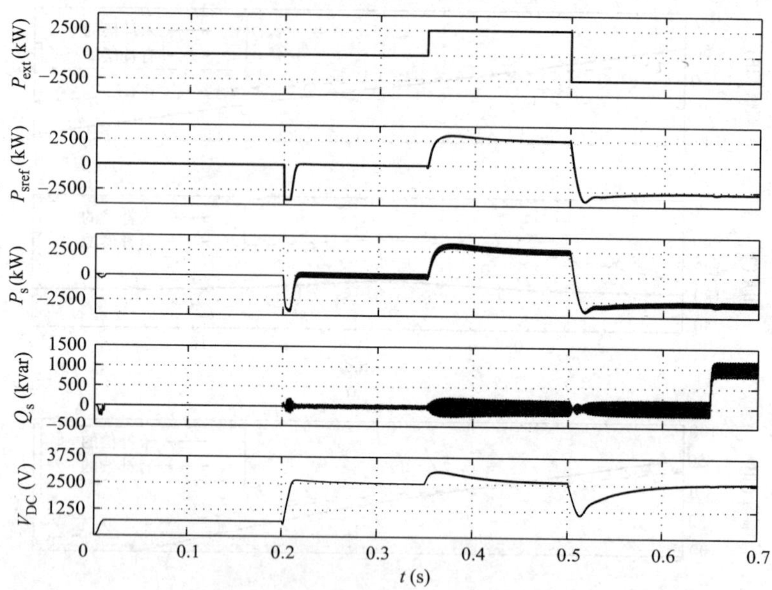

图 8.24 例 8.4 中当前馈补偿未投入时直流电压受控的功率端口的动态特性

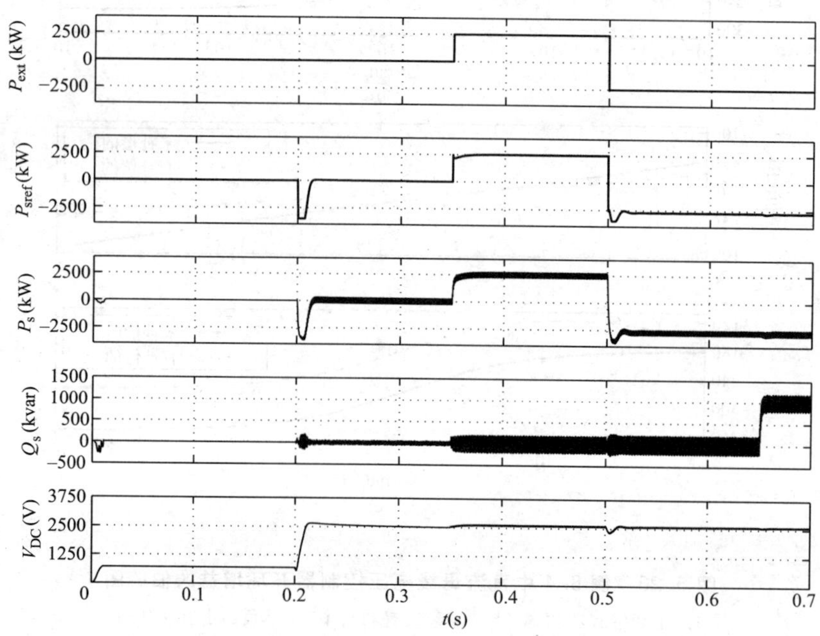

图 8.25 例 8.4 中当前馈补偿投入时直流电压受控的功率端口的动态特性

8.6.3 简化模型和精确模型

式（8.90）所描述的直流母线电压动态方程是非线性的，原因是 VSC 的连接电抗器上存在瞬时功率。因此，在式（8.95）所示的线性化模型中，时间常数 τ 是系统运行点的函数。根据式（8.96），τ 在整流运行模式下为负值，将会导致开环增益的相角滞后过大。相角滞后会使系统响应变差甚至不能稳定运行，所以在进行补偿器设计时必须要考虑这一点。

在相关技术文献中，连接电抗器上的瞬时功率一般忽略不计[73-76]，即认为$L\approx 0$、$P_t=P_s$。我们将这种模型称为简化模型，将 $\tau=0$ 代入式（8.95）可以得出其数学模型为

$$G_v(s)=V_{DC}^2(s)/P_s(s)=-\left(\frac{2}{C}\right)\frac{1}{s} \tag{8.108}$$

式（8.108）所示的传递函数表明，简化模型实际上对应详细模型在 $P_{ext}=0$ 时的稳态运行点。但是，如例 8.4 所述，$P_{ext}=0$ 时的稳态运行点并不对应系统的最坏运行情况，因为在整流运行模式下开环增益的相角会进一步减小。因此，根据式（8.108）所示的简化模型进行补偿器设计可能会造成系统性能变差甚至不能稳定运行，例 8.5 将针对这种情况进行具体的说明。

例 8.5 整流运行模式的不稳定性

考虑例 8.4 中的直流电压受控的功率端口，其中，$G_p(s)$ 如式（8.97）所示。假设我们根据式（8.108）所示的简化模型来设计图 8.22 所示闭环系统的 PI 补偿器。因此，开环增益需要包括两个积分器和一个负实数极点［如 $G_p(s)$ 的极点］；补偿器的设计过程需要确定 PI 控制器的零点和增益。对于含有两个积分器（包括 PI 补偿器的积分环节）和一个一阶滞后环节的开环增益，采用**对称最优法**可以有效地确定补偿器的零点[43]。基于对称最优法则，令截止频率 $\omega_c=415\text{rad/s}$，相角裕度为 45°，可得

$$K_v(s)=1.996\frac{s+172}{s}\ [\Omega^{-1}] \tag{8.109}$$

因为式（8.108）所示的简化模型与运行点无关，可以认为闭环系统在整个功率范围内都能保持稳定。但事实并非如此，图 8.26 表明，闭环控制系统在 $P_{ext}=2.5\text{MW}$ 时保持稳定，当 P_{ext}由 2.5MW 下降至−2.1MW 时，系统出现振荡，变得不稳定。这是因为实际的控制对象模型为式（8.95），而不是式（8.108），当 P_{ext}为负值时，系统包含一个非最小相位零点。本例中，当 P_{ext}小于−2.1MW 时，三个闭环极点中有两个位于右半平面，分别为 $s=4.42\pm j535\text{rad/s}$，从而导致了图中所示的不稳定振荡现象。

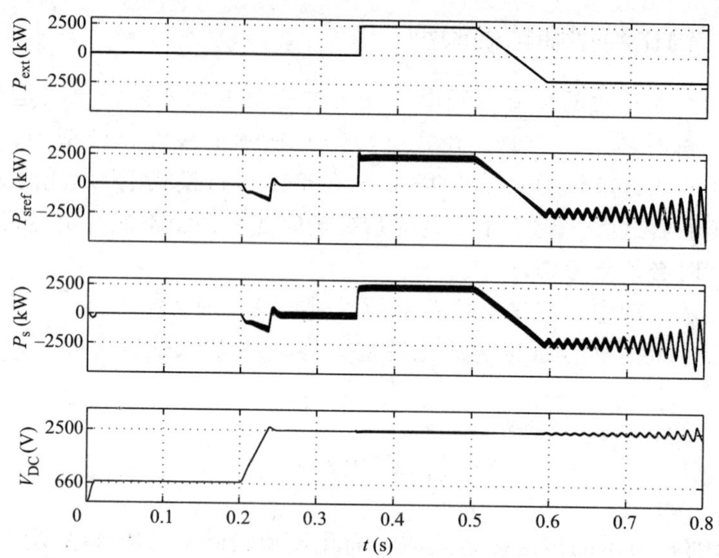

图 8.26 例 8.5 中直流母线电压控制器在整流运行模式下的不稳定性

第9章 频率受控的VSC系统

9.1 引言

第 7 章和第 8 章介绍了电网定频 VSC 系统的控制和运行，电网定频 VSC 系统的运行频率由交流系统决定。这两章通过电流型控制将电网定频 VSC 系统的控制转换为交流系统与 VSC 系统之间交换的有功功率和无功功率的控制。本章研究了一类运行频率不由交流系统决定而由自身控制的 VSC 系统，我们将这类系统称为**频率受控的 *VSC* 系统**，这类系统中，PCC 处的电压和频率是可控的；因此，与交流系统交换的有功功率和无功功率只是控制 PCC 处电压和频率时的副产品。

频率受控 VSC 系统的典型应用包括：

- 在孤岛（离网）条件下向专用负载或负载集群供电、通过电力电子装置耦合的分布式发电（DG）或分布式储能（DES）单元。⊖
- 向无源或弱交流系统供电的 VSC-HVDC 变流器系统。
- 以 VSC 系统为核心来控制敏感负载（如在紧急情况条件下）频率和电压的不间断电源（UPS）系统。

在本章中，我们将首先介绍频率受控 VSC 系统的 dq 坐标系模型，然后介绍一种无需预知负载模型的控制策略。为了实现这个目标，我们通过一种前馈补偿技术将 VSC 的动态与负载的动态有效地解耦。最后，我们将研究 VSC 系统从频率受控模式到电网定频模式的切换及反切换。

9.2 频率受控的 VSC 系统结构

图 9.1 所示为频率受控的 VSC 系统示意图，其核心是电流控制型 VSC[83]。图

⊖ 这些统称为分布式能源（DER）单元。

中的 VSC 可以是两电平 VSC，也可以是三电平 NPC。如果 VSC 是三电平 NPC，为了稳定运行，还需要一个直流侧电压平衡控制器（细节参阅 6.7 节、7.4 节和 8.5 节）。无论变流器类型如何，根据 6.7.4 节中的统一动态模型，VSC 可以看作由一个理想的（无损的）VSC、一个等效的直流母线电容器、一个并联的直流侧电流源和三个串联的交流侧电阻（每相一个）组成。

本章中，假设直流电压 V_{DC} 由直流电压源提供。实际上，直流电压源可以是直流电源，如电池组、光伏（PV）阵列等，也可以是拥有电力电子接口的交流或直流一次能源，如风力发电机组或燃料电池。直流电压源还可以由图 8.21 所示的直流电压受控的功率端口来实现。

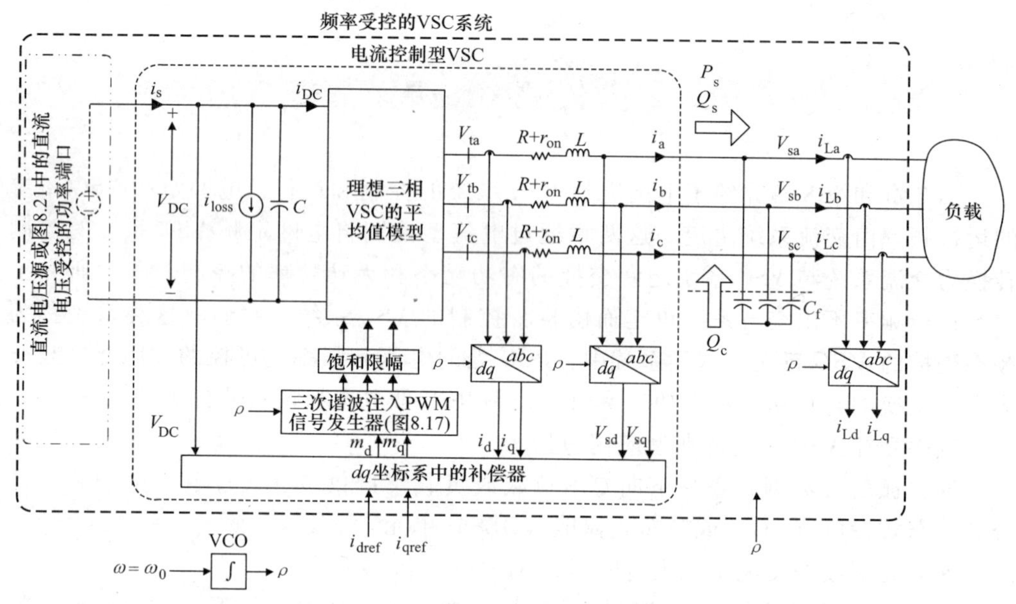

图 9.1 频率受控的 VSC 系统示意图

在图 9.1 所示的 VSC 中，交流端各相通过一个 *RLC* 滤波器与三相负载相连。因此，控制目标是在负载电流 i_{Labc} 中存在扰动的情况下，控制负载电压 V_{sabc} 的幅值和频率。*RLC* 滤波器由一个串联 *RL* 支路和一个并联电容 C_f 组成。在本章中，我们将在不对负载的配置或动态特性做特定假设的前提下，研究图 9.1 所示频率受控 VSC 系统的模型和控制器。因此，我们需要 C_f 来保证 *RL* 支路连接到有一定程度电压支撑的节点上。C_f 为 VSC 产生的开关电流谐波提供了一条低阻抗的流通路径，从而防止开关电流谐波注入负载。如果没有 C_f，负载电压 V_{sabc} 的谐波畸变率将主要取决于开关频率下的负载阻抗及其谐波。电流控制型 VSC 和滤波电容器输出的有功功率和无功功率分别为（P_s，Q_s）和（0，Q_c）。因此，图 9.1 所示频率受控的 VSC 系统输出到负载的有效功率输出为（P_s，Q_s+Q_c）。

由图 9.1 可见，频率受控的 VSC 系统在 *dq* 坐标系中进行控制。因此，反馈和前馈信号首先变换到 dq 坐标系下，然后输入相应的控制回路并在 dq 坐标系下生成所需的控制信号。最后，这些控制信号再被变换到 abc 坐标系下，输入 VSC 的脉宽调制（PWM）模块。abc 到 dq 坐标系的变换及反变换公式分别由式（4.73）和式（4.75）给出，而变换角 ρ 由压控振荡器（VCO）给出，VCO 的输入是 $d\rho/dt=\omega(t)$，$\omega(t)$ 可以设为常数，如系统的额定频率 ω_0，也可以在变频环境下动态地进行控制[84]。变频的情况经常出现在要求 VSC 系统既能在电网定频模式又能在频率受控模式下运行的应用场合；因此，由锁相环（PLL）来控制 $\omega(t)$ 与交流系统电压同步[84]。9.4.1 节给出了一个这种应用的例子。

9.3　频率受控的 VSC 系统模型

图 9.1 中圈出的部分表示电流控制型 VSC 系统，如 8.4.1 节所述，该部分详细的控制框图如图 9.2 所示。图 9.2 与图 8.10 相同，为便于参考，在本节中重新给出。参照图 9.2，补偿器 $k_d(s)$ 和 $k_q(s)$ 为 PI 补偿器，有下列形式：

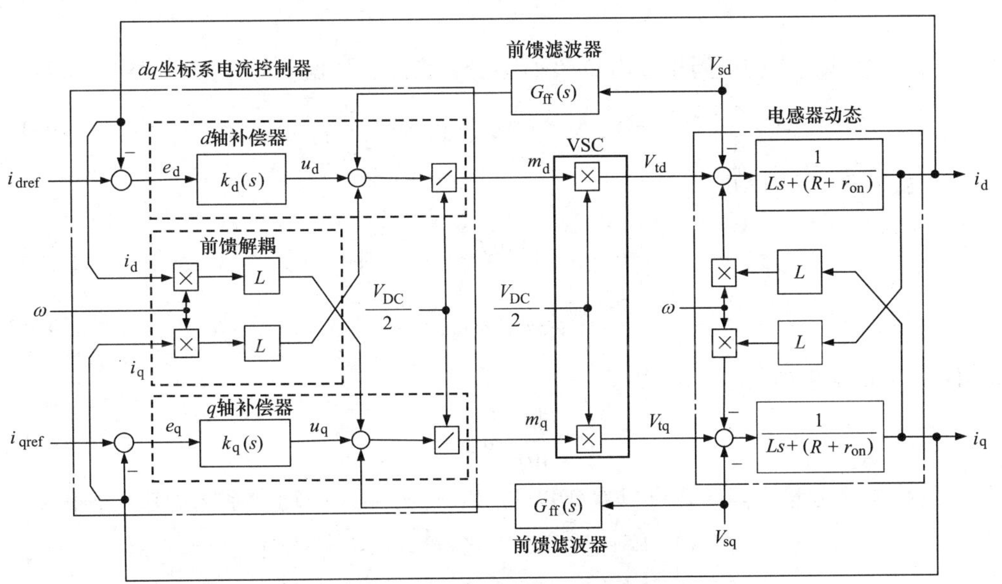

图 9.2　电流控制型 VSC 系统的控制框图

$$k_d(s)=k_q(s)=\frac{k_p s+k_i}{s} \tag{9.1}$$

如果选择参数 k_p 和 k_i 为

$$k_p=L/\tau_i \tag{9.2}$$

$$k_i=(R+r_{on})/\tau_i \tag{9.3}$$

式中，τ_i为设计参数，那么 d 轴和 q 轴的闭环传递函数有如下形式：

$$I_d(s)=G_i(s)I_{dref}(s)=\frac{1}{\tau_i s+1}I_{dref}(s) \tag{9.4}$$

$$I_q(s)=G_i(s)I_{qref}(s)=\frac{1}{\tau_i s+1}I_{qref}(s) \tag{9.5}$$

可以发现，τ_i实际是一阶闭环传递函数的时间常数。参照图 9.1，负载电压的动态特性可以用空间状态方程表示为

$$C_f\frac{dV_{sa}}{dt}=i_a-i_{La} \tag{9.6}$$

$$C_f\frac{dV_{sb}}{dt}=i_b-i_{Lb} \tag{9.7}$$

$$C_f\frac{dV_{sc}}{dt}=i_c-i_{Lc} \tag{9.8}$$

式（9.6）~式（9.8）构成了空间相量方程

$$C_f\frac{d\vec{V}_s}{dt}=\vec{i}-\vec{i}_L \tag{9.9}$$

将式（9.9）中的空间相量用 dq 坐标系分量表示，根据 $\vec{f}=(f_d+jf_q)e^{j\rho(t)}$，可得

$$C_f\frac{d}{dt}[(V_{sd}+jV_{sq})e^{j\rho}]=(i_d+ji_q)e^{j\rho}-(i_{Ld}+ji_{Lq})e^{j\rho} \tag{9.10}$$

由式（9.10）可得

$$C_f\frac{dV_{sd}}{dt}=C_f(\omega V_{sq})+i_d-i_{Ld} \tag{9.11}$$

$$C_f\frac{dV_{sq}}{dt}=-C_f(\omega V_{sd})+i_q-i_{Lq} \tag{9.12}$$

其中，$d\rho/dt$ 替换为 ω（t），因为

$$\frac{d\rho}{dt}=\omega(t) \tag{9.13}$$

负载电流分量 i_{Ld}和 i_{Lq}可以看作以 V_{sd}和 V_{sq}为输入的动态系统的输出，因此

$$\begin{pmatrix} i_{Ld} \\ i_{Lq} \end{pmatrix}=\begin{pmatrix} g_1(x_1,x_2,\cdots,x_n,V_{sd},V_{sq},\omega,t) \\ g_2(x_1,x_2,\cdots,x_n,V_{sd},V_{sq},\omega,t) \end{pmatrix} \tag{9.14}$$

式中，$x_1(t)$，…，$x_n(t)$ 为状态变量；$g_1(\cdot)$ 和 $g_2(\cdot)$ 为各自参数的非线性函数。状态变量的动态可以用以下方程表示：

$$\frac{d}{dt}\begin{pmatrix} x_1 \\ x_2 \\ \vdots \\ x_n \end{pmatrix}=\begin{pmatrix} f_1(x_1,x_2,\cdots,x_n,V_{sd},V_{sq},\omega,t) \\ f_2(x_1,x_2,\cdots,x_n,V_{sd},V_{sq},\omega,t) \\ \vdots \\ f_n(x_1,x_2,\cdots,x_n,V_{sd},V_{sq},\omega,t) \end{pmatrix} \tag{9.15}$$

式中，$f_1(\cdot)$，…，$f_n(\cdot)$ 是各自参数的非线性函数。

式（9.4）、式（9.5）和式（9.11）~式（9.15）描述了 V_{sd} 和 V_{sq} 的动态特性，如图 9.3 中的框图所示，V_{sd} 和 V_{sq} 是系统的输出，而 i_d、i_q 和 ω 为控制输入；同时，i_d 和 i_q 也分别是 VSC 系统 d 轴和 q 轴电流控制器对 i_{dref} 和 i_{qref} 的响应。式（9.14）和式（9.15）用 V_{sd}、V_{sq} 和 ω 描述了 i_{Ld} 和 i_{Lq} 的动态特性。下面两个例子将说明负载模型的复杂性和阶数取决于负载的配置和储能元件的数量。[⊖]

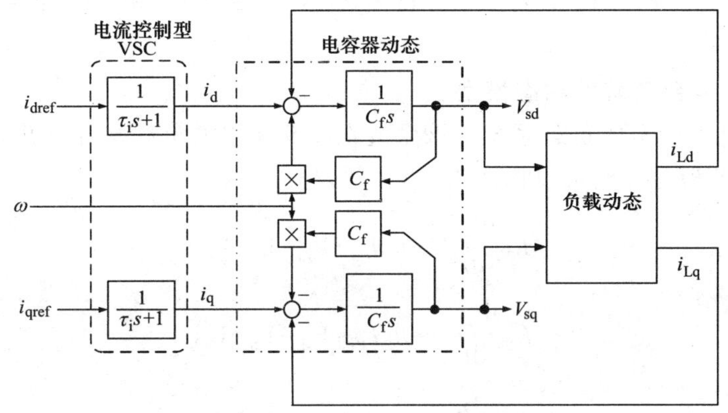

图 9.3　负载电压动态模型的框图

例 9.1　串联 RL 负载的动态模型

假设图 9.1 中的负载是三相串联 RL 支路（见图 9.4）。参考图 9.4，有

$$L_1\frac{di_{1a}}{dt}=-R_1 i_{1a}+V_{sa}-V_{n1}$$

$$L_1\frac{di_{1b}}{dt}=-R_1 i_{1b}+V_{sb}-V_{n1}$$

$$L_1\frac{di_{1c}}{dt}=-R_1 i_{1c}+V_{sc}-V_{n1} \tag{9.16}$$

式（9.16）等价于

$$L_1\frac{d\vec{i}_1}{dt}=-R_1\vec{i}_1+\vec{V}_s \tag{9.17}$$

将 $\vec{f}=(f_d+jf_q)e^{j\rho(t)}$ 代入式（9.17），同时令 $d\rho/dt=\omega(t)$，可得

$$\frac{di_{1d}}{dt}=-\frac{R_1}{L_1}i_{1d}+\omega i_{1q}+\frac{1}{L_1}V_{sd}=f_1(i_{1d},i_{1q},V_{sd},V_{sq})$$

$$\frac{di_{1q}}{dt}=-\omega i_{1d}-\frac{R_1}{L_1}i_{1q}+\frac{1}{L_1}V_{sq}=f_2(i_{1d},i_{1q},V_{sd},V_{sq}) \tag{9.18}$$

⊖ 理想独立的电流源型负载是一个例外，其中，i_{Ld} 和 i_{Lq} 与 V_{sd}、i_{sq} 和 ω 无关。

另外，

$$i_{Ld}=i_{1d}=g_1(i_{1d},i_{1q},V_{sd},V_{sq})$$
$$i_{Lq}=i_{1q}=g_2(i_{1d},i_{1q},V_{sd},V_{sq}) \quad (9.19)$$

因此，表示图 9.4 所示负载的动态系统一般有 2 个状态变量、3 个输入量和 2 个输出量。可以注意到，如果 $\omega(t)$ 是一个变量，那么式 (9.18) 和式 (9.19) 代表了一个非线性动态系统。

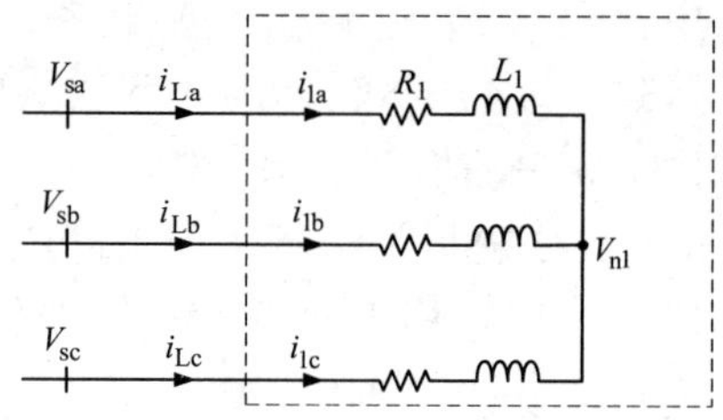

图 9.4 例 9.1 中的串联 *RL* 负载

例 9.2 复合负载的动态模型

考虑图 9.5 所示的负载系统，该系统在图 9.4 中的负载基础上并联了一组 *RLC* 串联支路。该 *RLC* 支路可以描述为

$$L_2\frac{di_{2a}}{dt}=-R_2i_{2a}+V_{sa}-V_a-V_{n2}$$
$$L_2\frac{di_{2b}}{dt}=-R_2i_{2b}+V_{sb}-V_b-V_{n2}$$
$$L_2\frac{di_{2c}}{dt}=-R_2i_{2c}+V_{sc}-V_c-V_{n2} \quad (9.20)$$

和

$$C_2\frac{dV_a}{dt}=i_{2a}$$
$$C_2\frac{dV_b}{dt}=i_{2b}$$
$$C_2\frac{dV_c}{dt}=i_{2c} \quad (9.21)$$

与式 (9.16) ~式 (9.18) 的推导过程相同，根据式 (9.20) 和式 (9.21) 可以得出

$$\frac{di_{2d}}{dt}=-\frac{R_2}{L_2}i_{2d}+\omega i_{2q}+\frac{1}{L_2}V_{sd}-\frac{1}{L_2}V_d=f_1(\cdot)$$
$$\frac{di_{2q}}{dt}=-\omega i_{2d}-\frac{R_2}{L_2}i_{2q}+\frac{1}{L_2}V_{sq}-\frac{1}{L_2}V_q=f_2(\cdot) \quad (9.22)$$

和

$$\frac{dV_d}{dt}=\omega V_q+\frac{1}{C_2}i_{2d}=f_3(\cdot)$$
$$\frac{dV_q}{dt}=-\omega V_d+\frac{1}{C_2}i_{2q}=f_4(\cdot) \quad (9.23)$$

例 9.1 中，式（9.16）和式（9.18）描述了负载 RL 支路的动态特性，因此

$$\frac{di_{1d}}{dt}=-\frac{R_1}{L_1}i_{1d}+\omega i_{1q}+\frac{1}{L_1}V_{sd}=f_5(\cdot)$$

$$\frac{di_{1q}}{dt}=-\omega i_{1d}-\frac{R_1}{L_1}i_{1q}+\frac{1}{L_1}V_{sq}=f_6(\cdot) \tag{9.24}$$

又因为 $i_{Labc}=i_{1abc}+i_{2abc}$，可得

$$i_{Ld}=i_{1d}+i_{2d}=g_1(\cdot)$$

$$i_{Lq}=i_{1q}+i_{2q}=g_2(\cdot) \tag{9.25}$$

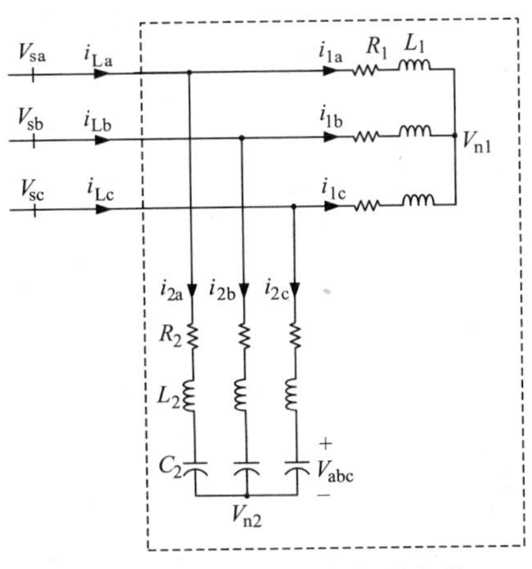

图 9.5 例 9.2 中的复合负载

式（9.22）~式（9.25）描述了图 9.5 所示负载的动态特性，包括 6 个状态变量、3 个输入量和 2 个输出量。如果 ω 是变量，这些方程同样代表了一个非线性系统。

9.4 电压控制

图 9.1 中频率受控 VSC 系统的控制目标是控制负载电压 V_{sabc} 的幅值和频率。如图 9.1 所示，控制在 dq 坐标系下进行，dq 坐标系与 $\alpha\beta$ 坐标系之间的角度为 ρ，旋转角速度为 $d\rho/dt=\omega$。因此，包括 V_{sabc} 在内，abc 坐标系变量的频率也是 ω。另一方面，对 V_{sabc} 幅值 $\hat{V}_s=\sqrt{V_{sd}^2+V_{sq}^2}$ 的控制就是确保 $\vec{V}_s$ 的终点位于一个圆周上，如图 9.6 所示。但是，根据 V_{sd} 和 V_{sq} 的值，$\vec{V}_s$ 相对 d 轴的角度不同。本章中采用这样的组合，$(V_{sd},V_{sq})=(\hat{V}_{sn},0)$，其中 $\hat{V}_{sn}$ 为 $\hat{V}_s$ 的额定值，这种情况类似于电网定频的 VSC 系统中通过 PLL 使 V_{sq} 等于 0[㊀]。

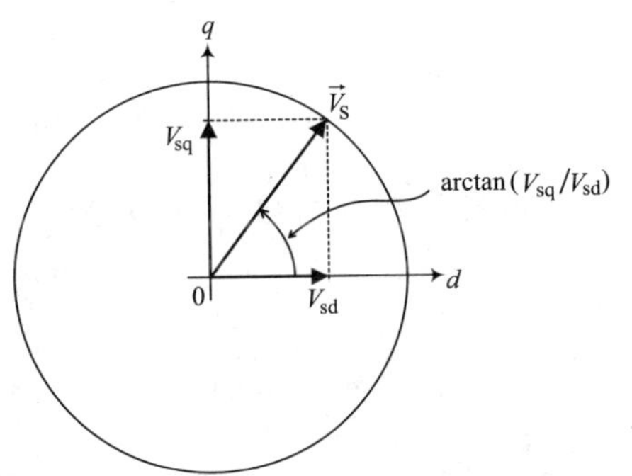

图 9.6 幅值恒定时负载电压空间相量的轨迹

图 9.1 中频率受控 VSC 系统的控制过程以图 9.3 所示的动态模型为基础。图 9.3 的控制框图表明 V_{sd} 和 V_{sq} 可以由 i_{dref} 和 i_{qref} 控制。由式（9.11）和式（9.12）可知，V_{sd} 和 V_{sq} 是耦合的，因此图 9.3 所示系统是多输入多输出（MIMO）系统，而且包含了 i_{Ld} 和 i_{Lq} 的影响。如例 9.1 和例 9.2 所示，即使是简单的线性组合，负载的动态模型［一般可以由式（9.14）和式

㊀ 参考文献［84］中采用的控制方法略有不同，其中频率 ω 通过 V_{sq} 来进行动态的调节和控制。

(9.15) 表示] 也是高阶、强耦合、时变，甚至非线性的。所以，对于图 9.3 所示系统，设计能够保证其闭环稳定性或达到预期动态性能的控制器不是一项简单的工作。

图 9.7 所示为频率受控 VSC 系统（开环模型如图 9.3 所示）一种可能的控制结构，这种结构基本上可以克服前面提到的困难。如图 9.7 所示，V_{sd} 和 V_{sq} 可以通过前馈补偿实现完全解耦[83]。这种前馈补偿与电流控制型 VSC 中对 i_d 和 i_q 进行解耦的方法（图 9.2 或 8.4.1 节）类似，通过 i_{dref} 控制 V_{sd}、i_{qref} 控制 V_{sq} 来实现解耦。由图 9.7 可见，i_{Ld} 和 i_{Lq} 通过另一种方式进行了前馈补偿，即分别将 i_{Ld} 和 i_{Lq} 的测量值加到 i_{dref} 和 i_{qref} 上。因此，补偿后的系统在各种负载条件下的运行情况与没有负载前馈补偿的系统在空载条件下的运行情况几乎完全相同。

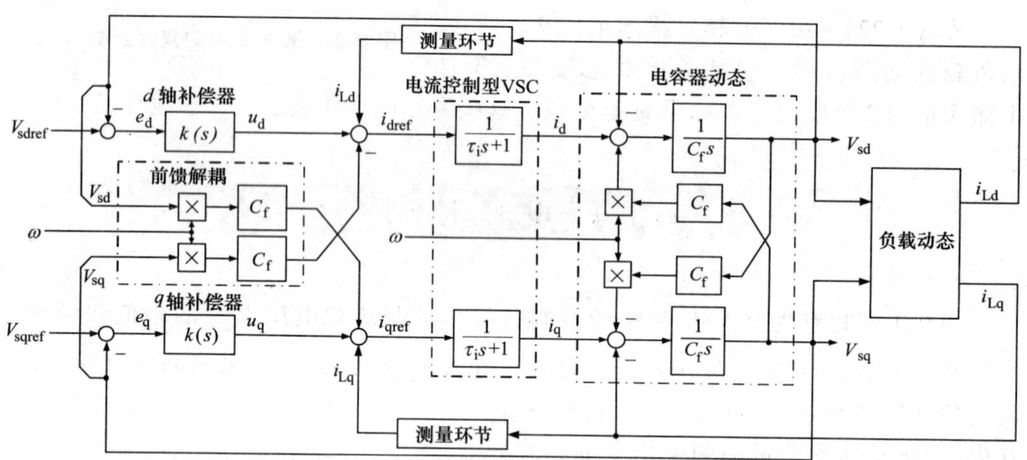

图 9.7　图 9.1 所示频率受控 VSC 系统的控制框图

参照图 9.7，i_{dref} 和 i_{qref} 分别为

$$i_{dref}=u_d-C_f(\omega V_{sq})+i_{Ld} \tag{9.26}$$

$$i_{qref}=u_q+C_f(\omega V_{sd})+i_{Lq} \tag{9.27}$$

式中，u_d 和 u_q 是两个新的控制输入量。根据式（9.4）和式（9.5），i_{dref} 和 i_{qref} 对应的 i_d 和 i_q 为

$$i_d(s)=G_i(s)U_d(s)-C_fG_i(s)\mathscr{L}\{\omega V_{sq}\}+G_i(s)I_{Ld}(s) \tag{9.28}$$

$$i_q(s)=G_i(s)U_q(s)+C_fG_i(s)\mathscr{L}\{\omega V_{sd}\}+G_i(s)I_{Lq}(s) \tag{9.29}$$

式中，$\mathscr{L}$（·）为拉普拉斯变换运算符。将式（9.28）和式（9.29）中的 i_d（s）和 i_q（s）代入式（9.11）和式（9.12）的拉普拉斯变换中，可得

$$C_fsV_{sd}(s)=G_i(s)U_d(s)+C_f[1-G_i(s)]\mathscr{L}\{\omega V_{sq}\}-[1-G_i(s)]I_{Ld}(s) \tag{9.30}$$

$$C_fsV_{sq}(s)=G_i(s)U_q(s)+C_f[1-G_i(s)]\mathscr{L}\{\omega V_{sd}\}-[1-G_i(s)]I_{Lq}(s) \tag{9.31}$$

传递函数 $G_i(s)=1/(\tau_is+1)$ 的直流增益为 1，所以 $[1-G_i(s)]=\tau_is/(\tau_is+1)$ 的直流增益为零。因此，如果 τ_i 很小，那么 $[1-G_i(s)]$ 在相对较宽的频率范围内也很

小，可以近似为 0，式（9.30）和式（9.31）可以简化为

$$\frac{V_{sd}(s)}{U_d(s)} \approx G_i(s)\frac{1}{C_f s} \tag{9.32}$$

$$\frac{V_{sq}(s)}{U_q(s)} \approx G_i(s)\frac{1}{C_f s} \tag{9.33}$$

式（9.32）和式（9.33）表示两个分别以 u_d 和 u_q 为输入、V_{sd} 和 V_{sq} 为输出的线性解耦系统，因此 V_{sd} 和 V_{sq} 可以分别由 u_d 和 u_q 独立控制。

如图 9.7 所示，u_d 和 u_q 为两个独立补偿器的输出。第一个补偿器的输入为 $e_d = V_{sdref} - V_{sd}$，输出为 u_d。另一个补偿器输入为 $e_q = V_{sqref} - V_{sq}$，输出为 u_q。$i_{d\,ref}$ 和 $i_{q\,ref}$ 分别由式（9.26）和式（9.27）给出，并输入相应的 d 轴和 q 轴电流控制环。根据式（9.32）和式（9.33），图 9.7 所示的闭环控制框图可以简化为图 9.8 中两个解耦的单输入单输出（SISO）控制回路。对于补偿器的设计而言，图 9.8 中的表示方法更加直观。

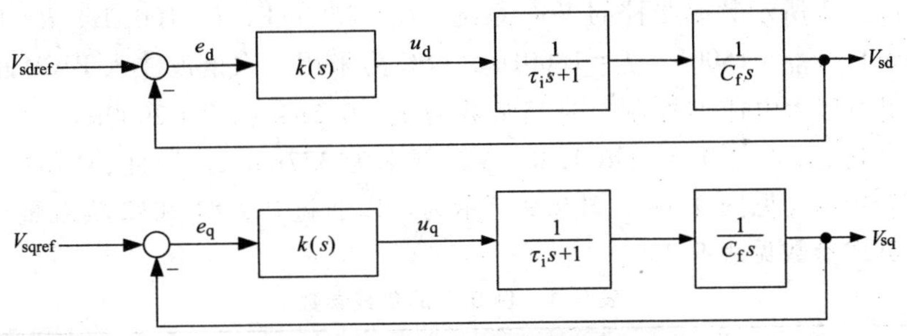

图 9.8　图 9.7 的简化控制框图

图 9.8 所示的 d 轴和 q 轴控制回路都含有一个积分环节，即存在一个 $s=0$ 的极点，另外一个实极点为 $s=-1/\tau_i$。对于这种类型的系统，PI 补偿器是能够实现快速控制和零稳态误差的最简单的补偿器。假设 PI 补偿器为

$$k(s) = k\frac{s+z}{s} \tag{9.34}$$

则开环增益为

$$\ell(s) = \frac{k}{\tau_i C_f}\left(\frac{s+z}{s+\tau_i^{-1}}\right)\frac{1}{s^2} \tag{9.35}$$

在低频段，由于存在两个 $s=0$ 的极点，$\angle\ell$（jω）$\approx -180°$。如果 $z<\tau_i^{-1}$，$\angle\ell$（jω）先增大到最大值 $\delta_m - 180°$（原文是 δ_m），此时对应的频率为 ω_m。当 $\omega>\omega_m$ 时，$\angle\ell$（jω）减小并逐渐逼近 $-180°$。δ_m 和 ω_m 为

$$\delta_m = \arcsin\left(\frac{1-\tau_i z}{1+\tau_i z}\right) \tag{9.36}$$

$$\omega_m = \sqrt{z\tau_i^{-1}} \tag{9.37}$$

如果截止频率 ω_c 等于 ω_m，那么 δ_m 就是相角裕度。为此，补偿器的比例系数必须满足 $|\ell(j\omega_c)| = |\ell(j\omega_m)| = 1$，即

$$k = C_f\omega_c \tag{9.38}$$

上述补偿器设计方法称为**对称最优法**[43]，这种方法适用于有一个零极点（包括 PI 补偿器的极点）和一个实极点共两个极点的回路增益。利用对称最优法得到的闭环系统为三阶系统。可以发现，该三阶的闭环系统具有一个 $s=-\omega_c$ 的实极点和另外两个互为共轭的复数极点，并且这两个复数极点位于以 ω_c 为半径的圆周上。这两个复数极点准确的位置取决于相角裕度，通常相角裕度取为 30°~75°，其中，相角裕度有两个特殊的取值：①相角裕度 $\delta_m=45°$ 时，两个复数极点互为共轭并且阻尼比 $\zeta=0.707$；②相角裕量 $\delta_m=53°$ 时，两个复数极点重合于 $s=-\omega_c$，此时闭环系统具有一个三重极点。

下面举例说明了对称最优法的应用及图 9.7 所示闭环系统的运行情况。

例 9.3 电压调制回路中的补偿器设计

对于图 9.1 所示频率受控的 VSC 系统，$C_f=2500\mu F$，$L=100\mu H$，$R=1.19m\Omega$，$r_{on}=0.88m\Omega$，$V_{DC}=1500V$，$f_s=1800Hz$。VSC 为采用三次谐波注入 PWM 的三电平 NPC，控制类型为电流型控制，时间常数为 $\tau_i=0.5ms$（$\tau_i^{-1}=2000rad/s$）。负载电压设定为（V_{sdref}，V_{sqref}）=（400，0）V，频率为 377rad/s。因此，VCO 输入也设为 $\omega_0=377rad/s$（见图 9.1）。图 9.9 所示为可以通过开关#1 和#2 实现重构的负载示意图，负载参数见表 9.1。

表 9.1 例 9.3 的负载参数

参数	数值	参数	数值
R_1	83mΩ	L_2	68μH
L_1	137μH	C_2	13.55mF
R_2	50mΩ		

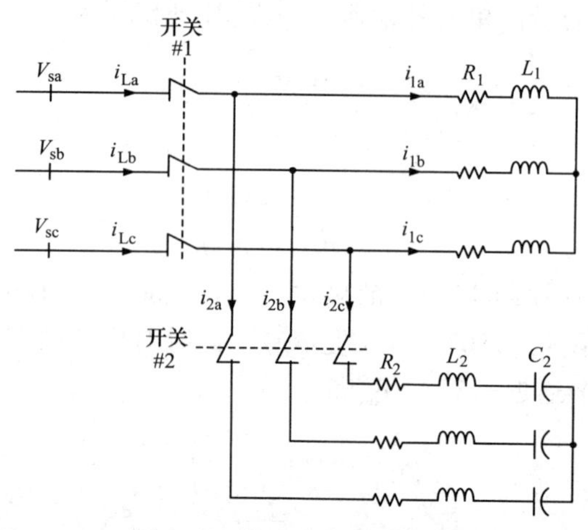

图 9.9 例 9.3 的负载电路

假设所需的相角裕度为 53°，根据式（9.36）可得 $z=224\text{rad/s}$，进而根据式（9.37）和式（9.38）可以得到 $\omega_c=669\text{rad/s}$ 和 $k=1.673\Omega^{-1}$。因此

$$k(s)=1.673\frac{s+224}{s}[\Omega^{-1}] \tag{9.39}$$

采用式（9.39）所示的补偿器时，负载电压控制器开环增益的幅值和相位如图 9.10 所示。由图可见，当 $\omega_c=669\text{rad/s}$ 时，相角裕度为 53°。

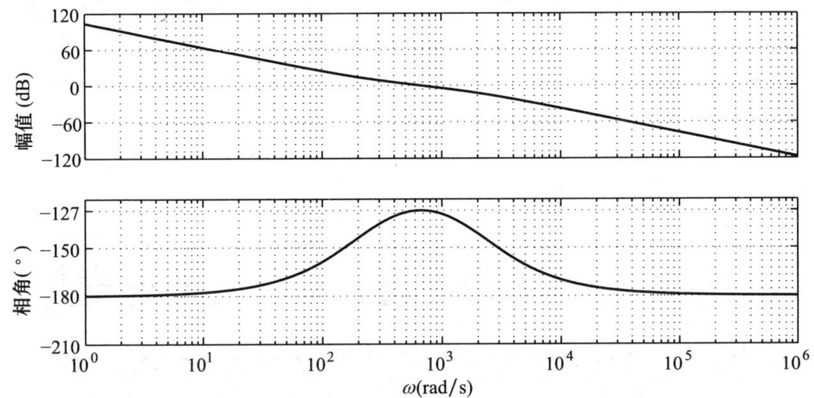

图 9.10　例 9.3 的开环频率响应

图 9.1 所示频率受控的 VSC 系统在启动和 V_{sdref} 发生阶跃变化（$V_{sqref}=0$）时的动态特性如图 9.11～图 9.13 所示。图 9.11～图 9.13 分别对应以下三种负载条件：

- 空载条件，即开关#1 和#2 打开。此时系统响应如图 9.11 所示。
- 投入部分负载，即开关#1 闭合，开关#2 打开。在这种情况下，负载的动态方程与例 9.1 相同，系统响应如图 9.12 所示。
- 满载条件，即开关#1 和#2 都闭合。此时，负载动态方程与例 9.2 相同，系统响应如图 9.13 所示。

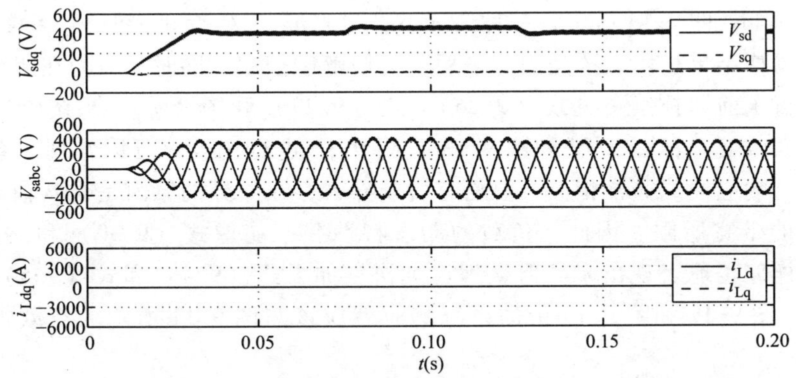

图 9.11　例 9.3 中频率受控的 VSC 系统在空载条件下的启动暂态和阶跃响应

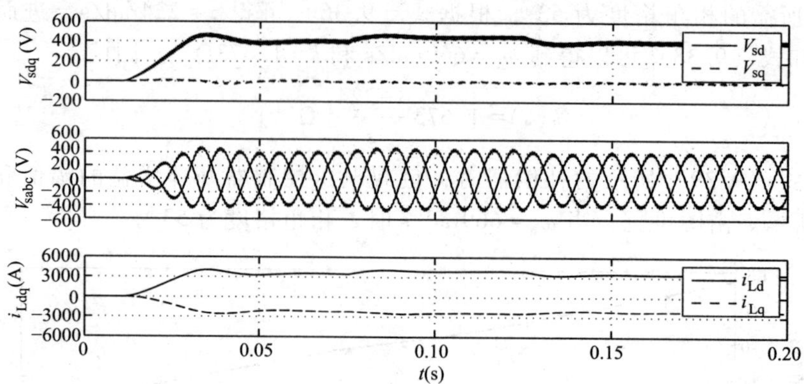

图 9. 12　例 9. 3 中频率受控的 VSC 系统在投入部分负载时的启动暂态和阶跃响应

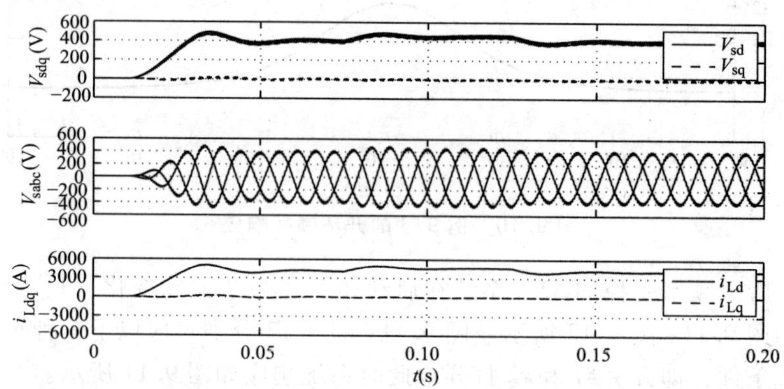

图 9. 13　例 9. 3 中频率受控的 VSC 系统在满载条件下的启动暂态和阶跃响应

对于以上三种情况，VSC 最初都是闭锁的，并且控制器不工作。当 $t=0.01$s 时，门控信号解锁，控制器开始工作，V_{sdref}从 0 逐渐增加到 400V。当 $t=0.075$s 时，V_{sdref}从 400V 跃变为 450V。当 $t=0.125$s 时，V_{sdref}再次从 450V 跃变为 400V。

如图 9. 11~图 9. 13 所示，三种情况下，尽管 V_{sd}发生变化，但 V_{sq}一直保持在 0 附近，与预期结果相同，这是因为采用了前馈解耦控制。同时，因为在闭环系统中对负载进行了前馈补偿［见式（9. 26）、式（9. 27）和图 9. 7］，系统响应不会随负载变化而改变。将图 9. 12 和图 9. 13 与图 9. 11 进行比较，可以发现，系统带载与空载时的响应模式非常相似，但仍有所差异，存在差异的原因是受 d 轴和 q 轴电流控制器的带宽所限。因此，负载的动态特性并不能像式（9. 30）和式（9. 31）表述的那样完美地表现出来。但从理论上讲，如果式（9. 4）和式（9. 5）中的 τ_i 接近于 0，图 9. 12 和图 9. 13 中的系统响应就应该与图 9. 11 所示的空载情况完全相同。

图 9. 14 所示为负载突然变化时频率受控 VSC 系统的响应。系统最初处于稳态条件下，同时开关#1 和#2 打开，因此负载电流为 0，如图 9. 14a 所示。当 $t=0.2$s

时，开关#1 闭合，负载的 RL 支路投入。根据表 9.1 中的参数，负载额定功率为 2.1MW，功率因数滞后，大小为 0.85。随着负载投入，负载电流逐渐增加（见图 9.14a），i_{Ld}和 i_{Lq}不再为 0（见图 9.14b）。因为 i_{Labc}滞后于 V_{sabc}，即负载为感性，所以 i_{Lq}为负（见图 9.14b）。由图 9.14c 可见，V_{sd}和 V_{sq}由于干扰出现了暂态变化，但很快恢复到各自干扰前的状态。由图 9.14d 可见，在干扰下 V_{sabc}出现了波动，在 3 个周期内波动衰减消失。

当 $t=0.3$s 时，开关#2 闭合，负载的 RLC 支路也投入运行，此时的负载与之前在例 9.2 中介绍的相同。根据表 9.1 中的数据，复合负载的额定功率为 2.5MW，功率因数为 1。因此，如图 9.14b 所示，i_{Lq} 在稳态下为 0，i_{Ld} 出现一个很大的超调，这是由电容 C_2的充电电流造成的，尽管 R_2和 L_2已经限制了充电电流的幅值和变化率。由图 9.14c 可见，V_{sd}和 V_{sq}的暂态过程在 3 个周期内衰减消失。V_{sabc}幅值的最大偏差大约为额定电压（400V）的 20%（见图 9.14d）。

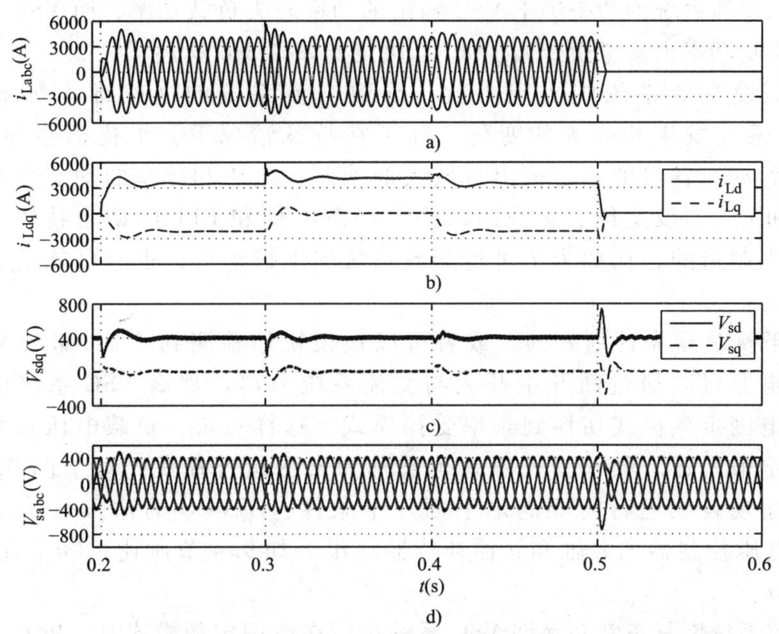

图 9.14　例 9.3 中频率受控的 VSC 系统在负载突变时的动态响应

当 $t=0.4$s 时，开关#2 打开，RLC 支路切除。此时的负载和运行条件与 0.2～0.3s 时的情况相同。如图 9.14a 所示，i_{Labc}稳态时的幅值与干扰前相比没有发生显著的变化，这是因为尽管开关#2 打开，负载功率由 2.5MW 减小为 2.1MW，但是负载的功率因数也由 1 减到 0.85。图 9.14d 表明，干扰对 V_{sabc} 造成的影响可以忽略不计。

当 $t=0.5$s 时，开关#1 打开，剩余的负载也全部切除。如图 9.14a 所示，一相的电流先变为零，然后其余两相电流也同时变为零，这是因为开关电流在电流过零时中断。由图 9.14b 可见，开关打开时 i_{Ld} 和 i_{Lq} 变为零。图 9.14c 表明，干扰造成 V_{sd} 和 V_{sq} 发生很大的暂态变化。因此，当 $t=0.503s$ 时，V_{sc} 约为 -720V，如图 9.14d 所示。

9.4.1 自主运行

VSC 系统可能需要运行在电网定频模式，也可能需要运行在频率受控模式。考虑图 9.15a 所示的 VSC 系统，其中，图 9.1 所示的频率受控 VSC 系统连接到一个带有负载的交流系统上。VSC 可能通过**主开关**与交流系统相连，连接点被称为 PCC。因此，VSC 系统与负载组成的整体可以并网运行，也可以自主（离网）运行。

首先假设主开关闭合，那么负载电压 V_{sabc} 和 PCC 电压 V_{gabc} 相同，并且 V_{sabc} 由交流系统决定。在这种情况下，VSC 系统作为有功/无功功率控制器与 V_{gabc} 同步。因此，输入交流系统的功率等于 VSC 输出的功率减去负载功率，而 VSC 输出的有功功率和无功功率由参考指令 $i_{d\,ref}$ 和 $i_{q\,ref}$ 决定，如第 8 章所述。

现在假设交流系统中出现干扰，导致交流系统的（戴维南等效）电压 $V_{\infty\, abc}$ 和电感 L_g 发生相当大的变化。除了在特殊情况下，干扰都会导致 V_{sabc}、V_{gabc} 和频率 ω 与各自的额定值出现较大的偏差；电压和频率的动态变化主要取决于 $i_{d\,ref}$ 和 $i_{q\,ref}$ 的设定值、负载的结构与动态特性和 PLL 的动态特性。干扰有可能是人为制造的，比如为了进行交流系统的维护运行，也有可能是交流系统故障导致的。

如果干扰是预先计划好的，或者可以被很快地检测到[85]，那么 VSC 和负载组成的电路可以通过断开主开关与交流系统分离。那么 VSC 系统的运行模式可以从电网定频模式切换到频率受控模式，这样一来，负载电压和频率仍可保持在额定值附近。频率受控模式也被称为**自主运行模式**。对于图 9.15 所示的系统，实现自主运行需要满足下面三个条件：①VCO 的输入是 ω_0；② $i_{d\,ref}$ 和 $i_{q\,ref}$ 由电压控制器的 d 轴和 q 轴补偿器给出，如 9.4 节所述；③主开关打开，即 i_{gabc} 为 0。

当交流系统恢复正常并允许 VSC 系统运行在电网定频模式时，PCC 电压恢复到额定值。那么，VSC 必须在主开关重新闭合前（见图 9.15a）重新与 V_{gabc} 同步。虽然在频率受控模式下频率被控制为交流系统的额定频率，但是交流系统恢复后，V_{sabc} 和 V_{gabc} 之间很可能存在相位差。如图 9.15b 所示，可以通过将 V_{gabc} 的幅值与门槛值（如其额定值的 90%）进行比较来检测交流系统是否恢复。因此，一旦 $\hat{V}_g$ 大于门槛值，就可以认为交流系统已经恢复，VCO 将从自主运行模式 $[\omega(t)=\omega_0]$ 切换到 PLL 模式 $[\omega(t)=\omega_0+\Delta\omega(t)]$，其中，$\Delta\omega(t)$ 由补偿器 $H(s)$ 动态控制，$H(s)$ 将 V_{gq} 控制为 0，并通过饱和限幅模块对 $\Delta\omega(t)$ 进行限制。为了避免自主运行模式和 PLL 模式之间多次切换，$\hat{V}_g$ 先通过一个低通滤波器（LPF）和一个滞环

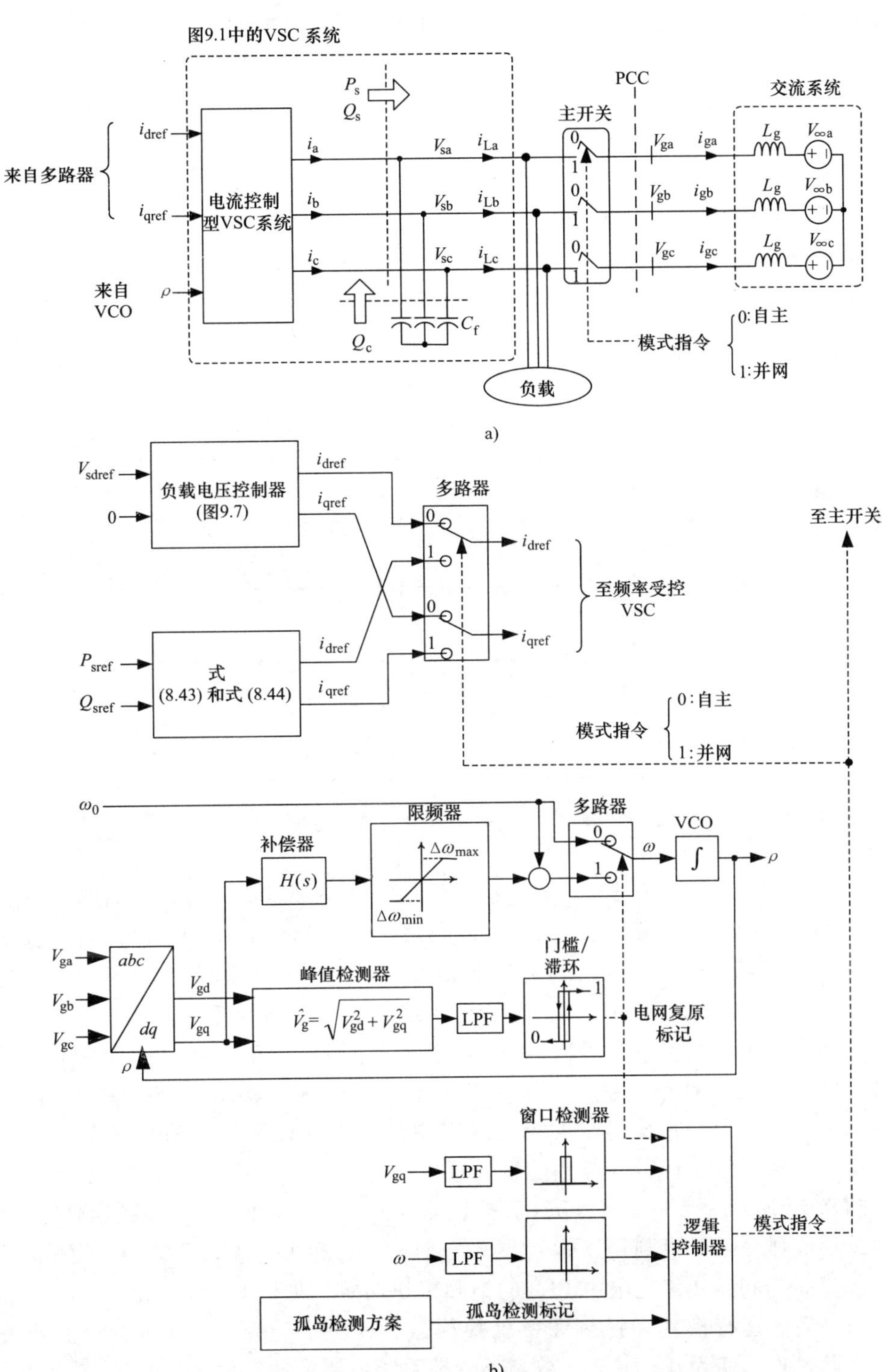

图 9.15　VSC 系统及其检测控制模块在并网和孤岛运行模式下的示意图

模块。由图 9.15b 可见，当 V_{gq} 和 $\omega(t)$ 非常接近各自的稳态值（分别为 0 和 ω_0）时，同步控制器会将模式指令从 0 变为 1。这样一来，主开关闭合，控制器生成分别与所需的有功功率和无功功率成比例 $i_{d\,ref}$ 和 $i_{q\,ref}$。之后，VSC 系统继续运行在电网定频模式下。

例 9.4 说明了图 9.15 所示系统在自主运行和并网模式下的运行情况。

例 9.4 孤岛条件下的运行

考虑图 9.15 所示系统，其中，VSC 系统的参数和控制器与例 9.3 中的 VSC 系统相同。负载的参数为 $R_1 = 83\text{m}\Omega$，$R_2 = R_3 = 25\Omega$，$L_1 = 137\mu\text{H}$，$L_2 = L_3 = 45\mu\text{H}$，$C_2 = 163\mu\text{F}$，$C_3 = 186\mu\text{F}$，如图 9.16 所示。交流系统的戴维南等效电压为 480Vrms（线电压），等效电感为 $L_g = 2.0\mu\text{H}$。

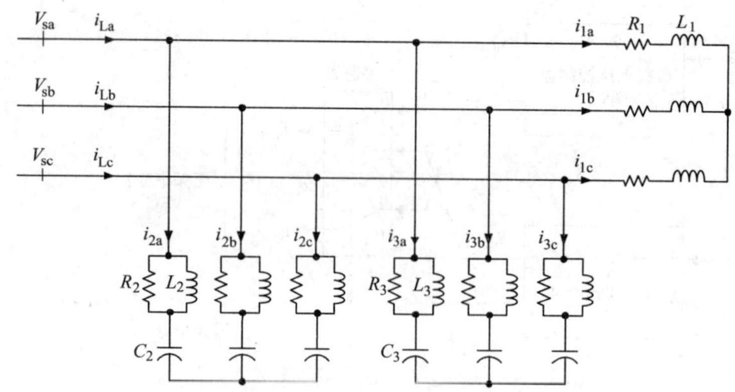

图 9.16 例 9.4 中的负载电路

初始时刻，主开关闭合，VSC 运行在并网（电网定频）模式，此时，$i_{dref} = 2000\text{A}$，对应 VSC 系统输出的有功功率为 1.17MW。尽管 $i_{qref} = 0$，但是因为滤波器电容 C_f，VSC 系统输出的无功功率等于 217kvar。负载吸收的有功功率和无功功率分别为 2.0MW 和 1.21Mvar。因此，交流系统提供了 830kW 和 993kvar 的有功功率和无功功率来维持功率平衡。当 $t = 0.1\text{s}$ 时，交流输电线路（通过示意图中未画出的断路器）断开，即 i_{gabc} 为 0，此时主开关仍然处于闭合状态。VSC 系统与负载形成孤岛。但是，VSC 系统仍然处于电网定频模式直到检测到孤岛形成条件，然后运行模式切换到自主运行（频率受控）模式。

图 9.17 所示为形成孤岛 50ms 后被检测到并切换运行模式时的系统响应。可以看到，形成孤岛之后直到切换运行模式之前，V_{sabc} 和 V_{gabc} 减小到一半，而 ω 增大到上限值 383rad/s（该上限由 PLL 的饱和模块给定，如图 9.15b 所示）。当检测到形成孤岛后，运行模式切换到频率受控模式，ω 设定为 $\omega_0 = 377\text{rad/s}$，主开关断开。因此，$V_{gabc}$ 变为 0，而 V_{sabc} 被频率受控系统控制为额定值。

图 9.18 所示为形成孤岛 3.0ms 后即被检测到 VSC 系统的响应过程。如图 9.18

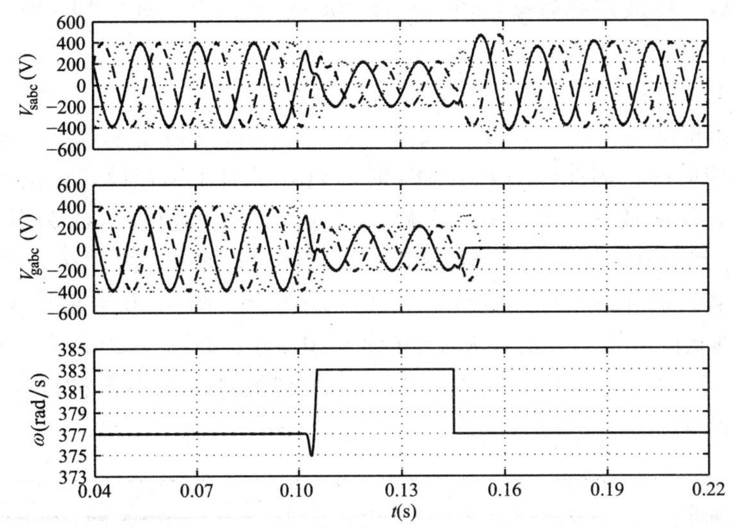

图 9.17　例 9.4 中的图 9.15 中 VSC 系统在突然的孤岛条件下的响应，其中孤岛检测延迟 50ms

所示，与之前的研究相比，ω 和 V_{sabc} 仍可以被控制。理想的情况是，如果可以瞬间监测到孤岛条件，与干扰之前相比，V_{sabc} 和 ω 不会出现任何偏移。

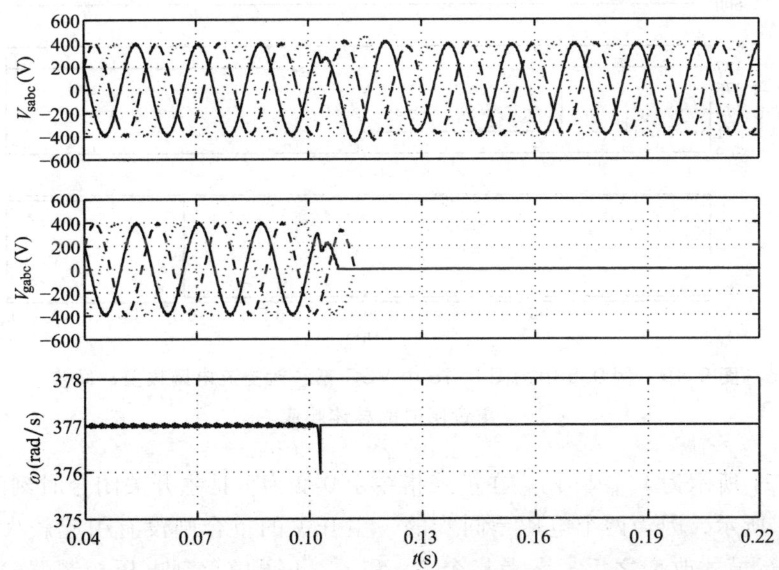

图 9.18　例 9.4 中的图 9.15 中 VSC 系统在突然的孤岛条件下的响应，其中孤岛检测延迟 3ms

例 9.5　交流系统电压的再同步

继续以例 9.4 中的系统为例，系统运行条件为主开关打开、VSC 处于频率受控模式下。负载电压被控制为额定值，$V_{sd}=400V$，$V_{sq}=0$。图 9.19～图 9.22 所示为主开关闭合后负载电压与 PCC 电压的再同步过程。

如图 9.19 所示，当 $t=0.1s$ 时，交流系统恢复，V_{gabc}的幅值增加。因为 V_{sabc}和 V_{gabc}之间存在相位差，V_{gq}为负值。大约 0.08s 之后检测到交流系统恢复，0.08s 对应 LPF 的响应时间。因此，当 $t=0.18s$ 时，VCO 从自主运行模式切换到 PLL 模式，$H(s)$ 通过减小 ω 使 V_{gq}变为 0。最初，V_{gq}很大（绝对值），ω 为其下限值 371 rad/s。当 V_{gq}趋近 0 时，ω 逼近 377rad/s。如图 9.19 所示，大约在 $t=0.6s$ 时，V_{gq}和 ω 都位于各自的允许范围内，此时，主开关闭合。图 9.20 给出了 V_{sa}、V_{ga}、ω、V_{gd}和 V_{gq}更细致的波形图，时间从 $t=0$ 到 $t=0.35s$。如图 9.20 所示，交流系统恢复后，V_{ga}滞后于 V_{sa}大约 90°。不过，当 PLL 补偿器将 ω 减小到 371rad/s 后，V_{gq}和相位差都趋近 0。

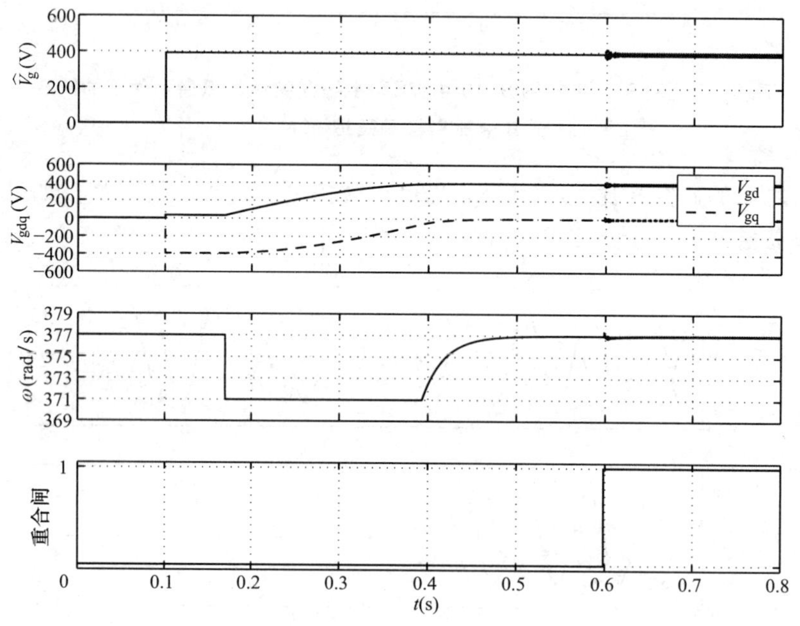

图 9.19 例 9.5 中的图 9.15 中 VSC 系统对交流电网恢复、同步、重合闸时的总体响应

图 9.21 所示为 V_{sabc}和 V_{gabc}在模式指令由 0 变为 1 且主开关闭合时刻的波形图。如图 9.21 所示，因为两个电压是同步的，主开关的重合闸没有引起较大的暂态变化。当运行模式改变之后，参考指令 i_{dref}和 i_{qref}不再由负载电压控制器输出，而是设定为对应所需有功功率和无功功率的两个独立数值。如图 9.22 所示，在 $t=0.6s$ 模式指令变化之前，i_d和 i_q由图 9.7 所示的负载电压控制器给出，分别为 3500A 和 −1655A。当模式指令从 0 变为 1 之后，i_d和 i_q分别跟踪其各自的参考值 $i_{dref}=2000A$ 和 $i_{qref}=0$，此时，对应的有功功率和无功功率为 $P_s=1.17MW$ 和 $Q_s=0$。在额定电

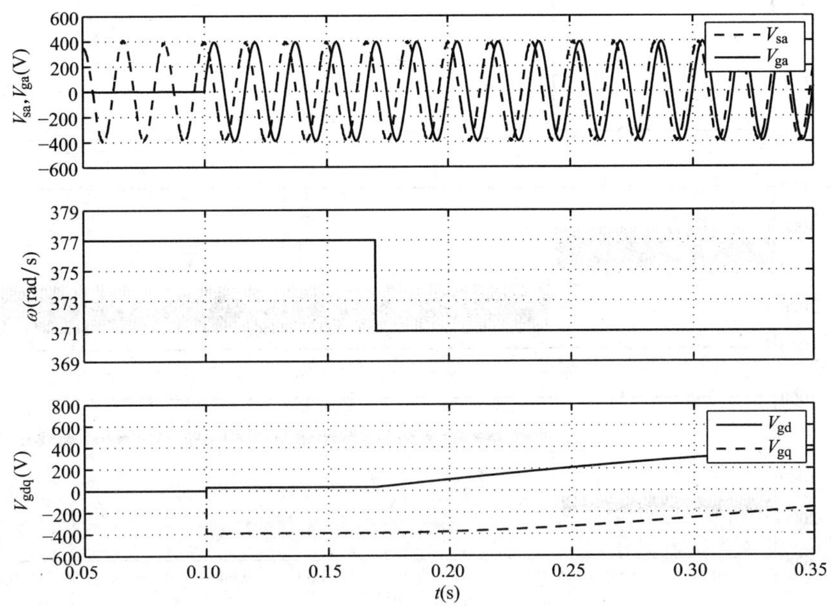

图 9.20　例 9.5 的电网恢复后同步过程中的系统响应

压下，负载需要 2.0MW 的有功功率和 1.21Mvar 的无功功率，C_f 提供了 Q_c = 0.217Mvar 的无功功率。因此，在并网模式下，交流系统提供的有功功率为 0.830MW，无功功率为 0.993Mvar。

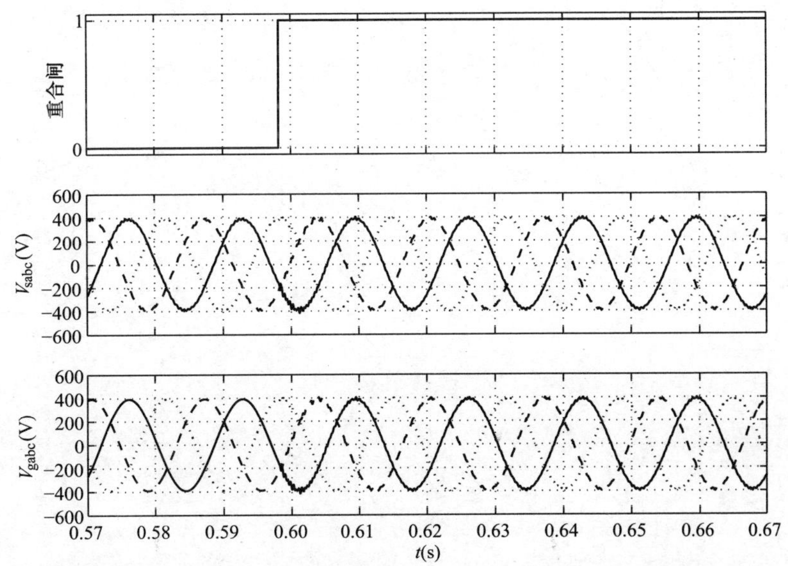

图 9.21　例 9.5 的负载和 PCC 电压在重合闸时的响应

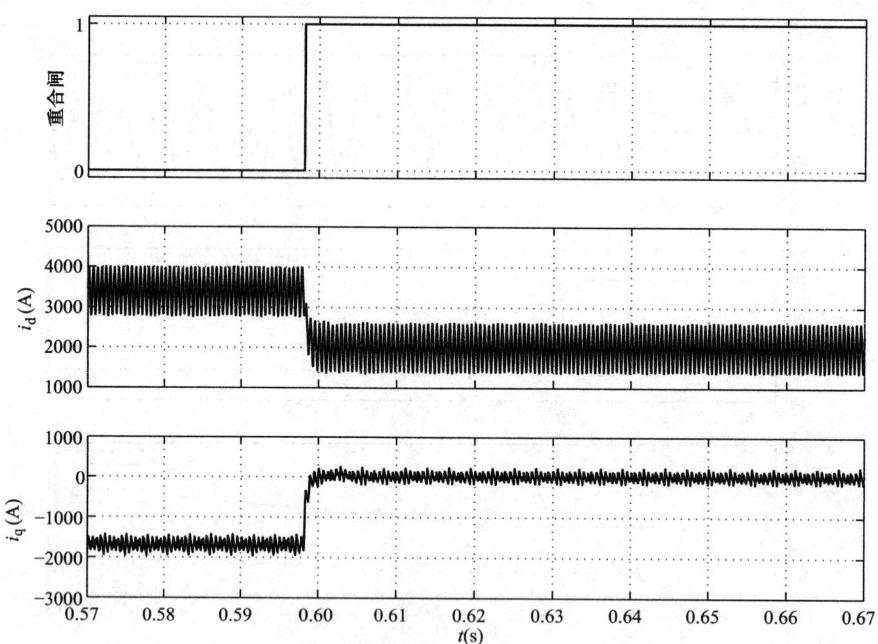

图 9.22 例 9.5 的 VSC d 轴和 q 轴电流分量在切换运行方式时的响应

第10章 变频VSC系统

10.1 引　言

本章将介绍一类VSC系统，我们称之为**变频VSC系统**。变频VSC系统组成了机电能量变换系统的核心，在这个系统中VSC的交流侧与电机的定子端相连[⊖]。这种VSC系统可以控制电机的电压和频率，从而对转矩进行控制，并将磁链控制为额定值，转矩控制可以进一步来控制电机的功率。在变频VSC系统中，电机的转速通常是可变的，因此VSC系统要在频率可变的环境中运行。变频VSC系统的典型应用包括变频风电机组、微型燃气轮机机组和能量回馈驱动系统。第13章将详细介绍上述应用中的变频风电机组。

本章将首先介绍附录A中的对称三相交流电机模型，然后基于该模型，介绍用于快速转矩控制和鲁棒磁链控制的矢量控制方法。接下来，本章还将介绍异步电机、双馈异步电机、以及永磁同步电机（Permanent-Magnet Synchronous Machine，PMSM）相关的控制方法。

10.2 变频VSC系统的结构

图10.1所示为变频VSC系统控制异步电机或永磁同步电机的示意图。本章提到的方法也同样适用于常规的（绕线转子）同步电机。然而，因为同步电机的控制方式和动态特性与永磁同步电机非常相似，所以不再为同步电机重复上述方法；同步电机和永磁同步电机的主要区别在于，同步电机的转子磁链由转子绕组产生，而永磁同步电机的转子磁链由永磁体产生。

图10.1中变频VSC系统采用的三相VSC直接与电机的定子端相连。通常，

⊖ 如果电机是双馈异步电机，VSC与电机转子端相连，而电机定子端直接与交流系统相连。

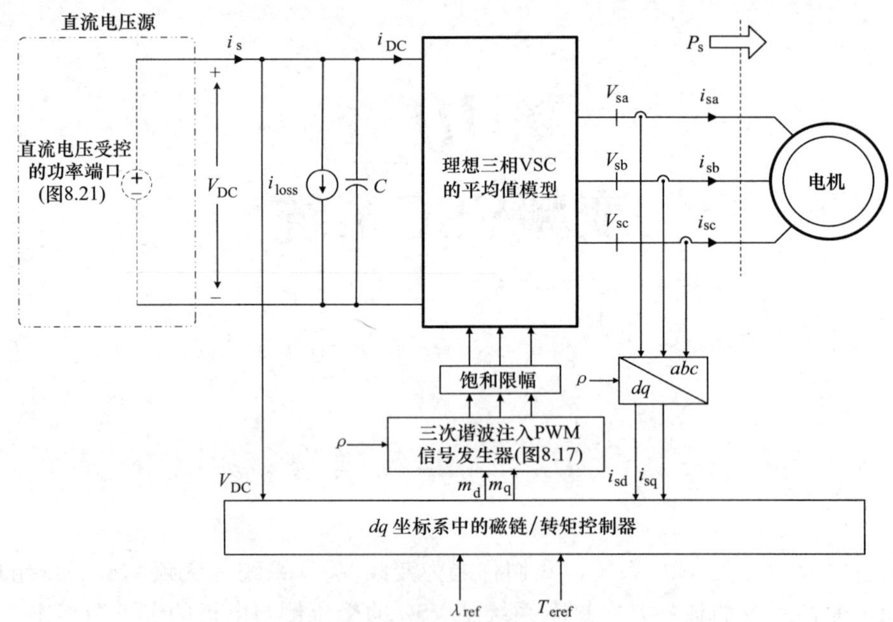

图 10.1 控制异步电机或 PMSM 的变频 VSC 系统

VSC 系统的交流端和电机端口之间不需要安装电感，这是因为电机的电感相对较大，VSC 开关电压谐波产生的电流谐波可以忽略不计。图中的 VSC 可以是两电平 VSC，也可以是三电平 NPC，由直流电压源或交流电压经过整流后供电。VSC 也可以由直流电压受控的功率端口供电（细节参见 8.6 节），以此建立起交流系统和机械负载/原动机之间的功率双向流通路径，其中前者与直流电压受控的功率端口相连，后者与电机轴相连。如果 VSC 是三电平 NPC，其直流母线电压必须在两个直流侧电容之间平均分配，因此需要直流侧电压平衡控制来保证 VSC 系统的正常运行（细节参见 6.7 节、7.4 节和 8.5 节）。无论哪种类型，VSC 都可以等效为一个理想（无损）的 VSC、一个与 VSC 直流侧并联的电流源和三个与 VSC 各交流端串联的电阻（见图 5.2）。如第 5 章所述，电流源主要代表 VSC 的开关损耗，电阻代表各 VSC 开关单元的导通电阻，这些导通电阻也可以看作电机定子电阻的一部分。

图 10.2 所示为用于控制双馈异步电机的变频 VSC 系统。对于双馈异步电机，电机的转子绕组与 VSC 相连，而定子绕组直接和一个频率恒定的交流系统相连。当变速范围有限时，可以采用图 10.2 所示的变频 VSC 系统；该系统主要的优点在于：VSC 只处理一部分电机功率，因此 VSC 的尺寸和容量更小。相关文献已经提出将图 10.2 所示的变频 VSC 系统应用到 MW 级的风力发电机组中[86,87]。

如图 10.1 和图 10.2 所示，变频 VSC 系统是在 dq 坐标系下进行控制的。在 $\alpha\beta$ 坐标系下对变频 VSC 系统进行控制并不是一个很好的选择，因为在这种情况下，波形的变频特性会让补偿器的参数设计更加复杂。在电网定频的 VSC 系统中，为

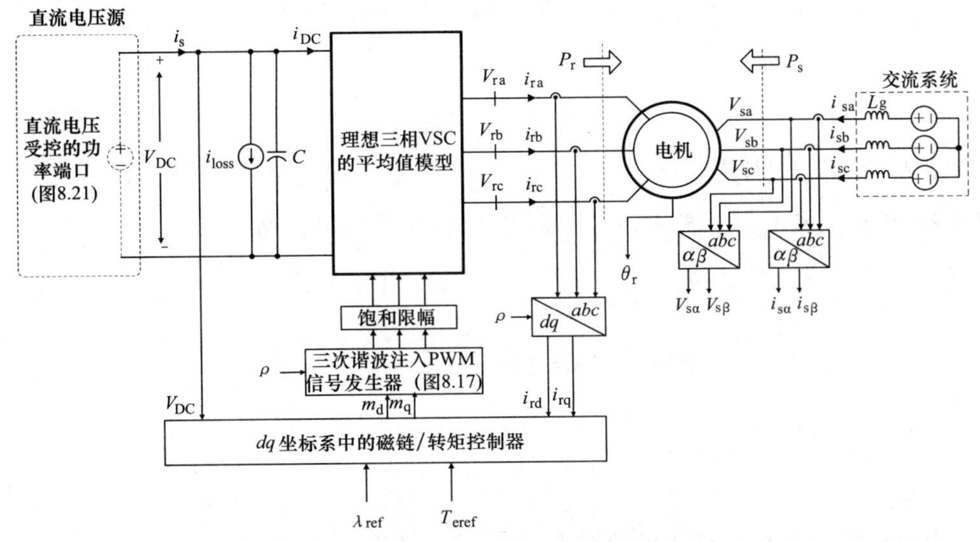

图 10.2 控制双馈异步电机的变频 VSC 系统

实现零稳态误差，$\alpha\beta$ 坐标系下的补偿器需要包含一对位于运行频率处的共轭复数极点（参见例 7.1，7.3.3 节），但是这种方法并不适用于变频 VSC 系统，因为变频 VSC 系统的运行频率是不固定的。所以在本章中，我们在 dq 坐标系下对异步电机、双馈异步电机和永磁同步电机进行控制。变频 VSC 系统的控制输入为转矩指令 T_{eref}和参考磁链 λ_{ref}。假设参考磁链为电机的额定磁链，并且一般保持不变；在实际应用中，转矩指令通常为另一个控制回路的输出，例如在风力发电机组中，T_{eref}正比于电机转速的二次方，以最大限度地输出功率[88]。

10.3 变频 VSC 系统的控制

如附录 A 所示，对称三相交流电机的动力学方程为

$$\frac{\mathrm{d}\overrightarrow{\lambda}_s}{\mathrm{d}t}=\overrightarrow{V}_s-R_s\overrightarrow{i}_s \tag{10.1}$$

$$\frac{\mathrm{d}\overrightarrow{\lambda}_r}{\mathrm{d}t}=\overrightarrow{V}_r-R_r\overrightarrow{i}_r \tag{10.2}$$

$$\overrightarrow{\lambda}_s=L_m[(1+\sigma_s)\overrightarrow{i}_s+e^{j\theta_r}\overrightarrow{i}_r] \tag{10.3}$$

$$\overrightarrow{\lambda}_r=L_m[(1+\sigma_r)\overrightarrow{i}_r+e^{-j\theta_r}\overrightarrow{i}_s] \tag{10.4}$$

式中，定子和转子的漏磁系数 σ_s 和 σ_r 定义为

$$\sigma_s = \frac{L_s}{L_m} - 1 \tag{10.5}$$

$$\sigma_r = \frac{L_r}{L_m} - 1 \tag{10.6}$$

式中，L_s 和 L_r 分别为定子和转子电感；L_m 为励磁电感。将式（10.3）和式（10.4）中的$\overrightarrow{\lambda}_s$和$\overrightarrow{\lambda}_r$代入式（10.1）和式（10.2），可以得到

$$L_m \frac{d}{dt}[(1+\sigma_s)\overrightarrow{i_s} + e^{j\theta_r}\overrightarrow{i_r}] = \overrightarrow{V_s} - R_s \overrightarrow{i_s} \tag{10.7}$$

$$L_m \frac{d}{dt}[(1+\sigma_r)\overrightarrow{i_r} + e^{-j\theta_r}\overrightarrow{i_s}] = \overrightarrow{V_r} - R_r \overrightarrow{i_r} \tag{10.8}$$

电机的电磁转矩为

$$T_e = \left(\frac{3}{2}L_m\right) \mathrm{Im}\{e^{-j\theta_r}\overrightarrow{i_s}\overrightarrow{i_r}^*\} \tag{10.9}$$

电机转速 ω_r与电机转矩的关系为

$$J\frac{d\omega_r}{dt} = T_e - T_{ext} \tag{10.10}$$

式中，T_{ext}对应机械负载/原动机的转矩，该转矩也包括了因为摩擦、空气阻力等因素造成的转矩损耗。另外有

$$\frac{d\theta_r}{dt} = \omega_r \tag{10.11}$$

在一些应用中，T_{ext}与 ω_r或 θ_r无关（或相关性很小），因此可以看作控制系统的扰动输入。但在大多数能量变换的应用中，T_{ext}是 ω_r、θ_r和其他外生变量的函数。例如，在风力发电机中，T_{ext}是电机转速、风速和桨距角的非线性函数，如果再考虑水平轴风力发电机的脉动转矩，T_{ext}也是转子位置 θ_r的非线性函数。通常来说

$$T_{ext} = f(\omega_r, \theta_r, u_1, \cdots, u_n) \tag{10.12}$$

式中，u_1，…，u_n 为外生变量。式（10.7）~式（10.12）描述了一个由电机和机械系统组成的机电系统。式（10.7）~式（10.9）对应于电机的电气动态特性，而式（10.10）~式（10.12）描述了机械系统。如果在式（10.7）~式（10.9）中对 θ_r进行补偿，则可以将电气方程和机械方程解耦。这样一来，机电系统可以分解为两个子系统：在电气子系统中，$\overrightarrow{V_s}$和$\overrightarrow{V_r}$为控制输入，而 T_e为输出；在机械子系统中，T_e为控制输入，根据应用场景的不同，ω_r、θ_r或机械功率 $P_m = T_{ext}\omega_r$ 都可以定义为输出。在本章中，我们主要研究如何通过 VSC 系统对 T_e进行控制。

10.3.1 异步电机

10.3.1.1 转子坐标系中的电机模型

在本节中，我们将介绍图 10.1 中连接异步电机的 VSC 系统的控制。我们研究

的是笼型异步电机，或等价的绕线转子异步电机，这种异步电机的转子端短路，而且转子电流是无法测量的。因此，式（10.7）~式（10.9）中的$\overrightarrow{V}_{\mathrm{r}}=0$，$\overrightarrow{i}_{\mathrm{r}}$是无法测量的。

这里引入一个虚拟的空间电流相量$\overrightarrow{i}_{\mathrm{mr}}=\hat{i}_{\mathrm{mr}}\mathrm{e}^{\mathrm{j}\rho}$，并且令（$1+\sigma_{\mathrm{r}}$）$\mathrm{e}^{\mathrm{j}\theta_{\mathrm{r}}}\overrightarrow{i}_{\mathrm{r}}+\overrightarrow{i}_{\mathrm{s}}=\overrightarrow{i}_{\mathrm{mr}}$[43]，可得

$$(1+\sigma_{\mathrm{r}})\overrightarrow{i}_{\mathrm{r}}+\mathrm{e}^{-\mathrm{j}\theta_{\mathrm{r}}}\overrightarrow{i}_{\mathrm{s}}=\hat{i}_{\mathrm{mr}}\mathrm{e}^{\mathrm{j}(\rho-\theta_{\mathrm{r}})} \tag{10.13}$$

解出式（10.13）中的$\overrightarrow{i}_{\mathrm{r}}$，有

$$\overrightarrow{i}_{\mathrm{r}}=\frac{\hat{i}_{\mathrm{mr}}\mathrm{e}^{\mathrm{j}\rho}-\overrightarrow{i}_{\mathrm{s}}}{1+\sigma_{\mathrm{r}}}\mathrm{e}^{-\mathrm{j}\theta_{\mathrm{r}}} \tag{10.14}$$

将式（10.14）中的$\overrightarrow{i}_{\mathrm{r}}$代入式（10.9），可得

$$T_{\mathrm{e}}=\frac{3}{2}\left(\frac{L_{\mathrm{m}}}{1+\sigma_{\mathrm{r}}}\right)\mathrm{Im}\{\overrightarrow{i}_{\mathrm{s}}(\hat{i}_{\mathrm{mr}}\mathrm{e}^{-\mathrm{j}\rho}-\overrightarrow{i}_{\mathrm{s}}^{*})\}=\frac{3}{2}\left(\frac{L_{\mathrm{m}}}{1+\sigma_{\mathrm{r}}}\right)\hat{i}_{\mathrm{mr}}\mathrm{Im}\{\overrightarrow{i}_{\mathrm{s}}\mathrm{e}^{-\mathrm{j}\rho}\} \tag{10.15}$$

由式（4.65）可知，$\overrightarrow{i}_{\mathrm{s}}\mathrm{e}^{-\mathrm{j}\rho}$对应 $\alpha\beta$ 坐标系到 dq 坐标系的变换，其中变换角为 ρ，如图 10.1 所示。因此，Im $\{\overrightarrow{i}_{\mathrm{s}}\mathrm{e}^{-\mathrm{j}\rho}\}$ 是$\overrightarrow{i}_{\mathrm{s}}$的 q 轴分量，在 dq 坐标系中记作 i_{sq}，另外

$$T_{\mathrm{e}}=\frac{3}{2}\left(\frac{L_{\mathrm{m}}}{1+\sigma_{\mathrm{r}}}\right)\hat{i}_{\mathrm{mr}}i_{\mathrm{sq}} \tag{10.16}$$

此时，替换变量［式（10.13）］的优势得到了体现，根据式（10.16），如果$\hat{i}_{\mathrm{mr}}$保持恒定，电机转矩就变成了定子电流 q 轴分量 i_{sq}的线性函数。

考虑到$\overrightarrow{V}_{\mathrm{r}}=0$，将式（10.13）和式（10.14）中的$(1+\sigma_{\mathrm{r}})\overrightarrow{i}_{\mathrm{r}}+\mathrm{e}^{-\mathrm{j}\theta_{\mathrm{r}}}\overrightarrow{i}_{\mathrm{s}}$和$\overrightarrow{i}_{\mathrm{s}}$代入式（10.8）中可以得出$\hat{i}_{\mathrm{mr}}$和 ρ 的关系式，结果为

$$\tau_{\mathrm{r}}\frac{\mathrm{d}}{\mathrm{d}t}[\hat{i}_{\mathrm{mr}}\mathrm{e}^{\mathrm{j}(\rho-\theta_{\mathrm{r}})}]=-\hat{i}_{\mathrm{mr}}\mathrm{e}^{\mathrm{j}(\rho-\theta_{\mathrm{r}})}+\overrightarrow{i}_{\mathrm{s}}\mathrm{e}^{-\mathrm{j}\theta_{\mathrm{r}}} \tag{10.17}$$

式中，转子时间常数 τ_{r} 定义为

$$\tau_{\mathrm{r}}=\frac{(1+\sigma_{\mathrm{r}})L_{\mathrm{m}}}{R_{\mathrm{r}}} \tag{10.18}$$

计算式（10.17）中的导数项并简化结果可得

$$\tau_{\mathrm{r}}\frac{\mathrm{d}\hat{i}_{\mathrm{mr}}}{\mathrm{d}t}+\mathrm{j}(\omega-\omega_{\mathrm{r}})\tau_{\mathrm{r}}\hat{i}_{\mathrm{mr}}=-\hat{i}_{\mathrm{mr}}+\overrightarrow{i}_{\mathrm{s}}\mathrm{e}^{-\mathrm{j}\rho} \tag{10.19}$$

式中

$$\omega=\frac{\mathrm{d}\rho}{\mathrm{d}t} \tag{10.20}$$

转速 ω_{r}由式（10.11）给出。将式（10.19）分解成实部和虚部，可得

$$\tau_{\mathrm{r}}\frac{\mathrm{d}\hat{i}_{\mathrm{mr}}}{\mathrm{d}t}=-\hat{i}_{\mathrm{mr}}+\mathrm{Re}(\overrightarrow{i_{\mathrm{s}}}\mathrm{e}^{-\mathrm{j}\rho})=-\hat{i}_{\mathrm{mr}}+i_{\mathrm{sd}} \tag{10.21}$$

$$\omega=\omega_{\mathrm{r}}+\frac{\mathrm{Im}(\overrightarrow{i_{\mathrm{s}}}\mathrm{e}^{-\mathrm{j}\rho})}{\tau_{\mathrm{r}}\hat{i}_{\mathrm{mr}}}=\omega_{\mathrm{r}}+\frac{i_{\mathrm{sq}}}{\tau_{\mathrm{r}}\hat{i}_{\mathrm{mr}}} \tag{10.22}$$

式（10.20）~式（10.22）描述了电机在转子坐标系中的动态特性[43]。式（10.21）代表了一个一阶线性系统，系统的直流增益为1，i_{sd}、$\hat{i}_{\mathrm{mr}}$和τ_{r}分别为系统的输入、输出和时间常数。根据式（10.21），为了控制$\hat{i}_{\mathrm{mr}}$［式（10.16）要求$\hat{i}_{\mathrm{mr}}$恒定才能通过i_{sq}对转矩进行线性控制］，可以调节i_{sd}为定值，这样可以确保大约$5\tau_{\mathrm{r}}$后$\hat{i}_{\mathrm{mr}}=i_{\mathrm{sd}}$。但是，如果需要更快速的时间响应，同时$\hat{i}_{\mathrm{mr}}$的估计值可以用于反馈，那么可以采用闭环控制，通过对i_{sd}进行直接的动态控制来调节$\hat{i}_{\mathrm{mr}}$。不论是开环系统还是闭环系统，下列情况下都需要对$\hat{i}_{\mathrm{mr}}$进行控制：①VSC系统启动时；②电机停转时；③当i_{sq}保持为0时。在以上情况下，对$\hat{i}_{\mathrm{mr}}$的控制可以保证在输出转矩之前已经建立了电机磁链。本章稍后将介绍如何控制i_{sd}和i_{sq}。

式（10.22）和式（10.20）描述了一个非线性系统，该系统根据ω_{r}、i_{sq}和$\hat{i}_{\mathrm{mr}}$的值来确定ρ，而$\hat{i}_{\mathrm{mr}}$又是式（10.21）所示一阶系统的输出。图10.3所示的这种组合被称作**磁链观测器**或者**磁链模型**[43]。如图10.3所示，磁链观测器以i_{sd}、i_{sq}和ω_{r}为输入，输出$\hat{i}_{\mathrm{mr}}$、ρ和ω。电流分量i_{sd}和i_{sq}为abc到dq坐标系变换器的输出（见图10.1），其中，角度ρ由磁链观测器提供，同时PWM信号发生器也会用到ρ（细节参见图8.17）。除了ρ，磁链观测器还输出$\hat{i}_{\mathrm{mr}}$和ω，前者可以作为磁链控制的反馈信号，后者可以用于前馈补偿来对i_{sd}和i_{sq}的动态特性进行解耦，下一小节将详细介绍这部分内容。

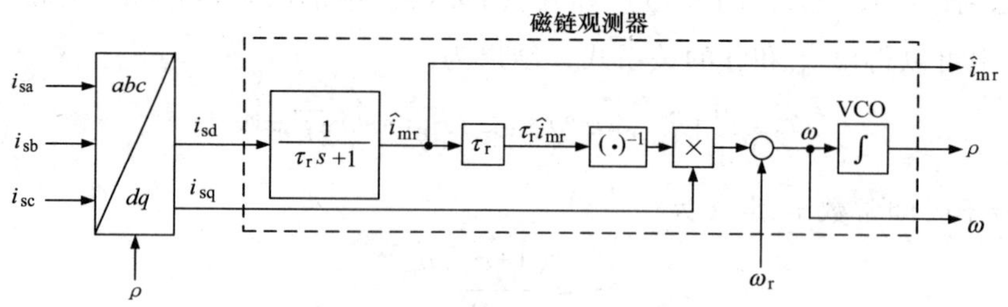

图10.3 笼型异步电机的转子磁链观测器示意图

需要注意的是，图10.3中的磁链观测器需要通过速度传感器测量ω_{r}的值作为输入。磁链观测器也可以通过另外一种方法来构建，新的磁链观测器不再需要ω_{r}，而是以V_{sdq}和i_{sdq}作为输入，输出为$\hat{i}_{\mathrm{mr}}$、ρ和ω_{r}㊀。这两种类型的磁链观测器都有各自的优缺点[43,89-90]，更多的细节不属于本书的研究范畴。

㊀ 图10.3中的磁链观测器也被称作电流模型，而另一种形式被称作电压模型，但这两个名字都不具描述性。

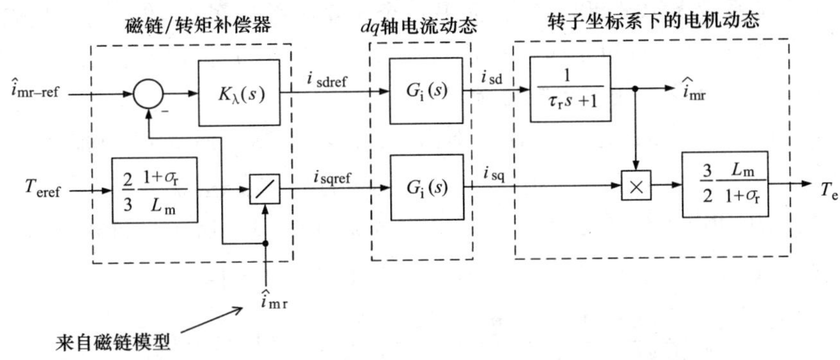

图 10.4 在转子坐标系中笼型异步电机的矢量控制框图

10.3.1.2 转子坐标系中的矢量控制

图 10.4 所示为笼型异步电机在转子坐标系中的矢量控制框图。如图 10.4 所示，磁链补偿器 K_λ（s）的输入为误差信号$\hat{i}_{mr-ref}-\hat{i}_{mr}$，输出为 d 轴电流控制回路的参考指令 i_{sdref}。$\hat{i}_{mr-ref}$为设定好的定值，$\hat{i}_{mr}$可以由图 10.3 中的磁链观测器得出。K_λ（s）最简单的形式为比例积分（PI）控制器，其参数经过调整可以实现闭环系统的快速响应。因为转子时间常数较大，如果磁链控制回路响应速度很快的话，i_{sdref}和 i_{sd}的值在暂态时会变得很大。但是这不会造成电机或 VSC 的过载，因为在 VSC 系统启动过程中，$i_{sq}=0$，通常会对磁链进行控制。如果不需要快速的闭环响应，那么可以忽略磁链补偿器，直接将 i_{sdref}设为 $\hat{i}_{mr}$的稳态期望值，然后 i_{sd}将会在 $5\tau_r$ 内稳定在该值。

图 10.4 所示为电机的转矩控制回路。根据式（10.16），电机转矩等于$\frac{3}{2}\left(\frac{L_m}{1+\sigma_r}\right)\hat{i}_{mr}$乘以 i_{sq}。因此，如图 10.4 所示，q 轴电流控制器的参考值 i_{sqref}由 T_{eref}除以$\frac{3}{2}\left(\frac{L_m}{1+\sigma_r}\right)\hat{i}_{mr}$得出，式中的 $\hat{i}_{mr}$可以由磁链观测器获得，也可以直接设定为定值。有一种观点认为图 10.4 中的转矩控制部分是一种开环结构，因此该回路对模型不确定性的鲁棒性不好。但应该注意的是，T_{eref}通常是另外一个补偿器的输出，或者由内部反馈回路给出。前者的例子是变速电机驱动，其中 T_{eref}由控制 ω_r（或 θ_r）的速度（或位置）控制回路给出。后者的例子是变速风力发电机组，其中 T_{eref}被设定为正比于 ω_r^2。不论哪种情况，T_{eref}都与 ω_r有关，因此控制回路是闭环的。

图 10.4 中，磁链调节器和转矩控制器输出电流指令 i_{sdref}和 i_{sqref}，i_{sdref}和 i_{sqref}通过一个非线性的两输入两输出系统来控制 i_{sd}和 i_{sq}。在下一小节中我们将会发现，通过适当的控制和前馈补偿技术，上述系统可以解耦为两个单输入单输出（SISO）、线性时不变的子系统，每个子系统都有一阶的传递函数 G_i（s）（见图

10.4)；一个子系统关联 i_{sd} 和 i_{sdref}，而另一个子系统关联了 i_{sq} 和 i_{sqref}。我们还会发现，只要正确选择（d 轴和 q 轴）补偿器的参数，$G_i(s)$ 的时间常数可以任意小。

10.3.1.3　VSC 系统对电机电流的控制

如前文所述，电机磁链和转矩分别由 i_{sd} 和 i_{sq} 控制，而 VSC 只能控制定子电压[⊖]。因此，必须先建立 i_{sd}、i_{sq} 与 V_{sd}、V_{sq} 关联的数学表达式。

定子端电压和电流的关系如式（10.1）和式（10.3）所示。将式（10.14）中的 $\vec{i}_r$ 代入式（10.3），然后将得到的 $\vec{\lambda}_s$ 代入式（10.1），可得

$$L_m \frac{d}{dt}\left[\frac{(1+\sigma_s)(1+\sigma_r)-1}{1+\sigma_r}\vec{i}_s+\frac{1}{1+\sigma_r}\hat{i}_{mr}e^{j\rho}\right]=\vec{V}_s-R_s\vec{i}_s \tag{10.23}$$

如参考文献［43］所述，定义电机总漏磁系数 σ 为

$$\sigma=1-\frac{1}{(1+\sigma_r)(1+\sigma_s)} \tag{10.24}$$

式（10.23）可以重新写为

$$L_m\sigma(1+\sigma_s)\frac{d\vec{i}_s}{dt}+L_m(1-\sigma)(1+\sigma_s)\frac{d}{dt}(\hat{i}_{mr}e^{j\rho})=\vec{V}_s-R_s\vec{i}_s \tag{10.25}$$

式（10.25）两边除以 R_s，可得：

$$\sigma\tau_s\frac{d\vec{i}_s}{dt}+(1-\sigma)\tau_s\frac{d}{dt}(\hat{i}_{mr}e^{j\rho})=\frac{1}{R_s}\vec{V}_s-\vec{i}_s \tag{10.26}$$

式中，τ_s 为定子时间常数，定义为

$$\tau_s=\frac{L_m(1+\sigma_s)}{R_s} \tag{10.27}$$

将 $\vec{i}_s=(i_{sd}+i_{sq})e^{j\rho}$ 和 $\vec{V}_s=(V_{sd}+V_{sq})e^{j\rho}$ 代入式（10.26），计算求导项并在等式两边同时乘以 $e^{-j\rho}$，可得

$$\sigma\tau_s\frac{di_{sdq}}{dt}+i_{sdq}=-j\sigma\tau_s\omega i_{sdq}-j(1-\sigma)\tau_s\omega\hat{i}_{mr}-(1-\sigma)\tau_s\frac{d\hat{i}_{mr}}{dt}+\frac{1}{R_s}V_{sdq} \tag{10.28}$$

式中，$\omega=d\rho/dt$，f_{dq} 为 f_d+jf_q 的简写。将式（10.28）分解成实部和虚部，可得

$$\left(\sigma\tau_s\frac{di_{sd}}{dt}+i_{sd}\right)=\sigma\tau_s\omega i_{sq}-(1-\sigma)\tau_s\frac{d\hat{i}_{mr}}{dt}+\frac{1}{R_s}V_{sd} \tag{10.29}$$

$$\left(\sigma\tau_s\frac{di_{sq}}{dt}+i_{sq}\right)=-\sigma\tau_s\omega i_{sd}-(1-\sigma)\tau_s\omega\hat{i}_{mr}+\frac{1}{R_s}V_{sq} \tag{10.30}$$

式（10.29）和式（10.30）表示一个以 V_{sd} 和 V_{sq} 为输入、以 i_{sd} 和 i_{sq} 为输出（同时也是状态变量）的非线性系统。由式（10.29）和式（10.30）可知，i_{sd} 和

⊖ 如果 VSC 采用的是滞环电流控制而不是 PWM 调制，那么 VSC 可以直接控制定子电流。滞环电流控制最大的缺点是开关频率不固定。

i_{sq}两者的动态特性是耦合的。此外，因为 ωi_{sd}、ωi_{sq}和 $\hat{\omega} i_{mr}$项的存在，同时考虑到 ω 和 $\hat{i}_{mr}$都是 i_{sd}和 i_{sq}的函数，整个系统是非线性的。为了避免控制中出现这种非线性情况，可以引入两个新的控制输入量 u_d和 u_q。定义 u_d和 u_q为

$$u_d=\sigma\tau_s\omega i_{sq}-(1-\sigma)\tau_s\frac{d\hat{i}_{mr}}{dt}+\frac{1}{R_s}V_{sd} \tag{10.31}$$

$$u_q=-\sigma\tau_s\omega i_{sd}-(1-\sigma)\tau_s\omega\hat{i}_{mr}+\frac{1}{R_s}V_{sq} \tag{10.32}$$

将式（10.31）和式（10.32）的 V_{sd}和 V_{sq}代入式（10.29）和式（10.30），可得

$$\left(\sigma\tau_s\frac{di_{sd}}{dt}+i_{sd}\right)=u_d \tag{10.33}$$

$$\left(\sigma\tau_s\frac{di_{sq}}{dt}+i_{sq}\right)=u_q \tag{10.34}$$

式（10.33）和式（10.34）表示两个解耦的一阶子系统，各子系统的直流增益均为 1。第一个子系统通过 u_d控制 i_{sd}，而第二个子系统通过 u_q控制 i_{sq}。如图 10.5 所示，u_d和 u_q分别由对应的 PI 补偿器给出，一个补偿器的输入为 $i_{sdref}-i_{sd}$、输出为 u_d，另一个补偿器的输入为 $i_{sqref}-i_{sq}$、输出为 u_q。我们可以根据图 10.5 所示框图来确定 PI 补偿器的参数，设

$$k(s)=\frac{k_p s+k_i}{s} \tag{10.35}$$

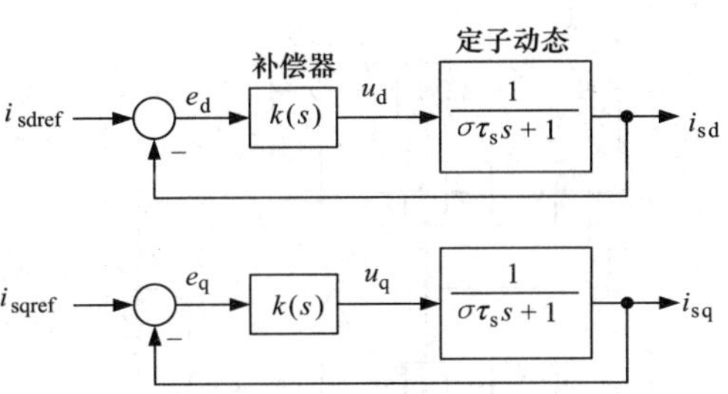

图 10.5　基于式（10.33）和式（10.34）的定子电流控制框图

如果参数 k_p和 k_i分别为

$$k_p=\frac{\sigma\tau_s}{\tau_i} \tag{10.36}$$

$$k_i=\frac{1}{\tau_i} \tag{10.37}$$

那么，d 轴和 q 轴的电流控制回路具有如下一阶传递函数：

$$\frac{I_{sd}(s)}{I_{sdref}(s)}=G_i(s)=\frac{1}{\tau_i s+1} \tag{10.38}$$

$$\frac{I_{sq}(s)}{I_{sqref}(s)}=G_i(s)=\frac{1}{\tau_i s+1} \tag{10.39}$$

式中，时间常数 τ_i 根据设计需要而定。式（10.38）和式（10.39）对应图 10.4 所示框图中间用方框圈出的部分。实际的控制信号 V_{sd} 和 V_{sq} 由式（10.31）和式（10.32）计算得出，具体为

$$V_{sd}=R_s\left[u_d-\sigma\tau_s\omega i_{sq}+(1-\sigma)\tau_s\frac{d\hat{i}_{mr}}{dt}\right] \tag{10.40}$$

$$V_{sq}=R_s\left[u_q+\sigma\tau_s\omega i_{sd}+(1-\sigma)\tau_s\omega\hat{i}_{mr}\right] \tag{10.41}$$

式中，信号 $\hat{i}_{mr}$ 和 ω 由图 10.3 中的磁链观测器给出。

根据式（10.36）和式（10.37）选择补偿器的参数，可以使 PI 补偿器的零点抵消控制对象函数的极点 $p=-1/\sigma\tau_s$。L_m 和 σ 都是由测量得出，存在一定的误差。另外，R_s 的大小随着电机温度会发生显著变化。因此，$\sigma\tau_s$ 的值并不精确，这也意味着零极点的对消并不完美。式（10.40）和式（10.41）也存在同样的问题，因为不仅 $\sigma\tau_s$ 是不确定的，R_s 也会随着电机温度发生显著变化。不过，基于电机额定参数设计出的补偿器往往还是能够有效地实现补偿，而且由此得出的闭环子系统仍可以表示为式（10.38）和式（10.39）所示的一阶传递函数。

图 10.6 所示为 dq 坐标系下的电流控制方案，其中，i_{sdref} 和 i_{sqref} 分别由磁链和

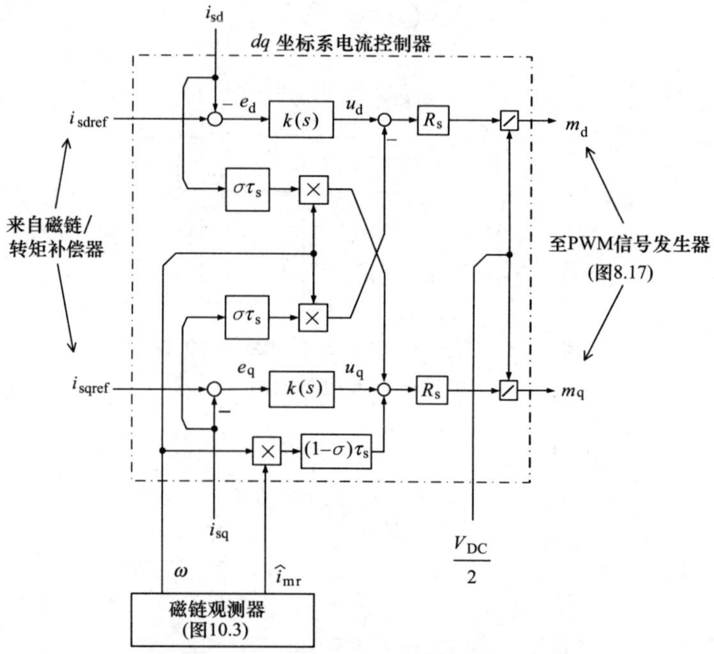

图 10.6　异步电机 d 轴和 q 轴电流控制器

转矩补偿器给出（见图 10.4），$\hat{i}_{mr}$和 ω 由磁链观测器（见图 10.3）给出。然后，根据式（10.40）和式（10.41）计算得出 V_{sd}和 V_{sq}的值，再由 VSC 生成 V_{sd}和 V_{sq}。为了补偿 VSC 的电压增益，将 V_{sd}和 V_{sq}除以 $V_{DC}/2$ 得出 m_d和 m_q，然后将 m_d和 m_q送至 PWM 信号发生器（见图 8.17）并生成门控脉冲。因为电机通过三线制接线与 VSC 相连，所以可以采用三次谐波注入 PWM 策略来降低直流母线电压。

由图 10.6 可见，图中的控制器相比式（10.40）稍微做了些修改：V_{sd}的表达式中省略了$(1-\sigma)\tau_s \mathrm{d}\hat{i}_{mr}/\mathrm{d}t$ 这一项。这是为了避免微分项和与之相关的噪声放大特性。不过，这种省略不会带来任何问题，这是因为除了系统启动过程以外$\hat{i}_{mr}$始终被控制为定值，因此，$\mathrm{d}\hat{i}_{mr}/\mathrm{d}t$（平均值）等于 0。

10.3.1.4　电机励磁电流

在前面的章节中，我们通过引入虚拟电流分量$\hat{i}_{mr}$［见式（10.13）］提出了异步电机的转子磁场定向控制。根据式（10.16），我们可以发现，电机转矩与$\hat{i}_{mr}$和 i_{sq}的乘积成正比，因此，如果$\hat{i}_{mr}$保持恒定，就可以通过 i_{sq}线性地控制转矩。本节中，我们将揭示，$\hat{i}_{mr}$与电机的励磁电流是等价的[43]，因此$\hat{i}_{mr}$的参考值$\hat{i}_{mr-ref}$也必须要设定为电机的额定励磁电流。

笼型电机的励磁电流可以根据图 A.3 所示的电机稳态等效电路计算得出，为便于参考，在图 10.7 中重新给出稳态等效电路。如图 10.7 所示，如果 $\omega_r=\omega$，也就是说，如果电机转速等于定子频率，则$\underline{i}'_r=0$ 且定子电流等于励磁电流，即$\underline{i}_s=\underline{i}_m$。假设 R_s上的压降可以忽略不计，根据图 10.7，有

$$|\underline{i}_s|=|\underline{i}_m|\approx\frac{|\underline{V}_s|}{(1+\sigma_s)L_m\omega}\qquad \omega=\omega_r \tag{10.42}$$

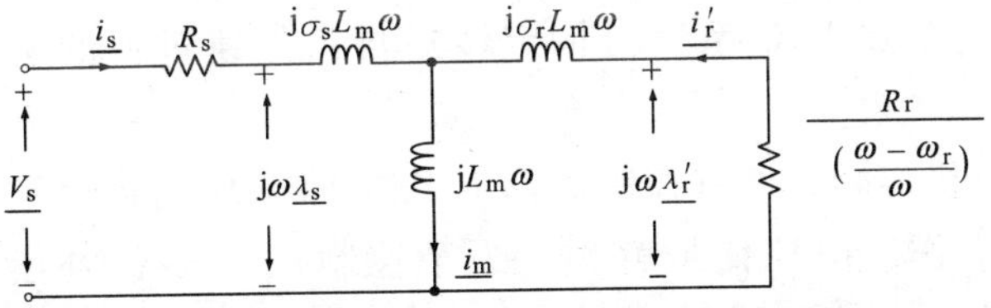

图 10.7　笼型异步电机的稳态等效电路（细节参见附录 A）

式中，$|\underline{i}_s|$为定子电流的峰值；$|\underline{V}_s|$为定子绕组相电压的峰值。定子电流的峰值可以表示为$|\underline{i}_s|=\hat{i}_s=\sqrt{i_{sd}^2+i_{sq}^2}$。因此，式（10.42）可以重新写为

$$\sqrt{i_{sd}^2+i_{sq}^2}\approx\frac{\sqrt{2}\left(\dfrac{V_{s-ll}}{\sqrt{3}}\right)}{(1+\sigma_s)L_m\omega}=\sqrt{\frac{2}{3}}\frac{V_{s-ll}}{(1+\sigma_s)L_m\omega}\qquad \omega=\omega_r \tag{10.43}$$

式中，V_{s-ll}为定子的线电压有效值。根据式（10.21），在稳态时，$\hat{i}_{mr}=i_{sd}$。另外，

根据式（10.22），$\omega_r=\omega$ 对应 $i_{sq}=0$，因此

$$\sqrt{i_{sd}^2+i_{sq}^2}=i_{sd}=\hat{i}_{mr} \qquad \omega=\omega_r \tag{10.44}$$

比较式（10.44）和式（10.43），可得

$$\hat{i}_{mr}\approx\sqrt{\frac{2}{3}}\frac{V_{s-ll}}{(1+\sigma_s)L_m\omega_r} \tag{10.45}$$

也就是说，$\hat{i}_{mr}$与电机的励磁电流（峰值）相等。因此，$\hat{i}_{mr-ref}$必须要设定为电机的额定励磁电流，即对应于额定电压和 $\omega_r=\omega$，有

$$\hat{i}_{mr-ref}=\sqrt{\frac{2}{3}}\frac{V_{sn}}{(1+\sigma_s)L_m\omega_0} \tag{10.46}$$

式中，V_{sn}为定子额定线电压的有效值；ω_0为电机的额定频率。

下面将举例说明图 10.1 所示的变频 VSC 系统如何控制笼型异步电机。

例 10.1 异步电机的矢量控制

考虑图 10.1 所示的变频 VSC 系统，电机为 1.68MW 的绕线转子异步电机，电机的转子端短路，电机的参数见表 10.1[53]。VSC 为直流侧带有电容分压器的三电平 NPC（见图 6.18）。VSC 采用三次谐波注入 PWM 调制，开关频率为$f_s=1680\text{Hz}$，每个直流侧电容为 $2C=19250\mu\text{F}$。三电平 NPC 通过直流电压平衡控制器平衡电容电压，如第 6.7 节所述。直流母线电压为 $V_{DC}=3500\text{V}$。每个开关单元的导通电阻约为 1.0mΩ。因此，VSC 每相的等效内阻约为 $r_{on}=2\times1.0\text{m}\Omega=2\text{m}\Omega$，远远小于 R_s，在控制器设计过程中可以忽略不计。如果电流控制器的时间常数选为 $\tau_i=3.0\text{ms}$，由式（10.36）和式（10.37）可得 $k_p=13.6$ 和 $k_i=333\text{s}^{-1}$。根据式（10.46），磁链补偿器的传递函数为 $K_\lambda(s)=180(s+0.625)/s$。$\hat{i}_{mr-ref}$设为 141A。在没有外加机械转矩的情况下，变频 VSC 系统对恒定转矩自由加速过程的响应如图 10.8～图 10.11 所示。

初始时刻，电机停转，所有控制器都不工作，PWM 门控信号闭锁。当 $t=0.1\text{s}$ 时，控制器开始工作，门控信号解锁。为了控制$\hat{i}_{mr}$，磁链补偿器迅速提升 i_{sdref}（见图 10.8a），而 i_{sd}也快速地跟踪 i_{sdref}。如图 10.8a 所示，为了防止电机和 VSC 过电流，i_{sdref}被限制为 1200A。当 $i_{sd}=1200\text{A}$ 时，因为转子时间常数很大，$\hat{i}_{mr}$慢慢地接近其参考值（见图 10.8b）。当 $t=0.305\text{s}$ 时，$\hat{i}_{mr}$的值达到设定值 141A（见图 10.8b），同时磁链控制器也将 i_{sdref}的值降为 141A（i_{sd}同样如此）；在稳态时，$\hat{i}_{mr}$、i_{sdref}和 i_{sd}的值相等。如图 10.8c 所示，在调节电机磁链时，i_{sqref}设定为 0，因此电机的转矩和转速也保持为 0（见图 10.8d、e）。

当 $t=0.4\text{s}$ 时，i_{sqref}跃变为 1200A。i_{sq}和 T_e迅速地跟踪各自的参考值，如图 10.8c、d 所示。一旦 T_e不为 0，电机就开始启动，之后 ω_r随着时间线性增

加（见图 10.8e），这是因为除了前几毫秒内 i_{sq} 呈指数形式变化，T_e 都表现为一个定值。

表 10.1　例 10.1 中的异步电机参数

参　数	数　值	备　注
额定功率	2250hp(1.678MW)	
额定电压	2300V 线电压有效值	V_{sn}
额定频率	377rad/s	ω_0
R_s	29mΩ	
R_r	22mΩ	
L_m	34.6mH	
L_s	35.2mH	
L_r	35.2mH	
σ_s	0.0173	
σ_r	0.0173	
σ	0.0337	
τ_s	1.213s	
τ_r	1.6s	

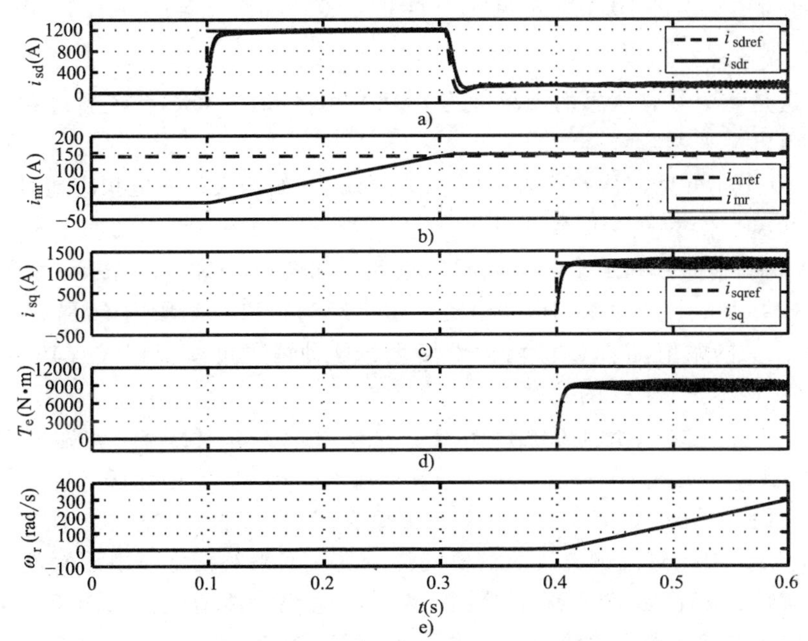

图 10.8　例 10.1 中变频 VSC 系统对自由加速过程的响应

图 10.9a、b 所示为 $t=0.4$s 左右时 i_{sq} 和 T_e 的放大波形。由图 10.9a 可见，i_{sq} 的阶跃响应是时间的一阶指数函数，大约 15ms 后，也就是 $5\tau_i$ 左右，i_{sq} 达到稳态值。由图 10.9b 可见，T_e 与 i_{sq} 成正比，因此两者的变化规律相同。需要注意的是，T_e 与 i_{sq} 两者标幺值的波形是重合的。

图 10.10a、d 所示为 VSC 系统的频率、abc 到 dq 坐标系变换的角度、PWM 调

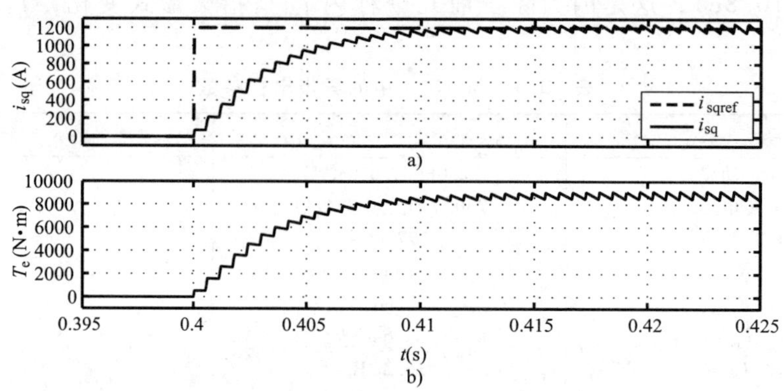

图 10.9 例 10.1 中 q 轴定子电流和电机转矩的放大波形

制信号和定子电流。如图 10.10a、b 所示，当 $t=0.1\sim0.4\mathrm{s}$ 时，i_{sq} 和 ω_r 都为 0，ω 也为 0，ρ 的值保持不变。因此，调制信号和定子电流都是直流波形，如图 10.10c、d 所示。由图 10.10d 可见，当 $t=0.1\sim0.4\mathrm{s}$ 时，$i_b=i_c=-i_a/2$，考虑到 $i_{sd}+\mathrm{j}i_{sq}=\overrightarrow{i_s}\mathrm{e}^{-\rho}$、$\overrightarrow{i_s}=(2/3)\left[i_a+\mathrm{e}^{\mathrm{j}(2\pi/3)}i_b+\mathrm{e}^{\mathrm{j}(4\pi/3)}i_c\right]$ 及 $\rho=0$，$i_b=i_c=-i_a/2$ 与 $i_{sq}=0$ 是一致的。这是一个很有意思的现象，当 $t=0.1\sim0.4\mathrm{s}$ 时，VSC 系统通过在定子绕组中产生直流电流来调节磁链。

由图 10.10a 可见，从 $t=0.4\mathrm{s}$ 开始，i_{sq} 和 ω_r 开始增大，ω 也相应地增大。由式（10.22）可知，因为 $i_{sq}>0$，ω 略大于 ω_r。如图 10.10b 所示，ρ 及其斜率 ω 也开始增大，PWM 调制信号和定子电流也同样如此，如图 10.10c、d 所示。由图 10.10d 可见，$t=0.4\mathrm{s}$ 后，$i_{s\,abc}$ 的振幅保持恒定，这是因为在该时间段内 i_{sd} 和 i_{sq} 都是恒定的。但 $m_{aug-abc}$ 的幅值随着 ω 的增大而增大，这种情况可以根据式（10.40）和式（10.41）中 V_{sd}、V_{sq} 与 ω 的关系来进行解释。

图 10.11a、b 所示分别为电机的电磁功率 $P_e=T_e\omega_r$ 和 VSC 直流功率（平均值）$P_{DC}=i_sV_{DC}$（见图 10.1）。当 $t=0.1\sim0.4\mathrm{s}$ 时，$P_e=0$（见图 10.11a），P_{DC} 为一个很小的正值（见图 10.11b）。$P_e=0$ 是因为在这段时间内 T_e 为零，而 P_{DC} 不为零是因为 $i_{sd}\neq0$，因此直流侧电压源需要提供少量功率来补偿定子电阻损耗。$t=0.4\mathrm{s}$ 后，T_e 为常数，随着 ω_r 的直线上升，P_e 和 P_{DC} 也线性地增大，如图 10.11a、b 所示。由于定子和转子绕组存在电阻损耗，P_{DC} 稍大于 P_e。

通过交流电机的快速转矩控制可以实现电机连接的机械负载/原动机与 VSC 直流侧所连接装置之间的功率交换。当 $t=0.7\mathrm{s}$ 时，电机转矩突然从 0 切换到 $T_{eref}=P_{eref}(t)/\omega_r(t)$ 模式，其中 $P_{eref}=-1350\mathrm{kW}$，变频 VSC 系统的表现如图 10.12 所示。随后，T_e 变为负值，ω_r 也从扰动前的 340rad/s 开始下降（见图 10.12a、b）。随着 ω_r 的下降，T_{eref} 和 T_e 的值（绝对值）也开始增大，因此定子电流增大（见图 10.12c）。如图 10.12d 所示，P_e 稳定在 $-1350\mathrm{kW}$。在图 10.12e 中，P_{DC} 的变化趋势

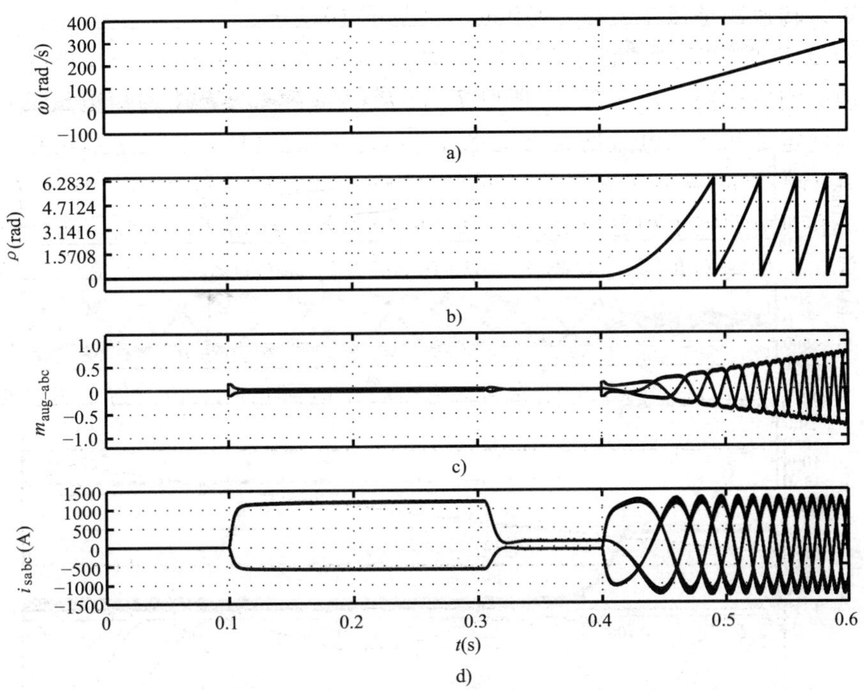

图10.10 例10.1中VSC系统的频率、*dq*坐标系的同步角、调制信号和定子电流的波形

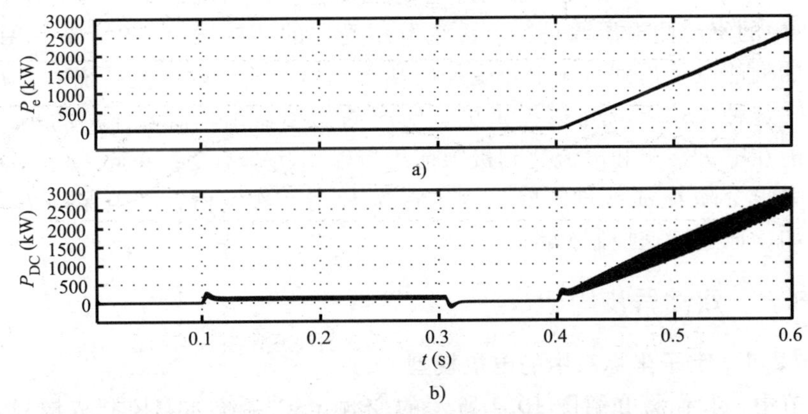

图10.11 例10.1中自由加速过程中电机电磁功率和VSC直流侧功率的波形

与P_e相似，但是因为损耗的存在，P_{DC}（的绝对值）比P_e稍小。因为P_{DC}是负的，这表示大约有1350kW的功率由电机惯性产生并传递到了直流电压源。

由上述运行策略控制的变频VSC系统可以作为飞轮储能系统来平衡另一个能量变换系统引起的功率波动。例如，飞轮储能系统被用来平抑风力发电机组引起的

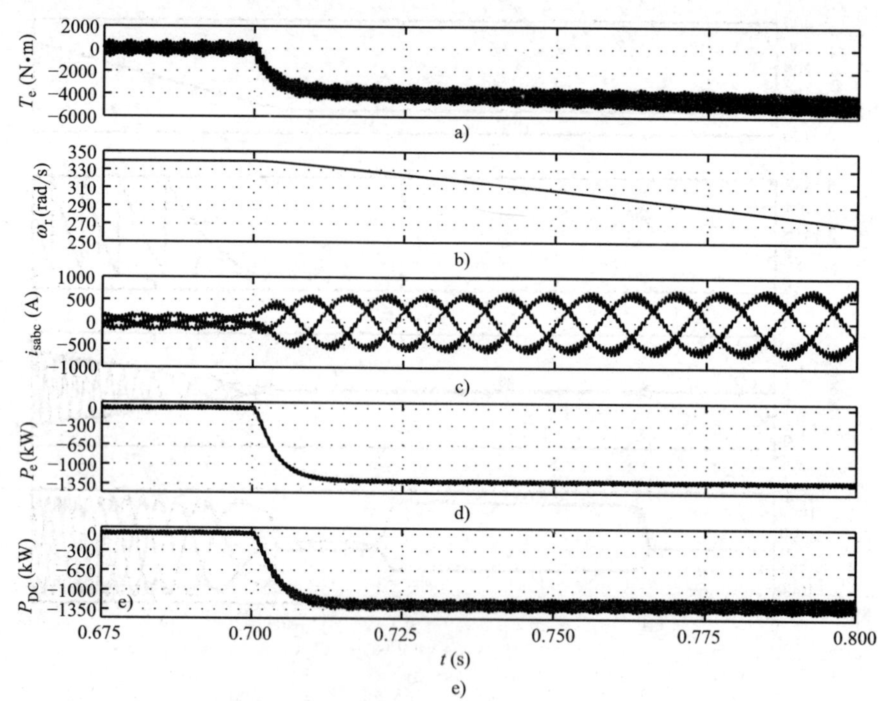

图 10.12 例 10.1 中飞轮模式下电机电磁功率和 VSC 直流侧功率的波形

功率波动[91]，这种系统通过快速地将电机的动能转化为电能来实现上述目标。如果图 10.1 中的直流侧电压源是一个直流电压受控的功率端口（8.6 节，图 8.21），那么电机的动能就传递到直流电压受控的功率端口所连接的交流系统中。如果转动惯量更大，这种 VSC 系统可以提供更长时间的功率输出。需要注意的是，飞轮储能系统只能在电机转矩和电流达到极限前维持输出功率不变；在此之后，ω_r会减小到零，功率也会随着 ω_r线性下降。为了将 ω_r保持在额定值，必须保持 T_{eref}为一个正值，比如，通过转速控制回路。

10.3.2 双馈异步电机

10.3.2.1 定子坐标系中的电机模型

本小节中，我们将介绍图 10.2 所示的变频 VSC 系统如何控制双馈异步电机。如图 10.2 所示，电机定子直接与额定频率为 ω_0的交流系统相连，而电机转子与变频 VSC 系统相连。当转速只在交流系统频率附近变化时，即 $\omega_r = \omega_0 \pm \Delta\omega$ 时，这种系统的主要优势会得以体现。在这种情况下，流经转子回路的有功功率和电机总的有功功率之比与 $\Delta\omega$ 成正比[43]。因此，相比电机，VSC 的容量小得多，大部分功率直接通过电机定子回路与交流系统进行交换。变频风力发电机组是图 10.2 所示系统的一种实际应用，在这种应用中，如果控制风机的转速只能在很小的范围内变化，那么可以获取的风能变化幅度会很大[86,87]。我们可以通过图 10.2 所示的变频 VSC 系统来改变 ω_r，进而控制（最大化）获取的风能，而 VSC 只处理电机总功率的一小部分。第 13 章将详细介绍这种应用。

式（10.1）~式（10.4）和式（10.9）所表示的对称三相交流电机模型同样适用于双馈异步电机。根据式（4.6），$\overrightarrow{\lambda_s}$可以表示为

$$\overrightarrow{\lambda_s}=\hat{\lambda}_s e^{j\theta(t)} \tag{10.47}$$

式中，θ 为空间相量的角度，通常也是时间的函数。定义 $\theta(t)$ 为 $\theta(t)=\rho(t)+\theta_r(t)$，因此，式（10.47）可以写为

$$\overrightarrow{\lambda_s}=\hat{\lambda}_s e^{j(\rho+\theta_r)} \tag{10.48}$$

式中，θ_r为转子角。把式（10.48）中的$\overrightarrow{\lambda_s}$代入式（10.3），解出$\overrightarrow{i_s}$，有

$$\overrightarrow{i_s}=\frac{\hat{\lambda}_s e^{j\rho}-L_m\overrightarrow{i_r}}{(1+\sigma_s)L_m}e^{j\theta_r} \tag{10.49}$$

将式（10.49）中的$\overrightarrow{i_s}$代入式（10.9），根据 Im $\{\overrightarrow{i_r}\overrightarrow{i_r^*}\}=0$，可以推出

$$T_e=\left(\frac{3}{2}\right)\frac{1}{1+\sigma_s}\hat{\lambda}_s \mathrm{Im}\{(\overrightarrow{i_r}e^{-j\rho})^*\} \tag{10.50}$$

式中，$\overrightarrow{i_r}e^{-j\rho}$项表示 $\alpha\beta$ 到 dq 坐标系的变换，其中 ρ 为图 10.2 所示的变换角。将$\overrightarrow{i_r}e^{-j\rho}=i_{rd}+ji_{rq}$代入式（10.50），可得

$$T_e=-\left(\frac{3}{2}\right)\frac{1}{1+\sigma_s}\hat{\lambda}_s i_{rq} \tag{10.51}$$

式（10.51）表明，只要 $\hat{\lambda}_s$ 为定值，就可以通过 i_{rq}线性地控制电机转矩。

将$\overrightarrow{\lambda_s}=\hat{\lambda}_s e^{j(\rho+\theta_r)}$和式（10.49）的$\overrightarrow{i_s}$代入式（10.1），可以得到描述$\overrightarrow{\lambda_s}$和 ρ 动态的数学方程：

$$\frac{d}{dt}[\hat{\lambda}_s e^{j(\rho+\theta_r)}]=\overrightarrow{V_s}-R_s\frac{\hat{\lambda}_s e^{j\rho}-L_m\overrightarrow{i_r}}{(1+\sigma_s)L_m}e^{j\theta_r} \tag{10.52}$$

计算求导项后，在方程两边同时乘以 $e^{-j(\rho+\theta_r)}$，代入$\overrightarrow{i_r}e^{-j\rho}=i_{rd}+ji_{rq}$后可得

$$\left(\tau_s\frac{d\hat{\lambda}_s}{dt}+\hat{\lambda}_s\right)+j\tau_s(\omega+\omega_r)\hat{\lambda}_s=\tau_s\overrightarrow{V_s}e^{-j(\rho+\theta_r)}+L_m i_{rdq} \tag{10.53}$$

式中，$\omega=d\rho/dt$；ω_r为转速；τ_s为式（10.27）所定义的定子时间常数。假设定子端电压是三相对称的正弦波形：

$$\begin{aligned}V_{sa}(t)&=\hat{V}_s\cos(\omega_0 t+\theta_0)\\V_{sb}(t)&=\hat{V}_s\cos\left(\omega_0 t+\theta_0-\frac{2\pi}{3}\right)\\V_{sc}(t)&=\hat{V}_s\cos\left(\omega_0 t+\theta_0-\frac{4\pi}{3}\right)\end{aligned} \tag{10.54}$$

式中，$\hat{V}_s$ 为线电压幅值；ω_0 为交流系统的角频率；θ_0 为定子端电压的初始相角。根据式（4.42），有

$$\overrightarrow{V}_s = V_{s\alpha} + jV_{s\beta} = \hat{V}_s e^{j(\omega_0 t+\theta_0)} \tag{10.55}$$

将式（10.55）中的$\overrightarrow{V}_s$代入式（10.53），可得

$$\left(\tau_s \frac{d\hat{\lambda}_s}{dt} + \hat{\lambda}_s\right) + j\tau_s(\omega+\omega_r)\hat{\lambda}_s = \tau_s \hat{V}_s e^{j(\omega_0 t+\theta_0-\rho-\theta_r)} + L_m i_{rdq} \tag{10.56}$$

式中，$f_{dq}=f_d+jf_q$。将式（10.56）分解为实部和虚部，有

$$\left(\tau_s \frac{d\hat{\lambda}_s}{dt} + \hat{\lambda}_s\right) = \tau_s \overbrace{\hat{V}_s \cos(\omega_0 t+\theta_0-\rho-\theta_r)}^{V'_{sd}} + L_m i_{rd} \tag{10.57}$$

$$\omega = -\omega_r + \frac{\tau_s \overbrace{\hat{V}_s \sin(\omega_0 t+\theta_0-\rho-\theta_r)}^{V'_{sq}} + L_m i_{rq}}{\tau_s \hat{\lambda}_s} \tag{10.58}$$

除了存在 $V'_{sd}=\hat{V}_s\cos(\omega_0 t+\theta_0-\rho-\theta_r)$ 和 $V'_{qd}=\hat{V}'_s\sin(\omega_0 t+\theta_0-\rho-\theta_r)$ 两项，式（10.57）和式（10.58）类似于描述笼型异步电机的式（10.21）和式（10.22）。式（10.57）描述了定子磁链的动态，而式（10.58）将 dq 坐标系的旋转速度 ω 写成 i_{rq}的函数。根据式（10.51），i_{rq}与电磁转矩成正比，因此 ω 也是转矩的函数。式（10.57）表明，定子磁链可以通过 i_{rd}来进行控制。但在双馈异步电机中，$\hat{\lambda}_s$ 很自然地由交流系统来控制，与 i_{rd} 几乎无关，可以将式（10.57）和式（10.58）在稳态运行点 $i_{rd}=i_{rq}=0$ 附近线性化来证明这一点，证明过程如下。

首先引入新的变量

$$\gamma = \omega_0 t+\theta_0-\rho-\theta_r \tag{10.59}$$

根据式（10.59），式（10.57）和式（10.58）可以重新写为

$$\left(\tau_s \frac{d\hat{\lambda}_s}{dt} + \hat{\lambda}_s\right) = \tau_s \hat{V}_s \cos\gamma + L_m i_{rd} \tag{10.60}$$

$$\omega = \omega_0 - \frac{\tau_s \hat{V}_s \sin\gamma + L_m i_{rq}}{\tau_s \hat{\lambda}_s} \tag{10.61}$$

定义扰动变量为

$$\begin{gathered}\hat{\lambda}_s = \hat{\lambda}_{s0} + \Delta\hat{\lambda}_s\\ \gamma = \gamma_0 + \Delta\gamma\\ i_{rd} = \Delta i_{rd}\\ i_{rq} = \Delta i_{rq}\end{gathered} \tag{10.62}$$

将扰动变量代入式（10.61）和式（10.62），只考虑一阶项，可得

$$\left(\tau_s \frac{d\Delta\hat{\lambda}_s}{dt} + \Delta\hat{\lambda}_s\right) = -(\tau_s \hat{V}_s \sin\gamma_0)\Delta\gamma + L_m \Delta i_{rd} \tag{10.63}$$

$$\frac{d\Delta\gamma}{dt}=-\left(\frac{\hat{V}_s}{\hat{\lambda}_{s0}}\cos\gamma_0\right)\Delta\gamma+\left(\frac{\hat{V}_s}{\hat{\lambda}_{s0}^2}\sin\gamma_0\right)\hat{\lambda}_s-\left(\frac{L_m}{\tau_s\hat{\lambda}_{s0}}\right)\Delta i_{rq} \tag{10.64}$$

式中

$$\sin\gamma_0=\frac{\omega_0\hat{\lambda}_{s0}}{\hat{V}_s} \tag{10.65}$$

$$\cos\gamma_0=\frac{\hat{\lambda}_{s0}}{\tau_s\hat{V}_s} \tag{10.66}$$

根据式（10.65）、式（10.66）和$\sin^2(\cdot)+\cos^2(\cdot)=1$，有

$$\hat{\lambda}_{s0}=\frac{\tau_s\hat{V}_s}{\sqrt{(\tau_s\omega_0)^2+1}}\approx\frac{\hat{V}_s}{\omega_0} \tag{10.67}$$

$$\sin\gamma_0=\frac{\tau_s\omega_0}{\sqrt{(\tau_s\omega_0)^2+1}}\approx 1\Rightarrow\gamma_0\approx\frac{\pi}{2} \tag{10.68}$$

$$\cos\gamma_0=\frac{1}{\sqrt{(\tau_s\omega_0)^2+1}}\approx\frac{1}{\tau_s\omega_0} \tag{10.69}$$

式中，取近似的前提是$\tau_s\omega_0\gg 1$。根据式（10.67）~式（10.69），式（10.63）和式（10.64）可以重新写为

$$\frac{d\Delta\hat{\lambda}_s}{dt}=-\left(\frac{1}{\tau_s}\right)\Delta\hat{\lambda}_s-(\hat{V}_s)\Delta\gamma-\left(\frac{L_m}{\tau_s}\right)\Delta i_{rd} \tag{10.70}$$

$$\frac{d\Delta\gamma}{dt}=\left(\frac{\omega_0^2}{\hat{V}_s}\right)\Delta\hat{\lambda}_s-\left(\frac{1}{\tau_s}\right)\Delta\gamma+\left(\frac{L_m\omega_0}{\tau_s\hat{V}_s}\right)\Delta i_{rq} \tag{10.71}$$

以经典的状态空间形式表示的式（10.70）和式（10.71）表示一个两输入两输出的线性系统，其中，系统的输入是Δi_{rd}和Δi_{rq}，输出是$\Delta\hat{\lambda}_s$和$\Delta\gamma$。在式（10.70）和式（10.71）两边做拉普拉斯变换，并解出$\Delta\hat{\lambda}_s(s)$和$\Delta\gamma(s)$，可以得出以下传递函数：

$$\Delta\hat{\lambda}_s(s)=-\frac{\left(\frac{L_m}{\tau_s}\right)\left(s+\frac{1}{\tau_s}\right)}{\left(s+\frac{1}{\tau_s}\right)^2+\omega_0^2}\Delta I_{rd}(s)-\frac{\left(\frac{L_m\omega_0}{\tau_s}\right)}{\left(s+\frac{1}{\tau_s}\right)^2+\omega_0^2}\Delta I_{rq}(s) \tag{10.72}$$

$$\Delta\gamma(s)=-\frac{\left(\frac{L_m\omega_0^2}{\tau_s\hat{V}_s}\right)}{\left(s+\frac{1}{\tau_s}\right)^2+\omega_0^2}\Delta I_{rd}(s)+\frac{\left(\frac{L_m\omega_0}{\tau_s\hat{V}_s}\right)\left(s+\frac{1}{\tau_s}\right)}{\left(s+\frac{1}{\tau_s}\right)^2+\omega_0^2}\Delta I_{rq}(s) \tag{10.73}$$

式中的 s 代表复频率。由式（10.72）和式（10.73）可知，传递函数$\Delta\hat{\lambda}_s(s)/$

$\Delta I_{rd}(s)$、$\Delta\hat{\lambda}_s(s)/\Delta I_{rq}(s)$、$\Delta\gamma(s)/\Delta I_{rd}(s)$ 和 $\Delta\gamma(s)/\Delta I_{rq}(s)$ 的直流增益都很小。比如，根据表 10.1 中的参数，例 10.1 中的电机对应的 $\Delta\hat{\lambda}_s(0)/\Delta I_{rd}(0)$ 和 $\Delta\hat{\lambda}_s(0)/\Delta I_{rq}(0)$ 分别为 -1.65×10^{-4} Wb/kA 和 -7.56×10^{-2} Wb/kA，因此，Δi_{rd}、Δi_{rq}、$\Delta\hat{\lambda}_s$、$\Delta\gamma$ 的暂态和稳态的影响可以忽略不计。这也表明，$\hat{\lambda}_s$ 和 λ 可以直接用各自对应的稳态值近似：

$$\hat{\lambda}_s \approx \hat{\lambda}_{s0} = \frac{\hat{V}_s}{\omega_0} \tag{10.74}$$

$$\gamma \approx \gamma_0 = \frac{\pi}{2} \tag{10.75}$$

上面由数学推导得出的结论也可以通过分析图 A.2 所示的等效电路得出。在双馈异步电机中，如果定子连接的是理想电压源，因为定子电阻很小，加在励磁电感上的电压及磁链可以得到有效地控制。相应地，如果要改变励磁支路的电压，就需要非常大的转子电流。因此，尽管在改变 i_{rq} 来控制转矩的时候 $\hat{\lambda}_s$ 会受到一定的扰动，但实际上扰动非常小，所以没有必要通过 i_{rd} 来控制 $\hat{\lambda}_s$。因此，可以将 i_{rd} 设定为 0 以保证 VSC 电流最小。

将 $\hat{\lambda}_s \approx \hat{V}_s/\omega_0$ 代入式（10.51），电机转矩可以表示为

$$T_e = -\left(\frac{3}{2}\right)\frac{\hat{V}_s}{(1+\sigma_s)\,\omega_0} i_{rq} \tag{10.76}$$

将 $\lambda \approx \pi/2$ 代入式（10.59），在等式两边求导，并根据 $\omega = \mathrm{d}\rho/\mathrm{d}t$，可得

$$\omega = \frac{\mathrm{d}\rho}{\mathrm{d}t} \approx \omega_0 - \omega_r \tag{10.77}$$

式（10.77）表明，dq 坐标系中的旋转速度 ω 约等于交流系统频率和转子转速之差。ω 可以用于 VSC 系统的 d 轴和 q 轴电流控制回路的解耦和前馈补偿。

10.3.2.2 定子坐标系中的电机矢量控制

由上节所述，图 10.2 所示的变频 VSC 系统中的电机转矩与 i_{rq} 成正比［式(10.76)］。我们还得出了另一个结论，i_{rd} 对于电机磁链的影响非常小，可以作为一个自由控制变量。图 10.13 所示为前面提及的控制策略的框图。由图 10.13 可见，转矩指令 T_{eref} 除以 $-\dfrac{3\hat{V}_s}{2(1+\sigma_s)\,\omega_0}$ 可以得出 i_{rqref}。尽管 i_{rdref} 可以在 VSC 额定电流范围内任意设置，但是根据图 10.13，最好将 i_{rdref} 设为 0 以使 VSC 的交流电流最小，这样可以减小 VSC 和转子的损耗，提高整个系统的效率。dq 坐标系电流控制策略可以保证 i_{rd} 和 i_{rq} 都能快速地跟踪各自的参考指令，因此 i_{rd} 被控制为 0，而 i_{rq} 根据转矩指令而变化。

如图 10.2 所示，VSC 系统在同步角为 ρ 的 dq 坐标系中进行控制。ρ 有以下用处：①获取 dq 坐标系中电流控制器的反馈信号 i_{rd} 和 i_{rq}；②将 m_d 和 m_q 变换为

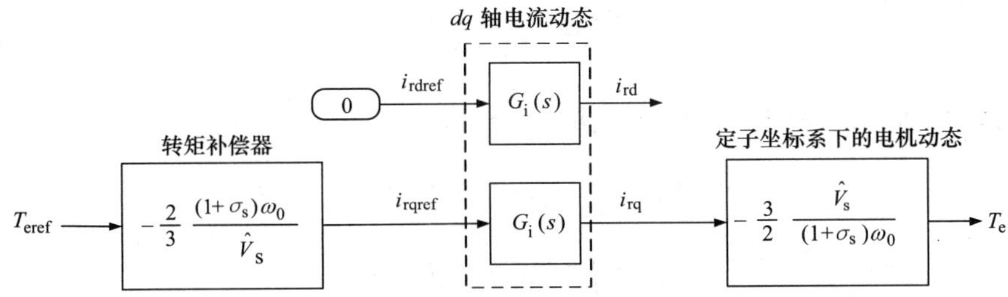

图 10.13 定子坐标系中双馈异步电机的矢量控制框图

PWM 信号发生器所需的 $m_{\rm abc}(t)$。ρ 的值不能直接获取，只能由磁链观测器给出。根据式（10.57）和式（10.58），磁链观测器的框图如图 10.14 所示。图 10.14 所示的磁链观测器与笼型异步电机的磁链观测器（见图 10.3）很相似。但是，因为需要将 $V_{\rm sabc}$ 和 $i_{\rm rabc}$ 变换为 $V'_{\rm sdq}$ 和 $i_{\rm rdq}$，图 10.14 中的磁链观测器更复杂。另外，如上节所述，$\omega={\rm d}\rho/{\rm d}t$ 和 $\hat{\lambda}_{\rm s}$ 对 $i_{\rm rd}$ 和 $i_{\rm rq}$ 的变化很不敏感。因此在系统启动过程中，ρ 和 $\omega={\rm d}\rho/{\rm d}t$ 都处在零状态条件下，如果 $\omega_{\rm r}$ 和 ω_0 的相差比较大的话，磁链观测器可能会陷入需要很长时间才能消失的极限环。取决于初始值，磁链观测器可能永远都不能到达稳态。磁链观测器的启动问题与 8.3.4 节中讨论的锁相环（PLL）的启动问题相似。

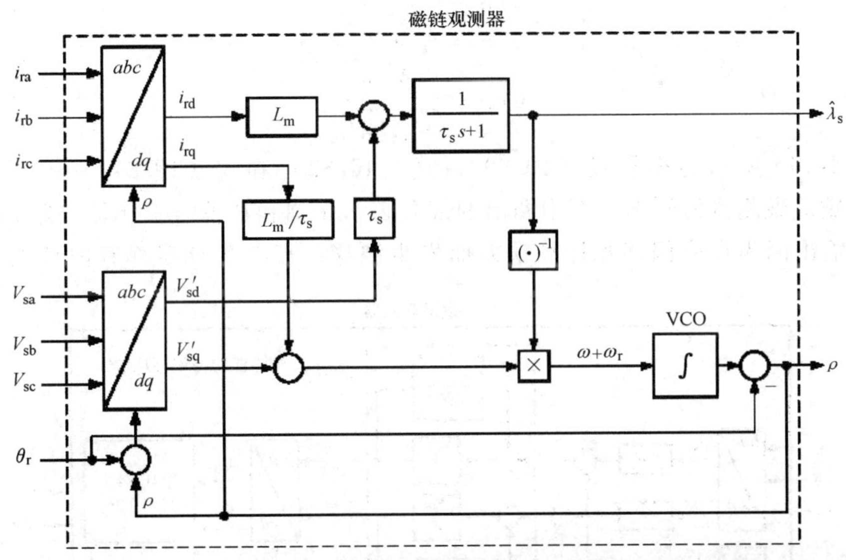

图 10.14 双馈异步电机的定子磁链模型（磁链观测器）框图

根据式（10.1）和式（10.48），可以开发另外一种不存在极限环问题的磁链观测器。根据 $\vec{f}=f_\alpha+{\rm j}f_\beta$，式（10.1）可以分解为

$$\frac{{\rm d}\lambda_{\rm s\alpha}}{{\rm d}t}=V_{\rm s\alpha}-R_{\rm s}i_{\rm s\alpha} \tag{10.78}$$

$$\frac{\mathrm{d}\lambda_{s\beta}}{\mathrm{d}t}=V_{s\beta}-R_{s}i_{s\beta} \tag{10.79}$$

将式（10.78）和式（10.79）两边求积分，可得

$$\lambda_{s\alpha}=\int_{0}^{t}(V_{\alpha\beta}-R_{s}i_{\alpha\beta})\,\mathrm{d}\tau \tag{10.80}$$

$$\lambda_{s\beta}=\int_{0}^{t}(V_{s\beta}-R_{s}i_{s\beta})\,\mathrm{d}\tau \tag{10.81}$$

然后根据式（10.48），有

$$\hat{\lambda}_{s}\mathrm{e}^{\mathrm{j}\rho}=\vec{\lambda}_{s}\mathrm{e}^{-\mathrm{j}\theta_{r}}=\underbrace{(\lambda_{s\alpha}+\mathrm{j}\lambda_{s\beta})\,\mathrm{e}^{-\mathrm{j}\theta_{r}}}_{\lambda'_{sd}+\mathrm{j}\lambda'_{sq}} \tag{10.82}$$

式中，$\lambda_{s\alpha}$和$\lambda_{s\beta}$分别如式（10.80）和式（10.81）所示。式（10.82）表示$\alpha\beta$到dq坐标系的变换，变换角为θ_r。因此

$$\hat{\lambda}_{s}\mathrm{e}^{\mathrm{j}\rho}=\lambda'_{sd}+\mathrm{j}\lambda'_{sq} \tag{10.83}$$

式中，λ'_{sd}和λ'_{sq}为$\alpha\beta$到dq坐标系变换的输出。将式（10.83）分解成实部和虚部，可得

$$\hat{\lambda}_{s}=\sqrt{\lambda'^{2}_{sd}+\lambda'^{2}_{sq}} \tag{10.84}$$

$$\sin\rho=\frac{\lambda'_{sq}}{\sqrt{\lambda'^{2}_{sd}+\lambda'^{2}_{sq}}} \tag{10.85}$$

$$\cos\rho=\frac{\lambda'_{sd}}{\sqrt{\lambda'^{2}_{sd}+\lambda'^{2}_{sq}}} \tag{10.86}$$

图10.15所示为根据式（10.80）~式（10.82）和式（10.84）~式（10.86）构建的磁链观测器的框图。图中圈出的部分表示α轴和β轴的积分器。为了防止积分器的输出因为直流偏移和计算误差而发生漂移，每个积分器都有内部的反馈回

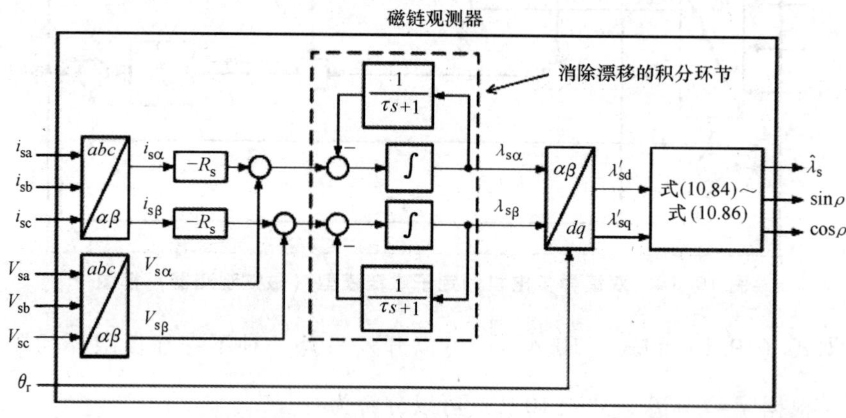

图10.15 双馈异步电机的另一种定子磁链模型（磁链观测器）框图

路。这种内部反馈通过一个增益为 1、时间常数 τ 很大的一阶低通滤波器组成反馈回路。低通滤波器将积分器输出的直流分量反馈回输入端，因此，输入端的直流偏移不会引起输出的漂移。另一方面，因为 τ 很大，对于交流系统频率，反馈通道实际上是断开的，回路增益仅仅等效为一个积分器。

图 10.15 所示的磁链观测器很适合双反馈电机，因为它结构简单，鲁棒性好，没有复杂的启动暂态，只需要处理一些相对干净的信号，如 V_{sabc}、i_{sabc} 和 θ_r。略加修改后，图 10.15 所示的磁链观测器同样适用于笼型异步电机，相关文献称其为电压模型[43]。但是，对于笼型异步电机来说，电机转速要远远大于零才能保证磁链观测器的正常工作，原因是笼型异步电机的开关波形 V_{sabc} 在低速时的基波分量很小，这会引起积分的不准确。而双馈异步电机不存在这个问题，因为双馈异步电机中的 V_{sabc} 由交流系统提供的，为相对干净的正弦波形。

10.3.2.3 VSC 对电机电流的控制

如前一节所述，双馈异步电机的转矩由 i_{rq} 控制，而 i_{rd} 可以为 VSC 容量范围内的任意值（见图 10.13）。在本节中，我们将介绍一种分别将 i_{rd} 和 i_{rq} 控制为 i_{rdref} 和 i_{rqref} 的控制方式。因为 VSC 控制的是双馈电机的转子端电压，所以我们必须要将 i_{rd} 和 i_{rq} 与控制输入 V_{rd} 和 V_{rq} 联系起来。

转子端电压和电流的关系如式（10.2）和式（10.4）所示。将式（10.49）中的 $\vec{i}_s$ 代入式（10.4），可以得到

$$\vec{\lambda}_r=\sigma(1+\sigma_r)L_m\vec{i}_r+\frac{1}{1+\sigma_s}\hat{\lambda}_s e^{j\rho} \tag{10.87}$$

式中，σ_s、σ_r 和 σ 分别由式（10.5）、式（10.6）和式（10.24）定义。将式（10.87）中的 $\vec{\lambda}_r$ 代入式（10.2），再代入 $\vec{i}_r=i_{rdq}e^{j\rho}$ 和 $\vec{V}_r=V_{rdq}e^{j\rho}$，可得

$$\sigma(1+\sigma_r)L_m\frac{d}{dt}(i_{rdq}e^{j\rho})+\frac{1}{1+\sigma_s}\frac{d}{dt}(\hat{\lambda}_s e^{j\rho})=V_{rdq}e^{j\rho}-R_r i_{rdq}e^{j\rho} \tag{10.88}$$

式中，$f_{dq}=f_d+jf_q$。继续计算式（10.88）中的求导项，等式两边同时乘以 $e^{-j\rho}/R_r$，可得

$$\left(\sigma\tau_r\frac{di_{rdq}}{dt}+i_{rdq}\right)=-j\sigma\tau_r\omega i_{rdq}-\frac{(1-\sigma)\tau_r}{L_m}\frac{d\hat{\lambda}_s}{dt}-j\frac{(1-\sigma)\tau_r}{L_m}\omega\hat{\lambda}_s+\frac{V_{rdq}}{R_r} \tag{10.89}$$

式中，τ_r 由式（10.18）给出。将式（10.89）分解成实部和虚部，有

$$\left(\sigma\tau_r\frac{di_{rd}}{dt}+i_{rd}\right)=\sigma\tau_r\omega i_{rq}-\frac{(1-\sigma)\tau_r}{L_m}\frac{d\hat{\lambda}_s}{dt}+\frac{V_{rd}}{R_r} \tag{10.90}$$

$$\left(\sigma\tau_r\frac{di_{rq}}{dt}+i_{rq}\right)=-\sigma\tau_r\omega i_{rd}-\frac{(1-\sigma)\tau_r}{L_m}\omega\hat{\lambda}_s+\frac{V_{rq}}{R_r} \tag{10.91}$$

式（10.90）和式（10.91）表示一个两输入两输出系统，系统输入为 V_{rd} 和

V_{rq}，输出为 i_{rd} 和 i_{rq}（同时也是状态变量）。根据式（10.90）和式（10.91），i_{rd} 和 i_{rq} 的动态特性是耦合的。但是，与式（10.29）和式（10.30）所示的笼型感应电机的情况截然不同，整个系统可以看作一个线性时变系统，原因是 $\hat{\lambda}_s$ 和 ω 几乎不受 i_{rd} 和 i_{rq} 的影响，如式（10.74）和式（10.77）所示。为了实现 i_{rd} 和 i_{rq} 的解耦，可以引入下面两个新的控制输入量：

$$u_d=\sigma\tau_r\omega i_{rq}-\frac{(1-\sigma)\tau_r}{L_m}\frac{d\hat{\lambda}_s}{dt}+\frac{1}{R_r}V_{rd} \tag{10.92}$$

$$u_q=-\sigma\tau_r\omega i_{rd}-\frac{(1-\sigma)\tau_r}{L_m}\omega\hat{\lambda}_s+\frac{1}{R_r}V_{rq} \tag{10.93}$$

这样的话，式（10.90）和式（10.91）可以表示为

$$\left(\sigma\tau_r\frac{di_{rd}}{dt}+i_{rd}\right)=u_d \tag{10.94}$$

$$\left(\sigma\tau_r\frac{di_{rq}}{dt}+i_{rq}\right)=u_q \tag{10.95}$$

式（10.94）和式（10.95）表示两个解耦的、直流增益为 1 的一阶子系统。第一个子系统通过 u_d 控制 i_{rd}，第二个子系统通过 u_q 控制 i_{rq}。如图 10.16 所示，u_d 和 u_q 分别由各自对应的 PI 补偿器生成，其中一个补偿器的输入为 $i_{rdref}-i_{rd}$，输出为 u_d，另一个控制器的输入为 $i_{rqref}-i_{rq}$，输出为 u_q。与笼型异步电机的情况类似，可以根据图 10.16 所示的框图计算得出控制器参数。首先假定

$$k(s)=\frac{k_p s+k_i}{s} \tag{10.96}$$

式中，k_p 和 k_i 分别定义为

$$k_p=\frac{\sigma\tau_r}{\tau_i} \tag{10.97}$$

$$k_i=\frac{1}{\tau_i} \tag{10.98}$$

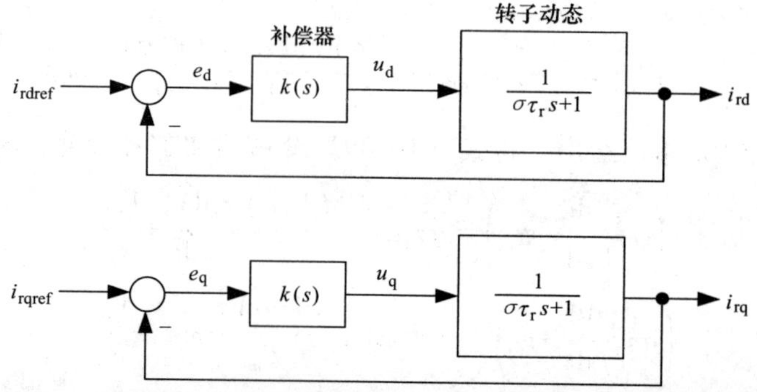

图 10.16 基于式（10.94）和式（10.95）的转子电流控制回路框图

那么 d 轴和 q 轴的电压控制回路可以表示为下面的一阶传递函数形式：

$$\frac{I_{rd}(s)}{I_{rdref}(s)}=G_i(s)=\frac{1}{\tau_i s+1} \tag{10.99}$$

$$\frac{I_{rq}(s)}{I_{rqref}(s)}=G_i(s)=\frac{1}{\tau_i s+1} \tag{10.100}$$

式中，τ_i根据设计需要而定。式（10.99）和式（10.100）对应图 10.13 所示框图中圈出的部分。根据式（10.92）和式（10.93），V_{rd}和 V_{rq}分别为

$$V_{rd}=R_r[u_d-\sigma\tau_r\omega i_{rq}+\frac{(1-\sigma)\tau_r}{L_m}\frac{d\hat{\lambda}_s}{dt}] \tag{10.101}$$

$$V_{rq}=R_r[u_q+\sigma\tau_r\omega i_{rd}+\frac{(1-\sigma)\tau_r}{L_m}\omega\hat{\lambda}_s] \tag{10.102}$$

图 10.17 所示为 dq 坐标系中的电流控制器框图，电流控制器的输入是 i_{rdref}（通常设为 0）和 i_{rqref}（由转矩控制器给出）（见图 10.13）。V_{rd} 和 V_{rq} 由式（10.101）和式（10.102）计算得出，其中，根据式（10.74）$\hat{\lambda}_s$ 可以设为常数，而 ω 由式（10.77）确定。根据式（5.22）和式（5.23），VSC 的增益为 $V_{DC}/2$，计算得出的信号 V_{rd}和 V_{rq}需要分别除以 $V_{DC}/2$ 以生成 m_d和 m_q。图 8.17 中的 PWM 信号发生器以 m_d和 m_q为输入，输出控制脉冲信号。需要注意的是，除了 i_{rabc}到 i_{rdq}的变换，PWM 信号发生器还会用到 $\cos\rho$ 和 $\sin\rho$，这两个量均由图 10.15 中的磁链观测器给出。因为电机通过三线制接线与 VSC 相连（见图 10.2），所以采用三次谐波注入 PWM 来降低直流母线电压。由图 10.17 还可以看出，在实现过程中省略了式（10.101）所示 V_{rd}表达式中的 $R_r\ [(1-\sigma)\tau_r/L_m]d\hat{\lambda}_s/dt$ 项，原因是根据式（10.74），$\hat{\lambda}_s$ 基本上是不变的，其导数平均值基本为 0。

10.3.2.4　VSC 的额定容量

在本节中我们将发现，在图 10.2 所示的 VSC 系统中，当双馈异步电机的转速接近交流系统频率 ω_0时，流经电机转子端的有功功率只占电机总功率很小的一部分，因此相比电机的容量，VSC 的容量要小得多。

根据式（4.40），由 VSC 系统传递到定子回路的有功功率为

$$P_r=\frac{3}{2}\mathrm{Re}\{(\vec{V}_r-R_r\vec{i}_r)\vec{i}_r^{\,*}\}=\frac{3}{2}\mathrm{Re}\{\frac{d\vec{\lambda}_r}{dt}\vec{i}_r^{\,*}\} \tag{10.103}$$

将 $\vec{i}_r=i_{rdq}e^{j\rho}$代入式（10.87）中，接着将得出的 $\vec{\lambda}_r$ 代入式（10.103），有

$$P_r=\frac{3}{2}\mathrm{Re}\left\{\frac{d}{dt}[\sigma(1+\sigma_r)L_m i_{rdq}e^{j\rho}+\frac{1}{1+\sigma_s}\hat{\lambda}_s e^{j\rho}]i_{rdq}^{*}e^{-j\rho}\right\} \tag{10.104}$$

在稳态下，i_{rdq}和 $\hat{\lambda}_s$ 恒定不变，式（10.104）可以简化为

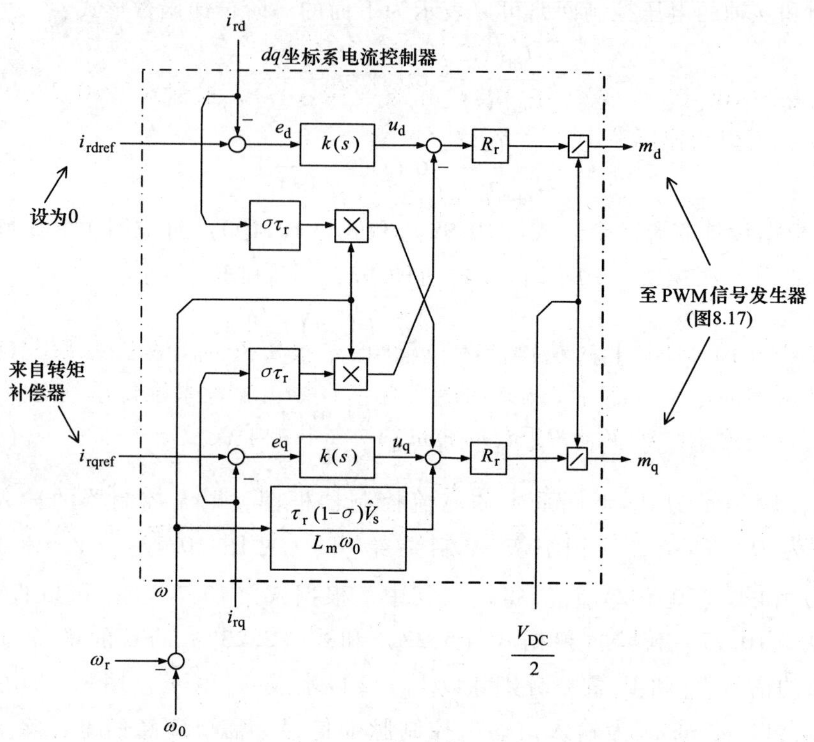

图 10.17 双馈异步电机的 d 轴和 q 轴电流控制回路框图

$$P_r=\frac{3}{2}\text{Re}\{j[\sigma(1+\sigma_r)L_m i_{rdq}\omega e^{j\rho}+\frac{1}{1+\sigma_s}\hat{\lambda}_s\omega e^{j\rho}]i_{rdq}^*e^{-j\rho}\}=\left(\frac{3}{2}\right)\frac{1}{1+\sigma_s}\hat{\lambda}_s\omega i_{rq} \tag{10.105}$$

根据式（4.40），定子回路的视在功率为

$$S_s=\frac{3}{2}(\vec{V}_s-R_s\vec{i}_s)\vec{i}_s^*=\frac{3}{2}\frac{d\vec{\lambda}_s}{dt}\vec{i}_s^* \tag{10.106}$$

分别将式（10.48）和式（10.49）中的 $\vec{\lambda}_s=\hat{\lambda}_s e^{j(\rho+\theta_r)}$ 和 $\vec{i}_s$ 代入式（10.106），可得

$$S_s=\frac{3}{2}\frac{d}{dt}[\hat{\lambda}_s e^{j(\rho+\theta_r)}]\frac{\hat{\lambda}_s e^{-j(\rho+\theta_r)}-L_m i_{rdq}^* e^{-j(\rho+\theta_r)}}{(1+\sigma_s)L_m}=j\left(\frac{3}{2}\right)(\omega+\omega_r)\hat{\lambda}_s\frac{\hat{\lambda}_s-L_m i_{rdq}^*}{(1+\sigma_s)L_m} \tag{10.107}$$

交流系统输出到定子的有功功率为

$$P_s=\text{Re}\{S_s\}=-\left(\frac{3}{2}\right)\frac{1}{(1+\sigma_s)}\hat{\lambda}_s(\omega+\omega_r)i_{rq} \tag{10.108}$$

根据式（10.51）以及 $P_e=T_e\omega_r$，电机的电磁功率可以表示为

$$P_e = -\left(\frac{3}{2}\right)\frac{1}{(1+\sigma_s)}\hat{\lambda}_s\omega_r i_{rq} \tag{10.109}$$

比较式（10.105）、式（10.108）和式（10.109），根据式（10.77），考虑到 $\omega=\omega_0-\omega_r$，可以得出结论为

$$P_r = \left(1-\frac{\omega_0}{\omega_r}\right)P_e \tag{10.110}$$

$$P_s = \left(\frac{\omega_0}{\omega_r}\right)P_e \tag{10.111}$$

根据式（10.110）和式（10.111），如果 ω_r很接近 ω_0，VSC 系统只向转子传递电机功率中的很小一部分；剩余的电机功率直接由交流系统传递到定子。因此，在转速接近交流系统频率时，VSC 的容量很小。我们假设

$$\omega_r = \omega_0 + \Delta\omega_r \qquad |\Delta\omega_r| << \omega_0 \tag{10.112}$$

式中，$\Delta\omega_r$为转速与 ω_0之间的差值。将式（10.112）中的 ω_r代入式（10.110），可得

$$P_r = \left[1-\frac{\omega_0}{\omega_0\left(1+\dfrac{\Delta\omega_r}{\omega_0}\right)}\right]P_e = \left(1-\frac{1}{1+\dfrac{\Delta\omega_r}{\omega_0}}\right)P_e \tag{10.113}$$

如果 $\Delta\omega_r \ll \omega_0$，那么 $1/(1+\Delta\omega_r/\omega_0) \approx (1-\Delta\omega_r/\omega_0)$，因此式（10.113）可以重新写为

$$P_r = \left(\frac{\Delta\omega_r}{\omega_0}\right)P_e \tag{10.114}$$

式（10.114）表明，P_r与 $\Delta\omega_r$成正比，当 $\Delta\omega_r$减小时，P_r也减小。需要注意的是，因为转子电阻存在损耗，所以 P_r并不完全等于 VSC 系统传递到转子的有功功率。

交流系统和定子之间交换的无功功率为

$$Q_s = \mathrm{Im}\{S_s\} = \left(\frac{3}{2}\right)\frac{1}{(1+\sigma_s)L_m}\hat{\lambda}_s^2(\omega+\omega_r) - \left(\frac{3}{2}\right)\frac{1}{(1+\sigma_s)}\hat{\lambda}_s(\omega+\omega_r)\,i_{rd} \tag{10.115}$$

将式（10.74）和式（10.77）中的 $\hat{\lambda}_s$ 和 ω 代入式（10.115），可得

$$Q_s = \left(\frac{3}{2}\right)\frac{\hat{V}_s^2}{(1+\sigma_s)L_m\omega_0} - \left(\frac{3}{2}\right)\frac{1}{(1+\sigma_s)}\hat{V}_s i_{rd} \tag{10.116}$$

式（10.116）表明，交流系统送出的无功功率有两个分量。第一个分量为定值，对应电机的励磁电流，第二个分量与 i_{rd}成正比。因为电机的励磁电流很大，所以无功功率中的恒定分量很大。如式（10.116）所示，如果 $i_{rd}=\hat{V}_s/(L_m\omega_0)$，无功功率的恒定分量恰好被抵消，当然，这会造成 VSC 的交流电流变大。当 $i_{rd}=0$

时，交流电流最小，代价是定子的功率因数滞后。

下面来举例说明图 10.2 所示变频 VSC 系统的运行情况。

例 10.2 双馈异步电机的矢量控制

假设用图 10.2 所示的变频 VSC 系统控制一个 1.68MW 的双馈异步电机，电机参数见表 10.1。电机定子直接与频率为 $\omega_0=377$ rad/s 的交流系统相连，交流系统的戴维南等效电压为 2300V（线电压有效值），等效串联电感为 $L_g=750\mu H$。电感可以看成是容量为 1.6MV · A 的连接变压器的漏感，对应的漏抗为 0.09pu。

在图 10.2 所示的 VSC 系统中，电机的转子由两电平 VSC 控制。由图 10.18 可见，转子端经三相开关与对应的 VSC 交流端相连。在启动阶段，开关是打开的，直到电机（通过外加的机械转矩）完成加速时开关才闭合，而 ω_r 只在 ω_0 附近很小的范围内变化。上述情况的解释如下。因为定子由交流系统供电，$\hat{\lambda}_s$ 几乎保持为额定值不变，所以 $d\hat{\lambda}_s/dt=0$。假设在启动过程中 i_{rd} 和 i_{rq} 都为 0，并且 ω_r 很小（停转时为 0）。由式（10.77）可知，$\omega=\omega_0-\omega_r$ 很大（停转时等于 ω_0）。根据式（10.101）和式（10.102），$V_{rd}=0$ 而 V_{rq} 的值很大。因此，V_{rabc} 的幅值很大，为了使 VSC 正常工作，直流母线电压也要很大⊖。但是，当 ω_r 接近 ω_0 时，V_{rabc} 非常小，只需要非常小的直流母线电压。

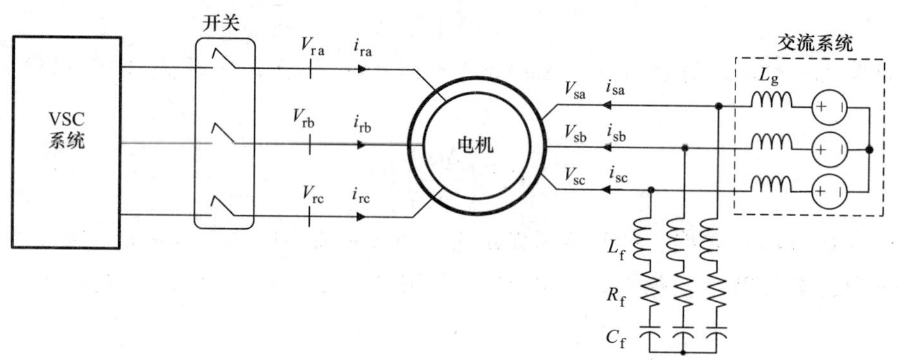

图 10.18 例 10.2 中的变频 VSC 系统

在图 10.2 所示的系统中，VSC 的直流母线电压为 1500V。VSC 采用开关频率为 $f_s=1620$Hz 的三次谐波注入 PWM 调制。每个开关单元的导通电阻约为 0.9mΩ，远远小于 R_r，因此在控制器设计过程中可以忽略不计。假设电流控制回路的时间常数为 $\tau_i=3.0$ms，根据式（10.97）和式（10.98）可知 $k_p=17.97$ 和 $k_i=333s^{-1}$。

由图 10.18 还可以发现，三相星形联结的 *RLC* 滤波器与电机定子端并联。该滤波器的作用是抑制 V_{sabc} 的谐波畸变。为了观测磁链需要测量 V_{sabc}，如果没有滤波器，V_{sabc} 会带有开关电压缺口，这可能会严重影响磁链观测。这是因为，一旦开

⊖ 比如，假设 $V_{rd}=0$，$V_{rq}=1845$V，$\omega_r=0$，那么 V_{rabc} 在停转时的幅值为 1845V。因此，即使采用三次谐波注入 PWM，VSC 直流母线电压也至少是 3210V 才能避免超调。

关闭合，VSC 开始工作，转子端电压就变成了开关波形。另一方面，转子和定子绕组类似于变压器的绕组。因此，转子电压会传递到定子回路中，因为交流系统电感的关系，在定子端会出现开关电压缺口。滤波器的参数为 $R_f = 20\text{m}\Omega$、$L_f = 90\mu\text{H}$、$C_f = 100\mu\text{F}$。

当电机先被外力加速，之后又处于飞轮运行方式时，变频 VSC 系统的响应如图 10.19 所示。初始时刻，电机处于停转状态，开关打开，控制器不工作，VSC 门

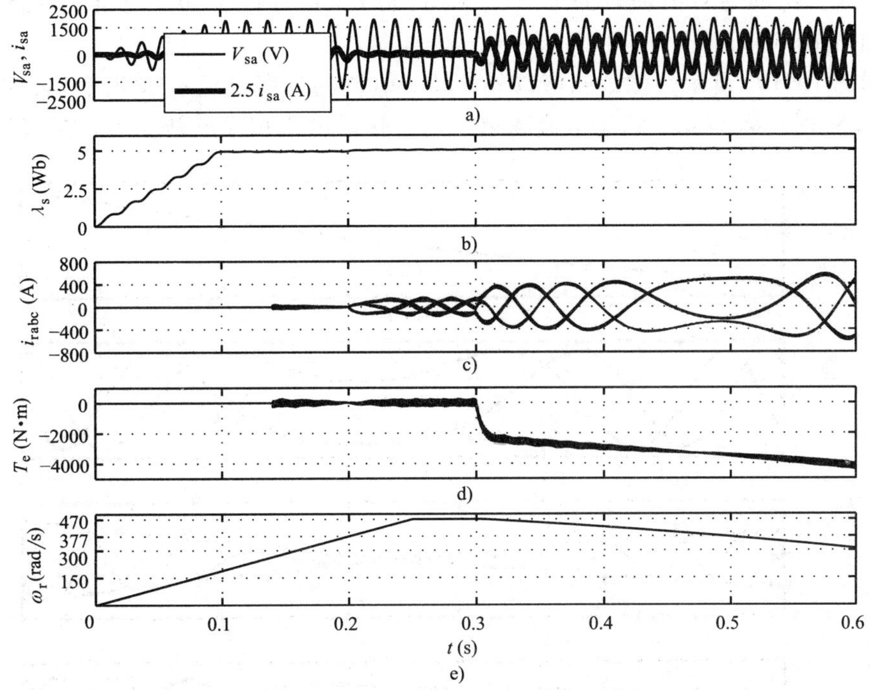

图 10.19　例 10.2 中图 10.2 中变频系统的总体响应

控脉冲闭锁。因此，定子绕组上流过励磁电流（见图 10.19a），磁链开始增加（见图 10.19b）。因为励磁支路主要是感性的，所以定子电流滞后于对应的相电压 90°。因为转子电流为 0（见图 10.19c），所以电机转矩为零（见图 10.19d）。但是，外界的机械动力对电机施加了一个恒定的机械转矩，转速会随时间线性增加（见图 10.19e）。

当 $t=0.14\text{s}$ 时，开关闭合，控制器开始工作，VSC 门控脉冲解锁。不过，因为 T_{eref}（同 i_{rqref}）和 i_{rdref} 被设定为 0，转子电流和电机转矩保持为 0（见图 10.19c、d）。将 $Q_s = 0$ 代入式（10.116）中解出 i_{rd}，可以发现，当 $i_{rd} = 144\text{A}$ 时，定子上的无功功率可以被抵消。因此，当 $t=0.2\text{s}$ 时，i_{rdref} 从 0 变为 144A，转子电流开始增大，如图 10.19c 所示。这将消除定子回路中的励磁电流分量并使定子电流为 0，如图 10.19a 所示。但是 λ_s 还是保持不变，如图 10.19b 所示。当 $t=0.25\text{s}$ 时，移除

机械转矩，转速还是保持为 $\omega_r=470\text{rad/s}$（见图 10.19e）。

当 $t=0.3\text{s}$ 时，T_{eref} 由零切换为 $T_{eref}=P_{eref}/\omega_r$ 模式，其中 $P_{eref}=-1340\text{kW}$，因为转矩控制的响应很快，$T_e\approx T_{eref}$，所以 $T_{eref}=P_{eref}/\omega_r$ 模式实质上对应电机的恒功率运行。因此定子和转子电流增大（见图 10.19a、c），电机产生一个负的电磁转矩（见图 10.19d），ω_r 减小（见图 10.19e）。另外，如图 10.19a 所示，因为 Q_s 为零，定子电流和对应的定子相电压之间有 180°的相角差。根据 $T_{eref}=P_{eref}/\omega_r$，当 ω_r 减小的时候，T_e 的绝对值随时间增大（见图 10.19d）。因此，定子和转子电流也增大，如图 10.19a、c 所示。

如图 10.19c 所示，除了幅值以外，转子电流的频率也随 ω_r 发生变化，以至于当 $t=0.5\text{s}$ 时，$\omega_0\approx\omega_r$，转子电流冻结，之后转子电流相序反转。为了更好地解释

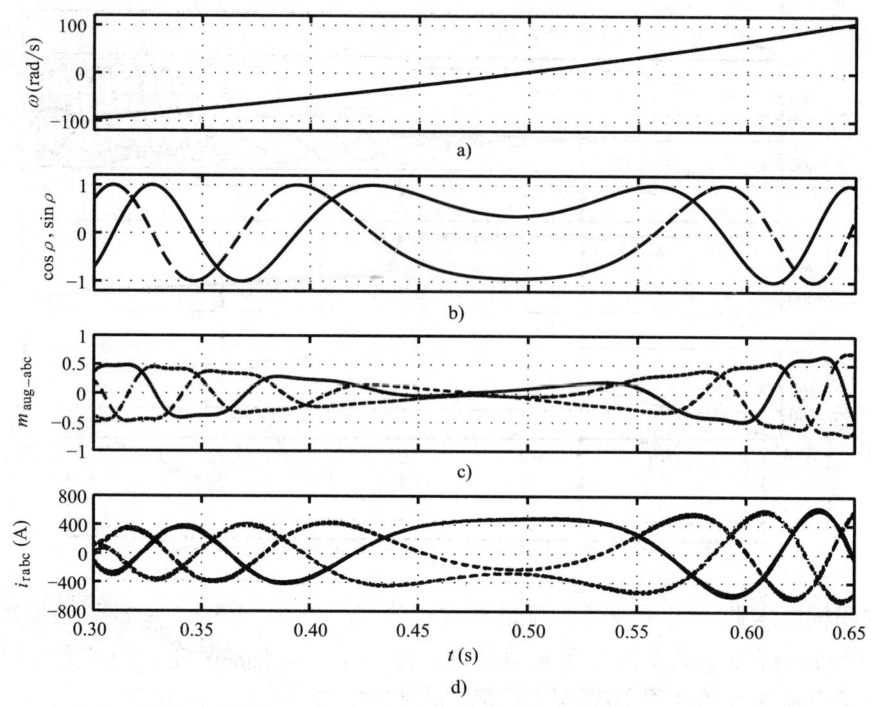

图 10.20 例 10.2 中 VSC 系统在同步转速附近的响应

这种现象，图 10.20 给出了 $\omega=\omega_0-\omega_r$、$\sin\rho$ 和 $\cos\rho$、调制信号 $m_{aug-abc}$ 和转子电流 i_{rabc} 的波形。如本章之前所述和图 10.2 所示，VSC 的 PWM 信号发生器和转子端电压的同步角为 ρ，所以它们随着 $\omega=\mathrm{d}\rho/\mathrm{d}t$ 的变化而变化。由式（10.77）可知，该频率等于交流系统频率与转子角速度之差。所以，在静止时，$\omega_r=0$，$\omega=\omega_0$；而在同步运行时，$\omega_r=\omega_0$，$\omega=0$。需要注意的是，当 $\omega_r>\omega_0$ 时，ω 会是负数，所以转子电压和电流的相序会发生翻转（例 4.3 和图 4.12）。

图 10.21 所示为转子 q 轴电流分量和电机转矩的放大波形。由图 10.21b 可见，

$-T_e$和 i_{rq}的变化趋势（见图 10.21a）相同，与式（10.51）预计的一致。

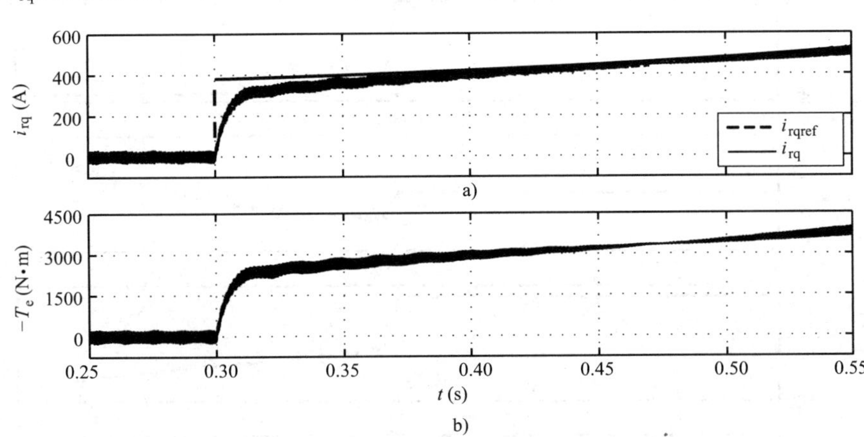

图 10.21 例 10.2 中转子电流 q 轴分量和电机转矩的响应

图 10.22 所示为电机功率 P_e、VSC 直流侧功率 P_{DC}、定子（交流系统）的有功功率 P_s和无功功率 Q_s的波形。如图 10.22 所示，在 $t=0.2s$ 之前，P_e、P_{DC}和 P_s都为 0，而 $Q_s=400kvar$，这是因为交流系统提供了电机励磁电流。在 $t=0.2s$ 之后，如图 10.19 所示，Q_s减少到 0（见图 10.22d），原因是 i_{rdref}从 0 变成 144A。从 $t=0.3s$ 开始，P_e被控制在-1300kW 左右，如 10.22a 所示，这样一来，电机的动能被吸收并输出到交流系统中。由图 10.22b 可见，VSC 直流侧功率在-200~320kW 之间变化，变化范围小于 P_e的±25%。根据 ω_r是否大于 ω_0，P_{DC}具有不同的极性，如式（10.114）所示。由图 10.22c 可见，大部分电机功率直接在定子和交流系统之间交换，等式 $P_e=P_s+P_{DC}$始终成立。

10.3.3 永磁同步电机

图 10.1 中的变频 VSC 系统也可以用来控制永磁同步电机（PMSM）。无论是在 abc 坐标系还是 $\alpha\beta$ 坐标系中，PMSM 模型都是时变的。如例 4.10 所示，在与转子角度同步的 dq 坐标系中，PMSM 系统是时不变的。因此，对于图 10.1 中控制 PMSM 的 VSC 系统来说，角度 ρ 等于转子角度 θ_r。转子角度既可以通过轴角编码器测量得出，也可以通过估计观测得出[50-52]。

10.3.3.1 转子坐标系中 PMSM 的模型

我们采用例 4.10 中推导得出的凸极 PMSM 模型，该模型可以表示为㊀

$$\begin{bmatrix}\lambda_{sd}\\ \lambda_{sq}\end{bmatrix}=\begin{bmatrix}L_d & 0\\ 0 & L_q\end{bmatrix}\begin{bmatrix}i_{sd}\\ i_{sq}\end{bmatrix}+\begin{bmatrix}\lambda_m\\ 0\end{bmatrix} \tag{10.117}$$

㊀ 简化的隐极 PMSM 模型见 A.5 节。

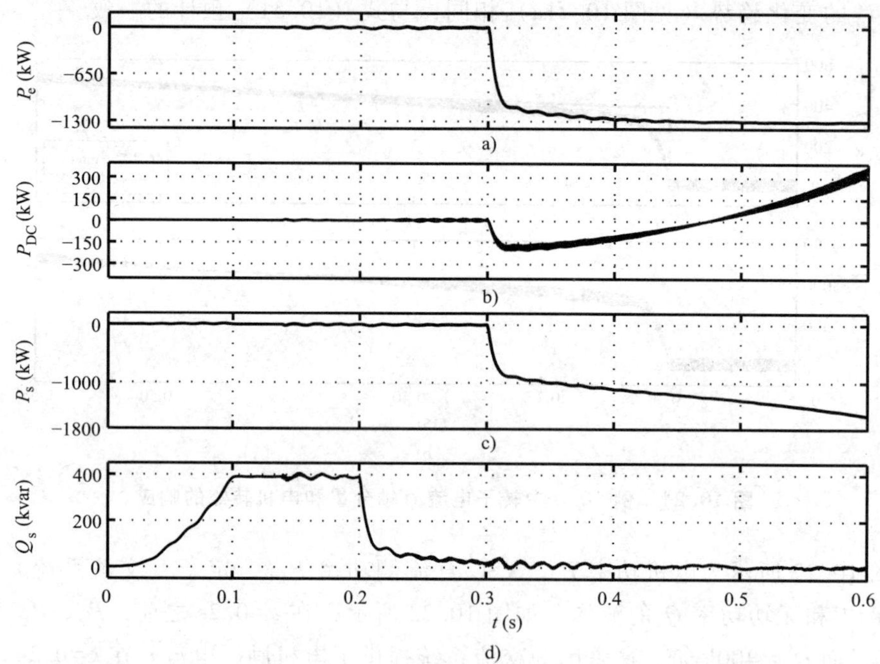

图 10.22　例 10.2 中图 10.2 中变频 VSC 系统的各功率分量波形

$$\frac{\mathrm{d}}{\mathrm{d}t}\begin{bmatrix}\lambda_{sd}\\ \lambda_{sq}\end{bmatrix}=\begin{bmatrix}0 & \omega_r\\ -\omega_r & 0\end{bmatrix}\begin{bmatrix}\lambda_{sd}\\ \lambda_{sq}\end{bmatrix}+\begin{bmatrix}-R_s & 0\\ 0 & -R_s\end{bmatrix}\begin{bmatrix}i_{sd}\\ i_{sq}\end{bmatrix}+\begin{bmatrix}V_{sd}\\ V_{sq}\end{bmatrix} \tag{10.118}$$

以及

$$T_e=\frac{3}{2}(L_d-L_q)\,i_{sd}i_{sq}+\frac{3}{2}\lambda_m i_{sq} \tag{10.119}$$

式中，λ_{sdq}为定子磁链分量；i_{sdq}为定子电流分量；V_{sdq}为定子电压分量；ω_r为转速；L_d和L_q分别为定子d轴和q轴电感，这两个参数取决于电机结构还有转子的凸极效应，在隐极电机中，$L_d=L_q$；λ_m为由转子磁体产生并与定子绕组相交的最大磁链。

10.3.3.2　转子磁场中 PMSM 的控制

式（10.119）表明，电机转矩包括两部分，第一部分只正比于i_{sq}，而另一部分正比于i_{sd}和i_{sq}的乘积。后者的比例系数为L_d-L_q，代表转子的凸极效应；转子越凸出，L_d-L_q的值越大。在电流控制方案中，i_{sd}和i_{sq}可以单独进行控制，因此，T_e可以按照i_{sd}和i_{sq}轨迹的不同组合进行控制。通常根据电机效率、转矩电流比等性能指标来选择最佳的i_{sd}和i_{sq}轨迹组合。不过，如果转子的凸极效应不明显，意味着L_d-L_q的值很小，所以正比于$i_{sd}i_{sq}$的那一部分转矩分量对于T_e的影响有限。因此，在这种情况下，可以控制i_{sd}为0，以使线路电流和损耗最小。

为了控制i_{sd}和i_{sq}，通过消去λ_{sd}和λ_{sq}，式（10.117）和式（10.118）可以变

换为标准的状态空间形式，结果为

$$L_d \frac{di_{sd}}{dt} = -R_s i_{sd} + L_q \omega_r i_{sq} + V_{sd} \tag{10.120}$$

$$L_q \frac{di_{sq}}{dt} = -R_s i_{sq} + L_d \omega_r i_{sd} - \lambda_m \omega_r + V_{sq} \tag{10.121}$$

引入两个新的控制变量：

$$u_d = L_q \omega_r i_{sq} + V_{sd} \tag{10.122}$$

$$u_q = -L_d \omega_r i_{sd} - \lambda_m \omega_r + V_{sq} \tag{10.123}$$

式（10.120）和式（10.121）可以简化为

$$L_d \frac{di_{sd}}{dt} + R_s i_{sd} = u_d \tag{10.124}$$

$$L_q \frac{di_{sq}}{dt} + R_s i_{sq} = u_q \tag{10.125}$$

式（10.124）和式（10.125）代表了两个解耦的、单输入单输出（SISO）的一阶子系统。因此，i_{sd}和 i_{sq}可以分别通过两个独立的反馈回路跟踪各自的参考值 i_{sdref}和 i_{sqref}，如图 10.23 所示。

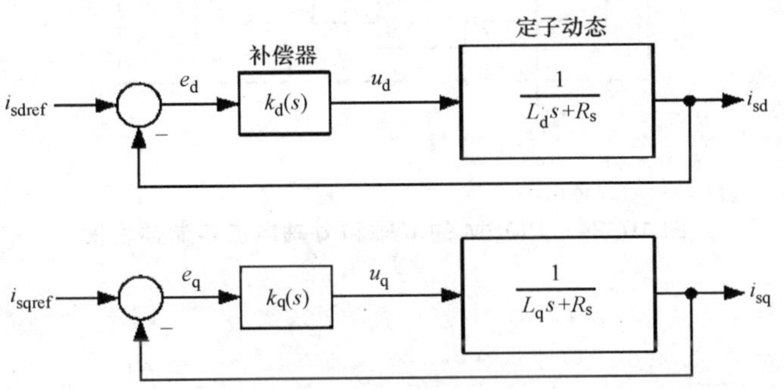

图 10.23　基于式（10.124）和式（10.125）的 PMSM d 轴和 q 轴闭环电流控制器

由图 10.23 可见，为了控制 i_{sd}，d 轴补偿器 $k_d(s)$ 以 $e_d = i_{sdref} - i_{sd}$为输入，输出 u_d。同理，q 轴补偿器 $k_q(s)$ 以 $e_q = i_{sqref} - i_{sq}$为输入，输出 u_q。假设闭环传递函数 $I_{sd}(s)/I_{sdref}(s)$和 $I_{sq}(s)/I_{sqref}(s)$为时间常数为 τ_i的一阶函数，有

$$k_d(s) = \frac{L_d s + R_s}{\tau_i s} \tag{10.126}$$

$$k_q(s) = \frac{L_q s + R_s}{\tau_i s} \tag{10.127}$$

为了实现该控制，根据式（10.122）和式（10.123），必须由 u_d和 u_q来确定 V_{sd}和 V_{sq}的值，结果为

$$V_{sd}=u_d-L_q\omega_r i_{sq} \tag{10.128}$$

$$V_{sq}=u_q+L_d\omega_r i_{sd}+\lambda_m\omega_r \tag{10.129}$$

为了得出 m_d 和 m_q，式（10.128）和式（10.129）给出的 V_{sd} 和 V_{sq} 需要除以 $V_{DC}/2$，整个过程如图 10.24 所示。

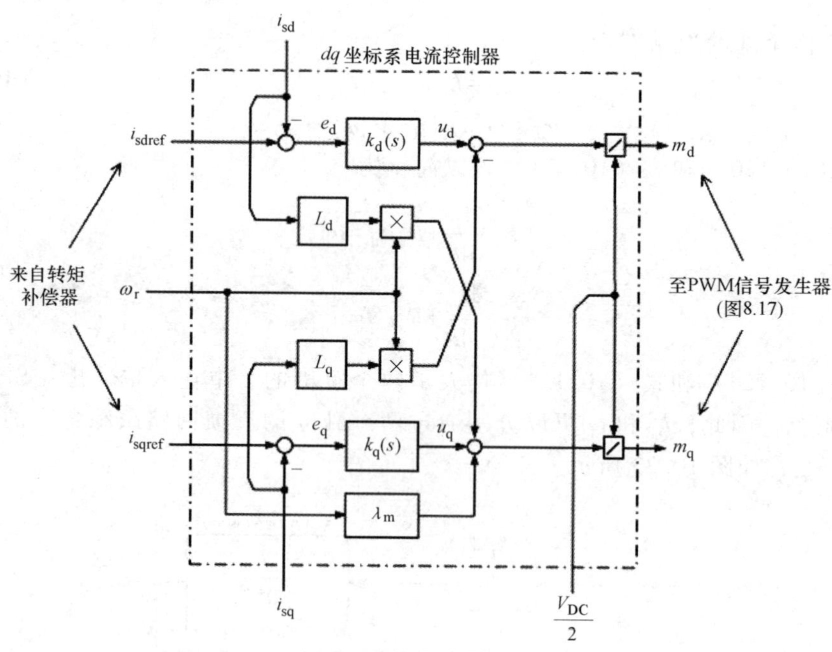

图 10.24 PMSM 的 d 轴和 q 轴电流控制器框图

第2部分

应用

第11章 静止补偿器（STATCOM）

11.1 引言

本章中，我们将介绍静止补偿器（STATCOM）㊀。STATCOM 本质上是一种 VSC 系统，主要功能是与交流系统主网交换无功功率。在输电网中，STATCOM 可以用来提高线路的输送容量[1]，提高电压/功角稳定性[95]，或者增大系统振荡阻尼[96]。在配电网中，STATCOM 主要用于电压调整[97]；不过，如果有电池储能系统等储能装置，STATCOM 也可以在系统停电时向负载供电。另外，STATCOM 也可以通过补偿负载的不平衡来平衡配电网。

本章中，我们将证明，STATCOM 实际上是 8.6 节中介绍的**直流电压受控的功率端口**的一种特例（见 7.5 节 $\alpha\beta$ 坐标系中的控制）。虽然通过该模型可以分析 STATCOM 在不同场合下的应用，但在本章中，我们仅关注 STATCOM 用于交流电压调整时的情况。尽管 STATCOM 可以在 $\alpha\beta$ 坐标系中进行控制，但在本章中我们只研究其在 dq 坐标系中的控制，原因是 dq 坐标系在技术文献中得到普遍认可。另外，基于 dq 坐标系，我们将推导和分析锁相环（PLL）的动态特性，提出的相关方法同样适用于大多数 VSC 系统接入弱交流系统的情况。

11.2 直流电压受控的功率端口

STATCOM 本质上是直流电压受控的功率端口。如 8.6 节所述，直流电压受控的功率端口是一种直流母线与外部装置并联的 VSC 系统（见图 8.21 和图 7.21）。我们将外部装置或系统称为电源，与 VSC 的直流侧交换功率；VSC 的直流母线电压通过闭环回路进行控制，从而可以将电源提供的功率传递到交流系统。直流电压

㊀ 在一些技术文献中，STATCOM 也被称作静止调相机（STATCON）。

受控的功率端口也可以和交流系统交换预定的无功功率。在大部分 VSC 系统中，直流电压受控的功率端口主要用于交换有功功率。不过，在 STATCOM 中无功功率交换是最主要的控制目标。

11.3　STATCOM 的结构

图 11.1 所示为与交流系统相连的 STATCOM 的示意图。交流系统由与输电线串联的理想的三相电压源 V_{gabc} 表示，输电线和连接变压器（图中未显示）总的电感为 L_g。为了简化推导，在本章中输电线和连接变压器的电阻忽略不计。对比图 11.1 和图 8.21 可以发现，STATCOM 是直流电压受控的功率端口的一种特例（8.6 节），只是不存在外部电源，即 $i_{ext}=0$。STATCOM 通过控制与剩余系统交换的有功功率 P_s 来调节直流母线电压 V_{DC}，更多细节参见 8.6 节。在稳态下，P_s 很小，因为 P_s 只需补偿 i_{loss} 所对应的 VSC 功率损耗。图 11.1 中的 STATCOM 不同于与图 8.21 所示的直流电压受控的功率端口，主要体现在以下几个方面：①图 11.1 中，交流系统的内感 L_g 较大；②在直流电压受控的功率端口中，无功功率的参考值 Q_{sref} 通常设定为零，而在 STATCOM 中 Q_{sref} 由闭环回路控制，本章稍后将做介绍。

参照图 11.1，STATCOM 的三相与交流系统对应相相连的三个电气节点为公共连接点（PCC），PCC 处的电压记为 V_{sabc}。如图 11.1 所示，VSC 的同步信号，也

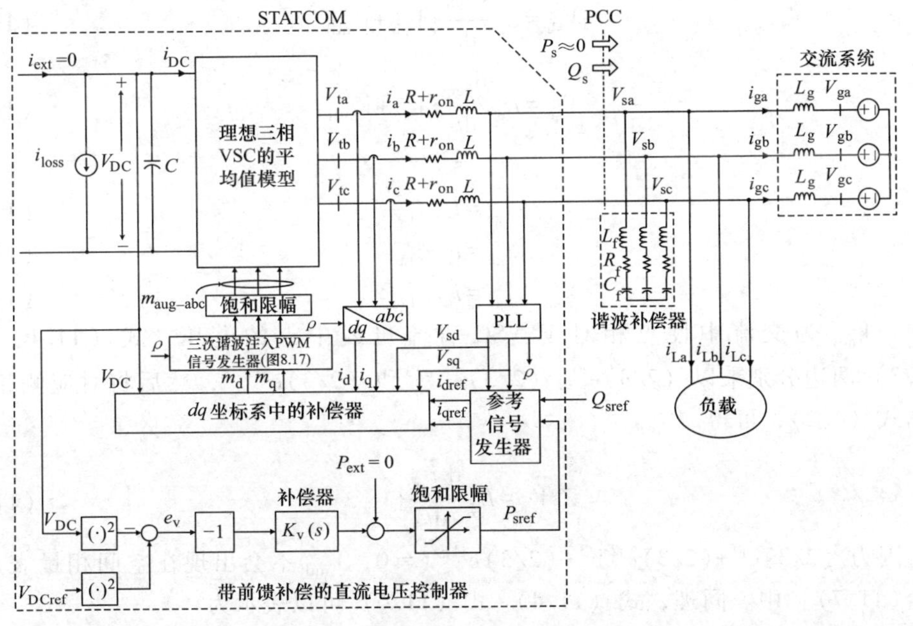

图 11.1　STATCOM 的示意图

就是PLL的输入信号，在PCC处获得。三相负载也由PCC供电。因为VSC交流端电压V_{tabc}为PWM调制波形，同时L_g非常大，V_{sabc}会带有很大的电压缺口，这样会造成负载电压和反馈信号V_{sd}和V_{sq}发生畸变。因此，在PLL处安装了一组与STATCOM并联的三相串联*RLC*滤波器（见图11.1）。每个*RLC*支路通常调谐到主要的PWM边带频率处，而在电网频率处阻抗很大。这样一来，VSC的谐波电流将流过*RLC*滤波器而不会流入电网。

因为电网电感的关系，V_{sabc}的幅值和相角与V_{gabc}不同，不同程度取决于负载的情况。另外，负载的投切会导致V_{sabc}突变。本章中将证明，可以通过控制STATCOM无功功率Q_s的闭环系统来调整V_{sabc}。

11.4 PCC电压控制的动态模型

11.4.1 PCC电压动态的大信号模型

图11.1中STATCOM的主要功能是，在存在i_{Labc}的情况下通过控制i_{abc}来调整PCC电压V_{sabc}。这些变量的关系为

$$V_{sa}=L_g\frac{di_{ga}}{dt}+V_{ga}+V_{null} \tag{11.1}$$

$$V_{sb}=L_g\frac{di_{gb}}{dt}+V_{gb}+V_{null} \tag{11.2}$$

$$V_{sc}=L_g\frac{di_{gc}}{dt}+V_{gc}+V_{null} \tag{11.3}$$

及

$$i_{ga}=i_a-i_{La} \tag{11.4}$$

$$i_{gb}=i_b-i_{Lb} \tag{11.5}$$

$$i_{gc}=i_c-i_{Lc} \tag{11.6}$$

式中，V_{null}为交流中性点相对于VSC直流母线中点的电压。式（11.1）~式（11.3）两边分别乘以$(2/3)e^{j0}$、$(2/3)e^{j2\pi/3}$和$(2/3)e^{j4\pi/3}$，然后将对应侧相加，根据式（4.2），可得

$$\vec{V}_s=L_g\frac{d\vec{i}_g}{dt}+\vec{V}_g \tag{11.7}$$

因为$(2/3)e^{j0}+(2/3)e^{j2\pi/3}+(2/3)e^{j4\pi/3}\equiv0$，$V_{null}$不会出现在空间相量表达式［式（11.7）］中。同理，式（11.4）~式（11.6）可以表示为

$$\vec{i}_g=\vec{i}-\vec{i}_L \tag{11.8}$$

令交流系统的戴维南等效电压为

$$V_{ga}=\hat{V}_g\cos(\omega_0 t+\theta_0)$$

$$V_{gb}=\hat{V}_g\cos\left(\omega_0 t+\theta_0-\frac{2\pi}{3}\right)$$

$$V_{gc}=\hat{V}_g\cos\left(\omega_0 t+\theta_0-\frac{4\pi}{3}\right) \tag{11.9}$$

式中，$\hat{V}_g$ 为相电压的幅值；ω_0 为交流系统频率；θ_0 为 V_{gabc}的初始相角。然后根据式（4.2），V_{gabc}等价为

$$\vec{V}_g=\hat{V}_g e^{j(\omega_0 t+\theta_0)} \tag{11.10}$$

如图 11.1 所示，STATCOM 在同步角为 ρ 的 dq 坐标系中进行控制。因此，将 $\vec{V}_s=\hat{V}_{sdq}e^{j\rho}$、$\vec{i}_g=i_{gdq}e^{j\rho}$和$\vec{V}_g=\vec{V}_g e^{j(\omega_0 t+\theta_0)}$代入式（11.7），有

$$V_{sdq}e^{j\rho}=L_g\frac{d}{dt}(i_{gdq}e^{j\rho})+\hat{V}_g e^{j(\omega_0 t+\theta_0)} \tag{11.11}$$

同理，将$\vec{i}_g=i_{gdq}e^{j\rho}$、$\vec{i}=i_{dq}e^{j\rho}$和$\vec{i}_L=i_{Ldq}e^{j\rho}$代入式（11.8），有

$$i_{gdq}=i_{dq}-i_{Ldq} \tag{11.12}$$

式（11.12）可分解为

$$i_{gd}=i_d-i_{Ld} \tag{11.13}$$

$$i_{gq}=i_q-i_{Lq} \tag{11.14}$$

计算式（11.11）中的求导，在等式两边乘以 $e^{-j\rho}$，将所得等式分解为实部和虚部，有

$$V_{sd}=L_g\frac{di_{gd}}{dt}-L_g\omega i_{gq}+\hat{V}_g\cos(\omega_0 t+\theta_0-\rho) \tag{11.15}$$

$$V_{sq}=L_g\frac{di_{gq}}{dt}-L_g\omega i_{gd}+\hat{V}_g\sin(\omega_0 t+\theta_0-\rho) \tag{11.16}$$

式中，$\omega=d\rho/dt$。如 8.3.4 节所述，ω 由 PLL 控制（见图 8.5），控制方程为

$$\frac{d\rho}{dt}=\omega(t)=H(p)V_{sq}(t) \tag{11.17}$$

式中，$p=d(\cdot)/dt$ 为微分算子；$H(s)$ 为 PLL 补偿器的传递函数。因此，$H(s)f(t)$ [$f(t)$ 为任意的时间函数] 表示 $H(s)$ 对输入 $f(t)$ 的零状态响应。如 8.3.4 节所述，PLL 补偿器含有一个积分环节，因此，当 $V_{sq}(t)$ 稳定为 0 时，$\omega(t)$ 仍可以保持为一个非零值。式（11.13）~式（11.17）表示一个以 V_{sd}为输出，以 i_d和 i_q为控制输入，以 i_{Ld}和 i_{Lq}为扰动输入的动态系统。由于$\hat{V}_g\cos(\omega_0 t+\theta_0-\rho)$ 和$\hat{V}_g\cos(\omega_0 t+\theta_0-\rho)$ 的存在，系统是非线性的。另外，VSC 系统的频率 ω 取决于工作点，是一个动态变量。为了进一步阐明这一点，将式（11.16）中的 V_{sq}代入式（11.17），得

$$\frac{\mathrm{d}\rho}{\mathrm{d}t}=L_{g}H(p)\left(L_{g}\frac{\mathrm{d}i_{gq}}{\mathrm{d}t}+\omega i_{gd}\right)+\hat{V}_{g}H(p)\sin(\omega_{0}t+\theta_{0}-\rho) \tag{11.18}$$

式（11.18）表明，ρ 和 ω 的动态响应除了含有对应 $i_{gd}=i_{gq}=0$ 的固有暂态分量，还包括强制分量，其中强制分量为 i_{gd} 和 i_{gq} 的函数。对比 VSC 连接无穷大电网的情况，如式（8.24）所示，ρ 和 ω 的动态响应只包含固有暂态分量，PLL 的动态与系统剩余部分和系统工作点是解耦的，因此，当 PLL 达到稳态时，$\rho=\omega_{0}t+\theta_{0}$，$\omega=\omega_{0}$。

11.4.2 PCC 电压动态的小信号模型

PCC 电压的小信号模型可以通过将式（11.15）~式（11.17）在稳态工作点附近线性化得出。首先定义以下受扰动变量：

$$V_{sd}=V_{sd0}+\tilde{V}_{sd}$$

$$V_{sq}=0+\tilde{V}_{sq}$$

$$i_{gd}=i_{gd0}+\tilde{i}_{gd}$$

$$i_{gq}=i_{gq0}+\tilde{i}_{gq}$$

$$\omega_{0}t+\theta_{0}-\rho=-(\rho_{0}+\tilde{\rho})\Rightarrow\underbrace{\mathrm{d}\rho/\mathrm{d}t}_{\omega}=\omega_{0}+\underbrace{\mathrm{d}\tilde{\rho}/\mathrm{d}t}_{\tilde{\omega}} \tag{11.19}$$

我们还注意到，如果 $\tilde{\rho}/\rho_{0}\ll1$，则

$$\cos(\rho_{0}+\tilde{\rho})\approx\cos\rho_{0}-(\sin\rho_{0})\tilde{\rho}$$

$$\sin(\rho_{0}+\tilde{\rho})\approx\sin\rho_{0}+(\cos\rho_{0})\tilde{\rho} \tag{11.20}$$

将式（11.19）中的受扰动变量代入式（11.16），再根据式（11.20），有

$$V_{sd0}=-L_{g}\omega_{0}i_{gq0}+\hat{V}_{g}\cos\rho_{0} \tag{11.21}$$

$$0=L_{g}\omega_{0}i_{gd0}-\hat{V}_{g}\sin\rho_{0} \tag{11.22}$$

及

$$\tilde{V}_{sd}=L_{g}\frac{\mathrm{d}\tilde{i}_{gd}}{\mathrm{d}t}-L_{g}\omega_{0}\tilde{i}_{gq}-L_{g}i_{gq0}\tilde{\omega}-(\hat{V}_{g}\sin\rho_{0})\tilde{\rho} \tag{11.23}$$

$$\tilde{V}_{sq}=L_{g}\frac{\mathrm{d}\tilde{i}_{gq}}{\mathrm{d}t}-L_{g}\omega_{0}\tilde{i}_{gd}-L_{g}i_{gd0}\tilde{\omega}-(\hat{V}_{g}\cos\rho_{0})\tilde{\rho} \tag{11.24}$$

分别将式（11.21）中的 $\hat{V}_{g}\cos\rho_{0}$ 和式（11.22）中的 $\hat{V}_{g}\sin\rho_{0}$ 代入式（11.23）和式（11.24），可得

$$\tilde{V}_{sd}=L_{g}\frac{\mathrm{d}\tilde{i}_{gd}}{\mathrm{d}t}-L_{g}\omega_{0}\tilde{i}_{gq}-L_{g}i_{gq0}\frac{\mathrm{d}\tilde{\rho}}{\mathrm{d}t}-L_{g}\omega_{0}i_{gd0}\tilde{\rho} \tag{11.25}$$

$$\tilde{V}_{sq}=L_g\frac{d\tilde{i}_{gq}}{dt}+L_g\omega_0\tilde{i}_{gd}+L_g i_{gd0}\frac{d\tilde{\rho}}{dt}-(V_{sd0}+L_g\omega_0 i_{gq0})\tilde{\rho} \tag{11.26}$$

同理，将式（11.19）中的受扰动变量代入式（11.17），可得

$$\frac{d\tilde{\rho}}{dt}=\tilde{\omega}=H(p)\tilde{V}_{sq} \tag{11.27}$$

式（11.25）~式（11.27）在拉普拉斯域中可以表示为

$$\tilde{V}_{sd}(s)=L_g s\tilde{I}_{gd}(s)-L_g\omega_0\tilde{I}_{gq}(s)-L_g(i_{gq0}s+\omega_0 i_{gd0})\tilde{\rho}(s) \tag{11.28}$$

$$\tilde{V}_{sq}(s)=L_g s\tilde{I}_{gq}(s)+L_g\omega_0\tilde{I}_{gd}(s)+[L_g i_{gd0}s-(V_{sd0}+L_g\omega_0 i_{gq0})]\tilde{\rho}(s) \tag{11.29}$$

$$\tilde{\rho}(s)=\frac{H(s)}{s}\tilde{V}_{sq}(s) \tag{11.30}$$

式（11.25）~式（11.27）或其拉普拉斯表达式式（11.28）~式（11.30）所描述的线性系统为式（11.15）~式（11.17）所描述系统的小信号等价形式。为了用$\tilde{I}_{gd}(s)$和$\tilde{I}_{gq}(s)$表示$\tilde{V}_{sd}(s)$的动态，首先消去式（11.29）和式（11.30）中的$\tilde{V}_{sq}$，解出$\tilde{\rho}$代入式（11.28），有

$$\tilde{V}_{sd}(s)=G_d(s)\tilde{I}_{gd}(s)+G_q(s)\tilde{I}_{gq}(s) \tag{11.31}$$

式中，$G_d(s)$ 和 $G_q(s)$ 为线性传递函数，其参数为关于 i_{gd0} 和 i_{gq0} 的函数。在图 11.1 所示系统中，因为 STATCOM 只与 PCC 交换少量有功功率来补偿直流侧功率 $P_{loss}=V_{DC}i_{loss}$，可以认为 $P_s\approx 0$，所以 $i_d\approx 0$，$i_{d0}=\tilde{i}_d\approx 0$（见图 11.1）。因此，根据式（11.13）和式（11.14），有

$$i_{gd0}\approx -i_{Ld0} \tag{11.32}$$

$$i_{gq0}\approx i_{q0}-i_{Lq0} \tag{11.33}$$

及

$$\tilde{i}_{gd}\approx -\tilde{i}_{Ld} \tag{11.34}$$

$$\tilde{i}_{gq}=\tilde{i}_q-\tilde{i}_{Lq} \tag{11.35}$$

将式（11.34）和式（11.35）中的$\tilde{i}_{gd}$和$\tilde{i}_{gq}$代入式（11.31），可得

$$\tilde{V}_{sd}(s)=\underbrace{-G_d(s)\tilde{I}_{Ld}(s)-G_q(s)\tilde{I}_{Lq}(s)}_{\text{负荷效应}}+\underbrace{G_q(s)\tilde{I}_q(s)}_{\text{控制效应}} \tag{11.36}$$

式（11.36）描述了一个以$\tilde{i}_q$为控制输入、以$\tilde{V}_{sd}$为输出的动态系统。$\tilde{i}_{Ld}$和$\tilde{i}_{Lq}$通常是$\tilde{V}_{sd}$和$\tilde{V}_{sq}$（见例 9.1 和例 9.2）的函数，因此不能称为扰动。它们也受谐波滤波器动态特性的影响。如果 i_{Labc} 可以测量得出，或者负载的模型是明确的，那么 $\tilde{i}_{Ld}$ 和 $\tilde{i}_{Lq}$ 对$\tilde{V}_{sd}$的影响可以通过前馈补偿得到抑制。不过，在现实情况下，上面的条件

很少可以满足。因此，通常忽略负载的动态，而控制系统的稳定性则依靠补偿器的鲁棒设计来解决。

图 11.2 所示为 STATCOM 电压调整的控制框图，其中，补偿器 $k_{\mathrm{Vac}}(s)$ 的输入为 $V_{\mathrm{sdref}}-V_{\mathrm{sd}}$，输出为 Q_{sref}。假设 $V_{\mathrm{sd}}=V_{\mathrm{sd0}}$，根据式（8.44），$Q_{\mathrm{sref}}$除以$-2/(3V_{\mathrm{sd0}})$得出 i_{qref}。然后，i_{q}按照闭环传递函数 $G_{\mathrm{i}}(s)$ 来跟踪 i_{qref}。如 8.4 节所述，通过选择合适的 dq 坐标系电流控制器参数，$G_{\mathrm{i}}(s)$ 可以为时间常数任意小的一阶传递函数。对于大部分嵌套式的控制结构，电压控制回路的闭环带宽应该远远小于 $G_{\mathrm{i}}(s)$ 的闭环带宽，以保证 $G_{\mathrm{i}}(s)$ 可以近似为一个单位增益。

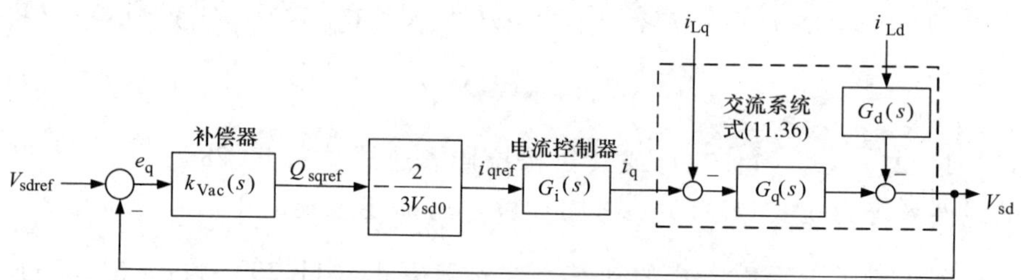

图 11.2 STATCOM PCC 电压控制器的控制框图

11.4.3 稳态工作点

为了推导图 11.1 中 STATCOM 的稳态工作点，可以在式（11.21）和式（11.22）中消去 $\cos\rho_0$ 和 $\sin\rho_0$，再根据式（11.32）解出 i_{gq0}，结果为

$$i_{\mathrm{gq0}}=\frac{-V_{\mathrm{sd0}}+\sqrt{\hat{V}_{\mathrm{g}}^{2}-(L_{\mathrm{g}}\omega_0 i_{\mathrm{Ld0}})^{2}}}{L_{\mathrm{g}}\omega_0} \tag{11.37}$$

或

$$i_{\mathrm{gq0}}=\frac{-V_{\mathrm{sd0}}-\sqrt{\hat{V}_{\mathrm{g}}^{2}-(L_{\mathrm{g}}\omega_0 i_{\mathrm{Ld0}})^{2}}}{L_{\mathrm{g}}\omega_0} \tag{11.38}$$

根据式（11.37）和式（11.38），对于一个给定的 i_{Ld0}，i_{gq0}存在两个可能值可以产生相同的 V_{sd0}。图 11.3a、b 所示的相量图分别对应式（11.37）和式（11.38）表示的两种情况。由图 11.3a、b 可见，两种运行条件下的 i_{Ld0}和 V_{sd0}都是相同的，表明两种条件下负载和交流系统之间交换相同的有功功率。不过，图 11.3b 中的 i_{gq0}要远远大于图 11.3a 中的 i_{gq0}。根据式（11.33），这种情况表明，在图 11.3b 所示情况下，STATCOM 需要提供远远大于自身额定容量的无功功率。相比之下，式（11.37）和图 11.3a 则表示了一个更加现实的运行情况：

$$i_{\mathrm{q0}}=i_{\mathrm{Lq0}}+\frac{-V_{\mathrm{sd0}}+\sqrt{\hat{V}_{\mathrm{g}}^{2}-(L_{\mathrm{g}}\omega_0 i_{\mathrm{Ld0}})^{2}}}{L_{\mathrm{g}}\omega_0} \tag{11.39}$$

V_{sd0}通常被控制为$\hat{V}_{\mathrm{g}}$。因此，如果$\hat{V}_{\mathrm{g}}\gg|L_{\mathrm{g}}\omega_0 i_{\mathrm{Ld0}}|$，根据式（11.39），$i_{\mathrm{q0}}\approx i_{\mathrm{Lq0}}$。

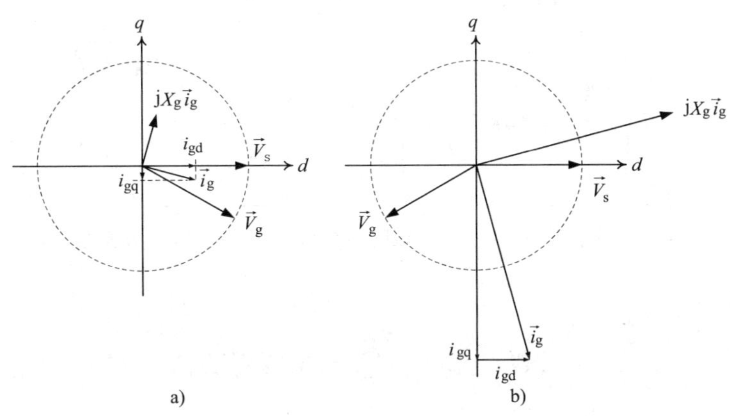

图 11.3　对应 $V_{sd0}=\hat{V}_g$ 和给定 i_{Ld0} 的两种运行场景下的相量图

11.5　PCC 电压动态特性的近似模型

如果忽略式（11.25）中 ρ 和 ω 的暂态变化，即 $\tilde{\rho}=\mathrm{d}\tilde{\rho}/\mathrm{d}t=0$，简化的动态模型可以表示为

$$\tilde{V}_{sd}\approx L_g\frac{\mathrm{d}\tilde{i}_{gd}}{\mathrm{d}t}-L_g\omega_0\tilde{i}_{gq} \tag{11.40}$$

因为 $\tilde{\rho}$ 和 $\tilde{\omega}=\mathrm{d}\tilde{\rho}/\mathrm{d}t$ 都是 $\tilde{i}_{gd}$ 和 $\tilde{i}_{gq}$ 的函数，只要 $\tilde{i}_{gd}$ 和 $\tilde{i}_{gq}$ 变化足够慢，式（11.40）就可以足够精确地描述 PCC 电压的动态。这要求：①相比 d 轴和 q 轴闭环电流控制器，PCC 电压控制回路要足够慢；② i_{Ld} 和 i_{Lq} 的变化率要相当低。将式（11.34）和式（11.35）中的 $\tilde{i}_{gd}$ 和 $\tilde{i}_{gq}$ 代入式（11.40），可得

$$\tilde{V}_{sd}\approx -L_g\frac{\mathrm{d}\tilde{i}_{Ld}}{\mathrm{d}t}+L_g\omega_0\tilde{i}_{Lq}-L_g\omega_0\tilde{i}_q \tag{11.41}$$

式（11.41）在拉普拉斯域中可以表示为

$$\tilde{V}_{sd}(s)=-L_gs\tilde{I}_{Ld}(s)+L_g\omega_0\tilde{I}_{Lq}(s)-L_g\omega_0\tilde{I}_q(s) \tag{11.42}$$

比较式（11.42）和式（11.36），可以根据近似模型得出 $G_d(s)$ 和 $G_q(s)$ 为

$$G_d(s)\approx L_gs \tag{11.43}$$

$$G_q(s)\approx -L_g\omega_0 \tag{11.44}$$

如果以式（11.42）所示的简化模型作为 $k_{V_{ac}}(s)$ 的设计基础，图 11.2 所示的控制框图可以修正为图 11.4 中的框图。观察控制回路可以发现，$k_{V_{ac}}(s)$ 最简单的形式为比例积分（PI）补偿器。

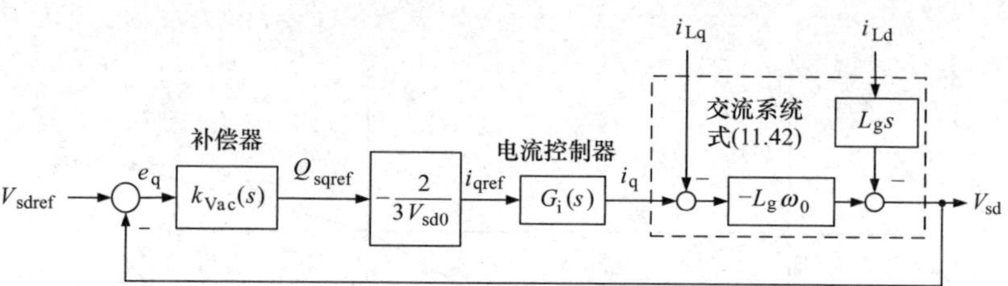

图 11.4 基于式（11.42）所示近似模型的 PCC 电压调节器控制框图

11.6 STATCOM 的控制

比较图 11.1 和图 8.21 可以发现，STATCOM 和直流电压受控的功率端口在原理上是类似的。不同之处在于 STATCOM 中没有电源与 VSC 直流端相连，直流母线仅仅连接到直流母线电容两端。因此，STATCOM 可以看作是直流电压受控的功率端口的特例。STATCOM 也是通过控制 P_s来调整直流母线电压，采用的方法与直流电压受控的功率端口所采用的方法一样（8.6 节）。相比之下，STATCOM 通过闭环控制 Q_s来调整 PCC 电压，而在直流电压受控的功率端口中 Q_s通常是一个自由控制变量。PCC 的电压调整以图 11.2 所示的模型或其简化版（见图 11.4）为基础。因为 $V_{sq}=0$，P_s和 Q_s的控制分别等价于对 i_d 和 i_q 进行控制［见式（4.83）和式（4.84）］。

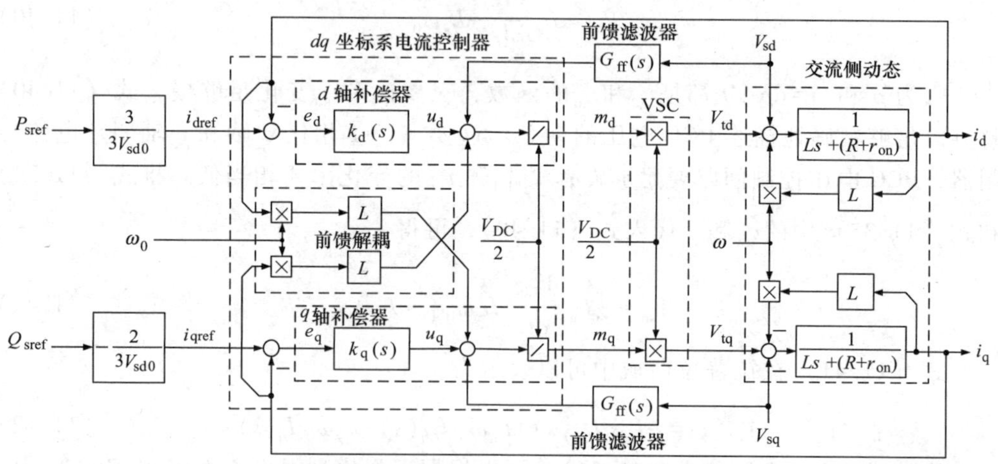

图 11.5 STATCOM dq 坐标系电流控制器的控制框图（细节参见 8.4.1 节）

图 8.10 所示的 VSC dq 坐标系电流控制器的结构在图 11.5 中重新给出。但是，图 8.10 和图 11.5 中的控制系统之间存在一点细微的差别，具体如下：如果交流系统无穷大，PLL 的动态与其他系统变量无关，一旦 PLL 度过启动暂态，dq 坐标系的角速度马上稳定为定值 ω_0，上述情况适用于图 8.10 中的电流控制器，其中，ω

在控制对象耦合项和控制器解耦项中作为定值参数 ω_0 出现；不过，在 STATCOM 中，ω 在控制对象中是一个动态变量，如图 11.5 所示，这是由于交流系统不理想以及受 PLL 动态影响的关系。为了解耦 d 轴和 q 轴的动态特性，理论上，应该在控制器解耦项中采用 ω 而不是 ω_0。不过，退而求其次，我们在 STATCOM 的控制器解耦项中也可以采用 ω_0（同样很有效），如图 11.5 所示。

参照图 11.5，补偿器 $k_d(s)$ 和 $k_q(s)$ 为

$$k_d(s)=k_q(s)=\frac{k_p s+k_i}{s} \tag{11.45}$$

选择 k_p 和 k_i 为

$$k_p=\frac{L}{\tau_i} \tag{11.46}$$

$$k_i=\frac{R+r_{on}}{\tau_i} \tag{11.47}$$

则 d 轴和 q 轴电流控制器的闭环传递函数为

$$G_i(s)=\frac{I_d(s)}{I_{dref}(s)}=\frac{I_q(s)}{I_{qref}(s)}=\frac{1}{\tau_i s+1} \tag{11.48}$$

式中，τ_i 为闭环系统阶跃响应的时间常数，根据设计需要来选定。

11.7　PCC 电压控制器的补偿器设计

PCC 电压控制器的补偿器 $k_{Vac}(s)$，需要根据图 11.2 所示的框图进行设计。通过线性化系统的非线性方程，可以得出控制对象的传递函数 $G_q(s)$，如 11.4 节所述。但是，如果忽略 PLL 的动态，可以推导得出 $G_q(s)$ 的低阶简化模型，从而可以采用图 11.4 所示的框图。根据图 11.4，控制对象的传递函数为纯增益，$k_{Vac}(s)$ 最简单的形式为 PI 补偿器。PCC 电压闭环控制器的带宽通常选得要远远小于闭环电流控制器的带宽 τ_i。$k_{Vac}(s)$ 的参数需要根据相角裕度和带宽要求来选择，如例 11.1 所述。

11.8　模 型 评 估

如 11.5 节所述，设计交流电压控制回路的补偿器时，可以采用忽略了 PLL、并联谐波滤波器和负载的动态特性的简化模型。基于以上简化假设，我们可以将高阶的控制对象模型近似为一个纯增益（见图 11.4）。本节将评估简化模型的保真度和所得结果的准确性。

为了进行准确的检验，通常需要在时域仿真软件中建立图 11.1 所示 STATCOM 的精确开关模型。但是对于人们来说，在存在开关谐波的情况下很难对系统的响应特性进行检验，特别是当变量只在各自的稳态值附近变化时。因此，建立了图 11.6 所示的 STATCOM 的简化模型，其中，VSC 的交流侧模型为由三个线性独立受控的电压源所表示的平均值模型。平均值模型可以避免在 VSC 的实际响应中存在开关谐波，同时平均值模型并不会改变系统的动态特性，因为高频的开关谐波已经远远超出了控制器的带宽范围。

根据 8.4.1 节和图 11.5 所示，图 11.6 中的 VSC 模型可以由以下方程来描述：

$$V_{td}(t)=\frac{V_{DC}}{2}m_d(t) \tag{11.49}$$

$$V_{tq}(t)=\frac{V_{DC}}{2}m_q(t) \tag{11.50}$$

及

$$m_d=\frac{2}{V_{DC}}(u_d-L\omega i_q+V_{sd}) \tag{11.51}$$

$$m_q=\frac{2}{V_{DC}}(u_q+L\omega i_d+V_{sq}) \tag{11.52}$$

分别比较式（11.49）和式（11.51）、式（11.50）和式（11.52）可得

$$V_{td}=u_d-L\omega i_q+V_{sd} \tag{11.53}$$

$$V_{tq}=u_q+L\omega i_d+V_{sq} \tag{11.54}$$

独立电压源的控制信号由 V_{td} 和 V_{tq} 经过 dq 到 abc 坐标系的变换生成。在稳态下，V_{td} 和 V_{tq} 为直流量，V_{tabc} 为理想的正弦波形。而实际上，V_{tabc} 为开关调制波形，只是该调制模型在每个开关周期内的平均值为时间的正弦函数。需要注意，除了 VSC，图 11.6 所示的 STATCOM 包含了图 11.1 中真实的 STATCOM 含有的所有要素（如 PLL、滤波器、补偿器、前馈项等）。PCC 电压通过 Q_{ref} 进行控制。不过，STATCOM 需要与 PCC 交换少量的有功功率来补偿 VSC 的损耗。因此，在图 11.6 所示的 STATCOM 中，P_{sref} 设定为零，而在图 11.1 所示的 STATCOM 中，P_{sref} 的数值很小，用来调整直流母线电压。

根据图 11.6 中的模型，可以在不考虑开关谐波影响的前提下评估 STATCOM 在不同的测试信号和负载条件下的动态性能。图 11.6 所示的模型还揭示了谐波滤波器和负载的动态可能造成的不稳定问题。另外，对比图 11.4 中用于补偿器设计的简化模型得出的响应，可以发现，图 11.6 所示的模型保留了 STATCOM 和交流系统主要的动态特性。

在接下来的例子中，我们将对比图 11.4 和图 11.6 所示的模型，并将两者与基于图 11.1 所示 STATCOM 系统的详细开关模型做比较，从而对 STATCOM 的相关模型和设计进行评估。

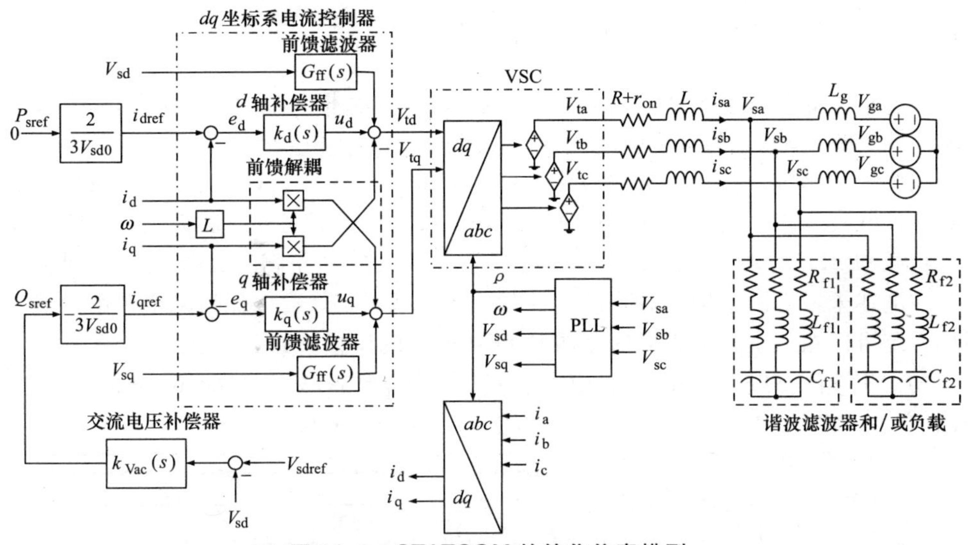

图 11.6　STATCOM 的简化仿真模型

例 11.1　交流电压控制器的补偿器设计

考虑图 11.6 所示的 STATCOM 模型，控制目标是控制 PCC 电压为 $V_{sd0}=\hat{V}_g=0.391\text{kV}$。STATCOM 包括两个滤波器但是不带负载，系统参数如下：

- 对于 VSC，$L=200\mu\text{H}$，$R=2.38\text{m}\Omega$，$r_{on}=0.88\text{m}\Omega$。
- 对于交流系统，$\hat{V}_g=0.391\text{kV}$，$\omega_0=377\text{rad/s}$，$L_g=50\mu\text{H}$。
- 对于滤波器，$R_{f1}=1.0\text{m}\Omega$，$L_{f1}=19\mu\text{H}$，$C_{f1}=508\mu\text{F}$，$R_{f2}=1.0\text{m}\Omega$，$L_{f2}=19\mu\text{H}$，$C_{f2}=450\mu\text{F}$，$R_{f2}=1.0\text{m}\Omega$。

电流控制补偿器和前馈滤波器的传递函数为

$$k_d(s)=k_q(s)=\frac{0.2s+3.26}{s}[\Omega]$$

$$G_{ff}(s)=\frac{1}{0.002s+1}$$

PLL 补偿器（见图 8.5）的传递函数为

$$H(s)=\frac{683790(s^2+568516)(s^2+166s+6889)}{s(s^2+1508s+568516)(s^2+964s+232324)}[(\text{rad/s})/(\text{kV})]$$

需要注意的是，在图 11.6 所示的仿真模型中，i_{abc} 和 V_{sabc} 取样时的增益为 1/1000，这意味着所有反馈、前馈和控制信号的单位为 kV 或 kA。因此，为了补偿衰减比，各独立电压源的增益应该为 1000。

根据已知参数，d 轴和 q 轴电流控制器的闭环传递函数为

$$G_i(s)=\frac{1000}{s+1000}$$

根据图 11.4 所示的框图，补偿器

$$k_{\mathrm{Vac}}(s)=\frac{2000}{s}\quad [\mathrm{kA}]$$

对应的截止频率和相角裕度分别为 $\omega_c=64\mathrm{rad/s}$ 和 86°。可以发现，ω_c 大约为 $G_i(s)$ 带宽的 1/15，因此，开环增益实际上等效于一个积分器。所以闭环传递函数主要表现为一阶函数，其时间常数约为 $1/\omega_c=15\mathrm{ms}$。虽然该设计可能看起来过于保守，但是应该注意到，电网电感并不精确，有相当大的误差。另外，我们已经忽略了滤波器、负载和 PLL 的动态，因此，通过选择一个较大的相角裕度，我们可以保证，即使存在上述未考虑因素和参数不确定性时，闭环系统仍然可以保持稳定。由此得出的闭环系统可以在一个频率周期内完成对 PCC 电压的调整，如下文所示。

初始时刻，STATCOM 处于稳态，$V_{sd}=V_{sdref}=391\mathrm{V}$。当 $t=0.4\mathrm{s}$ 时，V_{sdref} 由 391V 变为 450V。图 11.7a、b 所示为 V_{sd} 对该扰动的响应。

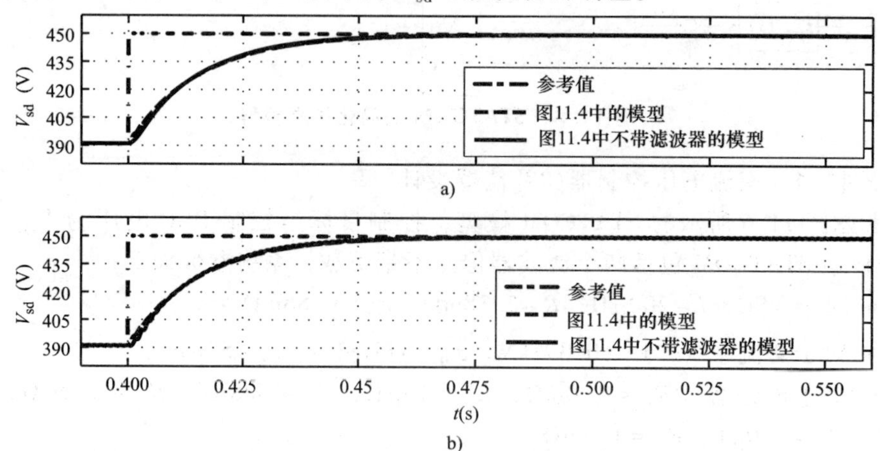

图 11.7 例 11.1 中由图 11.6 所示模型得出的 V_{sd} 的阶跃响应曲线

a）带谐波滤波器 b）不带谐波滤波器

图 11.7a、b 所示分别为谐波滤波器断开和投入运行时 V_{sd} 的响应曲线，其中，实线和虚线分别表示由图 11.6 所示模型和图 11.4 所示模型得出的响应曲线。如图 11.7a、b 所示，V_{sd} 按照一阶指数函数的形式跟踪 V_{sdref}，大约 75ms 后达到稳态。这与我们对系统阶跃响应的时间常数为 15ms 的预期是一致的。另外可以发现，对于滤波器是否断开还是投入运行，STATCOM 的响应没有显著不同。由图 11.7a、b 还可以发现，由图 11.4 所示的控制模型和图 11.6 所示的仿真模型得出的响应曲线高度重合。

图 11.8 所示为谐波滤波器没有投入运行时 PCC 电压和 STATCOM 交流电流的波形。如图 11.8a 所示，V_{sabc} 平滑地增加并达到稳态，同时 V_{sabc} 的幅值始终等于 V_{sd}，这是因为根据式（4.77）和 $V_{sq}\approx 0$，PCC 相电压的幅值等于 V_{sd}。如图 11.8b 所示，在参考电压变化后，STATCOM 的线电流由零增加到约 3000A（幅值），对应了 PCC 电压由 391V 升高到 450V（幅值）时必须注入电网的无功功率。

图 11.9 所示为谐波滤波器投入运行时 PCC 电压和 STATCOM 交流电流的响应。由图 11.9a 可见，V_{sabc} 的动态特性与没有连接谐波滤波器时的情况一样（见图

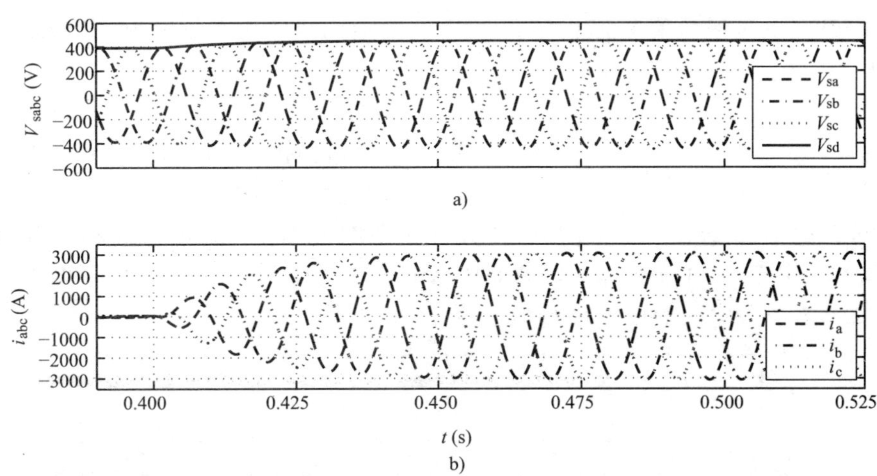

图 11.8　例 11.1 中谐波滤波器没有投入时 PCC 电压和 STATCOM 交流电流的响应

11.8a)。不过，比较图 11.9b 和图 11.8b 可以发现，当谐波滤波器投入运行时，PCC 参考电压阶跃变化前的 STATCOM 线电流不为零，原因是谐波滤波器在交流系统频率下是容性的，会向电网提供少量的无功功率，为了将 V_{sd} 维持在 391V，STATCOM 需要吸收滤波器发出的无功功率，代价就是产生少量的交流电流。需要注意的是，图 11.7~图 11.9 中各变量的波形都很干净，这是因为图 11.6 所示的模型没有考虑开关谐波引起的畸变。

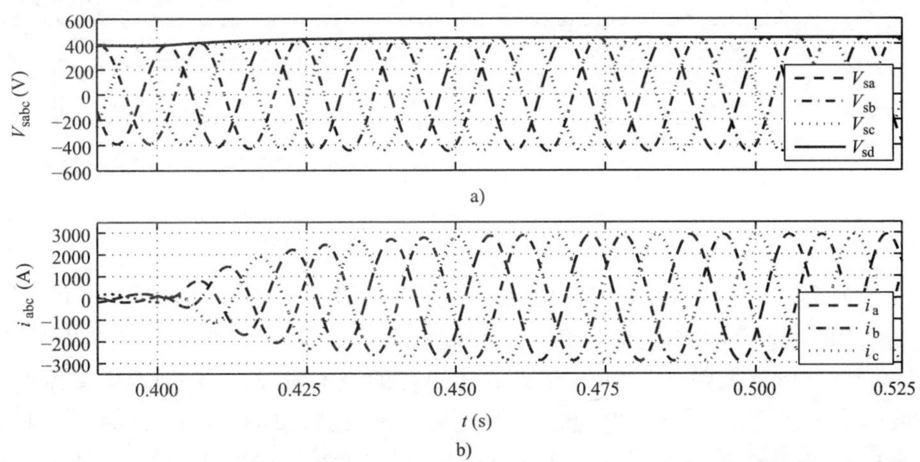

图 11.9　例 11.1 中谐波滤波器投入运行时 PCC 电压和 STATCOM 交流电流的响应

例 11.2　基于开关模型的 STATCOM 性能分析

对于图 11.1 所示的 STATCOM，VSC 为图 6.18 所示的三电平 NPC，采用三次谐波注入 PWM 调制。变流器参数为 $2C = 19250\mu F$，$V_d = 1.0V$，$f_s = 1680Hz$。在 PCC 处，两个谐波滤波器与 STATCOM 并联。滤波器参数与例 11.1 相同，在交流系统频率的 27 次和 29 次谐波处表现为低通。直流母线电压参考值 V_{DCref} 设定为

1750V。PCC 电压参考值 V_{sdref} 设定为 391V，对应的线电压有效值为 480Vrms。三电平 NPC 直流电压平衡控制器为

$$K(s)=0.7[(kV)^{-1}]$$

$$F(s)=\frac{s^2+(3\omega_0)^2}{(s+3\omega_0)^2}=\frac{s^2+1131^2}{s^2+2262s+1131^2}$$

（更多细节参见 6.7.2 节图 6.17 或 8.5 节图 8.20）。其他参数和控制器与例 11.1 相同。根据图 11.1 所示 STATCOM 详细的开关模型，系统在 V_{sdref} 发生阶跃变化和串联 RL 负载突然通电时的响应如图 11.10 所示。

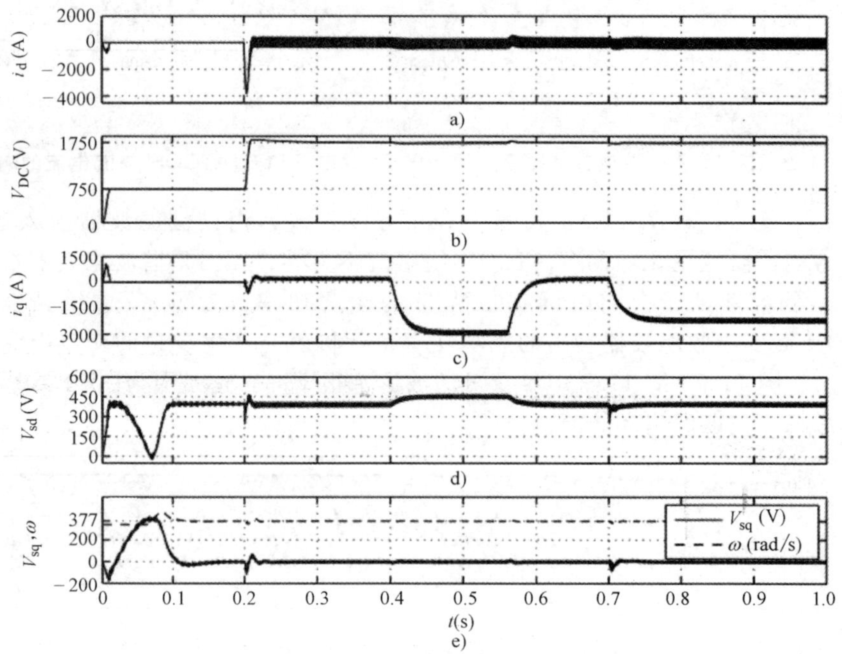

图 11.10 例 11.2 中 STATCOM 的总体性能

初始时刻，STATCOM 的门控脉冲闭锁，控制器不工作，负载断开，但 PLL 投入运行。因为 STATCOM 连接到 PCC，直流侧电容通过 VSC 的反并联二极管充电，V_{DC}升高到 750V，如图 11.10b 所示。在不可控的充电阶段，STATCOM 交流电流的幅值很大，从而导致 i_d和 i_q出现很大的尖波（见图 11.10a、c）。此时，PLL 也试图与 V_{sabc}同步，会导致 V_{sd}、V_{sq}和 ω 出现较大的偏差，如图 11.10d、e 所示。由图 11.10d、e 可见，PLL 在 0.15s 后达到稳态，V_{sq}和 ω 分别稳定在 0 和 377rad/s。

当 $t=0.2$s 时，STATCOM 门控脉冲解锁，控制器开始工作。因此，为了向直流侧注入有功功率，直流母线电压控制器将 i_d减小为负值（见图 11.10a）。相应地，直流电压升高，如图 11.10b 所示。而在 $t=0.2$s 时向直流侧突然的有功功率注入会导致 PCC 处出现暂态压降（见图 11.10d）。相应地，PCC 电压控制器生成一个负的 i_q 参考指令来控制 V_{sd}，如图 11.10c 所示。由图 11.10e 可见，当 $t=0.2$s 时，

V_{sq}和 ω 出现偏差。图 11.10b、d 表明，V_{DC}和 V_{sd}可以很快地稳定在各自的参考值。如图 11.10c 所示，i_q 的稳态值很小且为负值，原因是谐波滤波器向 PCC 输出无功功率。因此，为了控制 V_{sd}，STATCOM 需要吸收滤波器发出的无功功率。

当 $t=0.4s$ 时，V_{sdref}由 391V 阶跃变化为 450V。相应地，PCC 电压控制器输出一个负的 i_q 参考值（见图 11.10c），而 V_{sd} 按照一阶指数函数的形式增加（见图 11.10d）。扰动对 V_{DC}、V_{sq}和 ω 没有显著影响，如图 11.10b、e 所示。当 $t=0.56s$ 时，V_{sdref}变回 391V。i_q 和 V_{sd}按照指数形式逼近各自的稳态值，此时的稳态值与 $t=0.2\sim0.4s$ 时的稳态值相同（见图 11.10c、d）。

当 $t=0.7s$ 时，在 PCC 处接入一组三相串联 RL 负载，负载的结构与图 9.4 所示相同，但电感和电阻分别为 $L_1=137\mu H$ 和 $R_1=83m\Omega$。根据已知参数，假设线电压有效值为 480Vrms，可以计算得出有功功率和无功功率分别为 2.0MW 和 1.247Mvar。继负载开始通电之后，V_{sd}开始下降（见图 11.10d），V_{sq}和 ω 受到扰动（见图 11.10e）。相应地，PCC 电压控制器做出反应，i_q逼近一个对应负载（或滤波器）无功功率的负稳态值。如图 11.10b 所示，扰动对 V_{DC}没有显著影响。

图 11.11 所示为当 $t=0.4s$ 时 STATCOM 响应的放大图。如图 11.11a 所示，V_{sd}因为开关谐波发生畸变。不过，V_{sd}在每个开关周期内的平均值按照一阶指数函数

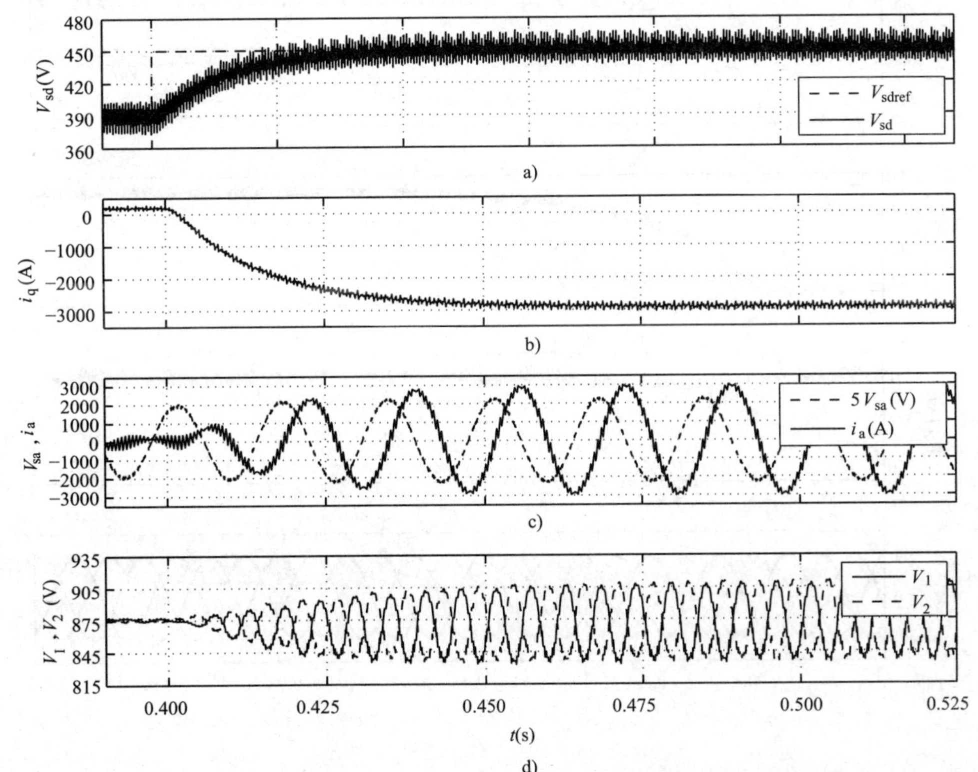

图 11.11　例 11.2 中 STATCOM 对 V_{sdref}阶跃变化的响应

形式变化，这与图 11.7a、b 所示的 V_{sd} 的响应相吻合。由图 11.11b 可见，继电压增加之后，i_q 的稳态值为一个很大的负值，从而向交流系统提供所需的无功功率。如图 11.11c 所示，STATCOM 线电流的幅值等于 i_q 的绝对值，这可以由式（4.77）和 $i_d \approx 0$ 推导得出。由图 11.11c 还可以发现，PCC 电压和 STATCOM 线电流的相位相差 90°，原因是 STATCOM 和交流系统交换的有功功率非常小，可以忽略不计。图 11.11d 所示为三电平 NPC 的直流侧分压（三电平 NPC 的结构参见图 6.18）。如图 11.11d 所示，直流侧电压 V_1 和 V_2 中含有三次谐波，其幅值随着 STATCOM 线电流的增加而变大。不过，VSC 直流侧电压平衡控制使 V_1 和 V_2 的直流分量始终保持相等（细节参见 6.7.2 节和图 6.17，或 8.5 节和图 8.20）。

当负载在 $t=0.2s$ 通电时，系统响应如图 11.12 所示。由图可见，通电之后，负载的有功和无功功率分别由 0 增长到 2.0MW 和 1.247Mvar。因此，交流电压控制器做出反应，使 STATCOM 向交流系统输出无功功率，如图 11.12b 所示。由图 11.12c 可见，扰动导致 V_{sd} 产生 30%的电压跌落，不过，V_{sd} 在一个系统频率周期内恢复额定值。如图 11.12d 所示，即使在存在扰动的情况下，V_{sabc} 也得到了很好的控制。V_{sa}、V_{sb} 和 V_{sc} 波形中的高频分量是由滤波电容器间的相互作用以及交流系统、滤波器和 STATCOM 电感的综合作用产生的。

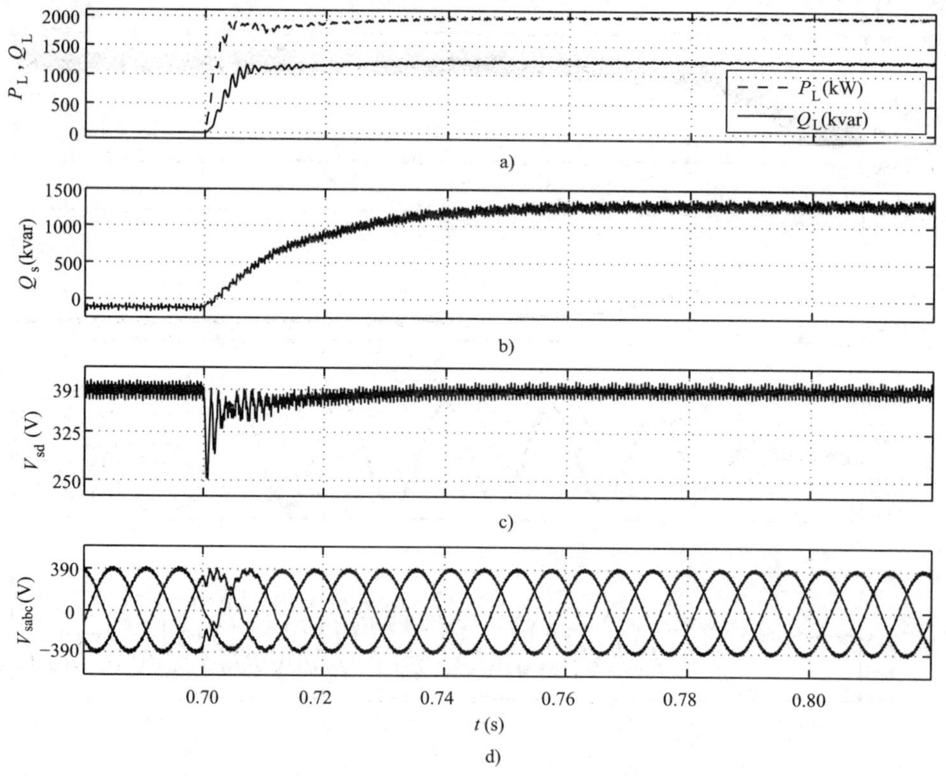

图 11.12　例 11.2 中 STATCOM 在负载通电时的响应

第 12 章 背靠背HVDC变换系统

12.1 引　言

本章内容主要关于基于 VSC 的背靠背 HVDC 变换系统的控制。本章以第 8 章中介绍的**有功/无功功率控制器**和**直流电压受控的功率端口**的 dq 坐标系模型和控制为基础。尽管本章主要研究 dq 坐标系控制，但第 7 章中介绍的 $\alpha\beta$ 坐标系控制同样适用于 HVDC 系统。

12.2 HVDC 系统结构

图 12.1 所示为基于 VSC 的背靠背 HVDC 系统的示意图[98]。HVDC 变换系统由两个背靠背相连的 VSC 系统组成。两个 VSC 系统都采用三电平 NPC 作为功率变换器，两个三电平 NPC 分别标记为 NPC1 和 NPC2。每个三电平 NPC 的直流侧都接有一个电容分压器，该分压器由两个相同的电容组成（见图 6.18），但一侧三电平 NPC 的电容不一定与另一侧三电平 NPC 的电容完全相同。如 6.7.2 节和 8.5 节所述，通过相应的直流侧电压平衡控制，每个三电平 NPC 的直流侧分压必须保持相等。由图 12.1 可见，NPC1(NPC2) 通过连接变压器 TR1(TR2) 在 PCC1(PCC2) 处与电网 1（电网 2）相连。在图 12.1 中，每侧的电网由一个三相电压源 V'_{gabc1}(V'_{gabc2}) 和一个内感 L'_{i1}(L'_{i2}) 来表示。为了减少开关电压/电流谐波，PCC1(PCC2) 处接有并联调谐滤波器。在图 12.1 中，PCC1(PCC2) 处还带有交流电压调节器可供选择。交流电压调节器以反馈信号 V_{sabc1}(V_{sabc2}) 为输入，输出指令 Q_{sref1}(Q_{sref2})。交流电压调节器的分析与设计以第 11 章静止补偿器（STATCOM）中提出的方法为基础。

需要注意的是，在图 12.1 所示的 HVDC 系统中，NPC1 和 NPC2 的直流侧中点 0_1 和 0_2，并没有连接在一起。如第 6 章所述，三电平 NPC 的中点电流中含有三次

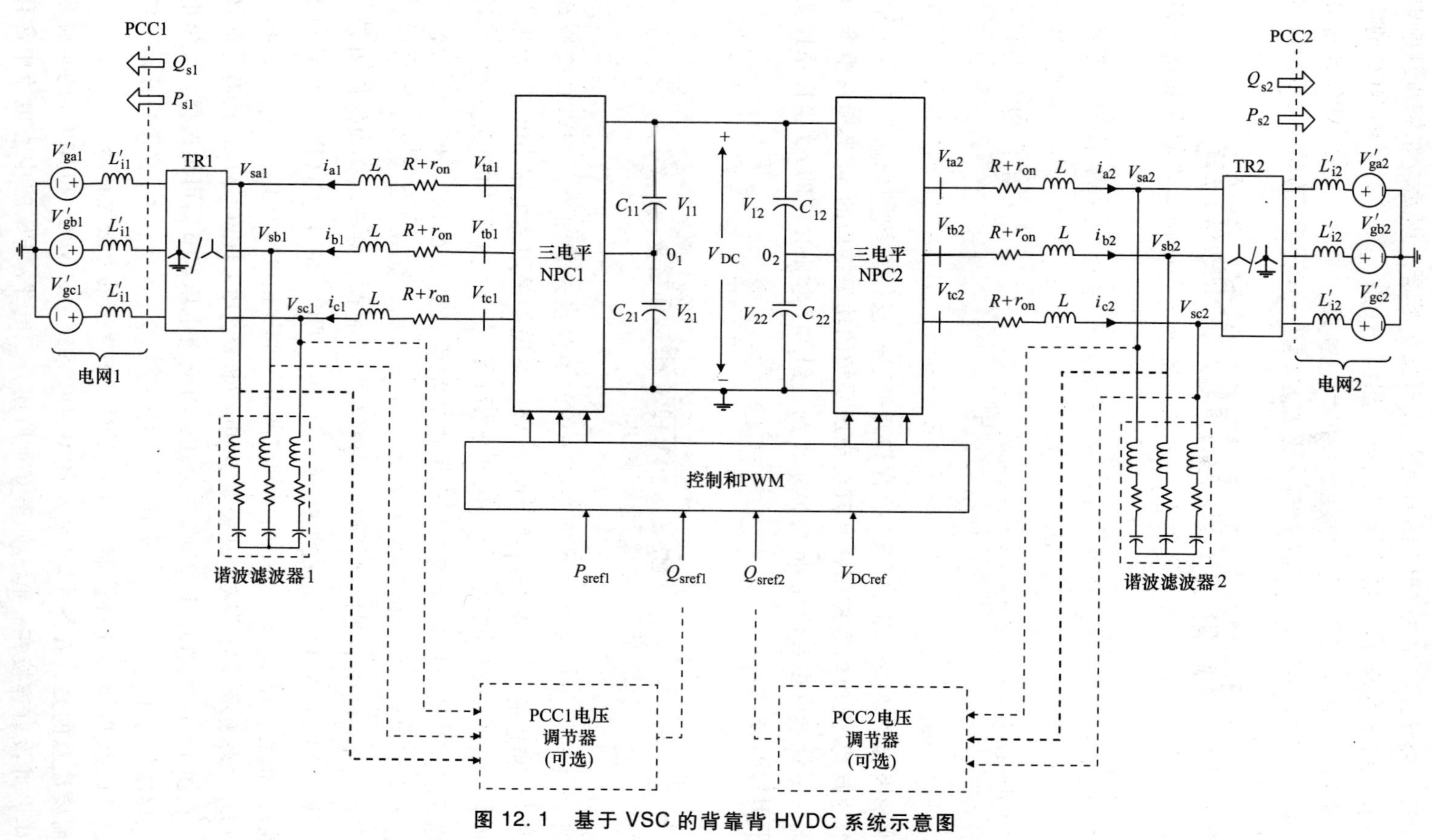

图 12.1 基于 VSC 的背靠背 HVDC 系统示意图

谐波分量，会导致三电平 NPC 的直流侧分压发生畸变。因此，如果两侧的中点连接在一起，由于两侧 NPC 的直流母线电压相同（见图 12.1），一侧 NPC 的中点电流会影响到另一侧三电平 NPC 的直流侧分压。如此一来，三电平 NPC 经过脉宽调制（PWM）后将会产生间谐波，特别是当电网 1 和电网 2 的频率不同时，比如，分别为 50Hz 和 60Hz。

图 12.1 中背靠背 HVDC 系统的运行策略可以归纳为以下几点：

- HVDC 系统通过改变指令 P_{sref1} 来实现电网 1 和电网 2 之间有功功率的双向交换。
- Q_{sref1}(Q_{sref2}) 设定为预定值，在系统运行过程中保持不变。或者，Q_{sref1} (Q_{sref2}) 也可以由闭环控制器给出，进而调节 PCC1(PCC2) 处对应的交流电压。
- 直流母线电压必须控制为预定值 V_{DCref}，同时每个三电平 NPC 的直流侧分压必须相等，即 $V_{11}=V_{21}$、$V_{12}=V_{22}$。

在本章中，我们将根据通用框图来回顾和讨论 HVDC 系统的组成。当我们推导两个 VSC 系统中某一个的公式时，我们将把变量和参数标记为“1”或“2”，分别对应电网 1 或电网 2。

12.3　HVDC 系统模型

12.3.1　电网和连接变压器模型

图 12.2a 为图 12.1 中一侧变流器的连接变压器和电网的局部放大图。变压器高压到低压侧（线电压）的电压比为 N。在图 12.1 所示的 HVDC 系统中，同步和前馈信号 V_{sabc} 取自变压器的低压侧。因此，变压器高压侧的漏感 L_l' 可以同电网电感 L_i' 合并，等效的电网电感为 $L_g'=L_l'+L_i'$（见图 12.2a）。电网的中性点接地，同时作为变压器高压侧的电位参考点（见图 12.2a）。但变压器低压侧的电位参考点为对应三电平 NPC 的中点，即图 12.1 中的节点 0_1 和 0_2。因此，变压器低压侧中性点相对直流侧中点的电压为 V_{null}。

根据图 12.2a，如果忽略变压器的漏感，下列等式成立：

$$V_{xa}=\frac{1}{N}V_{ya}\approx\frac{1}{N}V_{pa} \tag{12.1}$$

$$V_{xb}=\frac{1}{N}V_{yb}\approx\frac{1}{N}V_{pb} \tag{12.2}$$

$$V_{xc}=\frac{1}{N}V_{yc}\approx\frac{1}{N}V_{pc} \tag{12.3}$$

V_{sabc} 可以表示为

$$V_{sa}=V_{xa}+V_{null} \tag{12.4}$$

$$V_{sb}=V_{xb}+V_{null} \tag{12.5}$$

$$V_{sc}=V_{xc}+V_{null} \tag{12.6}$$

图 12.2b 所示为图 12.2a 的等效电路，其中电网电压和等效电感均折算到了变压器的低压侧。图 12.2b 中的等效电路是一种更方便对 HVDC 系统进行分析的表示方法。根据变压器电压比和绕组结构可知，V_{gabc}的幅值是 V'_{gabc}的 1/N，同时 $L_g=L'_g/N^2=(L'_i+L'_l)/N^2$。

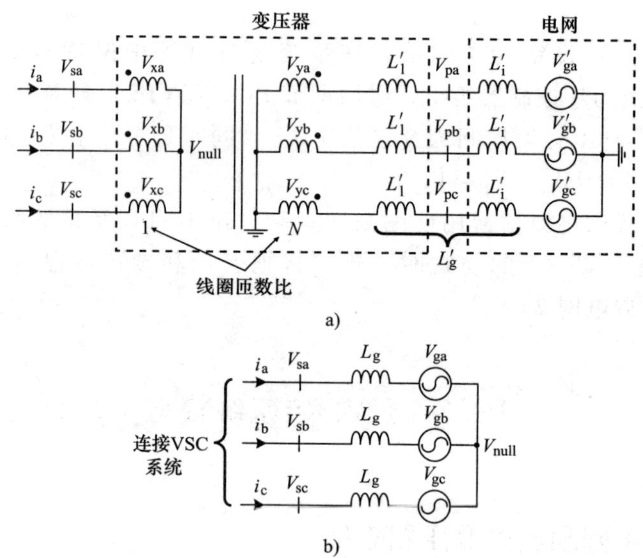

图 12.2 连接变压器和电网的示意图及其等效电路

a）连接变压器和电网的示意图 b）连接变压器变量和参数折算到低压侧的等效电路图

12.3.2 背靠背变换系统的模型

图 12.3a 所示的背靠背 HVDC 变换系统可以看成由两个频率恒定的 VSC 系统组成：左侧的 VSC 系统为有功/无功功率控制器（8.3 节，图 8.3），右侧的 VSC 系统为直流电压受控的功率端口（8.6 节，图 8.21）。如图 12.3a 所示，有功/无功功率控制器和直流电压受控的功率端口分别与电网 1 和电网 2 相连，同时，两者在直流侧并联。

在图 12.3a 所示的 HVDC 系统中，有功/无功功率控制器可以独立控制与电网 1 交换的有功功率 P_{s1}和无功功率 Q_{s1}。有功/无功功率控制器的直流侧电压必须由直流电压源提供。在图 12.3a 所示的 HVDC 系统中，右侧的 VSC 系统即直流电压受控的功率端口，可以提供有功/无功功率控制器所需的直流电压。在稳态下，P_{s1}近似等于直流功率 $P_{ext}=V_{DC}i_{ext}$的负值，其中 P_{ext}为输入直流电压受控的功率端口的功率。而 Q_{s1}仅仅是 VSC1 三相之间能量交换的结果，并不表示与变流器直流侧存在功率交换。有功/无功功率控制器的运行与控制原理已经在 8.3 节和 8.4 节中做了详细介绍。在本章中，假设 Q_{s1}被控制为预定值。不过如第 11 章所述，如果电网电感 L_{g1}过大，Q_{s1}可以通过闭环系统进行独立控制，从而调节 V_{sabc1}。

在图 12.3a 所示的 HVDC 系统中，直流电压受控的功率端口（即右侧的 VSC 系统）为有功/无功功率控制器（即左侧的 VSC 系统）提供受控的直流电压。直流母线电压 V_{DC}通过控制 P_{s2}进行调节，其中 P_{s2}为与电网 2 交换的有功功率。因此，为了保证直流侧电容交换的功率为零，P_{s2}必须等于 P_{ext}，从而保持直流侧电压恒定。其结果是，负的 P_{s1}，也就是有功/无功功率控制器的自由控制变量，经由直流电压受控的功率端口输入电网 2。直流电压受控的功率端口的运行与控制原理已在 8.6 节中做过介绍。与有功/无功功率控制器一样，在直流电压受控的功率端口中，Q_{s2}不对 VSC 交流侧与直流侧的能量交换产生影响，因此 Q_{s2}可以为任意值，比如，为了实现单位功率因数运行，$Q_{s2}=0$。作为另外一种选择，如第 11 章所述，在电网电感 L_{g2}过大的情况下，Q_{s2}可以通过闭环系统进行独立控制，从而调节 V_{sabc2}。

由图 12.1 可见，为了获得足够大的直流母线电压，背靠背 HVDC 系统的变流器为三电平 NPC（见图 12.4）。但是在图 12.3a 中，这些变流器由等效的二电平 VSC 来表示。这种等效以 6.7.4 节中提出的二电平和三电平 NPC 的通用模型为基础。在该通用模型中，VSC 可以表示为一个理想（无损）的二电平 VSC 和一个等效的直流母线电容，其中，二电平 VSC 的直流侧并联一个对应变流器功率损耗的电流源，直流母线的等效电容为三电平 NPC 单个直流侧电容的一半（见图 12.4）。如 8.5 节所述，三电平 NPC 需要通过内部的闭环控制来平衡直流侧电容电压。

图 12.3b 所示为 HVDC 变换系统修正后的示意图，该图与图 12.3a 等价，但更便于分析和控制器设计。在图 12.3b 所示的等效系统中，有功/无功功率控制器的直流母线电容和代表功率损耗的电流源，合并到了直流电压受控的功率端口一侧的电容和电流源中。因此，图 12.3b 中的 HVDC 系统由以下两部分组成：不带直流侧电容的有功/无功功率控制器和等效直流侧电容为 $C_{eq}=C_1+C_2$、并联等效电流源为 $i_{losseq}=i_{loss1}+i_{loss2}$的直流电压受控的功率端口。作为接下来讨论的基础，新的有功/无功功率控制器和直流电压受控的功率端口分别如图 12.5 和图 12.6 所示。

根据图 12.3b 所示模型，有功/无功功率控制器的作用类似于一个外部装置（见图 12.5），只是将直流功率 $P_{exteq}=V_{DC}i_{exteq}=-V_{DC}i_{DC1}$输入直流电压受控的功率端口的直流侧（见图 12.6）。因此，直流电压受控的功率端口的主要功能就是为有功/无功功率控制器提供直流电压。如 8.6 节所述，直流母线电压的控制是通过闭环调节 P_{s2}来实现的，闭环控制器以 V_{DC}^2作为反馈信号，输出指令 P_{sref2}，如图 12.6 所示。对于直流电压受控的功率端口，P_{exteq}和功率损耗 $P_{losseq}=V_{DC}i_{losseq}$都是扰动输入。$P_{losseq}$相对较小并且非常稳定，可以通过补偿器 $K_v(s)$ 中的积分器来进行补偿。但是，在 HVDC 系统的容量范围内，P_{exteq}的变化范围很大，对 V_{DC}^2的动态影响很大，因此，在控制回路中将 P_{exteq}的测量值作为前馈信号（见图 12.6）。

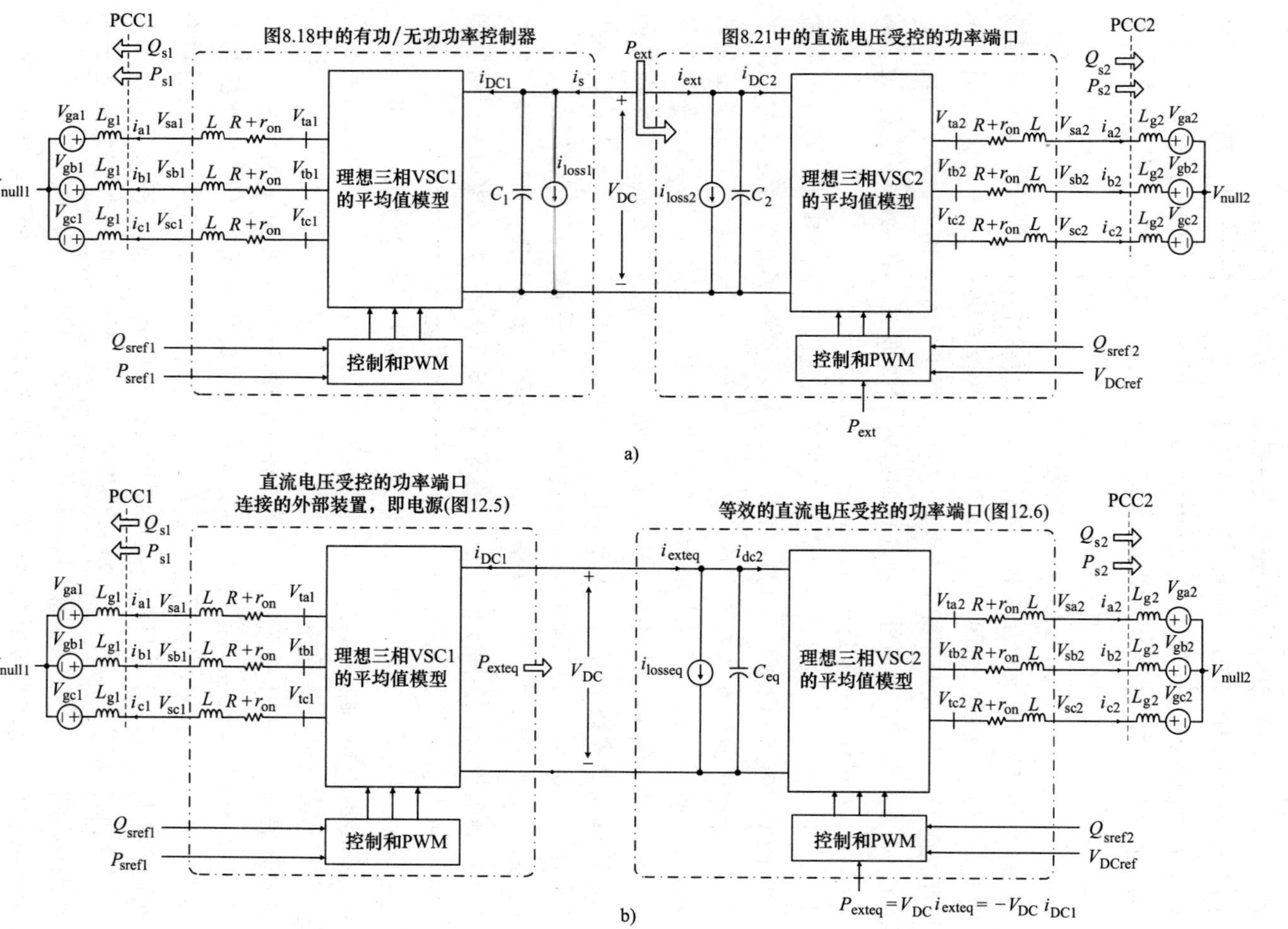

图 12.3 背靠背 HVDC 系统及其修正后示意图

a）基于有功/无功功率控制器和直流电压受控的功率端口的背靠背 HVDC 系统 b）两端直流母线电容和功率损耗电流源合并之后的等效系统

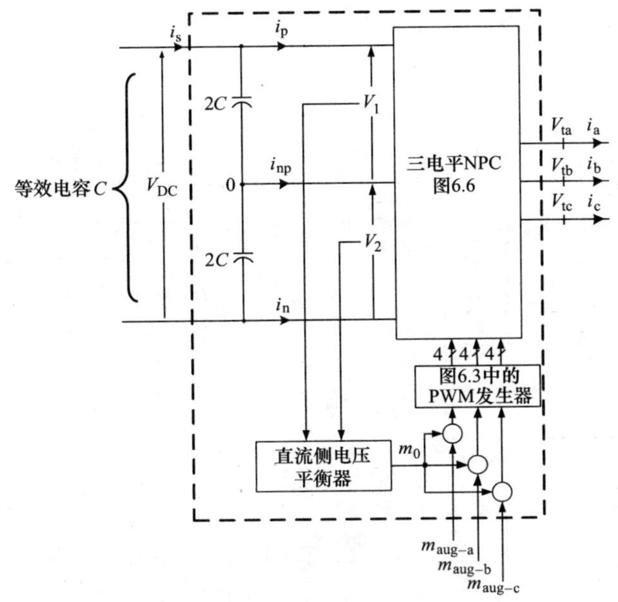

图 12.4　三电平 NPC 的框图

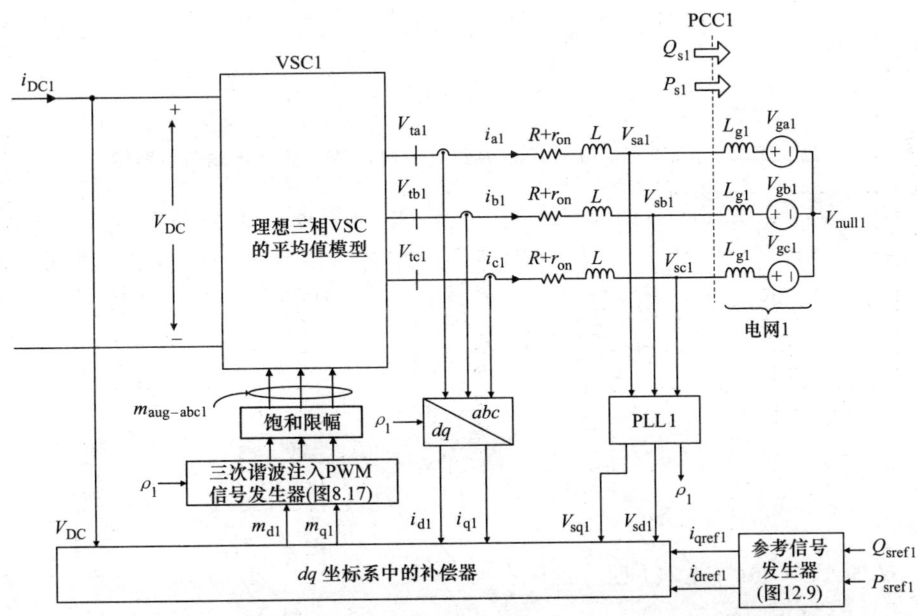

图 12.5　图 12.3b 中 HVDC 系统的有功/无功功率控制器示意图

基于图 12.3b 所示模型以及之前的讨论，背靠背 HVDC 系统的运行方式为：

- 电网 1 和电网 2 之间的功率交换通过控制 P_{s1} 来实现，其中 P_{sref1} 为 P_{s1} 的参考值。但 P_{sref2} 是一个内部控制变量，由 HVDC 系统的直流母线电压控制器给出。因此，P_{s2} 是控制的副产品，是不可控的。正（负）的 P_{s1} 表示有功功率从电网 2 传输到电网 1（从电网 1 传输到电网 2）。

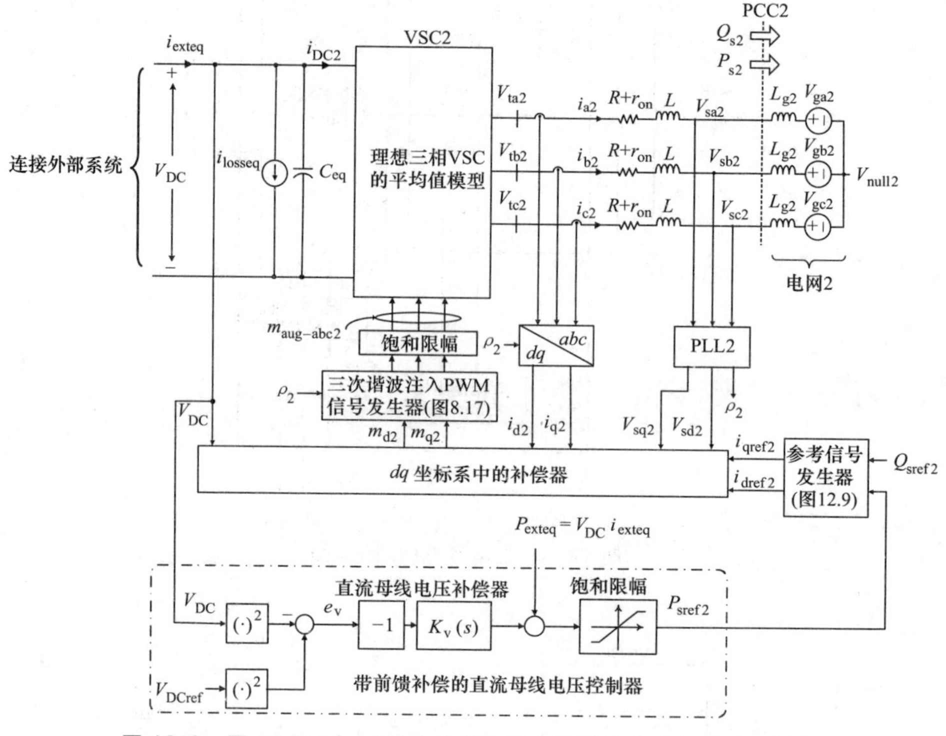

图 12.6 图 12.3b 中 HVDC 系统直流电压受控的功率端口示意图

- 在 HVDC 系统两边的交流侧，Q_{s1} 和 Q_{s2} 可以通过各自的参考指令 Q_{sref1} 和 Q_{sref2} 进行控制，Q_{s1} 和 Q_{s2} 可以为 VSC1 和 VSC2 容量范围内的任意值。或者，如第 11 章所述，也可以通过闭环控制来确定 Q_{sref1} 和 Q_{sref2}，进而分别调节 V_{sabc1} 和 V_{sabc2}。但是后者不属于本章的研究范畴。

12.4 HVDC 系统控制

12.4.1 锁相环（PLL）

图 12.3b 所示 HVDC 变换系统中的各 VSC 系统，即有功/无功功率控制器和直流电压受控的功率端口，均在 dq 坐标系下进行控制。如图 12.5 和图 12.6 所示，有

$$i_{dq}=\vec{i}\,e^{-j\rho(t)} \tag{12.7}$$

$$V_{sdq}=\vec{V}_s e^{-j\rho(t)} \tag{12.8}$$

$$\vec{m}=m_{dq}e^{j\rho(t)} \tag{12.9}$$

式中，$\rho(t)$ 为对应 PCC 电压的相角。对于各电网，$\rho(t)$ 由锁相环给出（见 8.3.4 节）。图 12.7 所示为锁相环的框图。PLL 将 V_{sabc} 变换为 V_{sdq}，并动态地调节 dq 坐标系的转速 ω 来保证 $V_{sq}=0$。PLL 以下面的控制规律为基础：

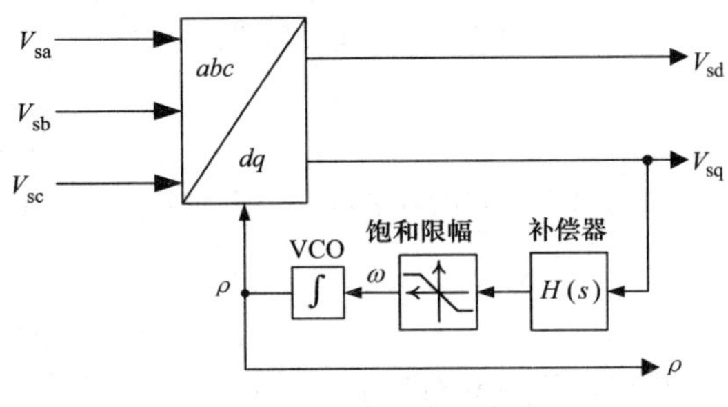

图 12.7　PLL 的示意图

$$\frac{d\rho}{dt}=\omega(t)=H(p)V_{sq}(t),\quad \omega_{min}\leqslant\omega\leqslant\omega_{max} \tag{12.10}$$

式中，$p=d(\cdot)/dt$ 为微分算子；$H(s)$ 为 PLL 补偿器的传递函数。因此，$H(s)V_{sq}(t)$ 表示输入为 $V_{sq}(t)$ 时 $H(s)$ 的零状态响应⊖。ω_{min} 和 ω_{max} 分别为 ω 的上限和下限。

假设电网电压三相对称，为了不失一般性，令 V'_{gabc} 为

$$V'_{ga}=(N\hat{V}_s)\cos(\omega_0 t+\theta_0) \tag{12.11}$$

$$V'_{gb}=(N\hat{V}_s)\cos\left(\omega_0 t+\theta_0-\frac{2\pi}{3}\right) \tag{12.12}$$

$$V'_{gc}=(N\hat{V}_s)\cos\left(\omega_0 t+\theta_0-\frac{4\pi}{3}\right) \tag{12.13}$$

同时假设交流系统足够大，即 L'_g 相对较小，因此，$V_{pabc}\approx V'_{gabc}$，如图 12.2 所示。根据式（12.1）~式（12.3），有

$$V_{xa}=\hat{V}_s\cos(\omega_0 t+\theta_0) \tag{12.14}$$

$$V_{xb}=\hat{V}_s\cos\left(\omega_0 t+\theta_0-\frac{2\pi}{3}\right) \tag{12.15}$$

$$V_{xc}=\hat{V}_s\cos\left(\omega_0 t+\theta_0-\frac{4\pi}{3}\right) \tag{12.16}$$

将式（12.14）~式（12.16）中的 V_{xabc} 代入式（12.4）~式（12.6），有

$$V_{sa}=\hat{V}_s\cos(\omega_0 t+\theta_0)+V_{null} \tag{12.17}$$

$$V_{sb}=\hat{V}_s\cos\left(\omega_0 t+\theta_0-\frac{2\pi}{3}\right)+V_{null} \tag{12.18}$$

$$V_{sc}=\hat{V}_s\cos\left(\omega_0 t+\theta_0-\frac{4\pi}{3}\right)+V_{null} \tag{12.19}$$

根据式（4.2），V_{sabc} 对应的空间相量为

⊖ 在本章中，我们用 $F(p)x(t)$ 来表示输入为 $x(t)$ 时 $F(s)$ 的零状态响应，其中 $F(s)$ 为线性传递函数，$x(t)$ 为任意的时域信号。换句话说，$\ell\{F(p)x(t)\}=F(s)X(s)$。

$$\vec{V}_s=\frac{2}{3}\left[\mathrm{e}^{j0}V_{sa}+\mathrm{e}^{j\frac{2\pi}{3}}V_{sb}+\mathrm{e}^{j\frac{4\pi}{3}}V_{sc}\right]=\hat{V}_s\mathrm{e}^{j(\omega_0 t+\theta_0)} \tag{12.20}$$

注意：由于 $(\mathrm{e}^{j0}+\mathrm{e}^{j\frac{2\pi}{3}}+\mathrm{e}^{j\frac{4\pi}{3}})\equiv 0$，$V_{null}$不会在 $\vec{V}_s$ 中出现。将式（12.20）中的 $\vec{V}_s$ 代入式（12.8），同时将结果分解为实部和虚部，可得

$$V_{sd}=\hat{V}_s\cos[\omega_0 t+\theta_0-\rho(t)] \tag{12.21}$$

$$V_{sq}=\hat{V}_s\sin[\omega_0 t+\theta_0-\rho(t)] \tag{12.22}$$

然后，$V_{sq}=0$ 对应 $\rho(t)=\omega_0 t+\theta_0$。通常，考虑到两端电网并不同步或者频率不同，有

$$\rho_1(t)=\omega_{01}t+\theta_{01} \tag{12.23}$$

$$\rho_2(t)=\omega_{02}t+\theta_{02} \tag{12.24}$$

式中，θ_{01} 和 θ_{02} 分别为 V_{sabc1} 和 V_{sabc2} 的初始相角。

如 8.3.5 节所述，$H(s)$ 必须含有一个积分环节。如果电网为无穷大系统，则 V_{pabc} 和 V_{sabc} 均不受 i_{abc} 影响，一旦 PLL 达到稳态，V_{sq} 就会稳定为零，$\omega(t)$ 则保持恒定且 $\omega(t)=\omega_0$。但是，如果电网不够大，那么 V_{pabc} 和 V_{sabc} 将是 i_{abc} 的函数，V_{sq} 和 $\omega(t)$ 会在 i_d 和 i_q 变化时产生偏差［式（11.16）和式（11.18）］。这也意味着 PLL 和 VSC 系统两者的动态特性是耦合的。作为一种近似，我们假设 V_{pabc} 和 V_{sabc} 不受 i_{abc} 的影响，并认为 PLL 和 VSC 系统两者的动态特性是解耦的。这种近似处理在第 11 章中做过讨论。

如 8.3.5 节所述，除了具有积分特性之外，$H(s)$ 还必须在频率为 $2\omega_0$ 处具有非常小的增益，才能实现在不平衡电网电压下的运行。不平衡电压往往是由于不对称故障而产生的，比如在 PCC 处（近端故障）或者在电网内部（远端故障）发生的线路接地故障。在 12.5 节中，我们将分析 HVDC 系统在近端不对称故障下的运行特性。

12.4.2 *dq* 坐标系电流控制方案

图 12.3b 所示 HVDC 系统中的各 VSC 系统，即有功/无功功率控制器和直流电压受控的功率端口，都是按照电流型控制模式来进行控制。如 8.4 节和 8.4.1 节所述，电流型控制模式可以用来控制 VSC 系统与对应的交流系统（电网）之间交换的有功功率和无功功率。因此，我们采取电流型控制模式来控制图 12.5 中有功/无功功率控制器的（P_{s1}，Q_{s1}），以及图 12.6 中直流电压受控的功率端口的（P_{s2}，Q_{s2}）。

图 12.8 所示为 dq 坐标系电流控制的框图，该图由图 8.10 复制而来。由图 12.8 可见，d 轴和 q 轴补偿器 $k_d(s)$ 和 $k_q(s)$ 分别以误差信号 $e_d=i_{dref}-i_d$ 和 $e_q=i_{qref}-i_q$ 为输入，同时分别输出 u_d 和 u_q。然后，u_d 和 u_q 分别与前馈信号 $V_{sd}-L\omega i_q$ 和 $V_{sq}+L\omega i_d$ 相加，生成信号 V_{tdref} 和 V_{tqref}。V_{tdref} 和 V_{tqref} 分别等于 VSC 交流端电压的

d 轴和 q 轴分量；通过下标 ref，将 V_{tdref}和 V_{tqref}同实际的交流端电压 V_{td}和 V_{tq}区分开来。前馈补偿是为了：①将 i_d 和 i_q的动态行为解耦；②提高闭环系统的抗干扰能力；③保证系统无冲击启动；④将 i_d 和 i_q 的动态与电网的动态解耦。对于前馈补偿，dq 坐标系的转速 ω 由锁相环给出。如果忽略锁相环的动态行为，ω 可以用定值 ω_0代替。

由图 12.8 还可以发现，为了生成 m_d 和 m_q，V_{tdref} 和 V_{tqref}需要除以 $V_{DC}(t)/2$。这一步可以看作是对 VSC 变换增益 $V_{DC}(t)/2$ 的前馈补偿，从而保证 V_{td}和 V_{tq}（实际的变流器交流端电压）分别是 V_{tdref}和 V_{tqref}（由图 12.8 所示的电流控制方案产生）的准确重现，尽管直流母线电压存在波动。在图 12.8 中，如果直流母线电压相对恒定，$V_{DC}(t)$ 可以由其稳态值 $V_{DC\,ref}$代替。否则，应当使用 $V_{DC}(t)$ 的动态测量值。以上两种方案和相应的结果将在 12.5.5 节中予以讨论。

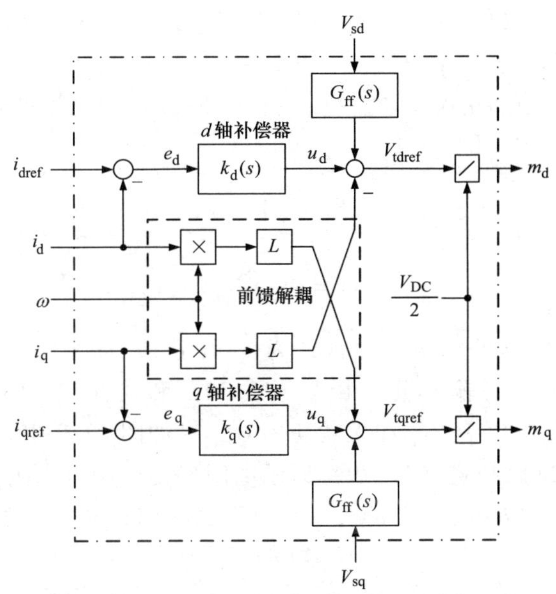

图 12.8　dq 坐标系下有功/无功功率控制器和直流电压受控功率端口的电流控制框图

如 8.4.1 节所述，$k_d(s)$ 为比例积分（PI）补偿器，

$$k_d(s)=\frac{k_p s+k_i}{s} \tag{12.25}$$

式中，k_p和 k_i分别为比例系数和积分系数。令

$$k_p=\frac{L}{\tau_i} \tag{12.26}$$

$$k_i=\frac{R+r_{on}}{\tau_i} \tag{12.27}$$

有

$$\frac{I_d(s)}{I_{dref}(s)}=G_i(s)=\frac{1}{\tau_i s+1} \tag{12.28}$$

式中，时间常数 τ_i 根据设计需要来选择。式（12.28）表明，如果根据式（12.26）和式（12.27）来选择 k_p 和 k_i，则 $i_d(t)$ 对 $i_{dref}(t)$ 的阶跃响应为时间常数为 τ_i 的一阶指数函数。这与我们的要求相吻合，因为一阶指数函数的响应平滑，没有稳态误差和超调。τ_i 决定了响应速度，通常需要根据 VSC 开关频率、所需的响应速度、直流母线电压水平和暂态类型在 0.5~5ms 的范围内选择 τ_i。q 轴补偿器 $k_q(s)$ 可以与 $k_d(s)$ 相同，因此

$$\frac{I_q(s)}{I_{qref}(s)}=G_i(s)=\frac{1}{\tau_i s+1} \tag{12.29}$$

根据式（4.83）和式（4.84），VSC 系统与对应的 PCC 交换的有功功率和无功功率分别为 $P_s=(3/2)[V_{sd}i_d+V_{sq}i_q]$ 和 $Q_s=(3/2)[-V_{sd}i_{sq}+V_{sq}i_d]$。如果 PCC 电压三相对称，那么在稳态情况下 $V_{sq}=0$，V_{sd} 等于 PCC 相电压的幅值。因此，P_s 和 Q_s 分别与 i_d 和 i_q 成正比，即

$$P_s=\frac{3}{2}\hat{V}_s i_d \tag{12.30}$$

$$Q_s=-\frac{3}{2}\hat{V}_s i_q \tag{12.31}$$

式中，$\hat{V}_s$ 为 PCC 相电压的峰值，通常认为 $\hat{V}_s$ 恒定[⊖]。如图 12.8 所示，i_{dref} 和 i_{qref} 为 VSC 电流控制器的参考输入量。由式（12.30）和式（12.31）可知，i_{dref} 和 i_{qref} 分别取决于所需的有功功率 P_{sref} 和无功功率 Q_{sref}，如图 12.9 中的框图所示。然后，i_d 和 i_q 按照式（12.28）和式（12.29）所示的闭环传递函数来跟踪 i_{sdref} 和 i_{sqref}。将 $i_d(t)=G_i(p)i_{dref}(t)$ 和 $i_q(t)=G_i(p)i_{qref}(t)$ 代入式（12.30）和式（12.31），可得

$$P_s(t)=G_i(p)P_{sref}(t) \tag{12.32}$$

$$Q_s(t)=G_i(p)Q_{sref}(t) \tag{12.33}$$

式中，$P_{sref}=(3/2)\hat{V}_s i_{dref}$，$Q_{sref}=-(3/2)\hat{V}_s i_{qref}$，如图 12.9 所示。式（12.32）和式（12.33）在拉普拉斯域中可以表示为

$$\frac{P_s(s)}{P_{sref}(s)}=\frac{Q_s(s)}{Q_{sref}(s)}=G_i(s) \tag{12.34}$$

式（12.34）表示，P_s 和 Q_s 按照传递函数 $G_i(s)$ 来追踪各自的参考指令值，$G_i(s)$ 是时间常数为 τ_i 的一阶传递函数，如式（12.28）和（12.29）所示。

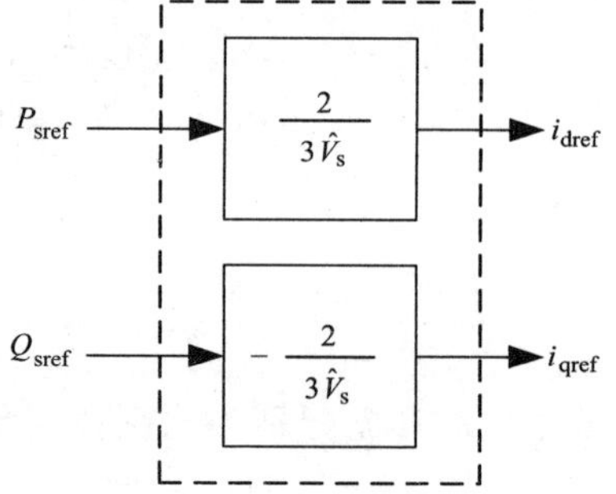

图 12.9　电流参考信号发生器控制框图

⊖ 本章中，考虑到公式的紧凑性而又不失一般性，我们假定电网 1 和电网 2 具有相同的额定电压。

12.4.3 PWM 门控信号发生器

图 12.3b 所示 HVDC 系统中各 VSC 的 PWM 门控信号发生器的示意图如图 12.10 所示。PWM 信号发生器接收来自图 12.8 中电流控制器的 m_d 和 m_q，再经过 dq 到 abc 坐标系的变换生成 m_{abc}，其中变换角 ρ 由相应的 PLL 提供。接下来，m_{abc} 与一部分三次谐波相加得到 $m_{aug\text{-}abc}$。最后，$m_{aug\text{-}abc}$ 与直流偏置 m_0 相加，得出的信号作为门控信号发生器的输入（见图 6.3）。m_0 为三电平 NPC 直流侧电压平衡控制器的输出，用来平衡三电平 NPC 的直流侧分压。直流侧电压平衡控制器已经在第 6~8 章中做过详细介绍，为了便于参考，将在下一个小节中进行简单回顾。

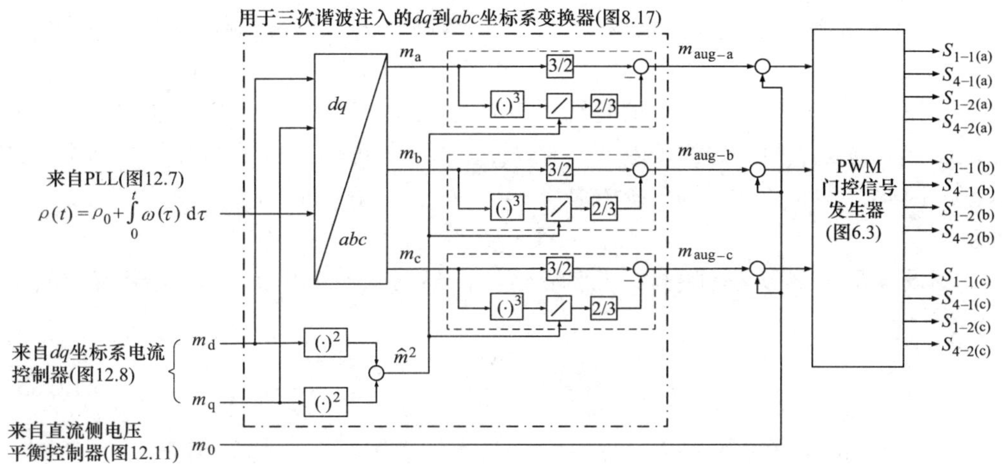

图 12.10 三电平 NPC 的 PWM 门控信号发生器框图

12.4.4 直流侧分压的平衡

如第 6 章所述，在直流侧带有电容分压器的三电平 NPC，需要一个内部闭环控制来平衡直流侧分压。图 12.1 所示的 HVDC 系统中各三电平 NPC 所需的直流侧电压平衡控制的示意图如图 12.11 所示。参照图 12.4 中的三电平 NPC，图 12.11 中的直流侧电压平衡控制以误差信号 $e=V_1-V_2$ 作为补偿器 $K(s)$ 的输入，输出控制信号 u。由于 V_1-V_2 存在相对较大的三次谐波分量，需要在反馈回路中采用滤波器 $F(s)$。如图 8.20 所示，开环增益与 P_s 成正比。因此，为了保证在整流和逆变运行模式下闭环系统的稳定性，u 需要乘以 P_s 的符号函数值，如图 12.11 所示，最终生成图 12.10 中 PWM 信号发生器所需的 m_0。设计 $F(s)$ 和 $K(s)$ 的步骤已经在例 7.3 中做过详细介绍。

12.4.5 潮流控制

如 12.3.2 节所述，图 12.5 中有功/无功功率控制器输入电网 1 的有功功率 P_{s1}

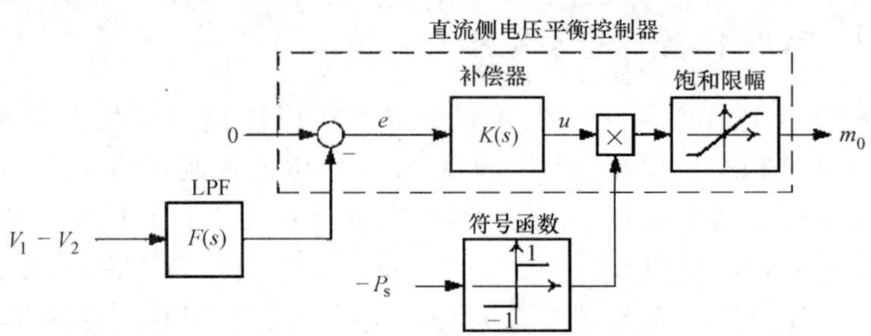

图 12.11 三电平 NPC 直流侧电压平衡控制器框图

是背靠背 HVDC 系统主要的控制变量，P_{s1} 同样对应从电网 2 送到电网 1 的有功功率。如 12.4.2 节所述，P_{sref1} 根据电流型控制策略对 P_{s1} 进行控制。由 P_{sref1} 到 P_{s1} 的传递函数为式（12.34）所示的一阶滤波器。如 12.3.2 节所述，由 P_{s1} 产生了直流电压受控功率端口直流母线上的直流功率 P_{exteq}（见图 12.3b）。P_{exteq} 可以看作是直流电压受控的功率端口的扰动输入，但 P_{exteq} 的影响可以通过前馈补偿得到很好的抑制。因此，我们用 P_{s1} 和系统参数来表示 P_{exteq}，在前馈补偿中采用 P_{exteq} 的估计值。

假设电阻上的功率损耗可以忽略不计，根据式（7.91），VSC1 交流侧功率 P_{t1} 为

$$P_{t1}=P_{s1}+\left(\frac{2L}{3\hat{V}_s^2}\right)P_{s1}\frac{dP_{s1}}{dt}+\left(\frac{2L}{3\hat{V}_s^2}\right)Q_{s1}\frac{dQ_{s1}}{dt} \tag{12.35}$$

由于 VSC1 是无损的，其直流侧功率 $P_{DC1}=i_{DC1}V_{DC}$ 等于 P_{t1}。因此

$$P_{DC1}=P_{s1}+\left(\frac{2L}{3\hat{V}_s^2}\right)P_{s1}\frac{dP_{s1}}{dt}+\left(\frac{2L}{3\hat{V}_s^2}\right)Q_{s1}\frac{dQ_{s1}}{dt} \tag{12.36}$$

由图 12.3b 可见，$i_{exteq}=-i_{DC1}$。因此，$P_{exteq}=V_{DC}i_{exteq}$ 等于 $-P_{DC1}$，可得

$$P_{exteq}=-P_{s1}-\left(\frac{2L}{3\hat{V}_s^2}\right)P_{s1}\frac{dP_{s1}}{dt}-\left(\frac{2L}{3\hat{V}_s^2}\right)Q_{s1}\frac{dQ_{s1}}{dt} \tag{12.37}$$

P_{exteq} 为加在图 12.6 中直流电压受控的功率端口直流母线上的功率。为了保持功率平衡和控制 V_{DC}，直流电压受控的功率端口将 P_{exteq} 传到 VSC2 的交流侧，再传到电网 2。根据式（12.37），在暂态过程中 P_{exteq} 可能大于也可能小于 $-P_{s1}$，具体要看 P_{s1}（和 Q_{s1}）的极性以及 P_{s1}（和 Q_{s1}）是增大还是减小。不过，在 HVDC 系统中，P_{sref1} 和 Q_{sref1} 通常以斜坡函数而不是阶梯函数的形式变化，所以 dP_s/dt 和 dQ_s/dt 很小，在式（12.37）中可以忽略不计。因此

$$P_{exteq}\approx -P_{s1}=-G_i(s)P_{sref1} \tag{12.38}$$

式（12.38）表明，通过将参考信号 P_{sref1} 经过传递函数为 $G_i(s)$ 的滤波器滤波，可以对 P_{exteq} 进行估算。这种估算方法比通过 $P_{exteq}=-V_{DC}i_{DC1}$ 来直接计算 P_{exteq} 更可取，原因是：①测量 i_{DC1} 时必须使用昂贵的（霍尔效应）电流传感器；

②由于只需要 P_{exteq} 的平均值，必须要滤除 i_{DC1} 测量值中的开关纹波。式(12.38) 成立的前提为电网电压三相对称，这是估算方法的缺点。如果 PCC1 发生不对称故障，如单相线路对地故障，P_{exteq}将是时间的周期函数，由直流分量和正弦分量组成。直流分量为变流器直流侧交换的功率，而正弦分量将导致直流母线电压发生周期性振荡。我们将在 12.5.4 节中进一步说明，在故障发生之后，P_{exteq}的直流分量（绝对值）将从故障之前的值阶梯式地跌落为一个较小的值，尽管 P_{sref1}始终保持恒定。但式（12.38）没能反映出 P_{exteq}的这种变化，造成的结果是基于式（12.38）的前馈补偿器不能抑制故障或电网电压三相不对称对直流母线电压的扰动。

12.4.6 直流母线电压调节

在图 12.3b 所示的 HVDC 系统中，直流母线电压调节是图 12.6 中直流电压受控的功率端口的功能之一，它通过控制 P_{s2}来实现该功能。正如 12.4.2 节所述，P_{s2}通过电流来进行控制，其中 P_{sref2}和 $G_i(s)$ 分别为参考指令和传递函数。P_{sref2}是直流母线电压控制器的输出，其中已经包含了 P_{exteq} 的测量值作为前馈补偿信号(见图 12.6)。直流电压受控的功率端口的模型和控制方法已经在 8.6 节中做了全面介绍，为便于参考，这里做简要回顾。

类似于式（12.36），根据图 12.6，VSC2 的直流侧功率 $P_{DC2}=V_{DC}i_{DC2}$可以表示为

$$P_{DC2}=P_{s2}+\left(\frac{2L}{3\hat{V}_s^2}\right)P_{s2}\frac{dP_{s2}}{dt}+\left(\frac{2L}{3\hat{V}_s^2}\right)Q_{s2}\frac{dQ_{s2}}{dt} \tag{12.39}$$

VSC2 直流侧的功率平衡方程为

$$P_{exteq}-P_{losseq}-\frac{dW_{Ceq}}{dt}=P_{DC2} \tag{12.40}$$

式中，$P_{exteq}=V_{DC}i_{exteq}$；$P_{losseq}=V_{DC}i_{losseq}$；$W_{Ceq}$为存储在直流母线电容器中的能量。将 $W_{Ceq}=(1/2)C_{eq}V_{DC}^2$以及式（12.39）中的 P_{s2}代入式（12.40），可得

$$\left(\frac{C_{eq}}{2}\right)\frac{dV_{DC}^2}{dt}=P_{exteq}-P_{losseq}-\left(\frac{2L}{3\hat{V}_s^2}\right)Q_{s2}\frac{dQ_{s2}}{dt}-P_{s2}-\left(\frac{2L}{3\hat{V}_s^2}\right)P_{s2}\frac{dP_{s2}}{dt} \tag{12.41}$$

式（12.41）描述了一个一阶的控制对象，其中 V_{DC}^2为输出，P_{s2}为控制输入，而 P_{losseq}、P_{exteq}和 Q_{s2}为扰动输入。由图 12.6 可见，$-K_v(s)$ 以误差信号 $e_v=V_{DCref}^2-V_{DC}^2$为输入，输出 P_{sref2}[⊖]。然后 P_{s2}根据传递函数 $G_i(s)=1/(\tau_i s+1)$ 来跟踪 P_{sref2}。P_{losseq}的值相对较小，如 5.2.3 节所述，也是运行点的函数，但是它的变化范围很小，可以看成是恒定的扰动量并可以通过 $K_v(s)$ 中的积分环节来消除。不过，P_{exteq}可以

⊖ 补偿器的负号是用来补偿控制对象的负增益。

在 HVDC 系统负额定功率和正额定功率范围内任意变化，可能会导致 V_{DC}^2 严重偏离 V_{DCref}^2。因此，如图 12.6 所示，P_{exteq} 的测量值作为前馈信号加到 $K_v(s)$ 的输出上。需要注意的是，在典型的系统参数下，Q_{s2} 对 V_{DC}^2 的影响很小，不需要进行补偿。

对于控制输入 P_{s2}，由于 $P_{s2}\mathrm{d}P_{s2}/\mathrm{d}t$ 项的存在，式（12.41）是非线性的。为了设计 $K_v(s)$，我们对式（12.41）进行如下线性化处理⊖：

$$\frac{\mathrm{d}\tilde{V}_{DC}^2}{\mathrm{d}t}=-\frac{2}{C_{eq}}\left[\tilde{P}_{s2}+\left(\frac{2LP_{s2ss}}{3\hat{V}_s^2}\right)\frac{\mathrm{d}\tilde{P}_{s2}}{\mathrm{d}t}\right] \tag{12.42}$$

式中，上标~和下标 ss 分别代表小信号扰动和稳态值。对式（12.42）两边进行拉普拉斯变换，可以得出传递函数 $G_v(s)=\tilde{V}_{DC}^2/\tilde{P}_{s2}$ 为

$$G_v(s)=\frac{\tilde{V}_{DC}^2(s)}{\tilde{P}_{s2}(s)}=-\left(\frac{2}{C_{eq}}\right)\frac{\tau s+1}{s} \tag{12.43}$$

式中，时间常数 τ 为

$$\tau=\frac{2LP_{s2ss}}{3\hat{V}_s^2} \tag{12.44}$$

将式（12.41）中的微分项用零替换，可得

$$P_{s2ss}=P_{exteqss}-P_{losseq} \tag{12.45}$$

如果 P_{sref1} 恒定，那么 $P_{s1}=P_{sref1}$ 处于稳定状态。因此，根据式（12.38），有 $P_{exteqss}=-P_{sref1}$，式（12.45）可以重新写为

$$P_{s2ss}=-P_{sref1}-P_{losseq} \tag{12.46}$$

如果 $|P_{sref1}|\gg P_{losseq}$，式（12.46）可以近似地表示为

$$P_{s2ss}\approx -P_{sref1} \tag{12.47}$$

将式（12.47）中的 P_{s2ss} 代入式（12.44），可得

$$\tau=-\frac{2LP_{sref1}}{3\hat{V}_s^2} \tag{12.48}$$

根据式（12.48），τ 与（恒定的）有功功率指令 P_{sref1} 成正比。如式（12.48）所示，如果 P_{sref1} 很小，τ 可以忽略不计，$G_v(s)$ 主要是一个积分器。当 P_{sref1} 的绝对值增大时，$|\tau|$ 增大并且导致开环增益产生很大的相移。当 P_{sref1} 为负值时，功率从电网 1 流向电网 2（见图 12.3b），τ 为正值并使开环增益的相位增加。但是当 P_{sref1} 为正值时，功率从电网 2 流向电网 1，τ 为负值并使开环增益的相位滞后。一个负值的 τ，对应于 $G_v(s)$ 的非最小相位零点，可能导致闭环系统不稳定。因此，考虑到最坏的情况，我们按照 P_{sref1} 为正的额定值来设计 $K_v(s)$。需要的注意的是，如果 P_{sref1} 为正值，根据式（12.38），P_{exteq} 是负值，图 12.6 中直流电压受控的功率

⊖ 通常我们在进行小信号分析时不考虑扰动，因为扰动信号对于我们所关心的闭环稳定性不起作用。

端口工作在整流模式下。正如 8.6 节所述，在整流模式下，直流电压受控的功率端口为非最小相位系统。

根据式（12.43）所示的线性化模型，直流母线电压控制器的控制框图如图 12.12 所示。如图 12.12 所示，$K_v(s)$ 发出指令 $\tilde{P}_{sref2}(s)$。不过控制对象的输入是 $\tilde{P}_{s2}$，$\tilde{P}_{s2}$ 由 $\tilde{P}_{sref2}(s)$ 经过传递函数 $G_i(s)$ 得出。因此，等效的控制对象传递函数为 $G_i(s)G_v(s)$。$K_v(s)$ 必须包括一个积分环节来补偿恒定扰动 P_{losseq}，从而保证零稳态误差。

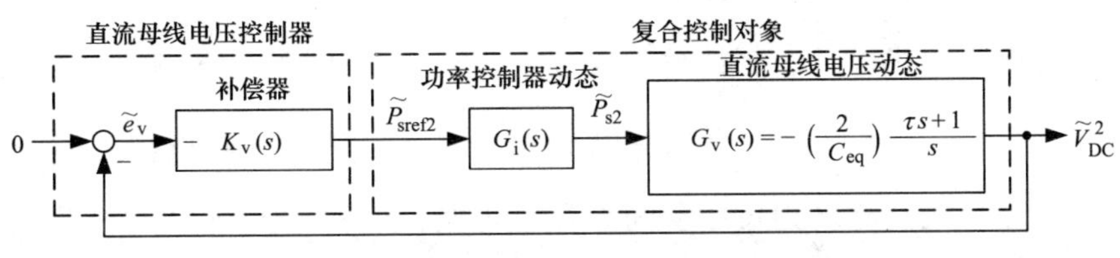

图 12.12　直流母线电压调节器控制框图

12.5　不对称故障下 HVDC 系统的性能

到目前为止，我们已经讨论了图 12.1 中背靠背 HVDC 系统（或图 12.3b 所示的等价系统）在电网电压对称情况下的控制方法。但是，如果一处 PCC（或两处 PCC 同时）发生单相接地等不对称故障，那么 HVDC 系统需要适应不对称的电网电压并能够继续运行，至少能够暂时运行。本节将分析在电网电压不对称情况下 HVDC 系统的性能。

12.5.1　不对称故障下的 PCC 电压

当 PCC 发生不对称故障时，PCC 电压将变得三相不对称。根据对称分量法[99]，一组不对称的三相电压可以表示为一组正序分量、一组负序分量和一组零序分量的叠加，其数学表达式为

$$
\begin{aligned}
V_{sa}(t)&=\underbrace{a\hat{V}_s\cos(\omega_0 t+\theta_0)}\quad+\underbrace{b\hat{V}_s\cos(\omega_0 t+\theta_0+\psi)}\quad+\underbrace{V_s^0(t)}\\
V_{sb}(t)&=a\hat{V}_s\cos\left(\omega_0 t+\theta_0-\frac{2\pi}{3}\right)+b\hat{V}_s\cos\left(\omega_0 t+\theta_0+\psi-\frac{4\pi}{3}\right)+V_s^0(t)\\
V_{sc}(t)&=\underbrace{a\hat{V}_s\cos\left(\omega_0 t+\theta_0-\frac{4\pi}{3}\right)}_{\text{正序}}+\underbrace{b\hat{V}_s\cos\left(\omega_0 t+\theta_0+\psi-\frac{2\pi}{3}\right)}_{\text{负序}}+\underbrace{V_s^0(t)}_{\text{零序}}
\end{aligned}
\tag{12.49}
$$

式中，$\hat{V}_s$ 和 θ_0 分别为正常相电压的幅值和相角；ψ 为 PCC 电压不对称时负序分量

相对正序分量的相角。参数 a 和 b 分别是（三相不对称的）V_{sabc} 的正序和负序分量相对 $\hat{V}_s$ 的幅值，表示了电压的不平衡度。例如，一组三相对称的电压可以看作是式（12.49）的特例，此时，$a=1$，$b=0$，$V_s^0(t)\equiv 0$。

根据式（4.2），V_{sabc} 对应的空间相量为

$$\vec{V}_s = \underbrace{a\,\hat{V}_s e^{j(\omega_0 t+\theta_0)}}_{\vec{V}_s^+} + \underbrace{b\,\hat{V}_s e^{-j(\omega_0 t+\theta_0+\psi)}}_{\vec{V}_s^-} \tag{12.50}$$

注意：因为 $e^{j0}+e^{j\frac{2\pi}{3}}+e^{j\frac{4\pi}{3}}\equiv 0$，$V_s^0(t)$ 不会出现在 $\vec{V}_s$ 的表达式中。

式（12.50）表明，$\vec{V}_s$ 包括两个分量：第一，逆时针方向旋转的空间相量 $\vec{V}_s^+=a\,\hat{V}_s e^{j(\omega_0 t+\theta_0)}$，我们称之为正序空间相量；第二，顺时针旋转的空间相量 $\vec{V}_s^-=b\,\hat{V}_s e^{-j(\omega_0 t+\theta_0+\psi)}$，我们称之为负序空间相量。将式（4.7）分别应用于 $\vec{V}_s^+$ 和 $\vec{V}_s^-$，可以恢复 V_{sabc} 的正序和负序分量，有

$$V_{sa}^+(t)=\mathrm{Re}\{\vec{V}_s^+ e^{-j0}\} \tag{12.51}$$

$$V_{sb}^+(t)=\mathrm{Re}\{\vec{V}_s^+ e^{-j\frac{2\pi}{3}}\} \tag{12.52}$$

$$V_{sc}^+(t)=\mathrm{Re}\{\vec{V}_s^+ e^{-j\frac{4\pi}{3}}\} \tag{12.53}$$

及

$$V_{sa}^-(t)=\mathrm{Re}\{\vec{V}_s^- e^{-j0}\} \tag{12.54}$$

$$V_{sb}^-(t)=\mathrm{Re}\{\vec{V}_s^- e^{-j\frac{2\pi}{3}}\} \tag{12.55}$$

$$V_{sc}^-(t)=\mathrm{Re}\{\vec{V}_s^- e^{-j\frac{4\pi}{3}}\} \tag{12.56}$$

式中，Re{·} 为实部运算符。不过需要注意的是，如果 $V_s^0(t)$ 是未知的[⊖]，则不能从 $\vec{V}_s$ 恢复 V_{sabc}。

例 12.1 单相接地故障时的 PCC 电压

图 12.13 所示为 PCC 发生单相接地故障时的情形，其中，PCC 的 C 相和大地之间发生短路，即 $V_{pc}\equiv 0$。根据式（12.1）~式（12.3），有

$$\begin{aligned} V_{xa} &\approx \frac{1}{N}V_{pa} \\ V_{xb} &\approx \frac{1}{N}V_{pb} \\ V_{xc} &\approx 0 \end{aligned} \tag{12.57}$$

假设 $V_{pc}\approx V'_{ga}$ 及 $V_{pb}\approx V'_{gb}$，将式（12.11）中的 V'_{ga} 和式（12.12）中的 V'_{gb} 分别

⊖ 三相信号 $f_{abc}(t)$ 的零序分量为 $f_0(t)=[f_a(t)+f_b(t)+f_c(t)]/3$。

代入式（12.57），可得

$$\begin{aligned} V_{xa} &\approx \hat{V}_s\cos(\omega_0 t+\theta_0) \\ V_{xb} &\approx \hat{V}_s\cos\left(\omega_0 t+\theta_0-\frac{2\pi}{3}\right) \\ V_{xc} &\approx 0 \end{aligned} \tag{12.58}$$

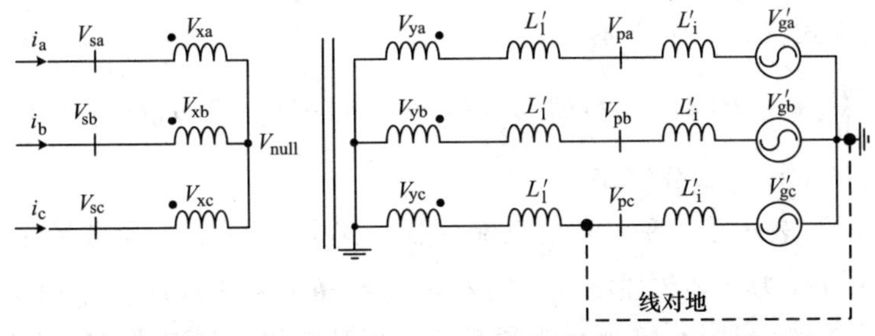

图 12.13　单相接地故障下连接变压器和交流系统的示意图

根据式（12.4）~式（12.6）和式（12.58），有

$$\begin{aligned} V_{xa} &\approx \hat{V}_s\cos(\omega_0 t+\theta_0)+V_{null} \\ V_{xb} &\approx \hat{V}_s\cos\left(\omega_0 t+\theta_0-\frac{2\pi}{3}\right)+V_{null} \\ V_{xc} &\approx V_{null} \end{aligned} \tag{12.59}$$

式（12.59）构成了一组三相不对称电压。根据式（4.2），有

$$\vec{V}_s = \underbrace{\frac{2}{3}\hat{V}_s e^{j(\omega_0 t+\theta_0)}}_{\vec{V}_s^+} + \underbrace{\frac{1}{3}\hat{V}_s e^{-j\left(\omega_0 t+\theta_0-\frac{\pi}{3}\right)}}_{\vec{V}_s^-} \tag{12.60}$$

比较式（12.50）和式（12.60）可以发现，在单相接地故障情况下，$a=2/3$，$b=1/3$，$\psi=-\pi/3$。根据式（12.49），V_{sabc}可以表示为

$$\begin{aligned} V_{sa}(t) &= \frac{2}{3}\hat{V}_s\cos(\omega_0 t+\theta_0)+\frac{1}{3}\hat{V}_s\cos\left(\omega_0 t+\theta_0-\frac{\pi}{3}\right)+V_{null}(t) \\ V_{sb}(t) &= \frac{2}{3}\hat{V}_s\cos\left(\omega_0 t+\theta_0-\frac{2\pi}{3}\right)+\frac{1}{3}\hat{V}_s\cos\left(\omega_0 t+\theta_0+\psi-\frac{5\pi}{3}\right)+V_{null}(t) \\ V_{sc}(t) &= \underbrace{\frac{2}{3}\hat{V}_s\cos\left(\omega_0 t+\theta_0-\frac{4\pi}{3}\right)}_{\text{正序}}+\underbrace{\frac{1}{3}\hat{V}_s\cos(\omega_0 t+\theta_0+\psi-\pi)}_{\text{负序}}+\underbrace{V_{null}(t)}_{\text{零序}} \end{aligned} \tag{12.61}$$

式中，V_{null}为 V_{sabc}的零序分量。

12.5.2　不对称故障下 PLL 的运行特性

将式（12.50）中的$\hat{V}_s$代入式（12.8），并将结果分解为实部和虚部，可得

$$V_{sd}=a\,\hat{V}_s\cos[\omega_0 t+\theta_0-\rho(t)]+b\,\hat{V}_s\cos[\omega_0 t+\theta_0+\psi+\rho(t)] \tag{12.62}$$

$$V_{sq}=a\,\hat{V}_s\sin[\omega_0t+\theta_0-\rho(t)]-b\,\hat{V}_s\sin[\omega_0t+\theta_0+\psi+\rho(t)] \tag{12.63}$$

PLL 的作用是将 dq 坐标系与 V_{sabc} 同步，也就是说，保证稳态时 $\rho(t)=\omega_0t+\theta_0$。因此，假设存在小信号扰动，即 $\rho(t)\approx\omega_0t+\theta_0$，式（12.63）可以重新写为

$$\begin{aligned}V_{sq}&=a\hat{V}_s\sin[\omega_0t+\theta_0-\rho(t)]-b\hat{V}_s\sin[2(\omega_0t+\theta_0)+\psi]\\&\approx a\hat{V}_s\sin[\omega_0t+\theta_0-\rho(t)]-b\hat{V}_s\sin[2(\omega_0t+\theta_0)+\psi]\end{aligned} \tag{12.64}$$

将 V_{sq} 代入式（12.10），有

$$\frac{d\rho}{dt}=a\,\hat{V}_sH(p)[\omega_0t+\theta_0-\rho(t)]-b\,\hat{V}_sH(p)\sin[2(\omega_0t+\theta_0)+\psi] \tag{12.65}$$

式中，$p=d(\cdot)/dt$ 为微分算子。

式（12.65）表示了一种经典的反馈控制，其中 $\omega_0t+\theta_0$ 为参考量输入，$\rho(t)$ 为输出，$a\,\hat{V}_sH(s)/s$ 为开环传递函数。输入 $d(t)=-b\,\hat{V}_s\sin[2(\omega_0t+\theta_0)+\psi]H(p)$ 表示对控制回路的扰动。图 12.14 所示为涵盖了三相对称和不对称情况的 PLL 通用控制框图。在正常运行条件下，$(a, b)=(1, 0)$，并且图 12.14 中的框图等价于图 8.4 中电网电压三相对称时的框图。不过，当 PCC 发生不对称故障时，系数 a 变得远远小于 1，而系数 b 为非零值；造成的结果是：①PLL 回路增益幅值降低了 $100(1-a)\%$，比如，对于单相接地故障为 33%；② $\omega(t)$ 因为存在正弦的扰动而发生畸变，而在电网三相对称条件下不存在这种扰动。增益强度的降低可能会略微减慢闭环的响应速度，但是不会影响系统稳定性。不过，这种扰动会造成 ω 和 ρ 中产生频率为 $2\omega_0$ 的波动，这些波动反过来会在 VSC 交流电压和电流中产生额外的谐波。因此，为了抑制这种扰动，可以为 $H(s)$ 配置一对共轭复数零点 $\pm j(2\omega_0)$，使 $H(s)$ 在频率为 $2\omega_0$ 处的增益足够小。设计 $H(s)$ 的详细过程请参见例 8.1。

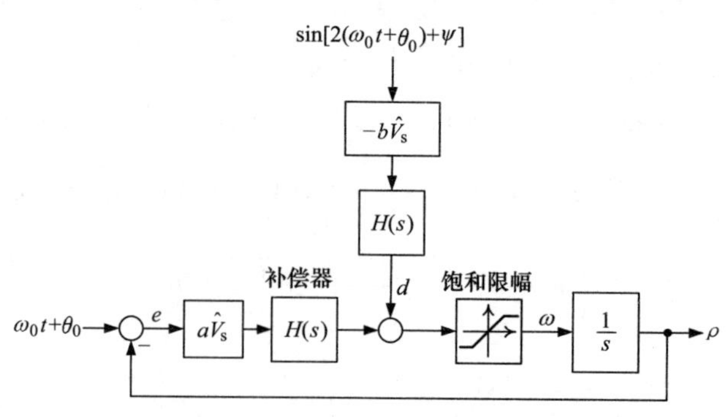

图 12.14　PLL 的控制框图

当电网电压对称时，$a=1$，$b=0$；当电网电压不对称时，例如因为不对称故障，$a<1$，$b\neq0$

12.5.3　不对称故障下 dq 坐标系电流控制器的运行特性

本节将分析不对称故障后 d 轴和 q 轴电流控制器在三相不对称 PCC 电压下的

运行特性。对于图 12.5 中的有功/无功功率控制器和图 12.6 中的直流电压受控的功率端口，两者的交流侧模型都可以用式（8.5）表示，为便于参阅，在式（12.66）中重新给出：

$$L\frac{\mathrm{d}\vec{i}}{\mathrm{d}t}=-(R+r_{on})\vec{i}+\vec{V}_t-\vec{V}_s \tag{12.66}$$

将式（12.66）中的各空间相量用 dq 坐标系分量来表示，即 $\vec{f}=(f_d+jf_q)e^{j\rho}$，可得

$$L\frac{\mathrm{d}i_d}{\mathrm{d}t}=(L\omega)i_q-(R+r_{on})i_d+V_{td}-V_{sd} \tag{12.67}$$

$$L\frac{\mathrm{d}i_q}{\mathrm{d}t}=-(L\omega)i_d-(R+r_{on})i_q+V_{tq}-V_{sq} \tag{12.68}$$

式中，$\omega=\mathrm{d}\rho/\mathrm{d}t$。如果电网电压三相对称，$V_{sd}$ 和 V_{sq} 如式（12.21）和式（12.22）所示，因为 $\rho(t)=\omega_0 t+\theta_0$，式（12.21）和式（12.22）可以重新写为

$$V_{sd}=\hat{V}_s \tag{12.69}$$

$$V_{sq}=0 \tag{12.70}$$

在不对称故障下，V_{sd} 和 V_{sq} 如式（12.62）和式（12.63）所示，同理，式（12.62）和式（12.63）可以写为

$$V_{sd}=a\hat{V}_s+b\hat{V}_s\cos[2(\omega_0 t+\theta_0)+\psi] \tag{12.71}$$

$$V_{sq}=-b\hat{V}_s\sin[2(\omega_0 t+\theta_0)+\psi] \tag{12.72}$$

比较式（12.72）和式（12.70）可以发现，发生不对称故障时，V_{sq} 在保持直流分量为零的同时，还含有正弦纹波分量。而式（12.71）和式（12.69）的对比表明，V_{sd} 的直流分量由 $\hat{V}_s$ 减小为 $a\hat{V}_s$，同时也含有正弦纹波分量。如式（12.67）和式（12.68）所示，如果不进行适当的补偿，V_{sd} 和 V_{sq} 的纹波分量会导致 i_d 和 i_q 中产生波动，这些波动反过来会导致 i_{abc} 的不平衡并在 i_{abc} 中产生正序的三次谐波[⊖]。V_{sd} 和 V_{sq} 对 i_d 和 i_q 的影响，如上所述，可以通过下面的前馈控制来进行抑制。

如图 12.8 所示，（滤波后的）V_{sd} 和 V_{sq} 的测量值加到了控制信号 u_d 和 u_q 上，滤波器的传递函数为 $G_{ff}(s)$。因此，V_{sd} 和 V_{sq} 的任何变化都可以被迅速反映到 V_{tdref} 和/或 V_{tqref}，这样一来，连接电感上的压降就只是 i_d 和/或 i_q 的函数。

因为 V_{sd} 和 V_{sq} 纹波分量的频率为 $2\omega_0$，$G_{ff}(s)$ 的带宽相比 $2\omega_0$ 必须足够大，才能使得前馈控制起作用。否则，$G_{ff}(j2\omega_0)$ 处的增益下降和相移会导致 V_{sd} 和 V_{sq} 的测量值偏离其实际值，从而使前馈补偿不起作用。另外，开关频率必须足够大，才能保证 VSC 可以按照参考指令生成 V_{sd} 和 V_{sq} 的纹波分量。如果可以满足以上条件，在故障情况下 i_d 和 i_q 中就不会因为 V_{sd} 和 V_{sq} 的波动而存在纹波分量，i_{abc} 也可以基

⊖ 将在 12.5.7 节中予以证明。

本上保持三相平衡和无畸变。前馈补偿的详细介绍和优点请参阅 3.4 节。

12.5.4 不对称故障下直流母线电压的动态

考虑图 12.3b 所示的 HVDC 系统，假设两端 PCC 都发生不对称故障。考虑到公式的紧凑型而又不失一般性，假设两端电网的频率相同，都是 ω_0，但各自的初始相角不同，即 $\theta_{01}\neq\theta_{02}$。我们进一步假设两端 HVDC 系统同各自电网交换功率的功率因数都是 1，即 $Q_{sref}=Q_s=0$。如 12.4.1 节和 12.5.2 节所述，各 PCC 电压的 dq 坐标系分量可以表示为

$$V_{sd}=a\,\hat{V}_s+b\,\hat{V}_s\cos[2(\omega_0t+\theta_0)+\psi] \tag{12.73}$$

$$V_{sq}=-b\,\hat{V}_s\sin[2(\omega_0t+\theta_0)+\psi] \tag{12.74}$$

式中，系数 a 和 b 与故障类型和电压不平衡度有关。比如，$a=1$ 和 $b=0$，表示一个正常系统，如式（12.69）和式（12.70）所示，而 $a=2/3$ 和 $b=1/3$ 则表示电网发生了单相接地故障，如式（12.71）和式（12.72）所示，等等。根据式（4.83），因为 $i_q=0$，电网与 PCC 交换的（实际的）有功功率为

$$P_{s\text{-}act}=\frac{3}{2}\{a\,\hat{V}_s+b\,\hat{V}_s\cos[2(\omega_0t+\theta_0)+\psi]\}i_d \tag{12.75}$$

将 $i_d=2P_s/(3\hat{V}_s)$ 代入式（12.75），有

$$P_{s\text{-}act}=aP_s+bP_s\cos[2(\omega_0t+\theta_0)+\psi] \tag{12.76}$$

需要注意的是，$P_{s\text{-}act}$表示 PCC 与电网实际交换的有功功率，与 P_s并不相同。根据式（12.30），$P_s=(3/2)\hat{V}_si_d$ 只在 PCC 电压三相对称时等于 $P_{s\text{-}act}$，即 $a=1$、$b=0$ 时，$P_{s\text{-}act}=P_s$。当电网电压不对称时，P_s不等于 $P_{s\text{-}act}$，而是如式（12.76）所示，只是 $P_{s\text{-}act}$直流分量（或平均值）表达式中的系数。$P_{s\text{-}act}$的直流分量 aP_s，与 P_s成正比，但是绝对值小于 P_s，这是因为 $a\leqslant1$。另外，在电网电压不对称时，b 为非零值，因此 $P_{s\text{-}act}$除了直流分量还含有交流纹波分量，交流纹波分量是时间的正弦函数，其幅值和频率分别为 bP_s和 $2\omega_0$。对 $Q_{s\text{-}act}$和 Q_s也可以得出类似的结论。

VSC 的直流侧功率为

$$P_{DC}=P_t=P_{s\text{-}abc}+P_L \tag{12.77}$$

式中，P_L为连接电感的瞬时功率，其表达式如式（4.41）所示：

$$\begin{aligned}P_L&=\frac{3L}{2}\mathrm{Re}\left\{\frac{\mathrm{d}\vec{i}}{\mathrm{d}t}\vec{i}^{\,*}\right\}=\frac{3L}{2}\mathrm{Re}\left\{\frac{\mathrm{d}(i_{dq}e^{j\rho})}{\mathrm{d}t}(i_{dq}e^{j\rho})^*\right\}\\&=\frac{3L}{4}\left(\frac{\mathrm{d}i_d^2}{\mathrm{d}t}+\frac{\mathrm{d}i_q^2}{\mathrm{d}t}\right)=\frac{3L}{4}\frac{\mathrm{d}i_d^2}{\mathrm{d}t}\qquad i_q=0\end{aligned} \tag{12.78}$$

因为 $i_d=2P_s/(3\hat{V}_s)$，式（12.78）可以重新写为

$$P_{\mathrm{L}}=\frac{L}{3\hat{V}_{\mathrm{s}}^{2}}\frac{\mathrm{d}P_{\mathrm{s}}^{2}}{\mathrm{d}t} \tag{12.79}$$

分别将式（12.76）中的 $P_{\text{s-act}}$ 和式（12.79）中的 P_{L} 代入式（12.77），可以推导得出 VSC 直流端功率为

$$P_{\mathrm{DC}}=\left(aP_{\mathrm{s}}+\frac{L}{3\hat{V}_{\mathrm{s}}^{2}}\frac{\mathrm{d}P_{\mathrm{s}}^{2}}{\mathrm{d}t}\right)+bP_{\mathrm{s}}\cos[2(\omega_{0}t+\theta_{0})+\psi] \tag{12.80}$$

参照图 12.3b 所示的 HVDC 系统，根据功率平衡原理，直流母线电压的动态特性可以表示为

$$\begin{aligned}\left(\frac{C_{\mathrm{eq}}}{2}\right)\frac{\mathrm{d}V_{\mathrm{DC}}^{2}}{\mathrm{d}t}&=P_{\mathrm{exteq}}-P_{\mathrm{losseq}}-P_{\mathrm{DC2}}\\&\approx P_{\mathrm{exteq}}-P_{\mathrm{DC2}}\approx -P_{\mathrm{DC1}}-P_{\mathrm{DC2}}\end{aligned} \tag{12.81}$$

根据式（12.80）所示 P_{DC} 的通用公式，将 P_{DC1} 和 P_{DC2} 代入式（12.81），有

$$\begin{aligned}\left(\frac{C_{\mathrm{eq}}}{2}\right)\frac{\mathrm{d}V_{\mathrm{DC}}^{2}}{\mathrm{d}t}=&-\left(a_{1}P_{\mathrm{s1}}+\frac{L}{3\hat{V}_{\mathrm{s}}^{2}}\frac{\mathrm{d}P_{\mathrm{s1}}^{2}}{\mathrm{d}t}\right)-\left(a_{2}P_{\mathrm{s2}}+\frac{L}{3\hat{V}_{\mathrm{s}}^{2}}\frac{\mathrm{d}P_{\mathrm{s2}}^{2}}{\mathrm{d}t}\right)-\\&\{b_{1}P_{\mathrm{s1}}\cos[2(\omega_{0}t+\theta_{01})+\psi_{1}]+b_{2}P_{\mathrm{s2}}\cos[2(\omega_{0}t+\theta_{02})+\psi_{2}]\}\end{aligned} \tag{12.82}$$

或者等价于

$$\begin{aligned}\frac{\mathrm{d}V_{\mathrm{DC}}^{2}}{\mathrm{d}t}=&-\left(\frac{2}{C_{\mathrm{eq}}}\right)\left(a_{1}P_{\mathrm{s1}}+\frac{L}{3\hat{V}_{\mathrm{s}}^{2}}\frac{\mathrm{d}P_{\mathrm{s1}}^{2}}{\mathrm{d}t}\right)-\left(\frac{2}{C_{\mathrm{eq}}}\right)\left(a_{2}P_{\mathrm{s2}}+\frac{L}{3\hat{V}_{\mathrm{s}}^{2}}\frac{\mathrm{d}P_{\mathrm{s2}}^{2}}{\mathrm{d}t}\right)-\\&\left(\frac{1}{C_{\mathrm{eq}}}\right)[b_{1}P_{\mathrm{s1}}\mathrm{e}^{\mathrm{j}(2\theta_{01}+\psi_{1})}+b_{2}P_{\mathrm{s2}}\mathrm{e}^{\mathrm{j}(2\theta_{02}+\psi_{2})}]\mathrm{e}^{\mathrm{j}2\omega_{0}t}-\\&\left(\frac{1}{C_{\mathrm{eq}}}\right)[b_{1}P_{\mathrm{s1}}\mathrm{e}^{\mathrm{j}(2\theta_{01}+\psi_{1})}+b_{2}P_{\mathrm{s2}}\mathrm{e}^{\mathrm{j}(2\theta_{02}+\psi_{2})}]\mathrm{e}^{-\mathrm{j}2\omega_{0}t}\end{aligned} \tag{12.83}$$

根据式（12.82）或式（12.83），如果 b_1 或 b_2 不等于零的话，V_{DC}^2 将含有一个频率为 $2\omega_0$ 的交流稳态分量。将 V_{DC}^2 近似为

$$\begin{aligned}V_{\mathrm{DC}}^{2}&\approx y_{0}(t)+y_{\alpha}(t)\cos(2\omega_{0}t)-y_{\beta}(t)\sin(2\omega_{0}t)\\&=y_{0}(t)+\frac{1}{2}[y_{\alpha}(t)+\mathrm{j}y_{\beta}(t)]\mathrm{e}^{\mathrm{j}2\omega_{0}t}+\frac{1}{2}[y_{\alpha}(t)-\mathrm{j}y_{\beta}(t)]\mathrm{e}^{-\mathrm{j}2\omega_{0}t}\end{aligned} \tag{12.84}$$

式中，时变系数 $y_0(t)$、$y_\alpha(t)$ 和 $y_\beta(t)$ 在稳态时为定值。式（12.84）成立的前提是 $y_0(t)$、$y_\alpha(t)$ 和 $y_\beta(t)$ 的变化相比 $\cos(2\omega_0)$ 和 $\sin(2\omega_0)$ 要慢得多。对式（12.84）求导，有

$$\begin{aligned}\frac{\mathrm{d}V_{\mathrm{DC}}^{2}}{\mathrm{d}t}=\frac{\mathrm{d}y_{0}}{\mathrm{d}t}+&\left[\frac{1}{2}\left(\frac{\mathrm{d}y_{\alpha}}{\mathrm{d}t}+\mathrm{j}\frac{\mathrm{d}y_{\beta}}{\mathrm{d}t}\right)+\mathrm{j}\omega_{0}(y_{\alpha}+\mathrm{j}y_{\beta})\right]\mathrm{e}^{\mathrm{j}2\omega_{0}t}+\\&\left[\frac{1}{2}\left(\frac{\mathrm{d}y_{\alpha}}{\mathrm{d}t}-\mathrm{j}\frac{\mathrm{d}y_{\beta}}{\mathrm{d}t}\right)-\mathrm{j}\omega_{0}(y_{\alpha}-\mathrm{j}y_{\beta})\right]\mathrm{e}^{-\mathrm{j}2\omega_{0}t}\end{aligned} \tag{12.85}$$

将式（12.85）中的 $\mathrm{d}V_{\mathrm{DC}}^2/\mathrm{d}t$ 代入式（12.83），等式两边 $\mathrm{e}^{\mathrm{j}0\omega_0 t}$、$\mathrm{e}^{\mathrm{j}2\omega_0 t}$ 和 $\mathrm{e}^{-\mathrm{j}2\omega_0 t}$ 项的系数分别取等，有

$$\frac{\mathrm{d}y_0}{\mathrm{d}t}=-\left(\frac{2}{C_{\mathrm{eq}}}\right)\left(a_1 P_{\mathrm{s}1}+\frac{L}{3\hat{V}_{\mathrm{s}}^2}\frac{\mathrm{d}P_{\mathrm{s}1}^2}{\mathrm{d}t}\right)-\left(\frac{2}{C_{\mathrm{eq}}}\right)\left(a_2 P_{\mathrm{s}2}+\frac{L}{3\hat{V}_{\mathrm{s}}^2}\frac{\mathrm{d}P_{\mathrm{s}2}^2}{\mathrm{d}t}\right) \tag{12.86}$$

$$\left[\frac{1}{2}\left(\frac{\mathrm{d}y_\alpha}{\mathrm{d}t}+\mathrm{j}\frac{\mathrm{d}y_\beta}{\mathrm{d}t}\right)+\mathrm{j}\omega_0(y_\alpha+\mathrm{j}y_\beta)\right]=$$
$$-\left(\frac{1}{C_{\mathrm{eq}}}\right)\left[b_1 P_{\mathrm{s}1}\mathrm{e}^{\mathrm{j}(2\theta_{01}+\psi_1)}+b_2 P_{\mathrm{s}2}\mathrm{e}^{\mathrm{j}(2\theta_{02}+\psi_2)}\right] \tag{12.87}$$

$$\left[\frac{1}{2}\left(\frac{\mathrm{d}y_\alpha}{\mathrm{d}t}-\mathrm{j}\frac{\mathrm{d}y_\beta}{\mathrm{d}t}\right)-\mathrm{j}\omega_0(y_\alpha-\mathrm{j}y_\beta)\right]=$$
$$-\left(\frac{1}{C_{\mathrm{eq}}}\right)\left[b_1 P_{\mathrm{s}1}\mathrm{e}^{-\mathrm{j}(2\theta_{01}+\psi_1)}+b_2 P_{\mathrm{s}2}\mathrm{e}^{-\mathrm{j}(2\theta_{02}+\psi_2)}\right] \tag{12.88}$$

式（12.86）描述了 V_{DC}^2 的直流分量 y_0 的动态行为，式（12.87）包含了两个描述 V_{DC}^2 交流分量的正交分量 y_α 和 y_β 动态行为的方程。可以发现，式（12.88）与式（12.87）等价，因此式（12.88）是多余的。继续将式（12.87）分解为实部和虚部：

$$\frac{\mathrm{d}y_\alpha}{\mathrm{d}t}=2\omega_0 y_\beta-\frac{2}{C_{\mathrm{eq}}}\left[b_1 P_{\mathrm{s}1}\cos(2\theta_{01}+\psi_1)+b_2 P_{\mathrm{s}2}\cos(2\theta_{02}+\psi_2)\right] \tag{12.89}$$

$$\frac{\mathrm{d}y_\beta}{\mathrm{d}t}=-2\omega_0 y_\alpha-\frac{2}{C_{\mathrm{eq}}}\left[b_1 P_{\mathrm{s}1}\sin(2\theta_{01}+\psi_1)+b_2 P_{\mathrm{s}2}\sin(2\theta_{02}+\psi_2)\right] \tag{12.90}$$

式（12.89）和式（12.90）表明，y_α 和 y_β 的动态行为是耦合的，但是与 y_0 的动态无关。同样，y_0 的动态行为也与 y_α 和 y_β 无关。将式（12.84）重新写为

$$V_{\mathrm{DC}}^2=y_0(t)+\hat{y}(t)\cos[2\omega_0 t+\eta(t)] \tag{12.91}$$

式中

$$\hat{y}=\sqrt{y_\alpha^2+y_\beta^2}$$
$$\eta=\arctan\left(\frac{y_\beta}{y_\alpha}\right) \tag{12.92}$$

式（12.92）表明，V_{DC}^2 交流分量的幅值和相角是 y_α 和 y_β 的函数。通过将式（12.89）和式（12.90）中的 $\mathrm{d}y_\alpha/\mathrm{d}t$ 和 $\mathrm{d}y_\beta/\mathrm{d}t$ 项设为零，可以解出 y_α 和 y_β 的稳态值，结果为

$$y_{\beta\mathrm{ss}}=\frac{1}{C_{\mathrm{eq}}\omega_0}\left[b_1 P_{\mathrm{s}1\mathrm{ss}}\cos(2\theta_{01}+\psi_1)+b_2 P_{\mathrm{s}2\mathrm{ss}}\cos(2\theta_{02}+\psi_2)\right] \tag{12.93}$$

$$y_{\alpha\mathrm{ss}}=-\frac{1}{C_{\mathrm{eq}}\omega_0}\left[b_1 P_{\mathrm{s}1\mathrm{ss}}\sin(2\theta_{01}+\psi_1)+b_2 P_{\mathrm{s}2\mathrm{ss}}\sin(2\theta_{02}+\psi_2)\right] \tag{12.94}$$

式中，下标 ss 表示稳态值。将式（12.93）和式（12.94）中的 $y_{\alpha ss}$ 和 $y_{\beta ss}$ 代入式（12.92），可得

$$\hat{y}_{ss}=\frac{\sqrt{(b_1P_{s1ss})^2+(b_2P_{s2ss})^2+2b_1b_2P_{s1ss}P_{s2ss}\cos[2(\theta_{01}-\theta_{02})+(\psi_1-\psi_2)]}}{C_{eq}\omega_0} \tag{12.95}$$

更好的做法是将 $\hat{y}_{ss}$ 用 HVDC 系统的潮流指令 $P_{s\,ref1}$ 表示。因此，首先将式（12.86）的左边设为零，可得

$$P_{s2ss}=-\left(\frac{a_1}{a_2}\right)\underbrace{P_{s1ss}}_{P_{sref1}}=-\left(\frac{a_1}{a_2}\right)P_{sref1} \tag{12.96}$$

然后，将 $P_{s1ss}=P_{sref1}$ 和 $P_{s2ss}=-(a_1/a_2)P_{sref1}$ 代入式（12.95），可得

$$\hat{y}_{ss}=\frac{\sqrt{(a_1b_2)^2+(a_2b_1)^2-2(a_1b_2)(a_2b_1)^2\cos[2(\theta_{01}-\theta_{02})+(\psi_1-\psi_2)]}}{a_2C_{eq}\omega_0}|P_{sref1}| \tag{12.97}$$

式（12.97）表明，V_{DC}^2 交流分量的稳态幅值 $\hat{y}_{ss}$ 取决于参数 a 和 b，因此由故障的类型决定。$\hat{y}_{ss}$ 也是交流系统初始相角的函数。此外，$\hat{y}_{ss}$ 与潮流指令 P_{sref1} 的绝对值成正比，与等效的直流母线电容值成反比。V_{DC}^2 交流分量会导致直流母线电容和 VSC 开关单元承受一个周期性过电压，为了计算过电压的稳态值，将式（12.91）重新写为

$$\begin{aligned}V_{DC}&=\sqrt{y_{0ss}+\hat{y}_{ss}\cos(2\omega_0t+\eta)}\\&=\sqrt{y_{0ss}\left[1+\left(\frac{\hat{y}_{ss}}{y_{0ss}}\right)\cos(2\omega_0t+\eta)\right]}\\&=\sqrt{y_{0ss}}\sqrt{1+\left(\frac{\hat{y}_{ss}}{y_{0ss}}\right)\cos(2\omega_0t+\eta)}\end{aligned} \tag{12.98}$$

下节中会讲到，为了调节直流母线电压，必须调节 y_0 而不是 V_{DC}^2，V_{DC}^2 的交流分量可以由闭环控制得到很好的抑制。换句话说，直流母线电压控制器的目标是确保 $y_{0ss}=V_{DCref}^2$。因此，式（12.98）可以重新写为

$$V_{DC}=V_{DCref}\sqrt{1+\left(\frac{\hat{y}_{ss}}{V_{DCref}^2}\right)\cos(2\omega_0t+\eta)} \tag{12.99}$$

可以假设 $\cos(2\omega_0t+\eta)\ll V_{DCref}^2$，因此，式(12.99)可以近似为

$$\begin{aligned}V_{DC}&\approx V_{DCref}\left[1+\left(\frac{\hat{y}_{ss}}{2V_{DCref}^2}\right)\cos(2\omega_0t+\eta)\right]\\&=V_{DCref}+V_{ov}\cos(2\omega_0t+\eta)\end{aligned} \tag{12.100}$$

式中，过电压 V_{ov} 为

$$
\begin{aligned}
V_{ov} &= \frac{\hat{\gamma}_{ss}}{2V_{DCref}} \\
&= \frac{\sqrt{(a_1b_2)^2+(a_2b_1)^2-2(a_1b_2)(a_2b_1)^2\cos[2(\theta_{01}-\theta_{02})+(\psi_1-\psi_2)]}}{2a_2V_{DCref}C_{eq}\omega_0}\left|P_{sref1}\right|
\end{aligned}
\tag{12.101}
$$

12.5.5 不对称故障下低次谐波的产生

如 12.4.2 节所述，图 12.8 所示电流控制器的有效性取决于 VSC 能否如实地生成与控制信号 V_{tdref}和 V_{tqref}相同的电压。解决思路是将 V_{tdref}和 V_{tqref}转化为调制信号 m_d和 m_q，从而使 VSC 实际生成的交流电压分量 V_{td}和 V_{tq}尽可能接近 $V_{td\,ref}$和 V_{tqref}，尽管直流母线电压存在波动。为了实现这个目标，需要将 V_{tdref}和 V_{tqref}除以 $V_{DC}(t)/2$ 的动态值得出 m_d和 m_q（见图 12.8）。12.4.2 节中还提到，如果直流母线电压足够恒定，V_{tdref}和 V_{tqref}可以除以恒定增益 $V_{DC\,ref}/2$ 来得出 m_d和 m_q。在下文中，我们将前者称为带直流母线电压前馈补偿的 PWM 调制，将后者称为不带直流母线电压前馈补偿的 PWM 调制。

当 HVDC 系统发生不对称故障时，直流母线电压会持续波动，更多细节请参见 12.5.4 节。本节将证明，HVDC 系统一侧交流系统发生不对称故障时，如果采用不带直流电压前馈补偿的 PWM 调制，在另一侧（正常的）交流系统中会有低次电流谐波注入。相比之下，这些电流谐波可以通过带直流母线电压前馈补偿的 PWM 调制得到有效抑制。

12.5.5.1 不带直流母线电压前馈补偿的 PWM 调制

对于图 12.3a（或图 12.3b）所示的 HVDC 系统，PCC1 发生不对称故障而 PCC2 保持正常。根据式（5.10）~式（5.12），VSC 的 PWM 调制信号和交流端电压有如下关系：

$$
\begin{cases}
V_{ta2}(t) = \dfrac{V_{DC}}{2}m_{a2}(t) \\
V_{tb2}(t) = \dfrac{V_{DC}}{2}m_{b2}(t) \\
V_{tc2}(t) = \dfrac{V_{DC}}{2}m_{c2}(t)
\end{cases}
\tag{12.102}
$$

因为 VSC2 运行在电网三相对称条件下，$V_{tabc2}(t)$ 也一定是一组三相对称的波形。令 $V_{tabc2ref}(t)$ 为控制信号 V_{td2ref}和 V_{tq2ref}对应的三相参考信号（见图 12.8），则

$$\begin{cases} V_{\text{ta2ref}}(t)=\hat{V}_{\text{t2}}\cos(\omega_0 t+\delta_2) \\ V_{\text{tb2ref}}(t)=\hat{V}_{\text{t2}}\cos\left(\omega_0 t+\delta_2-\dfrac{2\pi}{3}\right) \\ V_{\text{tc2ref}}(t)=\hat{V}_{\text{t2}}\cos\left(\omega_0 t+\delta_2-\dfrac{4\pi}{3}\right) \end{cases} \tag{12.103}$$

式中，$\hat{V}_{\text{t2}}$和 δ_2 分别为 $V_{\text{tabc2ref}}(t)$ 的幅值和初始相角。然后，基于不带直流母线电压前馈补偿的 PWM 调制，如果在图 12.8 所示的电流控制器中将 V_{DC} 近似为 V_{DCref}，则 m_{abc2}可以表示为

$$\begin{cases} m_{\text{a2}}(t)=(2\hat{V}_{\text{t2}}/V_{\text{DCref}})\cos(\omega_0 t+\delta_2) \\ m_{\text{b2}}(t)=(2\hat{V}_{\text{t2}}/V_{\text{DCref}})\cos\left(\omega_0 t+\delta_2-\dfrac{2\pi}{3}\right) \\ m_{\text{c2}}(t)=(2\hat{V}_{\text{t2}}/V_{\text{DCref}})\cos\left(\omega_0 t+\delta_2-\dfrac{4\pi}{3}\right) \end{cases} \tag{12.104}$$

VSC 实际的交流端电压可以由式（12.102）计算得出，其中，V_{DC}和 m_{abc2}分别由式（12.100）和式（12.104）给出。因此

$$\begin{cases} V_{\text{ta2}}(t)=\hat{V}_{\text{t2}}\cos(\omega_0 t+\delta_2)+\hat{V}_{\text{t2}}(V_{\text{ov}}/V_{\text{DCref}})\cos(2\omega_0 t+\eta)\cos(\omega_0 t+\delta_2) \\ V_{\text{tb2}}(t)=\hat{V}_{\text{t2}}\cos\left(\omega_0 t+\delta_2-\dfrac{2\pi}{3}\right)+\hat{V}_{\text{t2}}(V_{\text{ov}}/V_{\text{DCref}})\cos(2\omega_0 t+\eta)\left(\omega_0 t+\delta_2-\dfrac{2\pi}{3}\right) \\ V_{\text{tc2}}(t)=\hat{V}_{\text{t2}}\cos\left(\omega_0 t+\delta_2-\dfrac{4\pi}{3}\right)+\hat{V}_{\text{t2}}(V_{\text{ov}}/V_{\text{DCref}})\cos(2\omega_0 t+\eta)\left(\omega_0 t+\delta_2-\dfrac{4\pi}{3}\right) \end{cases} \tag{12.105}$$

或者等价于

$$\begin{cases} V_{\text{ta2}}(t)=V_{\text{ta2ref}}(t)+\hat{V}_{\text{t2}}(V_{\text{ov}}/V_{\text{DCref}})\cos(2\omega_0 t+\eta)\cos(\omega_0 t+\delta_2) \\ V_{\text{tb2}}(t)=V_{\text{tb2ref}}(t)+\hat{V}_{\text{t2}}(V_{\text{ov}}/V_{\text{DCref}})\cos(2\omega_0 t+\eta)\left(\omega_0 t+\delta_2-\dfrac{2\pi}{3}\right) \\ V_{\text{tc2}}(t)=\underbrace{V_{\text{tc2ref}}(t)}_{\text{需要的}}+\underbrace{\hat{V}_{\text{t2}}(V_{\text{ov}}/V_{\text{DCref}})\cos(2\omega_0 t+\eta)\left(\omega_0 t+\delta_2-\dfrac{4\pi}{3}\right)}_{\text{不需要的}} \end{cases} \tag{12.106}$$

式中，V_{ov}为直流母线电压因为 PCC1 处故障而产生的二倍频振荡的幅值，如式(12.101) 所示。

式（12.106）表明，因为含有（不需要的）附加分量，V_{tabc2}并不完全等于参考信号 $V_{\text{tabc2ref}}(t)$。利用等式 $\cos x\cos y=(1/2)[\cos(x+y)+\cos(x-y)]$ 可以推导得出：附加（不需要的）分量由负序基波分量和正序三次谐波分量组成。负序分量导致交流电压不平衡，而正序三次谐波分量导致三次谐波电流的产生。根据式(12.106)，基波分量和三次谐波分量的幅值都与 $V_{\text{ov}}/V_{\text{DCref}}$成正比，如式（12.101）所示，通过选择大的 C_{eq}可以将 $V_{\text{ov}}/V_{\text{DCref}}$限制为很小的值。文献［100］研究了电

网电压不对称情况下低次电压/电流谐波的产生机理。

12.5.5.2 带直流母线电压前馈补偿的 PWM 调制

带直流母线电压前馈补偿的 PWM 调制可以有效地抑制 V_{DC} 的二倍频分量对 VSC 交流端电压/电流的影响，具体方法是利用 $V_{DC}(t)$ 的测量值来计算 m_d 和 m_q (见图 12.8)。因此

$$
\begin{aligned}
m_{a2}(t) &= [2\hat{V}_{t2}/V_{DC}(t)]\cos(\omega_0 t+\delta_2)\\
m_{b2}(t) &= [2\hat{V}_{t2}/V_{DC}(t)]\cos\left(\omega_0 t+\delta_2-\frac{2\pi}{3}\right)\\
m_{c2}(t) &= [2\hat{V}_{t2}/V_{DC}(t)]\cos\left(\omega_0 t+\delta_2-\frac{4\pi}{3}\right)
\end{aligned} \tag{12.107}
$$

将式（12.107）中的 m_{abc2} 代入式（12.102），可得

$$
\begin{aligned}
V_{ta2}(t) &= \hat{V}_{t2}\cos(\omega_0 t+\delta_2) = V_{ta2ref}\\
V_{tb2}(t) &= \hat{V}_{t2}\left(\omega_0 t+\delta_2-\frac{2\pi}{3}\right) = V_{tb2ref}\\
V_{tc2}(t) &= \hat{V}_{t2}\left(\omega_0 t+\delta_2-\frac{4\pi}{3}\right) = V_{tc2ref}
\end{aligned} \tag{12.108}
$$

式（12.108）表明，V_{tabc2}完全等于参考电压 $V_{tabc2ref}(t)$。该结论基于以下两个前提条件：① $V_{DC}(t)$ 的测量带宽远大于 $2\omega_0$；② PWM 开关频率（单位为 rad/s）远大于 $2\omega_0$。第一个条件可以确保 $V_{DC}(t)$ 的波动以很小的衰减和相移反映到 $m_{abc2}(t)$。第二个条件是为了确保 VSC 以较小的畸变率真实地跟踪和生成 $m_{abc2}(t)$。现实中，式（12.108）的两个条件，特别是第二个条件，并不能完全得到满足，因此，并不能完全消除一端 PCC 处的不对称故障对另一端 PCC 的影响。

对比式（12.103）和式（12.107），可以得出

$$m_{a2}(t) = \frac{2}{V_{DC}(t)}V_{ta2ref} \tag{12.109}$$

$$m_{b2}(t) = \frac{2}{V_{DC}(t)}V_{tb2ref} \tag{12.110}$$

$$m_{c2}(t) = \frac{2}{V_{DC}(t)}V_{tc2ref} \tag{12.111}$$

式（12.109）~式（12.111）两边分别乘以（2/3）e^{j0}、（2/3）$e^{j2\pi/3}$和（2/3）$e^{j4\pi/3}$，将所得等式两边相加，根据式（4.2），可得

$$\vec{m}_2(t) = \frac{2}{V_{DC}(t)}\vec{V}_{t2ref}(t) \tag{12.112}$$

式（12.112）两边乘以 $e^{j\rho}$，根据 $f_{dq}=\vec{f}e^{-j\rho}$，将各空间相量用各自的 d 轴和 q 轴分量表示，可得

$$m_{d2}(t)=\frac{2}{V_{DC}(t)}V_{td2ref}(t) \tag{12.113}$$

$$m_{q2}(t)=\frac{2}{V_{DC}(t)}V_{tq2ref}(t) \tag{12.114}$$

式（12.113）和式（12.114）表示了直流母线电压的前馈补偿在 dq 坐标系中的实现方式，如图 12.8 中的框图所示。

12.5.6　不对称故障下的稳态潮流

对于正常的 HVDC 系统，电网与 PCC 交换的功率分量都是直流量。但如果两个 PCC 之一发生了不对称故障，电网与 PCC 交换的有功功率（以及无功功率）除了含有直流功率分量［式（12.76）］外，还含有脉动纹波。当故障 PCC 的直流功率分量与另一侧（正常的）PCC 交换的有功功率平衡时，有功功率的脉动分量会导致直流母线电压波动，如式（12.100）所示。本节将推导两个 PCC 单独或同时发生不对称故障时 PCC 处的稳态有功功率，并将稳态有功功率用有功功率指令来表示。

根据式（12.76），PCC 处实际的有功功率为

$$P_{s1\text{-}act}=a_1P_{s1ss}+b_1P_{s1ss}\cos[2\omega_{01}t+(2\theta_{01}+\psi_1)] \tag{12.115}$$

$$P_{s2\text{-}act}=a_2P_{s2ss}+b_2P_{s2ss}\cos[2\omega_{02}t+(2\theta_{02}+\psi_2)] \tag{12.116}$$

在稳态下，由式（12.96）可知，$P_{s1ss}=P_{sref1}$，$P_{s2ss}=-(a_1/a_2)P_{sref1}$。因此，式（12.115）和式（12.116）可以重新写为

$$P_{s1\text{-}act}=a_1P_{sref1}+b_1P_{sref1}\cos[2\omega_{01}t+(2\theta_{01}+\psi_1)] \tag{12.117}$$

$$P_{s2\text{-}act}=-a_1P_{sref1}-\left(\frac{a_1}{a_2}\right)b_2P_{sref1}\cos[2\omega_{02}t+(2\theta_{02}+\psi_2)] \tag{12.118}$$

式（12.117）和式（12.118）表明，两侧 PCC 处的直流功率分量相等，无论 PCC 正常还是发生故障。这意味着，直流母线电压在稳态时的平均值保持不变。但在不对称故障情况下，$b\neq 0$，HVDC 系统和故障 PCC 交换的有功功率还含有一个正弦纹波分量。如式（12.117）和式（12.118）所示，纹波分量的幅值与有功功率的参考值 P_{sref1} 成正比。

由式（12.117）和式（12.118）还可以发现，如果在 PCC1 处，也就是图 12.3b 中有功/无功功率控制器的 PCC 处发生不对称故障，则 $a_1<1$，并且各 PCC 直流功率分量的绝对值将由 $|P_{sref1}|$ 减小为 $a_1|P_{sref1}|$。VSC1 线电流的幅值保持不变，而 VSC2 线电流的幅值减小为其故障前电流幅值的 a_1。但如果在 PCC2 处，即直流电压受控的功率端口对应的 PCC 处发生不对称故障，则 VSC1 线电流的幅值保持不变，而 VSC2 线电流的幅值增加为其故障前电流幅值的 $1/a_1$ 倍，原因是，在这种情况下，功率的直流分量仍然保持为 $|P_{sref1}|$。假设 VSC2（和 VSC1）交流电流的幅值被限定为其额定值[⊖]，则 VSC2 从 PCC2 传至直流母线的最大直流功率分量

⊖ 实际上，考虑到电流的动态偏移和暂时的过载，幅值的饱和限值通常比额定值高 10%~20%。

为 a_2P_{rated}，反之亦然，其中 P_{rated} 为 VSC1 和 VSC2 的额定功率。其结果是，如果 $|P_{\text{sref1}}|>a_2P_{\text{rated}}$，则功率不再平衡，直流母线电压也会发生偏离。对应的解决方法是引入一个外部保护性控制回路，可以在以上情况下限制 $|P_{\text{sref1}}|$。

例 12.2 单相接地故障时的直流母线过电压

对于图 12.3b 所示的背靠背的 HVDC 系统，系统参数为 $C_{\text{eq}}=500\mu\text{F}$，$\omega_{01}=\omega_{02}=377\text{rad/s}$，$V_{\text{DCref}}=35\text{kV}$，同时假设潮流设定值为 $P_{\text{sref1}}=24\text{MW}$，$Q_{\text{sref1}}=Q_{\text{sref2}}=0$。我们希望计算一侧 PCC 发生单相接地故障时直流母线的稳态过电压和电网与 PCC 实际交换的有功功率。

如果单相接地故障发生在 PCC1 处，有 $(a_1, b_1)=(2/3, 1/3)$，$(a_2, b_2)=(1, 0)$ 及 $\psi_1=0$。根据式（12.100）和式（12.101），可得

$$
\begin{aligned}
&V_{\text{ov}}\approx 0.606 \quad [\text{kV}]\\
&V_{\text{DC}}\approx 35+0.606\cos(754t+\eta) \quad [\text{kV}]
\end{aligned} \tag{12.119}
$$

式（12.119）对应的过电压约为 1.7%。由式（12.117）和式（12.118）可得

$$
\begin{aligned}
&P_{\text{s1-act}}=16+8\cos(754t+2\theta_{01}) \quad [\text{MW}]\\
&P_{\text{s2-act}}=-16 \quad [\text{MW}]
\end{aligned} \tag{12.120}
$$

式（12.120）表明，对比正常工作情况，由电网 2 流入电网 1 的（平均）有功功率偏少，为 16MW，原因是 PCC1 的正序电压降为故障前的 2/3（见例 12.1），而 $i_{\text{d1}}=2P_{\text{sref1}}/(3\hat{V}_{\text{s}})$ 保持不变。

但如果单相接地故障发生在 PCC2 处，有 $(a_1, b_1)=(1, 0)$，$(a_2, b_2)=(2/3, 1/3)$ 及 $\psi_2=0$，因此

$$
\begin{aligned}
&V_{\text{ov}}\approx 0.909 \quad [\text{kV}]\\
&V_{\text{DC}}\approx 35+0.909\cos(754t+\eta) \quad [\text{kV}]
\end{aligned} \tag{12.121}
$$

式（12.121）对应的过电压约为 2.6%。另外

$$
\begin{aligned}
&P_{\text{s1-act}}=24 \quad [\text{MW}]\\
&P_{\text{s2-act}}=-24-12\cos(754t+2\theta_{02}) \quad [\text{MW}]
\end{aligned} \tag{12.122}
$$

在这种情况下，如式（12.122）所示，因为 PCC1 正常，由电网 2 流入电网 1 的（平均）有功功率保持不变，$P_{\text{sref1}}=24\text{MW}$，不过，代价是 i_{d2} 增大为正常情况的 1.5 倍。原因是，由于 PCC2 处的故障，PCC2 的正序电压变为故障前的 2/3，而根据功率守恒，电网 2 与 PCC2 交换的功率保持不变，为 $P_{\text{sref1}}=24\text{MW}$。

12.5.7 不对称故障下的直流母线电压控制

到目前为止，我们已经证明，在电网电压三相对称条件下 V_{DC}^2 为直流量，但当两个 PCC 单独或同时发生不对称故障时，V_{DC}^2 除了含有直流（平均）分量 y_0，还含有频率为 $2\omega_0$ 的正弦分量。本节将证明，为了防止正常电网一侧产生电压和电

流谐波，图 12.6 中的直流电压控制器应该调制 y_0，而不是 V_{DC}^2。这需要直流母线电压控制器在频率为 $2\omega_0$ 时的增益下降必须足够大。如果不满足这个条件，不对称故障下 HVDC 的交流电流波形将会因低次谐波而发生畸变并变得三相不对称。

12.5.7.1　稳态分析

图 12.3a 所示的 HVDC 系统中，两端电网的频率均为 ω_0。直流母线电压通过图 12.6 底部的电流控制器进行控制。假设 PCC1 发生了不对称故障，并且系统处于稳态，因此，根据式（12.91），V_{DC}^2可以表示为

$$V_{DC}^2 = y_{0ss} + \hat{y}_{ss}\cos(2\omega_0 t+\eta) \tag{12.123}$$

其结果是，误差信号 $e_v = V_{DCref}^2 - V_{DC}^2$、$K_v(s)$ 的输出和有功功率指令 P_{sref2}都含有正弦和直流分量。P_{sref2}可以表示为

$$P_{sref2} = |K_v(j0)|(y_{0ss} - V_{DCref}^2) + |K_v(j2\omega_0)|\hat{y}_{ss}\cos(2\omega_0 t+\vartheta) \tag{12.124}$$

式中

$$\vartheta = \eta + \angle K_v(j2\omega_0) \tag{12.125}$$

如图 12.9 所示，d 轴电流参考值 i_{dref2}由 P_{sref2}计算得出

$$i_{dref2} = \left(\frac{2}{3\hat{V}_s}\right)|K_v(j0)|(y_{0ss} - V_{DCref}^2) + \left(\frac{2}{3\hat{V}_s}\right)|K_v(j2\omega_0)|\hat{y}_{ss}\cos(2\omega_0 t+\vartheta) \tag{12.126}$$

根据式（12.28）和式（12.125），i_{d2}对 i_{dref2}的响应为

$$i_{d2ss} = A_0 + A_1\cos(2\omega_0 t+\varrho) \tag{12.127}$$

式中

$$\begin{aligned} A_0 &= \left(\frac{2}{3\hat{V}_s}\right)|K_v(j0)|\underbrace{|G_i(0j)|}_{=1}(y_{0ss} - V_{DCref}^2) \\ &= \left(\frac{2}{3\hat{V}_s}\right)|K_v(j0)|(y_{0ss} - V_{DCref}^2) \end{aligned} \tag{12.128}$$

$$A_1 = \left(\frac{2}{3\hat{V}_s\sqrt{1+(2\tau_i\omega_0)^2}}\right)|K_v(j2\omega_0)|\hat{y}_{ss} \tag{12.129}$$

$$\varrho = \vartheta - \arctan(2\tau_i\omega_0) \tag{12.130}$$

i_{abc2}对应的空间相量为

$$\begin{aligned} \overrightarrow{i_{2ss}} &= (i_{d2} + j\underbrace{i_{q2}}_{=0})e^{j\rho_2} \\ &= [A_0 + A_1\cos(2\omega_0 t+\varrho)]e^{j(\omega_0 t+\theta_{02})} \end{aligned} \tag{12.131}$$

根据等式 $\cos\theta=(1/2)(e^{j\theta}+e^{-j\theta})$，式（12.131）可以重新写为

$$\overrightarrow{i_{2ss}} = A_0 e^{j(\omega_0 t+\theta_{02})} + \underbrace{\frac{A_1}{2}e^{-j(\omega_0 t-\theta_{02}+\varrho)}}_{不对称} + \underbrace{\frac{A_1}{2}e^{j(3\omega_0 t+\theta_{02}+\varrho)}}_{三次谐波} \tag{12.132}$$

式（12.132）表明，$\overrightarrow{i_{2ss}}$和 i_{abc2}含有负序基波分量、三次谐波分量和正序分量，其中，负序分量导致 i_{abc2}三相不对称，三次谐波导致 i_{abc2}的波形畸变。

由式（12.132）可见，负序分量和三次谐波分量的幅值都与 A_1成正比。因此，为了抑制 i_{abc2}的不平衡和谐波畸变，必须使 A_1尽可能地小。根据式（12.97）和式（12.129），可以选择较大的直流母线电容，即通过较大的 C_{eq}来限制 $\hat{y}_{ss}$和 A_1。不过在实际情况下，C_{eq}受到成本、重量及体积等因素的制约。

另一种限制 A_1的方法更简洁，而且成本更低，那就是设计 $K_v(s)$ 使它在频率为 $2\omega_0$时的增益足够小，即 $|K_v(j2\omega_0)|\ll 1$，为实现该目标，可以为 $K_v(s)$ 配置一对 $s=\pm j2\omega_0$的共轭复数零点。对于两侧电网频率不同的情况，可以配置两对共轭复数零点，一对为 $s=\pm j2\omega_{01}$，另一对为 $s=\pm j2\omega_{02}$；或者，配置一对 $s=\pm j2\sqrt{\omega_{01}\omega_{02}}$ 的共轭复数零点，前提是 ω_{01}和 ω_{02}很接近。

如本章之前所述，在电网电压三相对称情况下，$V_{DC}^2(=y_0)$ 稳态时为纯直流量。但如果 HVDC 系统发生不对称故障，y_0只是 V_{DC}^2的直流分量（平均值），为 V_{DC}^2的一部分。需要注意的是，为了避免交流电流的畸变和不平衡，反馈信号中 V_{DC}^2的正弦分量可能衰减很大，那么 y_0 将是 V_{DC}^2 中唯一可控的分量。将式（12.128）中的 A_0代入式（12.127），同时假设 $A_1=0$，有

$$i_{d2ss}=\left(\frac{2}{3\hat{V}_s}\right)|K_v(j0)|(y_{0ss}-V_{DCref}^2) \tag{12.133}$$

因为 i_{d2ss}为受限的非零变量，如果 $|K_v(j0)|\to\infty$，那么 $(y_{0ss}-V_{DCref}^2)\to 0$。这意味着，如果 $K_v(s)$ 的直流增益无穷大，比如 $K_v(s)$ 有一个 $s=0$ 的极点，那么可以以零稳态误差控制 y_0为 V_{DCref}。

根据之前的稳态分析可以得出结论，直流母线电压补偿器必须包含一对 $s=\pm j2\omega_0$的共轭复数零点 $K_v(s)$ 和一个 $s=0$ 的极点。其他的零极点必须根据 12.5.7.2 节中介绍的控制对象的动态模型，通过设计流程来确定。

12.5.7.2 动态分析

图 12.3a 所示的 HVDC 系统中，图 12.6 中直流电压受控的功率端口通过 P_{s2}来调节直流母线电压 V_{DC}^2。如 12.5.7.1 节所述，直流母线电压控制器所控制的必须是 V_{DC}^2的直流分量 y_0，而不是 V_{DC}^2自身。否则，在电网电压不对称条件下，如不对称故障下，对应的交流电流中会产生低次谐波，并且将变得三相不对称。

y_0 的动态如式（12.86）所示。在式（12.86）中，y_0 为输出，P_{s1}为扰动输入，P_{s2}为控制输入，其中 P_{s1}和 P_{s2}分别为 VSC1 和 VSC2 的 d 轴电流控制器对参考信号 P_{sref1} 和 P_{sref2} 的响应。系统的控制目标是将 y_0 控制为 V_{DCref}^2。通过将式（12.86）在稳态工作点处线性化可以推导得出适用于控制器设计的控制对象模型，因此

$$\frac{\mathrm{d}\tilde{y}_0}{\mathrm{d}t}=-\left(\frac{2}{C_{\mathrm{eq}}}\right)\left[a_2\tilde{P}_{\mathrm{s2}}+\left(\frac{2LP_{\mathrm{s2ss}}}{3\hat{V}_{\mathrm{s}}^2}\right)\frac{\mathrm{d}\tilde{P}_{\mathrm{s2}}}{\mathrm{d}t}\right] \tag{12.134}$$

式中，上标~和下标 ss 分别表示各变量的小信号扰动和稳态值。将式（12.96）中的 P_{s2ss}代入式（12.134），可得

$$\frac{\mathrm{d}\tilde{y}_0}{\mathrm{d}t}=-\left(\frac{2}{C_{\mathrm{eq}}}\right)\left[a_2\tilde{P}_{\mathrm{s2}}+\left(\frac{2a_1LP_{\mathrm{sref1}}}{3a_2\hat{V}_{\mathrm{s}}^2}\right)\frac{\mathrm{d}\tilde{P}_{\mathrm{s2}}}{\mathrm{d}t}\right] \tag{12.135}$$

式中，a_1 和 a_2 在 PCC1 和 PCC2 正常时为 1，在 PCC 发生不对称故障时小于 1（见例 12.1）。将式（12.135）进行拉普拉斯变换，可得传递函数 $G_{\mathrm{v}}(s)=\tilde{y}_0/\tilde{P}_{\mathrm{s2}}$为

$$G_{\mathrm{v}}(s)=\frac{\tilde{y}_0(s)}{\tilde{P}_{\mathrm{s2}}(s)}=-a_2\left(\frac{2}{C_{\mathrm{eq}}}\right)\frac{\tau s+1}{s} \tag{12.136}$$

式中，时间常数 τ 为

$$\tau=-\left(\frac{a_1}{a_2^2}\right)\left(\frac{2LP_{\mathrm{sref1}}}{3\hat{V}_{\mathrm{s}}^2}\right) \tag{12.137}$$

式（12.136）和式（12.137）组成了电网电压不对称情况下背靠背 HVDC 系统的直流母线电压（直流分量的）控制的线性化模型。需要注意的是，描述电网电压对称时控制对象动态特性的式（12.43）和式（12.48），是式（12.136）和式（12.137）在 a_1 和 a_2 都等于 1 时的特例。

基于式（12.136）和式（12.137）所示电网电压不对称条件下的控制对象模型，直流母线电压控制回路的控制框图如图 12.15 所示。图 12.15 中的控制框图和图 12.12 中电网电压对称时的框图在结构上是相同的。在图 12.15 和图 12.12 所示的两种控制系统中，P_{s2}都是控制对象的输入。但在电网对称条件下，P_{s2}控制直流母线电压 V_{DC}^2，而在电网不对称条件下 P_{s2}控制的只是直流母线电压的直流分量 y_0。注意：y_0包含在 V_{DC}^2中，不能直接测量得出。如 12.5.7.1 节所述，V_{DC}^2的二倍频纹波分量如果渗透到 P_{sref2}和 P_{s2}中，将会导致对应的交流电流不平衡及产生谐波畸变。因此，为了抑制 V_{DC}^2的纹波分量而得到 y_0，$K_{\mathrm{v}}(s)$ 在 $2\omega_0$处的增益必须足够小，这需要为 $K_{\mathrm{v}}(s)$ 配置一对 $s=\pm \mathrm{j}2\omega_0$的共轭复数零点。另外，为了以零稳态误差将 y_0控制为 V_{DCref}^2，$K_{\mathrm{v}}(s)$ 还必须在 $s=0$ 处有至少一个极点。其他零极点必须按照控制器设计流程来确定，设计流程以式（12.136）和式（12.137）所示的控制对象模型为基础，需要考虑闭环系统的期望带宽、稳定裕度等条件。

由式（12.137）可知，如果 P_{sref1}为正，则对应 $G_{\mathrm{v}}(s)$ 零点的时间常数 τ 为负，$G_{\mathrm{v}}(s)$ 表示一个非最小相位系统。如果 τ 为负，$\angle G_{\mathrm{v}}(\mathrm{j}\omega)$ 随着频率的增加而减小。这意味着，当 P_{sref1}为正、潮流由电网 2 流向电网 1 时，控制回路的相角裕度变小。根据式（12.137），大的 P_{sref1}将导致 τ 的绝对值也大，因此使得相角裕度

更小。式（12.137）还表明，当 P_{sref1} 为正时，$\angle G_v(j\omega)$ 最小值对应的情况是PCC2发生不对称故障而PCC1保持正常，即 $a_2<1$，$a_1=1$。但是 a_2 引起的回路增益下降会抵消相角减小造成的失稳效应［见式（12.136）和图12.15］。例如，如果PCC2发生了单相接地故障而PCC1正常，即 $a_2=2/3$，$a_1=1$，则 τ 增大为其故障前的2.25倍，而回路增益减小为其故障前的66%。为了设计 $K_v(s)$，除了要考虑正常状态时的额定运行点，还需要考虑各种不对称故障对应的运行点。例7.4、例8.1和例8.4给出了补偿器的设计准则，这里不再赘述。下面将举例说明背靠背HVDC系统在电网正常和故障条件下的运行特性。

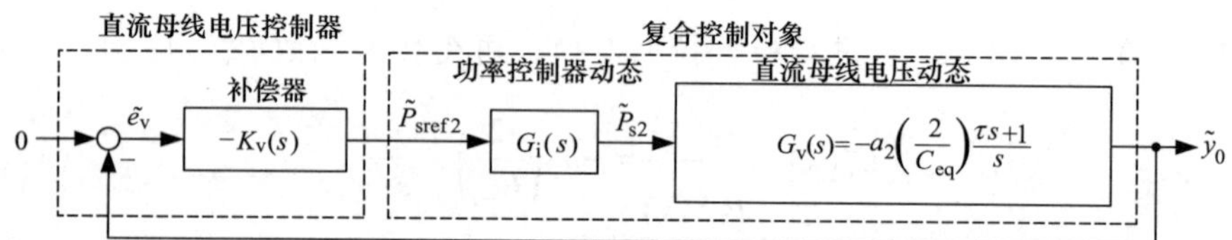

图12.15　背靠背HVDC系统发生不对称故障时的直流母线电压调节器控制框图

例12.3　背靠背HVDC系统的运行特性

在图12.1所示的HVDC系统中，两端的交流侧是相同的。HVDC系统容量为36MVA，这意味着，如果两端的功率因数均为1，则从一侧电网向另一侧电网可以传输最大为36MW的有功功率，或者，如果没有有功功率交换，HVDC系统的任一端都可以独立地与对应的电网交换最大为36Mvar的无功功率。根据 $P_{max}=\sqrt{36^2-Q_s^2}$，交换无功功率 $|Q_s|<36$Mvar会降低HVDC系统的有功功率容量。

由图12.1可见，HVDC系统的VSC均为带有电容分压器的三电平NPC（见图12.4），两个NPC都采用三次谐波注入PWM调制，开关频率均为1680Hz。但两个变流器的PWM载波既没有与各自电网同步，也没有彼此同步。对于各三电平NPC，直流侧电容的电压由各自对应的直流侧电压平衡控制进行平衡（见图12.11）。总的直流母线电压被控制为 $V_{DCref}=35$kV。各开关单元的导通电阻和压降分别约为6.5mΩ和11.5V[⊖]。因此，各VSC有效的内部电阻约为 $r_{on}=2\times6.5\text{m}\Omega=13\text{m}\Omega$。HVDC系统参数见表12.1。

表12.1　例12.3中HVDC系统参数

参　数	数　值	备　注
HVDC系统容量	36MV·A	$\sqrt{P_s^2+Q_s^2}<36$
电网电压	138kV(1-1rms)	V'_{gabc}
电网电感	0.2mH	L'_i
电网频率	60Hz	$\omega_0=377$rad/s

⊖ 以上数据均是基于以下假设估算得出：每个开关单元由9个串联的IGBT组成，IGBT型号为ABB公司的2500V/2000A，5SNR-20H2500。

（续）

参　　数	数　　值	备　注
变压器容量	36MV·A	
变压器电压比	138/17.9kV	三角形联结/显形联结
折算到高压侧的变压器漏感	112mH	L_1'
连接电抗器的电感	8.5mH①	L
连接电抗器的电阻	75mΩ	R
直流电容器的电容	500μF	C_1，C_2
开关单元的导通电阻	6.5mΩ	
开关单元的导通压降	11.5V	
等效直流母线电容	500μF	C_{eg}
直流母线电压	35kV	V_{DCref}

① 根据设计准则和/或运行要求，电抗值可以很小或者由更复杂的滤波器来代替。

如图12.1所示，HVDC系统装有两个谐波滤波器，一个并联在PCC1处，另一个并联在PCC2处。谐波滤波器的作用是抑制对应PCC电压的谐波畸变。如图12.16所示，每个谐波滤波器由两个串联谐振 *RLC* 回路组成：一个谐振回路的阻抗在27次谐波处很低，另一个谐振回路的阻抗在29次谐波处很低。两个谐振回路中，$L_{f1}=L_{f2}=1.93\text{mH}$，$r_{f1}=r_{f2}=25\text{m}\Omega$，$R_{f1}=R_{f2}=25\Omega$。但对调谐频率为27次谐波的回路，$C_{f1}=5.0\mu\text{F}$，对调制频率为29次谐波的回路，$C_{f2}=4.3\mu\text{F}$。

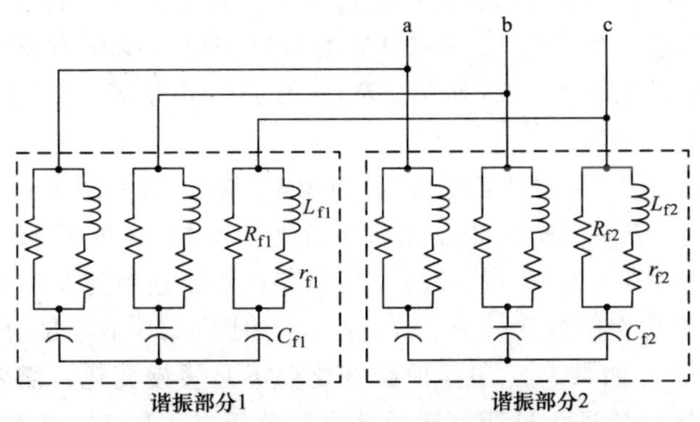

图12.16　例12.3中谐波滤波器的示意图

假设电流控制所需的闭环时间常数为 $\tau_i=1.0\text{ms}$，根据式（12.25）和式（12.27），*dq* 坐标系电流控制器的补偿器（见图12.8）为

$$k_d(s)=k_q(s)=\frac{8.5s+88}{s}\quad[\Omega] \tag{12.138}$$

前馈滤波器的传递函数为 $G_{ff}(s)=1/(8\times10^{-6}s+1)$。直流侧电压平衡控制的补偿器和滤波器的传递函数（见图12.11）为

$$K(s)=0.05 \quad [(\mathrm{kV})^{-1}]$$

$$F(s)=\frac{s^2+(3\omega_0)^2}{(s+3\omega_0)^2}=\frac{s^2+1131^2}{s^2+2262s+1131^2}$$

（更多分析细节参见 7.4 节和图 7.16，设计准则参见例 7.3。）

PLL 补偿器的传递函数（见图 12.7）为

$$H(s)=\frac{18340(s^2+754^2)(s^2+166s+6889)}{s(s^2+1508s+754^2)(s^2+964s+232324)} \quad [(\mathrm{rad/s})/(\mathrm{kV})]$$

（设计准则参见 8.3.5 节和例 8.1。）直流母线电压控制器的传递函数为

$$K_{\mathrm{v}}(s)=0.022\left(\frac{s^2+754^2}{s^2+75.4s+754^2}\right)\left(\frac{s+50.9}{s}\right) \quad [\Omega^{-1}]$$

注意：$H(s)$ 和 $K_{\mathrm{v}}(\mathrm{s})$ 都含有积分环节及 $s=\pm\mathrm{j}754\mathrm{rad/s}$ 的零点。图 12.17 所示为 HVDC 系统对系统启动过程、潮流指令发生斜坡变化和潮流反转时的响应。

初始时刻，HVDC 系统与两端的交流系统断开连接，直流电容器没有充电，VSC 的门控信号闭锁，所有的控制器不工作，P_{sref1}、Q_{sref1} 和 Q_{sref2} 都设定为零。$t=0\mathrm{s}$ 时，变压器通过 1200Ω 的启动电阻接入对应的电网（启动电阻在图 12.1 中未显示）。其结果是，VSC 直流侧电容平稳地充电，直流母线电压 V_{DC} 达到 25kV 左右（见图 12.17d）。$t=0.15\mathrm{s}$ 时，启动电阻被旁路掉，TR1 和 TR2 直接接入电网。当 $t=0.2\mathrm{s}$ 时，潮流指令 P_{sref1} 保持为零（见图 12.17a），门控信号解锁，所有的控制器开始工作，直流母线电压爬升到 35kV。因此，V_{DC} 跟踪 V_{DCref} 并在 $t=0.35\mathrm{s}$ 左右稳定在 35kV。如图 12.17b 所示，在启动过程中，因为 $P_{\mathrm{sref1}}=0$，PCC1 交换的有功功率保持为零。不过，为了将 V_{DC} 从 25kV 增加到 35kV，必须有有功功率传递到直流母线电容。其结果如图 12.17c 所示，$P_{\mathrm{s2\text{-}act}}$ 变得略小于零，从而使潮流从电网 2 流入电容器。

当 $t=0.6\mathrm{s}$ 时，P_{sref1} 从零开始缓降为 −36MW，对应从电网 1 到电网 2 的 36MW 功率传输。同样地，$P_{\mathrm{s1\text{-}act}}$ 随着 P_{sref1} 由零下降为 −36MW（见图 12.17b），$P_{\mathrm{s2\text{-}act}}$ 由零增大为略小于 36MW（见图 12.17c）；功率存在差异是因为 VSC 存在损耗。如图 12.17d 所示，由于功率前馈信号 P_{exteq} 的介入，如图 12.6 下半部分所示，V_{DC} 偏离 35kV 的差值非常小。如果 P_{sref1} 发生阶跃变化而不是缓慢变化，需要非常大的直流母线电压才能防止 VSC 进入过调制运行模式（分析过程见 7.3.4 节和 7.3.5 节）。

图 12.17 还给出了 HVDC 系统在潮流反转时的响应。如图 12.17a、b 所示，当 $t=0.8\mathrm{s}$ 时，P_{sref1} 由 −36MW 爬升到 24MW，$P_{\mathrm{s1\text{-}act}}$ 紧跟 P_{sref1}。因此，$P_{\mathrm{s2\text{-}act}}$ 由 36MW 变为 −24MW，如图 12.17c 所示。由图 12.17d 可见，潮流反转时，直流母线电压略微偏离了 V_{DCref}。

图 12.18 为 HVDC 系统在潮流反转时的响应放大图。如图 12.18a 所示，P_{sref1} 以 3.6MW/ms 的斜率由 −36MW 变为 24MW。由图 12.18a 还可以发现，$P_{\mathrm{s1\text{-}act}}$ 以零稳态误差跟踪 P_{sref1}。但是，因为 $P_{\mathrm{s1\text{-}act}}(s)/P_{\mathrm{sref1}}(s)=G_{\mathrm{i}}(s)$ 为一阶传递函数，$P_{\mathrm{s1\text{-}act}}$

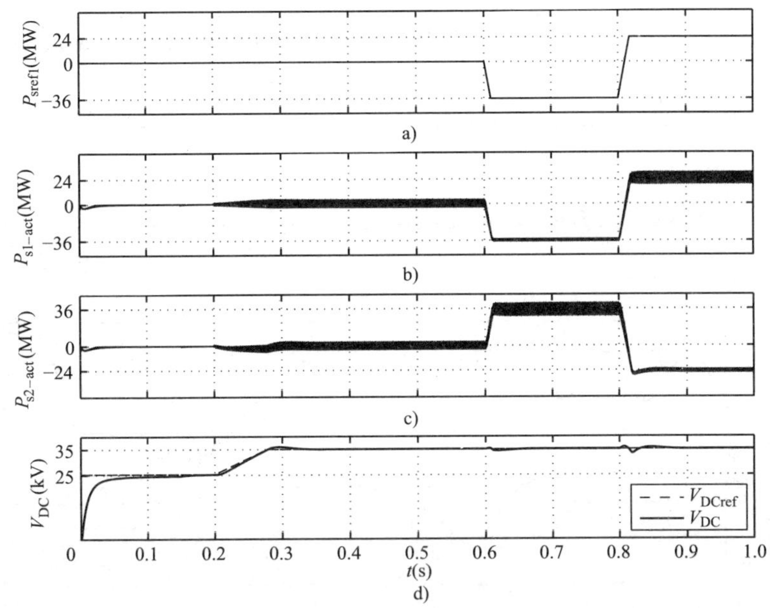

图 12.17　图 12.1 中 HVDC 系统在启动过程和潮流指令改变时的响应

在 P_{sref1} 爬升期间略小于 P_{sref1}。由图 12.18b 可见，尽管 $P_{s1\text{-}act}$ 发生变化，$Q_{s1\text{-}act}$ 始终被紧紧控制为其设定值 $Q_{sref1}=0$。这是由于图 12.8 中的 dq 坐标系电流控制器采用了解耦控制。图 12.18c 所示为 i_{a1} 和 V_{sa1} 的波形。由图 12.18c 可见，①当 $t=0.8$s 之前，因为 $P_{s1\text{-}act}$ 是负的，i_{a1} 和 V_{sa1} 的相角相差 180°；②当 $0.8\text{s}<t<0.81\text{s}$ 时，$P_{s1\text{-}act}$ 的绝对值减小，i_{a1} 的幅值也减小；③$t=0.81$s 之后，$P_{s1\text{-}act}$ 变为正并且逐渐增大，因此，i_{a1} 和 V_{sa1} 同相位，并且 i_{a1} 的幅值增大。如图 12.18d 所示，因为潮流反转，V_{DC} 的下冲约为-5%，之后，V_{DC} 还有一个约为 2.7%的过冲。

需要注意的是，P_s 为式（12.30）所定义的数学量，只在电网电压三相对称时等于电网和 PCC 实际交换的功率 $P_{s\text{-}act}$。而在电网电压不对称时，如式（12.76）所示，P_s 只是 $P_{s\text{-}act}$ 直流（平均）分量的一部分。

图 12.19 所示为 HVDC 系统对单相接地故障的反应。当 $t=1.05$s 时，PCC1 的 c 相发生单相接地故障而 PCC2 保持正常。结果是，$P_{s1\text{-}act}$ 的波形由恒定的 24MW 变为由 16MW 的直流分量和幅值为 8MW 的二倍频分量组成的复合波形（见图 12.19a）。因此，为了控制直流母线电压的平均值，直流母线电压控制器将 $P_{s2\text{-}act}$ 由-24MW 变为-16MW，以平衡 $P_{s1\text{-}act}$ 的直流分量，如图 12.19b 所示。由图 12.19c 可见，直流母线电压在故障期间含有正弦分量，另外，故障发生后，直流母线电压有一个约为 14%的上冲，但该上冲在大概 100ms 后衰减为零，V_{DC} 的平均值稳定在 35kV。当 $t=1.35$s 时，故障被清除，然后，$P_{s1\text{-}act}$、$P_{s2\text{-}act}$ 和 V_{DC} 恢复各自故障前的波形，如图 12.19 所示。

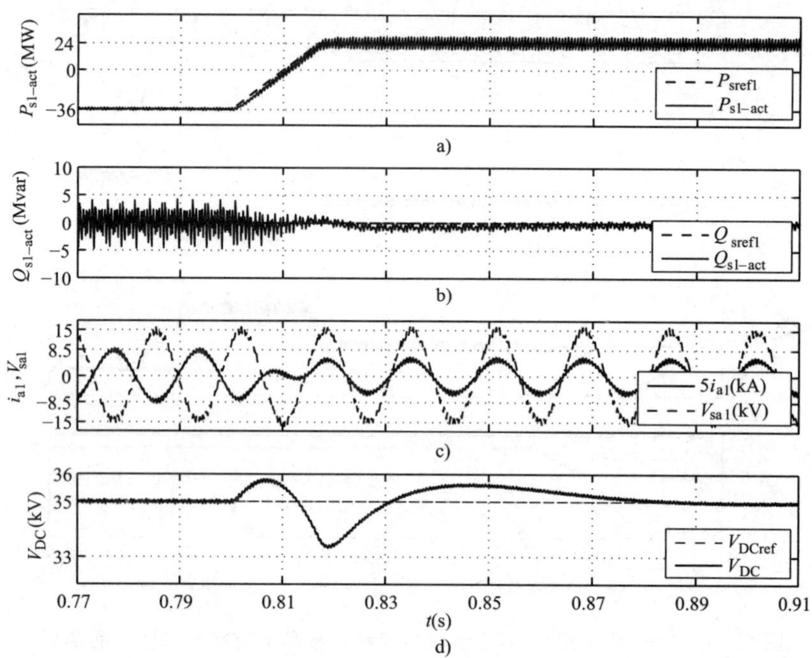

图 12.18 图 12.1 中 HVDC 系统在 $t=0.8$s 潮流反转时的响应

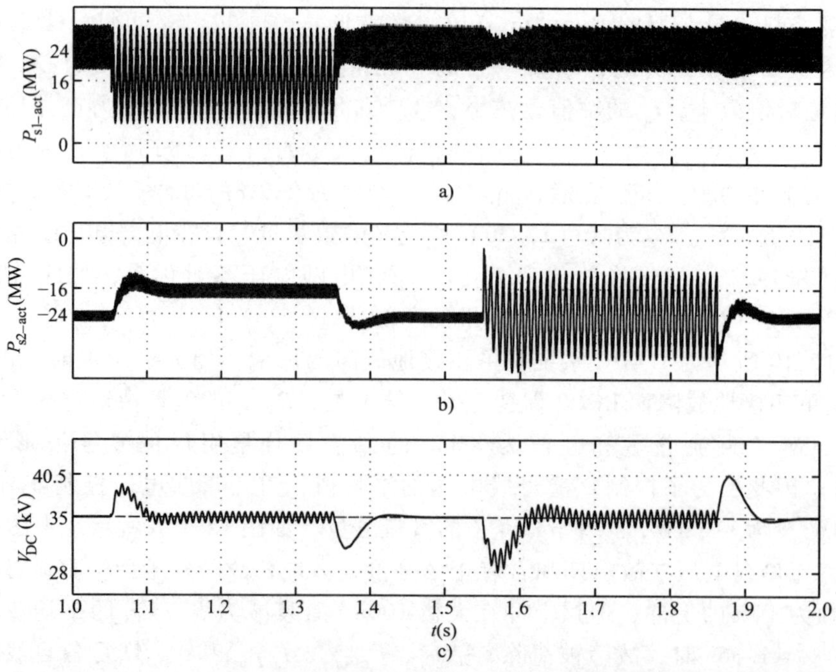

图 12.19 图 12.1 中 HVDC 系统在 PCC1 和 PCC2 发生接地故障时的响应

当 $t=1.55s$ 时，PCC2 的 c 相发生单相接地故障，PCC1 保持正常；当 $t=1.85s$ 时，故障被清除。在故障期间，$P_{s1\text{-}act}$保持恒定，为 24MW（见图 12.19a），而 $P_{s2\text{-}act}$除了含有-24MW 的直流分量（等于 $P_{s1\text{-}act}$）（见图 12.19b），还含有幅值为 12MW 的正弦纹波分量。如图 12.19c 所示，V_{DC}也含有叠加在 35kV 直流分量上的正弦纹波分量，在故障发生和清除时刻，V_{DC}受到了干扰。由图 12.19c 还可见，V_{DC}的过冲约为 20%，并在 100ms 内衰减为零。

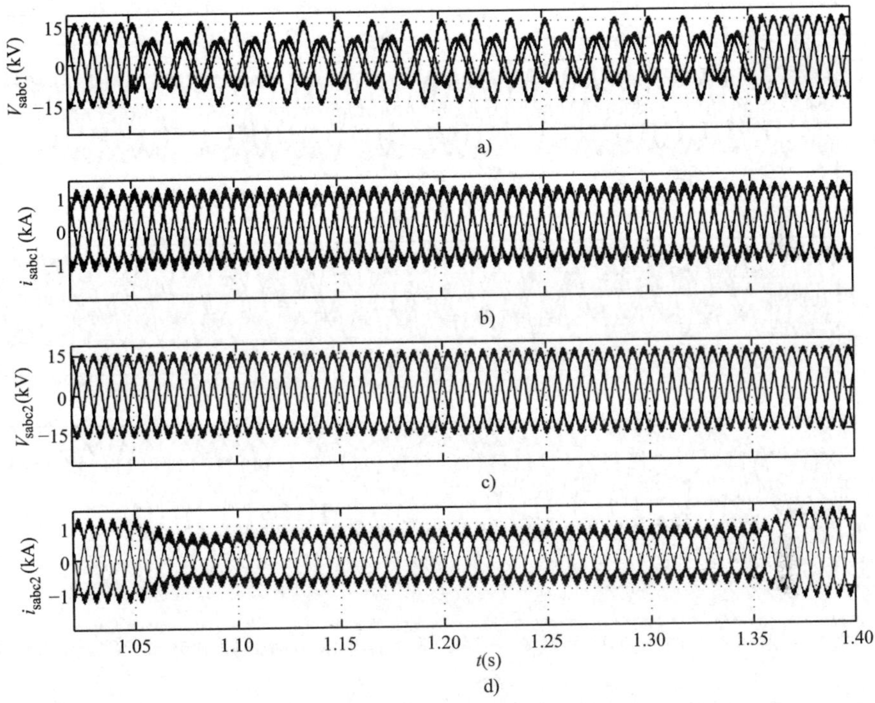

图 12.20　图 12.1 中 HVDC 系统在 PCC1 发生接地故障时的线电流和 PCC 电压波形

图 12.20 所示为 PCC1 发生单相接地故障期间 VSC 的线电流和 PCC 电压波形。如图 12.20a 所示，故障期间 V_{sabc1}三相不对称。但因为 V_{sd1}和 V_{sq1}的前馈补偿（见图 12.8），i_{abc1}保持三相对称（见图 12.20b）。另外，因为 P_{sref1}在故障期间没有变化，i_{d1}保持恒定。因此，由于$\hat{i}_1=\sqrt{i_{d1}^2+i_{q1}^2}$及 $i_{q1}=0$，相比故障前，i_{abc1}的幅值没有变化，如图 12.20b 所示。由图 12.20c、d 可见，因为 PCC2 正常，V_{sabc2}和 i_{abc2}三相对称。但是，为了保持有功功率（平均值）平衡，直流母线电压控制器通过减小 i_{abc2}的幅值（见图 12.20d），将 $P_{s2\text{-}act}$的绝对值由 24MW 减小为 16MW（见图 12.19b）。

图 12.21 所示变量与图 12.21 相同，只是故障类型为 PCC2 处发生单相接地故障。在这种情况下，V_{sabc1}和 i_{abc1}相比故障前没有发生变化，而 V_{sabc2}变得三相不对称。不过，对比 PCC1 发生故障的情况，故障发生后 i_{abc2}变大（见图 12.21d），这

是因为在 PCC2 故障期间，$P_{s2\text{-}act}$ 的直流分量仍然等于 $P_{s2\text{-}act}$ 故障前的值，如图 12.19b 所示，但 $V_{s\,abc2}$ 正序分量的幅值因为三相不对称变小了，其结果是，为了传输与故障前一样的有功功率，直流母线电压控制器成比例地增大了 i_{abc2}。

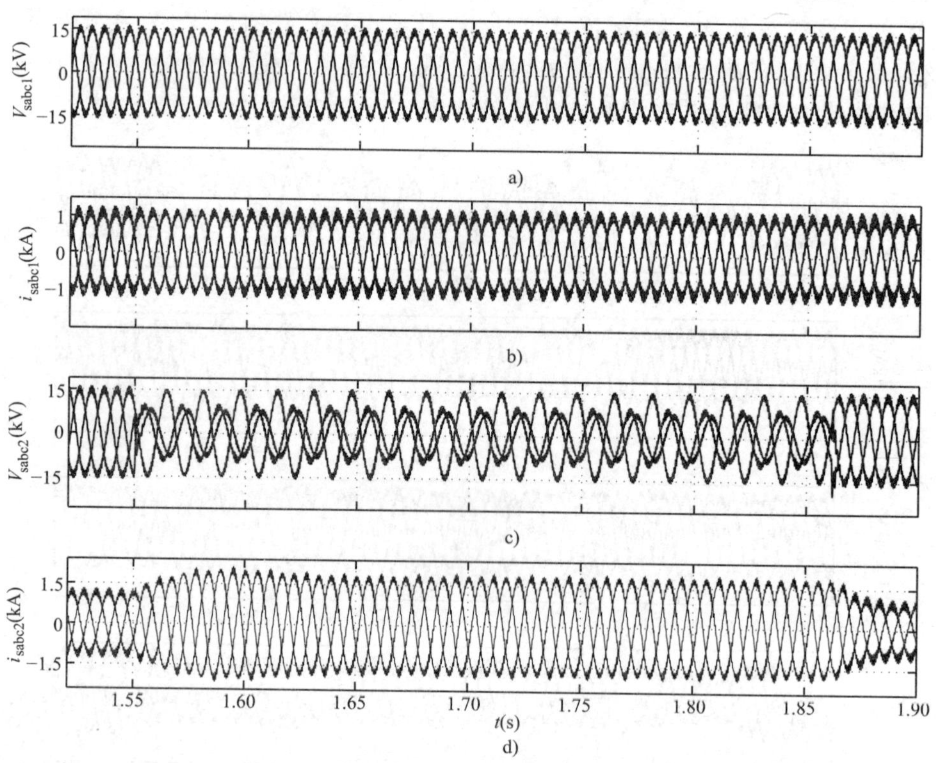

图 12.21 图 12.1 中 HVDC 系统在 PCC2 发生接地故障时的线电流和 PCC 电压波形

图 12.22 所示为 PCC1 发生接地故障时 PCC 电压的 d 轴和 q 轴分量和两个 VSC 的 PWM 调制信号波形。如图 12.22a 所示，故障发生后，V_{sd1} 和 V_{sq1} 都含有二倍频正弦分量。另外，当 V_{sq1} 的直流分量被对应的 PLL 控制为零时，V_{sd1} 的直流分量减小了 33%。故障发生前，VSC1 的调制信号为带三次谐波注入的三相对称波形（见图 12.22b）。但是，在 $t=1.05$s 故障发生后，因为 V_{sd1} 和 V_{sq1} 都用作了前馈信号（见图 12.8），$m_{aug\text{-}abc2}$ 既含有二次谐波，也含有三次谐波，如图 12.22b 所示。前馈补偿保证了对应的线电流 i_{abc1} 始终保持三相对称，并且不会发生畸变。由图 12.22c、d 可见，因为 PCC2 正常，无论故障与否，V_{sd2} 和 V_{sq2} 都是时间的函数且保持恒定，$m_{aug\text{-}abc2}$ 都是一组三相对称的信号。

图 12.23 所示为 PCC1 发生单相接地故障时，VSC1 和 VSC2 的直流母线电压和直流侧分压。如图 12.23a 所示，故障发生后，V_{DC} 含有一个幅值约为 600V 的二倍频纹波分量。由图 12.23b、c 可见，VSC1 和 VSC2 的直流侧分压是周期变化的，而且是不对称的，原因是直流电容电压含有二次谐波和三次谐波，其中，二次谐波

是由直流母线电压正弦纹波引起的，而三次谐波则是由三电平 NPC 中点电流的三次谐波电流产生的（细节参见 6.7 节）。不过，如图 12.23b、c 所示，各三电平 NPC 电容的（平均的）直流电压通过各自的直流侧电压平衡控制器进行平衡。

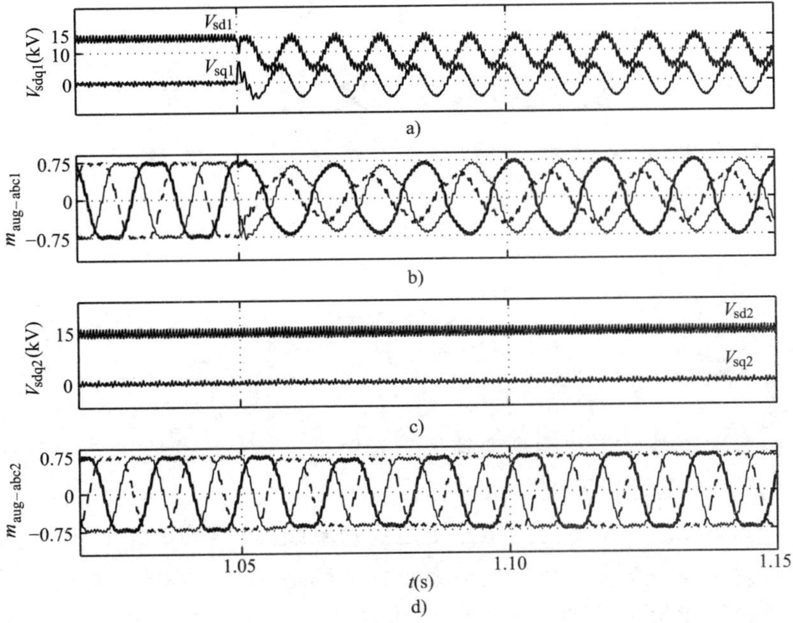

图 12.22　PCC1 发生接地故障时图 12.1 所示 HVDC 系统中 PCC 电压的 d 轴和 q 轴分量和 PWM 调制信号波形

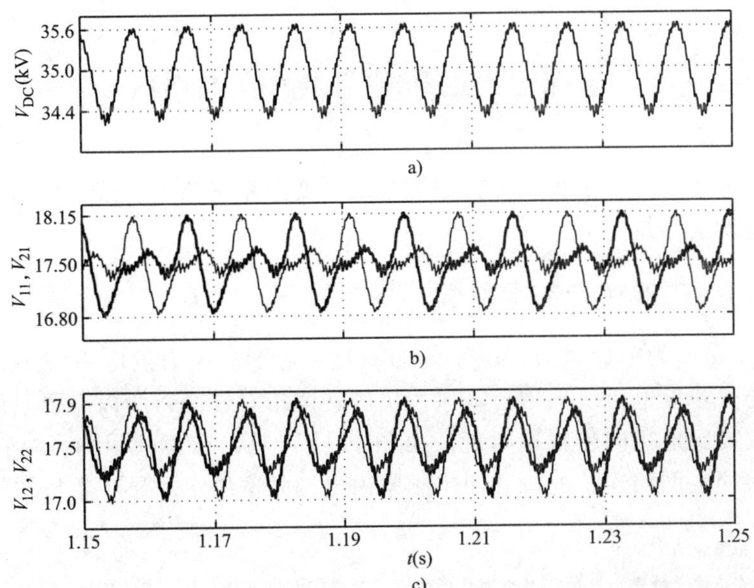

图 12.23　PCC1 发生单相接地故障时图 12.1 中 HVDC 系统总的直流母线电压和各直流侧分压

第 13 章 变速风力发电系统

13.1 引言

本章内容主要是关于并网型变速风力发电系统[1]或者说是基于双馈异步发电机的风力发电系统[2]的运行及控制原理。

第 7 章和第 8 章介绍了**直流电压受控的功率端口**，第 10 章介绍了**变频 VSC 系统**。本章将说明并网型变速风力发电系统，特别是基于双馈异步发电机的风力发电系统，主要包括变频 VSC 系统和直流电压受控的功率端口两部分。变频 VSC 系统控制风力发电系统的风力机—发电机部分，而直流电压受控的功率端口负责接入电网。

13.2 恒速和变速风力发电系统

风力发电系统广义上可以分为恒速系统和变速系统两类。接下来的章节将简要回顾一下这两类系统。

13.2.1 恒速风力发电系统

图 13.1 所示为恒速风力发电系统的简化示意图。风力发电系统中，风力机通过变速箱与异步发电机机械耦合。风力机的转速相对较慢，所以需要采用变速箱将电机转速提高到电机同步转速附近。由图 13.1 可见，在恒速风力发电系统中，异步电机直接同电网相连，电机的同步频率由电网频率决定。异步电机的转速与同步

---

[1] **变速**和**恒速**的定义见 13.2 节。

[2] 在相关技术文献中，这种类型也通常指基于双馈感应电机（Doublllly-Fed Induction Generator，DFIG）的风力发电系统。

转速的偏差通常在±（3%～8%）的范围内，比较恒定。需要注意的是，因为电机工作在发电模式，转速会略高于同步转速。异步电机吸收无功功率，因此，如图 13.1 所示，恒速风力发电系统需要并联无功补偿电容器来保证电压质量和系统的稳定运行，特别是在电网不够强的情况下。

图 13.1 所示的恒速风力发电系统结构简单、结实耐用，但是由于转子转速恒定，风速和风力机功率的波动将直接传递给异步电机并转化为功率/电压波动，从而使传动机构和电机承受更大的机械和电气应力。另外，如果电网不够强，电流波动经常会引起电压偏移和闪变，如远距离风力发电就是这种情况[101]。恒速风力发电系统另外一个更明显的缺点是其能量捕获能力较差，容量因数较低㊀。我们将在 13.3 节对此进行深入阐述。

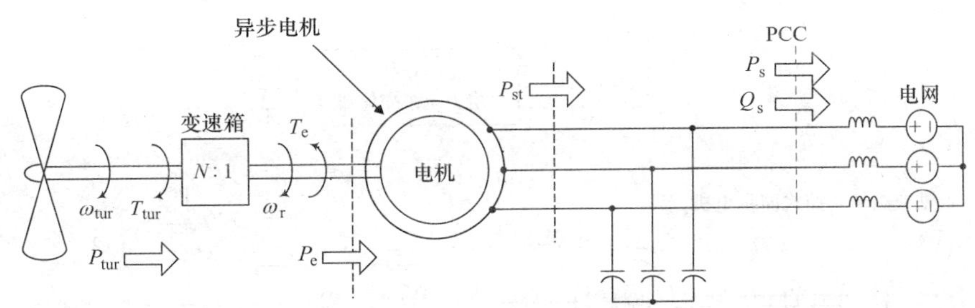

图 13.1　恒速风力发电系统的示意图

13.2.2　变速风力发电系统

图 13.2a～c 所示为三种主要的变速风力发电系统的简化示意图。图 13.2a 所示为基于异步电机的变速风力发电系统的示意图，电力电子变流器系统在调节电机转速和频率的同时，还可以实现变频电机向恒频电网的有功功率输送。

图 13.2b 所示为基于双馈异步电机的变速风力发电系统的示意图。在图 13.2b 所示的风力发电系统中，电力电子变流器系统调节电机转子电路的励磁频率，同时允许转子回路和电网之间进行双向功率交换。如图 13.2b 所示，电机定子直接与电网相连，因此电机的同步频率直接就是电网频率，但可以通过调节转子频率而改变转速。这种电气结构已经在 10.3.2 节中做过详细介绍。

图 13.2c 所示为基于同步电机的变速风力发电系统的示意图。图 13.2c 所示风力发电系统的工作原理与图 13.2a 所示系统相同。在图 13.2c 所示的系统中，电力电子变流器系统通过调节定子回路的频率来改变转速。图 13.2a、c 所示系统在结构上的不同之处在于，如果采用低速（多极）同步电机，在图 13.2c 所示的结构

㊀ 发电机的容量因数，对于风力发电系统来说，是指发电机在一段时间内实际输出的电能与发电机以额定功率运行时在相同时间段内输出的电能的比值。显然，容量因数是负载的函数。我们假设风力发电系统的负载为其额定功率，一般来说，风力发电系统的容量因数为 20%～40%。

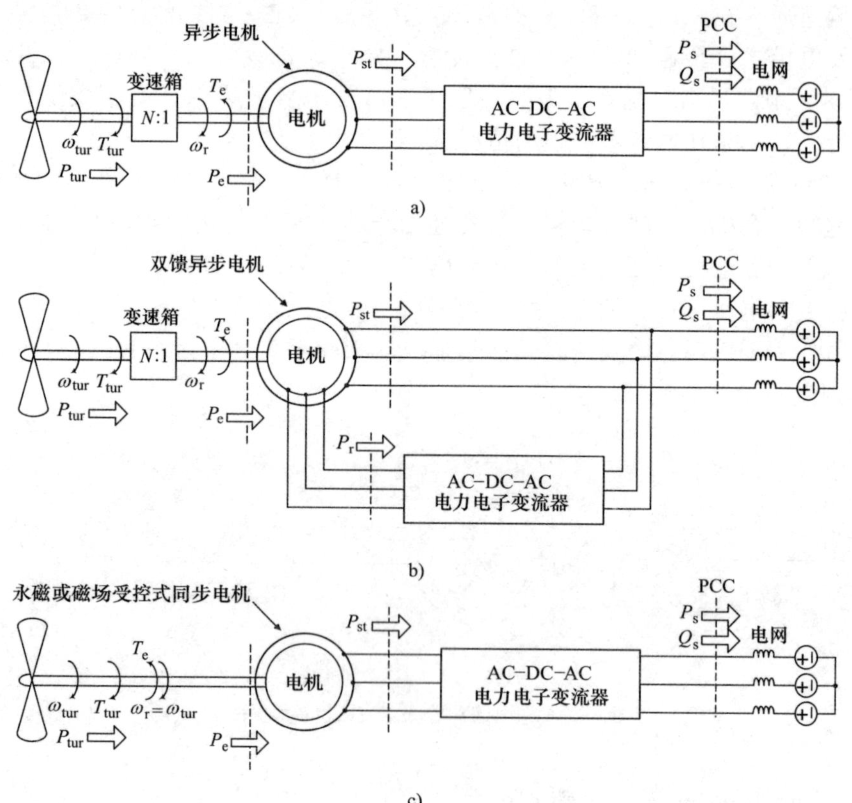

图 13.2 三类主要的变速风力发电系统的示意图

a）基于异步电机和电力电子变流器 b）基于双馈异步电机和小容量的电力电子变流器 c）基于直驱同步电机和电力电子变流器

中可以取消变速箱。低速同步电机可以是励磁受控式[102]，也可以是永磁式[103]。

13.3 风力机特性

风力机的运行特性可以由它的机械功率来描述，其机械功率为[104, 105]

$$P_{tur}=0.5\rho AV_w^3C_p(\lambda,\beta) \quad [\mathrm{W}] \tag{13.1}$$

式中，ρ 为空气质量密度，单位为 kg/m^3；$A=\pi r^2$ 为风力机的扫略面积，单位为 m^2；r 为风力机的半径，单位为 m；V_w 为风速，单位为 m/s；函数 C_p（λ，β）被称为风能利用系数或风能利用率，通常小于 0.59（贝兹极限）[105]；β 为叶片的桨距角，单位为（°）；λ 为叶尖速比，无量纲。叶尖速比的定义为

$$\lambda=\frac{r\omega_{tur}}{V_w} \tag{13.2}$$

式中，ω_{tur}为风力机的角速度，单位为 rad/s。如式（13.2）所示，λ 为叶片尖端线速度与风速之比。

由式（13.1）可见，对于给定的风力机，功率为两项的乘积，其中，第一项 $0.5\rho AV_w^3$ 与风速的三次方成正比，第二项 C_p（λ，β）为变量。由于风速是不可控的，前者也不受人为控制，而后者 C_p（λ，β）可以通过参量 λ 或 β 进行控制。根据式（13.2），λ 本身是 V_w 和 ω_{tur}的函数，因此 C_p（λ，β）的控制最终归结为 ω_{tur}和 β 的控制。

C_p（λ，β）为关于 λ 和 β 高度非线性的静态函数，可以用解析表达式表示[104,107]。图 13.3 所示为桨距角分别为 $\beta=0$ 和 $\beta=15°$时 $C_p(\lambda)$ 相对 λ 的曲线。如图 13.3 所示，$C_p(\lambda=0)\approx0$，并且 C_p 随着 λ 的增加而增加，直到 $\lambda=\lambda_{opt}$时达到峰值（对于图 13.3 所示的特性曲线，$\beta=0$ 时，$\lambda_{opt}\approx6.85$）；此后，$C_p(\lambda)$ 随着 λ 的增加而减小。需要注意的是，$C_p(\lambda)$ 的峰值 $C_p(\lambda_{opt})$ 在 $\beta=0$ 时取得最大值，并随着 β 的增加而减小，风力机功率 P_{tur}的变化与 $C_p(\lambda)$ 相同。在大部分风力发电系统中，β 值的选取分为三种情况：①如果电气功率低于额定值，令 $\beta=0$；②通过主动控制 β 来限制风力机出力，防止功率超过额定值；③令 β 等于最大值，如 90°，以便在极端风力条件下停止发电。

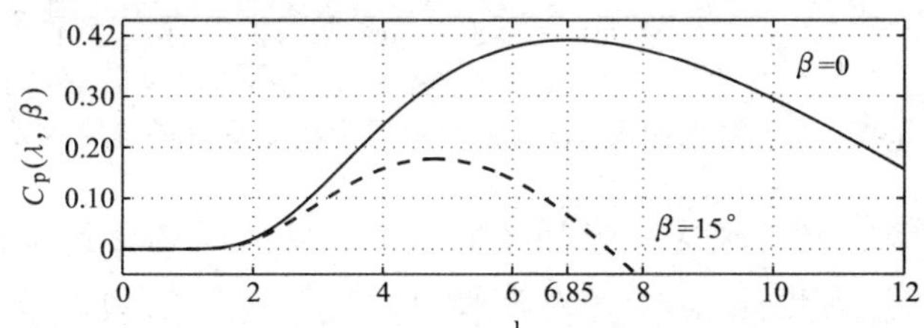

图 13.3　风力机的性能系数—叶尖速比特性曲线

恒速和变速风力发电系统的区别可以根据 $C_p(\lambda)$ 的特性进行解释。在恒速风力发电系统中，ω_{tur}不能变化，因此无法对 λ 进行控制，λ 变成了 V_w 的函数，所以 $C_p(\lambda)$ 不一定能够取得最大值，这将导致在很大的风速变化范围内风力机的功率不能达到最优。但是，如式（13.2）所示，如果控制 ω_{tur}正比于 V_w，λ 就可以始终等于 λ_{opt}从而使 $C_p(\lambda)$ 最大。因此，对于任意风速，$C_p(\lambda)$ 都可以取得最大值，根据式（13.1），风力机的功率也可以取得最大值。

风力机的功率—转速特性可以根据式（13.1）进行描述。为简化分析，我们首先引入下面的标幺制系统：

- 电磁和机械功率的基准值 P_b 为电机的额定功率。
- 电机转速的基准值 ω_b 为电机的额定频率，因此，风力机转速的基准值为 ω_b/N，N 为变速箱传动比。
- 根据上述功率和电压基准值，电机电磁转矩的基准值为 $T_b=P_b/\omega_b$，风力机

转矩的基准值为 NP_b/ω_b。

在接下来的分析中，假设电机为双极电机。为了简化分析，电机实际的极数看作是变速箱传动比的一部分。基于上面的标幺制系统，假设采用传动系统的单质量模型，风力机转速的标幺值等于电机转速的标幺值，$\omega_{turpu}=\omega_{rpu}$，因此在本章中会交替使用 ω_{turpu} 和 ω_{rpu}。

当桨距角为零时，风力机在不同风速下标幺化的功率—转速特性如图 13.4 所示。因为图 13.4 中每条特性曲线对应一个特定的风速，风力机的功率 P_{turpu} 只是转速 ω_{rpu} 的函数。如图 13.4 所示，在给定风速下，风力机的功率在转速很低时可以忽略不计。但风力机的功率会随着转速的增加而增加，当 $C_p(\lambda)$ 达到峰值时，风力机功率也达到峰值。风力机功率达到峰值时的转速对应 $C_p(\lambda)$ 达到峰值时的叶尖速比 λ_{opt}。此后，风力机功率随 ω_{rpu} 的增加而一直减小，直至在相对较高的转速处减小为零。

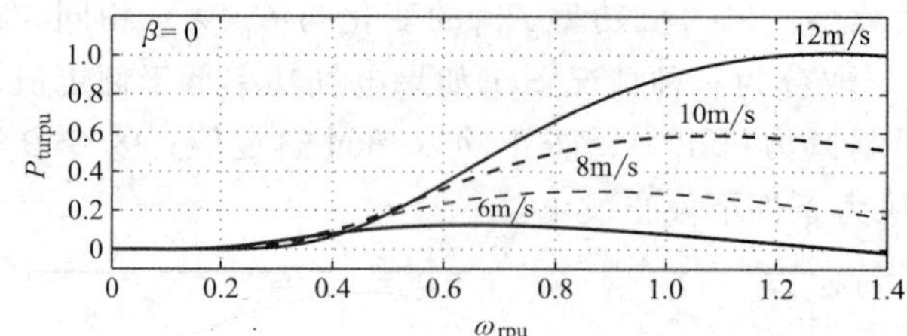

图 13.4 性能系数如图 13.3 所示的风力机功率—转速特性曲线

由图 13.4 可见，随着风速的增加，取得最大功率时的转速也变大。这是因为对于给定的 β，λ_{opt} 为恒定参数（对于图 13.3 所示的风力机特性曲线，$\lambda_{opt}=6.85$），根据式（13.2），当风速增大时，风力机转速必须成比例地增大，才能使 λ 始终等于 λ_{opt}。

图 13.4 所示的功率—转速特性还揭示了图 13.1 所示的恒速风力发电系统的主要缺点及变速发电系统的优点。假设转速保持为 1.3pu（标幺值），功率达到最大时的风速为 $V_w=12\text{m/s}$，如果风速降为 6.0m/s，那么风力机功率将几乎降为零，如图 13.4 所示，但如果此时转速降为 0.65pu，则仍有 0.15pu 的功率输出。由此可知，变速风力发电系统在任意给定的风速下都能输出最大可能的功率，所以会有较高的容量因数。下一节将介绍一种能够自动捕获最大功率点的控制策略。

13.4 变速风力发电系统的最大功率捕获

如 13.3 节所述，当给定风速低于额定风速时，通常希望变速风力发电系统可以输出最大可能的电气功率。一旦风速超过额定值，反馈控制会通过增大桨距角来限制风力机/电机的功率。本节将介绍一种跟踪最大功率点的控制策略。

当功率低于额定值时，桨距角控制器会将风力机叶片的桨距角设定为 0。为了使风力机的功率最大，λ 必须等于 λ_{opt} 才能使 $C_p(\lambda, \beta=0)$ 等于 $C_{p\max}$，其中，$C_{p\max}$ 为 $C_p(\lambda)$ 的峰值，$C_{p\max}=C_p(\lambda_{opt})$。基于以上条件，根据式（13.2），有

$$V_w=\frac{r\omega_{turopt}}{\lambda_{opt}} \tag{13.3}$$

式中，ω_{turopt} 为对应 λ_{opt} 的风力机转速。将式（13.3）中的 V_w 代入式（13.1），可得

$$P_{turopt}=\left(\frac{0.5\rho Ar^3 C_{pmax}}{\lambda_{opt}^3}\right)\omega_{turopt}^3 \tag{13.4}$$

式（13.4）两边同时除以 ω_{turopt}，可以得出风力机的转矩为

$$T_{turopt}=\left(\frac{0.5\rho Ar^3 C_{pmax}}{\lambda_{opt}^3}\right)\omega_{turopt}^2 \tag{13.5}$$

式（13.4）和式（13.5）可以用标幺制表示为

$$P_{turopt\text{-}pu}=k_{opt}\omega_{ropt\text{-}pu}^3 \tag{13.6}$$

$$T_{turopt\text{-}pu}=k_{opt}\omega_{ropt\text{-}pu}^2 \tag{13.7}$$

式中，$\omega_{ropt\text{-}pu}$ 代替了 $\omega_{turopt\text{-}pu}$，常量 k_{opt} 为

$$k_{opt}=\frac{0.5\rho Ar^3\omega_b^3 C_{pmax}}{N^3 P_b\lambda_{opt}^3} \tag{13.8}$$

式（13.6）表明，在 λ 恒定的变速体系下，风力机能达到的最大功率与风力机转速的三次方成正比[86,88,108]。由式（13.7）可知，在 λ 恒定的变速体系下，风力机转矩一定与风力机转速的二次方成正比[86]。因此，寻找最大功率点的算法，必须强制风力机的转矩按正比于转速的二次方的关系来变化；并保证风力机转速和风速的关系满足 $\lambda=\lambda_{opt}$。如果电机满足下式，上面两个目标都可以实现[88]：

$$T_{epu}=-k_{opt}\omega_{rpu}^2 \tag{13.9}$$

式中，T_{epu} 为电机的电磁转矩。

电机的机械动态特性可以描述为㊀

$$2H\frac{d\omega_{rpu}}{dt}=\sum T=T_{turpu}+T_{epu}=T_{turpu}-(k_{opt}\omega_{rpu}^2) \tag{13.10}$$

式中，H 为惯性常数，单位为 s，H 的定义为

$$H=\left(\frac{1}{2}J\omega_b^2\right)/P_b \tag{13.11}$$

㊀ 为了能直接利用第 10 章的相关结论，我们采用电机作为电动机运行时的相关规范。因此，正的转子电流和定子电流表示流入电机，电机转矩和所有的外部转矩都看作驱动转矩，也就是，它们使电机加速。

式中，J 为转动惯量，单位为 $kg \cdot m^2$；ω_b 为角速度基准值，单位为 rad/s；P_b 为功率基准值，单位为 W。式（13.10）等号右边部分可通过图 13.5a 来表示，图中，风力机的转矩—转速特性叠加在式（13.9）所描述的曲线$-T_{epu}=k_{opt}\omega_{rpu}^2$之上。如图 13.5a 所示，如果 $\omega_{rpu}<\omega_{ropu-pu}$，$T_{turpu}>k_{opt}\omega_{rpu}^2$，根据式（13.10），$d\omega_{rpu}/dt$ 为正，风力机—发电机部分将加速，ω_{rpu}将增大。同理，如果 $\omega_{rpu}>\omega_{ropu-pu}$，$T_{turpu}<k_{opt}\omega_{rpu}^2$，$d\omega_{rpu}/dt$ 为负，ω_{rpu}将减小。因此，最优运行点是一个平稳的、系统可以达到的稳定状态。在稳定状态下，$d\omega_{rpu}/dt=0$，ω_{rpu} 始终等于 $\omega_{ropt-pu}$，根据式（13.10），$T_{turpu}=k_{opt}\omega_{ropt-pu}^2$，这与式（13.7）一致，而式（13.7）是根据 λ 恒定、功率取得最大值的假设推导得出的。

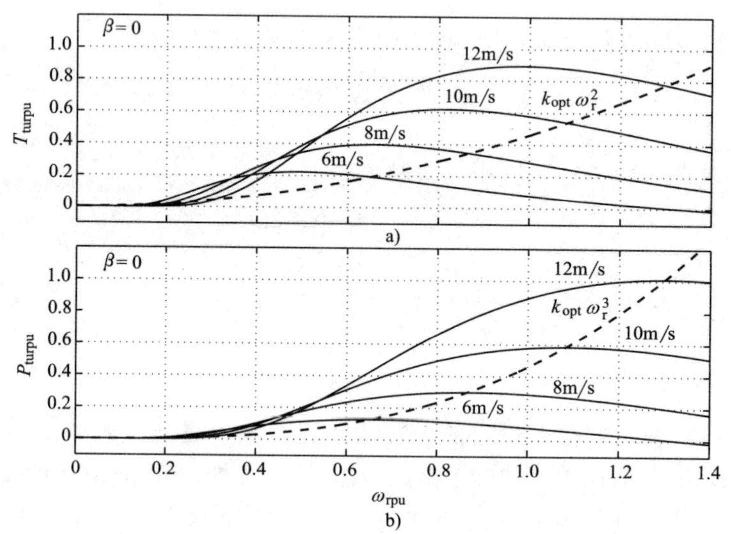

图 13.5 最大功率点跟踪的示例

a）电机转矩 T_e 按正比于 ω_r^2 转速的二次方的关系来变化 b）在稳定状态下，电机转矩与风力机转矩平衡时，风力机输出最大可能的功率

根据上述控制策略，在式（13.9）两边同时乘以 ω_{rpu}，可以得出电机的电磁功率为

$$P_{epu}=-k_{opt}\omega_{rpu}^3 \tag{13.12}$$

图 13.5b 所示为叠加在曲线$-P_{epu}=k_{opt}\omega_{rpu}^3$之上的风力机功率—转速特性曲线。如图 13.5b 所示，对于任意风速，两条曲线的交点对应风力机在该风速下的最大功率。需要注意的是，因为式（13.12）是按电动机的惯例来书写，所以 P_{epu} 是负的。

实际上，风速会快速波动，风力机功率也是如此，但是由于传动机构的惯性，ω_{rpu}不能很快地变化。因此，由式（13.12）得出的电机功率比风力机功率要平滑得多。尽管实际中很少能够达到稳定状态，但从平均地意义上说，上述方法确实可以有助于实现电磁功率最大化。

13.5　基于双馈异步电机的变速风力发电系统

本节将讨论图 13.2b 所示的并网型变速风力发电系统，该系统主要的电气模块包括双馈异步电机和电力电子变流器。变流器系统由变频 VSC 系统（见第 10 章）和直流电压受控的功率端口（见第 8 章）组成。

13.5.1　基于双馈异步电机的风力发电系统的结构

图 13.6 所示为基于双馈异步电机的风力发电系统更详细的示意图。在这种风力发电系统中，风力机通过变速箱与双馈异步电机机械耦合。电机定子在公共连接点（PPC）处直接与电网相连，电机转子回路通过 AC-DC-AC 变流器与 PPC 相连。变流器的电机侧为变频 VSC 系统，而 PCC 侧为直流电压受控的功率端口（见 8.6 节）[⊖]。两个 VSC 系统的直流侧彼此连接。需要注意的是，实际上，直流母线上只有一个电容（箱），但为了参考第 8 章和第 10 章的相关内容，在图 13.6 中，直流母线电容分为两个独立的电容 C_1 和 C_2，分别对应变频 VSC 系统和直流电压受控的功率端口。

在图 13.6 所示的风力发电系统中，变频 VSC 系统根据 13.4 节中介绍的算法控制电机转矩。由于电机定子直接与电网相连，电机磁链可以得到有效的控制，所以变频 VSC 系统主要控制风力发电系统的电机转矩并向直流电压受控的功率端口输出直流功率 P_{ext}。由图 13.6 可见，直流电压受控的功率端口通过匹配变压器与 PPC 相连。另外，PCC 上接有一组三相并联电容器 C_f。这些电容器为变频 VSC 系统和直流电压受控的功率端口产生的开关频率附近的高次谐波提供低阻抗通路。这些电容器需要确保 PCC 电压不发生畸变，特别是在电网不够强的情况下。

直流电压受控的功率端口的作用是控制直流母线电压不受 AC-DC-AC 变流器中潮流方向的影响，无论潮流是从转子回路流向电网还是从电网流向转子回路。直流电压受控的功率端口通过反馈控制来调节有功功率 P_{s2}，进而控制直流母线电压。为了改善直流母线电压的暂态响应，在电压控制回路中引入 P_{ext} 的测量值作为前馈信号。直流电压受控的功率端口也可以独立控制无功功率 Q_{s2}。例如，Q_{s2} 可以（部分）补偿电机励磁所需的无功功率，或者也可以以闭环的方式通过动态控制

⊖ 在相关技术文献中，这两种 VSC 系统通常分别被称为转子侧变流器（RSC）和电网侧变流器（GSC）。

Q_{s2}来调节 PPC 电压。该内容已在第 11 章中做过深入讨论。

如果转速小于同步转速，功率将从电网流入转子回路（见 10.3.2 节），那么流向电网的定子功率将大于电机总的电磁功率，这意味着通过 AC-DC-AC 变流器从电网获得的功率分量进入转子并重新通过定子回路回到电网。但如果转速高于同步转速，功率分量将从转子流向电网，定子功率小于电机总的电磁功率。

13.5.2 变频 VSC 系统的电机转矩控制

在图 13.6 中，变速风力发电系统的控制有两个主要任务。第一个任务是通过变频 VSC 系统进行的电机转矩控制，前提是直流母线电压由直流电压受控的功率端口进行控制；第二个任务就是通过直流电压受控的功率端口进行的直流母线电压控制。两个任务彼此相互独立，因此可以分开讨论。本节内容主要讨论第一个任务，第二个任务将在下节中进行讨论。

如 13.4 节所述，为使风力机的功率最大，电机转矩 T_e 必须正比于转速的二次方，对应的控制方法如式（13.9）所示，但是电机转矩只能通过转矩的参考指令 T_{eref} 进行控制（见图 13.6）。因此，为了实现功率最大化，根据式（13.9），令

$$T_{eref\text{-}pu} = -k_{opt}\omega_{rpu}^2 \tag{13.13}$$

这里潜在的假设是：①ω_{rpu}由于电机惯性不会快速变化，所以 $T_{eref\text{-}pu}$的变化相对较慢；②电机转矩控制的动态响应很快。基于上述两个假设，我们认为电机转矩可以快速地跟踪其参考值，即 $T_{epu}=T_{eref\text{-}pu}$，因此，式（13.13）和式（13.9）等价。双馈异步电机中变频 VSC 系统的详细分析和设计已在 10.3.2 节做过深入讨论。

图 13.6 所示风力发电系统中变频 VSC 系统的示意图如图 13.7 所示。在图 13.7 所示系统中，直流电压受控的功率端口由电压源来表示。该虚拟电压源所提供电压的最小（暂态）值必须仍然能够允许变频 VSC 系统正常运行并且不会发生过调制，而其最大值必须小于两个 VSC 的开关单元的击穿电压。为了避免需要过高的直流母线电压，转子—定子绕组的匝数比也需要进行优化。需要注意的是，在双馈异步电机中，转子电压在零转速时最大，在转速等于同步转速时为零。因此，选择直流电压范围和转子—定子匝数比时必须考虑到电机参数和转速变化范围。

如图 13.7 所示，PPC（见图 13.6）处的 3 个并联电容器可以看作是变频 VSC 系统的一部分，该图给出了转矩指令信号发生器的细节，但将直流电压受控的功率端口等效为一个电压源。这些并联电容器确实可以起到补偿电机无功功率的作用，不过其主要作用是抑制风力发电系统中两个 VSC 系统产生的开关频率附近的高次谐波。

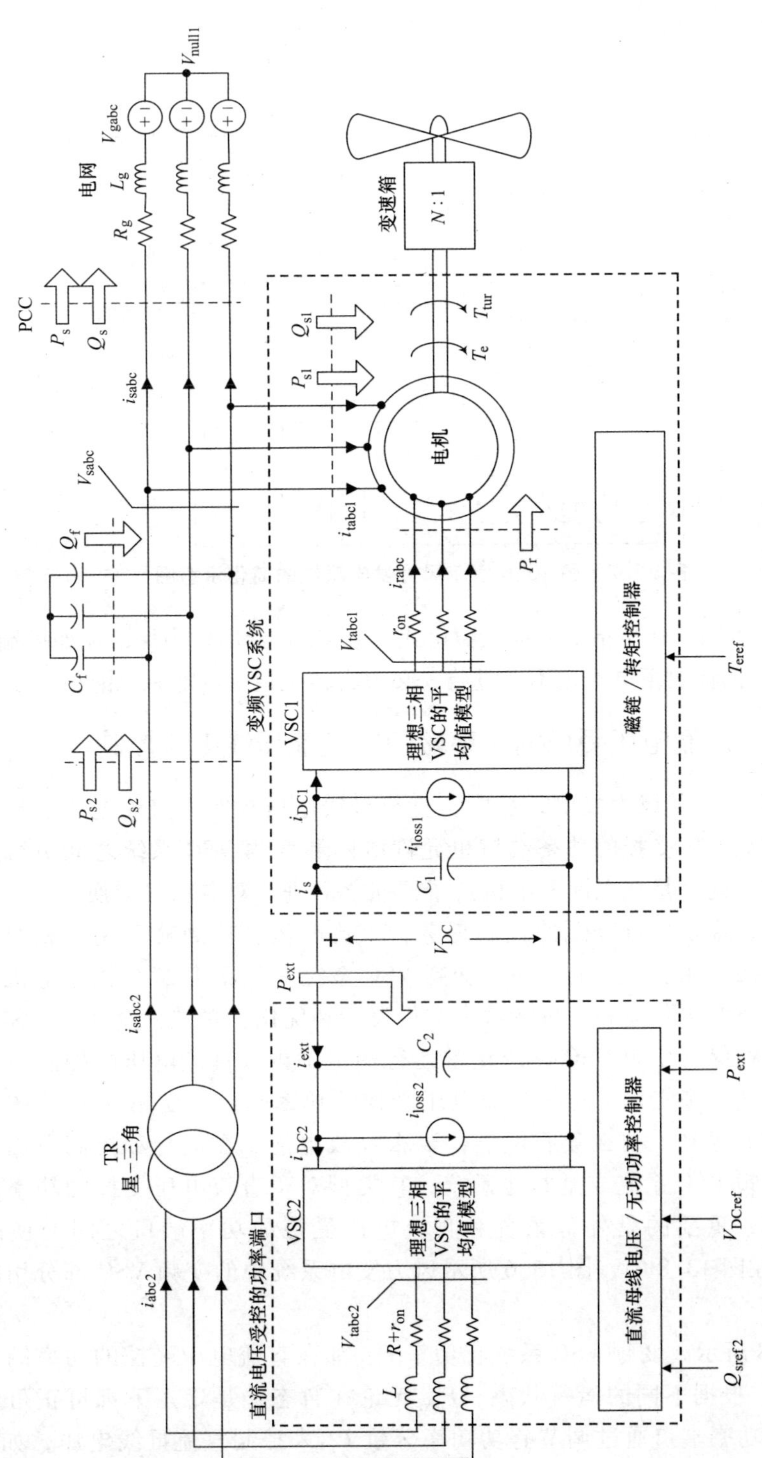

图 13.6　图 13.2b 所示变速风力发电系统更详细的示意图

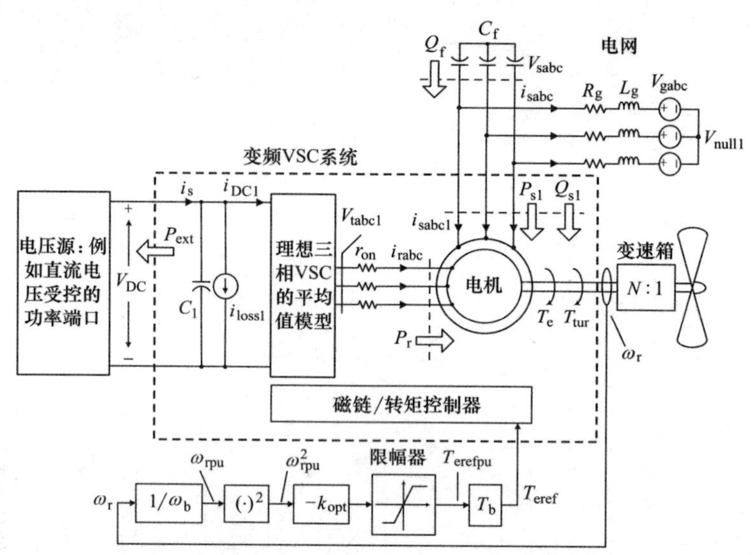

图 13.7 图 13.6 所示风力发电系统的简化示意图

由图 13.7 可知，转矩指令的标幺值由式（13.13）给出，为保证在如极端风速等 ω_{rpu} 大于 1.0pu 的情况下电机也不会过载，必须为转矩指令设定一个饱和上限。

13.5.3 直流电压受控的功率端口的直流母线电压控制

在图 13.6 所示的风力发电系统中，直流母线电压控制由直流电压受控的功率端口负责。直流电压受控的功率端口也允许电网和变频 VSC 系统之间进行双向功率交换，具体来说，是在电网和电机转子回路之间进行双向功率交换。

如前所述，鉴于各自分配的控制任务，直流电压受控的功率端口和变频 VSC 系统可以看作两个相互独立的个体。变频 VSC 系统（见图 13.7）根据电机转矩控制的要求、转速变化范围和电机参数来进行设计和优化。在进行设计时，需要假设直流母线电压在保证变频 VSC 系统正常运行的范围内。直流电压的控制由直流电压受控的功率端口来实现，对于直流电压受控的功率端口，变频 VSC 系统只是一个外部（直流）系统，要么吸收电能，要么释放电能。在运行和控制方面，无论外部系统是变频 VSC 系统或是其他系统，其类型对于直流电压受控的功率端口来说都无关紧要，重要的是外部系统和直流电压受控的功率端口之间交换的功率 P_{ext}。因此，在图 13.8 中，图 13.6 所示风力发电系统中的变频 VSC 部分用电源来代替。

如图 13.8 所示，变频 VSC 系统将功率 P_{ext} 加在直流电压受控的功率端口的直流电容 C_2 上。根据不同的运行状态，P_{ext} 无论在暂态还是稳态下都可正可负。直流电压受控的功率端口通过调节有功功率分量 P_{s2} 来控制直流母线电压，如果 V_{DC} 大于其参考值，则 P_{s2} 增大，反之亦然。在直流电压受控的功率端口中，无功功率

分量 Q_{s2}可以独立地进行控制。Q_{s2}可以设定为 VSC 容量范围内的任意值。例如，Q_{s2}可以用来补偿电机励磁所需的无功功率，也可以以闭环的方式通过动态控制 Q_{s2}来调节 PPC 电压或风力发电系统的功率因数。直流电压受控的功率端口的运行和控制原理已在 8.6 节做过讨论。

如图 13.8 所示，直流电压受控的功率端口的 PPC 电压用理想的三相电压源 V_{sabc}来表示，V_{sabc}的中性点电压为 V_{null1}，采用这种表示方法的原因是输电线路的电感 L_g 和电阻 R_g 已经被看作变频 VSC 系统的一部分。该图给出了直流电压受控的功率端口的细节，但将变频 VSC 系统看作一个与直流电压受控的功率端口交换功率的外部装置。但需要注意的是，V_{sabc}的幅值和相角是输电线路的有功功率和无功功率的函数，特别是在输电线路的电感较大时[⊖]。V_{sabc}在暂态和稳态时的偏移对直流电压受控的功率端口造成的影响可以通过直流电压受控的功率端口中电流控制器的前馈环节得到抑制（见 8.6 节）。如图 13.8 所示，前馈信号为 V_{sabc}的 d 轴和 q 轴分量，由锁相环（PLL）提供。PLL 还为直流电压受控的功率端口提供 abc 到 dq 坐标系和 dq 到 abc 坐标系变换所需的变换角。

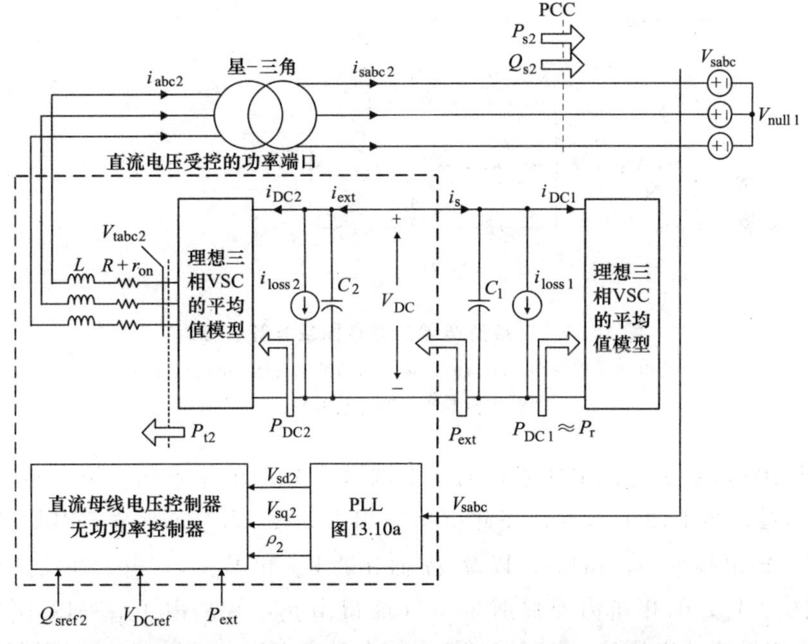

图 13.8　图 13.6 所示风力发电系统的简化示意图

13.5.3.1　连接变压器和锁相环（PLL）

为了计算直流电压受控的功率端口 dq 轴电流控制器的参数，VSC 交流端

⊖ 相关动态过程的推导和分析，读者可以参考 11.4 节。

和 PCC 间的电感必须是已知的（见 8.6 节）。在图 13.8 中，PLL 与 V_{sabc}同步。因此，连接变压器的漏感（见图 13.9a）实际上增大了 VSC 系统的连接电感 L，如图 13.9b 所示。VSC 交流端与 PCC 间的有效电感应为 $L+L_1$。由图 13.9b 可见，VSC 系统实际上与电压 V_{sabc2}同步，而 V_{sabc2}是由 V_{sabc}经过移相变幅而来。在直流电压受控的功率端口的修正模型中，图 13.9b 所示的等效电路代替了图 13.9a 中的连接变压器，为了分析该修正模型，我们需要找出 PLL 的等效模型。

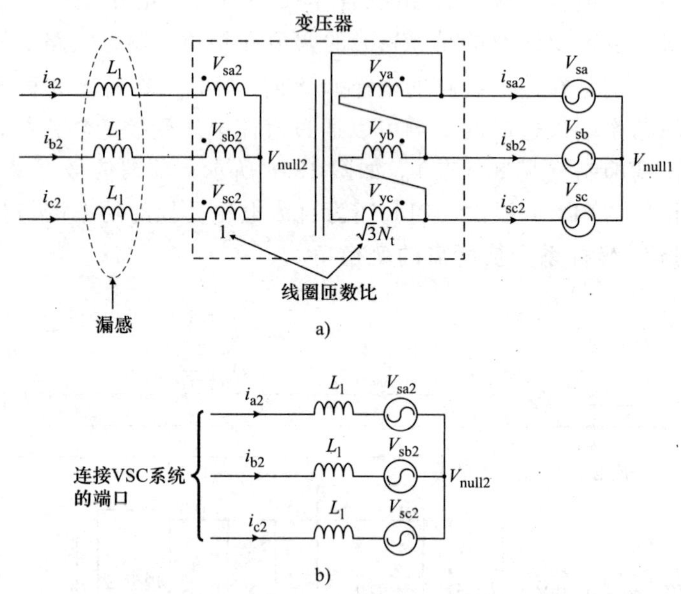

图 13.9 连接变压器的示意图及其等效电路

a）直流电压受控的功率端口的连接变压器的示意图 b）漏感折算到低压侧的变压器等效电路

图 13.10a 所示为直流电压受控的功率端口中 PLL 的示意图。该示意图已在图 8.5 中介绍过，为了便于参考，在此重新给出。如图 13.10a 所示，PLL 接收 V_{sabc}的测量值，输出频率 ω、相角 ρ_2 以及 dq 轴分量 V_{sd2}和 V_{sq2}[⊖]。为了补偿变压器 30°的滞后相位，V_{sabc}的相角需要提前 $\pi/6$ 才能得出 ρ_2。V_{sdq2}由 V_{sdq}乘以 $1/N_t$ 算出，其中 N_t 为变压器的电压比。图 13.10b 所示为对应直流电压受控的功率端口修正模型的 PLL 等效模型，在修正模型中，图 13.9b 所示的等效电路代替了图 13.9a 中的连接变压器。在图 13.10b 所示的 PLL 等效模型中，V_{sabc2}为输入，ω、ρ_2 和 V_{sdq2}为输出。

⊖ PLL 的工作原理和控制器设计方法在 8.3.4 节做过详细讨论。

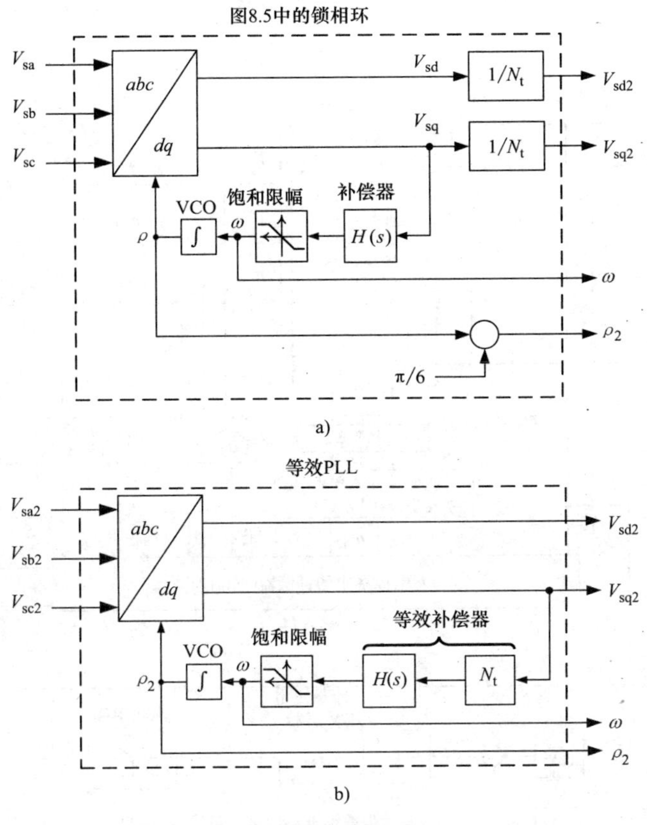

图 13.10　PLL 的框图

a）图 13.8 所示 VSC 系统中 PLL 的实现框图　b）PLL 的等效模型

13.5.4　直流电压受控的功率端口的补偿器设计

与图 8.21 类似，图 13.11 所示为图 13.8 中直流电压受控的功率端口的等效模型。图 13.11 明确了直流母线电压调节器的补偿器可以根据哪些参数进行设计和优化。如 8.6 节所述，补偿器的设计主要包括 d、q 轴电流的解耦和控制及直流母线电压调节和相关的前馈控制。

相比图 13.8，在图 13.11 中，图 13.9b 所示的等效电路代替了连接变压器，因此，VSC 系统实际的连接电感为 $L+L_1$，另外，连接电抗的电阻 R 也包括变压器的电阻损耗。R_{on} 表示 VSC 开关单元典型的导通电阻[㊀]。由于 VSC 交流端电压是 V_{sabc2} 而不是 V_{sabc}，所以采用图 13.10b 中的 PLL 等效模型对图 13.11 中的直流电压受控的功率端口进行分析和控制器设计。

㊀ 这里考虑两电平 VSC。

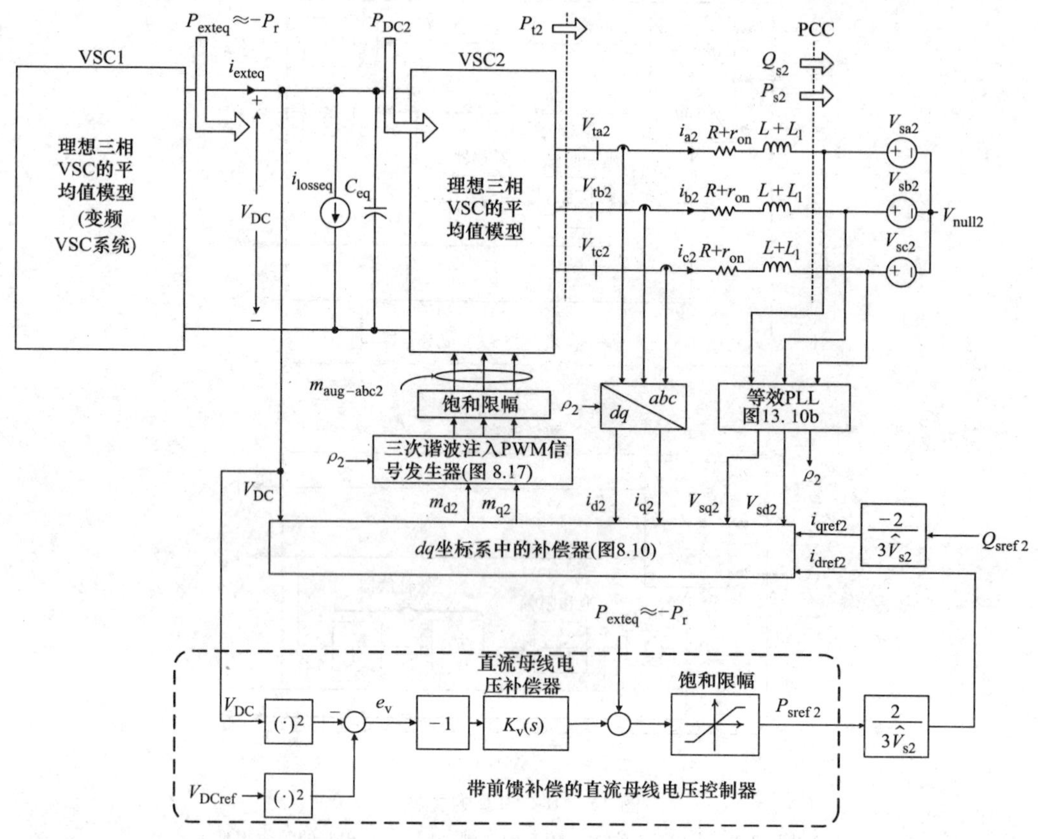

图 13.11　图 13.6 中风力发电系统的直流母线电压控制器的示意图

13.5.4.1　直流母线实际的电容和功率损耗

我们已经建立了风力发电系统中背靠背 AC-DC-AC 变流器的模型，该模型以变频 VSC 系统和直流电压受控的功率端口的模型为基础，所以变流器的直流母线电容在图 13.6 和图 13.8 中分别表示为两个独立电容 C_1 和 C_2，C_1 和 C_2 分别对应变频 VSC 系统和直流电压受控的功率端口。同理，两个 VSC 系统对应的损耗也由两个并联电流源来表示。但实际上，AC-DC-AC 变流器只有一个直流母线电容(箱)。另外，为了便于进行动态分析和控制器设计，通常将两个电容及两个电流源合并，并将合并后的电容 $C_{eq}=C_1+C_2$ 和电流源 $i_{losseq}=i_{loss1}+i_{loss2}$ 都归到直流电压受控的功率端口，原因如下所述。

在图 13.8 中，对于指定的直流电压受控的功率端口部分，下式成立：

$$\frac{\mathrm{d}}{\mathrm{d}t}\left(\frac{1}{2}C_2V_{\mathrm{DC}}^2\right)=P_{\mathrm{ext}}-\underbrace{P_{\mathrm{DC2}}}_{P_{t2}}-V_{\mathrm{DC}}i_{\mathrm{loss2}} \tag{13.14}$$

式中，P_{DC2}为输入 VSC2 直流侧的有功功率。因为采用的是 VSC 理想的平均值模型，P_{DC2}等于 VSC2 交流端输出的功率 P_{t2}㊀。式（13.14）为功率平衡方程，该式同时描述了 V_{DC}对控制变量 P_{t2}及两个外部输入 P_{ext}和 $P_{loss}=V_{DC}i_{loss2}$的动态响应特性。对于含有 C_1 和 i_{loss1}的那部分系统，可以写出

$$\frac{d}{dt}\left(\frac{1}{2}C_1V_{DC}^2\right)=-\underbrace{P_{DC1}}_{\approx P_r}-V_{DC}i_{loss1}-P_{ext} \tag{13.15}$$

式中，P_{DC1}为 VSC1 的直流侧功率，因为这里采用了 VSC 理想的平均值模型，P_{DC1}等于 VSC1 的交流侧功率。另外，根据图 13.7，我们可以这样理解，如果忽略 r_{on}上的功率损耗，交流侧功率等于电机的转子功率 P_r。将式（13.14）和式（13.15）相加，可得

$$\frac{d}{dt}\left\{\frac{1}{2}\underbrace{(C_1+C_2)}_{C_{eq}}V_{DC}^2\right\}=-P_{t2}-V_{DC}\underbrace{(i_{loss1}+i_{loss2})}_{i_{losseq}}+\underbrace{(-P_r)}_{P_{exteq}} \tag{13.16}$$

式（13.16）为电容 $C_{eq}=C_1+C_2$ 的功率平衡方程，C_{eq}的功率包括（变化较大的）充电功率 P_{exteq}、（相对较小的）放电功率 $P_{losseq}=V_{DC}i_{losseq}$和（可控的）放电功率 P_{t2}，该模型如图 13.11 所示。根据图 13.11 中的模型，直流母线电压可以通过控制 P_{t2}进行调节，而 P_{losseq}和 P_{exteq}为扰动输入。如果在控制系统中以前馈补偿的形式引入 P_{exteq}的测量值，那么 P_{exteq}对 V_{DC}的暂态影响可以大大减弱。在图 13.11 所示的模型中，P_{exteq}约等于负的电机转子功率，即 $P_{exteq}\approx -P_r$，而 P_r 可以由电机转速、同步转速和总的电磁功率计算得出㊁，见式（10.114），所以，P_{exteq}的前馈补偿很容易实现。直流电压受控的功率端口的补偿器设计准则已经在 8.6.2 节做过深入讨论。

例 13.1　基于 1.5MW 双馈异步电机的风力发电系统

考虑图 13.6 所示的风力发电系统，系统参数见表 13.1～表 13.3，设计的输出容量为 1.5MW。风力发电系统通过 1.5MV·A、13.8/2.3kV 的变压器（图 13.6 中未显示）在 PCC 处与 13.8kV 的电网相连。折算到变压器低压侧的输电线路电感和电阻分别为 0.175mH 和 66mΩ。另外，折算到变压器低压侧的变压器漏感和线圈电阻分别为 0.936mH 和 35mΩ。因此，等效的输电线路电感和电阻分别为 $L_g=1.11$mH 和 $R_g=101$mΩ。

如本章之前所述，图 13.7 中的变频 VSC 系统是图 13.6 所示风力发电系统的主要模块之一。变频 VSC 系统采用图 10.15 所示的磁链观测器，其中，参数 $\tau=0.066$s。磁链观测器的介绍和相关参数已在 10.3.2 节给出。变频 VSC 系统也用到了 dq 坐标系下的电流控制器（见图 10.17），电流控制器的传递函

㊀ 在 5.3.1 节讲过，非理想的两电平 VSC 可以看作由 VSC 理想的平均值模型、串联在理想 VSC 交流侧的电阻和并联在理想 VSC 直流端的电流源组合而成。

㊁ 电机总的功率为电机转速和转矩的乘积。电机转矩可由 i_{rq}计算得出，如根据式（10.76）。

数 $k(s)$ 为

$$k(s)=15.23\frac{s+21.86}{s}$$

对于图 13.11 所示风力发电系统中的直流电压受控的功率端口，有

$$K_{\mathrm{V}}(s)=299.66\frac{(s+19.18)}{s(s+2083)}\quad[\Omega^{-1}]$$

$$\frac{I_{\mathrm{dref2}}(s)}{P_{\mathrm{sref2}}(s)}=\frac{2}{3\hat{V}_{\mathrm{s2}}}=1.361\quad[(\mathrm{kV})^{-1}]$$

$$\frac{I_{\mathrm{qref2}}(s)}{Q_{\mathrm{sref2}}(s)}=\frac{-2}{3\hat{V}_{\mathrm{s2}}}=-1.361\quad[(\mathrm{kV})^{-1}]$$

表 13.1　例 13.1 中的风力机参数

参　数	数　值	注　释
r	35.25m	转子半径
A	3904m^2	转子的扫略面积
C_{pmax}	0.421	
λ_{opt}	6.85	
k_{opt}	0.473	
N	210	变速箱传动比，已考虑电机极数
H	0.5s	惯性常数
ρ	1.225kg/m^3	空气密度

表 13.2　例 13.1 中的电力电子变流器参数

参　数	数　值	注　释
变压器 TR 的额定功率	400kV·A	
变压器 TR 的电压比	2.3/0.6kV	三角形联结/星形联结，$N_{\mathrm{t}}=3.83$
变压器 TR 的漏抗	239μH	用 L_1 表示，折算到低压侧
变压器 TR 的电阻损耗	9.0mΩ	用 R_1 表示，折算到低压侧
L	525μH	电抗器的电感
R	19mΩ	电抗器的电阻，包含 R_1
r_{on}	3.0mΩ	开关的通态电阻
$L+L_1$	764μH	等效的连接电感
$R+r_{\mathrm{on}}$	22mΩ	等效的连接电阻
VSC 的开关频率	2340Hz	39×60Hz
C_1，C_2（直流母线电容）	2000μF	$C_{\mathrm{eq}}=4000\mu\mathrm{F}$
C_{f}（滤波电容）	25μF	$Q_{\mathrm{f}}=49.8\mathrm{kvar}$

表 13.3　例 13.1 中的电机参数

参　数	数　值	标 幺 值	注　释
基准功率	1.678MW	1.0	DFIG 的额定功率
基准电压	1878V	1.0	相电压的峰值
基准电流	596A	1.0	电流的峰值
基准频率	377rad/s	1.0	ω_0, ω_b
基准转矩	4.451kN·m	1.0	电气转矩
转子/定子匝数比	1.0		
R_s	29mΩ	0.0092	
R_r	26mΩ	0.00825	包含开关的导通电阻
L_m	34.52mH	4.130	
L_s	35.12mH	4.202	
L_r	35.12mH	4.202	
σ_s	0.01736		
σ_r	0.01736		
σ	0.03384		
τ_s	1.21s		
τ_r	1.35s		

参考指令 i_{dref2} 和 i_{qref2} 输入图 8.10 所示的 dq 坐标系中的电流控制器，电流控制器的补偿器 $k_d(s)$ 和 $k_q(s)$ 为

$$k_d(s)=k_q(s)=0.764\frac{s+28.84}{s}\quad[\Omega]$$

此外，电流控制器中前馈滤波器的传递函数为

$$G_{ff}(s)=\frac{1}{8\times10^{-6}s+1}$$

PLL 的补偿器 $H(s)$ 的传递函数为

$$H(s)=\frac{142680(s^2+568516)(s^2+166s+6889)}{s(s^2+1508s+568516)(s^2+964s+232324)}[(\text{rad/s})/\text{kV}]$$

在额定电网电压下并且 $i_{rd}=0$ 时，根据式（10.116），电机的无功功率为 $Q_{s1}=400\text{kvar}$。滤波电容 C_f 产生的无功功率为 $Q_f=49.8\text{kvar}$。因此，为了使风力发电系统的功率因数为 1，AC-DC-AC 变流器必须向电网输出 350.2kvar 的无功功率。由于变频 VSC 系统和直流电压受控的功率端口处理的有功功率相同，所以 350.2kvar 的无功功率需要平均分给两个系统。令 Q_{sref2} 和 i_{rdref} 分别等于 175.1kvar 和 0.063kA，由此可以实现无功功率的平均分配，并且可以保证 VSC1 和 VSC2 的视在功率相同。

图 13.12 所示为图 13.6 中风力发电系统的启动响应。最初，所有控制器不工作，VSC1 和 VSC2 的门控信号闭锁，VS1 交流端与电机转子断开㊀。VSC2 交流端通过连接电抗和变压器 TR 与 PCC 的对应相相连，如图 13.6 所示。为了限制浪涌电流，各连接电抗同时串联了一个启动电阻（图 13.6 中未显示）。如 13.12a 所示，直流母线电容通过 VSC2 开关单元中的并联二极管缓慢充电至 820V 左右。由图 13.12b 可见，尽管风力发电系统处于启动状态，只传输了少量的有功功率给直流母线电容充电，但电网电流的峰值仍然达到了约 120A，这主要是由电机励磁所需的无功功率造成的，其中一小部分无功功率由 C_f 提供，而其余部分由电网提供。由图 13.12b 还可以发现，PCC 的相电压和对应的线电流存在 90°的相移。当 $t=0.2s$ 时，启动电阻被旁路㊁，VSC2 的门控脉冲解锁，直流电压受控的功率端口的控制器全部开始工作。直流母线电压参考值爬升至 1200V。如图 13.12a 所示，V_{DC} 跟踪其参考值并在一个小的超调后稳定在 1200V。

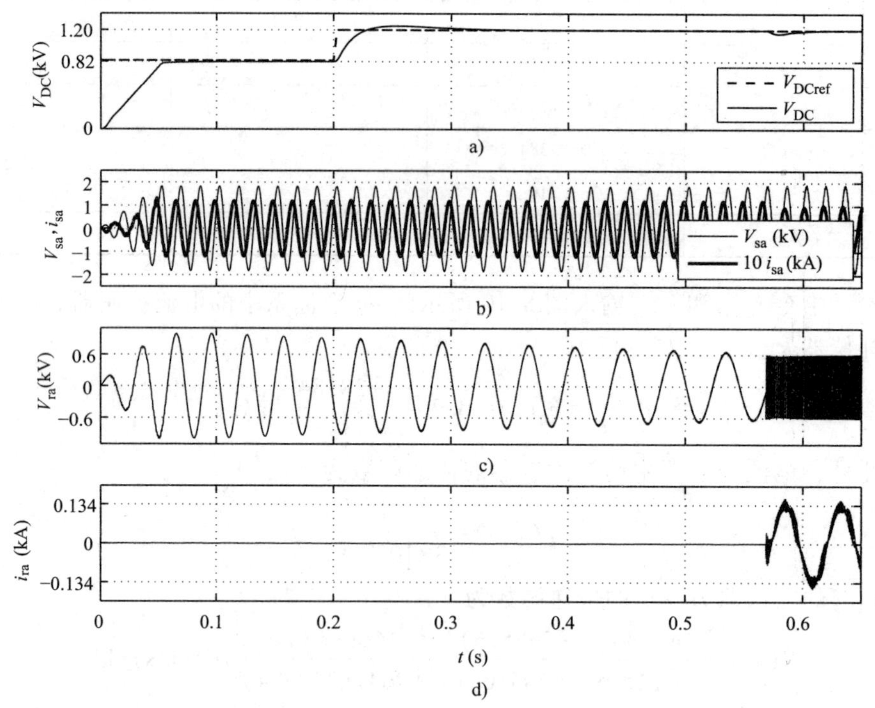

图 13.12　例 13.1 中风力发电系统的启动暂态

如图 13.12c 所示，在 $t=0.569s$ 之前，转子电压正弦波形的幅值和频率一直在下降，这是因为转子端和 VSC1 交流端断开，转子上存在由定子绕组感应产生的开

㊀ 以三相断路器或开关的方式，图 13.6 或图 13.7 中未显示。为了避免需要过高的直流母线电压，这种措施是很有必要的，因为在转子停转或转速很慢的情况下，转子绕组上的感应电压相对较大。

㊁ 通常通过闭合三相开关来完成，三相开关的触头与对应的启动电阻并联。

路电压。另外，由于风能和随之产生的风力机转矩，转速上升。随着转速逐渐接近同步转速，感应电压的幅值和频率逐渐减小。在此期间，转子电流为零，如图 13.12d 所示，电机不输出转矩。

当 $t=0.569\text{s}$ 时，转子转速足够大，转子开路电压足够小，VSC1 交流端与转子对应相相连，控制器开始工作，VSC1 的门控脉冲解锁，转子相电压的波形为 PWM 开关波形（见图 13.12c），并产生幅值为 0.134kA 的转子电流（见图 13.12d）。转子电流的稳态幅值可由 $\hat{i}_{\mathrm{r}}=\sqrt{i_{\mathrm{rdref}}^{2}+i_{\mathrm{rqref}}^{2}}$（$i_{\mathrm{rdref}}=0.063\text{kA}$）计算得出，$i_{\mathrm{rqref}}$ 则根据式（13.13）和已知条件 $t=0.569\text{s}$ 时 $\omega_{\mathrm{rpu}}=0.65\text{pu}$ 计算得出。

图 13.13 所示为风力发电系统总体的运行特性，时长为 3s，包括 3 个时间段：① $t=0\sim0.569\text{s}$，该时间段内变频 VSC 系统不工作，只有直流电压受控的功率端口投入运行，以此建立直流母线电压；② $t=0.569\sim1.5\text{s}$，该时间段内变频 VSC 系统开始工作，风速始终保持为 6.0m/s；③ $t=1.5\sim3.0\text{s}$，该时间段内风速从 6.0m/s 增加到 11.5m/s。在第一阶段的开始时刻，风力机的初始转速为 0.45pu。由于风速很低，为 6m/s，风力机转矩不等于零（但很小）。但是因为变频 VSC 系统不工作，电机转矩为零（见图 13.13b），风力机转速一直增加，如图 13.13c 所示。由图 13.13d 可见，尽管风力机功率为正，但是没有功率输入电网，这是因为电机转矩在此期间内始终为零。另外，如图 13.13d 所示，在两个时刻，电网输出了功率，即 P_{s} 为负，这两个时刻分别对应直流母线电容从 0 到 820V 的预充电过程和从 820V 到 1200V 的主动充电过程。

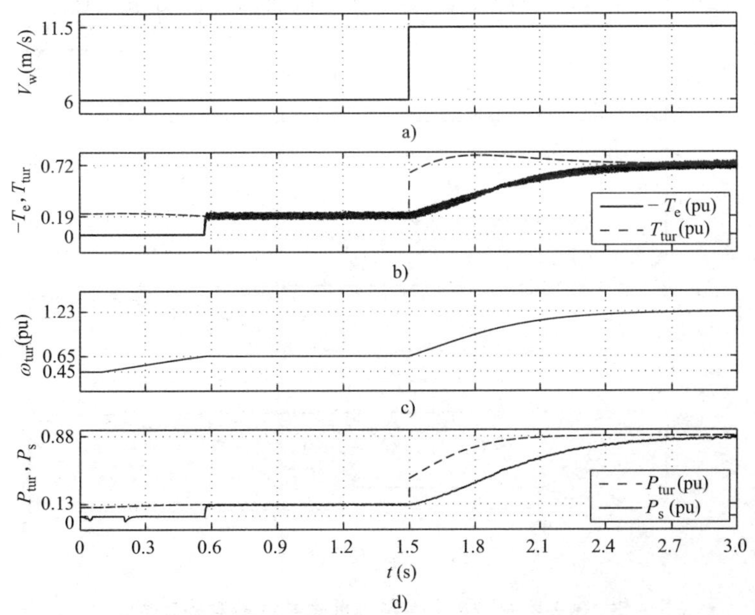

图 13.13 例 13.1 中风力发电系统在风速突然增大时的响应

当 $t=0.569$s 时，风力机和电机的转速升至 0.65pu，变频 VSC 系统开始工作，转子回路开始控制转子电流。因此，电机转矩增大至风力机转矩，如图 13.13b 所示。由图 13.13c 可见，$t=0.569\sim1.5$s，由于转矩平衡，风力机转速基本不变。如图 1.13d 所示，在稳定状态下风力机功率和输入电网的功率相等，约为 0.13pu，即 218kW。

当 $t=1.5$s 时，如图 13.13a 所示，风速从 6.0m/s 跃变为 11.5m/s，导致风力机的转矩和功率迅速增加，分别如图 13.13b、d 所示。与风力机的转矩不同，电机转矩的增速相对较慢，这是因为电机转矩与电机（风力机）转速的二次方成正比，如式（13.13）所示，而风力机的转速由于惯性的原因不能迅速改变。由于电机的转速和转矩逐渐增加，流入电网的功率也逐渐增加（见图 13.13b）。在稳态时，风力机和电机的转矩相等，约为 0.72pu（见图 13.13b），风力机（转子）转速稳定在 1.23pu，风力机的功率达到 0.88pu，即 1477kW（见图 13.13d）。需要注意的是，由于功率损耗，流入电网的功率略小于风力机功率，如图 13.13d 所示。

从启动到 $t=3.0$s，流过图 13.6 中风力发电系统不同部分的有功功率如图 13.14 所示。如图 13.14a 所示，定子功率的变化范围为 0~0.71pu，即 0~1191kW。取决于电机转速是低于还是高于同步转速，转子功率可正可负，变化范围为 -0.07pu（-117kW）~0.15pu（254kW），如图 13.14b 所示。这是一个很有意思的特征，图 13.14 进一步凸显了这一特征，如图 13.14 所示，流过 AC-DC-AC 变流器的功率被限制为只有 0.15pu。图 13.14d 所示为输入电网的净功率的波形，即 $P_s=-P_{s1}+P_{s2}$。两个稳态值 0.12pu（201kW）和 0.86pu（1443kW）分别对应风速 6.0m/s 和 11.5m/s；需要注意的是，净功率与风速的三次方成正比。

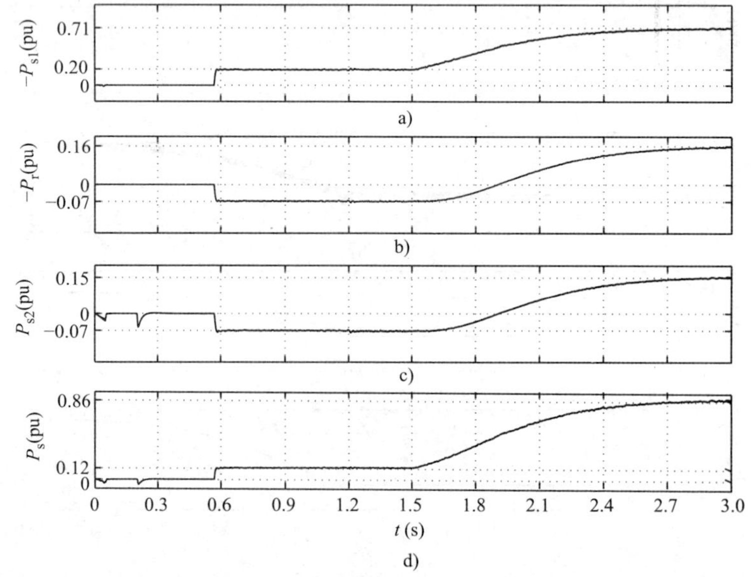

图 13.14 例 13.1 中风力发电系统的有功功率

a）定子输出功率 $-P_{s1}$ b）转子输出功率 $-P_r$ c）流过 AC-DC-AC 电力电子变流器的功率 P_{s2} d）风力发电系统输入电网的净功率 $P_s=-P_{s1}+P_{s2}$

从启动到 $t=3.0\text{s}$，图 13.6 中风力发电系统不同部分间的无功功率如图 13.15 所示。$t=0\sim0.569\text{s}$ 时，定子吸收大约 0.225pu（377kvar）的无功功率，这个值大约是以额定 PCC 电压和 $i_{\text{rd}}=0$ 为假设前提所得理论值的 95%。存在差异的原因是，线路阻抗不为零，电机定子从电网吸收无功功率会导致 PPC 电压降低，这反过来又导致无功功率随着电压成比例地降低。如图 13.15b 所示，$t=0\sim0.569\text{s}$，Q_{s2} 为零，即 VSC2 的功率因数为 1。另一方面，滤波电容在降低的 PCC 电压下提供的无功功率约为 0.028pu（47kvar），因此其余需要由电网提供的无功功率为 0.197pu（330kvar），如图 13.15c 所示。

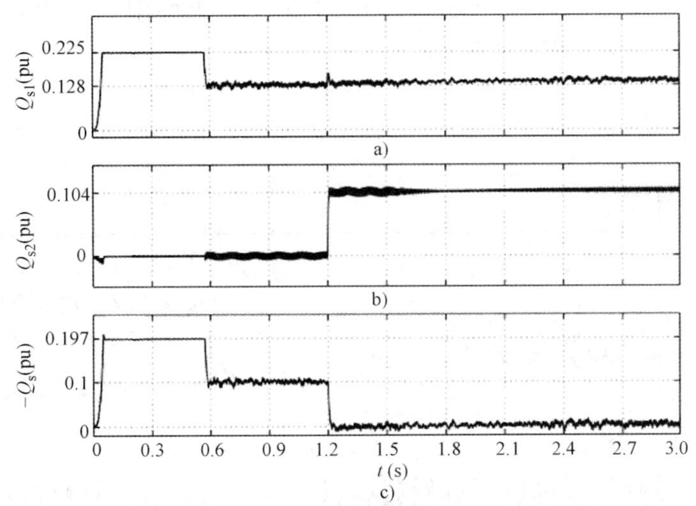

图 13.15 例 13.1 中风力发电系统的无功功率

如图 13.15a、c 所示，当 $t=0.569\text{s}$ 时，定子和电网的无功功率分别减小为 0.128pu（215kvar）和 0.1pu（167.8kvar）。这是因为变频 VSC 系统投入运行，注入了电流 $i_{\text{rd}}=0.063\text{kA}$。需要注意的是，在额定 PPC 电压下，$i_{\text{rd}}=0.063\text{kA}$ 已经足够补偿定子 0.104pu（175kvar）的无功功率需求，但由于 PPC 电压降低，实际的无功补偿只有 0.097pu。当 $t=1.2\text{s}$ 时，Q_{sref2} 从零跃变至 0.104pu，Q_{s2} 紧随其后，如图 13.15b 所示。因此；需要由电网提供的无功功率降为零，此后风力发电系统以单位功率因数运行。

当转速约为同步转速（或等于 1pu）时，转子电流、电网电流和 PPC 电压的波形如图 13.16 所示。由图 13.16a 可见，在给出的时间区间内，风力机转速从 0.65pu 增加到 1.16pu。如图 13.16b 所示，转子电流的幅值随风力机转速的增加而增大。转子电流的 d 轴分量 i_{rd} 始终等于 0.063kA，以此补偿一部分定子无功功率。但转子电流的 q 轴分量 i_{rq} 与风力机转速的二次方成正比，由 0.118kA 变为 0.376kA。因此，转子电流的幅值从 0.134kA（$\omega_{\text{turpu}}=0.65\text{pu}$）变为 0.380kA（$\omega_{\text{turpu}}=1.16\text{pu}$）。根据式（10.77），转子电流的频率等于同步（电网）频率和转子转速之差。所以，随着转子转速的增加，转子电流的频率减小。如图 13. 16b 所示，当 $t=1.89\mathrm{s}$ 时，此时转子（风力机）转速等于同步转速，即 $\omega_{turpu}=1.0\mathrm{pu}$，转子电流瞬间不动。此后，当风力机转速超过同步转速时，转子电流的频率变成负的，转子电流的相序反转。

在 $t=1.5\sim2.25\mathrm{s}$ 的时间段内，风力发电系统的 a 相电网电流和对应相的电压如图 13. 16c 所示。如之前所示，$t=1.2\mathrm{s}$ 后风力发电机系统以单位功率因数运行。图 13. 16c 证实了这一点，图 13. 16c 中，电压和电流波形的相位相同。由图 13. 16c 还可以发现，电网电流的幅值随着风力机（转子）转速的增加而增加。忽略系统损耗的话，可以预见，电网电流的幅值与风力机转速的三次方成正比。如图 13. 16c 所示，PCC 电压基本不变。

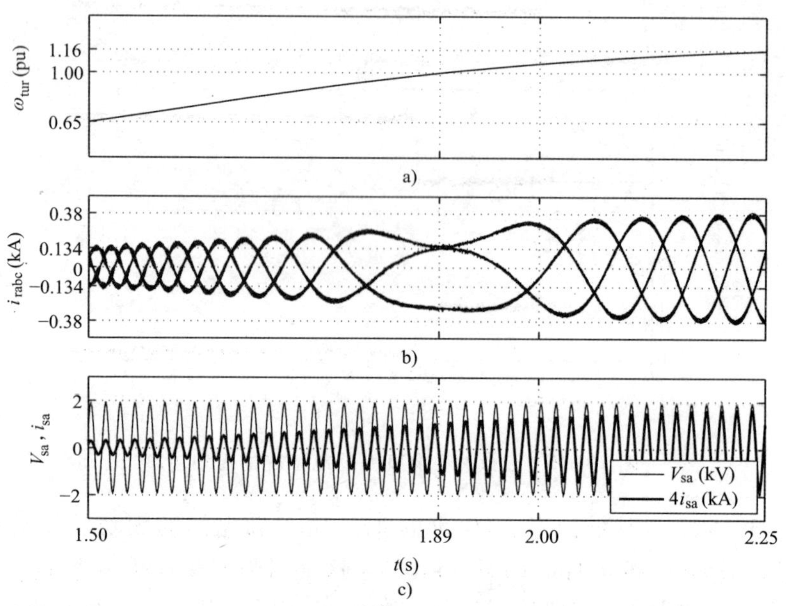

图 13. 16 在同步转速下风力发电系统响应的特写

附　录

附录 A　对称三相电机的空间相量表示

A.1　引言

本附录介绍了对称三相电机在空间相量域中的动态模型，内容主要关于（笼型）异步电机[⊖]、双馈异步电机和隐极式永磁同步电机（PMSM）。

A.2　对称三相电机的结构

图 A.1 所示为对称三相电机简化的电气结构。转子和定子各有三个星形联结的绕组。定子绕组连接三相电压源或三相电流源，而转子绕组可以短路，也可以连接三相电压/电流源。在前一种情况下，电机被称为异步电机（或笼型异步电机），而在后一种情况下，电机被称为双馈异步电机。每一相中，规定电流流入对应的绕组为正方向（按电动机惯例）；对于各绕组，我们假设 b 相和 c 相的电压（电流）相位分别比 a 相的电压（电流）相位滞后 120°和 240°。

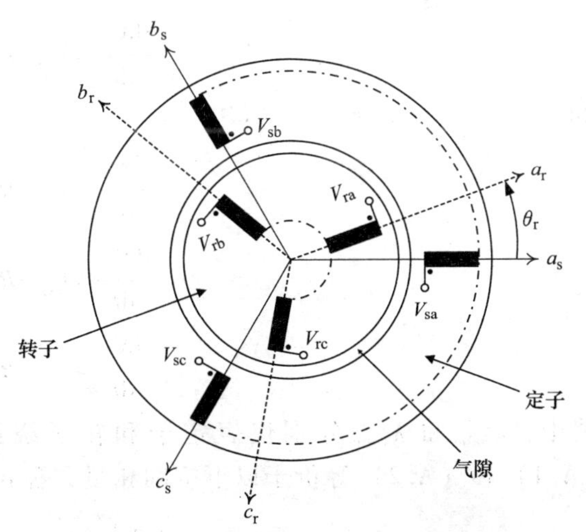

图 A.1　对称三相电机的横截面

参照图 A.1，定义机械位置为

⊖ 在技术文献中，术语“感应电机”比“异步电机”更常用。然而，术语“异步电机”更为准确，因为电磁感应现象并不是异步电机所独有的。

相对定子 a 相绕组磁轴的角度。因此，b 相和 c 相绕组分别位于 120°和 240°的位置。定义转子角 θ_r 为转子和定子 a 相绕组磁轴之间的角度。如图 A.1 所示，转子 a、b 和 c 相绕组的位置分别为 θ_r、$\theta_r+120°$和$\theta_r+240°$。

A.3 电机的电气模型

电机的电气模型以耦合电感的概念为基础。为了区分，分别用下标 s 和 r 标志定子变量和转子变量。同时做如下假设：

- 定子和转子都没有凸起，因此气隙是均匀的。
- 气隙中的磁通密度沿半径方向分布。
- 气隙中每一绕组对应的磁通密度，在其他绕组无电流通过时，是一个关于机械位置的正弦函数。
- 三个定子绕组完全相同，每个定子绕组的电阻为 R_s，同理，三个转子绕组也完全相同，每个定子绕组的电阻为 R_r。
- 定子和转子的磁导率无穷大。
- 不考虑磁饱和。

A.3.1 端电压/电流方程

根据法拉第电磁感应定律，有

$$\begin{aligned}\frac{d\lambda_{sa}}{dt}&=V_{sa}-R_s i_{sa}\\ \frac{d\lambda_{sb}}{dt}&=V_{sb}-R_s i_{sb}\\ \frac{d\lambda_{sc}}{dt}&=V_{sc}-R_s i_{sc}\end{aligned}\tag{A.1}$$

和

$$\begin{aligned}\frac{d\lambda_{ra}}{dt}&=V_{ra}-R_r i_{ra}\\ \frac{d\lambda_{rb}}{dt}&=V_{rb}-R_r i_{rb}\\ \frac{d\lambda_{rc}}{dt}&=V_{rc}-R_r i_{rc}\end{aligned}\tag{A.2}$$

式中，λ_{sabc} 和 λ_{rabc} 分别代表定子和转子绕组的磁链。根据第 4 章的结论，式（A.1）和（A.2）等价于以下空间相量方程式：

$$\frac{d\overrightarrow{\lambda_s}}{dt}=\overrightarrow{V_s}-R_s\overrightarrow{i_s}\tag{A.3}$$

$$\frac{d\overrightarrow{\lambda_r}}{dt}=\overrightarrow{V_r}-R_r\overrightarrow{i_r}\tag{A.4}$$

式（A.3）和式（A.4）通过$\vec{\lambda}_s$和$\vec{\lambda}_r$相互耦合。接下来，$\vec{\lambda}_s$和$\vec{\lambda}_r$将会用电机电流来表示。

A.3.2 定子磁链的空间相量表示

各定子绕组的磁链都是一个关于定子和转子电流的线性函数。例如，定子 a 相绕组的磁链可以表示为

$$
\begin{aligned}
\lambda_{sa} &= L_{ss} i_{sa} + M_{ss} i_{sb} + M_{ss} i_{sc} \\
&\quad + M_1(\theta_r) i_{ra} + M_2(\theta_r) i_{rb} + M_3(\theta_r) i_{rc}
\end{aligned} \tag{A.5}
$$

式中，L_{ss}为定子 a 相绕组的自感；M_{ss}为定子 a 相绕组与定子 b 相、c 相绕组之间的互感；M_1、M_2 和 M_3 分别为定子 a 相绕组与转子 a 相、b 相和 c 相绕组之间的互感。因为气隙是均匀的并且磁体结构是对称的，L_{ss}和 M_{ss}与转子位置 θ_r 无关。但是，根据转子位置的不同，转子绕组相对定子 a 相绕组的对齐方式不同。因此，M_1、M_2 和 M_3 是关于 θ_r 的函数。

当 θ_r 等于 0 或 π 时，转子 a 相绕组与定子 a 相绕组对齐。当 $\theta_r=0$ 时，$M_1(\theta_r)$ 取得（正的）最大值；当 $\theta_r=\pi$ 时，$M_1(\theta_r)$ 取得最小值（最大的负值）。另外，假设磁通分布是正弦的，M_1 应是关于 θ_r 的正弦函数。因此

$$
M_1(\theta_r) = M_{sr}\cos\theta_r \tag{A.6}
$$

式中，M_{sr}为定子绕组与转子绕组间的最大互感[53]。可以得出，当 $\theta_r=-2\pi/3$ 时，转子 b 相绕组与定子 a 相绕组对齐，此时两绕组间互感最大；同理，当 $\theta_r=2\pi/3$ 时，转子 c 相绕组与定子 a 相绕组对齐，此时两绕组间互感最大。因此

$$
M_2(\theta_r) = M_{sr}\cos\left(\theta_r + \frac{2\pi}{3}\right) \tag{A.7}
$$

$$
M_3(\theta_r) = M_{sr}\cos\left(\theta_r - \frac{2\pi}{3}\right) \tag{A.8}
$$

分别将式（A.6）~式（A.8）中的 M_1、M_2 和 M_3 代入式（A.5），可得

$$
\begin{aligned}
\lambda_{sa} &= L_{ss} i_{sa} + M_{ss} i_{sb} + M_{ss} i_{sc} \\
&\quad + M_{sr}\cos(\theta_r)\, i_{ra} + M_{sr}\cos\left(\theta_r + \frac{2\pi}{3}\right) i_{rb} + M_{sr}\cos\left(\theta_r - \frac{2\pi}{3}\right) i_{rc}
\end{aligned} \tag{A.9}
$$

按照推导式（A.9）的流程，可以推导得出 λ_{sb}和 λ_{sc}为

$$
\begin{aligned}
\lambda_{sb} &= L_{ss} i_{sa} + M_{ss} i_{sb} + M_{ss} i_{sc} \\
&\quad + M_{sr}\cos\left(\theta_r - \frac{2\pi}{3}\right) i_{ra} + M_{sr}\cos(\theta_r)\, i_{rb} + M_{sr}\cos\left(\theta_r + \frac{2\pi}{3}\right) i_{rc}
\end{aligned} \tag{A.10}
$$

$$
\begin{aligned}
\lambda_{sc} &= L_{ss} i_{sa} + M_{ss} i_{sb} + M_{ss} i_{sc} \\
&\quad + M_{sr}\cos\left(\theta_r + \frac{2\pi}{3}\right) i_{ra} + M_{sr}\cos\left(\theta_r - \frac{2\pi}{3}\right) i_{rb} + M_{sr}\cos(\theta_r)\, i_{rc}
\end{aligned} \tag{A.11}
$$

式（A.9）、式（A.10）和式（A.11）的两边，分别同时乘以（2/3）e^{j0}、（2/3）$e^{j2\pi/3}$和（2/3）$e^{j4\pi/3}$，将所得结果相加，根据式（4.2）中空间相量的定义，

可得

$$\overrightarrow{\lambda_s}=L_s\overrightarrow{i_s}+L_m e^{j\theta_r}\overrightarrow{i_r} \tag{A.12}$$

式中

$$\begin{aligned} L_s &= L_{ss}-M_{ss} \\ L_m &= \frac{2}{3}M_{sr} \end{aligned} \tag{A.13}$$

A.3.3 转子磁链的空间相量表示

同定子磁链的推导过程类似，转子磁链可以表示为

$$\begin{aligned} \lambda_{ra} = & L_{rr}i_{ra}+M_{rr}i_{rb}+M_{rr}i_{rc} \\ & +M_{sr}\cos(\theta_r)i_{sa}+M_{sr}\cos\left(\theta_r-\frac{2\pi}{3}\right)i_{sb}+M_{sr}\cos\left(\theta_r+\frac{2\pi}{3}\right)i_{sc} \end{aligned} \tag{A.14}$$

$$\begin{aligned} \lambda_{rb} = & M_{rr}i_{ra}+L_{rr}i_{rb}+M_{rr}i_{rc} \\ & +M_{sr}\cos\left(\theta_r+\frac{2\pi}{3}\right)i_{sa}+M_{sr}\cos(\theta_r)i_{sb}+M_{sr}\cos\left(\theta_r-\frac{2\pi}{3}\right)i_{sc} \end{aligned} \tag{A.15}$$

$$\begin{aligned} \lambda_{rc} = & M_{rr}i_{ra}+M_{rr}i_{rb}+L_{rr}i_{rc} \\ & +M_{sr}\cos\left(\theta_r-\frac{2\pi}{3}\right)i_{sa}+M_{sr}\cos\left(\theta_r+\frac{2\pi}{3}\right)i_{sb}+M_{sr}\cos(\theta_r)i_{sc} \end{aligned} \tag{A.16}$$

式中，L_{rr}和 M_{rr}分别为自感和互感，由于磁体结构对称，L_{rr}和 M_{rr}都是恒定参数。然而定子绕组和转子绕组之间的互感却是关于转子角 θ_r 的函数，同 A.3.2 节所述相似，式（A.14）、式（A.15）和式（A.16）的两边分别同时乘以（2/3）e^{j0}、（2/3）$e^{j2\pi/3}$和（2/3）$e^{j4\pi/3}$，将所得结果相加，根据式（4.2）中空间相量的定义，可得

$$\overrightarrow{\lambda_r}=L_r\overrightarrow{i_r}+L_m e^{-j\theta_r}\overrightarrow{i_s} \tag{A.17}$$

式中

$$L_r=L_{rr}-M_{rr} \tag{A.18}$$

L_m 的定义同式（A.13）所示。

A.3.4 电机电磁转矩

电机电磁转矩的表达式可以根据功率平衡原理求导得出[43,53,54]，化简后的表达式为

$$\begin{aligned} T_e &= \left(\frac{3}{2}L_m\right)I_m\{(\overrightarrow{i_s}e^{-j\theta_r})\overrightarrow{i_r}^*\} \\ &= \left(\frac{3}{2}L_m\right)I_m\{\overrightarrow{i_s}(\overrightarrow{i_r}e^{j\theta_r})^*)\} \end{aligned} \tag{A.19}$$

式（A.3）、式（A.4）、式（A.12）、式（A.17）和式（A.19）以空间相量的形式描述了电机的动态特性。以上公式也可以在 $\alpha\beta$ 坐标系或任意的 dq 坐标系中

表示。例如，第 10 章介绍了一种 dq 坐标系，其中的电机模型非常适用于分析和控制器设计。

A.4 电机的等效电路

A.4.1 电机的动态等效电路

式（A.3）、式（A.4）、式（A.12）和式（A.17）可以用来建立电机的等效电路。为了建立等效电路，我们将通过下面的变换来消去式（A.12）和式（A.17）中的 $e^{j\theta_r}$和 $e^{-j\theta_r}$：

$$\overrightarrow{f'_r}=\overrightarrow{f_r}e^{j\theta_r} \tag{A.20}$$

或者利用其等效表达式

$$\overrightarrow{f_r}=\overrightarrow{f'_r}e^{-j\theta_r} \tag{A.21}$$

在相关技术文献中，式（A.21）被称为“转子侧到定子侧的变换”。根据式（A.21），将式（A.4）、式（A.12）、式（A.17）和式（A.19）中的$\overrightarrow{V_r}$、$\overrightarrow{i_r}$、$\overrightarrow{\lambda_r}$分别替换为$\overrightarrow{V'_r}$、$\overrightarrow{i'_r}$、$\overrightarrow{\lambda'_r}$，可得

$$\frac{d\overrightarrow{\lambda'_r}}{dt}=\overrightarrow{V'_r}-R_r\overrightarrow{i'_r}+\underbrace{j\omega_r\overrightarrow{\lambda'_r}}_{转子电动势} \tag{A.22}$$

$$\overrightarrow{\lambda_s}=L_s\overrightarrow{i_s}+L_m\overrightarrow{i_r} \tag{A.23}$$

$$\overrightarrow{\lambda'_r}=L_r\overrightarrow{i'_r}+L_m\overrightarrow{i'_s} \tag{A.24}$$

$$T_e=\left(\frac{3}{2}L_m\right)I_m\{\overrightarrow{i_s}\overrightarrow{i'_r}^*\} \tag{A.25}$$

式中，$\omega_r=d\theta_r/dt$ 为转子角速度。式（A.22）中的 $j\omega_r\overrightarrow{\lambda'_r}$相表示正比于转子速度的电压分量，可以看作转子反电动势。

定义定子和转子的漏磁系数为

$$\sigma_s=\frac{L_s}{L_m}-1 \tag{A.26}$$

$$\sigma_r=\frac{L_r}{L_m}-1 \tag{A.27}$$

则式（A.23）和式（A.24）可以写为

$$\overrightarrow{\lambda_s}=\sigma_sL_m\overrightarrow{i_s}+L_m\underbrace{(\overrightarrow{i_r}+\overrightarrow{i_s})}_{\overrightarrow{i_m}} \tag{A.28}$$

$$\overrightarrow{\lambda'_r}=\sigma_rL_m\overrightarrow{i_r}+L_m\underbrace{(\overrightarrow{i'_r}+\overrightarrow{i_s})}_{\overrightarrow{i_m}} \tag{A.29}$$

根据式（A.3）、式（A.22）、式（A.28）和式（A.29），可以得到如图 A.2

所示的电机等效电路，该电路被称为电机的“气隙磁通模型”或“T形模型”。当$\overrightarrow{V_r'}$为0时，图A.2所示的等效电路表示笼型异步电机。在双馈异步电机中，除了$\overrightarrow{V_s}$，电压相量$\overrightarrow{V_r'}$也是可控的。图A.2所示的等效电路同时适用于动态和稳态情况。

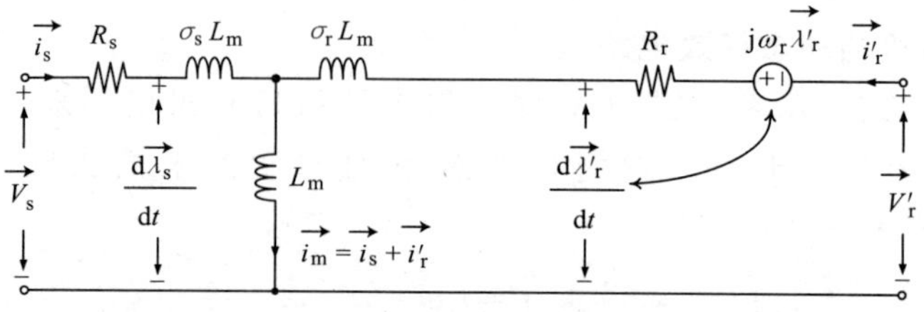

图A.2 对称三相电机的空间相量域等效电路图

A.4.2 电机的稳态等效电路

在本节中，我们将简化图A.2所示的等效电路，以表示电机的稳态行为。如果电机转子短路，即$\overrightarrow{V_r'}=0$，而且定子端接角频率为ω_s的三相对称电压，可得

$$\overrightarrow{i_s}=\underline{i}_s e^{j\omega_s t} \tag{A.30}$$

$$\overrightarrow{i_r'}=\underline{i}_r' e^{j\omega_s t} \tag{A.31}$$

$$\overrightarrow{i_m}=\underline{i}_m e^{j\omega_s t}=(\underline{i}_s+\underline{i}_r')e^{j\omega_s t} \tag{A.32}$$

$$\overrightarrow{V_s}=\underline{V}_s e^{j\omega_s t} \tag{A.33}$$

式中，$\underline{f}=\hat{f}e^{j\theta}$为复数。将式（A.30）~式（A.32）中的$\overrightarrow{i_s}$、$\overrightarrow{i_r'}$和$\overrightarrow{i_m}$代入式（A.28）和式（A.29），可得

$$\overrightarrow{\lambda_s}=\underline{\lambda}_s e^{j\omega_s t} \tag{A.34}$$

$$\overrightarrow{\lambda_r'}=\underline{\lambda}_r' e^{j\omega_s t} \tag{A.35}$$

式中

$$\underline{\lambda}_s=\sigma_s L_m \underline{i}_s+L_m \underline{i}_m \tag{A.36}$$

$$\underline{\lambda}_r'=\sigma_r L_m \underline{i}_r'+L_m \underline{i}_m \tag{A.37}$$

分别将式（A.30）、式（A.33）和式（A.34）中的$\overrightarrow{i_s}$、$\overrightarrow{V_s}$和$\overrightarrow{\lambda_s}$代入式（A.3），求其导数，消去等式两边的$e^{j\omega_s t}$，可得

$$j\omega_s \underline{\lambda}_s=\underline{V}_s-R_s \underline{i}_s \tag{A.38}$$

同理，假设$\overrightarrow{V_r'}=0$，分别将式（A.31）和式（A.35）中的$\overrightarrow{i_r'}$和$\overrightarrow{\lambda_r'}$代入式（A.22），求其导数，消去等式两边的$e^{j\omega_s t}$，可得

$$j\omega_s \underline{\lambda}_r'=-R_r \underline{i}_r'+j\omega_r \underline{\lambda}_r' \tag{A.39}$$

式（A.39）可以改写为

$$j\omega_s\,\underline{\lambda}_r' = -\frac{R_r}{\left(\frac{\omega_s-\omega_r}{\omega_s}\right)}\underline{i}_r' \tag{A.40}$$

式（A.36）和式（A.37）两边同时乘以 $j\omega_s$，可得

$$j\omega_s\,\underline{\lambda}_s = j\sigma_s X_m \underline{i}_s + jX_m \underline{i}_m \tag{A.41}$$

$$j\omega_s\,\underline{\lambda}_r' = j\sigma_r X_m \underline{i}_r' + jX_m \underline{i}_m \tag{A.42}$$

式中

$$X_m = L_m \omega_s \tag{A.43}$$

式（A.39）和式（A.42）可以由图 A.3 中异步电机经典的稳态等效电路图表示。根据图 A.3，可以很容易地描述用来获取电机参数的转子堵转实验和空载实验。出现在图 A.3 中等效电路和式（A.40）中的（$\omega_s-\omega_r$）/ω_s 项，在技术文献中被称为转差率。

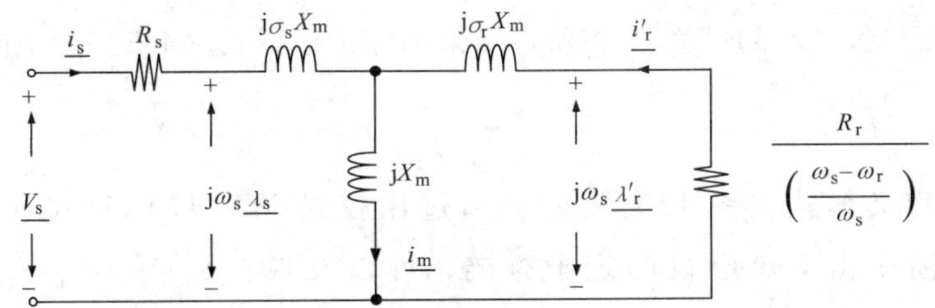

图 A.3　转子短路情况下对称三相电机的相量域（正弦稳态）等效电路

A.5　永磁同步电机（PMSM）

式（A.3）、式（A.4）、式（A.12）、式（A.17）和式（A.19）所描述的三相交流电机模型，经过修改后可以用来表示永磁同步电机。修改的主要是转子结构。在永磁同步电机中，没有实际的转子绕组存在，而是由永磁体来产生磁通。图 A.4 所示为永磁同步电机简化的电气结构。

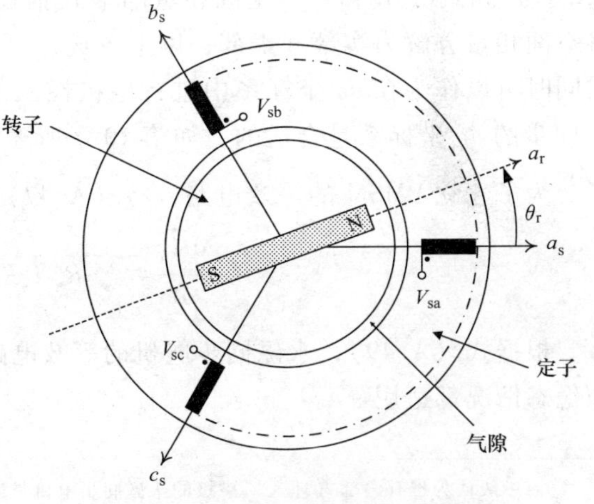

图 A.4　三相永磁同步电机的横截面

A.5.1　永磁同步电机的电气模型

为了对永磁同步电机建模，假设忽略转子引起的等效阻尼绕组效应，同时忽略转子的凸极性并假设气隙均匀[43]。这种模型可以近似

地表示表面式永磁同步电机[54]，其中，永磁体安装在转子表面，而且定子和转子的结构与A.2节中的对称三相电机相同㊀。定子绕组构成了一系列互相耦合的电感，因此，每个定子绕组的磁链是一个关于自身和其他两个定子绕组电流的线性函数，假设不存在永磁体的话。每个定子绕组的净磁链中也有一部分与转子上的永磁体相关，这部分分量是转子角的函数。当定子绕组的磁轴与转子磁轴对齐时，磁链的绝对值最大。由于忽略了转子的凸极性，任意两个定子绕组间的互感为常数。定子绕组的磁链可以表示为

$$\lambda_{sa}=L_{ss}i_{sa}+M_{ss}i_{sb}+M_{ss}i_{sc}+\lambda_m\cos(\theta_r) \tag{A.44}$$

$$\lambda_{sb}=M_{ss}i_{sa}+L_{ss}i_{sb}+M_{ss}i_{sc}+\lambda_m\cos\left(\theta_r-\frac{2\pi}{3}\right) \tag{A.45}$$

$$\lambda_{sb}=M_{ss}i_{sa}+L_{ss}i_{sb}+L_{ss}i_{sc}+\lambda_m\cos\left(\theta_r+\frac{2\pi}{3}\right) \tag{A.46}$$

式中，λ_m 为转子磁链的最大值。式（A.44）~式（A.46）两边分别乘以（2/3）e^{j0}、$(2/3)e^{j2\pi/3}$ 和 $(2/3)e^{j4\pi/3}$，将所得结果相加，根据式（4.2）中空间相量的定义，可得

$$\vec{\lambda}_s=L_s\vec{i}_s+\lambda_m e^{j\theta_r} \tag{A.47}$$

式中，L_s 的定义如式（A.13）所示。通过比较式（A.47）和式（A.12）中PMSM和对称三相交流电机的定子磁链，可以发现，$\lambda_m e^{j\theta_r}=L_m e^{j\theta_r}\vec{i}_r$。因此，将 $L_m e^{j\theta_r}\vec{i}_r=\lambda_m e^{j\theta_r}$ 代入式（A.19），可以得到永磁同步电机的电磁转矩表达式为

$$T_e=\left(\frac{3}{2}\lambda_m\right)I_m\{\vec{i}_s e^{-j\theta_r}\} \tag{A.48}$$

式（A.1）或式（A.3）表征了定子电压和电流的关系。式（A.3）、式（A.47）和式（A.48）以空间相量的形式描述了永磁同步电机的动态特性。通过将空间相量分解为实部和虚部，以上各式也可以在 $\alpha\beta$ 坐标系中表示出来。以上各式同时可以作为在 dq 坐标系中进行电机控制的基础。对于PMSM，选择与转子角 θ_r 同步的 dq 坐标系是合适的，如第10章所述。

为了建立PMSM的等效电路，将（A.47）中的 $\vec{\lambda}_s$ 代入（A.3），可得

$$L_s\frac{d\vec{i}_s}{dt}=\vec{V}_s-R_s\vec{i}_s\underbrace{-j\lambda_m\omega_r e^{j\theta_r}}_{\text{反电动势}} \tag{A.49}$$

根据式（A.49），永磁同步电机的等效电路如图A.5所示。该等效电路对动态和稳态情况都适用。

㊀ 一般认为带有内部（埋入）磁极的永磁同步电机是气隙不均匀的凸极式电机[54]。例4.10给出了凸极式永磁同步电机的模型。

A.5.2 永磁同步电机的稳态等效电路

为了建立 PMSM 的稳态等效电路，假设电机的定子连接一组三相对称的正弦电压，而转速等于定子电压的角速度，因此，电机电流也是三相对称的波形。以上条件可以表示为

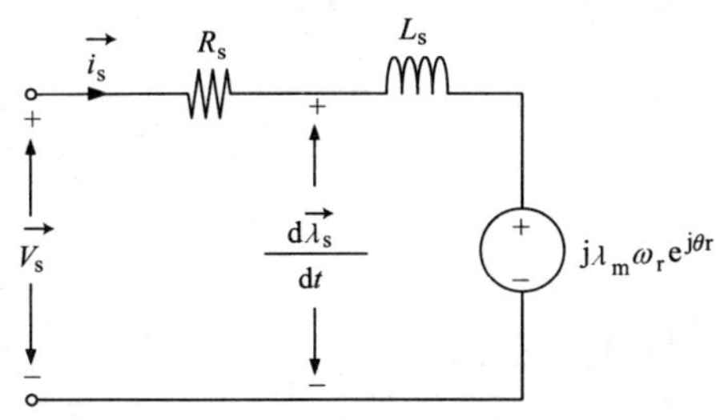

图 A.5 PMSM 的空间相量域等效电路

$$\vec{V}_s=\underline{V_s}e^{j\omega_s t} \tag{A.50}$$

$$\vec{i}_s=\underline{i_s}e^{j\omega_s t} \tag{A.51}$$

$$\theta_r=\omega_s t+\theta_{r0} \tag{A.52}$$

式中，ω_s 为定子励磁频率。分别将式（A.51）中的$\vec{i}_s$ 和式（A.52）中的 θ_r 代入式（A.47），可得

$$\vec{\lambda}_s=\underline{\lambda_s}e^{j\omega_s t} \tag{A.53}$$

式中

$$\underline{\lambda_s}=L_s\underline{i_s}+\underline{\lambda_m}\Rightarrow j\omega_s\underline{\lambda_s}=j(\omega_s L_s)\underline{i_s}+j\omega_s\underline{\lambda_m} \tag{A.54}$$

$$\underline{\lambda_m}=\lambda_m e^{j\theta_{r0}} \tag{A.55}$$

分别将式（A.50）、式（A.52）和式（A.53）中的$\vec{V}_s$、$\vec{i}_s$ 和$\vec{\lambda}_s$ 代入式（A.3），求导，消去等式两边的 $e^{j\omega_s t}$，可得

$$j\omega_s\underline{\lambda_s}=\underline{V_s}-R_s\underline{i_s} \tag{A.56}$$

式（A.54）和式（A.56）对应图 A.6 所示 PMSM 经典的稳态等效电路。

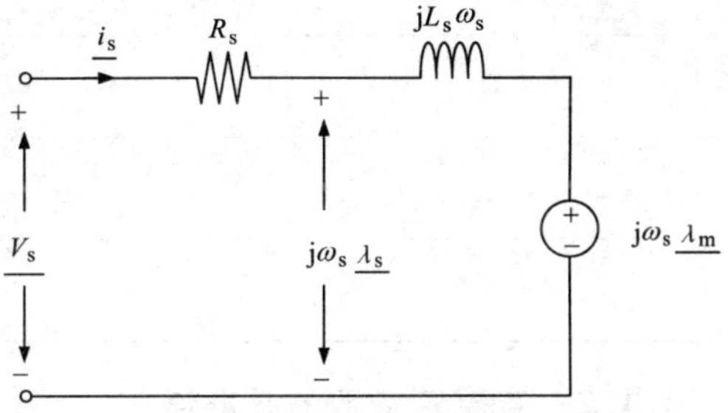

图 A.6 PMSM 的相量域（稳态）等效电路

将$\vec{i}_s=\underline{i_s}e^{j\omega_s t}$ 和 $\theta_r=\omega_s t+\theta_{r0}$ 代入式（A.48），可以得出电机稳态下的电磁转矩为

$$T_e=\left(\frac{3}{2}\lambda_m\right)I_m\{\underline{i_s}e^{-j\theta_{r0}}\} \tag{A.57}$$

令 $\underline{i_s}=\hat{i}_s e^{j\theta_i}$，式（A.57）可写为

$$\begin{aligned}T_e&=\left(\frac{3}{2}\lambda_m\right)I_m\{\hat{i}_s e^{j(\theta_i-\theta_{r0})}\}\\&=\left(\frac{3}{2}\lambda_m\right)\hat{i}_s\sin\underbrace{(\theta_i-\theta_{r0})}_{\delta}\end{aligned} \tag{A.58}$$

式中，$\delta=(\theta_i-\theta_{r0})$ 为电机电流和电机内电动势间的相位差，在技术文献中，δ 被称作负载角。对于给定的转矩，当 $\delta=\pi/2\text{rad}$ 时，电机电流最小。

附录B VSC系统的标幺值

B.1 引言

通常来说，将电力电子变换器系统用标幺值来表示会更加方便，具体可以通过下面的标幺值系统来实现。

B.1.1 交流侧参数的基准值

表B.1给出了VSC系统交流侧物理量的基准值。表中，VSC系统的电压基准值选为公共连接点（PCC）相电压的峰值。这与传统电力系统中选取相电压有效值作为电压基准值不同。功率的基准值选为三相额定功率。

表B.1 VSC交流侧参数的基准值

参　数	符号与表达式	描　述
功率	$P_b=\frac{3}{2}V_bI_b$	VSC的额定功率
电压	$V_b=\hat{V}_s$	额定相电压的峰值
电流	$I_b=\frac{2P_b}{3V_b}$	额定线电流的峰值
阻抗	$Z_b=\frac{V_b}{I_b}$	
电容	$C_b=\frac{1}{Z_b\omega_b}$	
电感	$L_b=\frac{Z_b}{\omega_b}$	
频率	$\omega_b=\omega_0$	通常是电力系统的额定频率

B.1.2 直流侧参数的基准值

直流侧基准值根据交流侧基准值确定，交流侧和直流侧的功率基准值相同，而直流侧的电压基准值是交流侧的两倍，这样直流侧的单位标幺值电压才对应交流侧的单位标幺值电压。交流侧参数的基准值见表B.2。

表B.2 VSC直流侧参数的基准值

参　数	符号与表达式	描　述
功率	$P_{b\text{-}dc}=V_{b\text{-}dc}I_{b\text{-}dc}=P_b$	与交流侧功率一致
电压	$V_{b\text{-}dc}=2V_b$	
电流	$I_{b\text{-}dc}=\frac{3}{4}I_b$	

（续）

参　　数	符号与表达式	描　　述
阻抗	$R_{b\text{-}dc}=\frac{8}{3}Z_b$	
电容	$C_{b\text{-}dc}=\frac{3}{8}C_b$	
电感	$L_{b\text{-}dc}=\frac{8}{3}L_b$	

例 B.1　VSC 整流器的模型

图 B.1 所示为工作在整流模式、带直流 *RL* 负载的三相 VSC 系统的示意图。

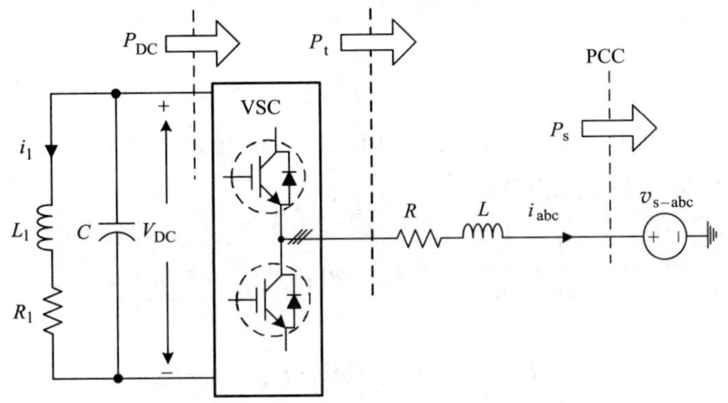

图 B.1　三相 VSC 整流器的示意图

VSC 系统的开环模型可以描述为

$$
\begin{aligned}
L\frac{\mathrm{d}i_d}{\mathrm{d}t}&=-Ri_d+L\omega i_q+\frac{1}{2}m_dV_{DC}-v_{sd}\\
L\frac{\mathrm{d}i_q}{\mathrm{d}t}&=-Ri_q+L\omega i_d+\frac{1}{2}m_qV_{DC}-v_{sq}\\
C\frac{\mathrm{d}V_{DC}}{\mathrm{d}t}&=-i_1-i_{DC}=-i_1-\frac{3}{4}(m_di_d+m_qi_q)\\
L_1\frac{\mathrm{d}i_1}{\mathrm{d}t}&=-R_1i_1+V_{DC}
\end{aligned}
\tag{B.1}
$$

我们用下画线来表示标幺值，因此对于交流侧参数，有

$$
\begin{aligned}
L&=L_b\underline{L},\\
R&=Z_b\underline{R},\\
v_{sd}&=V_b\,\underline{v_{sd}}\\
v_{sq}&=V_b\,\underline{v_{sq}}\\
i_d&=I_b\underline{i_d}\\
i_q&=I_b\underline{i_q}
\end{aligned}
$$

$$\omega=\omega_b\underline{\omega} \tag{B.2}$$

对于直流侧参数，有

$$C=\frac{3}{8}C_b\ \underline{C}$$
$$L_l=\frac{8}{3}L_b\ \underline{L_l}$$
$$R_l=\frac{8}{3}Z_b\ \underline{R_l}$$
$$V_{DC}=2V_b\ \underline{V_{DC}}$$
$$i_l=\frac{3}{4}I_b\underline{i_l} \tag{B.3}$$

将式（B.2）和式（B.3）代入式（B.1），根据表 B.1 中给出的基准值之间的关系，可以得出以下标幺化方程：

$$\frac{1}{\omega_b}\underline{L}\frac{d\underline{i_d}}{dt}=-\underline{R}\ \underline{i_d}+\underline{L}\underline{\omega}\underline{i_q}+m_d\ \underline{V_{DC}}-\underline{v_{sd}}$$
$$\frac{1}{\omega_b}\underline{L}\frac{d\underline{i_q}}{dt}=-\underline{R}\underline{i_q}-\underline{L}\underline{\omega}\underline{i_d}+m_q\ \underline{V_{DC}}-\underline{v_{sq}}$$
$$\frac{1}{\omega_b}\underline{C}\frac{d\underline{V_{DC}}}{dt}=-\underline{i_l}-(m_d\ \underline{i_d}+m_q\ \underline{i_q})$$
$$\frac{1}{\omega_b}\underline{L_l}\frac{d\underline{i_l}}{dt}=-\underline{R_l}\underline{i_l}+\underline{V_{DC}} \tag{B.4}$$

需要注意的是，基于上面的标幺值系统，我们没有将调制信号 m_d 和 m_q 表示为标幺值形式，这是因为调制信号的绝对值介于 0 和 1 之间，因此将它们写为标幺值形式没有太大意义。式（B.4）表明，原始等式的求导项会在对应的标幺值形式中增加一个前置乘积因数 $1/\omega_b$。如果将时间也化为基准值为 $t_b=1/\omega_b$ 的标幺值形式，就可以避免这个前置乘积因数，此时式（B.4）为

$$\underline{L}\frac{d\underline{i_d}}{dt}=-\underline{R}\ \underline{i_d}+\underline{L}\underline{\omega}\ \underline{i_q}+m_d\ \underline{V_{DC}}-\underline{v_{sd}}$$
$$\underline{L}\frac{d\underline{i_q}}{dt}=-\underline{R}\ \underline{i_q}-\underline{L}\underline{\omega}\ \underline{i_d}+m_q\ \underline{V_{DC}}-\underline{v_{sq}}$$
$$\underline{C}\frac{d\underline{V_{DC}}}{dt}=-\underline{i_l}-(m_d\ \underline{i_d}+m_q\ \underline{i_q})$$
$$\underline{L_l}\frac{d\underline{i_l}}{dt}=-\underline{R_l}\underline{i_l}+\underline{V_{DC}} \tag{B.5}$$

参考文献

1. N. Hingorani and L. Gyugyi, *Understanding FACTS: Concepts and Technology of Flexible AC Transmission Systems*, IEEE Press, 2000.
2. Y. H. Song and A. T. Johns, *Flexible AC Transmission Systems (FACTS)*, IEE, 1999.
3. E. Acha, C. R. Fuerte-Esquivel, H. Ambriz-Perez, and C. Angeles-Camacho, *FACTS: Modelling and Simulation in Power Networks*, Wiley, 2004.
4. E. Acha, V. G. Agelidis, O. Anaya-Lara, and T. J. E. Miller, *Power Electronic Control in Electrical Systems*, Newnes, 2002.
5. R. M. Mathur and R. Varma, *Thyristor-Based FACTS Controllers for Electrical Transmission Systems*, Wiley/IEEE, 2002.
6. X. P. Zhang, C. Rehtanz, and B. Pal, *Flexible AC Transmission Systems: Modelling and Control*, Springer-Verlag, 2006.
7. N. Hatziargyriou, H. Asano, R. Iravani, and C. Marnay, "Microgrids," *IEEE Power and Energy Magazine*, vol. 5, no. 4, pp. 78–94, July/August 2007.
8. H. Akagi, E. H. Watanabe, and M. Arades, *Instantaneous Power Theory and Applications to Power Conditioning*, Wiley/IEEE, 2007.
9. T. Larsson, A. Edris, D. Kidd, and F. Aboytes, "Eagle Pass Back-to-Back Tie: A Dual Purpose Application of Voltage Source Converter Technology," *IEEE Power Engineering Society Summer Meeting*, vol. 3, pp. 1686–1691, July 2001.
10. J. Arillaga, *High Voltage Direct Current Transmission*, IEE Power Engineering Series 6, Peter Peregrinus Ltd., 1983.
11. V. Sood, *HVDC and FACTS Controllers: Applications of Static Converters in Power Systems*, Kluwer Academic Publishers, 2004.
12. O. Wasynczuk and N. A. Anwah, "Modeling and Dynamic Performance of a Self-Commutated Photovoltaic Inverter System," *IEEE Transactions on Energy Conversion*, vol. 4, no. 3, pp. 322–328, September 1989.
13. M. N. Marwali and A. Keyhani, "Control of Distributed Generation Systems. Part I. Voltages and Currents Control," *IEEE Transactions on Power Electronics*, vol. 19, no. 6, pp. 1541–1550, November 2004.
14. K. Satoh and M. Yamamoto, "The Present State of the Art in High Power Semiconductor Devices," *Proceedings of the IEEE*, vol. 89, no. 6, pp. 813–821, July 2001.

15. B. J. Baliga, "The Future of Power Semiconductor Device Technology," *Proceedings of the IEEE*, vol. 89, no. 6, pp. 822–832, July 2001.
16. N. Mohan, T. M. Undeland, and W. P. Robbins, *Power Electronics, Converters, Applications, and Design*, 3rd edition, Wiley, 2003.
17. B. Wu, *High-Power Converters and AC Drives*, Wiley/IEEE, 2006.
18. A. Alesina and M. G. B. Venturini, "Analysis and Design of Optimum-Amplitude Nine-Switch Direct AC–AC Converters," *IEEE Transactions on Power Electronics*, vol. 4, no. 1, pp. 101–112, January 1989.
19. S. B. Dewan and A. Straughn, *Power Semiconductor Circuits*, Wiley, 1974.
20. D. G. Holmes and T. A. Lipo, *Pulse Width Modulation for Power Converters: Principles and Practice*, Wiley/IEEE, 2003.
21. M. Saeedifard, H. Nikkhajoei, R. Iravani, and A. Bakhshai, "A Space Vector Modulation Approach for a Multimodule HVDC Converter System," *IEEE Transactions on Power Delivery*, vol. 22, no. 3, pp. 1643–1654, July 2007.
22. M. Hagiwara, H. Fujita, and H. Akagi, "Performance of a Self-Commutated BTB HVDC Link System Under a Single-Line-to-Ground Fault Condition," *IEEE Transactions on Power Electronics*, vol. 18, no. 1, pp. 278–285, January 2003.
23. C. Schauder, M. Gernhardt, E. Stacey, T. Lemak, L. Gyugyi, T.W. Cease, and A. Edris, "Development of ±100 MVAR Static Condenser for Voltage Control of Transmission Systems," *IEEE Transactions on Power Delivery*, vol. 10, no. 3, pp. 1486–1493, July 1995.
24. J. Holtz, "Pulsewidth modulation: A Survey," *IEEE Transactions on Industrial Electronics*, vol. 39, no. 5, pp. 410–420, December 1992.
25. H. W. Van Der Broeck, H. Skudelny, and G. V. Stanke, "Analysis and Realization of a Pulsewidth Modulator Based on Voltage Space Vectors," *IEEE Transactions on Industry Applications*, vol. 24, no. 1, pp. 142–150, January/February 1988.
26. R. Wu, S. B. Dewan, and G. R. Slemon, "Analysis of an AC-to-DC Voltage Source Converter Using PWM with Phase and Amplitude Control," *IEEE Transactions on Industry Applications*, vol. 27, pp. 355–364, March/April 1991.
27. A. Nabavi Niaki and M. R. Iravani, "Steady-State and Dynamic Models of Unified Power Flow Controller (UPFC) for Power System Studies," *IEEE Transactions on Power Systems*, vol. 11, pp. 1937–1942, November 1996.
28. J. A. Sanders and F. Verhulst, *Averaging Methods in Nonlinear Dynamic Systems*, Springer-Verlag, 1985.
29. H. A. Khalil, *Nonlinear Systems*, 3rd edition, Prentice-Hall, 2002.
30. J. G. Kassakian, M. F. Schlecht, and G. C. Verghese, *Principles of Power Electronics*, Addison-Wesley, 1991.
31. P. T. Krein, J. Bentsman, R. M. Bass, and B. L. Lesieutre, "On the Use of Averaging for the Analysis of Power Electronic Systems," *IEEE Transactions on Power Electronics*, vol. 5, pp. 182–190, April 1990.

32. R. W. Erickson and D. Maksimovic, *Fundamentals of Power Electronics*, 2nd edition, Kluwer Academic Publishers, 2001.
33. E. Davison, "The Robust Control of a Servomechanism Problem for Linear Time-Invariant Multivariable Systems," *IEEE Transactions on Automatic Control*, vol. AC-21, no. 1, pp. 25–34, February 1976.
34. W. M. Wonham, "Towards an Abstract Internal Model Principle," *IEEE Transactions on Systems, Man, and Cybernetics*, vol. SMC-6, no. 11, pp. 735–740, November 1976.
35. P. J. Antsaklis and O. R. Gonzalez, "Compensator Structure and Internal Models in Tracking and Regulation," *Proceedings of 23rd Conference on Decision and Control*, Las Vegas, NV, pp. 634–635, December 1984.
36. G. F. Franklin and A. E. Naeini, "Design of Ripple-Free Multivariable Robust Servomechanisms," *Proceedings of 23rd Conference on Decision and Control*, Las Vegas, NV, pp. 1709–1714, December 1984.
37. J. J. D'Azzo and C. H. Houpis, *Linear Control System Analysis and Design: Conventional and Modern*, 4th edition, McGraw-Hill, 1995.
38. K. Ogata, *Modern Control Engineering*, 4th edition, Prentice-Hall, 2001.
39. X. Yuan, W. Merk, H. Stemler, and J. Allmeling, "Stationary-Frame Generalized Integrators for Current Control of Active Power Filters with Zero Steady-State Error for Current Harmonics of Concern Under Unbalanced and Distorted Operating Conditions," *IEEE Transactions on Industry Applications*, vol. 38, no. 2, pp. 523–532, March/April 2002.
40. D. N. Zmood and D. G. Holmes, "Stationary Frame Current Regulation of PWM Inverters with Zero Steady-State Error," *IEEE Transactions on Power Electronics*, vol. 18, no. 3, pp. 814–822, May 2003.
41. H. Akagi, Y. Kanazawa, and A. Nabae, "Instantaneous Reactive Power Compensators Comprising Switching Devices Without Energy Storage Components," *IEEE Transactions on Industry Applications*, vol. IA-20, no. 3, pp. 625–630, May/June 1984.
42. P. Kundur, *Power System Stability and Control*, McGraw-Hill, 1994.
43. W. Leonhard, *Control of Electrical Drives*, 3rd edition, Springer-Verlag, 2001.
44. L. Angquist and L. Lindberg, "Inner Phase Angle Control of Voltage Source Converter in High Power Applications," *IEEE Power Electronics Specialists Conference PESC 91*, pp. 293–298, June 1991.
45. L. Xu, V. G. Agelidis, and E. Acha, "Development Considerations of DSP-Controlled PWM VSC-Based STATCOM," *IEE Proceedings: Electric Power Application*, vol. 148, no. 5, pp. 449–455, September 2001.
46. A. R. Bergen, *Power System Analysis*, Prentice-Hall, 1986.
47. M. C. Chandorkar, D. M. Divan, and R. Adapa, "Control of Parallel Connected Inverters in Standalone AC Supply Systems," *IEEE Transactions on Industry Applications*, vol. 29, no. 1, pp. 136–143, January/February 1993.

48. M. H. Rashid, *Power Electronics, Circuits, Devices, and Applications*, 3rd edition, Pearson Prentice-Hall, 2003.
49. S. Chung, "A Phase Tracking System for Three Phase Utility Interface Inverters," *IEEE Transactions on Power Electronics*, vol. 15, pp. 431–438, May 2000.
50. A. B. Plunkett and F. G. Turnbull, "Load-Commutated Inverter/Synchronous Motor Drive Without a Shaft Position Sensor," *IEEE Transactions on Industry Applications*, vol. IA-15, no. 1, pp. 63–71, January/February 1979.
51. R. Wu and G. R. Slemon, "A Permanent Magnet Motor Drive Without a Shaft Sensor," *IEEE Transactions on Industry Applications*, vol. 27, no. 5, pp. 1005–1011, September/October 1991.
52. T. Noguchi, K. Yamada, S. Kondo, and I. Takahashi, "Initial Rotor Position Estimation Method of Sensorless PM Synchronous Motor with No Sensitivity to Armature Resistance," *IEEE Transactions on Industrial Electronics*, vol. 45, no. 1, pp. 118–125, February 1998.
53. P. C. Krause, O. Wasynczuk, and S. D. Sudhoff, *Analysis of Electric Machinery*, IEEE Press, 1995.
54. P. Vas, *Vector Control of AC Machines*, Oxford University Press, 1990.
55. K. Thorborg, *Power Electronics*, Prentice-Hall, 1988.
56. J. S. Lai and F. Z. Peng, "Multilevel Converters: A New Breed of Power Converters," *IEEE Transactions on Industry Applications*, vol. 32, pp. 509–517, May/June 1996.
57. J. Rodriguez, J. Pontt, G. Alzamora, N. Becker, O. Einenkel, and A. Weinstein, "Novel 20-MW Downhill Conveyor System Using Three-Level Converters," *IEEE Transactions on Industrial Electronics*, vol. 49, pp. 1093–1100, October 2002.
58. J. Rodriguez, J. S. Lai, and F. Z. Peng, "Multilevel Inverters: A Survey of Topologies, Control, and Applications," *IEEE Transactions on Industrial Electronics*, vol. 49, no. 4, pp. 724–738, August 2002.
59. A. Nabae, I. Takahashi, and H. Akagi, "A New Neutral-Point-Clamped PWM Inverter," *IEEE Transactions on Industry Applications*, vol. IA-17, pp. 518–523, September/October 1981.
60. R. Sommer, A. Mertens, C. Brunotte, and G. Trauth, "Medium Voltage Drive System with NPC Three-Level Inverter Using IGBTs," *IEEE PWM Medium Voltage Drives Seminar*, pp. 3/1–3/5, May 11, 2000.
61. A. Yazdani and R. Iravani, "A Generalized State-Space Averaged Model of the Three-Level NPC Converter for Systematic DC-Voltage-Balancer and Current-Controller Design," *IEEE Transactions on Power Delivery*, vol. 20, no. 2, pp. 1105–1114, April 2005.
62. D. H. Lee, S. R. Lee, and F. C. Lee, "An Analysis of Midpoint Balance for the Neutral-Point-Clamped Three-Level VSI," *IEEE Power Electronics Specialists Conference*, PESC98, vol. 1, pp. 193–199, May 17–22, 1998.

63. C. Newton and M. Sumner, "A Novel Arrangement for Balancing the Capacitor Voltages of a Five-Level Diode Clamped Inverter," *IEE Power Electronics and Variable Speed Drives*, no. 456, pp. 465–470, September 21–23, 1998.

64. M. K. Mishra, A. Joshi, and A. Ghosh, "Control Schemes for Equalization of Capacitor Voltages in Neutral Clamped Shunt Compensator," *IEEE Transactions on Power Delivery*, vol. 18, pp. 538–544, April 2003.

65. C. Newton and M. Sumner, "Neutral Point Control for Multi-Level inverters: Theory, Design and Operational Limitations," *IEEE Industry Application Society Annual Meeting*, pp. 1336–1343, October 5–9, 1997.

66. G. Scheuer and H. Stemmler, "Analysis of a 3-Level-VSI Neutral-Point-Control for Fundamental Frequency Modulated SVC-Applications," *IEE AC and DC Power Transmission*, no. 423, pp. 303–310, April 29–May 3, 1996.

67. C. Osawa, Y. Matsumoto, T. Mizukami, and S. Ozaki, "A State-Space Modeling and a Neutral-Point Voltage Control for an NPC Power Converter," *Power Conversion Conference*, vol. 1, pp. 225–230, August 3–6, 1997.

68. M. P. Kazmierkowski and L. Malesani, "Current-Control Techniques for Three-Phase Voltage-Source PWM Converters: A Survey," *IEEE Transactions on Industrial Electronics*, vol. 45, no. 5, pp. 691–703, October 1998.

69. C. D. Schauder and R. Caddy, "Current Control of Voltage-Source Inverters for Fast Four-Quadrant Drive Performance," *IEEE Transactions on Industrial Electronics*, vol. IA-18, pp. 163–171, March/April 1982.

70. J. A. Houldsworth and D. A. Grant, "The Use of Harmonic Distortion to Increase the Output Voltage of a Three-Phase PWM Inverter," *IEEE Transactions on Industry Applications*, vol. IA-20, pp. 1224–1228, September/October 1984.

71. M. Mohaddes, D. P. Brandt, and K. Sadek, "Analysis and Elimination of Third Harmonic Oscillations in Capacitor Voltages of 3-Level Voltage Source converters," *IEEE PES Summer Meeting*, vol. 2, pp. 737–741, July 16–20, 2000.

72. A. Yazdani and R. Iravani, "An Accurate Model for the DC-Side Voltage Control of the Neutral Point Diode Clamped Converter," *IEEE Transactions on Power Delivery*, vol. 21, no. 1, pp. 185–193, January 2006.

73. R. Pena, R. Cardenas, R. Blasco, G. Asher, and J. Clare, "A Cage Induction Generator Using Back to Back PWM Converters for Variable Speed Grid Connected Wind Energy System," *IEEE Industrial Electronics Conference*, IECON'01, vol. 2, pp. 1376–1381, 2001.

74. C. K. Sao, P. W. Lehn, M. R. Iravani, and J. A. Martinez, "A Benchmark System for Digital Time-Domain Simulation of a Pulse-Width-Modulated D-STATCOM," *IEEE Transactions on Power Delivery*, vol. 17, pp. 1113–1120, October 2002.

75. Y. Ye, M. Kazerani, and V. H. Quintana, "Modeling, Control, and Implementation of Three-Phase PWM Converters," *IEEE Transactions on Power Electronics*, vol. 18, pp. 857–864, May 2003.

76. P. W. Lehn and M. R. Iravani, "Experimental Evaluation of STATCOM Closed-Loop Dynamics," *IEEE Transactions on Power Delivery*, vol. 13, pp. 1378–1384, October 1998.
77. T. M. Rowan and R. J. Kerkman, "A New Synchronous Current Regulator and an Analysis of Current-Regulated PWM Inverters," *IEEE Transactions on Industry Applications*, vol. IA-22, no. 4, pp. 678–690, March/April 1986.
78. V. Kaura and V. Blasko, "Operation of a Phase Locked Loop System Under Distorted Utility Conditions," *IEEE Transactions on Industry Applications*, vol. 33, no. 1, pp. 58–63, January/February 1997.
79. J. Svensson, "Synchronization Methods for Grid-Connected Voltage Source Converters," *IEE Proceedings: Generation, Transmission, and Distribution*, vol. 148, no. 3, pp. 229–235, May 2001.
80. L. G. B. Rolim, D. R. da Costa, and M. Aredes, "Analysis and Software Implementation of a Robust Synchronizing PLL Circuit Based on *pq* Theory," *IEEE Transactions on Industrial Electronics*, vol. 53, no. 6, pp. 1919–1926, December 2006.
81. D. A. Paice, *Power Electronics Converter Harmonics: Multipulse Methods for Clean Power*, Wiley/IEEE Press, 1999.
82. C. Schauder and H. Mehta, "Vector Analysis and Control of Advanced Static VAR Compensators," *IEE Proceedings C*, vol. 140, pp. 299–306, July 1993.
83. A. Yazdani, "Control of an Islanded Distributed Energy Resource Unit with Load Compensating Feed-Forward," *IEEE Power Engineering Society General Meeting*, 7 pp. July 20–24, 2008.
84. M. B. Delghavi and A. Yazdani, "A Control Strategy for Islanded Operation of a Distributed Resource (DR) Unit," *IEEE Power and Energy Society General Meeting*, 8 pp. July 26–30, 2009.
85. H. Karimi, A. Yazdani, and R. Iravani, "Negative Sequence Current Injection for Fast Islanding Detection of a Distributed Resource Unit," *IEEE Transactions on Power Electronics*, vol. 23, no. 1, pp. 298–307, January 2008.
86. R. Pena, J. C. Clare, and G. M. Asher, "A Doubly-Fed Induction Generator Using Back-to-Back PWM Converters Supplying an Isolated Load from a Variable Speed Wind Turbine," *IEE Proceedings on Power Applications*, vol. 143, pp. 380–387, September 1996.
87. S. Muller, M. Deicke, and R. W. De Donker, "Adjustable Speed Generators for Wind Turbines Based on Doubly-Fed Induction Machines and 4-Quadrant IGBT Converters Linked to the Rotor," *IEEE Industry Applications Magazine*, vol. 8, no. 3, pp. 26–33, May/June 2002.
88. R. Datta and V. T. Ranganathan, "Variable-Speed Wind-Power Generation Using Doubly-Fed Wound-Rotor Induction Machine: A Comparison with Alternative Schemes," *IEEE Transactions on Energy Conversion*, vol. 17, no. 3, pp. 414–421, September 2002.

89. D. W. Novotny and T. A. Lipo, *Vector Control and Dynamics of AC Drives*, Oxford University Press, 1996.

90. B. K. Bose, *Power Electronics and Variable Frequency Drives*, IEEE Press, 1997.

91. R. Cardenas, R. Pena, G. M. Asher, J. Clare, and R. Blasco-Gimenez, "Control Strategies for Power Smoothing Using a Flywheel Driven by a Sensorless Vector-Controlled Induction Machine Operating in a Wide Speed Range," *IEEE Transactions on Industrial Electronics*, vol. 51, no. 3, pp. 603–614, June 2004.

92. T. M. Jahns, G. B. Kliman, and T. W. Neumann, "Interior PM Synchronous Motors for Adjustable-Speed Drives," *IEEE Transactions on Industry Applications*, vol. 22, no. 4, pp. 738–747, July/August 1986.

93. B. K. Bose, "A High-Performance Inverter-Fed Drive System of an Interior Permanent Magnet Synchronous Machine," *IEEE Transactions on Industry Applications*, vol. 24, no. 6, pp. 987–997, November/December 1988.

94. S. Y. Morimoto, Y. Takeda, T. Hirasa, and K. Taniguchi, "Expansion of Operating Limits for Permanent Magnet Motor by Current Vector Control Considering Inverter Capacity," *IEEE Transactions on Industry Applications*, vol. 26, no. 5, pp. 866–871, September/October 1990.

95. R. Mihalic, P. Zunko, I. Papic, and D. Povh, "Improvement of Transient Stability by Insertion of FACTS Devices," *IEEE/NTUA Proceedings of Athens Power Tech Conference, APT 93*, vol. 2, pp. 521–525, September 1993.

96. J. F. Gronquist, W. A. Sethares, F. L. Alvarado, and R. H. Lasseter, "Power Oscillation Damping Control Strategies for FACTS Devices Using Locally Measurable Quantities," *IEEE Transactions on Power Systems*, vol. 10, no. 3, pp. 1598–1605, August 1995.

97. E. Stacey, T. Lemak, L. Gyugyi, T. W. Cease, and A. Edris, "Operation of −100 MVAr TVA STATCON," *IEEE Transactions on Power Delivery*, vol. 12, no. 4, pp. 1805–1811, October 1997.

98. M. Noroozian, A. Edris, D. Kidd, and A. J. F. Keri, "The Potential Use of Voltage-Sourced Converter-Based Back-to-Back Tie in Load Restoration," *IEEE Transactions on Power Delivery*, vol. 18, pp. 1416–1421, October 2003.

99. G. C. Paap, "Symmetrical Components in the Time-Domain and Their Applications to Power Network Calculations," *IEEE Transactions on Power Systems*, vol. 15, pp. 522–528, May 2000.

100. L. Moran, P. D. Ziogas, and G. Joos, "Design Aspects of Synchronous PWM Rectifier-Inverter Systems Under Unbalanced Input Voltage Conditions," *IEEE Transactions on Industrial Electronics*, vol. 28, no. 6, pp. 1286–1293, November/December 1992.

101. T. Sun, Z. Chen, and F. Blaabjerg, "Flicker Study on Variable Speed Wind Turbines with Doubly-Fed Induction Generators," *IEEE Transactions on Energy Conversion*, vol. 20, no. 4, pp. 896–905, December 2005.

102. A. Yazdani and R. Iravani, "A Neutral-Point Clamped Converter System for Direct-Drive Variable-Speed Wind Power Unit," *IEEE Transactions on Energy*

Conversion, vol. 21, no. 2, pp. 596–607, June 2006.

103. M. Chinchilla, S. Arnaltes, and J. C. Burgos, "Control of Permanent-Magnet Generators Applied to Variable-Speed Wind-Energy Systems Connected to the Grid," *IEEE Transactions on Energy Conversion*, vol. 21, no. 1, pp. 130–135, March 2006.
104. P. M. Anderson and A. Bose, "Stability Simulations of Wind Turbine Systems," *IEEE Transactions on Power Apparatus and Systems*, vol. PAS-102, pp. 3791–3795, December 1983.
105. M. P. Kazmierkowski, R. Krishnan, and F. Blaabjerg, *Control in Power Electronics, Selected Problems*, Academic Press, 2002.
106. S. Heier, *Grid Integration of Wind Energy Conversion Systems*, 2nd edition, Wiley, 2006.
107. J. G. Slootweg, H. Polinder, and W. L. Kling, "Representing Wind Turbine Electrical Generating Systems in Fundamental Frequency Simulations," *IEEE Transactions on Energy Conversion*, vol. 18, no. 4, pp. 516–524, December 2003.
108. Y. D. Song and B. Dhinakaran, "Nonlinear Variable Speed Control of Wind Turbines," *IEEE Proceedings of International Conference on Control Applications*, pp. 814–819, August 1999.
109. G. R. Slemon, "Modelling of Induction Machines for Electric Drives," *IEEE Industry Application Society Annual Meeting*, pp. 111–115, 1988.

书号：978-7-111-55336-6

出版时间：2017.3　　定价：180 元

作者：徐政

本书系统讲述了柔性直流输电的理论和应用。内容包括柔性直流输电系统的特点和应用，模块化多电平换流器（MMC）的工作原理、主电路参数选择与损耗计算，两端柔性直流输电系统与多端柔性直流输电网的控制和故障保护策略，单向点对点柔性直流输电系统，交流线路改造成直流线路的拓扑结构及特性研究，柔性直流输电应用于海上风电场接入电网，柔性直流输电系统的电磁暂态仿真方法和机电暂态仿真方法，柔性直流输电换流站的绝缘配合设计，MMC 阀的设计等。本书适合于从事柔性直流输电技术研究、开发、应用的技术人员和电力系统科研、规划、设计、运行的工程师，以及高等学校电力系统专业的教师和研究生阅读。

书号：978-7-111-54010-6

出版时间：2016.12　　定价：99 元

作者：钟庆昌

本书在简要介绍电能变换以及新能源与智能电网接入等方面的相关基础知识后，对并网逆变器中的电能质量控制、中线提供、功率控制以及同步技术等方面做了深入、细致的理论分析和实验验证，首次以中文详细阐述了包括模拟同步电机的同步逆变器（也称虚拟同步机）、鲁棒下垂控制器以及 C 型逆变器等原创的系列关键技术。本书丰富的创新性理论和大量的实验结果有助于科研工作人员和工程技术人员理解智能电网接入的各种先进控制技术。本书既可作为电力电子、可再生能源、分布式发电、微电网、智能电网与电力系统、柔性交流输电、不间断电源、高速铁路、多电飞机、全电舰船、控制理论与工程等领域的研究与工程应用参考书，也可作为电力系统、电力电子、控制理论与控制工程等专业的研究生教材。